教育部高等学校电子信息类专业教学指导委员会规划教材
高等学校电子信息类专业系列教材 · 新形态教材

模式识别

使用Python分析与实现

蔡利梅 编著

清华大学出版社
北京

内容简介

本书依据作者多年从事模式识别教学和研究的体会,并参考相关文献编写而成,概括地介绍模式识别理论和技术的基本概念、原理、方法和实现。

全书共分为11章,每章阐述模式识别中的一个知识点,内容包括贝叶斯决策、概率密度函数的估计、线性判别分析、非线性判别分析、组合分类器、无监督模式识别、特征选择、特征提取、半监督学习以及人工神经网络。本书除了经典算法以外,增加了部分较新的理论和算法,读者可以选择性地学习。本书还配以PPT课件、Python仿真程序和实验指导书,便于教和学。

本书可以作为高等学校人工智能、计算机、信息、自动化、遥感、控制等专业本科生或研究生的教材或参考书,也可以作为从事相关研究与应用人员的参考用书。

版权所有,侵权必究。举报:010-62782989,beiqinquan@tup.tsinghua.edu.cn。

图书在版编目(CIP)数据

模式识别 :使用Python分析与实现 / 蔡利梅编著. -- 北京 :清华大学出版社,2025. 2.
(高等学校电子信息类专业系列教材). -- ISBN 978-7-302-68372-8

Ⅰ. O235

中国国家版本馆CIP数据核字第2025F67950号

策划编辑:盛东亮
责任编辑:范德一
封面设计:李召霞
责任校对:时翠兰
责任印制:刘海龙

出版发行:清华大学出版社
网　　址:https://www.tup.com.cn,https://www.wqxuetang.com
地　　址:北京清华大学学研大厦A座　　**邮　　编**:100084
社 总 机:010-83470000　　**邮　　购**:010-62786544
投稿与读者服务:010-62776969,c-service@tup.tsinghua.edu.cn
质量反馈:010-62772015,zhiliang@tup.tsinghua.edu.cn
课件下载:https://www.tup.com.cn,010-83470236
印 装 者:三河市铭诚印务有限公司
经　　销:全国新华书店
开　　本:185mm×260mm　　**印　　张**:20　　**字　　数**:486千字
版　　次:2025年4月第1版　　**印　　次**:2025年4月第1次印刷
印　　数:1～1500
定　　价:69.00元

产品编号:102958-01

前言

PREFACE

模式识别是研究如何使机器(计算机)具有类似于人类对各种事物进行分析、判断、识别能力的理论和技术,是人工智能技术的重要组成部分,应用领域越来越广泛,对国民经济、社会生活和科学技术等方面都产生了巨大的影响。

由于模式识别技术对现代社会的深远影响,模式识别已经成为高等院校人工智能、计算机、信息、自动化、遥感、控制等多个学科领域的一门重要专业课程。

在模式识别课程学习中,常有学生认为课程较难。导致这种情况的主要原因有两个:一是模式识别课程牵涉大量的数学理论,含微积分、线性代数、概率论、数理分析、优化理论等,本科生对这些理论的应用经验有所不足,短时间内较难达到对多方面数学知识综合应用的融会贯通;二是模式识别学习需要对算法进行仿真实现,受限于数学基础和编程经验,轻松、流畅地实现算法成为学习中的一个难点。

针对这些问题,在编写教材时以便于学习为出发点,做了多方面的尝试。教材对于算法的推导尽量详细,受限于篇幅不能展开的数学知识,也给出了关键词,便于学生理解以及扩展学习;编写了大量小例题,在简单数据上进行计算实现算法,有助于对算法的理解。为辅助编程仿真,清晰列出算法实现的步骤;设计仿真例题;简要介绍 scikit-learn 库中的模型,并设计仿真程序;在每章最后安排编程实例,以供参考学习;安排改写或编写程序习题,加强练习。

本书的编写受到中国矿业大学教学研究项目——“十四五规划教材建设”项目的资助。在编写本书的过程中,编者参考了大量的文献,在此对各文献的作者表示真诚的感谢。

限于编者学识水平,书中不足之处敬请读者不吝指正。

编　者

2025 年 2 月

教学建议

TEACHING SUGGESTIONS

本书为人工智能、计算机、信息、自动化、遥感、控制等专业“模式识别”课程教材，理论授课学时为32～40，实验课学时为8，不同专业根据不同的教学要求和计划教学时数可酌情对教材内容进行适当取舍。

教学内容	学习要点及要求	学时安排
第1章 绪论	➤ 掌握模式识别的基本概念 ➤ 了解各种模式识别方法 ➤ 掌握模式识别系统构成 ➤ 了解模式识别的应用	2
第2章 贝叶斯决策	➤ 掌握最小错误率贝叶斯决策规则 ➤ 掌握最小风险贝叶斯决策规则 ➤ 理解朴素贝叶斯分类器的概念 ➤ 理解 Neyman-Pearson 决策 ➤ 掌握正态分布模式的贝叶斯决策 ➤ 了解贝叶斯决策的实际应用	4
第3章 概率密度函数的估计	➤ 理解概率密度函数估计的概念 ➤ 掌握最大似然估计、最大后验估计、贝叶斯估计等参数估计方法 ➤ 掌握直方图方法、Parzen 窗法、k_N 近邻密度估计法等非参数估计方法	4
第4章 线性判别分析	➤ 理解线性判别函数的基本概念、设计思路 ➤ 掌握 Fisher 法线性判别分析 ➤ 掌握感知器算法 ➤ 掌握最小二乘法线性判别 ➤ 掌握支持向量机方法 ➤ 理解多类分类问题的线性判别分析方法 ➤ 了解线性判别分析的实际应用	6
第5章 非线性判别分析	➤ 掌握最小距离分类器、近邻法的判别方法 ➤ 掌握决策树判别方法，含决策树的基本概念、构建算法、过学习与剪枝等 ➤ 理解 Logistic 回归方法 ➤ 了解非线性判别分析的实际应用	4
第6章 组合分类器	➤ 理解组合分类器设计的思路 ➤ 掌握分类器的差异设计方法 ➤ 掌握分类器常用性能度量方法 ➤ 掌握 Bagging 算法 ➤ 理解 Boosting 算法 ➤ 了解组合分类的实际应用	2

续表

教学内容	学习要点及要求	学时安排
第 7 章 无监督模式识别	➢ 理解无监督模式识别的基本概念 ➢ 理解相似性测度的概念和方法 ➢ 掌握 *C* 均值算法，了解 ISODATA 算法 ➢ 掌握层次聚类算法 ➢ 理解高斯混合聚类算法 ➢ 了解模糊聚类算法、密度聚类算法 ➢ 掌握聚类性能度量的概念和方法 ➢ 了解聚类分析的实际应用	4
第 8 章 特征选择	➢ 理解特征选择的基本概念 ➢ 掌握类别可分离性判据 ➢ 理解特征选择的优化算法 ➢ 了解代表性的特征选择方法	2(或 3)
第 9 章 特征提取	➢ 理解特征提取的基本概念 ➢ 理解基于类可分性判据的特征提取方法 ➢ 掌握 K-L 变换(PCA)降维方法 ➢ 了解其他特征变换方法，如独立成分分析(ICA)、稀疏滤波、多维尺度法等	2(或 3)
第 10 章 半监督学习	➢ 了解半监督学习的概念及其应用 ➢ 理解半监督分类的概念，了解方法和思路 ➢ 理解半监督聚类的概念，了解方法和思路 ➢ 理解半监督降维的概念，了解方法和思路	可选，2
第 11 章 人工神经网络	➢ 理解神经元模型 ➢ 掌握多层感知器神经网络，含学习算法、网络结构等 ➢ 了解其他常见神经网络，如径向基函数神经网络、自组织映射网络、概率神经网络、学习向量量化神经网络等 ➢ 了解人工神经网络在模式识别中的应用 ➢ 了解深度神经网络	可选，4
案例分析与复习		2
实验	➢ 贝叶斯分类器设计 ➢ 线性分类器设计 ➢ 聚类分析 ➢ 数据降维 ➢ 综合设计	可选，8
总计		32～40＋8

目录

CONTENTS

视频目录

VIDEO CONTENTS

第1章 绪 论

CHAPTER 1

模式识别(Pattern Recognition)是研究如何使机器(计算机)具有类似于人类对各种事物进行分析、判断、识别的能力的理论和技术,是人工智能技术的重要组成部分。模式识别于20世纪60年代逐渐发展,目前已成功应用于多个领域,是现代社会不可分割的一部分。本章主要学习模式识别的基本概念、模式识别方法、模式识别系统以及模式识别的应用,为各种模式识别技术的学习奠定基础。

1.1 模式识别的基本概念

识别分类是人类的一个重要而强大的能力,人们几乎做的任何一件事情,都是一个(系列)"获取信息→处理分析→判断分类→执行决策"的识别分类过程。例如,写下这些文字的此刻,发现"天亮了",是因为通过视觉获取了图像,经过大脑对图像的处理分析,将现在的状况归为"天亮了"类别。再看"天亮了,一位中年人在篮球场扫地",同样是对图像的识别,但做出了多个判断分类:时刻是"天亮了"类,人是"中年人"类,数量是"一"类,场地是"篮球场"类,动作是"扫地"类,执行的决策是"用语言描述这个场景"。这些判断过程简单来说就是:一眼扫过去就知道了,似乎是再简单不过,但仔细分析,就会意识到这种能力的复杂和强大。

如何使机器实现类似于人类的这种模式识别能力,正是模式识别所研究的重点。首先来了解模式识别中的一些基本概念。

1. 模式和模式类

所谓模式识别,最终的含义是认识和理解事物,往往需要通过对多个个体的认识,实现对代表个体的原型的理解。因此,模式可以是任何可观测且需要进行分类的对象,模式类是模式所属的类别或同一类中模式的总体。

2. 特征和样本

对模式的判断和分析是通过从具体模式中抽象出来、表征事物特点或性状的观测进行的,将这些观测称作样本。一个观测往往包括多个方面的变量,将这些变量称作特征(Feature)或属性(Attribute),因此,也常称样本为特征向量、样本向量,特征的个数就是样本的维数。所以一个样本用 n 维列向量 $\boldsymbol{x}$ 表示,N 个样本组成样本矩阵 $\boldsymbol{X}$,即

$$\boldsymbol{x}=\begin{bmatrix}x_1\\x_2\\\vdots\\x_n\end{bmatrix}\quad \boldsymbol{X}=\begin{bmatrix}\boldsymbol{x}_1^{\mathrm{T}}\\\boldsymbol{x}_2^{\mathrm{T}}\\\vdots\\\boldsymbol{x}_N^{\mathrm{T}}\end{bmatrix}=\begin{bmatrix}x_{11}&x_{12}&\cdots&x_{1n}\\x_{21}&x_{22}&\cdots&x_{2n}\\\vdots&\vdots&&\vdots\\x_{N1}&x_{N2}&\cdots&x_{Nn}\end{bmatrix}\tag{1-1}$$

样本的特征构成了样本的特征空间，空间的维数即是特征的个数，每个样本是特征空间的一个点。

【例 1-1】 有一些颜色，用向量表示，每个元素分别代表组成该颜色的 RGB 分量值：$[0\ \ 0\ \ 0]^{\mathrm{T}}$、$[255\ \ 0\ \ 0]^{\mathrm{T}}$、$[0\ \ 255\ \ 0]^{\mathrm{T}}$、$[128\ \ 128\ \ 128]^{\mathrm{T}}$，区分并理解模式、模式类、样本、特征、特征空间的概念。

解： 题目中颜色可看作模式；颜色的类别称为模式类。

4 个颜色向量称为样本；R、G、B 分量是样本的 3 个特征，每个样本是三维空间的一个点，如图 1-1 所示。

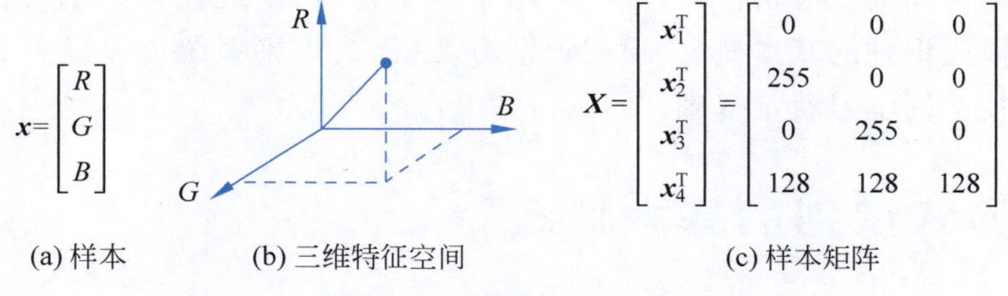

(a) 样本　(b) 三维特征空间　(c) 样本矩阵

图 1-1 基本概念的理解

模式类不固定，对 4 种颜色分类有多种分法。若分为黑色、红色、绿色、灰色四类，有 4 个模式类，每个样本各归为一类；若分为灰色和彩色两类：样本 $[0\ \ 0\ \ 0]^{\mathrm{T}}$、$[128\ \ 128\ \ 128]^{\mathrm{T}}$ 为灰色类，$[255\ \ 0\ \ 0]^{\mathrm{T}}$、$[0\ \ 255\ \ 0]^{\mathrm{T}}$ 为彩色类，有灰色和彩色 2 个模式类。

3. 模式识别

模式识别的作用和目的是面对某一具体信息（模式），将其正确地归入某一类；其核心技术是设计一个合适的分类器，即分类的准则。

【例 1-2】 小米和绿豆混合在一起，如何把二者分开？

解： 这是一个很通俗的例子，要把二者分开，只需寻找一个合适的“筛子”即可，“筛子孔”要满足一定的条件，这个条件要根据识别对象确定。

设已从小米和绿豆中各获取了若干直径值，经过分析，小米的平均直径为 $\bar{d}_1$，绿豆的平均直径为 $\bar{d}_2$，设置“筛子孔”直径为 $(\bar{d}_1+\bar{d}_2)/2$。对于待判断的目标，分类规则为：如果目标的直径 d 满足 $d>(\bar{d}_1+\bar{d}_2)/2$，目标为绿豆；如果 $d<(\bar{d}_1+\bar{d}_2)/2$，目标为小米。这种分类方法实际是最小距离分类器，其将在第 5 章学习。

在这个例子中，提取一维的样本，分析大量样本获取分类规则，面对某个具体的目标，利用分类器将其归类，这就是模式识别。

4. 学习和分类

学习也称为训练，对大量的样本进行分析，从中找出相应的规律或者事物的共同特征。分类也称为决策，根据从学习中得到的规律，将具体的样本归入正确的类别。例如，识别牡丹和芍药，要对大量牡丹和芍药分别进行观测，获取牡丹和芍药的叶子形状、枝茎的类型、开花时期等特征，构成特征向量。对这些特征向量进行分析，得出分类规则"枝茎是草茎、叶片狭长浓绿、开花期较晚是芍药；枝茎是木茎、叶片舒展色嫩、开花期较早是牡丹"，这就是学习。根据这些分类规则，判断某植株是牡丹还是芍药，这就是分类决策。

5. 有监督、无监督和半监督学习

已知类别的样本称为标记样本；未知类别的样本称为未标记样本。

有监督学习是指已知要划分的类别，能获得一定数量的标记样本，进行学习找出规律，进而建立分类器，对未标记样本进行分类决策，也称为"有导师学习"。例如，区分牡丹和芍药，如果已经知道一部分植株是牡丹还是芍药，从中提取的特征向量就是有标记的样本，利用这些样本训练分类器，就是有监督学习。

无监督学习一般事先不知道要划分的是什么类别，没有标记样本用来训练，通过考查未标记样本之间的相似性进行区分，也称为"无导师学习"。例如，事先不知道各植株是牡丹还是芍药，经过观测提取植株的特征向量，分析发现有一部分"枝茎是草茎、叶片狭长浓绿、开花期较晚"，另一部分"枝茎是木茎、叶片舒展色嫩、开花期较早"，可以把各植株分为两种类型，每种类型根据情况命名。这就是无监督学习。

实际问题中，往往能够获取少量标记样本，而更多的是未标记样本，如果仅采用有监督学习，得到的分类器推广性能不会太好；如果仅用无监督学习，则浪费了有监督的信息，因此，可以采用半监督学习的方法。半监督学习充分利用标记样本和无标记样本，可以利用标记样本进行学习，未标记样本作为补充，或者利用未标记样本进行学习，标记样本作为约束条件，实现对数据的充分利用，提高分类器的性能。

6. 识别的可推广性

在认知的过程中，一般是在有限样本基础上建立认知(经验)，去认识未知事物，识别结果只能以一定的概率表达事物的真实类别，也就是说有可能判断错误。所以，依据有限样本全部正确划分为准则建立决策规则，需要考虑为未来数据(样本)分析时的成功率，即推广(Generalization，也称泛化)性问题。

同样以区分牡丹和芍药为例，实际中不可能观测到所有牡丹和芍药的植株，往往只有一部分植株的数据，有可能正好观测了部分特殊的植株，也有可能建立的规则分辨性不好，面对未知植株进行判断就会发生错判，导致错误的结果和损失。这是分类器设计中必须要考虑的问题，通过增加样本的多样性与差异性、选择性能更好的分类方法等，在一定程度上增强推广能力。同样也因为不可能观测到所有的样本，所以推广性问题是固有问题，不过，在一定范围(假设前提)内建立的认知规则在这个范围内还是有效的。

1.2 模式识别方法

从20世纪50年代起，模式识别领域提出了很多的理论和方法，各有特点，促进了模式识别的蓬勃发展。

1. 模板匹配

假如有一些英文字母，要判断各自是26个英文字母中的哪一个，该如何解决这个问题？很容易想到，建立标准字母模板，待判别字母和哪个模板最接近，就判断为哪个。这就是模

板匹配方法，简单直观。

模板匹配(Template Matching)为每个类建立一个或多个模板，将待识别样本与每个类别的模板进行比对，根据和模板的相似程度将样本划分到相应的类别。模板匹配的关键技术包括模板的建立、匹配准则以及搜索策略。

模板匹配方法简单、易于理解，在特征稳定、类间区别明显时效果好；缺点是需要搜索最优的匹配，计算量大，对模板的依赖性较为严重，适应度较差。

2. 统计模式识别

统计模式识别(Statistical Pattern Recognition)是经典的基于样本的识别方法，在确定了描述样本所采用的特征后，收集一定数量的样本，对其进行分析以获取分类规则，使之能够对更多未知类别的样本进行分类。适用于已知对象的某些特征与所感兴趣的类别性质有关系，但无法确切描述这种关系的情况。

统计模式识别通过判别函数将特征空间划分为几个区域，不同区域的样本归为相应的类别；设计判别函数的思路多样，对应多种不同的方法，涉及概率论、数理统计、线性代数、优化理论等多个方面，已形成完整的体系。这方面的算法成熟，应用广泛，但理论较复杂。

3. 句法模式识别

把一个模式描述为较简单的子模式的组合，子模式又可以描述为更简单的子模式的组合，最后得到一个树形的结构描述，在底层的最简单的子模式称为模式基元。用一组模式基元和它们的组合关系描述模式，称为模式描述语句，相当于在语言中，句子和短语用词组合，而词用字符组合一样。

句法模式识别(Syntactic Pattern Recognition)的基本思想是，根据模式的结构将其组合成一定的语句，按句法分析进行识别，即分析给定的模式语句是否符合指定的语法，满足某类语法的模式即被归入该类。

句法模式识别可以用很小的语言集合描述数量很大、很复杂的图形集合，可用于识别包含丰富结构信息的、极为复杂的对象。但模式基元的选择对识别结果有极大的影响，当模式基元没有得到正确的选择时，识别结果就会产生验证偏差。

4. 模糊模式识别

现实世界中客观事物之间的差异有时十分模糊，很难有界限分明的划分，这种现象称为模糊。由于不分明的划分在人类的识别、判断和认知过程中起着重要的作用，所以将模糊集合的概念和其他模式识别方法相结合，判断样本对于模式类的隶属程度，实现模糊分类，这就是模糊模式识别(Fuzzy Pattern Recognition)。

模糊模式识别更广泛、更深入地模拟人的思维过程，实现对客观事物更有效地分类与识别。模糊模式识别适合特征值不精确的分类问题，缺点是模糊规则的建立具有较大的主观性。

5. 人工神经网络

人工神经网络(Artificial Neural Network)由多层神经元相互连接构成，根据输入信息和输出结果配对的数据进行学习，训练神经元间的连接权重，得到输入和输出的关系，用以对未知类别的样本进行识别。

人工神经网络不需要知道输入和输出之间的确切关系，具有自学习、自组织、自适应的特点，擅长解决非线性分类问题，对规模大、结构复杂、信息不明确的系统尤为适用。但学习速度慢，参数选择困难，分类规则不透明、不可解析。

在实际应用中，不同的模式识别方法可以互相补充，统计模式识别方法是本书的学习重点，同时会学习模糊聚类以及人工神经网络方法。

1.3 模式识别系统

根据在实际问题中获取的样本类别标签情况，模式识别可以分为有监督、无监督和半监督三种情况。

1. 有监督模式识别系统

有监督模式识别已知要划分的类别，能够获得一定数量的标记样本，一般先进行分类器的设计，再利用设计好的分类器对未知类别的样本进行决策分类。典型的有监督模式识别系统如图 1-2 所示。

1）数据采集

数据采集是指用计算机可以运算的符号表示物体，一般有三种类型：①图像，如指纹图像、人脸图像、虹膜图像等；②一维波形，如语音、心电图等；③其他类型的数据，如血压、体重、温度、各种实验数据等。

2）预处理

预处理属于信号处理范围，处理技术与具体数据类型和要解决的问题有关。预处理是为了方便后续提取特征所采用的处理方法，要结合后续的需要进行。例如，人脸识别、车牌识别等，需要先采用各种图像处理技术，把人脸或车牌区域从图像中找出来。

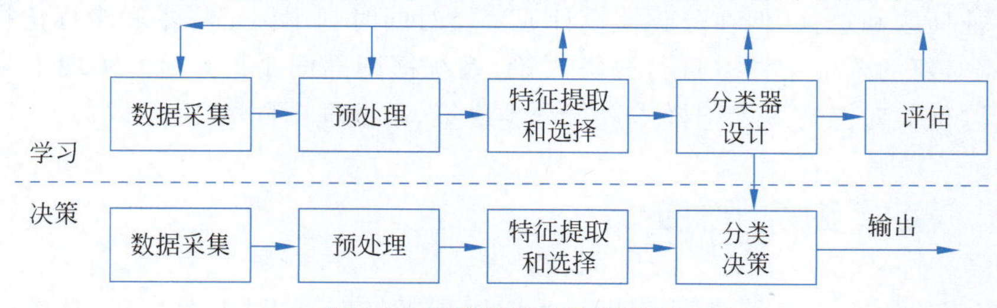

图 1-2 有监督模式识别系统

3）特征提取和选择

由于原始数据的数据量很大，为了有效识别，需从中提取最有代表性的、最反映分类本质的特征以进行识别。特征提取一般有两层含义：一是从源数据中计算出某些特征量以表示目标，跟具体源数据类型有关，例如图像特征和波形特征；二是指对原始特征进行特征变换，降低特征的维数。特征选择是指从已有特征中挑选对分类最有利的特征，实质也是特征的降维。

4）分类器的设计

分类器的设计是指依据一定的理论和方法，对提取的特征向量进行分析，确定合适的判别规则。

5）评估

评估又称为性能度量。识别系统的设计，希望在有限样本上建立的分类规则，在新样本上也能表现得很好。所以，在设计中，要对设计的分类器性能进行评估，根据评估的结果调整设计方案以保证分类效果。

6）分类决策

根据已经确定的判别规则，对未知类别的特征进行判断、归类，并输出结果。

训练过程中的每一步都不是独立的，而是相互关联、相互依赖的，如图 1-2 所示。为了提高整体性能，有可能返回到前一环节重新设计，而且有一些环节可以合并，例如，特征提取和选择与分类器设计就可以结合在一起（如包裹式、嵌入式特征选择，见第 8 章）。

2. 无监督模式识别系统

若事先不知道要划分的是什么类别，或者数据没有类别标签，通常需要通过某种方法直接把数据划分成若干类别，称为无监督模式识别。典型的无监督模式识别系统如图 1-3 所示。

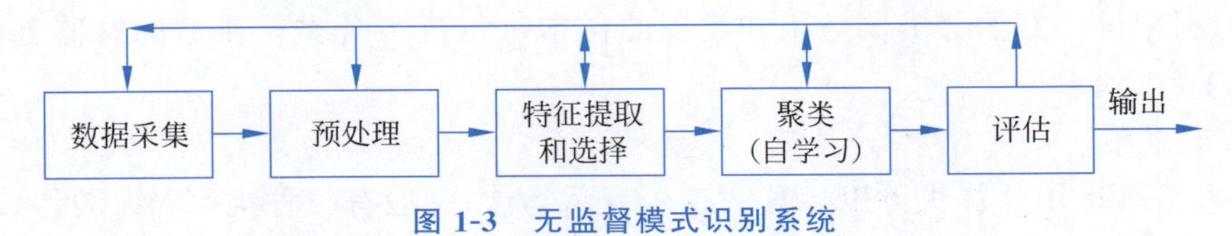

图 1-3 无监督模式识别系统

无监督模式识别取“物以类聚”的思路，根据类间的相似性或分布特性，对数据进行聚集成类。无监督模式识别也有相应的性能评估方法，可以根据评估结果修改调整聚类的方案，判断聚类的结果的合理性。

3. 半监督模式识别系统

半监督模式识别系统前三个环节和有监督、无监督模式识别系统一样，都是数据采集、预处理、特征提取和选择，但在分类器设计或聚类时同时利用标记样本和未标记样本。若半监督分类器对新的未标记样本进行分类决策，系统框图同图 1-2 所示。实现半监督聚类或半监督分类，但仅对已有未标记样本进行分类决策，系统框图同图 1-3 所示。

1.4 模式识别的应用

经过多年的研究和发展，模式识别技术应用越来越广泛，对工业生产、日常生活产生了巨大的影响。按照输入信息的不同，下面简单介绍一些典型的应用。

1. 图像识别

图像作为一大信息来源，图像识别研究由来已久，图像识别应用涉及各行各业。例如，在飞机遥感和卫星遥感技术中，实现地形地质、矿藏探查、自然灾害预测预报以及地面军事目标的识别等。危险环境下的工件识别、先进设计和制造技术中的工业视觉，是技术发展的趋势。医学上的细胞自动识别、病变辅助诊断等，降低目视判读工作量，提高检验精度。无人机、无人车、移动机器人是近几年的研究热点。农业上的自动采摘、病害监测等提升了现代化农业智能化程度。智能手机已经具备指纹识别、人脸识别功能，很多手机 App 能够识别植物、水果、手势。地铁、火车站也安装了人脸识别系统。自动车牌识别系统已应用于不同的场所。图像识别已经成为现代生活的一部分。

2. 语音识别

语音识别技术实现人机交流，或者通过机器实现人与人的跨距离、跨语言交流，在实际生活中已经得到普及应用。例如，微信、百度、输入法等App能够识别语音并转换为文字；翻译机实现不同语言的转换；Ciri、Siri等语音识别系统实现人机交互，语音辅助驾驶，语音搜索浏览等，给人们的生活带来了极大的便利。

3. 其他类型的数据识别

其他类型的数据识别也涉及各行各业，例如，电子商务网站的推荐系统，极大促进了商品的购买率；各种监测系统的异常数据、情况筛选预警，提高了生产、医疗的智能化程度；各种信息管理系统的数据分类预测，提高了决策的科学合理性。

随着技术的发展，模式识别技术应用的广度及深度也在不断加大。

1.5 仿真环境与工具简介

本书所有例程使用环境管理工具Anaconda和集成开发环境PyCharm开发，Anaconda版本为Anaconda Navigator 2.4.0，PyCharm版本为PyCharm Community Edition 2023.2.3。程序中主要用到scikit-learn、NumPy、SciPy、Matplotlib库，部分案例涉及的数字图像处理，是通过OpenCV库函数实现。

Anaconda是开源的Python发行版本和环境管理器，集成了包括Conda、Python在内的大量工具库，支持包括NumPy、OpenCV、TensorFlow等常用人工智能开发库的环境配置。可以通过访问Anaconda官网下载适用的安装包进行安装，或通过国内的开源软件镜像站下载。

第1集
微课视频

PyCharm是一种Python集成开发环境，带有一整套可以帮助用户提高开发效率的工具，如代码调试、语法高亮、项目管理、代码跳转、智能提示、代码自动补全、版本控制等。PyCharm有Professional（专业）和Community（社区）两个版本。与PyCharm Community相比，PyCharm Professional具有科学工具、Web开发、Python Web框架、Python分析器、远程开发、支持数据库与SQL等更多高级功能，是一款商业软件；PyCharm Community功能相对较少，是一款免费软件。可以通过访问PyCharm官网下载适用的安装包进行安装。

scikit-learn是针对Python的开源机器学习库，始于2007年David Cournapeau的Google Summer of Code项目，后续很多学者对其进行了持续地开发和维护，目前具有多种分类、聚类、回归、降维、评估的算法与模型，能与许多其他Python库很好地集成在一起，使用方便，很受欢迎。本书的例程中介绍并使用了scikit-learn库的部分模型，更多详细内容可以访问scikit-learn官网进一步学习。

NumPy是使用Python进行数据计算的开源软件库，创建于2005年，可高效存储和处理矩阵，其提供了大量的数学函数库，运算便利。本书例程均建立在NumPy库中的数组、矩阵运算上，对于各种函数的详细内容可以访问NumPy官网进行学习。

SciPy是建立在NumPy基础上的开源的高级科学计算库，拥有丰富的数学计算、数理统计、线性代数、优化计算、信号处理等方面的功能函数，应用广泛，更多详细内容的了解请访问SciPy官网。

Matplotlib是Python中实现可视化的绘图库，由神经生物学家John Hunter创建，已经应用于各种不同的领域。本书例程结果图均通过Matplotlib库函数绘制。更多的内容可以访问Matplotlib官网。

OpenCV 是一个开源的跨平台计算机视觉和机器学习软件库，拥有 2500 多种优化算法，具有 C++、Python、Java 和 MATLAB 接口，并支持 Windows、Linux、Android 和 macOS。本书涉及 OpenCV 函数的例程运行需要对 OpenCV 进行安装与环境配置。

通过 Anaconda 安装 OpenCV 主要有两类方式，即在线安装和本地安装。如果采用在线安装，首先在 Anaconda 中新建一个 Python 环境（在 Anaconda 主界面左侧选择 Environments，单击界面中部左下角的 Create 按钮新建 Python 环境），然后在新环境中安装 OpenCV（在未安装库列表中搜索 OpenCV，选中 OpenCV 并单击右下角的 Apply 按钮，在弹出的安装包列表界面中单击 Apply 按钮进行安装）。

如果网络状态不佳，可以选择本地安装。首先访问 OpenCV 官网，下载对应版本的安装包。然后打开 Anaconda 的 Environments，单击新环境右侧的“▶”，选择“Open Terminal”选项打开命令行工具，定位安装包所在目录，输入指令“pip install 安装包文件名”进行安装。

打开 PyCharm，选择 New Project 进入新项目创建界面，在 Location 中指定项目的存放位置，在“Python Interpreter”选项组中选择“Previously configured interpreter”，在右侧的“Add Interpreter”中选择“Add Local Interpreter”，在打开的“Conda Environment”界面右部分中的“Use existing environment”里选中 Anaconda 中建好的新环境。创建好新项目后即可开始编写程序。

习题

1. 简述模式识别中样本、模式、类之间的关系。

2. 简述模式识别系统的组成。

3. 从杨树叶子和银杏树叶子的图像中各获取 100 个形状特征，设计分类器进行模式识别，采用有监督模式识别还是无监督模式识别？

4. 有一组体检者的身高和体重数据，性别全部未知，设计某种方法判断体检者的性别，采用有监督模式识别还是无监督模式识别？

5. 观察一项模式识别技术在日常生活中的应用，思考其关键技术。

第2章 贝叶斯决策

CHAPTER 2

贝叶斯决策是统计决策理论中的一种基本方法，是用概率统计的方法研究随机模式的决策问题。给定一项 c 个类别 $\{\omega_1, \omega_2, \cdots, \omega_c\}$ 的分类任务和一个用向量 $\boldsymbol{x}$ 表示的样本，通过数据集统计 c 类的概率情况，根据某个分类准则最优的原则，将样本 $\boldsymbol{x}$ 归类，即为贝叶斯决策。

本章主要学习典型的贝叶斯决策的方法及其实现，例如最小错误率贝叶斯决策、最小风险贝叶斯决策、朴素贝叶斯分类器、Neyman-Pearson 决策，判别函数和决策面的概念以及正态分布模式的贝叶斯决策。

2.1 贝叶斯决策的基本概念

贝叶斯决策是用概率统计的方法研究随机模式的决策问题，首先介绍几个基本概念。

1. 先验概率

先验概率指预先已知的或者可以估计的模式识别系统位于某种类型的概率。例如，某地癌症发生率为5‰，设正常类为 ω_1，异常类为 ω_2，则 $P(\omega_1)=99.5\%$，$P(\omega_2)=0.5\%$，这就是先验概率。但不能根据先验概率的取值判断某个人是否是癌症患者。

2. 类条件概率

类条件概率指系统位于某种类型条件下模式样本 $\boldsymbol{x}$ 出现的概率。例如，正常类中出现某种数据 $\boldsymbol{x}$ 的概率是1%，异常类中出现数据 $\boldsymbol{x}$ 的概率是95%，即 $p(\boldsymbol{x}|\omega_1)=1\%$，$p(\boldsymbol{x}|\omega_2)=95\%$，这是类条件概率。由于不同类别中有可能出现相同的数据，当获得某个人的体检数据 $\boldsymbol{x}$ 时，同样不能根据类条件概率判断这个人是否是癌症患者。

3. 后验概率

后验概率是系统在某个具体的模式样本 $\boldsymbol{x}$ 条件下位于某种类型的概率。例如，出现数据 $\boldsymbol{x}$ 且是正常类的概率是67.7%，出现数据 $\boldsymbol{x}$ 且是异常类的概率是32.3%，即 $P(\omega_1|\boldsymbol{x})=67.7\%$，$P(\omega_2|\boldsymbol{x})=32.3\%$，这是后验概率。假设已获得某个人的体检数据 $\boldsymbol{x}$，若能够获得 $\boldsymbol{x}$ 属于正常类和异常类的概率，即后验概率，正常类和异常类两者择其一，自然会判断 $\boldsymbol{x}$ 为概率大的一类。

4. 贝叶斯公式

由几个概率的概念可知，若能够获取样本属于某类的后验概率，就可以进行相应的归类判断。但在实际问题中，能够获取的往往是数据集，可以利用数据集估计先验概率以及类条件概率，再利用贝叶斯公式计算后验概率。贝叶斯公式如式(2-1)所示。

$$P(\omega_j \mid \boldsymbol{x})=\frac{p(\boldsymbol{x} \mid \omega_j)P(\omega_j)}{\sum_{i=1}^{c} p(\boldsymbol{x} \mid \omega_i)P(\omega_i)}, \quad j=1,2,\cdots,c \tag{2-1}$$

式中，c 为类别数；ω_j 为第 j 类；$\sum_{i=1}^{c} p(\boldsymbol{x} \mid \omega_i)P(\omega_i)$ 为全概率 $p(\boldsymbol{x})$。

5. 贝叶斯决策

已知样本集 $\mathscr{X}=\{\boldsymbol{x}_i\}, i=1,2,\cdots,N$，样本来自 c 个类别 $\{\omega_j\}, j=1,2,\cdots,c$，类别数 c 已知。若能够获取或已知类条件概率 $p(\boldsymbol{x}_i|\omega_j)$ 和先验概率 $P(\omega_j)$，通过贝叶斯公式计算样本属于不同类别的后验概率 $P(\omega_j|\boldsymbol{x}_i)$，根据后验概率建立决策规则，并将样本进行归类，称为贝叶斯决策。

2.2 最小错误率贝叶斯决策

任何一个决策都有可能会有错误，希望在决策中尽量减少分类错误的概率。根据贝叶斯公式建立使错误率最小的分类规则并进行相应决策，称为最小错误率贝叶斯决策，这种方法通过判断后验概率的大小进行分类。

2.2.1 决策规则

如前所述，对于样本 $\boldsymbol{x}$，若能够获得 $\boldsymbol{x}$ 属于不同类的概率，自然会判断 $\boldsymbol{x}$ 为概率大的一类，对应的决策规则如下。

1. 两类决策规则

设 $\boldsymbol{x}$ 属于 ω_1 类、ω_2 类的后验概率为 $P(\omega_1|\boldsymbol{x})$ 和 $P(\omega_2|\boldsymbol{x})$，最小错误率贝叶斯决策规则为

$$\text{若 } P(\omega_1 \mid \boldsymbol{x}) > P(\omega_2 \mid \boldsymbol{x})\text{，则 } \boldsymbol{x} \in \omega_1\text{；反之 } \boldsymbol{x} \in \omega_2$$

简记为

$$\text{若 } P(\omega_1 \mid \boldsymbol{x}) \gtrless P(\omega_2 \mid \boldsymbol{x})\text{，则 } \boldsymbol{x} \in \begin{cases}\omega_1\\ \omega_2\end{cases} \tag{2-2}$$

根据贝叶斯公式(2-1)，不同类别对应的分母(全概率)相等，比较后验概率的大小可以简化为比较分子大小，即

$$\text{若 } p(\boldsymbol{x} \mid \omega_1)P(\omega_1) \gtrless p(\boldsymbol{x} \mid \omega_2)P(\omega_2)\text{，则 } \boldsymbol{x} \in \begin{cases}\omega_1\\ \omega_2\end{cases} \tag{2-3}$$

由于先验概率与当前样本 $\boldsymbol{x}$ 无关，将式(2-3)变形为

$$\text{若 } l(\boldsymbol{x})=\frac{p(\boldsymbol{x} \mid \omega_1)}{p(\boldsymbol{x} \mid \omega_2)} \gtrless \frac{P(\omega_2)}{P(\omega_1)}\text{，则 } \boldsymbol{x} \in \begin{cases}\omega_1\\ \omega_2\end{cases} \tag{2-4}$$

$l(\boldsymbol{x})$称为似然比(Likelihood Ratio)。

若牵涉指数运算，采用对数形式计算比较便捷，因此，定义了负对数似然比决策规则，为

$$\text{若 } h(\boldsymbol{x}) = -\ln[l(\boldsymbol{x})] = -\ln p(\boldsymbol{x} \mid \omega_1) + \ln p(\boldsymbol{x} \mid \omega_2) \lessgtr \ln \frac{P(\omega_1)}{P(\omega_2)}, \text{则 } \boldsymbol{x} \in \begin{cases} \omega_1 \\ \omega_2 \end{cases} \tag{2-5}$$

【例 2-1】 一个细胞识别问题，正常类为 ω_1，异常类为 ω_2，先验概率 $P(\omega_1)=0.9$，$P(\omega_2)=0.1$，有一待识别的细胞，观察值为 $\boldsymbol{x}$，类条件概率密度 $p(\boldsymbol{x}|\omega_1)=0.2$，$p(\boldsymbol{x}|\omega_2)=0.4$，试对该细胞进行分类。

解：利用贝叶斯公式，分别计算出 $\boldsymbol{x}$ 属于 ω_1 及 ω_2 的后验概率为

$$P(\omega_1 \mid \boldsymbol{x}) = \frac{p(\boldsymbol{x} \mid \omega_1) \cdot P(\omega_1)}{p(\boldsymbol{x} \mid \omega_1) \cdot P(\omega_1) + p(\boldsymbol{x} \mid \omega_2) \cdot P(\omega_2)} = \frac{0.2 \times 0.9}{0.2 \times 0.9 + 0.4 \times 0.1} = 0.818$$

$$P(\omega_2 \mid \boldsymbol{x}) = 1 - P(\omega_1 \mid \boldsymbol{x}) = 0.182$$

根据贝叶斯决策规则式(2-2)，因为 $P(\omega_1|\boldsymbol{x}) > P(\omega_2|\boldsymbol{x})$，所以判别该细胞为正常类。

【例 2-2】 信号通过一受噪声干扰的信道，输入信号为 0 或 1，噪声为高斯型，均值为 0，方差为 σ^2，信道输出为 x，应如何判断输出 x 是 0 还是 1？

分析：一般情况下，$x<0.5$ 时判为 0，$x>0.5$ 时判为 1，0.5 作为阈值可以通过贝叶斯决策方法确定。

解：设输入 0 为 ω_1 类，输入 1 为 ω_2 类，各自的先验概率为 $P(\omega_1)$ 和 $P(\omega_2)$；输入信号受正态分布噪声干扰，幅值的概率密度为

$$p(x \mid \omega_1) = \frac{1}{\sqrt{2\pi}\sigma} e^{-\frac{x^2}{2\sigma^2}}, \quad p(x \mid \omega_2) = \frac{1}{\sqrt{2\pi}\sigma} e^{-\frac{(x-1)^2}{2\sigma^2}}$$

得似然比为

$$l(x) = \frac{p(x \mid \omega_1)}{p(x \mid \omega_2)} = e^{\frac{1-2x}{2\sigma^2}}$$

最小错误率贝叶斯决策表达为

$$\text{若 } e^{\frac{1-2x}{2\sigma^2}} \gtrless \frac{P(\omega_2)}{P(\omega_1)}, \quad \text{则 } x \in \begin{cases} \omega_1 \\ \omega_2 \end{cases}$$

假设 $P(\omega_2)=P(\omega_1)$，则决策规则变为

$$\text{若} \frac{1-2x}{2\sigma^2} \gtrless 0, \quad \text{则 } x \in \begin{cases} \omega_1 \\ \omega_2 \end{cases}$$

简化为

$$\text{若 } x \lessgtr 0.5, \quad \text{则 } x \in \begin{cases} \omega_1 \\ \omega_2 \end{cases}$$

2. 多类决策规则

如果是多类决策问题，设样本 $\boldsymbol{x}$ 属于 ω_i 类的后验概率为 $P(\omega_i|\boldsymbol{x})$，最小错误率贝叶斯决策规则为

$$\text{若 } P(\omega_i \mid \boldsymbol{x}) = \max_{j=1,2,\cdots,c} P(\omega_j \mid \boldsymbol{x}), \quad \text{则 } \boldsymbol{x} \in \omega_i \tag{2-6}$$

或者

$$\text{若 } p(\boldsymbol{x} \mid \omega_i)P(\omega_i) = \max_{j=1,2,\cdots,c} p(\boldsymbol{x} \mid \omega_j)P(\omega_j), \quad \text{则 } \boldsymbol{x} \in \omega_i \tag{2-7}$$

或者

$$若\ \ln p(\boldsymbol{x} \mid \omega_i) + \ln P(\omega_i) = \max_{j=1,2,\cdots,c} [\ln p(\boldsymbol{x} \mid \omega_j) + \ln P(\omega_j)],则\ \boldsymbol{x} \in \omega_i \tag{2-8}$$

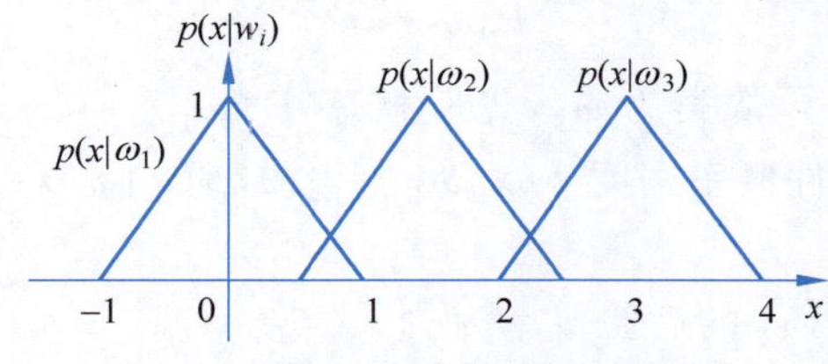

图 2-1 例 2-3 的类条件概率密度图

【例 2-3】 一维空间 3 个类别,样本概率密度函数如图 2-1 所示,设 3 类先验概率相等,提取出的 x 分别为 0、1.5、2.25,分别判断各 x 的类别。

解:多类决策问题,先验概率相等,根据式(2-7),将最小错误率贝叶斯决策规则简化为

$$若\ p(x \mid \omega_i) = \max_{j=1,2,\cdots,c} p(x \mid \omega_j),则\ x \in \omega_i$$

由图 2-1 可知

$$p(x \mid \omega_1) = \begin{cases} x+1, & -1 \leqslant x \leqslant 0 \\ -x+1, & 0 \leqslant x \leqslant 1 \end{cases}$$

$$p(x \mid \omega_2) = \begin{cases} x-1/2 & 1/2 \leqslant x \leqslant 3/2 \\ -x+5/2, & 3/2 \leqslant x \leqslant 5/2 \end{cases}$$

$$p(x \mid \omega_3) = \begin{cases} x-2 & 2 \leqslant x \leqslant 3 \\ -x+4, & 3 \leqslant x \leqslant 4 \end{cases}$$

当 $x=0$ 时,$p(x|\omega_1)=1$,$p(x|\omega_2)=0$,$p(x|\omega_3)=0$,$p(x|\omega_1)$最大,$x\in\omega_1$;当 $x=1.5$ 时,$p(x|\omega_1)=0$,$p(x|\omega_2)=1$,$p(x|\omega_3)=0$,$p(x|\omega_2)$最大,$x\in\omega_2$;当 $x=2.25$ 时,$p(x|\omega_1)=0$,$p(x|\omega_2)=1/4$,$p(x|\omega_3)=1/4$,$p(x|\omega_2)=p(x|\omega_3)$,拒绝决策或在 ω_2 和 ω_3 之间任意决策。

2.2.2 错误率

错误率是常用的衡量分类效果的准则,往往希望分类的错误率最小。错误率定义为所有服从同样分布的独立样本上错误概率的期望,即

$$P(e) = \int_{-\infty}^{\infty} P(e \mid \boldsymbol{x}) p(\boldsymbol{x}) \mathrm{d}\boldsymbol{x} \tag{2-9}$$

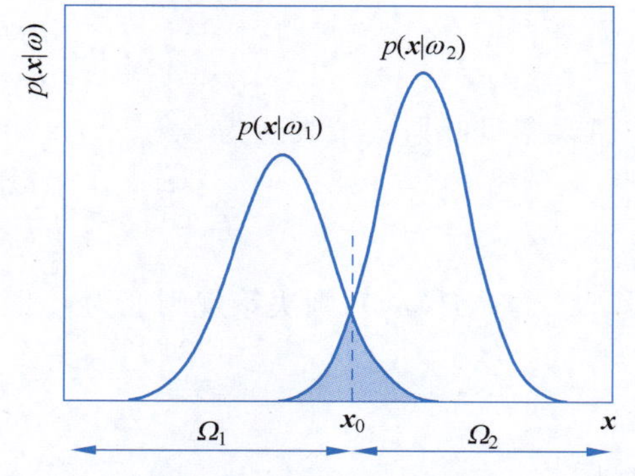

图 2-2 贝叶斯分类器形成的区域分布示意图

首先考虑两类分类问题。设贝叶斯分类器形成的区域分布示意图如图 2-2 所示,从 $\boldsymbol{x}_0$ 处将样本空间分成两部分,即 Ω_1 和 Ω_2。根据贝叶斯决策规则,认为 Ω_1 区域的所有 $\boldsymbol{x}$ 都属于 ω_1,Ω_2 区域的所有 $\boldsymbol{x}$ 都属于 ω_2,则阴影部分对应的样本可能被错误归类,样本 $\boldsymbol{x}$ 的分类错误率表示为

$$P(e \mid \boldsymbol{x}) = \begin{cases} P(\omega_1 \mid \boldsymbol{x}), \boldsymbol{x} \in \Omega_2, & 即\ P(\omega_2 \mid \boldsymbol{x}) > P(\omega_1 \mid \boldsymbol{x}) \\ P(\omega_2 \mid \boldsymbol{x}), \boldsymbol{x} \in \Omega_1, & 即\ P(\omega_1 \mid \boldsymbol{x}) > P(\omega_2 \mid \boldsymbol{x}) \end{cases} \tag{2-10}$$

可知平均错误率 $P(e)$ 为

$$P(e) = \int_{\Omega_2} P(\omega_1 \mid \boldsymbol{x}) p(\boldsymbol{x}) \mathrm{d}\boldsymbol{x} + \int_{\Omega_1} P(\omega_2 \mid \boldsymbol{x}) p(\boldsymbol{x}) \mathrm{d}\boldsymbol{x} \tag{2-11}$$

将贝叶斯公式(2-1)代入式(2-11)中,可得

$$\begin{aligned}P(e) &= P(\omega_1)\int_{\Omega_2} p(\boldsymbol{x} \mid \omega_1)\mathrm{d}x + P(\omega_2)\int_{\Omega_1} p(\boldsymbol{x} \mid \omega_2)\mathrm{d}x \\ &= P(\omega_1)P_1(e) + P(\omega_2)P_2(e)\end{aligned} \tag{2-12}$$

其中,ω_1 类样本被判为 ω_2 的错误率为 $P_1(e)$,ω_2 类样本被判为 ω_1 的错误率为 $P_2(e)$,表示为

$$\begin{cases}P_1(e) = \int_{\Omega_2} p(\boldsymbol{x} \mid \omega_1)\mathrm{d}\boldsymbol{x} \\ P_2(e) = \int_{\Omega_1} p(\boldsymbol{x} \mid \omega_2)\mathrm{d}\boldsymbol{x}\end{cases} \tag{2-13}$$

由于 Ω_1 和 Ω_2 覆盖整个空间,从概率密度函数的定义可知

$$\int_{\Omega_2} p(\boldsymbol{x} \mid \omega_1)\mathrm{d}\boldsymbol{x} = 1 - \int_{\Omega_1} p(\boldsymbol{x} \mid \omega_1)\mathrm{d}\boldsymbol{x} \tag{2-14}$$

合并式(2-12)和式(2-14),得

$$\begin{aligned}P(e) &= P(\omega_1)\left[1 - \int_{\Omega_1} p(\boldsymbol{x} \mid \omega_1)\mathrm{d}x\right] + P(\omega_2)\int_{\Omega_1} p(\boldsymbol{x} \mid \omega_2)\mathrm{d}x \\ &= P(\omega_1) - \int_{\Omega_1} [P(\omega_1)p(\boldsymbol{x} \mid \omega_1) - P(\omega_2)p(\boldsymbol{x} \mid \omega_2)]\,\mathrm{d}\boldsymbol{x}\end{aligned} \tag{2-15}$$

可以看出,当区域 Ω_1 满足 $P(\omega_1)p(\boldsymbol{x}|\omega_1) - P(\omega_2)p(\boldsymbol{x}|\omega_2) > 0$ 时,即满足贝叶斯决策规则时,错误率最小。

而多类情况下,样本被错分的概率为

$$P(e \mid \boldsymbol{x}) = \sum_{j=1,2,\cdots,c,j\neq i} P(\omega_j \mid \boldsymbol{x}), \quad P(\omega_i \mid \boldsymbol{x}) = \max_{j=1,2,\cdots,c} P(\omega_j \mid \boldsymbol{x}) \tag{2-16}$$

对于所有 $\boldsymbol{x}$,$P(e|\boldsymbol{x}) \geqslant 0$,$p(\boldsymbol{x}) \geqslant 0$,所以式(2-9)等价于对所有 $\boldsymbol{x}$ 最小化 $P(e|\boldsymbol{x})$。由式(2-16)可知,对于每个 $\boldsymbol{x}$ 决策时,归类为概率大的一类,错误率等价于其余较小概率之和,保证了错误率最小,从而保证了平均错误率 $P(e)$也达到最小。

2.2.3 仿真实现

【例 2-4】 先验概率相等的两类分类问题,样本集为

$$\omega_1:\{[0\quad 0]^{\mathrm{T}},[2\quad 0]^{\mathrm{T}},[2\quad 2]^{\mathrm{T}},[0\quad 2]^{\mathrm{T}}\}$$

$$\omega_2:\{[4\quad 4]^{\mathrm{T}},[6\quad 4]^{\mathrm{T}},[6\quad 6]^{\mathrm{T}},[4\quad 6]^{\mathrm{T}}\}$$

样本服从正态分布(见 2.7 节),现有一样本 $\boldsymbol{x} = [3\quad 1]^{\mathrm{T}}$,试用最小错误率贝叶斯决策方法对 $\boldsymbol{x}$ 归类。

分析:如前所述,最小错误率贝叶斯决策需要类条件概率和先验概率。本例中已知样本服从正态分布,正态分布由其均值向量和协方差矩阵决定,所以,首先要计算正态分布函数的参数,再计算后验概率,并相应决策。

程序如下:

```
import numpy as np
training = np.array([[0, 0], [2, 0], [2, 2], [0, 2], [4, 4], [6, 4], [6, 6], [4, 6]])
N, n = np.shape(training)                      #训练数据 training、样本数 N、维数 n
label = np.array([1, 1, 1, 1, 2, 2, 2, 2])  #训练数据类别标签
ckey = np.unique(label)                        #类别标签集合
```

```
c = ckey.size                               #类别数目
#以下为估计先验概率、类条件概率密度函数参数,先验概率以每类样本数占总样本数的比例确定
priorp, cpmean, cpcov = np.zeros(c), np.zeros([c, n]), np.zeros([c, n, n])
for j in ckey:
    priorp[j - 1] = label[label == j].size / len(label)      #先验概率
    cpmean[j - 1] = np.mean(training[label == j])             #估计均值向量
    num = np.sum(label == j)
    cpcov[j - 1] = np.cov(training[label == j], rowvar = False) * (num - 1) / num
                                                 #采用N归一化估计协方差矩阵
X = np.array([3, 1])
postp = np.zeros(c)
for j in ckey:                                   #以下计算样本先验概率与类条件概率的乘积,代替后验概率
    Xm = X - cpmean[j - 1]
    iv = np.linalg.inv(cpcov[j - 1])
    dv = np.linalg.det(cpcov[j - 1])
    postp[j - 1] = priorp[j - 1] * np.exp( - np.dot(np.dot(Xm, iv), Xm.T / 2)) / dv
result = np.argmax(postp) + 1                   #找最大后验概率对应的类别
print('X属于第' + str(result) + '类')
```

运行程序,输出:

```
X属于第1类
```

即样本 $\boldsymbol{x}=[3\quad 1]^{\mathrm{T}}$ 被归为第1类。

2.3 最小风险贝叶斯决策

做出任何决策都有风险,都会带来一定的后果,错误率最小不一定风险也最小。例如,在癌细胞识别中,将正常的细胞判断为异常细胞,或者将异常细胞判断为正常细胞,都属于决策错误,但两种错误带来的风险不一样,后者会贻误最佳救治时机,后果更为严重,即风险更大。因此,考虑到分类错误引起的损失而产生了最小风险贝叶斯决策方法。

2.3.1 决策规则

1. 问题描述

已知样本 $\boldsymbol{x}=[x_1\quad x_2\quad \cdots\quad x_n]^{\mathrm{T}}$ 为 n 维列向量,状态空间 $\Omega=\{\omega_1,\omega_2,\cdots,\omega_c\}$ 由 c 个可能状态(类别)组成,对 $\boldsymbol{x}$ 可能采取的决策有 a 种,即 $\{\alpha_1,\alpha_2,\cdots,\alpha_a\}$,希望做出某种决策 α_i 使风险最小。

决策 α_i 一般指将样本归入 ω_i 类,由于可能会拒绝决策或者合并类别决策,决策种类 a 一般大于真实类别数 c。

2. 决策表

要计算风险,首先要明确每种决策带来的损失。设样本 $\boldsymbol{x}$ 的真实状态为 ω_j,采取决策 α_i 带来的损失为 $\lambda(\omega_j,\alpha_i)$,$j=1,2,\cdots,c$,$i=1,2,\cdots,a$。$\lambda(\omega_j,\alpha_i)$ 称为损失函数,可以简写为 λ_{ji},通常用表格的形式表达,也称为决策表,如表2-1所示。

表 2-1 决策表

状态	决策					
	α_1	α_2	…	α_i	…	α_a
ω_1	$\lambda(\omega_1,\alpha_1)$	$\lambda(\omega_1,\alpha_2)$	…	$\lambda(\omega_1,\alpha_i)$	…	$\lambda(\omega_1,\alpha_a)$
ω_2	$\lambda(\omega_2,\alpha_1)$	$\lambda(\omega_2,\alpha_2)$	…	$\lambda(\omega_2,\alpha_i)$	…	$\lambda(\omega_2,\alpha_a)$
⋮	⋮	⋮	…	⋮	…	⋮
ω_j	$\lambda(\omega_j,\alpha_1)$	$\lambda(\omega_j,\alpha_2)$	…	$\lambda(\omega_j,\alpha_i)$	…	$\lambda(\omega_j,\alpha_a)$
⋮	⋮	⋮	…	⋮	…	⋮
ω_c	$\lambda(\omega_c,\alpha_1)$	$\lambda(\omega_c,\alpha_2)$	…	$\lambda(\omega_c,\alpha_i)$	…	$\lambda(\omega_c,\alpha_a)$

决策表一般要根据具体问题，经过认真分析、研究、统计得出，损失统计准确了，才能保证决策的有效性。

3. 风险

把一个样本 $\boldsymbol{x}$ 做出决策 α_i 时带来的条件期望损失 $R(\alpha_i|\boldsymbol{x})$ 定义为条件风险。

$$R(\alpha_i \mid \boldsymbol{x})=E[\lambda(\omega_j,\alpha_i)]=\sum_{j=1}^{c}\lambda(\omega_j,\alpha_i)P(\omega_j \mid \boldsymbol{x}),\quad i=1,2,\cdots,a \tag{2-17}$$

每一个 $\boldsymbol{x}$ 做出决策 α_i 时的风险大小不同，采用哪种决策将由 $\boldsymbol{x}$ 的取值而定，因此把决策 $\alpha(\boldsymbol{x})$ 看成 $\boldsymbol{x}$ 的函数。对所有的 $\boldsymbol{x}$ 取值采取相应的决策时，所带来的平均风险或期望风险为

$$R=\int R[\alpha(\boldsymbol{x}) \mid \boldsymbol{x}]p(\boldsymbol{x})\mathrm{d}\boldsymbol{x} \tag{2-18}$$

4. 决策规则

最小风险贝叶斯决策即希望最小化期望风险 R，由于 $R[\alpha(\boldsymbol{x})|\boldsymbol{x}]\geqslant 0$，$p(\boldsymbol{x})\geqslant 0$，$p(\boldsymbol{x})$ 与决策无关，式(2-18)等价于要对所有 $\boldsymbol{x}$ 都使 $R[\alpha(\boldsymbol{x})|\boldsymbol{x}]$ 最小，即每次决策时都保证条件风险最小，对所有的 $\boldsymbol{x}$ 做出决策时，其期望风险也必然最小。因此，得最小风险贝叶斯决策规则为

$$\text{若 } R(\alpha_k \mid \boldsymbol{x})=\min R(\alpha_i \mid \boldsymbol{x}),\quad \text{则 } \alpha=\alpha_k \tag{2-19}$$

整理得最小风险贝叶斯决策步骤为：

(1) 利用式(2-1)计算样本 $\boldsymbol{x}$ 属于各类的后验概率 $P(\omega_j|\boldsymbol{x})$。

(2) 利用式(2-17)，根据决策表及后验概率计算条件风险 $R(\alpha_i|\boldsymbol{x})$。

(3) 求最小条件风险 $R(\alpha_k|\boldsymbol{x})$，确定做出决策 α_k。

【例 2-5】 设有细胞识别问题，正常类为 ω_1，异常类为 ω_2，观察值为 $\boldsymbol{x}$，$P(\omega_1)=0.9$，$P(\omega_2)=0.1$，$p(\boldsymbol{x}|\omega_1)=0.2$，$p(\boldsymbol{x}|\omega_2)=0.4$，决策表如表 2-2 所示，按最小风险贝叶斯决策将 $\boldsymbol{x}$ 归类。

表 2-2 例 2-5 的决策表

状态	决策	
	α_1	α_2
ω_1	0	1
ω_2	6	0

解：(1) 求后验概率。由已知条件 $P(\omega_1)=0.9$，$P(\omega_2)=0.1$，$p(\boldsymbol{x}|\omega_1)=0.2$，$p(\boldsymbol{x}|\omega_2)=0.4$，可得后验概率

$$P(\omega_1 \mid \boldsymbol{x})=0.18/p(\boldsymbol{x}),\quad P(\omega_2 \mid \boldsymbol{x})=0.04/p(\boldsymbol{x})$$

(2) 求条件风险。已知 $\lambda_{11}=0,\lambda_{12}=1,\lambda_{21}=6,\lambda_{22}=0$，条件风险为

$$R(\alpha_1 \mid \boldsymbol{x})=\sum_{j=1}^{2}\lambda_{j1}P(\omega_j \mid \boldsymbol{x})=\lambda_{21}P(\omega_2 \mid \boldsymbol{x})=0.24/p(\boldsymbol{x})$$

$$R(\alpha_2 \mid \boldsymbol{x})=\sum_{j=1}^{2}\lambda_{j2}P(\omega_j \mid \boldsymbol{x})=\lambda_{12}P(\omega_1 \mid \boldsymbol{x})=0.18/p(\boldsymbol{x})$$

(3) 求最小风险并决策。因为 $R(\alpha_1|\boldsymbol{x})>R(\alpha_2|\boldsymbol{x})$，所以采取决策 α_2，判断细胞为异常类。

同样的先验概率和类条件概率，本例结果与按最小错误率贝叶斯决策进行分类的结果（例 2-1）截然相反，这是由于 λ_{21} 和 λ_{12} 相差太多，损失起了主导作用造成的。

2.3.2 两种贝叶斯决策的关系

设损失函数为 0-1 损失函数，即

$$\lambda(\omega_j,\alpha_i)=\begin{cases}0, & i=j\\ 1, & i\neq j\end{cases}\tag{2-20}$$

计算条件风险

$$R(\alpha_i \mid \boldsymbol{x})=\sum_{j=1}^{c}\lambda(\omega_j,\alpha_i)P(\omega_j \mid \boldsymbol{x})=\sum_{j=1,j\neq i}^{c}P(\omega_j \mid \boldsymbol{x})\tag{2-21}$$

等式右边的求和结果表示将 $\boldsymbol{x}$ 归为 ω_i 的条件错误概率。

求最小条件风险，即

$$R(\alpha_k \mid \boldsymbol{x})=\min_{i=1,2,\cdots,a}R(\alpha_i \mid \boldsymbol{x})=\min_{i=1,2,\cdots,a}\sum_{j=1,j\neq i}^{c}P(\omega_j \mid \boldsymbol{x})\tag{2-22}$$

正好为求最小条件错误概率。

因此，得出结论：最小错误率贝叶斯决策是在 0-1 损失函数条件下的最小风险贝叶斯决策，即前者是后者的特例。

2.4 朴素贝叶斯分类器

利用式(2-1)估计后验概率的困难在于：类条件概率 $p(\boldsymbol{x}|\omega_j)$是 $\boldsymbol{x}=[x_1\quad x_2\quad \cdots\quad x_n]^{\mathrm{T}}$ 所有属性上的联合概率，难以从有限的训练样本直接估计。朴素贝叶斯分类器（Naive Bayes Classifier）采用了属性条件独立性假设（Attribute Conditional Independence Assumption），即对已知类别，假设所有属性相互独立，按最大后验概率进行决策。

在属性相互独立条件下，类条件概率 $p(\boldsymbol{x}|\omega_j)$可表达为各属性概率密度的乘积，式(2-1)重写为

$$P(\omega_j \mid \boldsymbol{x})=\frac{p(\boldsymbol{x} \mid \omega_j)P(\omega_j)}{p(\boldsymbol{x})}=\frac{P(\omega_j)}{p(\boldsymbol{x})}\prod_{i=1}^{n}p(x_i \mid \omega_j),\quad j=1,2,\cdots,c\tag{2-23}$$

由于对于所有类而言 $p(\boldsymbol{x})$相同，所以修改最小错误率贝叶斯决策规则(2-6)为

$$若\ P(\omega_k)\prod_{i=1}^{n}p(x_i\mid\omega_k)=\max_{j=1,2,\cdots,c}P(\omega_j)\prod_{i=1}^{n}p(x_i\mid\omega_j),\quad 则\ \boldsymbol{x}\in\omega_k \tag{2-24}$$

这就是朴素贝叶斯分类器的表达式。朴素贝叶斯分类器基于训练集估计类先验概率，并为每个属性估计条件概率。

需要注意的是，朴素贝叶斯的属性条件独立性假设在现实任务中往往很难成立，人们尝试对该假设进行一定程度的放松，产生了其他的学习方法，可以参看相关资料。

scikit-learn 库中的 naive_bayes 模块提供了设计朴素贝叶斯分类器的系列模型，如 BernoulliNB、CategoricalNB、ComplementNB、GaussianNB、MultinomialNB，这里简要介绍假设各属性服从高斯分布的 GaussianNB 模型的主要方法。

(1) fit(X, y, sample_weight=None)：根据训练样本及其标签采用最大似然估计方法(见 3.2.1 节)估计高斯分布参数，创建高斯朴素贝叶斯分类器。

(2) predict(X)：利用分类器对样本集 X 中的样本进行决策。

(3) score(X, y, sample_weight=None)：获取分类器在给定测试数据集 X 上的平均准确度。

(4) predict_proba(X)：获取测试样本 X 的后验概率。

【例 2-6】 利用例 2-4 中的数据创建高斯朴素贝叶斯分类器，并对样本 $\boldsymbol{x}=[3\quad 1]^{\mathrm{T}}$ 进行决策归类。

程序如下：

```
import numpy as np
from sklearn.naive_bayes import GaussianNB
from matplotlib import pyplot as plt
training = np.array([[0, 0], [2, 0], [2, 2], [0, 2], [4, 4], [6, 4], [6, 6], [4, 6]])
label = np.array([1, 1, 1, 1, 2, 2, 2, 2])
gnb = GaussianNB()
gnb.fit(training, label)          # 创建高斯朴素贝叶斯分类器
X = np.array([[3, 1]])
y_pred = gnb.predict(X)           # 对样本 X 进行决策
print('X 属于第' + str(y_pred[0]) + '类')
p_pred = gnb.predict_proba(X)
print('X 的后验概率为:' + str(p_pred[0]))
s_pred = gnb.score(training, label)
print('分类器在训练集上的平均准确度为:' + str(s_pred))
    # 以下为绘制训练样本及待测样本，不同类样本区别表示
plt.rcParams['font.sans-serif'] = ['Times New Roman']
plt.scatter(training[0:4, 0], training[0:4, 1], c='b', marker='>', label='1')
plt.scatter(training[4:8, 0], training[4:8, 1], c='g', marker='<', label='2')
plt.scatter(X[0, 0], X[0, 1], c='r', marker='*', label='X')
plt.legend()
plt.show()
```

运行程序，绘制的样本分布图如图 2-3 所示，并输出：

```
X 属于第 1 类
X 的后验概率为:[9.99664650e-01 3.35350144e-04]
分类器在训练集上的平均准确度为: 1.0
```

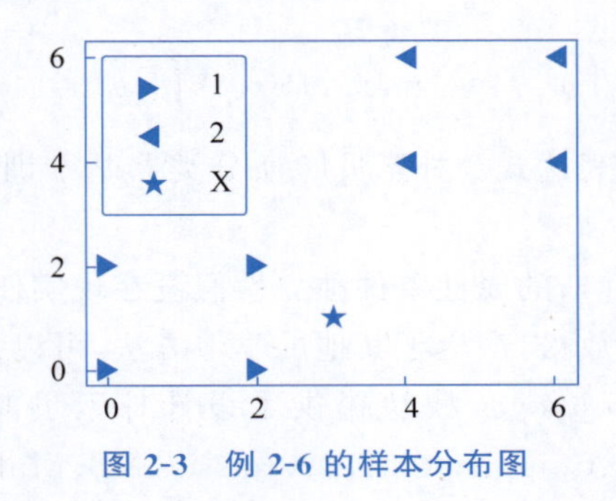

图 2-3　例 2-6 的样本分布图

2.5 Neyman-Pearson 决策规则

在某些应用中，希望保证某一类错误率为一个固定值，而使另一类错误率最小，这种决策规则称为 Neyman-Pearson 决策规则。

在 2.2.2 节讨论了错误率，ω_1 类样本被判为 ω_2 类的错误率为 $P_1(e)$，ω_2 类样本被判为 ω_1 类的错误率为 $P_2(e)$，Neyman-Pearson 决策规则是在 $P_2(e)$ 取常数 ε_0 时，使 $P_1(e)$ 最小。

解决这个问题，可以用拉格朗日乘数法求极值，定义拉格朗日函数为

$$L=P_1(e)+\lambda[P_2(e)-\varepsilon_0]=\int_{\Omega_2} p(\boldsymbol{x}\mid\omega_1)\mathrm{d}\boldsymbol{x}+\lambda\left[\int_{\Omega_1} p(\boldsymbol{x}\mid\omega_2)\mathrm{d}\boldsymbol{x}-\varepsilon_0\right] \tag{2-25}$$

考虑到概率密度函数的性质，有

$$\int_{\Omega_2} p(\boldsymbol{x}\mid\omega_1)\mathrm{d}\boldsymbol{x}=1-\int_{\Omega_1} p(\boldsymbol{x}\mid\omega_1)\mathrm{d}\boldsymbol{x} \tag{2-26}$$

将式(2-26)代入式(2-25)中得

$$L=(1-\lambda\varepsilon_0)+\int_{\Omega_1}[\lambda p(\boldsymbol{x}\mid\omega_2)-p(\boldsymbol{x}\mid\omega_1)]\mathrm{d}\boldsymbol{x} \tag{2-27}$$

在式(2-27)中，Ω_1 为变量，要使 L 最小，应选择 Ω_1 使积分项为负值，即

$$\text{若 } \lambda p(\boldsymbol{x}\mid\omega_2)<p(\boldsymbol{x}\mid\omega_1),\quad \text{则 } \boldsymbol{x}\in\omega_1 \tag{2-28}$$

同理可得

$$\int_{\Omega_1} p(\boldsymbol{x}\mid\omega_2)\mathrm{d}\boldsymbol{x}=1-\int_{\Omega_2} p(\boldsymbol{x}\mid\omega_2)\mathrm{d}\boldsymbol{x} \tag{2-29}$$

将式(2-29)代入式(2-25)中得

$$L=\lambda(1-\varepsilon_0)+\int_{\Omega_2}[p(\boldsymbol{x}\mid\omega_1)-\lambda p(\boldsymbol{x}\mid\omega_2)]\mathrm{d}\boldsymbol{x} \tag{2-30}$$

在式(2-30)中，Ω_2 为变量，要使 L 最小，应选择 Ω_2 使积分项为负值，即

$$\text{若 } p(\boldsymbol{x}\mid\omega_1)<\lambda p(\boldsymbol{x}\mid\omega_2),\quad \text{则 } \boldsymbol{x}\in\omega_2 \tag{2-31}$$

综合式(2-28)和式(2-31)得

$$\text{若}\frac{p(\boldsymbol{x}\mid\omega_1)}{p(\boldsymbol{x}\mid\omega_2)}\gtrless\lambda,\quad \text{则 } \boldsymbol{x}\in\begin{cases}\omega_1\\ \omega_2\end{cases} \tag{2-32}$$

归结为求解决策阈值 λ，不同的 λ 对应不同的分界面 $\boldsymbol{x}_\lambda$。由于 $P_2(e)=\int_{\Omega_1} p(\boldsymbol{x}\mid\omega_2)\mathrm{d}\boldsymbol{x}=$

$\int_{-\infty}^{x_\lambda} p(\boldsymbol{x} \mid \omega_2)\mathrm{d}\boldsymbol{x}$，$\boldsymbol{x}_\lambda$ 由 λ 决定，为 $P_2(e)$ 的函数，在 $P_2(e)$ 取常数 ε_0 时 λ 可确定。

【例 2-7】 在两类问题中，单个特征变量 x 的概率密度函数是高斯函数，方差均为 $\sigma^2=1$，均值分别为 -3 和 0，设 $P_2(e)=0.09$，求 Neyman-Pearson 规则决策阈值 λ。

解： 由题目可知，

$$p(x \mid \omega_1)=\frac{1}{\sqrt{2\pi}}\mathrm{e}^{[-(x+3)^2/2]},\quad p(x \mid \omega_2)=\frac{1}{\sqrt{2\pi}}\mathrm{e}^{(-x^2/2)}$$

Neyman-Pearson 决策规则为

$$若\frac{p(x \mid \omega_1)}{p(x \mid \omega_2)}=\mathrm{e}^{\frac{-6x-9}{2}} \gtrless \lambda,\quad 则\ x \in \begin{cases}\omega_1\\ \omega_2\end{cases}$$

即

$$若\ x \lessgtr -\frac{1}{3}\ln\lambda-\frac{3}{2},\quad 则\ x \in \begin{cases}\omega_1\\ \omega_2\end{cases}$$

判别边界为

$$\lambda=\mathrm{e}^{\frac{-6x-9}{2}}$$

第二类的错误率为

$$P_2(e)=\int_{-\infty}^{x_\lambda} p(x \mid \omega_2)\mathrm{d}x=\int_{-\infty}^{x_\lambda}\frac{1}{\sqrt{2\pi}}\mathrm{e}^{(-x^2/2)}\mathrm{d}x=0.09$$

由于 $p(x|\omega_2)$ 是标准正态分布，查标准正态分布表可知 $x_\lambda=-1.34$，则 $\lambda=0.6188$。

借助于标准正态分布表，计算第一类的错误率为

$$P_1(e)=\int_{x_\lambda}^{\infty} p(x \mid \omega_1)\mathrm{d}x=1-\int_{-\infty}^{x_\lambda}\frac{1}{\sqrt{2\pi}}\mathrm{e}^{\left[-\frac{(x+3)^2}{2}\right]}\mathrm{d}x=1-0.9515\approx 0.05$$

本例中概率密度函数分布如图 2-4 所示，中间竖线为分界面 x_λ。

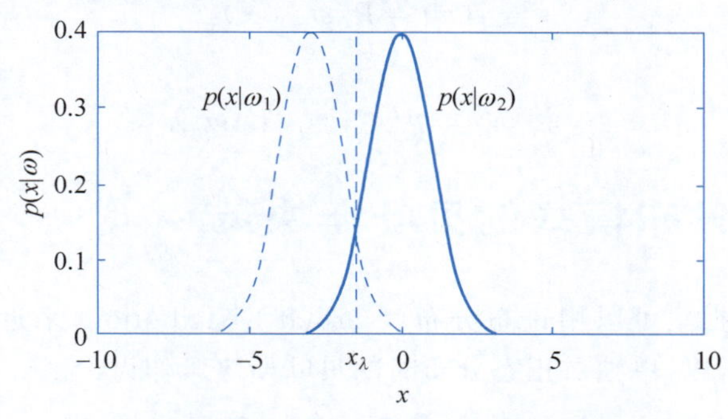

图 2-4　例 2-7 的概率密度函数分布

2.6　判别函数和决策面

对样本进行决策，归为 c 个类中的某一类，等价于将特征空间分为 c 个决策域（类别区域），划分这些区域的边界面称为决策面（Decision Surface），用数学解析式表达称为决策面方程。例如图 2-4 中虚竖线所示的即为决策面。而判别函数（Discriminant Function）是用

来表达决策规则的某种函数。

两类情况下，定义判别函数为

$$g(\boldsymbol{x})=g_1(\boldsymbol{x})-g_2(\boldsymbol{x}) \tag{2-33}$$

对应的决策规则为

$$\text{若 } g(\boldsymbol{x}) \gtrless 0, \quad \text{则 } \boldsymbol{x} \in \begin{cases}\omega_1 \\ \omega_2\end{cases} \tag{2-34}$$

决策面方程即为

$$g(\boldsymbol{x})=0 \tag{2-35}$$

例如，两类情况下最小错误率贝叶斯决策的判别函数可以表达为

$$g(\boldsymbol{x})=P(\omega_1 \mid \boldsymbol{x})-P(\omega_2 \mid \boldsymbol{x}) \tag{2-36}$$

或

$$g(\boldsymbol{x})=p(\boldsymbol{x} \mid \omega_1)P(\omega_1)-p(\boldsymbol{x} \mid \omega_2)P(\omega_2) \tag{2-37}$$

决策面方程表达为

$$P(\omega_1 \mid \boldsymbol{x})=P(\omega_2 \mid \boldsymbol{x}) \tag{2-38}$$

或

$$p(\boldsymbol{x} \mid \omega_1)P(\omega_1)=p(\boldsymbol{x} \mid \omega_2)P(\omega_2) \tag{2-39}$$

第 2 集
微课视频

多类情况下，定义一组判别函数为

$$g_j(\boldsymbol{x}), \quad j=1,2,\cdots,c \tag{2-40}$$

对应的决策规则为

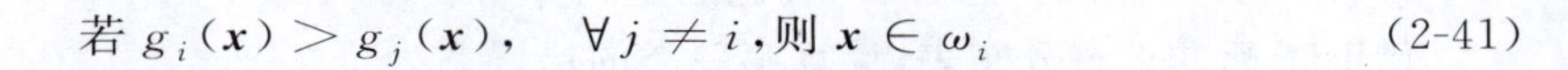

$$\text{若 } g_i(\boldsymbol{x})>g_j(\boldsymbol{x}), \quad \forall j \neq i, \text{则 } \boldsymbol{x} \in \omega_i \tag{2-41}$$

第 3 集
微课视频

决策面方程即为

$$g_i(\boldsymbol{x})=g_j(\boldsymbol{x}) \tag{2-42}$$

例如，多类情况下最小错误率贝叶斯决策的判别函数可以表达为

$$g_j(\boldsymbol{x})=P(\omega_j \mid \boldsymbol{x}) \tag{2-43}$$

或

$$g_j(\boldsymbol{x})=p(\boldsymbol{x} \mid \omega_j)P(\omega_j) \tag{2-44}$$

第 4 集
微课视频

2.7 正态分布模式的贝叶斯决策

实际中的许多数据集可以用正态分布(Normal Distribution)来近似，而且正态分布有利于进行数学分析，所以，单独对正态分布时的贝叶斯决策作讨论。

2.7.1 正态概率密度函数

1. 单变量正态分布

一维正态分布，也称为单变量正态分布，定义为

$$p(x)=\frac{1}{\sqrt{2\pi}\sigma}\exp\left[-\frac{(x-\mu)^2}{2\sigma^2}\right] \tag{2-45}$$

其中，μ 为随机变量 x 的期望，表示正态分布的中心，如式(2-46)所示；σ^2 为 x 的方差，表示正态分布的离散程度，如式(2-47)所示；σ 称为标准差。

$$\mu = E[x] = \int_{-\infty}^{\infty} x p(x) \mathrm{d}x \tag{2-46}$$

$$\sigma^2 = E[(x-\mu)^2] = \int_{-\infty}^{\infty} (x-\mu)^2 p(x) \mathrm{d}x \tag{2-47}$$

$p(x)$完全由μ和σ^2决定，一般表示为$N(\mu,\sigma^2)$。图2-5所示为两个单变量正态概率密度函数曲线，均值分别为-4和4；方差分别为$\sigma^2=0.4$以及$\sigma^2=1$。方差越大，曲线越宽，曲线以μ为中心对称。

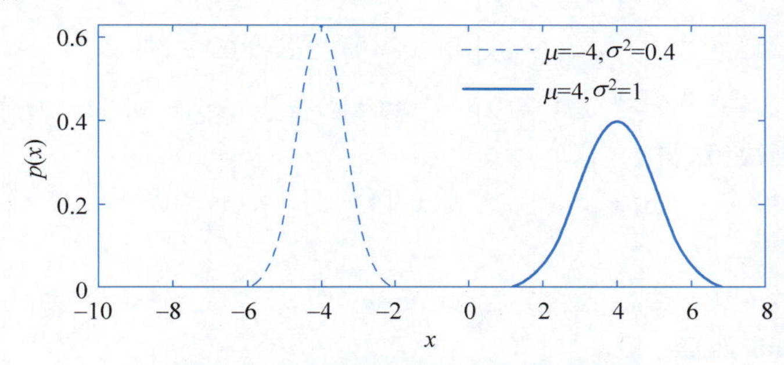

图2-5　两个单变量正态概率密度函数曲线

2. 多元正态分布

在n维特征空间中，多变量正态概率密度函数定义为

$$p(\boldsymbol{x}) = \frac{1}{(2\pi)^{n/2}|\boldsymbol{\Sigma}|^{1/2}} \exp\left[-\frac{1}{2}(\boldsymbol{x}-\boldsymbol{\mu})^{\mathrm{T}}\boldsymbol{\Sigma}^{-1}(\boldsymbol{x}-\boldsymbol{\mu})\right] \tag{2-48}$$

其中，$\boldsymbol{\mu}=[\mu_1 \quad \mu_2 \quad \cdots \quad \mu_n]^{\mathrm{T}}=E[\boldsymbol{x}]$，是$n$维均值列向量；$\boldsymbol{\Sigma}=E[(\boldsymbol{x}-\boldsymbol{\mu})(\boldsymbol{x}-\boldsymbol{\mu})^{\mathrm{T}}]$是$n\times n$的协方差矩阵，$|\boldsymbol{\Sigma}|$是$\boldsymbol{\Sigma}$的行列式；$\boldsymbol{\Sigma}^{-1}$是$\boldsymbol{\Sigma}$的逆矩阵。$p(\boldsymbol{x})$完全由$\boldsymbol{\mu}$和$\boldsymbol{\Sigma}$决定，一般表示为$N(\boldsymbol{\mu},\boldsymbol{\Sigma})$。

【例2-8】 有二维的三类别模式，各自的分布为：$p(\boldsymbol{x}|\omega_1)\sim N([0 \quad 0]^{\mathrm{T}},\boldsymbol{I})$，$p(\boldsymbol{x}|\omega_2)\sim N([1 \quad 1]^{\mathrm{T}},\boldsymbol{I})$，$p(\boldsymbol{x}|\omega_3)\sim N([0.5 \quad 0.5]^{\mathrm{T}},\boldsymbol{I})/2+N([-0.5 \quad 0.5]^{\mathrm{T}},\boldsymbol{I})/2$，$\boldsymbol{I}$为单位矩阵；三类先验概率相等，以最小错误率贝叶斯决策对点$\boldsymbol{x}=[0.3 \quad 0.3]^{\mathrm{T}}$进行分类。

解： 本题为多类别问题，采用式(2-7)所示判别规则，即

$$若\ p(\boldsymbol{x}\mid\omega_i)P(\omega_i)=\max_{j=1,2,\cdots,c} p(\boldsymbol{x}\mid\omega_j)P(\omega_j),\quad 则\ \boldsymbol{x}\in\omega_i$$

由于先验概率相等，规则简化为

$$若\ p(\boldsymbol{x}\mid\omega_i)=\max_{j=1,2,\cdots,c} p(\boldsymbol{x}\mid\omega_j),\quad 则\ \boldsymbol{x}\in\omega_i$$

因此，只需计算待分类点在三个正态分布的类条件概率密度函数中取值的大小即可实现判别。

设二维向量$\boldsymbol{x}=[x_1 \quad x_2]^{\mathrm{T}}$，简化三个类条件概率密度函数，得

$$p(\boldsymbol{x}\mid\omega_1)=\frac{1}{2\pi}\exp\left\{-\frac{1}{2}[x_1 \quad x_2]\begin{bmatrix}x_1\\x_2\end{bmatrix}\right\}=\frac{1}{2\pi}\exp\left\{-\frac{1}{2}(x_1^2+x_2^2)\right\}$$

$$\begin{aligned}p(\boldsymbol{x}\mid\omega_2)&=\frac{1}{2\pi}\exp\left\{-\frac{1}{2}[x_1-1 \quad x_2-1]\begin{bmatrix}x_1-1\\x_2-1\end{bmatrix}\right\}\\&=\frac{1}{2\pi}\exp\left\{-\frac{1}{2}[(x_1-1)^2+(x_2-1)^2]\right\}\end{aligned}$$

$$p(\boldsymbol{x} \mid \omega_3)=\frac{1}{4\pi}\exp\left\{-\frac{1}{2}[x_1-0.5 \quad x_2-0.5]\begin{bmatrix}x_1-0.5\\x_2-0.5\end{bmatrix}\right\}+$$

$$\frac{1}{4\pi}\exp\left\{-\frac{1}{2}[x_1+0.5 \quad x_2-0.5]\begin{bmatrix}x_1+0.5\\x_2-0.5\end{bmatrix}\right\}$$

将待分类点代入概率密度函数式，得

$$p(\boldsymbol{x}=[0.3 \quad 0.3]^{\mathrm{T}} \mid \omega_1)=\exp\{-0.09\}/2\pi \approx 0.1455$$

$$p(\boldsymbol{x}=[0.3 \quad 0.3]^{\mathrm{T}} \mid \omega_2)=\exp\{-0.49\}/2\pi \approx 0.0975$$

$$p(\boldsymbol{x}=[0.3 \quad 0.3]^{\mathrm{T}} \mid \omega_3)=\exp\{-0.04\}/4\pi+\exp\{-0.34\}/4\pi \approx 0.1330$$

利用规则进行判断决策，得

$$p(\boldsymbol{x} \mid \omega_1)>p(\boldsymbol{x} \mid \omega_3)>p(\boldsymbol{x} \mid \omega_2)$$

所以

$$\boldsymbol{x} \in \omega_1$$

3. Mahalanobis 距离

Mahalanobis 距离定义为

$$d_{\mathrm{m}}=\sqrt{(\boldsymbol{x}-\boldsymbol{\mu})^{\mathrm{T}}\boldsymbol{\Sigma}^{-1}(\boldsymbol{x}-\boldsymbol{\mu})} \tag{2-49}$$

简称为马氏距离。

距离在模式识别中是一种很重要的概念，一般认为同一类模式间的距离小，不同类模式间的距离大。欧几里得距离最常用，简称为欧氏距离，两个向量 $\boldsymbol{x}$ 和 $\boldsymbol{\mu}$ 之间的欧氏距离定义为

$$d_{\mathrm{o}}=\sqrt{(\boldsymbol{x}-\boldsymbol{\mu})^{\mathrm{T}}(\boldsymbol{x}-\boldsymbol{\mu})} \tag{2-50}$$

由马氏距离和欧氏距离的定义可以看出，当 $\boldsymbol{\Sigma}$ 为单位矩阵时，马氏距离即为欧氏距离。

由多元正态分布式(2-48)可知，对于一个确定的多元正态分布，$\boldsymbol{\Sigma}$、n 确定后，假如 d_{m}^2 为常数，则 $p(\boldsymbol{x})$ 的值不变，称此时 $\boldsymbol{x}$ 对应的点为等密度点。可以证明 d_{m}^2 为常数的解是一个超椭球面，因此，等密度点的轨迹是 $\boldsymbol{x}$ 到 $\boldsymbol{\mu}$ 的马氏距离为常数的超椭球面。

NumPy 库中的 random. Generator 类提供了生成服从不同概率分布数据的系列方法，如 binomial、exponential、lognormal、poisson、rayleigh、uniform 等，这里简要介绍生成服从正态分布的随机数据的几种方法。

(1) default_rng(seed=None)：采用默认的 PCG64 方法创建一个新的随机数据生成器。

(2) normal([loc, scale, size])：生成服从正态分布的随机数据，loc 是正态分布均值；scale 是正态分布的标准差；size 是输出随机数据的个数。

(3) multivariate_normal(mean, cov, size=None, check_valid='warn', tol=1e-8, *, method='svd')：生成服从多元正态分布随机向量；mean 为 n 维均值向量；cov 为 $n\times n$ 的协方差矩阵；size 指定输出数据矩阵的维数，若未指定，则输出单个 n 维样本；check_valid 指定协方差矩阵非正定时的处理方式；method 指定进行矩阵因子分解的方法；tol 是进行奇异值分解时的容差。

SciPy 库中的 stats 模块提供了大量关于数理统计的类和方法，其中，norm 类对应单变量正态分布；multivariate_normal 类对应多元正态分布，常用方法如下。

(1) rvs(loc=0, scale=1, size=1, random_state=None)：生成服从正态分布的随机数据。loc 和 scale 分别对应正态分布的均值和标准差；size 表示生成的随机数据数组的形状参数；random_state 设置随机数据生成模式，默认情况下多次生成的随机数据不一样，设置为整数时，以该整数为种子生成随机数据。

(2) rvs(mean=None, cov=1, size=1, random_state=None)：生成服从多元正态分布的随机向量。

(3) pdf(x, loc=0, scale=1)：计算 x 处单变量正态分布的概率密度函数值。logpdf 函数、cdf 函数和 pdf 函数的参数一致，分别计算给定点处的对数概率密度函数值和累积分布函数值。

(4) pdf(x, mean=None, cov=1, allow_singular=False)：计算多元正态分布的概率密度函数值。

(5) median(loc=0, scale=1)、mean(loc=0, scale=1)、var(loc=0, scale=1)、std(loc=0, scale=1)、stats(loc=0, scale=1, moments='mv')：分别计算单变量正态分布的中值、均值、方差、标准差以及同时计算单变量正态分布的均值、方差、偏度和峭度。

此外，scikit-learn 库中的 datasets 模块提供了一些用于仿真实验的数据集，可以直接导入；另有一些方法可以生成仿真用的样本。

【例 2-9】 设三类先验概率分别为 0.4、0.2 和 0.4，类条件概率密度服从正态分布，均值分别为 1、7 和 15；方差为 0.5、0.1 和 2。试采用 normal 方法生成 500 个样本，计算各点对应的概率密度函数取值并绘制概率密度函数图。

程序如下：

```
import numpy as np
from matplotlib import pyplot as plt
P, N = np.array([0.4, 0.2, 0.4]), 500                #三类先验概率及总样本数
mu1, mu2, mu3 = 1, 7, 15                             #三类均值
sigma1, sigma2, sigma3 = 0.5, 0.1, 2                 #三类方差
num1, num2, num3 = (N * P[0]).astype('int'), (N * P[1]).astype('int'), \
    (N * P[2]).astype('int')                         #三类样本数
#以下根据先验概率、均值、标准差生成样本，计算各样本对应概率密度函数取值，并绘制概率密度
#函数
R1 = np.random.default_rng().normal(mu1, sigma1 ** 0.5, num1)
R2 = np.random.default_rng().normal(mu2, sigma2 ** 0.5, num2)
R3 = np.random.default_rng().normal(mu3, sigma3 ** 0.5, num3)
p1 = np.exp( - (R1 - mu1) ** 2 / (2 * sigma1)) / np.sqrt(2 * np.pi * sigma1)
p2 = np.exp( - (R2 - mu2) ** 2 / (2 * sigma2)) / np.sqrt(2 * np.pi * sigma2)
p3 = np.exp( - (R3 - mu3) ** 2 / (2 * sigma3)) / np.sqrt(2 * np.pi * sigma3)
plt.plot(R1, p1, 'bx', label = '1')
plt.plot(R2, p2, 'r.', label = '2')
plt.plot(R3, p3, 'g+', label = '3')
plt.legend()
plt.xlabel('x')
plt.ylabel('p(x)')
plt.rcParams['font.sans-serif'] = ['Times New Roman']
plt.title('单变量正态分布', fontproperties = 'SimSun')
plt.show()
```

运行程序，生成的正态分布拟合曲线如图 2-6 所示，其中，“×”、“•”和“+”分别为第一

类、第二类和第三类样本点；由先验概率计算个数，分别为 200、100 和 200 个。

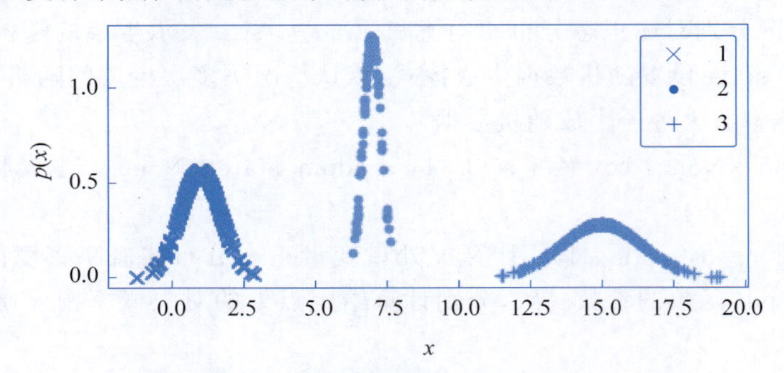

图 2-6 单变量正态分布拟合曲线

【例 2-10】 设三类先验概率分别为 0.6、0.3 和 0.1，类条件概率密度服从正态分布，均值分别为 $[1\quad 1]^T$、$[7\quad 7]^T$ 和 $[15\quad 1]^T$，协方差矩阵为 $\begin{bmatrix}12 & 0\\0 & 1\end{bmatrix}$、$\begin{bmatrix}8 & 3\\3 & 2\end{bmatrix}$ 和 $\begin{bmatrix}2 & 0\\0 & 2\end{bmatrix}$。试采用 multivariate_normal 方法生成 500 个样本向量，并绘制样本点以及均值为 $[0\quad 0]^T$、协方差矩阵为单位矩阵的正态分布概率密度函数图。

程序如下：

```
import numpy as np
from matplotlib import pyplot as plt
from scipy.stats import multivariate_normal as mvnorm
from mpl_toolkits import mplot3d
P, N, n = np.array([0.6, 0.3, 0.1]), 500, 2                     #设置先验概率、样本数及维数
mu1, mu2, mu3 = np.array([1, 1]), np.array([7, 7]), np.array([15, 1])
sigma1, sigma2, sigma3 = np.array([[12, 0], [0, 1]]), \
    np.array([[8, 3], [3, 2]]), np.array([[2, 0], [0, 2]])     #设置均值和协方差矩阵
num1, num2, num3 = (N * P[0]).astype('int'), (N * P[1]).astype('int'), \
                  (N * P[2]).astype('int')                      #根据先验概率设置各类样本数
#以下根据先验概率、均值向量、协方差矩阵生成样本向量并绘制样本散点图
R1 = np.random.default_rng().multivariate_normal(mu1, sigma1, num1)
R2 = np.random.default_rng().multivariate_normal(mu2, sigma2, num2)
R3 = np.random.default_rng().multivariate_normal(mu3, sigma3, num3)
plt.rcParams['font.sans-serif'] = ['Times New Roman']
plt.plot(R1[:, 0], R1[:, 1], 'bx', label = '1')
plt.plot(R2[:, 0], R2[:, 1], 'r.', label = '2')
plt.plot(R3[:, 0], R3[:, 1], 'g+', label = '3')
plt.legend()
plt.xlabel('x1')
plt.ylabel('x2')
plt.title('正态分布数据集', fontproperties = 'SimSun')
x1, x2 = np.mgrid[-4:4:0.1, -4:4:0.1]
X = np.dstack((x1, x2))                                        #生成二维平面上的点
mu, sigma = np.array([0, 0]), np.array([[1, 0], [0, 1]])       #正态分布参数
p = mvnorm.pdf(X, mu, sigma)                                   #生成二元正态概率密度函数值
fig = plt.figure()                                  #创建图形窗口以绘制二维正态分布概率密度函数
ax = plt.axes(projection = '3d')
ax.plot_surface(X[:, :, 0], X[:, :, 1], p, cmap = 'viridis', edgecolor = 'none')
ax.set_xlabel('x1')
ax.set_ylabel('x2')
```

```
ax.set_zlabel('p(x)')
ax.xaxis.set_pane_color((1.0, 1.0, 1.0, 1.0))
ax.yaxis.set_pane_color((1.0, 1.0, 1.0, 1.0))
ax.zaxis.set_pane_color((1.0, 1.0, 1.0, 1.0))
ax.set_title('二维正态分布概率密度函数', fontproperties = 'SimSun')
plt.show()
```

运行程序，生成的样本集如图 2-7(a)所示，其中，“×”、“•”和“+”分别为第一类、第二类和第三类样本点；由先验概率计算个数，分别为 300、150 和 50 个。绘制的二维正态分布概率密度函数曲线如图 2-7(b)所示，均值为 $[0 \quad 0]^{\mathrm{T}}$；协方差矩阵为单位矩阵。

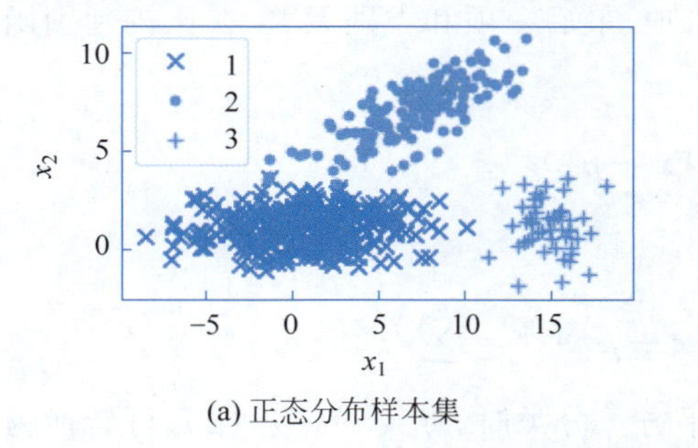

(a) 正态分布样本集

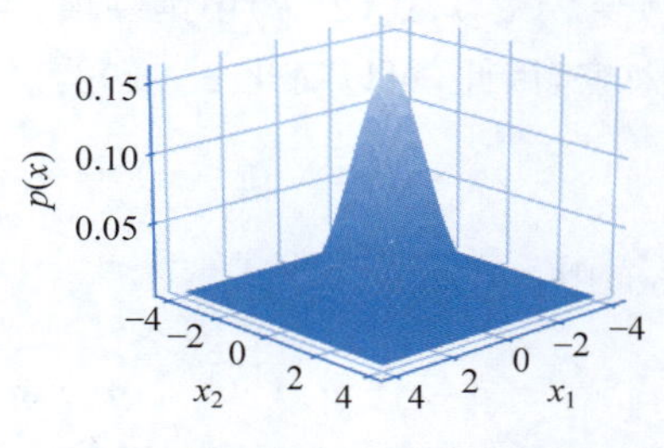

(b) 二维正态分布概率密度函数

图 2-7 二维正态分布

2.7.2 正态概率模型下的最小错误率贝叶斯分类器

利用判别函数对样本进行归类，只需判断函数值大小；由于对数函数的递增性，对式(2-44)取对数，不影响判别函数值的相对大小。因此，在牵涉指数运算时，可以定义判别函数为

$$g_j(\boldsymbol{x}) = \ln[p(\boldsymbol{x} \mid \omega_j)] + \ln[P(\omega_j)] \tag{2-51}$$

其中，$j=1,2,\cdots,c$。

设每类的样本服从多元正态分布，即类条件概率密度函数 $p(\boldsymbol{x}|\omega_j)$ 服从 $N(\boldsymbol{\mu}_j, \boldsymbol{\Sigma}_j)$ 分布，判别函数可以表达为

$$g_j(\boldsymbol{x}) = -\frac{n}{2}\ln 2\pi - \frac{1}{2}\ln|\boldsymbol{\Sigma}_j| - \frac{1}{2}(\boldsymbol{x}-\boldsymbol{\mu}_j)^{\mathrm{T}}\boldsymbol{\Sigma}_j^{-1}(\boldsymbol{x}-\boldsymbol{\mu}_j) + \ln P(\omega_j) \tag{2-52}$$

决策面方程为 $g_i(\boldsymbol{x}) = g_j(\boldsymbol{x})$，即

$$-\frac{1}{2}[(\boldsymbol{x}-\boldsymbol{\mu}_i)^{\mathrm{T}}\boldsymbol{\Sigma}_i^{-1}(\boldsymbol{x}-\boldsymbol{\mu}_i) - (\boldsymbol{x}-\boldsymbol{\mu}_j)^{\mathrm{T}}\boldsymbol{\Sigma}_j^{-1}(\boldsymbol{x}-\boldsymbol{\mu}_j)] - \frac{1}{2}\ln\frac{|\boldsymbol{\Sigma}_i|}{|\boldsymbol{\Sigma}_j|} + \ln\frac{P(\omega_i)}{P(\omega_j)} = 0 \tag{2-53}$$

当协方差矩阵$\boldsymbol{\Sigma}$ 呈现不同特性时，判别函数和决策面方程可以进一步简化。

1. 第一种情况：$\boldsymbol{\Sigma}_j = \sigma^2 \boldsymbol{I}$

这种情况下每一类的协方差矩阵都相等，且类内各特征相互独立(各协方差为 0)，具有相等的方差 σ^2，协方差矩阵$\boldsymbol{\Sigma}_j$ 如式(2-54)所示。

$$\boldsymbol{\Sigma}_j = \begin{bmatrix} \sigma^2 & \cdots & 0 \\ \vdots & \sigma^2 & \vdots \\ 0 & \cdots & \sigma^2 \end{bmatrix} \tag{2-54}$$

计算$\boldsymbol{\Sigma}_j$的行列式和逆矩阵，得

$$|\boldsymbol{\Sigma}_j|=\sigma^{2n} \tag{2-55}$$

$$\boldsymbol{\Sigma}_j^{-1}=\frac{\boldsymbol{\Sigma}_j^*}{|\boldsymbol{\Sigma}_j|}=\frac{1}{\sigma^2}\boldsymbol{I} \tag{2-56}$$

简化判别函数式(2-52)，得

$$g_j(\boldsymbol{x})=-\frac{n}{2}\ln 2\pi-\frac{1}{2}\ln\sigma^{2n}-\frac{1}{2\sigma^2}(\boldsymbol{x}-\boldsymbol{\mu}_j)^{\mathrm{T}}(\boldsymbol{x}-\boldsymbol{\mu}_j)+\ln P(\omega_j) \tag{2-57}$$

若$P(\omega_i)=P(\omega_j)$，式(2-57)中第一项、第二项、最后一项和类别无关，在比较判别函数大小时，可以忽略，因此，可以简化$g_j(\boldsymbol{x})$为

$$g_j(\boldsymbol{x})=-\frac{1}{2\sigma^2}(\boldsymbol{x}-\boldsymbol{\mu}_j)^{\mathrm{T}}(\boldsymbol{x}-\boldsymbol{\mu}_j) \tag{2-58}$$

在式(2-58)中，

$$(\boldsymbol{x}-\boldsymbol{\mu}_j)^{\mathrm{T}}(\boldsymbol{x}-\boldsymbol{\mu}_j)=\|\boldsymbol{x}-\boldsymbol{\mu}_j\|^2=\sum_{k=1}^{n}(x_k-\mu_{jk})^2 \tag{2-59}$$

此为$\boldsymbol{x}$到类ω_j的均值向量$\boldsymbol{\mu}_j$的欧氏距离平方。分类时，寻找$\max g_j(\boldsymbol{x})$，可转换为求最小的$\|\boldsymbol{x}-\boldsymbol{\mu}_j\|^2$，即最小欧氏距离分类器，这部分内容将在第5章进一步学习。

若$P(\omega_i)\neq P(\omega_j)$，式(2-57)中第一项、第二项和类别无关，简化$g_j(\boldsymbol{x})$为

$$g_j(\boldsymbol{x})=-\frac{1}{2\sigma^2}(\boldsymbol{x}-\boldsymbol{\mu}_j)^{\mathrm{T}}(\boldsymbol{x}-\boldsymbol{\mu}_j)+\ln P(\omega_j) \tag{2-60}$$

展开式(2-60)，得

$$g_j(\boldsymbol{x})=-\frac{1}{2\sigma^2}[\boldsymbol{x}^{\mathrm{T}}\boldsymbol{x}-2\boldsymbol{\mu}_j^{\mathrm{T}}\boldsymbol{x}+\boldsymbol{\mu}_j^{\mathrm{T}}\boldsymbol{\mu}_j]+\ln P(\omega_j)=\boldsymbol{w}_j^{\mathrm{T}}\boldsymbol{x}+w_{j0} \tag{2-61}$$

式中，$\boldsymbol{x}^{\mathrm{T}}\boldsymbol{x}$与类别$j$无关，可以忽略；$g_j(\boldsymbol{x})$是一个线性判别函数，此内容将在第4章详细学习。

【例 2-11】 二维空间两类均服从正态分布，$p(\boldsymbol{x}|\omega_1)\sim N([0\quad 0]^{\mathrm{T}},\boldsymbol{I})$，$p(\boldsymbol{x}|\omega_2)\sim N([1\quad 1]^{\mathrm{T}},\boldsymbol{I})$，先验概率相等，求最小错误率贝叶斯判别函数和决策面方程。

解： 两类服从正态分布，且

$$\boldsymbol{\Sigma}_1=\boldsymbol{\Sigma}_2=\boldsymbol{I},\quad P(\omega_1)=P(\omega_2)$$

由式(2-58)得判别函数为

$$g_j(\boldsymbol{x})=-\frac{1}{2}(\boldsymbol{x}-\boldsymbol{\mu}_j)^{\mathrm{T}}(\boldsymbol{x}-\boldsymbol{\mu}_j)$$

决策面方程为

$$g_1(\boldsymbol{x})=g_2(\boldsymbol{x})$$

设二维向量$\boldsymbol{x}=[x_1\quad x_2]^{\mathrm{T}}$，则决策面方程为

$$-\frac{1}{2}[x_1\quad x_2]\begin{bmatrix}x_1\\x_2\end{bmatrix}=-\frac{1}{2}[x_1-1\quad x_2-1]\begin{bmatrix}x_1-1\\x_2-1\end{bmatrix}$$

即

$$x_1+x_2=1$$

2. 第二种情况：$\boldsymbol{\Sigma}_j=\boldsymbol{\Sigma}$

在这种情况下，各类的协方差矩阵相等，判别函数为

$$g_j(\boldsymbol{x})=-\frac{n}{2}\ln 2\pi-\frac{1}{2}\ln|\boldsymbol{\Sigma}|-\frac{1}{2}(\boldsymbol{x}-\boldsymbol{\mu}_j)^{\mathrm{T}}\boldsymbol{\Sigma}^{-1}(\boldsymbol{x}-\boldsymbol{\mu}_j)+\ln P(\omega_j) \tag{2-62}$$

若 $P(\omega_i)=P(\omega_j)$，式(2-62)中第一项、第二项、最后一项和类别无关，因此，简化 $g_j(\boldsymbol{x})$ 为

$$g_j(\boldsymbol{x})=-\frac{1}{2}(\boldsymbol{x}-\boldsymbol{\mu}_j)^{\mathrm{T}}\boldsymbol{\Sigma}^{-1}(\boldsymbol{x}-\boldsymbol{\mu}_j)=-\frac{1}{2}d_{\mathrm{m}}^2 \tag{2-63}$$

d_{m}^2 为 $\boldsymbol{x}$ 到类 ω_j 的均值向量 $\boldsymbol{\mu}_j$ 的马氏距离的平方。分类时，寻找 $\max g_j(\boldsymbol{x})$，可转换为求最小的 d_{m}^2，即最小马氏距离分类器。

若 $P(\omega_i)\neq P(\omega_j)$，式(2-62)中第一项、第二项和类别无关，简化 $g_j(\boldsymbol{x})$ 为

$$g_j(\boldsymbol{x})=-\frac{1}{2}(\boldsymbol{x}-\boldsymbol{\mu}_j)^{\mathrm{T}}\boldsymbol{\Sigma}^{-1}(\boldsymbol{x}-\boldsymbol{\mu}_j)+\ln P(\omega_j) \tag{2-64}$$

展开式(2-64)，得

$$\begin{aligned} g_j(\boldsymbol{x}) &= -\frac{1}{2}[\boldsymbol{x}^{\mathrm{T}}\boldsymbol{\Sigma}^{-1}\boldsymbol{x}-\boldsymbol{\mu}_j^{\mathrm{T}}\boldsymbol{\Sigma}^{-1}\boldsymbol{x}-\boldsymbol{x}^{\mathrm{T}}\boldsymbol{\Sigma}^{-1}\boldsymbol{\mu}_j+\boldsymbol{\mu}_j^{\mathrm{T}}\boldsymbol{\Sigma}^{-1}\boldsymbol{\mu}_j]+\ln P(\omega_j) \\ &= \boldsymbol{w}_j^{\mathrm{T}}\boldsymbol{x}+w_{j0} \end{aligned} \tag{2-65}$$

式中，$\boldsymbol{x}^{\mathrm{T}}\boldsymbol{\Sigma}^{-1}\boldsymbol{x}$ 与类别无关，可以忽略，$g_j(\boldsymbol{x})$是一个线性判别函数。

【例 2-12】 三维空间两类分类问题，样本集为

$$\omega_1:\{[0\quad 0\quad 0]^{\mathrm{T}},[1\quad 0\quad 1]^{\mathrm{T}},[1\quad 0\quad 0]^{\mathrm{T}},[1\quad 1\quad 0]^{\mathrm{T}}\}$$

$$\omega_2:\{[0\quad 0\quad 1]^{\mathrm{T}},[0\quad 1\quad 1]^{\mathrm{T}},[0\quad 1\quad 0]^{\mathrm{T}},[1\quad 1\quad 1]^{\mathrm{T}}\}$$

模式类具有正态概率密度函数，先验概率相等，求两类模式间的贝叶斯判别函数和决策面方程。

分析：本例和例 2-11 的区别在于：本例给出的是服从正态分布的样本集，但不清楚均值向量和协方差矩阵，所以，首先需要估计这两个参数。参数的估计有特定的方法，本例中根据均值和协方差矩阵的定义，利用样本集计算。

解：参数计算，得

$$\begin{aligned} \boldsymbol{\mu}_1 &= \frac{1}{4}\{[0\quad 0\quad 0]^{\mathrm{T}}+[1\quad 0\quad 1]^{\mathrm{T}}+[1\quad 0\quad 0]^{\mathrm{T}}+[1\quad 1\quad 0]^{\mathrm{T}}\} \\ &= \frac{1}{4}[3\quad 1\quad 1]^{\mathrm{T}} \end{aligned}$$

$$\begin{aligned} \boldsymbol{\mu}_2 &= \frac{1}{4}\{[0\quad 0\quad 1]^{\mathrm{T}}+[0\quad 1\quad 1]^{\mathrm{T}}+[0\quad 1\quad 0]^{\mathrm{T}}+[1\quad 1\quad 1]^{\mathrm{T}}\} \\ &= \frac{1}{4}[1\quad 3\quad 3]^{\mathrm{T}} \end{aligned}$$

$$\boldsymbol{\Sigma}_1=E[(\boldsymbol{x}-\boldsymbol{\mu}_1)(\boldsymbol{x}-\boldsymbol{\mu}_1)^{\mathrm{T}}]$$

$$=\frac{1}{4}\times\frac{1}{16}\left\{\begin{matrix}\begin{bmatrix}-3\\-1\\-1\end{bmatrix}[-3\quad -1\quad -1]+\begin{bmatrix}1\\-1\\3\end{bmatrix}[1\quad -1\quad 3] \\ +\begin{bmatrix}1\\-1\\-1\end{bmatrix}[1\quad -1\quad -1]+\begin{bmatrix}1\\3\\-1\end{bmatrix}[1\quad 3\quad -1]\end{matrix}\right\}=\frac{1}{16}\begin{bmatrix}3 & 1 & 1\\1 & 3 & -1\\1 & -1 & 3\end{bmatrix}$$

$$\boldsymbol{\Sigma}_2=E[(\boldsymbol{x}-\boldsymbol{\mu}_2)(\boldsymbol{x}-\boldsymbol{\mu}_2)^{\mathrm{T}}]=\frac{1}{16}\begin{bmatrix}3 & 1 & 1\\ 1 & 3 & -1\\ 1 & -1 & 3\end{bmatrix}$$

$$\boldsymbol{\Sigma}_1=\boldsymbol{\Sigma}_2=\boldsymbol{\Sigma},\quad \boldsymbol{\Sigma}^{-1}=\begin{bmatrix}8 & -4 & -4\\ -4 & 8 & 4\\ -4 & 4 & 8\end{bmatrix}$$

因为先验概率相等，所以，判别函数为

$$g_j(\boldsymbol{x})=-\frac{1}{2}(\boldsymbol{x}-\boldsymbol{\mu}_j)^{\mathrm{T}}\boldsymbol{\Sigma}^{-1}(\boldsymbol{x}-\boldsymbol{\mu}_j)=-\frac{1}{2}d_{\mathrm{m}}^2$$

设三维向量 $\boldsymbol{x}=[x_1\quad x_2\quad x_3]^{\mathrm{T}}$，则决策面方程为

$$\begin{bmatrix}x_1-\frac{3}{4} & x_2-\frac{1}{4} & x_3-\frac{1}{4}\end{bmatrix}\begin{bmatrix}8 & -4 & -4\\ -4 & 8 & 4\\ -4 & 4 & 8\end{bmatrix}\begin{bmatrix}x_1-\frac{3}{4} & x_2-\frac{1}{4} & x_3-\frac{1}{4}\end{bmatrix}^{\mathrm{T}}$$

$$=\begin{bmatrix}x_1-\frac{1}{4} & x_2-\frac{3}{4} & x_3-\frac{3}{4}\end{bmatrix}\begin{bmatrix}8 & -4 & -4\\ -4 & 8 & 4\\ -4 & 4 & 8\end{bmatrix}\begin{bmatrix}x_1-\frac{1}{4} & x_2-\frac{3}{4} & x_3-\frac{3}{4}\end{bmatrix}^{\mathrm{T}}$$

即

$$2x_1-2x_2-2x_3+1=0$$

3. 第三种情况：$\boldsymbol{\Sigma}_i\neq\boldsymbol{\Sigma}_j$

这是多元正态分布的一般情况，判别函数如式(2-52)所示，可以去掉与类别无关的第一项，表示为

$$g_j(\boldsymbol{x})=-\frac{1}{2}\ln|\boldsymbol{\Sigma}_j|-\frac{1}{2}(\boldsymbol{x}-\boldsymbol{\mu}_j)^{\mathrm{T}}\boldsymbol{\Sigma}_j^{-1}(\boldsymbol{x}-\boldsymbol{\mu}_j)+\ln P(\omega_j) \tag{2-66}$$

可简化为 $\boldsymbol{x}$ 的二次型，决策面为超二次曲面。

【例 2-13】 设二维的两类样本服从正态分布，$\boldsymbol{\mu}_1=[1\quad 0]^{\mathrm{T}}$，$\boldsymbol{\mu}_2=[-1\quad 0]^{\mathrm{T}}$，$\boldsymbol{\Sigma}_1=\boldsymbol{I}$，$\boldsymbol{\Sigma}_2=2\boldsymbol{I}$，先验概率相等。试证明其基于最小错误率的贝叶斯决策分界面为一圆，并求方程。

解： 因为$\boldsymbol{\Sigma}_1\neq\boldsymbol{\Sigma}_2$，$P(\omega_1)=P(\omega_2)$，所以

$$g_j(\boldsymbol{x})=-\frac{1}{2}\ln|\boldsymbol{\Sigma}_j|-\frac{1}{2}(\boldsymbol{x}-\boldsymbol{\mu}_j)^{\mathrm{T}}\boldsymbol{\Sigma}_j^{-1}(\boldsymbol{x}-\boldsymbol{\mu}_j)$$

决策面方程为

$$\ln|\boldsymbol{\Sigma}_1|+(\boldsymbol{x}-\boldsymbol{\mu}_1)^{\mathrm{T}}\boldsymbol{\Sigma}_1^{-1}(x-\boldsymbol{\mu}_1)=\ln|\boldsymbol{\Sigma}_2|+(\boldsymbol{x}-\boldsymbol{\mu}_2)^{\mathrm{T}}\boldsymbol{\Sigma}_2^{-1}(\boldsymbol{x}-\boldsymbol{\mu}_2)$$

因为$\boldsymbol{\Sigma}_1=\boldsymbol{I}$，$\boldsymbol{\Sigma}_2=2\boldsymbol{I}$，所以，

$$|\boldsymbol{\Sigma}_1|=1,|\boldsymbol{\Sigma}_2|=4,\boldsymbol{\Sigma}_1^{-1}=\boldsymbol{I},\boldsymbol{\Sigma}_2^{-1}=\boldsymbol{I}/2$$

设二维向量 $\boldsymbol{x}=[x_1\quad x_2]^{\mathrm{T}}$，则决策面方程为

$$[x_1-1\quad x_2]\begin{bmatrix}x_1-1\\ x_2\end{bmatrix}=\ln 4+\frac{1}{2}[x_1+1\quad x_2]\begin{bmatrix}x_1+1\\ x_2\end{bmatrix}$$

可简化为

$$(x_1-3)^2+x_2^2=8+2\ln 4$$

由此可知，这个基于最小错误率的贝叶斯决策分界面为一圆。

2.7.3 仿真实现

scikit-learn 库中的 discriminant_analysis 模块针对服从高斯分布的数据，采用贝叶斯决策方法进行分类器设计和判别。其中，LinearDiscriminantAnalysis 模型针对所有类数据分布具有相同协方差矩阵的情况；QuadraticDiscriminantAnalysis 模型针对一般情况，两种模型的部分属性和方法见表 2-3。

表 2-3 discriminant_analysis 模块中两种模型的部分属性和方法

名称		含义
属性	coef_	权向量，LinearDiscriminantAnalysis 模型独有
	intercept_	线性判别函数中的常数项，LinearDiscriminantAnalysis 模型独有
	covariance_	类内加权协方差矩阵
	means_	类均值
	priors_	类先验概率
	n_features_in_	样本维数
方法	fit(X, y)	根据训练样本及其标签拟合模型
	predict(X)	利用模型对样本矩阵 X 中的样本进行决策
	score(X, y, sample_weight=None)	获取分类器在给定测试样本矩阵 X 上的平均准确度
	predict_proba(X)	获取测试样本的后验概率
	decision_function(X)	获取测试样本对应的判别函数值

【例 2-14】 三维空间两类分类问题，样本集为

$$\omega_1: \{[0\quad 0\quad 0]^T, [1\quad 0\quad 1]^T, [1\quad 0\quad 0]^T, [1\quad 1\quad 0]^T\}$$

$$\omega_2: \{[0\quad 0\quad 1]^T, [0\quad 1\quad 1]^T, [0\quad 1\quad 0]^T, [1\quad 1\quad 1]^T\}$$

模式类具有正态概率密度函数，先验概率相等，利用 LinearDiscriminantAnalysis 模型训练分类器，对样本 $[0\quad 0.6\quad 0.9]^T$ 进行判别并绘制分类决策面。

程序如下：

```
import numpy as np
from matplotlib import pyplot as plt
from sklearn.discriminant_analysis import LinearDiscriminantAnalysis
X = np.array([[0, 0, 0], [1, 0, 0], [1, 0, 1], [1, 1, 0],
              [0, 0, 1], [0, 1, 1], [0, 1, 0], [1, 1, 1]]) #训练样本
y = np.array([-1, -1, -1, -1, 1, 1, 1, 1])                  #类别标签
clf = LinearDiscriminantAnalysis()                           #创建模型
clf.fit(X, y)                                                #训练分类器
W, w0 = clf.coef_, clf.intercept_                            #判别函数系数
X_test = np.array([[0, 0.6, 0.9]])                           #待测样本
y_pred = clf.predict(X_test)                                 #对待测样本归类
p_pred = clf.predict_proba(X_test)                           #待测样本属于不同类的后验概率
f_pred = clf.decision_function(X_test)                       #待测样本对应判别函数的取值
plt.rcParams['font.sans-serif'] = ['Times New Roman']
ax = plt.axes(projection='3d')
pos = y > 0
ax.scatter(X[pos, 0], X[pos, 1], X[pos, 2], marker='x', c='r')
ax.scatter(X[~pos, 0], X[~pos, 1], X[~pos, 2], marker='+', c='g')
ax.scatter(X_test[0, 0], X_test[0, 1], X_test[0, 2], marker='>', c='b')
```

```
x1, x2 = np.mgrid[0:1:0.1, 0:1:0.1]
x3 = -(W[0][0] * x1 + W[0][1] * x2 + w0)/W[0][2]          #计算决策面上的点
ax.plot_surface(x1, x2, x3, cmap = 'viridis')              #绘制决策面
ax.set_xlabel('x1')
ax.set_ylabel('x2')
ax.set_zlabel('x3')
ax.xaxis.set_pane_color((1.0, 1.0, 1.0, 1.0))
ax.yaxis.set_pane_color((1.0, 1.0, 1.0, 1.0))
ax.zaxis.set_pane_color((1.0, 1.0, 1.0, 1.0))
ax.set_title('协方差矩阵相等的正态分布样本点及分界面', fontproperties = 'SimSun')
plt.show()
```

运行程序，绘制生成的样本点及分界面如图 2-8 所示。查看 coef_属性，可知决策面方程为$-6x_1+6x_2+6x_3-3=0$，和例 2-12 结果一致。

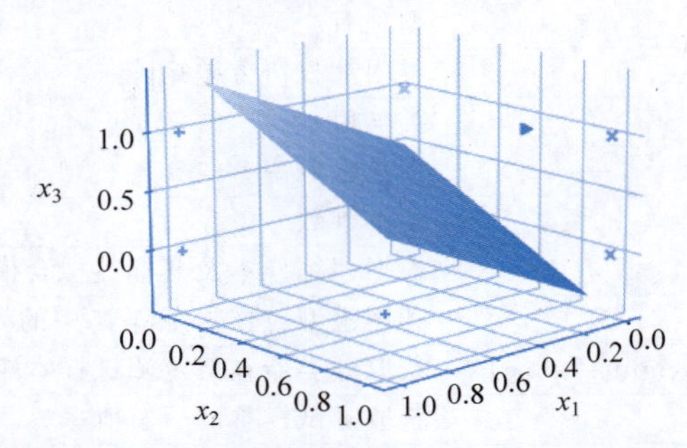

图 2-8 协方差矩阵相等的正态分布样本点及分界面

【例 2-15】 两类样本服从正态分布，$\boldsymbol{\mu}_1=[2\quad 0]^{\mathrm{T}}$，$\boldsymbol{\mu}_2=[-2\quad 0]^{\mathrm{T}}$，$\boldsymbol{\Sigma}_1=\boldsymbol{I}$，$\boldsymbol{\Sigma}_2=2\boldsymbol{I}$，先验概率相等，生成样本向量，利用二次判别分析(Quadratic Discriminant Analysis，QDA)模型训练分类器，并绘制决策面。

程序如下：

```
import numpy as np
from matplotlib import pyplot as plt
from sklearn.discriminant_analysis import QuadraticDiscriminantAnalysis
P, num = np.array([0.5, 0.5]), 200                          #两类先验概率和样本数
mu1, mu2 = np.array([2, 0]), np.array([-2, 0])              #两类均值向量
sigma1, sigma2 = np.array([[1, 0], [0, 1]]), np.array([[2, 0], [0, 2]])
X1 = np.random.default_rng().multivariate_normal(mu1, sigma1, num)
X2 = np.random.default_rng().multivariate_normal(mu2, sigma2, num)     #生成两类样本
X = np.concatenate((X1, X2))
y = np.ones(num * 2)
y[1:num] = -1                                               #设定两类标记
clf = QuadraticDiscriminantAnalysis()
clf.fit(X, y)                                               #训练二次判别分析分类器
xMax, xMin = np.max(X, 0), np.min(X, 0)
x1, x2 = np.mgrid[xMin[0]:xMax[0]:0.01, xMin[1]:xMax[1]:0.01]
X_test = np.concatenate((x1.reshape(-1, 1), x2.reshape(-1, 1)), 1)  #平面上点
f_pred = clf.decision_function(X_test)                      #对平面上点计算判别函数取值
plt.rcParams['font.sans-serif'] = ['Times New Roman']
plt.plot(X1[:, 0], X1[:, 1], 'b.', label = '1')
plt.plot(X2[:, 0], X2[:, 1], 'r+', label = '2')             #绘制样本点
db = plt.contour(x1, x2, f_pred.reshape(x1.shape), linestyles = '--', levels = [0])
plt.clabel(db, inline = 1, fontsize = 10)                   #绘制分界线
```

```
plt.legend()
plt.show()
```

程序运行结果如图 2-9 所示，由于两类协方差矩阵不相等，设计的分界线为曲线。

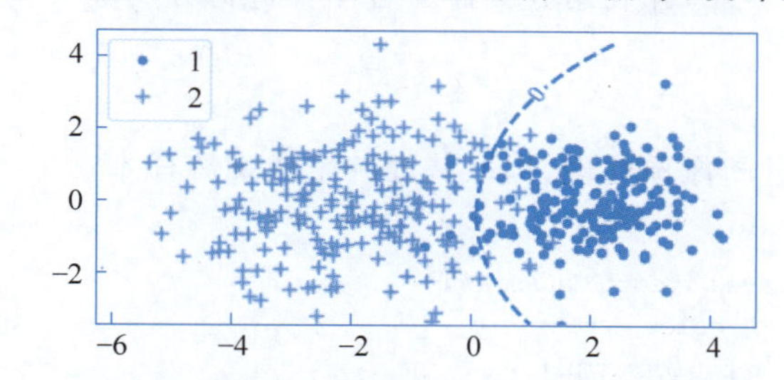

图 2-9 协方差矩阵不相等的正态分布样本点及分界线

2.8 贝叶斯决策的实例

【例 2-16】 由不同字体的数字图像构成的图像集，如图 2-10 所示，实现基于朴素贝叶斯分类器的数字识别。

图 2-10 实例采用的部分数字图像

1. 设计思路

如第 1 章所述，一个统计模式识别系统包括数据采集、预处理、特征提取、分类器设计与分类决策几部分，本例中已有输入的数据，实现数字识别需要完成后续三项任务。设计方案如图 2-11 所示。

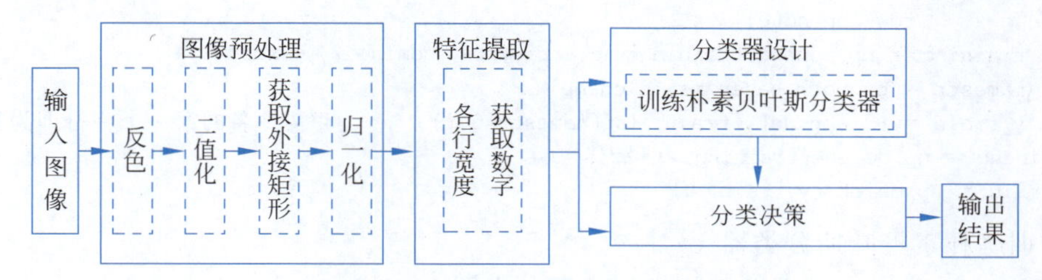

图 2-11 设计方案框图

原始图像为彩色图像，白色背景黑色数字，对其进行反色，将数字目标变为白色；进行二值化，将图像变为前景和背景，简化问题；通过确定数字的外接矩形截取数字所在区域，去除无关背景的影响；将数字区域归一化为 16×16 的子图像，避免尺寸造成的干扰。

由于各个数字上/中/下宽度不一样，所以统计图像每一行数字所占宽度，生成 1×16 的向量作为训练样本(仅适用于不同字体的数字，手写数字不一定符合这个规律)。

训练朴素贝叶斯分类器，并利用分类器对各图像进行分类决策。

2. 程序设计

1）生成训练样本

读取图像文件，经过图像预处理，提取特征并生成训练样本。

```
import numpy as np
from sklearn.naive_bayes import GaussianNB
from skimage import io, color, transform
from matplotlib import pyplot as plt
import tkinter as tk
from tkinter import filedialog
import os
import sys
#交互式选取训练样本图片并获取图片文件的完整路径
root = tk.Tk()
root.withdraw()
FilePath = filedialog.askopenfilenames(title='打开训练图像',
                                       filetypes=[('jpg 图片', '*.jpg')])
if len(FilePath) == 0:
    print("未选择训练图像")
    sys.exit()                              #如果没有选择图片文件，退出程序
n = 16
training = np.zeros([1, n])
y_train = np.zeros([1, 1])                  #初始化，设置训练变量 1×16、类别变量为空
for i, filename in enumerate(FilePath):
    Image = 1 - color.rgb2gray(io.imread(filename))      #读取图像、灰度化并反色
    edgey, edgex = np.where(Image >= 0.5)               #获取图像中目标位置
    BWI = Image[edgey.min():edgey.max(), edgex.min():edgex.max()]  #截取数字区域
    BWI = transform.resize(BWI, (n, n))                 #归一化
    row = []
    for j in range(n):
        pos = np.where(BWI[j, :] >= 0.5)
        if pos[0].size:
            row.append(pos[0].max() - pos[0].min() + 1)  #获取每一行宽度作为训练样本
        else:
            row.append(0)
    training = np.append(training, np.array(row, ndmin=2), axis=0)
    namestr = os.path.basename(filename)
    y_train = np.append(y_train, int(namestr[0]))        #文件名的第一个字符即为数字类别
training = np.delete(training, 0, axis=0)
y_train = np.delete(y_train, 0)
```

2）训练朴素贝叶斯分类器

采用 GaussianNB 模型训练朴素贝叶斯分类器。

```
gnb = GaussianNB()
gnb.fit(training, y_train)
```

3）对未知类别的样本进行决策归类

(1）首先利用所创建的朴素贝叶斯分类器对象对训练样本进行判别，获取各样本对应

的判断类别，与原始类别进行比对，并测算检测率。

```
y_pred = gnb.predict(training)
ratio_train = np.sum(y_train == y_pred)/y_train.size
```

（2）打开测试样本，和训练样本进行同样的预处理，并生成测试样本 testing，利用朴素贝叶斯分类器对测试样本进行判别，并测算检测率。

```
FilePath = filedialog.askopenfilenames(title = '打开测试图像',
                                       filetypes = [('jpg 图片', '*.jpg')])
if len(FilePath) == 0:
    print("未选择测试图像")
    sys.exit()
testing = np.zeros([1, n])
y_test = np.zeros([1, 1])
for i, filename in enumerate(FilePath):
    Image = 1 - color.rgb2gray(io.imread(filename))
    edgey, edgex = np.where(Image >= 0.5)
    BWI = Image[edgey.min():edgey.max(), edgex.min():edgex.max()]
    BWI = transform.resize(BWI, (n, n))
    row = []
    for j in range(n):
        pos = np.where(BWI[j, :] >= 0.5)
        if pos[0].size:
            row.append(pos[0].max() - pos[0].min() + 1)
        else:
            row.append(0)
    testing = np.append(testing, np.array(row, ndmin = 2), axis = 0)
    namestr = os.path.basename(filename)
    y_test = np.append(y_test, int(namestr[0]))
testing = np.delete(testing, 0, axis = 0)                #生成测试样本
y_test = np.delete(y_test, 0)
y_pred = gnb.predict(testing)
ratio_test = np.sum(y_test == y_pred)/y_test.size        #计算识别正确率
print("训练样本识别正确率：%.4f" % ratio_train)
print("测试样本识别正确率：%.4f" % ratio_test)
```

3. 结果与分析

运行程序，采用 10 个数字的共 50 幅图像进行训练；采用另外 30 幅图像进行测试。训练样本识别正确率达到了 100%；测试样本识别正确率仅达到 73.33%。

识别率的提高，取决于两方面的原因：提取的特征和采用的分类方法。本例中仅采用了数字每行的宽度作为训练样本，由于字体、预处理方法的影响，不同数字的宽度有可能区别不大，如图 2-12 所示的三种情况。在分类方法固定的情况下，提高特征的区别度有利于提高识别正确率。

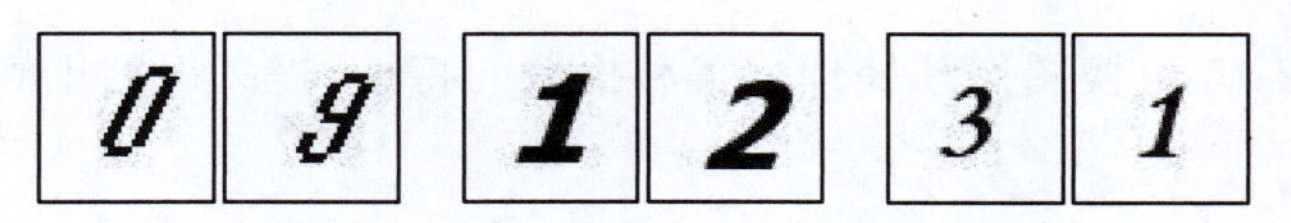

图 2-12 每行宽度相近的不同数字

本例对于训练样本识别正确率高，对测试样本识别正确率较低，正如第 1 章所述“在有限样本基础上建立认知，去认识未知事物，识别结果只能以一定的概率表达事物的真实类

别。依据有限样本全部正确划分为准则建立决策规则，需考虑为未来数据分析时的成功率，即推广性问题”。

本例通过对不同字体数字的识别，展示了从预处理、特征提取到分类识别的监督模式识别的过程。scikit-learn 库中的 datasets 模块提供了 load_digits 函数用于导入手写数字的图像数据集，该数据集每个样本是一幅 8×8 的图像，也可以用于仿真实验，但手写数字和本例中不同字体的数字特点不一样，本例中的特征不适用于该数据集。如果采用该数据集进行仿真，可以考虑选择合适的特征量，也可以直接将每个图像作为 64 维的样本，进行分类器的设计与分类决策。

习题

1. 简述最小错误率和最小风险贝叶斯决策规则。

2. 简述判别函数和决策面方程的含义。

3. 列出欧氏距离、马氏距离公式，说明二者之间的联系。

4. 设在一维特征空间中两类样本服从正态分布，其中 $\sigma_1=\sigma_2=1,\mu_1=0,\mu_2=3$，两类先验概率之比 $P(\omega_1)/P(\omega_2)=\mathrm{e}$，试求：

(1) 按最小错误率贝叶斯决策规则进行决策的决策分界面 x 的值。

(2) 设损失矩阵为 $\begin{bmatrix}0 & 0.5\\ 1.0 & 0\end{bmatrix}$，求最小风险准则下的判别阈值。

5. 二维空间的两类，均服从正态分布，且有相同的协方差矩阵为 $\boldsymbol{\Sigma}=\begin{bmatrix}1.1 & 0.3\\ 0.3 & 1.9\end{bmatrix}$，均值向量分别是 $\boldsymbol{\mu}_1=[0\quad 0]^{\mathrm{T}}$，$\boldsymbol{\mu}_2=[3\quad 3]^{\mathrm{T}}$，根据贝叶斯分类器确定样本 $[1.0\quad 2.2]^{\mathrm{T}}$ 属于哪一类。

6. 在两类一维分类问题中，两类的概率密度函数分别服从高斯分布 $N(0,\sigma^2)$、$N(1,\sigma^2)$，采用基于最小风险贝叶斯决策方法，请证明阈值 x_0 满足 $x_0=\frac{1}{2}-\sigma^2\ln\frac{\lambda_{21}P(\omega_2)}{\lambda_{12}P(\omega_1)}$，其中，假设 $\lambda_{11}=\lambda_{22}=0$。（提示：$\lambda_{ji}$ 是对 ω_j 的特征向量 $\boldsymbol{x}$ 采取决策 α_i 所带来的损失）

7. 设正态分布的均值分别为 $[1\quad 1]^{\mathrm{T}}$、$[14\quad 7]^{\mathrm{T}}$ 和 $[16\quad 1]^{\mathrm{T}}$，协方差矩阵均为 $\begin{bmatrix}5 & 3\\ 3 & 4\end{bmatrix}$，先验概率相等，根据这些正态分布参数生成 $N=1000$ 的数据集并绘制图形，计算样本 $[6\quad 4]^{\mathrm{T}}$ 到各类中心的马氏距离。

8. 对上题所生成的数据集，设计朴素贝叶斯分类器，对训练样本进行分类决策，并计算各类的分类误差。

9. 尝试对例 2-16 更换图像预处理方案和提取的特征，提高识别正确率。

第 3 章 概率密度函数的估计

CHAPTER 3

贝叶斯决策前提条件是已知各类的先验概率和类条件概率，但实际中所得到的只是样本集，需要由样本集计算所需的概率密度函数，即需要进行概率密度函数的估计。先验概率的估计可以由各类样本在总体样本集中所占的比例进行估计。本章主要介绍类条件概率密度估计的方法，即已知 $\omega_{j,j=1\sim c}$ 类中的若干样本 $\boldsymbol{x}_{i,i=1\sim N}$，采用某种规则估计出样本所属类的概率密度函数 $p(\boldsymbol{x}|\omega_j)$ 的方法。

3.1 基本概念

1. 概率密度函数的估计方法

概率密度函数的估计方法可以分为两大类，即参数估计（Parametric Estimation）和非参数估计（Nonparametric Estimation）。

如果已知类条件总体概率密度函数形式，未知其中部分或全部参数，用样本估计这些参数，称为参数估计。如例 2-12 中，已知样本集服从正态分布，未知正态分布的均值向量和协方差矩阵，根据样本集确定 $\boldsymbol{\mu}$ 和 $\boldsymbol{\Sigma}$，即参数估计。本章学习最大似然估计、最大后验估计和贝叶斯估计方法。

非参数估计指的是概率密度函数形式也未知，需要求函数本身。本章主要学习直方图方法、Parzen 窗法及 k_N 近邻密度估计法。

2. 参数估计的基本概念

参数估计是统计推断的基本问题之一，回顾一下涉及的几个基本概念。

（1）统计量。假如概率密度函数的形式已知，但表征函数的参数 θ 未知，则可将 θ 的估计值构造成样本的某种函数，这种函数称为统计量。

（2）参数空间：参数 θ 的取值范围称为参数空间，表示为 Θ。

（3）点估计、估计量和估计值：构造一个样本的函数 $\hat{\theta}$，将其观察值作为未知参数 θ 的估计，称为点估计；$\hat{\theta}$ 称为 θ 的估计量；由具体样本$(\boldsymbol{x}_1,\boldsymbol{x}_2,\cdots,\boldsymbol{x}_N)$作为自变量计算出来的 $\hat{\theta}(\boldsymbol{x}_1,\boldsymbol{x}_2,\cdots,\boldsymbol{x}_N)$值称为 θ 的估计值。

（4）区间估计：通过从总体中抽取的样本，根据一定的正确度与精确度的要求，构造出适当的区间，作为未知参数的真值所在范围的估计。这个区间称为置信区间。置信区间是一种常用的区间估计方法，是以统计量的置信上限和下限为上下界构成的区间。

本章要学习的参数估计属于点估计问题，点估计有不同的方法，同一参数用不同的估计方法求出的估计量可能不相同，需要合适的标准评估估计量。常用的标准有无偏性、有效性、一致性等，此处不再赘述，可以参看数理统计类资料。

3.2 参数估计

本节主要学习参数估计方法，包括最大似然估计（Maximum Likelihood Estimation，MLE）、最大后验（Maximum a Posteriori，MAP）估计、贝叶斯估计（Bayesian Estimation）方法。

3.2.1 最大似然估计

最大似然估计是通过定义似然函数，对似然函数求最大值，进而确定未知参数的估计值的方法。

1. 前提假设

最大似然估计方法的使用，需要满足下列基本假设：

(1) 待估计参数 θ 是确定（非随机）而未知的量。

(2) 样本集分成 c 类 $\mathscr{X}_1,\mathscr{X}_2,\cdots,\mathscr{X}_c$，$\mathscr{X}_j$ 的样本是从概率密度为 $p(\boldsymbol{x}|\omega_j)$ 的总体中独立抽取出来的，即满足独立同分布条件。

(3) 类条件概率密度 $p(\boldsymbol{x}|\omega_j)$ 具有某种确定的函数形式，其参数 θ_j 未知，可以把 $p(\boldsymbol{x}|\omega_j)$ 表达为 $p(\boldsymbol{x}|\omega_j,\theta_j)$ 或 $p(\boldsymbol{x}|\theta_j)$，表示与 θ_j 有关。

(4) 不同类别的参数在函数上独立，可以分别对每一类单独处理。

在这些假设的前提下，参数估计的问题描述为：分别从概率密度为 $p(\boldsymbol{x}|\omega_j)$ 的总体中独立抽取，构成 c 个样本集 $\mathscr{X}_1,\mathscr{X}_2,\cdots,\mathscr{X}_c$，利用 $\mathscr{X}_j$ 的样本估计 $p(\boldsymbol{x}|\omega_j)$ 的参数 θ_j。

2. 似然函数

样本集 $\mathscr{X}$ 包含 N 个样本，即 $\mathscr{X}=\{\boldsymbol{x}_1,\boldsymbol{x}_2,\cdots,\boldsymbol{x}_N\}$，各样本相互独立，获得样本集的概率 $l(\theta)$ 即各个样本的联合概率，定义 $l(\theta)$ 为样本集 $\mathscr{X}$ 的似然函数（Likelihood Function），如式(3-1)所示。

$$l(\theta)=p(\mathscr{X}\mid\theta)=p\{\boldsymbol{x}_1,\boldsymbol{x}_2,\cdots,\boldsymbol{x}_N\mid\theta\}=\prod_{i=1}^{N}p(\boldsymbol{x}_i\mid\theta) \tag{3-1}$$

由于各样本为相互独立抽取，所以 N 个随机变量 $\boldsymbol{x}_1,\boldsymbol{x}_2,\cdots,\boldsymbol{x}_N$ 的联合概率密度 $p\{\boldsymbol{x}_1,\boldsymbol{x}_2,\cdots,\boldsymbol{x}_N|\theta\}$ 等于各自概率密度的乘积。

独立抽取时，样本集中的样本最有可能来源于概率密度最大的情况。似然函数定义为联合概率密度，样本独立抽取时为概率密度的乘积，所以，已知一组样本，最有可能来自似然函数最大所对应的情况。因此，可以利用似然函数作参数估计。令 $l(\theta)$ 为样本集的似然函数，如果 $\hat{\theta}$ 是参数空间中使 $l(\theta)$ 最大化的值，那么 $\hat{\theta}$ 为 θ 的最大似然估计量，如式(3-2)所示。

$$\hat{\theta}=\arg\ \max l(\theta) \tag{3-2}$$

至此，估计问题转换为求极值的问题。

为便于分析，可以采用对数函数将连乘转换为累加，定义对数似然函数为

$$h(\theta)=\ln l(\theta)=\sum_{i=1}^{N}\ln p(\boldsymbol{x}_i \mid \theta) \tag{3-3}$$

由于对数函数的单调性，使对数似然函数 $h(\theta)$ 最大的 $\hat{\theta}$ 也必然使得似然函数 $l(\theta)$ 最大。

3. 求解估计量

通过定义似然函数，将估计问题转换为求极值的问题。根据未知量 θ 的情况，最大似然估计量的求解可以分为如下几种情况。

1）未知参数为一元情况

只有一个未知参数，最大似然估计量是式(3-4)或式(3-5)的解。

$$\frac{\mathrm{d}l(\theta)}{\mathrm{d}\theta}=0 \tag{3-4}$$

或

$$\frac{\mathrm{d}h(\theta)}{\mathrm{d}\theta}=0 \tag{3-5}$$

【例 3-1】 设样本服从指数分布，密度函数为 $p(x)=\begin{cases}\lambda \mathrm{e}^{-\lambda x}, & x\geqslant 0\\ 0, & x<0\end{cases}$，求 λ 的最大似然估计量。

解： 设样本集 $\mathscr{X}=\{x_1,x_2,\cdots,x_N\}$，定义似然函数为

$$l(\theta)=\prod_{i=1}^{N}\lambda \mathrm{e}^{-\lambda x_i}$$

λ 是未知参数。定义对数似然函数为

$$h(\theta)=\ln l(\theta)=\sum_{i=1}^{N}\ln(\lambda \mathrm{e}^{-\lambda x_i})=\sum_{i=1}^{N}(\ln\lambda-\lambda x_i)=N\ln\lambda-\sum_{i=1}^{N}\lambda x_i$$

因为

$$\theta=\lambda$$

所以

$$\frac{\mathrm{d}h}{\mathrm{d}\lambda}=\frac{N}{\lambda}-\sum_{i=1}^{N}x_i=0$$

所以

$$\hat{\lambda}=\frac{N}{\sum_{i=1}^{N}x_i}=\frac{1}{\bar{x}}$$

λ 的最大似然估计量为 $1/\bar{x}$，即为样本均值的倒数。

2）未知参数为多元情况

$\boldsymbol{\theta}=[\theta_1 \quad \theta_2 \quad \cdots \quad \theta_s]^{\mathrm{T}}$ 是由多个未知参数组成的向量，似然函数对 $\boldsymbol{\theta}$ 各分量分别求导，组成方程组，求最值，即解

$$\frac{\partial l(\boldsymbol{\theta})}{\partial\theta_1}=0,\frac{\partial l(\boldsymbol{\theta})}{\partial\theta_2}=0,\cdots,\frac{\partial l(\boldsymbol{\theta})}{\partial\theta_s}=0 \tag{3-6}$$

或

$$\frac{\partial h(\boldsymbol{\theta})}{\partial \theta_1}=0,\frac{\partial h(\boldsymbol{\theta})}{\partial \theta_2}=0,\cdots,\frac{\partial h(\boldsymbol{\theta})}{\partial \theta_s}=0 \tag{3-7}$$

【例 3-2】 设 x 服从正态分布 $N(\mu,\sigma^2)$，其中参数 μ、σ^2 未知，求它们的最大似然估计量。

解： 设样本集 $\mathscr{X}=\{x_1,x_2,\cdots,x_N\}$，定义似然函数为

$$l(\boldsymbol{\theta})=\prod_{i=1}^{N} p(x_i \mid \boldsymbol{\theta})$$

定义对数似然函数并简化为

$$\begin{aligned} h(\boldsymbol{\theta}) &= \ln l(\boldsymbol{\theta})=\sum_{i=1}^{N}\ln p(x_i \mid \boldsymbol{\theta})=\sum_{i=1}^{N}\ln\left\{\frac{1}{\sqrt{2\pi}\sigma}\exp\left[-\frac{(x_i-\mu)^2}{2\sigma^2}\right]\right\} \\ &= \sum_{i=1}^{N}\left[-\frac{1}{2}\ln 2\pi-\frac{1}{2}\ln\sigma^2-\frac{(x_i-\mu)^2}{2\sigma^2}\right] \\ &= -\frac{N}{2}\ln 2\pi-\frac{N}{2}\ln\sigma^2-\sum_{i=1}^{N}\frac{(x_i-\mu)^2}{2\sigma^2} \end{aligned}$$

因为

$$\boldsymbol{\theta}=[\mu,\sigma^2]^{\mathrm{T}}$$

所以

$$\begin{cases} \dfrac{\partial h}{\partial \mu}=-\displaystyle\sum_{i=1}^{N}-\frac{2(x_i-\mu)}{2\sigma^2}=\sum_{i=1}^{N}\frac{x_i-\mu}{\sigma^2}=0 \\ \dfrac{\partial h}{\partial \sigma^2}=-\dfrac{N}{2\sigma^2}+\dfrac{1}{2(\sigma^2)^2}\displaystyle\sum_{i=1}^{N}(x_i-\mu)^2=0 \end{cases}$$

$$\begin{cases} \hat{\mu}=\dfrac{1}{N}\displaystyle\sum_{i=1}^{N}x_i=\bar{x} \\ \hat{\sigma}^2=\dfrac{1}{N}\displaystyle\sum_{i=1}^{N}(x_i-\bar{x})^2 \end{cases}$$

$\hat{\mu}$ 和 $\hat{\sigma}^2$ 是 μ、σ^2 的最大似然估计量。

3）特殊情况

如果导数方程无解，可以根据具体数据来定。

【例 3-3】 设 $\mathscr{X}=\{x_1,x_2,\cdots,x_N\}$ 是来自 $p(\mathscr{X}|\theta)$ 的随机样本，当 $0\leqslant x\leqslant\theta$ 时，$p(x|\theta)=1/\theta$；否则为 0。证明 θ 的最大似然估计量是 $\max\limits_i x_i$。

解： 定义似然函数为

$$l(\theta)=\prod_{i=1}^{N} p(x_i \mid \theta)=\prod_{i=1}^{N}\frac{1}{\theta}$$

对数似然函数为

$$h(\theta)=\ln l(\theta)=-N\ln\theta$$

令导数为零得

$$\frac{\mathrm{d}h}{\mathrm{d}\theta}=-N\cdot\frac{1}{\theta}=0$$

方程的解为无穷大，但实际问题中 $\theta\neq\infty$。已知有 N 个随机样本，且 $0\leqslant x\leqslant\theta$ 时，$p(x|\theta)=$

$1/\theta$，所以，取 $\hat{\theta}$ 为样本中的最大值，即 θ 的最大似然估计量是$\max\limits_i x_i$。

三个例题分别实现了对指数分布、正态分布和均匀分布参数的最大似然估计，其他不同分布参数估计的过程类似，即为：①生成数据集；②定义似然函数或对数似然函数；③对函数求最大值得参数的最大似然估计量。

4. 仿真实现

SciPy 库的 stats 模块中，基类 rv_discrete 用于构造离散随机变量的特定分布，派生出 bernoulli、binom、poisson、randint 等子类，每个子类具有大量方法，其中，rvs 方法用于生成给定分布的随机变量，pmf、logpmf、cdf 方法分别计算给定分布在给定点的概率质量函数值、概率质量函数对数值、累积分布函数值；基类 rv_continuous 用于构造连续随机变量的特定分布，派生出 beta、exponnorm、lognorm、norm、uniform 等子类，每个子类具有 rvs、pdf、logpdf、cdf、fit 等方法，fit 方法采用最大似然估计方法估计数据分布的相关参数（也可以采用矩估计的方法）。

【例 3-4】 利用 norm 类方法生成正态分布数据，并采用 fit 方法对参数进行估计。

程序如下：

```
import numpy as np
from scipy.stats import norm
x = norm.rvs(0, 1, size = 1000)                       # 生成单变量的正态分布数据
mu1, sigma1 = np.mean(x), np.std(x)     # 采用 NumPy 库函数估计参数,标准差的估计采用了 MLE 方法
mu2, sigma2 = norm.fit(x)                             # 采用 SciPy 库函数估计参数
print("正态分布均值为: %.4f" % mu2)
print("正态分布标准差为: %.4f" % sigma2)
```

运行程序，将输出以下内容：

```
正态分布均值为: -0.0316
正态分布标准差为: 0.9764
```

【例 3-5】 scikit-learn 中的 diabetes 数据集中有 442 名病人的各 10 个体检数据，包括年龄、性别、BMI 体重指数、血压以及 6 个血检指标，读取该数据集，对 BMI 体重指数进行正态分布拟合，并绘制概率密度函数曲线。

程序如下：

```
from scipy.stats import norm
from sklearn.datasets import load_diabetes
from matplotlib import pyplot as plt
db_data = load_diabetes()                             # 导入数据集
bmi_order = db_data.feature_names.index('bmi')        # 查看 BMI 数据是第几项
X = db_data.data[:, bmi_order]                        # 获取 BMI 数据
mu, sigma = norm.fit(X)                               # 采用 SciPy 库函数估计参数
p = norm.pdf(X, mu, sigma)                            # 计算概率密度函数值
print("均值为: %.4f" % mu, "标准差为: %.4f" % sigma)
plt.rcParams['font.sans-serif'] = ['Times New Roman']
plt.plot(X, p, 'k+')                                  # 绘制概率密度函数曲线
plt.xlabel('x')
plt.ylabel('p(x)')
plt.show()
```

运行程序，生成 BMI 数据的正态概率密度函数如图 3-1 所示，并输出以下内容：

```
均值为: -0.0000 , 标准差为: 0.0476
```

diabetes 数据集中的每项数据都进行过标准化，每列数据均值为 0 且平方和为 1，估计结果和实际情况一致。

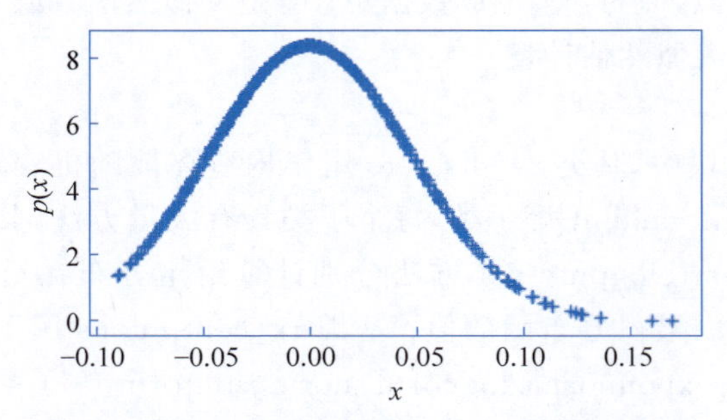

图 3-1 BMI 数据对应的正态概率密度函数曲线

3.2.2 最大后验估计

在最大似然估计中，认为参数 θ 是确定的量，假如把 θ 看作随机变量，在估计中，需要考虑 θ 本身服从的分布。因此，利用贝叶斯公式计算 θ 的后验概率，最大后验概率对应的参数值为参数的估计值，这种方法即是最大后验估计。

1. 基本原理

第 5 集
微课视频

设参数 θ 是先验概率为 $P(\theta)$ 的随机变量，其取值和样本集有关。设样本集为 $\mathscr{X}=\{x_1, x_2, \cdots, x_N\}$，各样本相互独立，使 $P(\theta|\mathscr{X})$ 取最大值的 $\hat{\theta}$ 为 θ 的最大后验估计。通过贝叶斯公式进行 $P(\theta|\mathscr{X})$ 的计算，如式(3-8)所示。

$$P(\theta \mid \mathscr{X})=\frac{P(\theta)p(\mathscr{X} \mid \theta)}{p(\mathscr{X})}=\frac{P(\theta)p(\mathscr{X} \mid \theta)}{\int P(\theta)p(\mathscr{X} \mid \theta)\mathrm{d}\theta} \tag{3-8}$$

式中，$p(\mathscr{X}|\theta)$ 是样本集 $\mathscr{X}$ 的似然函数，如式(3-1)所示。

由于 $p(\mathscr{X})$ 相对于 θ 独立，最大后验估计即是求解如下问题：

$$\arg\ \max_{\theta} P(\theta)l(\theta) \tag{3-9}$$

或

$$\arg\ \max_{\theta}[\ln P(\theta)+\ln l(\theta)] \tag{3-10}$$

假设 θ 本身服从均匀分布，即对于所有的 θ，$P(\theta)$ 是常量，比较式(3-9)和式(3-2)，两者一致，即最大后验估计和最大似然估计结果一致；一般情况下，两种估计会得到不同的结果。

【例 3-6】 设 $\mathscr{X}=\{x_1, x_2, \cdots, x_N\}$ 是来自总体分布为 $N(\mu, \sigma^2)$ 的样本集，已知 μ 服从 $N(\mu_0, \sigma_0^2)$ 分布，假设 σ^2 已知，用最大后验估计的方法求 μ 的估计量 $\hat{\mu}$。

解： 确定 μ 的先验分布 $P(\mu)$。已知 μ 服从 $N(\mu_0, \sigma_0^2)$ 分布，得

$$P(\mu)=\frac{1}{\sqrt{2\pi}\sigma_0}\exp\left[-\frac{1}{2}\left(\frac{\mu-\mu_0}{\sigma_0}\right)^2\right]$$

求样本联合分布 $p(\mathscr{X}|\mu)$，即似然函数 $l(\mu)$。样本集 $\mathscr{X}$ 总体分布为 $N(\mu, \sigma^2)$，即

$p(x_i|\mu) \sim N(\mu,\sigma^2)$。

所以

$$l(\mu)=\prod_{i=1}^{N}p(x_i \mid \mu)=\prod_{i=1}^{N}\frac{1}{\sqrt{2\pi}\sigma}\exp\left[-\frac{1}{2}\left(\frac{x_i-\mu}{\sigma}\right)^2\right]$$

定义准则函数 $J(\mu)$ 为

$$\begin{aligned}J(\mu)&=\ln P(\mu)+\ln l(\mu)\\&=-\ln\sqrt{2\pi}\sigma_0-\frac{1}{2}\left(\frac{\mu-\mu_0}{\sigma_0}\right)^2-N\ln\sqrt{2\pi}\sigma-\sum_{i=1}^{N}\frac{1}{2}\left(\frac{x_i-\mu}{\sigma}\right)^2\end{aligned}$$

求导数并令其等于零

$$\frac{\mathrm{d}J}{\mathrm{d}\mu}=-\frac{1}{\sigma_0}\left(\frac{\mu-\mu_0}{\sigma_0}\right)+\sum_{i=1}^{N}\frac{1}{\sigma}\left(\frac{x_i-\mu}{\sigma}\right)=0$$

简化为

$$\frac{\mu_0}{\sigma_0^2}+\frac{1}{\sigma^2}\sum_{i=1}^{N}x_i-\left(\frac{1}{\sigma_0^2}+\frac{N}{\sigma^2}\right)\mu=0$$

得 μ 的最大后验估计量为

$$\hat{\mu}=\frac{\sigma^2}{\sigma^2+\sigma_0^2N}\mu_0+\frac{\sigma_0^2}{\sigma^2+\sigma_0^2N}\sum_{i=1}^{N}x_i$$

2. 仿真实现

【例 3-7】 设 $\mathscr{X}=\{x_1,x_2,\cdots,x_N\}$是来自总体分布为对数正态分布的样本集，对数正态分布的概率密度函数为 $p(x)=\frac{1}{\sigma x\sqrt{2\pi}}\exp\left[-\frac{(\ln x-\mu)^2}{2\sigma^2}\right]$，$(x>0)$。已知 μ 服从 $N(0,3)$分布，$\sigma=2$，用最大后验估计的方法求 μ 的估计量 $\hat{\mu}$。

分析：设定均值 μ，标准差 $\sigma=2$，生成对数正态分布样本；设定 μ 的取值范围为[$-5,5$]，计算准则 $J(\mu)=\ln P(\mu)+\ln l(\mu)$的取值，并取最大值对应的 μ 作为估计值。

仿真函数：

题目中 $\ln x\sim N(\mu,\sigma^2)$，$x$ 服从对数正态分布，x 的期望和方差分别为 $e^{\mu+\sigma^2/2}$ 和 $(e^{\sigma^2}-1)e^{2\mu+\sigma^2}$。SciPy 库 stats 模块的 lognorm 类封装了对数正态分布的相关方法，下面简要介绍主要的方法。

(1) pdf(x, s, loc=0, scale=1)：计算 x 处对数正态分布概率密度函数取值。s 是正态分布的标准差，loc 和 scale 是分布平移和缩放参数，lognorm.pdf(x, s, loc, scale)相当于 lognorm.pdf((x−loc)/scale, s)/scale。logpdf、cdf、logcdf 函数和 pdf 函数参数一致，分别用于计算 x 处的对数概率密度函数值、累积分布函数值和对数累积分布函数值。

(2) rvs(s, loc=0, scale=1, size=1, random_state=None)：生成服从对数正态分布的随机数。如果 $\ln x\sim N(\mu,\sigma^2)$，那么 x 服从对数正态分布，设置参数 s 为 σ、scale 为 $\exp(\mu)$。

(3) median(s, loc=0, scale=1)、mean(s, loc=0, scale=1)、var(s, loc=0, scale=1)、std(s, loc=0, scale=1)、stats(s, loc=0, scale=1, moments='mv')：分别计算对数正态分布的中值、均值、方差、标准差，以及同时计算均值、方差、偏度和峭度。

程序如下：

```
from scipy.stats import lognorm
import numpy as np
from matplotlib import pyplot as plt

#计算 lnl(μ)
def lg_dist(x, miu = 0, sigma = 0.1):
    z = (np.log(x) - miu) / sigma
    lg_pdf = np.sum( - np.log(sigma * x) - .5 * np.log(2 * np.pi) - .5 * (z ** 2))
    return lg_pdf

#计算 lnP(μ)
def prior_dist(x, miu = 0, sigma = 0.1):
    z = (x - miu) / sigma
    lp_pdf = - np.log(sigma) - .5 * np.log(2 * np.pi) - .5 * (z ** 2)
    return lp_pdf

#以下为设定 μ 先验分布参数、对数正态分布参数并生成对数正态分布样本 500 个
mu0, sigma0 = 0, 3
mu, sd = 2, 2
training = lognorm.rvs(s = sd, loc = 0, scale = np.exp(mu), size = 500, random_state = 2)
#以下是在 μ 的取值范围内计算准则 J(μ)的值,并找 J(μ)的最大值对应的 μ
number = 1000
mu_value = np.linspace( - 5, 5, number)
Poster = np.zeros([number, 1])
for i in range(number):
    l_pdf = lg_dist(training, mu_value[i], sd)     #当前均值下对数正态分布的对数似然函数
    Poster[i] = l_pdf + prior_dist(mu_value[i], mu0, sigma0) #计算 J(μ)
pos = np.argmax(Poster)
print("估计的均值为: %.2f" % mu_value[pos])
plt.rcParams['font.sans - serif'] = ['Times New Roman']
plt.plot(mu_value, Poster, 'k')                                    #绘制 J(μ)函数图形
plt.xlabel('μ')
plt.ylabel('J(μ)')
plt.show()
```

运行程序，绘制的 $J(\mu)$（准则）函数图形如图 3-2 所示，并输出：

估计的均值为: 1.97

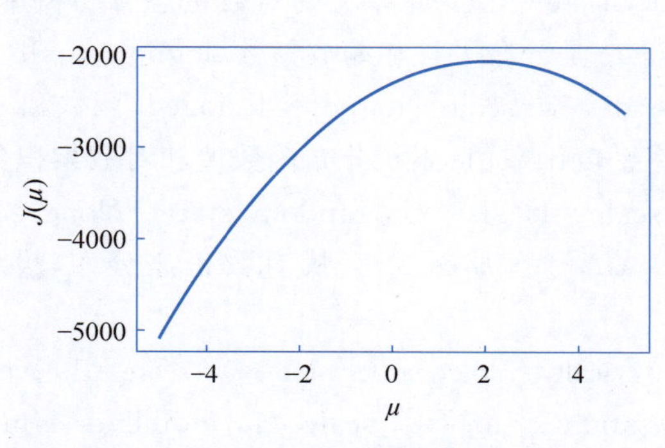

图 3-2　$J(\mu)$函数图形

3.2.3　贝叶斯估计

参数估计寻找最优的参数值，可以看作在连续的参数空间 Θ 对参数的取值进行决策的问题，因此，采用决策的思路进行估计。根据样本集 $\mathscr{X}$，找出一个估计量，用来估计 $\mathscr{X}$ 所属总体分布的某个真实参数，使带来的贝叶斯风险最小，这种方法称为贝叶斯估计。

1. 基本原理

样本独立抽取的样本集为 $\mathscr{X}=\{x_1,x_2,\cdots,x_N\}$，用估计量 $\hat{\theta}$ 近似代替真实参数 θ，带来的损失为 $\lambda(\theta,\hat{\theta})$，参数 θ 的先验分布为 $P(\theta)$，定义 $R(\hat{\theta}|\mathscr{X})$ 为给定 $\mathscr{X}$ 条件下估计量 $\hat{\theta}$ 的条件风险。

$$R(\hat{\theta}\mid\mathscr{X})=\int_{\Theta}\lambda(\theta,\hat{\theta})P(\theta\mid\mathscr{X})\mathrm{d}\theta \tag{3-11}$$

如果 θ 的估计量 $\hat{\theta}^*$ 使条件风险 $R(\hat{\theta}|\mathscr{X})$ 最小，称 $\hat{\theta}^*$ 是关于 θ 的贝叶斯估计量，即

$$\hat{\theta}^*=\arg\min_{\hat{\theta}}R(\hat{\theta}\mid\mathscr{X}) \tag{3-12}$$

条件风险的计算需要定义损失函数 $\lambda(\theta,\hat{\theta})$，可以定义为不同的形式，最常用的是平方误差损失函数，即

$$\lambda(\theta,\hat{\theta})=(\theta-\hat{\theta})^2 \tag{3-13}$$

可以证明，如果采用平方误差损失函数，在给定样本集 $\mathscr{X}$ 条件下，θ 的贝叶斯估计量为

$$\hat{\theta}^*=E[\theta\mid\mathscr{X}]=\int_{\Theta}\theta P(\theta\mid\mathscr{X})\mathrm{d}\theta \tag{3-14}$$

整理贝叶斯估计的步骤如下。

(1) 确定 θ 的先验分布 $P(\theta)$。

(2) 根据式(3-1)，由样本集 $\mathscr{X}=\{x_1,x_2,\cdots,x_N\}$ 求出样本联合分布 $p(\mathscr{X}|\theta)$。

(3) 利用贝叶斯公式(3-8)，求 θ 的后验分布 $P(\theta|\mathscr{X})$。

(4) 结合损失函数计算贝叶斯估计量。

【例 3-8】 设 $\mathscr{X}=\{x_1,x_2,\cdots,x_N\}$ 是来自总体分布为 $N(\mu,\sigma^2)$ 的样本集，已知 μ 服从 $N(\mu_0,\sigma_0^2)$ 分布，采用平方误差损失函数，用贝叶斯估计的方法求 μ 的估计量 $\hat{\mu}$。

解： (1) 确定 μ 的先验分布 $P(\mu)$。

$$P(\mu)=\frac{1}{\sqrt{2\pi}\sigma_0}\exp\left[-\frac{1}{2}\left(\frac{\mu-\mu_0}{\sigma_0}\right)^2\right]$$

(2) 求样本联合分布 $p(\mathscr{X}|\mu)$。

$$p(\mathscr{X}\mid\mu)=\prod_{i=1}^{N}p(x_i\mid\mu)=\prod_{i=1}^{N}\frac{1}{\sqrt{2\pi}\sigma}\exp\left[-\frac{1}{2}\left(\frac{x_i-\mu}{\sigma}\right)^2\right]$$

(3) 求 μ 的后验分布 $P(\mu|\mathscr{X})$。

$$P(\mu\mid\mathscr{X})=\frac{p(\mathscr{X}\mid\mu)\cdot P(\mu)}{\int p(\mathscr{X}\mid\mu)\cdot P(\mu)\mathrm{d}\mu}=\alpha\prod_{i=1}^{N}p(x_i\mid\mu)\cdot P(\mu)$$

$$=\alpha\cdot\frac{1}{\sqrt{2\pi}\sigma_0}\exp\left[-\frac{1}{2}\left(\frac{\mu-\mu_0}{\sigma_0}\right)^2\right]\prod_{i=1}^{N}\frac{1}{\sqrt{2\pi}\sigma}\exp\left[-\frac{1}{2}\left(\frac{x_i-\mu}{\sigma}\right)^2\right]$$

$$=\alpha' \cdot \exp\left[-\frac{1}{2}\left(\frac{\mu-\mu_0}{\sigma_0}\right)^2\right]\prod_{i=1}^{N}\exp\left[-\frac{1}{2}\left(\frac{x_i-\mu}{\sigma}\right)^2\right]$$

$$=\alpha' \cdot \exp\left\{-\frac{1}{2}\left[\left(\frac{\mu-\mu_0}{\sigma_0}\right)^2+\sum_{i=1}^{N}\left(\frac{x_i-\mu}{\sigma}\right)^2\right]\right\}$$

$$=\alpha'' \cdot \exp\left\{-\frac{1}{2}\left[\left(\frac{N}{\sigma^2}+\frac{1}{\sigma_0^2}\right)\mu^2-2\left(\frac{1}{\sigma^2}\cdot\sum_{i=1}^{N}x_i+\frac{\mu_0}{\sigma_0^2}\right)\mu\right]\right\}$$

$P(\mu|\mathscr{X})$是μ的二次函数的指数函数，所以仍然是一个正态密度函数，把$P(\mu|\mathscr{X})$写成$N(\mu_N,\sigma_N^2)$的形式为

$$P(\mu \mid \mathscr{X})=\frac{1}{\sqrt{2\pi}\sigma_N}\exp\left[-\frac{1}{2}\left(\frac{\mu-\mu_N}{\sigma_N}\right)^2\right]$$

应用待定系数法，令两式对应的系数相等，即

$$\begin{cases}\dfrac{1}{\sigma_N^2}=\dfrac{N}{\sigma^2}+\dfrac{1}{\sigma_0^2}\\[2ex]\dfrac{\mu_N}{\sigma_N^2}=\dfrac{N}{\sigma^2}\bar{x}+\dfrac{\mu_0}{\sigma_0^2}\end{cases}\rightarrow\begin{cases}\mu_N=\dfrac{N\sigma_0^2}{N\sigma_0^2+\sigma^2}\bar{x}+\dfrac{\sigma^2}{N\sigma_0^2+\sigma^2}\mu_0\\[2ex]\sigma_N^2=\dfrac{\sigma_0^2\sigma^2}{N\sigma_0^2+\sigma^2}\end{cases}$$

其中，

$$\bar{x}=\frac{1}{N}\sum_{k=1}^{N}x_k$$

(4) 求贝叶斯估计量。由式(3-14)知$\hat{\mu}=\int\mu P(\mu \mid \mathscr{X})\mathrm{d}\mu$，即给定样本集下的$\mu$的条件期望；而$P(\mu|\mathscr{X})\sim N(\mu_N,\sigma_N^2)$，所以，$\mu$的贝叶斯估计量$\hat{\mu}=\dfrac{N\sigma_0^2}{N\sigma_0^2+\sigma^2}\bar{x}+\dfrac{\sigma^2}{N\sigma_0^2+\sigma^2}\mu_0$。

2. 推论分析

需要注意，进行参数估计的根本目的是估计样本的概率密度函数$p(x|\mathscr{X})$，由于概率密度函数形式已知，才转换为估计概率密度函数参数的问题。因此，在贝叶斯估计中，在得到参数的后验概率后，可以不再去估计参数，直接根据$P(\theta|\mathscr{X})$得到样本的概率密度函数。

$$p(x \mid \mathscr{X})=\int_{\Theta}p(x \mid \theta)P(\theta \mid \mathscr{X})\mathrm{d}\theta \tag{3-15}$$

其中，$P(\theta|\mathscr{X})$如式(3-8)所示。

式(3-15)的含义是：要估计的概率密度$p(x|\mathscr{X})$是所有可能的参数取值下样本概率密度$p(x|\theta)$的加权平均，加权是在观测样本下估计出的随机变量θ的后验概率$P(\theta|\mathscr{X})$。

假设$P(\theta|\mathscr{X})$已知，由式(3-15)可知，$p(x|\mathscr{X})$是关于θ的$p(x|\theta)$的期望，有

$$p(x \mid \mathscr{X})=E_{\Theta}[p(x \mid \theta)] \tag{3-16}$$

如果采样点θ_m足够多，$m=1,2,\cdots,M$，可以用式(3-17)代替式(3-16)

$$p(x \mid \mathscr{X})\approx\frac{1}{M}\sum_{m=1}^{M}p(x \mid \theta_m) \tag{3-17}$$

如何生成一系列的采样点θ_m呢？如果$P(\theta|\mathscr{X})$已知，可以根据这个概率密度函数进行抽样生成。但$P(\theta|\mathscr{X})$的计算一般比较困难，可以使用马尔可夫链蒙特卡洛(Markov Chain Monte Carlo，MCMC)理论的方法，在不计算贝叶斯公式(3-8)的分母$p(\mathscr{X})$的情况下，对参

数的后验概率 $P(\theta|\mathscr{X})$ 进行随机抽样，生成采样点序列 θ_m，进而实现概率密度函数的估计。Gibbs 抽样和 Metropolis-Hastings 算法是两种最流行的方法，本书不详细介绍这些方法，有兴趣的读者可以查阅相关资料。

3. 贝叶斯学习

为了反映样本数目，重新标记样本集：$\mathscr{X}^N=\{x_1,x_2,\cdots,x_N\}$，$\theta$ 的贝叶斯估计量为

$$\hat{\theta}=\int_{\Theta}\theta P(\theta \mid \mathscr{X}^N)\,\mathrm{d}\theta \tag{3-18}$$

其中，$P(\theta|\mathscr{X}^N)$ 为 θ 的后验分布为

$$P(\theta \mid \mathscr{X}^N)=\frac{p(\mathscr{X}^N \mid \theta)\cdot P(\theta)}{\int p(\mathscr{X}^N \mid \theta)\cdot P(\theta)\mathrm{d}\theta} \tag{3-19}$$

样本独立抽取，当 $N>1$ 时，有

$$p(\mathscr{X}^N \mid \theta)=p(x_N \mid \theta)p(\mathscr{X}^{N-1} \mid \theta) \tag{3-20}$$

将式(3-20)代入式(3-19)得递推公式

$$P(\theta \mid \mathscr{X}^N)=\frac{p(x_N \mid \theta)P(\theta \mid \mathscr{X}^{N-1})}{\int p(x_N \mid \theta)P(\theta \mid \mathscr{X}^{N-1})\,\mathrm{d}\theta} \tag{3-21}$$

把先验概率记作 $P(\theta|\mathscr{X}^0)=P(\theta)$，表示在没有样本情况下的概率密度估计。随着样本数的增加，得到一系列对概率密度函数参数的估计，即

$$P(\theta),P(\theta \mid x_1),P(\theta \mid x_1,x_2),\cdots,P(\theta \mid x_1,x_2,\cdots,x_N),\cdots \tag{3-22}$$

称作递推的贝叶斯估计。随着样本数的增加，式(3-22)的后验概率序列逐渐尖锐，逐步趋于以 θ 的真实值为中心的一个尖峰，当样本无穷多时收敛在参数真实值上的脉冲函数，这一过程称作贝叶斯学习。

【例 3-9】 设 $\mathscr{X}=\{x_1,x_2,\cdots,x_N\}$ 是来自总体分布为 $N(\mu,\sigma^2)$ 的样本集，已知 μ 服从 $N(0,9)$ 分布，$\sigma=2$，用贝叶斯学习的方法求 μ 的估计量 $\hat{\mu}$。

程序如下：

```
from scipy.stats import norm
import numpy as np
from matplotlib import pyplot as plt
N, mu0, sigma0 = 300, 0, 3                          #样本数,μ的先验分布参数
mu_value = np.linspace(-10, 10, 200)                #μ的取值范围
prior = norm.pdf(mu_value, mu0, sigma0)             #μ的先验概率密度函数
plt.plot(mu_value, prior, 'b-', label='N=0')        #绘制先验分布曲线
mu, sd = 2, 2                                       #样本服从的正态分布参数
training = norm.rvs(mu, sd, N, random_state=None)   #生成样本集
prev = prior
c = ['g:', 'm--', 'c-.', 'r-']                      #不同曲线的标记
id_fmt = 0
for i in range(N):
    n_pdf = norm.pdf(training[i], mu_value, sd)     #当前样本对应的p(x_i|μ)
    numerator = n_pdf * prev              #计算p(𝒳^i|μ)=p(x_i|μ)p(𝒳^(i-1)|μ)P(μ)
    prev = numerator
    total_P = np.sum(numerator)                     #贝叶斯公式的分母
    poster = numerator / total_P                    #计算P(μ|𝒳^i)
```

```
        if i == 9 or i == 49 or i == 99 or i == 299:          # 绘制后验概率曲线
            plt.plot(mu_value, poster, c[id_fmt], label = 'N = %d' % (i+1))
            id_fmt = id_fmt + 1
pos = np.where(poster == poster.max())                         # 确定 P(μ|𝒳^N)的最大值
plt.rcParams['font.sans-serif'] = ['Times New Roman']
plt.axvline(x = mu_value[pos], linestyle = ':', color = 'r', label = 'μ')   # 绘制估计量竖直线
plt.xticks(mu_value[pos], np.around(mu_value[pos], 2))
plt.xlabel('μ')
plt.legend()
plt.show()
```

运行程序，绘制的一系列概率密度函数如图 3-3 所示。可以看出，随着样本数 N 的增大，θ 的后验概率密度函数逐渐尖锐。后验概率序列最后一个的尖峰在 $\mu=2.06$ 处出现，即估计的 μ 为 2.06。受计算机计算能力限制，程序中 N 取值有限。

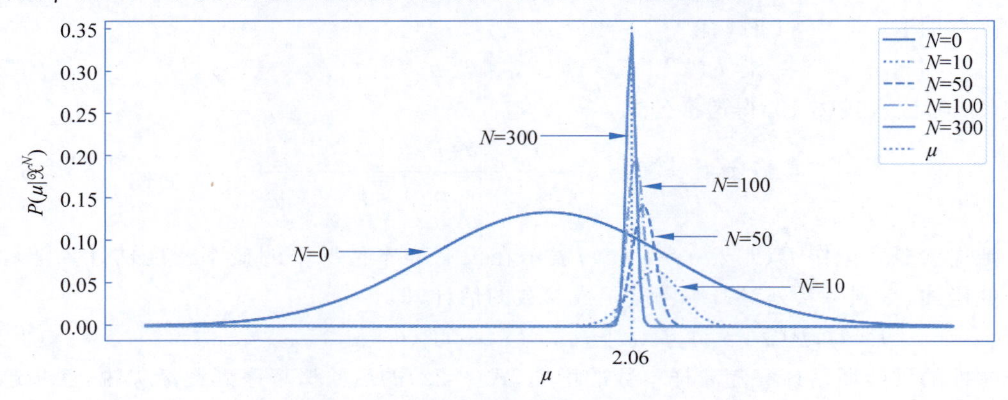

图 3-3　一系列的后验概率估计图

3.3　非参数估计

很多情况下对样本的分布并没有充分的了解，无法事先给出密度函数的形式，而且有些样本分布的情况也很难用简单的函数描述。在这种情况下，就需要进行非参数估计，直接用样本估计出整个函数，即直接计算 $p(\boldsymbol{x})$ 的值。

3.3.1　直方图方法

1. 基本原理

以一维为例，解释直方图(Histogram)方法估计概率密度函数的含义。将数据 x 的取值范围分为若干个长度相等的区间，统计每个区间内的样本数，以样本数占总数的比例作为该区间内的概率密度值，即直方图方法。例如，图像的灰度直方图，就是统计图像中一维灰度数据的概率密度。

如果推广到 n 维，采用直方图方法估计概率密度函数的做法如下。

(1) 把 n 维样本的每个分量在其取值范围内分成 m 个等间隔的小窗，则这种分割会得到 m^n 个小舱，每个小舱的体积记作 V。

(2) 统计落入每个小舱内的样本数目 k。

(3) 把每个小舱内的概率密度看作常数，并用 k/NV 作为其估计值(N 为样本数)，即

小区域范围内概率密度函数为

$$\hat{p}(\boldsymbol{x})=\frac{k}{NV} \tag{3-23}$$

2. 仿真实现

NumPy 库提供了统计直方图的函数，主要的几个函数如下：

（1）hist，bin_edges＝histogram(a，bins＝10，range＝None，density＝None，weights＝None)：对数据 a 统计一维直方图，histogram 函数主要参数见表 3-1。

表 3-1　histogram 函数主要参数

参数名称	取值及含义
bins	设置为整数时指直方图中柱的数目，数据区间等分；设置为向量时各分量代表各柱边界；设置为字符串时指定确定最优柱宽和数目的方法
range	指定柱的范围，范围外的将被忽略，默认情况下为(a.min()，a.max())
density	取 False 时，返回的 hist 为各柱内样本数目；取 True 时，返回的 hist 为各柱对应的概率密度值
weights	数据权系数
hist	返回的直方图数据，可取柱内样本数目或概率密度值，取决于 density 参数
bin_edges	各柱的左边界以及最后一个柱的右边界

（2）H，xedges，yedges＝histogram2d(x，y，bins＝10，range＝None，density＝None，weights＝None)：统计二维直方图。参数 x 和 y 分别是待统计数据的第一维和第二维坐标数组。其他参数同 histogram 函数的参数含义一致，但是是二维情况。

（3）H，edges＝histogramdd(sample，bins＝10，range＝None，density＝None，weights＝None)：统计多维直方图。返回的 edges 是各维柱的边界列表。

【例 3-10】　设定参数，生成正态分布数据集，利用直方图方法估计概率密度函数并绘制函数曲线。

程序如下：

```
import numpy as np
from matplotlib import pyplot as plt
from scipy.stats import norm
N, mu, sd = 200, 0, 0.8                                   #指定样本数、正态分布参数
x = np.random.default_rng().normal(mu, sd, N)             #生成数据集
x_values = np.linspace(-3, 3, 600)
px = norm.pdf(x_values, mu, sd)                           #计算概率密度函数
count1, bin1 = np.histogram(x, bins=10, density=True)     #设定 10 个区间进行估计,大间隔
count2, bin2 = np.histogram(x, bins=30, density=True)     #设定 30 个区间进行估计,小间隔
plt.rcParams['font.sans-serif'] = ['Times New Roman']
plt.subplot(121)
plt.plot(x_values, px, 'k--')                             #绘制概率密度函数曲线
plt.hist(bin1[:-1], bin1, weights=count1, edgecolor='k')     #绘制第一幅直方图
plt.subplot(122)
plt.plot(x_values, px, 'k--')
plt.hist(bin2[:-1], bin2, weights=count2, edgecolor='k')     #绘制第二幅直方图
#plt.stairs(count2, bin2)                                 #绘制阶梯状折线图
plt.show()
```

运行程序，绘制的概率密度函数曲线如图 3-4(a)和图 3-4(b)所示；修改样本数为

1000,30 个柱,绘制阶梯状折线,如图 3-4(c)所示;样本数为 2000 时,绘制的阶梯状折线如图 3-4(d)所示。同等间隔,随着样本数的增多,估计的效果逐渐提高。所以,估计概率密度函数本身需要充足的样本。

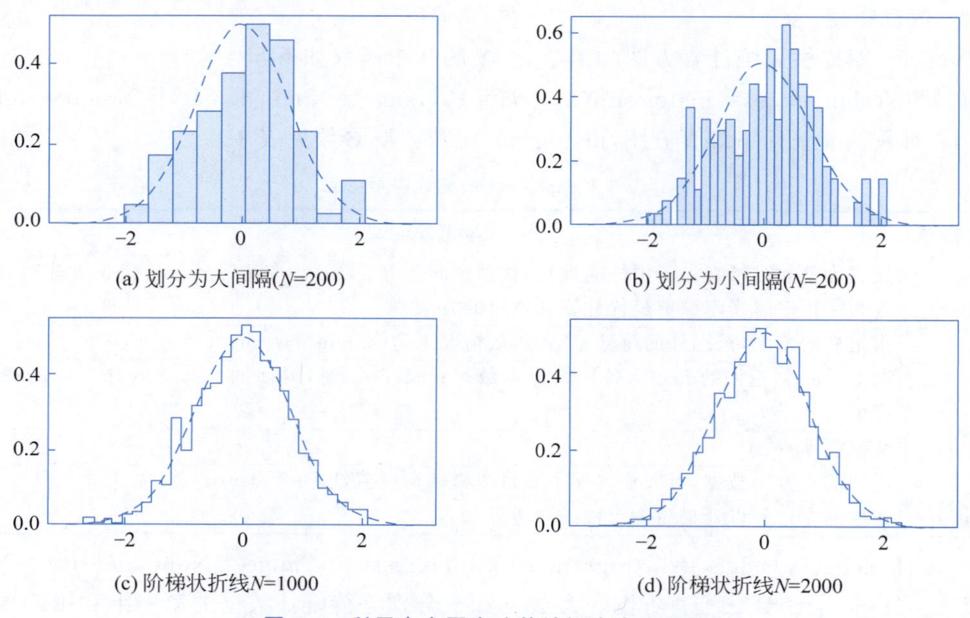

图 3-4 利用直方图方法估计概率密度函数

3. 方法分析

直方图方法估计的效果与小舱的选择密切相关。当小舱较大时,每个小舱内设概率密度为常数,估计出的概率密度函数粗糙,如图 3-4(a)所示;当小舱较小时,有些小舱内可能会没有样本或者样本很少,导致估计出的概率密度函数不连续,如图 3-4(b)所示。所以,小舱的大小要合理选择。

小舱的选择应与总样本数相适应。直方图方法在每个小舱内用常量表示概率密度函数值,当样本数 $N\to\infty$时,近似值收敛于真实值的条件是:随样本数的增加,小舱体积应该尽可能小;同时必须保证小舱内有充分多的样本,但每个小舱内的样本数又必须是总样本数中很小的一部分,用公式表示为

$$\lim_{N\to\infty} V_N = 0 \quad \lim_{N\to\infty} k_N = \infty \quad \lim_{N\to\infty} \frac{k_N}{N} = 0 \tag{3-24}$$

V_N、k_N 表示小舱体积 V 和小舱内样本数 k 与总样本数 N 有关。

小舱内的样本数与样本分布有关。在有限样本数目下,如果小舱体积相同,样本密度大的地方小舱内有较多的样本,密度小的地方小舱内样本很少甚至没有,将导致密度的估计在样本密度不同的地方表现不一致。所以,最好能够根据样本分布情况调整小舱体积。

小舱数目随着样本维数的增加急剧增多,实际中很难有足够的样本用于估计。例如,如果样本为 100 维,每维分为 4 个间隔,将有 $4^{100}\approx 1.6\times 10^{60}$ 个小舱。即使要保证一个小舱内有一个样本,也需要 1.6×10^{60} 个样本,这是很难达到的,所以,估计时很多小舱内将会没有样本,方法失效。但在低维问题中,直方图方法还是一个用来进行建模和可视化的有效工具。

3.3.2 Parzen 窗法

Parzen 窗法又称核密度估计(Kernel Density Estimation,KDE)法,采用滑动小舱估计每一点的概率密度。

1. 基本原理

样本 $\boldsymbol{x}\in\mathbf{R}^n$,假设每个小舱是一个超立方体,在每一维的棱长都为 h,则小舱的体积是

$$V=h^n \tag{3-25}$$

定义 n 维单位方窗函数为

$$\varphi([u_1 \quad u_2 \quad \cdots \quad u_n]^{\mathrm{T}})=\begin{cases}1, & |u_j|\leqslant\dfrac{1}{2}, j=1,2,\cdots,n\\ 0, & \text{其他}\end{cases} \tag{3-26}$$

该式的含义是:在以原点为中心的 n 维单位超立方体内的所有点的函数值为 1,其他点的函数值为 0,如图 3-5(a)所示。

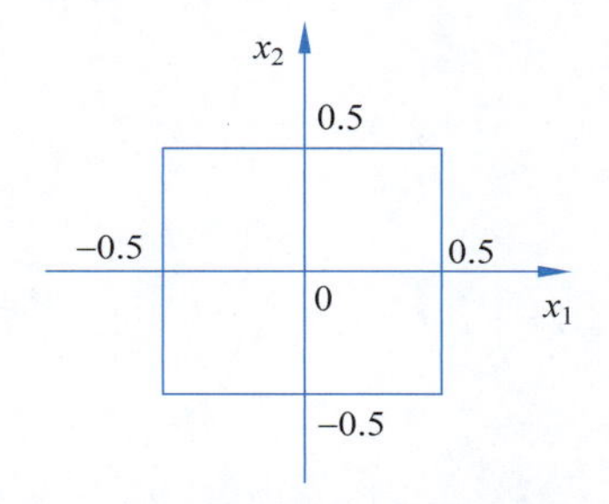

(a) 原点为中心棱长为1的正方形

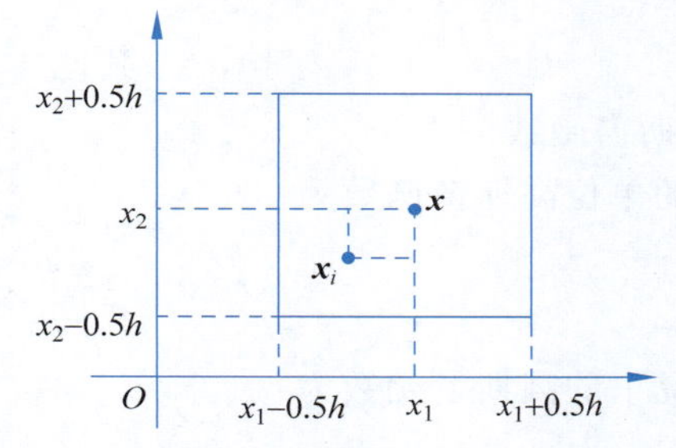

(b) x点为中心棱长为h的正方形

图 3-5 二维的方窗函数示意图

如果一个样本 $\boldsymbol{x}_i$ 在以 $\boldsymbol{x}$ 为中心的棱长为 h 的超立方体内,$\boldsymbol{x}_i$ 到 $\boldsymbol{x}$ 的每一维距离都小于或等于 $h/2$,即向量 $|\boldsymbol{x}-\boldsymbol{x}_i|/h$ 的每一维都小于或等于 1/2,则 $\varphi[(\boldsymbol{x}-\boldsymbol{x}_i)/h]=1$;否则 $\varphi[(\boldsymbol{x}-\boldsymbol{x}_i)/h]=0$,如图 3-5(b)所示。将统计落入以 $\boldsymbol{x}$ 为中心的超立方体内的样本数,转换为统计 $\varphi[(\boldsymbol{x}-\boldsymbol{x}_i)/h]=1$ 的次数,即

$$k=\sum_{i=1}^{N}\varphi\left(\frac{\boldsymbol{x}-\boldsymbol{x}_i}{h}\right) \tag{3-27}$$

将式(3-27)代入式(3-23),得任意一点 $\boldsymbol{x}$ 的概率密度估计表达式

$$\hat{p}(\boldsymbol{x})=\frac{1}{NV}\sum_{i=1}^{N}\varphi\left(\frac{\boldsymbol{x}-\boldsymbol{x}_i}{h}\right) \tag{3-28}$$

或

$$\hat{p}(\boldsymbol{x})=\frac{1}{N}\sum_{i=1}^{N}\frac{1}{V}\varphi\left(\frac{\boldsymbol{x}-\boldsymbol{x}_i}{h}\right) \tag{3-29}$$

定义窗函数(核函数)为

$$K(\boldsymbol{x},\boldsymbol{x}_i)=\frac{1}{V}\varphi\left(\frac{\boldsymbol{x}-\boldsymbol{x}_i}{h}\right) \tag{3-30}$$

反映了一个观察样本 $\boldsymbol{x}_i$ 对在 $\boldsymbol{x}$ 处的概率密度估计的贡献与样本 $\boldsymbol{x}_i$ 和 $\boldsymbol{x}$ 的距离有关。概率密度估计即在每一点上把所有观测样本的贡献进行平均,为

$$\hat{p}(\boldsymbol{x})=\frac{1}{N}\sum_{i=1}^{N}K(\boldsymbol{x},\boldsymbol{x}_i) \tag{3-31}$$

所以,这种用窗函数估计概率密度的方法被称作 Parzen 窗法或核密度估计法,参数 h 也常被称为带宽(Bandwidth)、窗宽或平滑参数。

2. 窗函数选择

由式(3-31)可知,如果通过定义窗函数直接概率密度估计,要求估计出的概率密度函数满足非负且积分为 1,也就是要求窗函数满足

$$K(\boldsymbol{x},\boldsymbol{x}_i)\geqslant 0 \quad 且 \quad \int K(\boldsymbol{x},\boldsymbol{x}_i)\mathrm{d}\boldsymbol{x}=1 \tag{3-32}$$

常用的窗函数如下。

1) 方窗函数

综合式(3-26)和式(3-30),得方窗函数

$$K(\boldsymbol{x},\boldsymbol{x}_i)=\begin{cases}\dfrac{1}{h^n}, & |\boldsymbol{x}^j-\boldsymbol{x}_i^j|\leqslant\dfrac{h}{2}, \quad j=1,2,\cdots,n\\ 0, & 其他\end{cases} \tag{3-33}$$

2) 高斯窗函数

一维的单位高斯窗函数为

$$\varphi(u)=\frac{1}{\sqrt{2\pi}}\exp\left(-\frac{1}{2}u^2\right) \tag{3-34}$$

得一维情况下的高斯窗函数为

$$K(x,x_i)=\frac{1}{\sqrt{2\pi}h}\exp\left[-\frac{(x-x_i)^2}{2h^2}\right] \tag{3-35}$$

假设样本 $\boldsymbol{x}$ 属性条件独立,n 维情况下的高斯窗函数表示为

$$K(\boldsymbol{x},\boldsymbol{x}_i)=\frac{1}{(2\pi)^{n/2}h^n}\exp\left[-\frac{(\boldsymbol{x}-\boldsymbol{x}_i)^{\mathrm{T}}(\boldsymbol{x}-\boldsymbol{x}_i)}{2h^2}\right] \tag{3-36}$$

3) 三角窗函数

一维的单位三角窗函数为

$$\varphi(u)=\begin{cases}1-|u|, & |u|\leqslant 1\\ 0, & 其他\end{cases} \tag{3-37}$$

得一维情况下的三角窗函数

$$K(x,x_i)=\begin{cases}\dfrac{1}{h}\left(1-\dfrac{|x-x_i|}{h}\right), & |x-x_i|\leqslant h\\ 0, & 其他\end{cases} \tag{3-38}$$

n 维情况下的三角窗函数为

$$K(\boldsymbol{x},\boldsymbol{x}_i)=\begin{cases}\dfrac{1}{h^n}\left(1-\dfrac{|\boldsymbol{x}-\boldsymbol{x}_i|}{h}\right), & |\boldsymbol{x}^j-\boldsymbol{x}_i^j|\leqslant h, \quad j=1,2,\cdots,n\\ 0, & 其他\end{cases} \tag{3-39}$$

4) Epanechnikov 窗函数

一维的单位 Epanechnikov 窗函数为

$$\varphi(u)=\begin{cases}\dfrac{3}{4\sqrt{5}}\left(1-\dfrac{u^2}{5}\right), & |u|\leqslant\sqrt{5}\\ 0, & \text{其他}\end{cases} \tag{3-40}$$

得一维情况下的 Epanechnikov 窗函数为

$$K(x,x_i)=\begin{cases}\dfrac{3}{4\sqrt{5}h}\left[1-\dfrac{(x-x_i)^2}{5h^2}\right], & |x-x_i|\leqslant\sqrt{5}h\\ 0, & \text{其他}\end{cases} \tag{3-41}$$

设样本 $\boldsymbol{x}$ 属性条件独立，n 维情况下的 Epanechnikov 窗函数为

$$K(\boldsymbol{x},\boldsymbol{x}_i)=\begin{cases}\dfrac{3}{4\sqrt{5}h^n}\left[1-\dfrac{(\boldsymbol{x}-\boldsymbol{x}_i)^{\mathrm{T}}(\boldsymbol{x}-\boldsymbol{x}_i)}{5h^2}\right], & |\boldsymbol{x}^j-\boldsymbol{x}_i^j|\leqslant\sqrt{5}h, j=1,2,\cdots,n\\ 0, & \text{其他}\end{cases} \tag{3-42}$$

Epanechnikov 窗函数被证明是最小平方误差意义上的最优窗函数，证明可参看非参数统计类书籍；实践中高斯窗应用更广泛。

3. 带宽的选择

带宽 h 对估计有很大的影响，带宽的选择是核密度估计中一个很重要的问题。

估计的密度函数 $\hat{p}(\boldsymbol{x})=\dfrac{1}{VN}\sum\limits_{i=1}^{N}\varphi\left(\dfrac{\boldsymbol{x}-\boldsymbol{x}_i}{h}\right)$，由 $V=h^n$ 可知：h 较大时，$\dfrac{1}{V}\varphi\left(\dfrac{\boldsymbol{x}-\boldsymbol{x}_i}{h}\right)$ 的峰值较小，宽度较大，$\hat{p}(\boldsymbol{x})$ 是 N 个宽度较大的缓慢变化函数的迭加，估计值 $\hat{p}(\boldsymbol{x})$ 受到过度的平均作用，$p(\boldsymbol{x})$ 比较细致的性质不能显露，估计分辨率较低。

如果 h 较小，$\dfrac{1}{V}\varphi\left(\dfrac{\boldsymbol{x}-\boldsymbol{x}_i}{h}\right)$ 的峰值较大，宽度较小，$\hat{p}(\boldsymbol{x})$ 就变成 N 个以 $\boldsymbol{x}_i$ 为中心的尖脉冲的迭加，呈现不规则的形状，从而使估计不稳定。

h 应随着样本数 N 增大而缓慢下降，从理论上来说，会随着 $N\to\infty$ 而趋于零。实际问题中样本数有限，只能进行折中选择。

【例 3-11】 设待估计的 $p(x)$ 是均值为零、方差为 1 的正态密度函数，用 Parzen 窗法估计 $p(x)$。

设计思路如下。

(1) 确定窗函数：选择正态窗函数并确定窗宽，窗函数为

$$K(x,x_i)=\frac{1}{\sqrt{2\pi}h}\exp\left[-\frac{(x-x_i)^2}{2h^2}\right]$$

(2) 计算估计值

$$\hat{p}(x)=\frac{1}{N}\sum_{i=1}^{N}K(x,x_i)=\frac{1}{hN\sqrt{2\pi}}\sum_{i=1}^{N}\exp\left[-\frac{(x-x_i)^2}{2h^2}\right]$$

当采集到样本后，可以根据上式计算估计式 $\hat{p}(x)$。

程序如下：

```
import numpy as np
from matplotlib import pyplot as plt
from scipy.stats import norm
```

```
def kde(x, sample, h, len_x):                                  # 利用高斯窗进行估计的函数
    pxe = np.zeros([len_x, 1])
    for j in range(len_x):
        for i in range(len_x):
            pxe[j] += np.exp( - ((sample[j] - x[i]) / h) ** 2 / 2) / np.sqrt(2 * np.pi)
        pxe[j] /= (len_x * h)
    return pxe

N, mu, sd = 1000, 0, 1
training = norm.rvs(mu, sd, N)                                 # 生成 1000 个样本
min_x, max_x = training.min(), training.max()
x_value = np.linspace(min_x, max_x, N)                         # 确定采样点 x
px = norm.pdf(x_value, mu, sd)                                 # 确定概率密度函数
h1 = 0.01                                                      # 设置较小的带宽
pxe1 = kde(training, x_value, h1, N)                           # 估计概率密度函数
h2 = 2                                                         # 设置较大的带宽
pxe2 = kde(training, x_value, h2, N)
h3 = 0.3                                                       # 设置较适中的带宽
pxe3 = kde(training, x_value, h3, N)
plt.rcParams['font.sans-serif'] = ['Times New Roman']
plt.subplot(121)
plt.plot(x_value, px, 'k-', lw=2, label='p(x)')                # 绘制原始的概率密度函数曲线
plt.plot(x_value, pxe1, 'r:', lw=2, label='h=0.01')            # 绘制估计的概率密度函数曲线
plt.plot(x_value, pxe2, 'b--', lw=2, label='h=2')              # 绘制估计的概率密度函数曲线
plt.xlabel('x')
plt.ylabel('p(x)')
plt.legend()
plt.subplot(122)
plt.plot(x_value, px, 'k-', lw=2, label='p(x)')
plt.plot(x_value, pxe3, 'g--', lw=2, label='h=0.3')
plt.xlabel('x')
plt.ylabel('p(x)')
plt.legend()
plt.show()
```

程序运行结果如图 3-6 所示。图 3-6(a)中实线为原始的概率密度函数曲线；点线为带宽 $h=0.01$ 时估计的概率密度函数曲线，由于 h 较小，因此估计的曲线相对于原始曲线起伏较大，估计不稳定；虚线是带宽 $h=2$ 时估计的概率密度函数曲线，由于 h 较大，因此估计的曲线相对于原始曲线较平滑，但跟不上函数 $p(x)$ 的变化。图 3-6(b)中虚线为带宽 $h=0.3$ 时估计的概率密度函数曲线，估计的较准确。正如前面分析时所述，带宽 h 对估计结果影响较大。

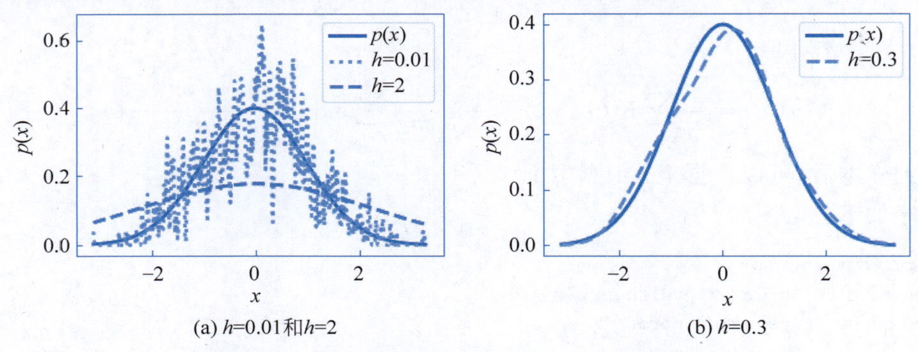

(a) h=0.01和h=2　　(b) h=0.3

图 3-6　利用高斯窗函数估计概率密度函数

【例 3-12】 产生 1/64/256/10000 个服从一维标准正态分布的样本，用带宽为 $h=1/\sqrt{N}$ 的 Epanechnikov 窗函数估计样本的概率密度函数。

程序如下：

```
import numpy as np
from matplotlib import pyplot as plt
from scipy.stats import norm
N = np.array([1, 64, 256, 10000])
mu, sd, x_num = 0, 1, 800
x_value = np.linspace(-4, 4, x_num)
h = 1/np.sqrt(N)                          #设置带宽随样本数增多逐渐下降
R = np.zeros([N.size, N[3]])
for m in range(N.size):
    R[m, 0:N[m]] = norm.rvs(mu, sd, N[m])    #生成样本矩阵,每一行对应一种样本数
px = norm.pdf(x_value, mu, sd)            #真实的概率密度函数
for m in range(N.size):                   #针对不同样本数分别估计概率密度函数
    pxe = np.zeros([x_num, 1])
    for i in range(x_num):
        for j in range(N[m]):
            if np.abs(x_value[i] - R[m, j]) <= np.sqrt(5) * h[m]:
                pxe[i] += (1 - ((x_value[i] - R[m, j])/h[m]) ** 2/5) * 3/4/np.sqrt(5)/h[m]
        pxe[i] /= N[m]                           #采用 Epanechnikov 窗函数进行估计
    plt.subplot(1, 4, m + 1)
    plt.plot(x_value, px, 'k', label = 'p(x)')     #绘制真实的概率密度函数
    strr = 'N = ' + str(N[m])
    plt.plot(x_value, pxe, 'r--', lw = 1, label = strr)
    plt.xlim(-3, 3)
    plt.ylim(0, 1)
    plt.xlabel('x')
    plt.legend(loc = 'upper center')
plt.rcParams['font.sans-serif'] = ['Times New Roman']
plt.show()
```

程序运行结果如图 3-7 所示，图中实线为原始的概率密度函数曲线；虚线为估计的概率密度函数曲线，可以看出，样本数越多估计效果越好。

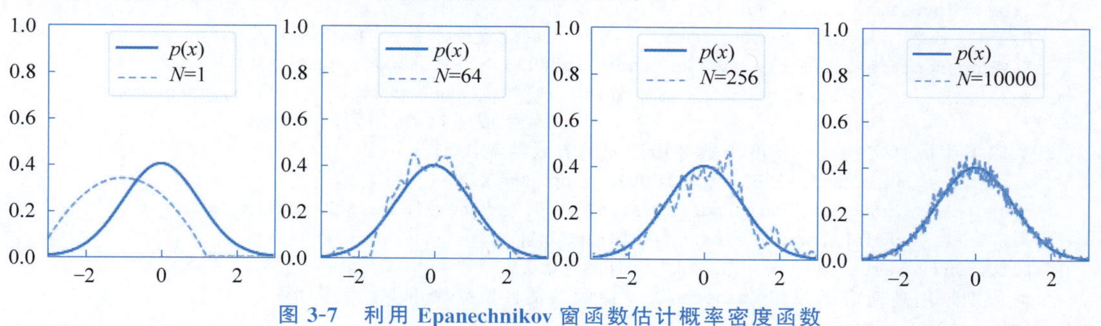

图 3-7 利用 Epanechnikov 窗函数估计概率密度函数

4. 仿真实现

scikit-learn 库的 neighbors 模块提供了进行核密度估计的 KernelDensity 类，其调用格式为

```
KernelDensity(*, bandwidth = 1.0, algorithm = 'auto', kernel = 'gaussian', metric = 'euclidean',
atol = 0, rtol = 0, breadth_first = True, leaf_size = 40, metric_params = None)
```

其参数如表 3-2 所示。

表 3-2 KernelDensity 类参数

名　称	含　义
bandwidth	设置为浮点数时指窗函数窗宽，设置为字符串"scott"或"silverman"时采用对应方法估计窗宽
algorithm	指定搜索算法以提高运算速度，可取'kd_tree'、'ball_tree'或'auto'
kernel	指定窗函数，可取'gaussian'、'tophat'、'epanechnikov'、'exponential'、'linear'和'cosine'，对应高斯窗函数、方窗函数、Epanechnikov 窗函数、指数窗函数、三角窗函数和余弦窗函数
metric	指定距离度量方法，可取'cityblock'、'cosine'、'euclidean'、'haversine'、'l1'、'l2'、'manhattan'、'nan_euclidean'等值，采用不同搜索方法时并不是所有距离度量都有效
atol 和 rtol	绝对容差和相对容差，给出终止搜索算法的条件
breadth_first	取 true，采用广度优先搜索；取 false，采用深度优先搜索
leaf_size	树的叶节点数目
metric_params	采用的距离度量的相关参数

主要的方法如下。

(1) fit(X[, y, sample_weight])：根据训练样本 X 及其权值 sample_weight 拟合模型。

(2) sample([n_samples, random_state])：根据模型生成随机样本，目前仅适用于'gaussian'、'tophat'窗函数。

(3) score(X[, y])：计算总的对数似然函数。

(4) score_samples(X)：计算每个样本的对数似然函数。

【例 3-13】 生成双峰分布的数据集，采用 KernelDensity 类估计概率密度函数，并绘制估计的概率密度函数曲线。

程序如下：

```
import numpy as np
from matplotlib import pyplot as plt
from sklearn.neighbors import KernelDensity
from scipy.stats import norm
N, mu1, mu2, sd1, sd2 = 200, 0, 5, 1, 1        #设置样本数、均值和标准差
X = np.concatenate((norm.rvs(mu1, sd1, int(0.3 * N), random_state = 1),
                    norm.rvs(mu2, sd2, int(0.7 * N), random_state = 1)))[:, np.newaxis]
                                                #生成随机数,用列向量表示
#以下生成真实的概率密度函数并用填充的方式绘制图形
x_value = np.linspace(-5, 10, 1000)[:, np.newaxis]
px = 0.3 * norm(mu1, sd1).pdf(x_value) + 0.7 * norm(mu2, sd2).pdf(x_value)
plt.rcParams['font.sans-serif'] = ['SimSun']
plt.fill(x_value, px, fc = "black", alpha = 0.2)
#分别采用高斯窗函数和 Epanechnikov 窗函数估计概率密度并绘制图形
fmt = ['r:', 'b--']
kernels = ['gaussian', 'epanechnikov']
for id_fmt, id_k in zip(fmt, kernels):
    kde = KernelDensity(kernel = id_k, bandwidth = 0.5).fit(X)
    pxe = np.exp(kde.score_samples(x_value))
    plt.plot(x_value, pxe, id_fmt, lw = 2)
plt.legend(['双峰分布', '高斯窗估计', 'Epanechnikov 窗估计'], loc = "upper left")
plt.yticks(fontproperties = 'Times New Roman')
```

```
plt.xticks(fontproperties = 'Times New Roman')
plt.show()
```

程序运行结果如图 3-8 所示。

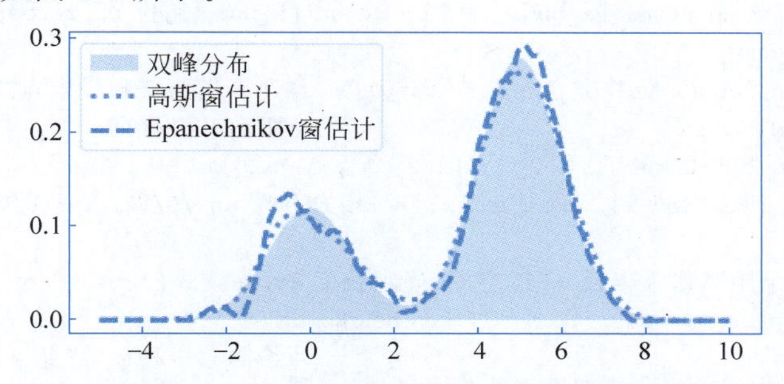

图 3-8　采用 KernelDensity 类估计双峰分布的概率密度函数

3.3.3　k_N 近邻密度估计法

用直方图方法和 Parzen 窗法估计概率密度函数时，点 $\boldsymbol{x}$ 周围的体积固定为 $V=h^n$，其中的样本数 k_N 随机变化。k_N 近邻密度估计法采用可变大小的小舱，固定每个小舱内拥有的样本数 k_N，调整包含 $\boldsymbol{x}$ 的小舱的体积，直到小舱内恰好落入 k_N 个样本，再估计概率密度函数，表示为

$$\hat{p}(\boldsymbol{x})=\frac{k_N}{NV(\boldsymbol{x})} \tag{3-43}$$

$V(\boldsymbol{x})$依赖于 $\boldsymbol{x}$，在低密度区，体积大；在高密度区，体积小。

实际中，计算所有样本点之间的距离，对于每一个样本点，确定其周围 k_N 个近邻，以到最远近邻点的距离为半径 r，得到超球体并计算体积。如果采用 Mahalanobis 距离，将会得到超椭球体，体积定义为

$$V=V_0\mid\boldsymbol{\Sigma}\mid^{\frac{1}{2}}r^n \tag{3-44}$$

其中，V_0 是半径为 1 的超球体的体积，定义为

$$V_0=\begin{cases}\pi^{\frac{n}{2}}/\left(\dfrac{n}{2}\right)!, & n\text{ 为偶数}\\ 2^n\pi^{\frac{n-1}{2}}\left(\dfrac{n-1}{2}\right)!/n!, & n\text{ 为奇数}\end{cases} \tag{3-45}$$

可以证明，对于二维空间的圆，面积为 πr^2；三维空间的球，体积为 $4\pi r^3/3$。

【例 3-14】 设定参数生成正态分布数据集，利用 k_N 近邻密度估计法估计概率密度函数并绘制函数曲线。

程序如下：

```
import numpy as np
from matplotlib import pyplot as plt
from scipy.stats import norm
N, mu, sd, x_num = 1000, 0, 0.8, 600
training = norm.rvs(mu, sd, N)
kn1, kn2, kn3 = 10, 50, 100                    #设定三个不同的 kN
min_x, max_x = training.min(), training.max()
```

```
x_value = np.linspace(min_x, max_x, x_num)
px = norm.pdf(x_value, mu, sd)
index = 0
pxe1, pxe2, pxe3 = np.zeros([x_num, 1]), np.zeros([x_num, 1]), np.zeros([x_num, 1])
for j in range(x_num):
    distance = np.abs(x_value[j] - training)      #计算当前点和样本点之间的距离
    D = sorted(distance)                          #距离升序排列
    V1, V2, V3 = 2 * D[kn1 - 1], 2 * D[kn2 - 1], 2 * D[kn3 - 1]
    pxe1[index], pxe2[index], pxe3[index] = kn1/N/V1, kn2/N/V2, kn3/N/V3
    index += 1
        #第 kN 个距离作为半径,一维空间,确定长度 2r,并按式(3-43)估计密度值
plt.rcParams['font.sans-serif'] = ['Times New Roman']
plt.subplot(131)                                  #绘制第一种 kN 情况下的对比图
plt.plot(x_value, px, 'k-')
plt.plot(x_value, pxe1, 'r--', lw=1)
plt.subplot(132)                                  #绘制第二种 kN 情况下的对比图
plt.plot(x_value, px, 'k-')
plt.plot(x_value, pxe2, 'r--', lw=1)
plt.subplot(133)                                  #绘制第三种 kN 情况下的对比图
plt.plot(x_value, px, 'k-')
plt.plot(x_value, pxe3, 'r--', lw=1)
plt.show()
```

程序运行结果如图 3-9 所示。可以看出,k_N 的取值影响到估计的结果,取值大估计的相对准确。可以自行更改样本数目或 k_N 值,观察估计结果。

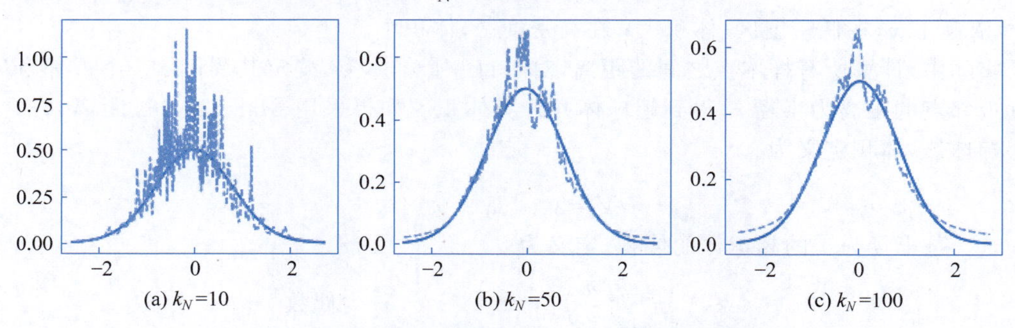

图 3-9　采用 k_N 近邻密度估计法进行概率密度函数估计

非参数估计的共同问题是对样本数目需求较大,只要样本数目足够大,总可以保证收敛于任何复杂的位置密度,但计算量和存储量都比较大。当样本数很少时,若对密度函数有先验认识,参数估计方法能取得更好的估计效果。

3.4　最小错误率贝叶斯决策的实例

【例 3-15】 scikit-learn 库中的 iris 数据集,对 3 种鸢尾花(setosa、versicolor 和 virginica)各抽取了 50 个样本,每个样本含 4 个特征,分别为花萼的长和宽及花瓣的长和宽,单位为厘米。对样本 $\boldsymbol{x}=[4.8\quad 3.5\quad 1.5\quad 0.2]^{\mathrm{T}}$ 进行最小错误率贝叶斯决策。

设计思路如下。

贝叶斯决策需要先了解先验概率和类条件概率密度。题目中仅给出了样本集,样本

集中有 3 类，样本数相同，可以假设各类先验概率相等，但需要估计类条件概率密度函数。对样本进行最小错误率贝叶斯决策，只需要比较样本对应的类条件概率密度的大小即可归类。

由于并不清楚样本服从什么分布，需要对类条件概率密度进行非参数估计。样本为四维，若每维取 10 个等距点，则四维空间有 10^4 个等距点，但每类样本仅 50 个，样本数量太少，难以支撑四维空间的概率密度函数估计，因此，考虑将样本降维以保证估计的效果。本例中简单取原始样本的第三维和第四维构成新的样本。

综上所述，得设计流程：首先对于输入的样本降维；再进行非参数概率密度函数估计；最后比较样本对应的各类的概率密度函数值的大小，将样本归入取值最大的类。

程序如下：

```
import numpy as np
from matplotlib import pyplot as plt
from sklearn.neighbors import KernelDensity
from sklearn.datasets import load_iris
iris = load_iris()                                          #导入样本集
X_train = iris.data[:, 2:4]                                 #样本降维
X_se = X_train[iris.target == 0, :]
X_ve = X_train[iris.target == 1, :]
X_vi = X_train[iris.target == 2, :]                         #分别获取 3 类样本
min_x, max_x = np.min(X_train, 0), np.max(X_train, 0)      #确定估计点取值范围
dx = 0.1
x1, x2 = np.mgrid[min_x[0]:max_x[0] + dx:dx, min_x[1]:max_x[1] + dx:dx]  #构建二维网格
x_test = np.concatenate((x1.reshape(-1, 1), x2.reshape(-1, 1)), 1)       #确定采样点
kde_se = KernelDensity().fit(X_se)
kde_ve = KernelDensity().fit(X_ve)
kde_vi = KernelDensity().fit(X_vi)                 #用核密度估计法对各类概率密度进行估计
pxe_se = np.exp(kde_se.score_samples(x_test)).reshape(x1.shape)
pxe_ve = np.exp(kde_ve.score_samples(x_test)).reshape(x1.shape)
pxe_vi = np.exp(kde_vi.score_samples(x_test)).reshape(x1.shape)
                                                   #将一维概率密度向量表达为二维形式
X_test = np.array([4.8, 3.5, 1.5, 0.2])
X = X_test[2:4]
pos = ((X - min_x) / dx).astype('int')
P_se = pxe_se[pos[0], pos[1]]
P_ve = pxe_ve[pos[0], pos[1]]
P_vi = pxe_vi[pos[0], pos[1]]                     #获取待决策样本在 3 类概率密度函数中的取值
maxP = np.max([P_se, P_ve, P_vi])
if P_se == maxP:                                   #比较大小并归类
    print('样本[4.8, 3.5, 1.5, 0.2]为 setosa 类')
elif P_ve == maxP:
    print('样本[4.8, 3.5, 1.5, 0.2]为 versicolor 类')
else:
    print('样本[4.8, 3.5, 1.5, 0.2]为 virginica 类')
count_se, count_ve, count_vi = 0, 0, 0
for i in range(len(X_train)):                      #对所有样本进行测试，计算总体识别率
    X = X_train[i, :]
    pos = ((X - min_x) / dx).astype('int')
```

```
        P_se = pxe_se[pos[0], pos[1]]
        P_ve = pxe_ve[pos[0], pos[1]]
        P_vi = pxe_vi[pos[0], pos[1]]
        maxP = np.max([P_se, P_ve, P_vi])
        if P_se == maxP and i < 50:
            count_se += 1
        elif P_ve == maxP and 50 <= i < 100:
            count_ve += 1
        elif P_vi == maxP and i >= 100:
            count_vi += 1
    ratio = (count_se + count_ve + count_vi) / 150
    print("训练样本识别正确率为:{:.2%}".format(ratio))
    plt.rcParams['font.sans-serif'] = ['Times New Roman']
    fig = plt.figure()
    ax1 = fig.add_subplot(131, projection='3d')
    ax1.plot_surface(x1, x2, pxe_se, cmap='viridis')
    ax2 = fig.add_subplot(132, projection='3d')
    ax2.plot_surface(x1, x2, pxe_ve, cmap='viridis')
    ax3 = fig.add_subplot(133, projection='3d')
    ax3.plot_surface(x1, x2, pxe_vi, cmap='viridis')
    plt.show()
```

运行程序，绘制的概率密度函数图形如图 3-10 所示，且输出：

```
样本[4.8, 3.5, 1.5, 0.2]为 setosa 类
训练样本识别正确率为: 95.33%
```

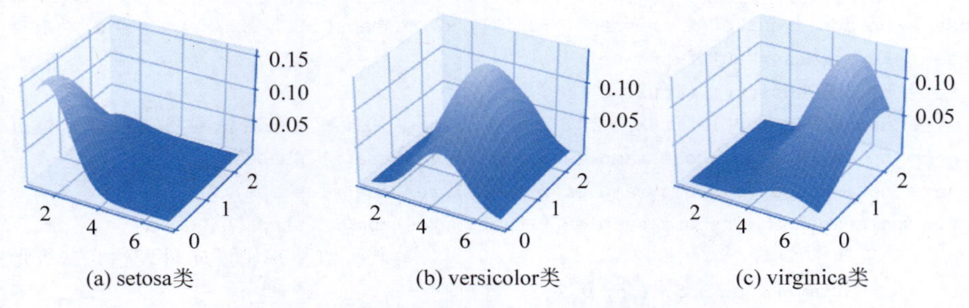

图 3-10 估计的概率密度函数

习题

1. 简述参数估计和非参数估计的含义。
2. 列举参数估计的方法并简述各方法的含义。
3. 列举非参数估计的方法并简述各方法的含义。
4. 设样本集呈现对数正态分布 $p(x)=\frac{1}{\sigma x\sqrt{2\pi}}\exp\left[-\frac{(\ln x-\theta)^2}{2\sigma^2}\right]$，$(x>0)$，求 θ 的最大似然估计。
5. 设正态分布的均值分别为 $\boldsymbol{\mu}_1=[1\quad 1]^{\mathrm{T}}$ 和 $\boldsymbol{\mu}_2=[1.5\quad 1.5]^{\mathrm{T}}$，协方差矩阵均为 $0.2\boldsymbol{I}$，

先验概率相等，决策表$\boldsymbol{\lambda}=\begin{bmatrix}0 & 1\\0.5 & 0\end{bmatrix}$。编写程序，由正态分布生成各1000个二维向量的数据集，利用其中的800个样本，采用最大似然估计方法估计样本分布的参数，利用最小风险贝叶斯决策方法对其余200个样本进行决策，并计算识别率。

6. 打开diabetes数据集，分别采用直方图方法、Parzen窗法和k_N近邻密度估计法对其中的血压数据（二维）进行概率密度函数估计。

第 4 章 线性判别分析

CHAPTER 4

在模式识别中，对样本进行决策分类，可以看作要将特征空间划分成不同的区域，样本位于哪个区域则归为哪一类。假如划分特征空间时采用的是线性分界面，对应的方法则是线性判别分析。本章主要学习线性判别函数设计的思路、典型的设计方法，包括 Fisher 法、感知器算法、最小二乘法、支持向量机以及在多类问题中采用线性判别分析的思路。

4.1 基本概念

在第 2 章学习了贝叶斯决策方法，该方法的前提要求是：对先验概率和类概率密度函数有充分的先验知识；或有足够多的样本，可以较好地进行概率密度估计。若前提条件不满足，采用最优方法设计出的分类器往往不具有最优的性质。而实际问题中，得到的只是样本集，样本的分布形式很难确定，进行估计需要大量样本；当样本数有限时，概率密度函数估计问题往往是一个比分类更难的一般性问题。

如果能确定判别函数，也就确定了特征空间的类别分界面，从而实现分类决策。因此，在实际问题中，不去估计类条件概率，而是直接利用样本集设计分类器。

如何利用样本集直接设计分类器呢？总体的思路是：给定某个判别函数，利用样本集确定判别函数中的未知参数。判别函数有很多种，可以概括分为线性判别函数和非线性判别函数两类，进行线性判别分析，首先需要确定线性判别函数的形式。

4.1.1 线性判别函数

1. 函数形式

以一维数据为例：ω_1 和 ω_2 两类的分界点为 w_0，如图 4-1 所示。两类的判别函数可以表示为

$$g(x)=w_1x-w_0$$

当 $g(x)>0$ 时，$x\in\omega_1$；当 $g(x)<0$ 时，$x\in\omega_2$；$g(x)=0$ 为分界面。

以二维数据为例：ω_1 和 ω_2 两类的分界线为 $g(\boldsymbol{x})=0$，如图 4-2 所示。两类的判别函数可以表示为

$$g(\boldsymbol{x})=w_1x_1+w_2x_2+w_0=\boldsymbol{w}^{\mathrm{T}}\boldsymbol{x}+w_0$$

$\boldsymbol{w}$、$\boldsymbol{x}$ 均为二维列向量。当 $g(\boldsymbol{x})>0$ 时，$\boldsymbol{x}\in\omega_1$；当 $g(\boldsymbol{x})<0$ 时，$\boldsymbol{x}\in\omega_2$。

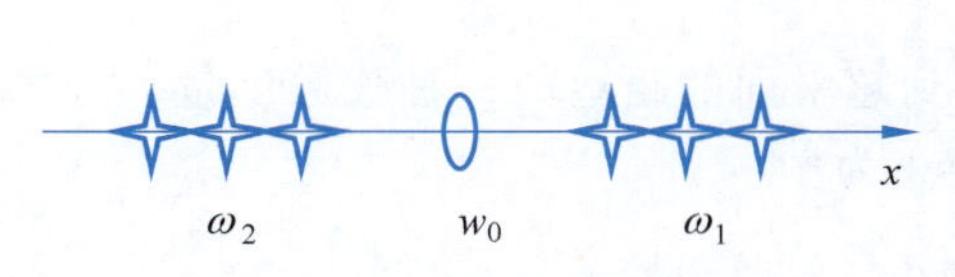

图 4-1 一维分类示例图

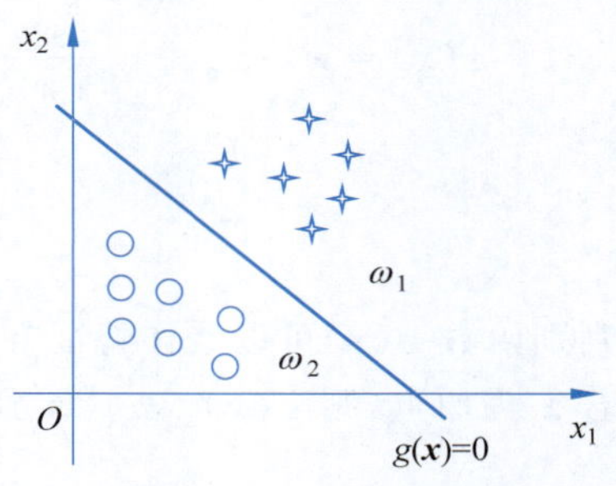

图 4-2 二维分类示例图

线性判别函数的一般表达式为

$$g(\boldsymbol{x})=\boldsymbol{w}^{\mathrm{T}}\boldsymbol{x}+w_0 \tag{4-1}$$

其中，$\boldsymbol{w}$、$\boldsymbol{x}$ 均为 n 维列向量，$\boldsymbol{w}$ 称为权向量(系数)。对应的决策规则为

$$\text{当 } g(\boldsymbol{x})\gtreqless 0 \text{ 时，}\quad \boldsymbol{x}\in\begin{cases}\omega_1\\ \omega_2\end{cases} \tag{4-2}$$

设 y 是类别标号，ω_1 类 $y=+1$，ω_2 类 $y=-1$，即

$$\text{当 } g(\boldsymbol{x})\gtreqless 0 \text{ 时，}\quad y=\begin{cases}+1\\ -1\end{cases} \tag{4-3}$$

决策面方程为

$$g(\boldsymbol{x})=0 \tag{4-4}$$

【例 4-1】 设五维空间的线性方程为 $55x_1+68x_2+32x_3+16x_4+26x_5+10=0$，试求出其权向量与样本向量点积的表达式。

解：

$$g(\boldsymbol{x})=\boldsymbol{w}^{\mathrm{T}}\boldsymbol{x}+w_0=(55\quad 68\quad 32\quad 16\quad 26)(x_1\quad x_2\quad x_3\quad x_4\quad x_5)^{\mathrm{T}}+10$$

2. 几何解释

假设线性判别函数 $g(\boldsymbol{x})=\boldsymbol{w}^{\mathrm{T}}\boldsymbol{x}+w_0$ 将整个特征空间分为两个决策域 Ω_1 和 Ω_2，分界面为超平面 H，即 $g(\boldsymbol{x})=0$，如图 4-3 所示。

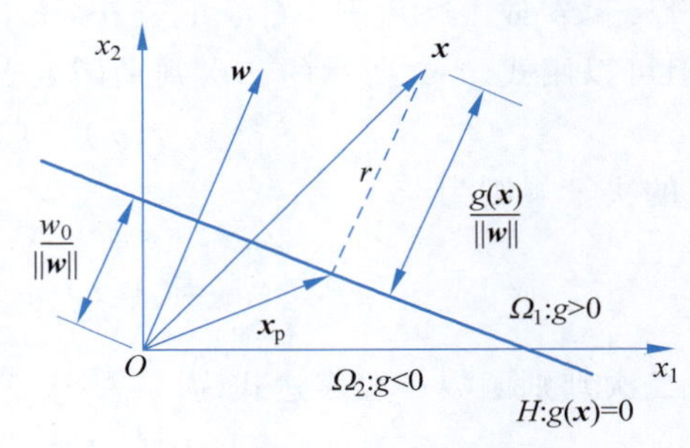

图 4-3 线性判别函数

设点 $\boldsymbol{x}_1$ 和 $\boldsymbol{x}_2$ 都在超平面 H 上，有

$$\boldsymbol{w}^{\mathrm{T}}\boldsymbol{x}_1+w_0=\boldsymbol{w}^{\mathrm{T}}\boldsymbol{x}_2+w_0$$

简化为

$$\boldsymbol{w}^{\mathrm{T}}(\boldsymbol{x}_1-\boldsymbol{x}_2)=0 \tag{4-5}$$

表明权向量 $\boldsymbol{w}$ 和超平面 H 上任一向量正交，也就是 $\boldsymbol{w}$ 是超平面 H 的法向量，决定了超平面的方向。

根据向量运算法则，特征空间某点 $\boldsymbol{x}$ 可以表示为

$$\boldsymbol{x}=\boldsymbol{x}_{\mathrm{p}}+r\frac{\boldsymbol{w}}{\|\boldsymbol{w}\|} \tag{4-6}$$

其中，$\boldsymbol{x}_{\mathrm{p}}$ 是 $\boldsymbol{x}$ 在超平面 H 上的射影向量，满足 $g(\boldsymbol{x}_{\mathrm{p}})=0$，$r$ 是 $\boldsymbol{x}$ 到超平面 H 的代数距离(可取负值)，$\boldsymbol{w}/\|\boldsymbol{w}\|$ 是 $\boldsymbol{w}$ 方向上的单位向量。

将式(4-6)代入线性判别函数式(4-1)，得

$$g(\boldsymbol{x})=\boldsymbol{w}^{\mathrm{T}}\left(\boldsymbol{x}_{\mathrm{p}}+r\frac{\boldsymbol{w}}{\|\boldsymbol{w}\|}\right)+w_0=\boldsymbol{w}^{\mathrm{T}}\boldsymbol{x}_{\mathrm{p}}+w_0+r\frac{\boldsymbol{w}^{\mathrm{T}}\boldsymbol{w}}{\|\boldsymbol{w}\|}=r\|\boldsymbol{w}\|$$

即

$$r=\frac{g(\boldsymbol{x})}{\|\boldsymbol{w}\|} \tag{4-7}$$

因此判别函数 $g(\boldsymbol{x})$ 可以看作特征空间中某点 $\boldsymbol{x}$ 到超平面的距离的一种代数度量。

若 $\boldsymbol{x}$ 为原点，则 $g(\boldsymbol{x})=w_0$，$\boldsymbol{x}$ 到超平面的距离为

$$r=\frac{w_0}{\|\boldsymbol{w}\|} \tag{4-8}$$

即 w_0 决定了超平面与原点之间的距离，当 $w_0=0$ 时，超平面 H 经过原点，称 $g(\boldsymbol{x})=\boldsymbol{w}^{\mathrm{T}}\boldsymbol{x}$ 为齐次线性判别函数。

综上所述，利用线性判别函数进行决策，就是用一个超平面将特征空间分割为两个决策域，超平面 $g(\boldsymbol{x})=\boldsymbol{w}^{\mathrm{T}}\boldsymbol{x}+w_0=0$ 的方向由权向量 $\boldsymbol{w}$ 确定，位置由 w_0 确定。判别函数 $g(\boldsymbol{x})$ 和点 $\boldsymbol{x}$ 到超平面的距离成比例。当 $\boldsymbol{x}\in\Omega_1$ 时，$g(\boldsymbol{x})>0$，称 $\boldsymbol{x}$ 在超平面 H 的正侧；当 $\boldsymbol{x}\in\Omega_2$ 时，$g(\boldsymbol{x})<0$，称 $\boldsymbol{x}$ 在超平面 H 的负侧。

4.1.2 广义线性判别函数

第 6 集
微课视频

把一些高次判别函数作适当变换，变换成一次的线性判别函数，称为广义线性判别函数。下面以图 4-4 所示为例，说明广义线性判别函数的含义。

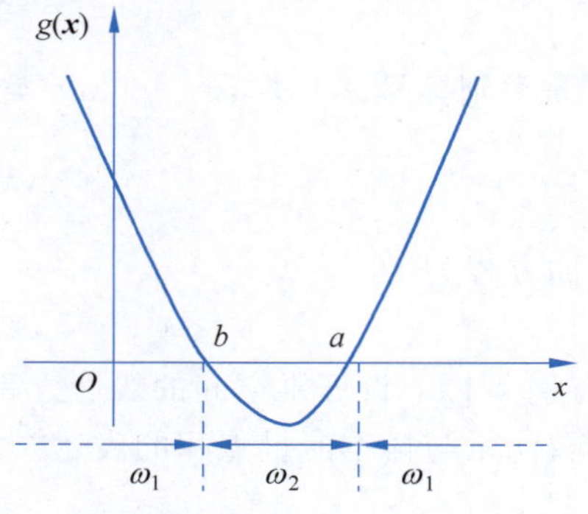

图 4-4 二次判别函数示例

对于图 4-4 所示分类问题，对应的决策规则为：若 $x<b$ 或 $x>a$，则 $x\in\omega_1$；若 $b<x<a$，则 $x\in\omega_2$。这个规则无法用线性判别函数表示，但可以用式(4-9)所示的二次判别函数表示。

$$g(x)=(x-a)(x-b) \tag{4-9}$$

对应的决策规则为

$$\text{当 } g(x)\gtreqless 0 \text{ 时，}\quad x\in\begin{cases}\omega_1\\ \omega_2\end{cases}$$

二次判别函数一般表达式为

$$g(x)=c_1x^2+c_2x+c_0 \tag{4-10}$$

选择 $x\to\boldsymbol{z}$ 的映射，变换二次函数为 $\boldsymbol{z}$ 的线性函数为

$$g(x)=\boldsymbol{a}^{\mathrm{T}}\boldsymbol{z}+a_0=\sum_{i=1}^{2}a_iz_i+a_0 \tag{4-11}$$

式中，$g(\boldsymbol{x})=\boldsymbol{a}^{\mathrm{T}}\boldsymbol{z}+a_0$ 称为广义线性判别函数；$\boldsymbol{z}=[z_1\quad z_2]^{\mathrm{T}}=[x^2\quad x]^{\mathrm{T}}$ 称为广义样本向量；$\boldsymbol{a}=[a_1\quad a_2]^{\mathrm{T}}=[c_1\quad c_2]^{\mathrm{T}}$ 称为广义权向量。

经过以上变换，可以用简单的线性判别函数解决复杂问题，但增加了维数。维数的增加会带来“维数灾难”问题，例如计算变得复杂，需求样本数增多，算法在高维空间无法求解等，所以在实际问题中要根据具体情况综合考虑。

对于线性判别函数 $g(\boldsymbol{x})=\boldsymbol{w}^{\mathrm{T}}\boldsymbol{x}+w_0$，可以进行类似的变换，变成广义齐次线性判别函数，即

$$g(\boldsymbol{x})=\boldsymbol{w}^{\mathrm{T}}\boldsymbol{x}+w_0=\sum_{i=1}^{n}w_ix_i+w_0=\sum_{i=1}^{n+1}a_iz_i=\boldsymbol{a}^{\mathrm{T}}\boldsymbol{z} \tag{4-12}$$

式中，$\boldsymbol{z}=[x_1\quad x_2\quad \cdots\quad x_n\quad 1]^{\mathrm{T}}=[\boldsymbol{x}\quad 1]^{\mathrm{T}}$ 称为增广样本向量；$\boldsymbol{a}=[w_1\quad w_2\quad \cdots\quad w_n\quad w_0]^{\mathrm{T}}=[\boldsymbol{w}\quad w_0]^{\mathrm{T}}$ 称为增广权向量。

线性判别函数变为齐次线性判别函数，虽然维数增加了一维，但分界面变成了通过原点的超平面，给解决问题带来了方便。

【例 4-2】 设三维空间中的一个分类问题，拟采用二次曲面，如果要采用线性方程求解，试求其广义线性判别函数和广义齐次线性判别函数。

解： 这道题目关键注意两点，即二次曲面函数以及三维空间，列出三维样本对应的二次曲面函数，再变换为广义线性判别函数。

广义线性判别函数为

$$\begin{aligned}g(\boldsymbol{x})&=\boldsymbol{w}^{\mathrm{T}}\boldsymbol{x}+w_0\\&=w_1x_1^2+w_2x_2^2+w_3x_3^2+w_4x_1x_2+w_5x_1x_3+\\&\quad\ w_6x_3x_2+w_7x_1+w_8x_2+w_9x_3+w_0\\&=[w_1\quad w_2\quad w_3\quad w_4\quad w_5\quad w_6\quad w_7\quad w_8\quad w_9]\\&\quad\ [x_1^2\quad x_2^2\quad x_3^2\quad x_1x_2\quad x_1x_3\quad x_3x_2\quad x_1\quad x_2\quad x_3]^{\mathrm{T}}+w_0\end{aligned}$$

广义齐次线性判别函数为

$$\begin{aligned}g(\boldsymbol{x})&=\boldsymbol{a}^{\mathrm{T}}\boldsymbol{z}\\&=[w_1\quad w_2\quad w_3\quad w_4\quad w_5\quad w_6\quad w_7\quad w_8\quad w_9\quad w_0]\\&\quad\ [x_1^2\quad x_2^2\quad x_3^2\quad x_1x_2\quad x_1x_3\quad x_3x_2\quad x_1\quad x_2\quad x_3\quad 1]^{\mathrm{T}}\end{aligned}$$

4.1.3 线性判别函数的设计

综上所述，设计线性判别函数的核心思想是：根据样本集去确定线性判别函数的权向量 $\boldsymbol{w}$ 和 w_0；或广义线性判别函数的权向量 $\boldsymbol{a}$ 和 a_0；或齐次线性判别函数的权向量 $\boldsymbol{a}$。至此，分类问题转换为线性判别函数的参数估计问题。

从图 4-2 可以看出，两类中间有多条直线都可以满足分类要求，也就是满足要求的权向量有很多。要寻找使分类效果尽可能好的线性判别函数，即权向量的确定，首先要有一个准则函数，然后根据这个准则函数去找出满足要求的尽可能好的结果。至此，分类器的参数估计问题转换为求准则函数极值的问题。

因此，线性判别函数设计的两个关键问题如下。

1）寻找合适的准则函数

合适的准则函数极值对应最好的决策，而且是 $\boldsymbol{w}$ 和 w_0 或 $\boldsymbol{a}$ 等参数的函数。需要注意，如果是求解广义权向量或增广权向量 $\boldsymbol{a}$，往往需要对原始样本进行相应的映射或增广化处理。

2）对准则函数求最优

需要相应的优化算法，可以采用经典的求极值的方法，也可以采用一些新型或特殊的方法，会在后面具体问题中学习。

在统计分析中，进行数据拟合常用回归的方法，若采用线性函数 $g(\boldsymbol{x})=\boldsymbol{w}^{\mathrm{T}}\boldsymbol{x}+w_0$ 拟合数据，也称 $g(\boldsymbol{x})$ 为线性模型(Linear Model)，求解参数 $\boldsymbol{w}$ 和 w_0，称为多元线性回归(Multivariate Linear Regression)。可以看出，求解线性判别函数权向量和估计线性回归系数是一致的。

4.2 Fisher 法

线性判别分析(Linear Discriminant Analysis，LDA)是 R. A. Fisher 于 1936 年提出来的方法，其把两类 n 维空间的样本变换到一维，在一维空间确定一个分类的阈值，过该阈值点且与投影方向垂直的超平面，就是两类的分界面。

4.2.1 基本原理

Fisher 法的实现首先要进行降维，把 n 维样本投影到一条直线上，变换成一维样本，但投影线不能任意选择。如图 4-5 所示，图中✦表示一类数据，○表示另一类数据，向某一条投影线 $\boldsymbol{w}_1$ 投影，投影后两类数据混在一起，很难分开，不利于分类，如图 4-5(a)所示。选择另一个方向的投影线 $\boldsymbol{w}_2$，投影后两类样本相互分开，很容易分类，如图 4-5(b)所示。

对于 n 维样本，总是可以找到某一个方向，样本投影在这个方向的直线上，分开的最好。Fisher 法就是要找到这条最易分类的投影线。

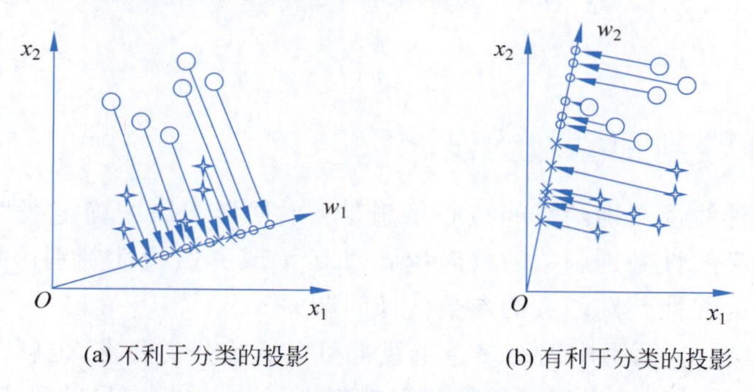

图 4-5 变换成一维投影示例图

样本集为 $\mathscr{X}=\{\boldsymbol{x}_1,\boldsymbol{x}_2,\cdots,\boldsymbol{x}_N\}$，样本数为 N，N_1 个样本属于 ω_1 类，记为子集 $\mathscr{X}_1$；N_2 个属于 ω_2 类，记为子集 $\mathscr{X}_2$，样本为 n 维 $\boldsymbol{x}_i$，对 $\boldsymbol{x}_i$ 作投影变换到一维，即是对 $\boldsymbol{x}_i$ 做线性组合可写为

$$z_i=\boldsymbol{w}^{\mathrm{T}}\boldsymbol{x}_i,\quad i=1,2,\cdots,N \tag{4-13}$$

得到 N 个一维样本 z_i 组成的集合，设 $\mathscr{X}_1$、$\mathscr{X}_2$ 的样本投影后分别为 $\mathscr{Z}_1$、$\mathscr{Z}_2$，寻找最好的投影方向，即寻找最合适的变换向量 $\boldsymbol{w}^*$。

4.2.2 准则函数及求解

1. 基本参量

为求解变换向量，要借助于根据样本集得到的统计数据。

降维前，各类样本均值向量为

$$\boldsymbol{\mu}_j = \frac{1}{N_j} \sum_{\boldsymbol{x}_i \in \mathscr{X}_j} \boldsymbol{x}_i, \quad j = 1,2 \tag{4-14}$$

各类内离散度矩阵定义为

$$\boldsymbol{S}_j = \sum_{\boldsymbol{x}_i \in \mathscr{X}_j} (\boldsymbol{x}_i - \boldsymbol{\mu}_j)(\boldsymbol{x}_i - \boldsymbol{\mu}_j)^{\mathrm{T}}, \quad j = 1,2 \tag{4-15}$$

总类内离散度矩阵定义为

$$\boldsymbol{S}_{\mathrm{w}} = \boldsymbol{S}_1 + \boldsymbol{S}_2 \tag{4-16}$$

类间离散度矩阵定义为

$$\boldsymbol{S}_{\mathrm{b}} = (\boldsymbol{\mu}_1 - \boldsymbol{\mu}_2)(\boldsymbol{\mu}_1 - \boldsymbol{\mu}_2)^{\mathrm{T}} \tag{4-17}$$

降维后，各类样本均值为

$$\tilde{\mu}_j = \frac{1}{N_j} \sum_{z_i \in \mathscr{Z}_j} z_i, \quad j = 1,2 \tag{4-18}$$

各类内离散度为

$$\widetilde{S}_j^2 = \sum_{z_i \in \mathscr{Z}_j} (z_i - \tilde{\mu}_j)^2, \quad j = 1,2 \tag{4-19}$$

总类内离散度为

$$\widetilde{S}_{\mathrm{w}} = \widetilde{S}_1^2 + \widetilde{S}_2^2 \tag{4-20}$$

2. 准则函数

利用基本参量确定准则函数。投影后，要求各类样本尽可能分得开，即两类均值之差 $(\tilde{\mu}_1 - \tilde{\mu}_2)$ 越大越好；要求各类样本类内尽量密集，也就是类内离散度越小越好，即 $\widetilde{S}_{\mathrm{w}} = \widetilde{S}_1^2 + \widetilde{S}_2^2$ 越小越好。因此，定义准则函数为

$$J_{\mathrm{F}}(\boldsymbol{w}) = \frac{(\tilde{\mu}_1 - \tilde{\mu}_2)^2}{\widetilde{S}_1^2 + \widetilde{S}_2^2} \tag{4-21}$$

应选使 $J_{\mathrm{F}}(\boldsymbol{w})$ 尽可能大的 $\boldsymbol{w}$ 作为投影方向。

式(4-21)定义的准则函数极大值对应最好的决策，将各基本参量代入函数式，变换准则函数 $J_{\mathrm{F}}(\boldsymbol{w})$ 为 $\boldsymbol{w}$ 的显函数。

将式(4-13)代入式(4-18)，得

$$\tilde{\mu}_j = \frac{1}{N_j} \sum_{z_i \in \mathscr{Z}_j} z_i = \frac{1}{N_j} \sum_{\boldsymbol{x}_i \in \mathscr{X}_j} \boldsymbol{w}^{\mathrm{T}} \boldsymbol{x}_i = \boldsymbol{w}^{\mathrm{T}} \frac{1}{N_j} \sum_{\boldsymbol{x}_i \in \mathscr{X}_j} \boldsymbol{x}_i = \boldsymbol{w}^{\mathrm{T}} \boldsymbol{\mu}_j$$

式(4-21)的分子可转换为

$$\begin{aligned}(\tilde{\mu}_1 - \tilde{\mu}_2)^2 &= (\boldsymbol{w}^{\mathrm{T}} \boldsymbol{\mu}_1 - \boldsymbol{w}^{\mathrm{T}} \boldsymbol{\mu}_2)^2 = \boldsymbol{w}^{\mathrm{T}} (\boldsymbol{\mu}_1 - \boldsymbol{\mu}_2)(\boldsymbol{\mu}_1 - \boldsymbol{\mu}_2)^{\mathrm{T}} \boldsymbol{w} \\ &= \boldsymbol{w}^{\mathrm{T}} \boldsymbol{S}_{\mathrm{b}} \boldsymbol{w}\end{aligned} \tag{4-22}$$

对式(4-19)进行变换，即

$$\begin{aligned}\widetilde{S}_j^2 &= \sum_{z_i \in \mathscr{Z}_j} (z_i - \tilde{\mu}_j)^2 = \sum_{\boldsymbol{x}_i \in \mathscr{X}_j} (\boldsymbol{w}^{\mathrm{T}} \boldsymbol{x}_i - \boldsymbol{w}^{\mathrm{T}} \boldsymbol{\mu}_j)^2 \\ &= \boldsymbol{w}^{\mathrm{T}} \left[\sum_{\boldsymbol{x}_i \in \mathscr{X}_j} (\boldsymbol{x}_i - \boldsymbol{\mu}_j)(\boldsymbol{x}_i - \boldsymbol{\mu}_j)^{\mathrm{T}} \right] \boldsymbol{w} \\ &= \boldsymbol{w}^{\mathrm{T}} \boldsymbol{S}_j \boldsymbol{w}\end{aligned}$$

式(4-21)的分母可转换为

$$\widetilde{S}_1^2 + \widetilde{S}_2^2 = \boldsymbol{w}^{\mathrm{T}} (\boldsymbol{S}_1 + \boldsymbol{S}_2) \boldsymbol{w} = \boldsymbol{w}^{\mathrm{T}} \boldsymbol{S}_{\mathrm{w}} \boldsymbol{w} \tag{4-23}$$

式(4-21)修改为

$$J_{\mathrm{F}}(\boldsymbol{w}) = \frac{\boldsymbol{w}^{\mathrm{T}} \boldsymbol{S}_{\mathrm{b}} \boldsymbol{w}}{\boldsymbol{w}^{\mathrm{T}} \boldsymbol{S}_{\mathrm{w}} \boldsymbol{w}} \tag{4-24}$$

3. 准则函数求最优

采用拉格朗日乘数法求极值点 $\boldsymbol{w}^*$。令分母等于非零常数，得

$$\boldsymbol{w}^{\mathrm{T}} \boldsymbol{S}_{\mathrm{w}} \boldsymbol{w} = b \neq 0 \tag{4-25}$$

$J_{\mathrm{F}}(\boldsymbol{w})$分子越大，$J_{\mathrm{F}}(\boldsymbol{w})$值越大。定义拉格朗日函数为

$$L(\boldsymbol{w}, \lambda) = \boldsymbol{w}^{\mathrm{T}} \boldsymbol{S}_{\mathrm{b}} \boldsymbol{w} - \lambda (\boldsymbol{w}^{\mathrm{T}} \boldsymbol{S}_{\mathrm{w}} \boldsymbol{w} - b) \tag{4-26}$$

λ 为拉格朗日乘子。式(4-26)对 $\boldsymbol{w}$ 求偏导，得

$$\frac{\partial L}{\partial \boldsymbol{w}} = \boldsymbol{S}_{\mathrm{b}} \boldsymbol{w} - \lambda \boldsymbol{S}_{\mathrm{w}} \boldsymbol{w} \tag{4-27}$$

令偏导数为零，则有

$$\boldsymbol{S}_{\mathrm{b}} \boldsymbol{w} = \lambda \boldsymbol{S}_{\mathrm{w}} \boldsymbol{w} \tag{4-28}$$

$\boldsymbol{S}_{\mathrm{w}}$ 为非奇异矩阵，可逆，式(4-28)左乘 $\boldsymbol{S}_{\mathrm{w}}^{-1}$，得

$$\boldsymbol{S}_{\mathrm{w}}^{-1} \boldsymbol{S}_{\mathrm{b}} \boldsymbol{w} = \lambda \boldsymbol{w} \tag{4-29}$$

这是一个特征方程，$\boldsymbol{w}$ 为矩阵 $\boldsymbol{S}_{\mathrm{w}}^{-1} \boldsymbol{S}_{\mathrm{b}}$ 的特征向量。

将式(4-17)代入式(4-29)，得

$$\boldsymbol{S}_{\mathrm{w}}^{-1} \boldsymbol{S}_{\mathrm{b}} \boldsymbol{w} = \boldsymbol{S}_{\mathrm{w}}^{-1} (\boldsymbol{\mu}_1 - \boldsymbol{\mu}_2)(\boldsymbol{\mu}_1 - \boldsymbol{\mu}_2)^{\mathrm{T}} \boldsymbol{w} = \lambda \boldsymbol{w} \tag{4-30}$$

由于$(\boldsymbol{\mu}_1 - \boldsymbol{\mu}_2)^{\mathrm{T}} \boldsymbol{w}$ 为一个标量，λ 也是一个常数，式(4-30)可转换为

$$\boldsymbol{w} = k \boldsymbol{S}_{\mathrm{w}}^{-1} (\boldsymbol{\mu}_1 - \boldsymbol{\mu}_2)$$

因为比例因子 k 仅影响投影后数据的比例，不影响分布情况，投影时只考虑方向，可以忽略 k，得

$$\boldsymbol{w}^* = \boldsymbol{S}_{\mathrm{w}}^{-1} (\boldsymbol{\mu}_1 - \boldsymbol{\mu}_2) \tag{4-31}$$

$\boldsymbol{w}^*$ 就是使 Fisher 准则函数取极大值时的解，也是使两类样本投影后分开得最好的投影方向。

4.2.3 分类决策

利用最佳投影方向，通过 $z_i = \boldsymbol{w}^{*\mathrm{T}} \boldsymbol{x}_i$ 将数据转换为一维，只需设定一个阈值点，即可分类。阈值点可以设为

$$z_0 = \frac{\tilde{\mu}_1 + \tilde{\mu}_2}{2} \tag{4-32}$$

或

$$z_0=\frac{N_1\tilde{\mu}_1+N_2\tilde{\mu}_2}{N_1+N_2} \tag{4-33}$$

过阈值点且垂直于投影方向的超平面为

$$g(\boldsymbol{x})=\boldsymbol{w}^{*\mathrm{T}}\boldsymbol{x}-z_0=0 \tag{4-34}$$

【例 4-3】 三维空间两类分类问题,样本集为

$$\omega_1:\{[0\quad 0\quad 0]^{\mathrm{T}},[1\quad 0\quad 1]^{\mathrm{T}},[1\quad 0\quad 0]^{\mathrm{T}},[1\quad 1\quad 0]^{\mathrm{T}}\}$$

$$\omega_2:\{[0\quad 0\quad 1]^{\mathrm{T}},[0\quad 1\quad 1]^{\mathrm{T}},[0\quad 1\quad 0]^{\mathrm{T}},[1\quad 1\quad 1]^{\mathrm{T}}\}$$

试用 Fisher 准则降维分类。

解: 由于原始样本为三维,采用 Fisher 准则降到一维,可知:投影方向 $\boldsymbol{w}^*=\boldsymbol{S}_{\mathrm{w}}^{-1}(\boldsymbol{\mu}_1-\boldsymbol{\mu}_2)$时,投影后的一维样本最易分类。所以,先求 $\boldsymbol{w}^*$,再投影分类。

均值向量为

$$\boldsymbol{\mu}_j=\frac{1}{N_j}\sum_{\boldsymbol{x}_i\in\mathscr{X}_j}\boldsymbol{x}_i\rightarrow\boldsymbol{\mu}_1=\frac{1}{4}[3\quad 1\quad 1]^{\mathrm{T}}\quad \boldsymbol{\mu}_2=\frac{1}{4}[1\quad 3\quad 3]^{\mathrm{T}}$$

类内离散度矩阵为

$$\boldsymbol{S}_j=\sum_{\boldsymbol{x}_i\in\mathscr{X}_j}(\boldsymbol{x}_i-\boldsymbol{\mu}_j)(\boldsymbol{x}_i-\boldsymbol{\mu}_j)^{\mathrm{T}}\rightarrow\boldsymbol{S}_1=\boldsymbol{S}_2=\frac{1}{4}\begin{bmatrix}3 & 1 & 1\\ 1 & 3 & -1\\ 1 & -1 & 3\end{bmatrix}$$

总类内离散度矩阵及其逆阵为

$$\boldsymbol{S}_{\mathrm{w}}=\boldsymbol{S}_1+\boldsymbol{S}_2=\frac{1}{2}\begin{bmatrix}3 & 1 & 1\\ 1 & 3 & -1\\ 1 & -1 & 3\end{bmatrix}\quad \boldsymbol{S}_{\mathrm{w}}^{-1}=\frac{1}{2}\begin{bmatrix}2 & -1 & -1\\ -1 & 2 & 1\\ -1 & 1 & 2\end{bmatrix}$$

投影方向为

$$\boldsymbol{w}^*=\boldsymbol{S}_{\mathrm{w}}^{-1}(\boldsymbol{\mu}_1-\boldsymbol{\mu}_2)=[1\quad -1\quad -1]^{\mathrm{T}}$$

降维,即求 $z_i=\boldsymbol{w}^{*\mathrm{T}}\boldsymbol{x}_i$

$$z_{11}=[1\quad -1\quad -1]\,[0\quad 0\quad 0]^{\mathrm{T}}=0\qquad z_{12}=[1\quad -1\quad -1]\,[1\quad 0\quad 1]^{\mathrm{T}}=0$$

$$z_{13}=[1\quad -1\quad -1]\,[1\quad 0\quad 0]^{\mathrm{T}}=1\qquad z_{14}=[1\quad -1\quad -1]\,[1\quad 1\quad 0]^{\mathrm{T}}=0$$

$$z_{21}=[1\quad -1\quad -1]\,[0\quad 0\quad 1]^{\mathrm{T}}=-1\qquad z_{22}=[1\quad -1\quad -1]\,[0\quad 1\quad 1]^{\mathrm{T}}=-2$$

$$z_{23}=[1\quad -1\quad -1]\,[0\quad 1\quad 0]^{\mathrm{T}}=-1\qquad z_{24}=[1\quad -1\quad -1]\,[1\quad 1\quad 1]^{\mathrm{T}}=-1$$

一维数据求阈值点为

$$\tilde{\mu}_1=\frac{1}{4}\quad \tilde{\mu}_2=-\frac{5}{4}\quad z_0=\frac{\tilde{\mu}_1+\tilde{\mu}_2}{2}=-\frac{1}{2}$$

分类决策规则:若 $z_i\geqslant z_0$,则 $z_i\in\mathscr{Z}_1$,即 $\boldsymbol{x}_i\in\omega_1$;反之,$z_i\in\mathscr{Z}_2$,即 $\boldsymbol{x}_i\in\omega_2$。

对每一个样本进行决策,全部分类正确。

需要注意:实际中,一般有部分已知类别的样本,去求最好的投影方向 $\boldsymbol{w}^*$,然后再对未知类别的样本进行投影并分类。

4.2.4 仿真实现

【例 4-4】 有两类样本

$$\omega_1:\left\{\begin{bmatrix}-5\\-5\end{bmatrix},\begin{bmatrix}-5\\-4\end{bmatrix},\begin{bmatrix}-4\\-5\end{bmatrix},\begin{bmatrix}-5\\-6\end{bmatrix},\begin{bmatrix}-6\\-5\end{bmatrix}\right\},\quad \omega_2:\left\{\begin{bmatrix}5\\5\end{bmatrix},\begin{bmatrix}5\\4\end{bmatrix},\begin{bmatrix}4\\5\end{bmatrix},\begin{bmatrix}5\\6\end{bmatrix},\begin{bmatrix}6\\5\end{bmatrix}\right\}$$

设计 Fisher 线性分类器，并对样本 $[3\quad 1]^{\mathrm{T}}$ 归类。

设计思路：

按照 Fisher 法原理，获取训练样本，计算两类的均值、类内离散度矩阵，确定投影方向，计算一维阈值点并对样本归类。

程序如下：

第 7 集
微课视频

```
import numpy as np
from matplotlib import pyplot as plt
X = np.array([[-5, -5], [-5, -4], [-4, -5], [-5, -6], [-6, -5],
              [5, 5], [5, 4], [4, 5], [5, 6], [6, 5]])          #训练样本
y = np.array([1, 1, 1, 1, 1, -1, -1, -1, -1, -1])               #类别标签
idx1, idx2 = np.where(y == 1), np.where(y == -1)
N1, N2 = idx1[0].size, idx2[0].size                             #两类样本数N
X1, X2 = X[idx1[0], :], X[idx2[0], :]                           #两类样本
mu1, mu2 = np.mean(X1, 0), np.mean(X2, 0)                       #计算两类的均值
S1 = np.dot((X1 - mu1).T, X1 - mu1)
S2 = np.dot((X2 - mu2).T, X2 - mu2)
Sw = S1 + S2                                                    #计算类内离散度矩阵
W = np.dot(np.linalg.inv(Sw), mu1 - mu2)                        #求投影方向
z1, z2 = np.dot(W, mu1), np.dot(W, mu2)                         #求一维样本均值
z0 = (z1 + z2)/2                                                #求一维阈值点
x1 = np.linspace(-6, 6, 120)
x2 = -(W[0] * x1 - z0)/W[1]                                     #计算分界面上的点
x = np.array([3, 1])                                            #绘制待测样本点
z = np.dot(W, x)                                                #待测样本降维
if z > z0:
    print('[3, 1]属于 ω1')
else:
    print('[3, 1]属于 ω2')                                      #决策归类
plt.rcParams['font.sans-serif'] = ['SimSun']                    #设置汉字字体
plt.plot(X1[:, 0], X1[:, 1], 'r+', label='第 1 类')
plt.plot(X2[:, 0], X2[:, 1], 'b*', label='第 2 类')
plt.plot(x1, x2, 'g--', label='分界线')
plt.plot(x[0], x[1], 'rp', label='待测样本')
plt.title('Fisher 线性判别')
plt.xlabel('x1', fontproperties='Times New Roman')
plt.ylabel('x2', fontproperties='Times New Roman')
plt.xticks(fontproperties='Times New Roman')
plt.yticks(fontproperties='Times New Roman')
plt.legend()
plt.show()                                                      #绘制结果图
```

运行程序后，输出"[3，1]属于 ω_2"，绘制的样本点及线性分界线如图 4-6 所示，最优投影方向为 $\boldsymbol{w}=(-2.5\quad -2.5)^{\mathrm{T}}$。

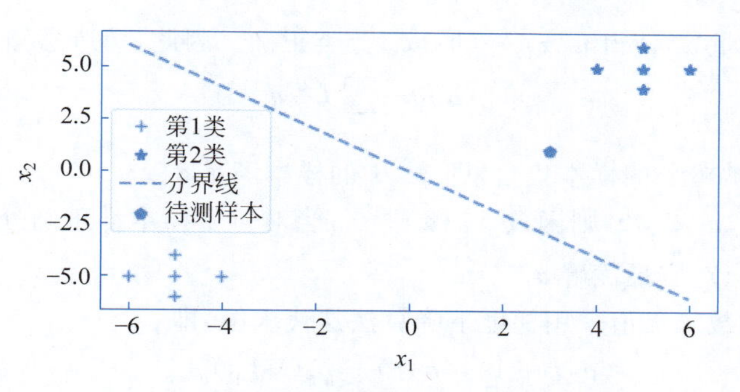

图 4-6　Fisher 法判别示例

4.3　感知器算法

感知器(Perceptron)算法针对线性可分样本集，定义感知器准则函数，通过梯度下降算法实现最优权向量求解，是设计线性判别函数的经典方法。

4.3.1　基本概念

1. 线性可分

样本集 $\mathscr{X}=\{\boldsymbol{x}_1,\boldsymbol{x}_2,\cdots,\boldsymbol{x}_N\}$分别来自 ω_1、ω_2 类，构建增广样本向量 $\boldsymbol{z}_i=[\boldsymbol{x}_i \quad 1]^{\mathrm{T}}, i=1,2,\cdots,N$。若存在一个增广权向量 $\boldsymbol{a}$，使得对于任何 $\boldsymbol{z}\in\omega_1$ 时，$\boldsymbol{a}^{\mathrm{T}}\boldsymbol{z}>0$；对于任何 $\boldsymbol{z}\in\omega_2$ 时，$\boldsymbol{a}^{\mathrm{T}}\boldsymbol{z}<0$，则称该样本集是线性可分的。也就是在样本的特征空间，至少存在一个线性分类面能够把两类样本没有错误地分开，这样的样本集是线性可分的。

第 8 集
微课视频

利用线性判别函数对样本集进行分类，首要的条件是样本集线性可分。

2. 样本的规范化

若样本集$\{\boldsymbol{x}_1,\boldsymbol{x}_2,\cdots,\boldsymbol{x}_N\}$线性可分，则必存在增广权向量 $\boldsymbol{a}$，使得 $\boldsymbol{a}^{\mathrm{T}}\boldsymbol{z}_i>0$ 时，$\boldsymbol{z}_i\in\omega_1$；$\boldsymbol{a}^{\mathrm{T}}\boldsymbol{z}_j<0$ 时，$\boldsymbol{z}_j\in\omega_2$，$1\leqslant i,j\leqslant N$。构造新的样本集

$$\boldsymbol{z}'_k=\begin{cases}\boldsymbol{z}_i & \boldsymbol{z}_i\in\omega_1\\ -\boldsymbol{z}_j & \boldsymbol{z}_j\in\omega_2\end{cases} \tag{4-35}$$

称之为样本的规范化，$\boldsymbol{z}'_k$ 称作规范化增广样本向量，为讨论方便，以后仍用 $\boldsymbol{z}_i$ 表示。对于规范化增广样本向量，线性可分可表示为：$\boldsymbol{a}^{\mathrm{T}}\boldsymbol{z}_i>0$ 时，$\boldsymbol{z}_i$ 分类正确，$1\leqslant i\leqslant N$。

3. 解向量和解区

满足 $\boldsymbol{a}^{\mathrm{T}}\boldsymbol{z}_i>0$ 的权向量 $\boldsymbol{a}^*$ 称为解向量，每个解向量对应一个分界面 $\boldsymbol{a}^{\mathrm{T}}\boldsymbol{z}_i=0$。从图 4-6 可以看出，要分开 + 和 ★ 两类，除了图中的虚线分界面外，还存在多个分界面。所以，解向量往往不唯一，而是由无穷多个解向量组成的区域，这样的区域称为解区。

解区中的向量都能满足分类要求，为提高分类的可靠性，避免求解向量时的算法不至收敛到解区边界的点上，引入余量 $b_i>0$，$\boldsymbol{a}^{\mathrm{T}}\boldsymbol{z}_i>b_i>0$ 的解作为 $\boldsymbol{a}^{\mathrm{T}}\boldsymbol{z}_i>0$ 的解。

4.3.2　感知器准则函数及求解

假设样本集 $\mathscr{X}=\{\boldsymbol{x}_1,\boldsymbol{x}_2,\cdots,\boldsymbol{x}_N\}$线性可分，规范化增广样本向量为 $\boldsymbol{z}_i$，$i=1,2,\cdots,N$，

则存在合适的权向量 $\boldsymbol{a}$，使得 $\boldsymbol{a}^{\mathrm{T}}\boldsymbol{z}_i>0$ 时，$\boldsymbol{z}_i$ 分类正确。因此，构造感知器准则函数为[①]

$$J_{\mathrm{P}}(\boldsymbol{a})=\sum_{\boldsymbol{z}\in\varphi^t}(-\boldsymbol{a}^{\mathrm{T}}\boldsymbol{z}) \tag{4-36}$$

其中，φ^t 为 t 步时被错分的样本集合，即 φ^t 中的样本满足 $\boldsymbol{a}^{\mathrm{T}}\boldsymbol{z}<0$。

当样本错分时，$\boldsymbol{a}^{\mathrm{T}}\boldsymbol{z}<0$，则函数 $J_{\mathrm{P}}(\boldsymbol{a})>0$；当对每个样本都正确分类时，$J_{\mathrm{P}}(\boldsymbol{a})=0$ 是准则函数的最小值，对应最优解 $\boldsymbol{a}^*$。

感知器准则函数求极值采用梯度下降算法迭代求解，即

$$\boldsymbol{a}(t+1)=\boldsymbol{a}(t)-\rho_t(\nabla J_{\mathrm{P}})_{\boldsymbol{a}=\boldsymbol{a}(t)} \tag{4-37}$$

$\boldsymbol{a}(t)$ 为第 t 次迭代时的权向量，$\rho_t>0$ 为校正系数。收敛性的证明此处略。

感知器准则函数对 $\boldsymbol{a}$ 求导，得

$$\nabla J_{\mathrm{P}}=\sum_{\boldsymbol{z}\in\varphi^t}(-\boldsymbol{z}) \tag{4-38}$$

将式(4-38)代入式(4-37)，得

$$\boldsymbol{a}(t+1)=\boldsymbol{a}(t)+\rho_t\sum_{\boldsymbol{z}\in\varphi^t}\boldsymbol{z} \tag{4-39}$$

为提高效率，通常情况下采用单样本修正，即每判断一个样本进行一次修正，得

$$\boldsymbol{a}(t+1)=\begin{cases}\boldsymbol{a}(t), & \boldsymbol{a}(t)^{\mathrm{T}}\boldsymbol{z}_i>0\\ \boldsymbol{a}(t)+\rho_t\boldsymbol{z}_i, & \boldsymbol{a}(t)^{\mathrm{T}}\boldsymbol{z}_i\leqslant 0\end{cases},\quad i=1,2,\cdots,N \tag{4-40}$$

式中，ρ_t 取常量 ρ。

感知器算法计算权向量步骤整理如下。

(1) 初始化，包括对样本的增广化、规范化处理，任意给定 $\boldsymbol{a}(1)$ 和系数 ρ。

(2) 利用 $\boldsymbol{a}(1)$ 考查每个样本，按式(4-40)修正权向量。

(3) 重复(2)直到所有样本都满足 $\boldsymbol{a}(t)^{\mathrm{T}}\boldsymbol{z}_i>0$，也就是全部分类正确，$\boldsymbol{a}(t)$ 即为所求最优权向量 $\boldsymbol{a}^*$。

若引入余量 b，则式(4-40)中的样本错分判断条件修改为 $\boldsymbol{a}(t)^{\mathrm{T}}\boldsymbol{z}_i\leqslant b$ 即可。

若采用可变增量，则 ρ_t 要选择合适，例如，绝对修正法中，选择

$$\rho_t>|\boldsymbol{a}(t)^{\mathrm{T}}\boldsymbol{z}_i|/\|\boldsymbol{z}_i\|^2 \tag{4-41}$$

作为增量，可以使修正后的权向量 $\boldsymbol{a}(t+1)$ 满足 $\boldsymbol{a}(t+1)^{\mathrm{T}}\boldsymbol{z}_i>0$。

【例 4-5】 有两类样本，ω_1：$\{[0\ \ 0]^{\mathrm{T}},[0\ \ 1]^{\mathrm{T}}\}$、$\omega_2$：$\{[1\ \ 0]^{\mathrm{T}},[1\ \ 1]^{\mathrm{T}}\}$，试用感知器准则函数求解判别函数权向量。

解： (1) 初始化。样本增广化、规范化，得

$$\boldsymbol{z}_{11}=[0\ \ 0\ \ 1]^{\mathrm{T}},\quad \boldsymbol{z}_{12}=[0\ \ 1\ \ 1]^{\mathrm{T}};$$

$$\boldsymbol{z}_{21}=[-1\ \ 0\ \ -1]^{\mathrm{T}},\quad \boldsymbol{z}_{22}=[-1\ \ -1\ \ -1]^{\mathrm{T}}$$

设定系数 $\rho=1$，初始权向量 $\boldsymbol{a}(1)=[0\ \ 0\ \ 0]^{\mathrm{T}}$。

(2) 迭代。第一轮迭代为

---

① 也可使用 $J_{\mathrm{P}}(\boldsymbol{a})=\frac{1}{2}(|\boldsymbol{a}^{\mathrm{T}}\boldsymbol{z}|-\boldsymbol{a}^{\mathrm{T}}\boldsymbol{z})$ 作为感知器准则函数，其中 $\boldsymbol{a}^{\mathrm{T}}\boldsymbol{z}<0$，$\boldsymbol{z}$ 为权向量等于 $\boldsymbol{a}$ 时的错分样本，样本全部分类正确时，函数取最小值 0，同样采用梯度下降算法求解。

$\boldsymbol{a}^{\mathrm{T}}(1)\boldsymbol{z}_{11}=[0\quad 0\quad 0][0\quad 0\quad 1]^{\mathrm{T}}=0$ 所以 $\boldsymbol{a}(2)=\boldsymbol{a}(1)+\boldsymbol{z}_{11}=[0\quad 0\quad 1]^{\mathrm{T}}$

$\boldsymbol{a}^{\mathrm{T}}(2)\boldsymbol{z}_{12}=[0\quad 0\quad 1][0\quad 1\quad 1]^{\mathrm{T}}=1>0$ 所以 $\boldsymbol{a}(3)=\boldsymbol{a}(2)=[0\quad 0\quad 1]^{\mathrm{T}}$

$\boldsymbol{a}^{\mathrm{T}}(3)\boldsymbol{z}_{21}=[0\quad 0\quad 1][-1\quad 0\quad -1]^{\mathrm{T}}=-1<0$ 所以 $\boldsymbol{a}(4)=\boldsymbol{a}(3)+\boldsymbol{z}_{21}=[-1\quad 0\quad 0]^{\mathrm{T}}$

$\boldsymbol{a}^{\mathrm{T}}(4)\boldsymbol{z}_{22}=[-1\quad 0\quad 0][-1\quad -1\quad -1]^{\mathrm{T}}=1>0$ 所以 $\boldsymbol{a}(5)=\boldsymbol{a}(4)=[-1\quad 0\quad 0]^{\mathrm{T}}$

权向量有修正，需进行第二轮迭代，即

$\boldsymbol{a}^{\mathrm{T}}(5)\boldsymbol{z}_{11}=[-1\quad 0\quad 0][0\quad 0\quad 1]^{\mathrm{T}}=0$ 所以 $\boldsymbol{a}(6)=\boldsymbol{a}(5)+\boldsymbol{z}_{11}=[-1\quad 0\quad 1]^{\mathrm{T}}$

$\boldsymbol{a}^{\mathrm{T}}(6)\boldsymbol{z}_{12}=[-1\quad 0\quad 1][0\quad 1\quad 1]^{\mathrm{T}}=1>0$ 所以 $\boldsymbol{a}(7)=\boldsymbol{a}(6)=[-1\quad 0\quad 1]^{\mathrm{T}}$

$\boldsymbol{a}^{\mathrm{T}}(7)\boldsymbol{z}_{21}=[-1\quad 0\quad 1][-1\quad 0\quad -1]^{\mathrm{T}}=0$ 所以 $\boldsymbol{a}(8)=\boldsymbol{a}(7)+\boldsymbol{z}_{21}=[-2\quad 0\quad 0]^{\mathrm{T}}$

$\boldsymbol{a}^{\mathrm{T}}(8)\boldsymbol{z}_{22}=[-2\quad 0\quad 0][-1\quad -1\quad -1]^{\mathrm{T}}=2>0$ 所以 $\boldsymbol{a}(9)=\boldsymbol{a}(8)=[-2\quad 0\quad 0]^{\mathrm{T}}$

权向量有修正，需进行第三轮迭代，即

$\boldsymbol{a}^{\mathrm{T}}(9)\boldsymbol{z}_{11}=[-2\quad 0\quad 0][0\quad 0\quad 1]^{\mathrm{T}}=0$ 所以 $\boldsymbol{a}(10)=\boldsymbol{a}(9)+\boldsymbol{z}_{11}=[-2\quad 0\quad 1]^{\mathrm{T}}$

$\boldsymbol{a}^{\mathrm{T}}(10)\boldsymbol{z}_{12}=[-2\quad 0\quad 1][0\quad 1\quad 1]^{\mathrm{T}}=1>0$ 所以 $\boldsymbol{a}(11)=\boldsymbol{a}(10)=[-2\quad 0\quad 1]^{\mathrm{T}}$

$\boldsymbol{a}^{\mathrm{T}}(11)\boldsymbol{z}_{21}=[-2\quad 0\quad 1][-1\quad 0\quad -1]^{\mathrm{T}}=1>0$ 所以 $\boldsymbol{a}(12)=\boldsymbol{a}(11)=[-2\quad 0\quad 1]^{\mathrm{T}}$

$\boldsymbol{a}^{\mathrm{T}}(12)\boldsymbol{z}_{22}=[-2\quad 0\quad 1][-1\quad -1\quad -1]^{\mathrm{T}}=1>0$ 所以 $\boldsymbol{a}(13)=\boldsymbol{a}(12)=[-2\quad 0\quad 1]^{\mathrm{T}}$

权向量有修正，需进行第四轮迭代，即

$\boldsymbol{a}^{\mathrm{T}}(13)\boldsymbol{z}_{11}=[-2\quad 0\quad 1][0\quad 0\quad 1]^{\mathrm{T}}=1>0$ 所以 $\boldsymbol{a}(14)=\boldsymbol{a}(13)=[-2\quad 0\quad 1]^{\mathrm{T}}$

$\boldsymbol{a}^{\mathrm{T}}(14)\boldsymbol{z}_{12}=[-2\quad 0\quad 1][0\quad 1\quad 1]^{\mathrm{T}}=1>0$ 所以 $\boldsymbol{a}(15)=\boldsymbol{a}(14)=[-2\quad 0\quad 1]^{\mathrm{T}}$

$\boldsymbol{a}^{\mathrm{T}}(15)\boldsymbol{z}_{21}=[-2\quad 0\quad 1][-1\quad 0\quad -1]^{\mathrm{T}}=1>0$ 所以 $\boldsymbol{a}(16)=\boldsymbol{a}(15)=[-2\quad 0\quad 1]^{\mathrm{T}}$

$\boldsymbol{a}^{\mathrm{T}}(16)\boldsymbol{z}_{22}=[-2\quad 0\quad 1][-1\quad -1\quad -1]^{\mathrm{T}}=1>0$ 所以 $\boldsymbol{a}(17)=\boldsymbol{a}(16)=[-2\quad 0\quad 1]^{\mathrm{T}}$

权向量无修正，迭代结束。

(3) 确定权向量、判别函数及决策面方程。权向量为：$\boldsymbol{a}=[-2\quad 0\quad 1]^{\mathrm{T}}$；设样本为：$\boldsymbol{z}=[x_1\quad x_2\quad 1]^{\mathrm{T}}$；判别函数为：$g(\boldsymbol{x})=-2x_1+1$；决策面方程为：$g(\boldsymbol{x})=-2x_1+1=0$，即 $x_1=1/2$。

感知器算法具有以下特点：

(1) 由准则函数的定义可知，感知器算法只适用于样本集线性可分情况。如果样本集非线性可分，算法来回摆动，不收敛；若运算长时间不收敛，无法判断是非线性可分还是运算时间不够长。

(2) 算法的收敛速度依赖于初始权向量和系数 ρ。如例 4-5 中，如果初始权向量设为 $\boldsymbol{a}(1)=[-2\quad 0\quad 1]^{\mathrm{T}}$，只需一轮迭代即可收敛。

(3) 采用不同的初始值和不同的迭代参数会得到不同的解，解区中的向量都能满足分类要求。

4.3.3 仿真实现

【例 4-6】 三维空间两类分类问题，样本集为

$$\omega_1:\{[0\quad 0\quad 0]^{\mathrm{T}},[1\quad 0\quad 1]^{\mathrm{T}},[1\quad 0\quad 0]^{\mathrm{T}},[1\quad 1\quad 0]^{\mathrm{T}}\}$$

$$\omega_2:\{[0\quad 0\quad 1]^{\mathrm{T}},[0\quad 1\quad 1]^{\mathrm{T}},[0\quad 1\quad 0]^{\mathrm{T}},[1\quad 1\quad 1]^{\mathrm{T}}\}$$

试用感知器算法求解判别函数权向量。

设计思路：

按照感知器算法原理，获取训练样本，进行初始化，通过迭代运算计算并更新权向量。

程序如下：

```
import numpy as np
from matplotlib import pyplot as plt
X = np.array([[0, 0, 0], [1, 0, 0], [1, 0, 1], [1, 1, 0],
              [0, 0, 1], [0, 1, 1], [0, 1, 0], [1, 1, 1]])
y = np.array([-1, -1, -1, -1, 1, 1, 1, 1])
N, n = np.shape(X)                                        #样本数及维数
b = np.ones([N, 1])
Z = np.append(X, b, axis=1)                               #样本增广化
Z[y < 0, :] = -Z[y < 0, :]                                #样本规范化
A, rho = np.zeros([1, n+1]), 1                            #权向量和增量初始化
flag = 1
while flag:                                               #梯度下降算法求解权向量
    flag = 0
    for i in range(N):
        g = np.dot(A, Z[i, :])
        if g <= 0:                                        #样本错分时修正权向量
            A = A + rho * Z[i, :]
            flag = 1
x1, x2 = np.mgrid[0:1:0.01, 0:1:0.01]
x3 = -(A[0, 0] * x1 + A[0, 1] * x2 + A[0, 3]) / A[0, 2] #计算分界面上的点
plt.rcParams['font.sans-serif'] = ['Times New Roman']
ax = plt.axes(projection='3d')
ax.scatter(X[y < 0, 0], X[y < 0, 1], X[y < 0, 2], marker='v', linewidths=3)
ax.scatter(X[y > 0, 0], X[y > 0, 1], X[y > 0, 2], marker='^', linewidths=3)
ax.plot_surface(x1, x2, x3, cmap='viridis')
ax.set_title('训练样本及分界面', fontproperties='SimSun')
ax.set_xlabel('x1')
ax.set_ylabel('x2')
ax.set_zlabel('x3')
ax.xaxis.set_pane_color((1.0, 1.0, 1.0, 1.0))
ax.yaxis.set_pane_color((1.0, 1.0, 1.0, 1.0))
ax.zaxis.set_pane_color((1.0, 1.0, 1.0, 1.0))
plt.show()                                                #绘制样本及分界面
```

运行程序，绘制的样本点及线性决策面如图 4-7 所示，最优判别函数权向量 $\boldsymbol{a}=[2\quad -2\quad -2\quad 1]^{\mathrm{T}}$。

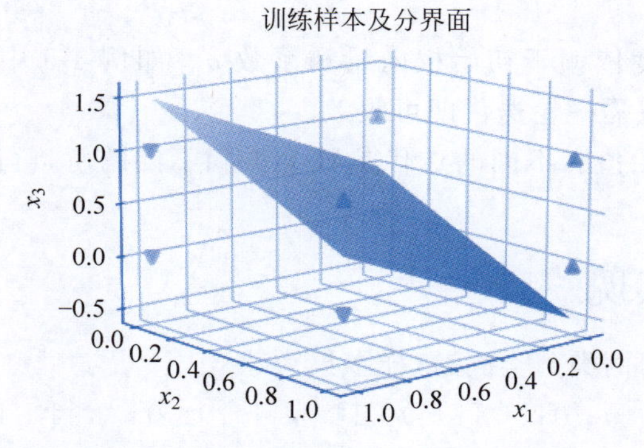

图 4-7　感知器算法设计线性分类器

4.4 最小二乘法

很多情况下样本集并非线性可分，若采用线性分类器必然会带来错判，若希望设计的线性判别函数使错分最少，可以采用最小二乘法（Least Squares Method，LSM）对判别函数的参数进行估计。

4.4.1 平方误差和准则函数

设样本集 $\mathscr{X}=\{\boldsymbol{x}_1,\boldsymbol{x}_2,\cdots,\boldsymbol{x}_N\}$，$\boldsymbol{x}_i$，$i=1,2,\cdots,N$ 为 n 维样本向量，规范化增广样本向量 $\boldsymbol{z}_i$ 为 $\hat{n}=n+1$ 维，设余量 $b_i>0$，线性判别函数权向量 $\boldsymbol{a}$ 满足

$$\boldsymbol{a}^{\mathrm{T}}\boldsymbol{z}_i=b_i>0 \tag{4-42}$$

将式(4-42)写成矩阵形式为

$$\boldsymbol{Z}\boldsymbol{a}=\boldsymbol{b} \tag{4-43}$$

其中，

$$\boldsymbol{Z}=\begin{bmatrix}\boldsymbol{z}_1^{\mathrm{T}}\\ \vdots \\ \boldsymbol{z}_N^{\mathrm{T}}\end{bmatrix}=\begin{bmatrix}z_{11} & \cdots & z_{1\hat{n}}\\ \vdots & \ddots & \vdots\\ z_{N1} & \cdots & z_{N\hat{n}}\end{bmatrix} \tag{4-44}$$

$$\boldsymbol{b}=[b_1 \quad b_2 \quad \cdots \quad b_N]^{\mathrm{T}} \tag{4-45}$$

定义平方误差和（Sum of Square Error，SSE）函数，即

$$J_{\mathrm{S}}(\boldsymbol{a})=\|\boldsymbol{Z}\boldsymbol{a}-\boldsymbol{b}\|_2^2=\sum_{i=1}^{N}(\boldsymbol{a}^{\mathrm{T}}\boldsymbol{z}_i-b_i)^2 \tag{4-46}$$

很明显，$J_{\mathrm{S}}(\boldsymbol{a})\geqslant 0$ 是参数 $\boldsymbol{a}$ 的函数，且最小值对应最优解，所以，$J_{\mathrm{S}}(\boldsymbol{a})$ 是一个合适的准则函数。

将式(4-46)对 $\boldsymbol{a}$ 求导数，得

$$\frac{\partial J_{\mathrm{S}}}{\partial \boldsymbol{a}}=2\boldsymbol{Z}^{\mathrm{T}}(\boldsymbol{Z}\boldsymbol{a}-\boldsymbol{b}) \tag{4-47}$$

$\boldsymbol{Z}^{\mathrm{T}}\boldsymbol{Z}$ 为满秩矩阵时，令式(4-47)为零可得

$$\boldsymbol{a}^*=(\boldsymbol{Z}^{\mathrm{T}}\boldsymbol{Z})^{-1}\boldsymbol{Z}^{\mathrm{T}}\boldsymbol{b}=\boldsymbol{Z}^{+}\boldsymbol{b} \tag{4-48}$$

其中，$\boldsymbol{Z}^{+}$ 是矩阵 $\boldsymbol{Z}$ 的伪逆矩阵。

$\boldsymbol{a}$ 的确定还依赖于 $\boldsymbol{b}$，需要进一步确定 $\boldsymbol{b}$。

如果同一类样本对应的 $\boldsymbol{b}$ 选择为相同的值，分别为 $\dfrac{N}{N_1}$ 和 $\dfrac{N}{N_2}$，即当 $\boldsymbol{b}=\Bigg[\underbrace{\dfrac{N}{N_1}\ \cdots\ \dfrac{N}{N_1}}_{N_1}\ \underbrace{\dfrac{N}{N_2}\ \cdots\ \dfrac{N}{N_2}}_{N_2}\Bigg]^{\mathrm{T}}$（$N_1$、$N_2$ 分别为两类的样本数）时，最小平方误差和的解等价于 Fisher 线性判别的解。证明此处略。

如果仅对初始样本进行增广化，不进行规范化，若 $\boldsymbol{a}^{\mathrm{T}}\boldsymbol{z}_i=b_i$，则 b_i 中对应第二类的元

素应为负值；若取 $\boldsymbol{b}=[\underbrace{1\ \cdots\ 1}_{N_1}\quad \underbrace{-1\ \cdots\ -1}_{N_2}]^{\mathrm{T}}$，则实际是样本的类别标号向量 $\boldsymbol{y}=[y_1\quad y_2\quad \cdots\quad y_N]^{\mathrm{T}}, y_i\in\{+1,-1\}$。

【例 4-7】 有两类样本 ω_1：$\{[0\quad 0]^{\mathrm{T}},[0\quad 1]^{\mathrm{T}}\}$、$\omega_2$：$\{[1\quad 0]^{\mathrm{T}},[1\quad 1]^{\mathrm{T}}\}$，利用平方误差和准则函数求解线性判别函数的权向量。

解：规范化增广样本矩阵为

$$\boldsymbol{Z}=\begin{bmatrix}\boldsymbol{z}_1^{\mathrm{T}}\\ \vdots\\ \boldsymbol{z}_N^{\mathrm{T}}\end{bmatrix}=\begin{bmatrix}0 & 0 & 1\\ 0 & 1 & 1\\ -1 & 0 & -1\\ -1 & -1 & -1\end{bmatrix}$$

$$\boldsymbol{Z}^{\mathrm{T}}\boldsymbol{Z}=\begin{bmatrix}0 & 0 & -1 & -1\\ 0 & 1 & 0 & -1\\ 1 & 1 & -1 & -1\end{bmatrix}\begin{bmatrix}0 & 0 & 1\\ 0 & 1 & 1\\ -1 & 0 & -1\\ -1 & -1 & -1\end{bmatrix}=\begin{bmatrix}2 & 1 & 2\\ 1 & 2 & 2\\ 2 & 2 & 4\end{bmatrix}$$

$$(\boldsymbol{Z}^{\mathrm{T}}\boldsymbol{Z})^{-1}=\frac{1}{4}\begin{bmatrix}4 & 0 & -2\\ 0 & 4 & -2\\ -2 & -2 & 3\end{bmatrix}$$

矩阵 $\boldsymbol{Z}$ 的伪逆矩阵为

$$\boldsymbol{Z}^{+}=(\boldsymbol{Z}^{\mathrm{T}}\boldsymbol{Z})^{-1}\boldsymbol{Z}^{\mathrm{T}}=\frac{1}{4}\begin{bmatrix}4 & 0 & -2\\ 0 & 4 & -2\\ -2 & -2 & 3\end{bmatrix}\begin{bmatrix}0 & 0 & -1 & -1\\ 0 & 1 & 0 & -1\\ 1 & 1 & -1 & -1\end{bmatrix}=\frac{1}{4}\begin{bmatrix}-2 & -2 & -2 & -2\\ -2 & 2 & 2 & -2\\ 3 & 1 & -1 & 1\end{bmatrix}$$

取余量

$$\boldsymbol{b}=[1\quad 1\quad 1\quad 1]^{\mathrm{T}}$$

$$\boldsymbol{a}^{*}=\boldsymbol{Z}^{+}\boldsymbol{b}=\frac{1}{4}\begin{bmatrix}-2 & -2 & -2 & -2\\ -2 & 2 & 2 & -2\\ 3 & 1 & -1 & 1\end{bmatrix}\begin{bmatrix}1\\ 1\\ 1\\ 1\end{bmatrix}=\begin{bmatrix}-2\\ 0\\ 1\end{bmatrix}$$

综上所述，已知样本集 $\mathscr{X}=\{\boldsymbol{x}_1,\boldsymbol{x}_2,\cdots,\boldsymbol{x}_N\}$，$\boldsymbol{z}_i$ 为规范化增广样本向量，或增广样本向量，选择不同的余量 b_i，求解线性判别函数权向量 $\boldsymbol{a}$，使其满足 $\boldsymbol{a}^{\mathrm{T}}\boldsymbol{z}_i=b_i$，这其实是一个线性回归问题。$\boldsymbol{z}_i$ 为规范化增广样本向量时，$b_i>0$；$\boldsymbol{z}_i$ 为增广样本向量时，第一类对应 $b_i>0$，第二类对应 $b_i<0$，可取类别标号作为 b_i。

4.4.2 均方误差准则函数

规范化增广样本向量 $\boldsymbol{z}$，引入余量 b，定义均方误差(Mean Square Error，MSE)函数为

$$J_{\mathrm{M}}(\boldsymbol{a})=E[(\boldsymbol{a}^{\mathrm{T}}\boldsymbol{z}-b)^2] \tag{4-49}$$

$J_{\mathrm{M}}(\boldsymbol{a})\geqslant 0$ 是参数 $\boldsymbol{a}$ 的函数，且最小值对应最少的错分情况，所以，$J_{\mathrm{M}}(\boldsymbol{a})$ 也是一个合适的准则函数。

式(4-49)对 $\boldsymbol{a}$ 求导数，并令导数为零，得

$$\frac{\partial J_M(\boldsymbol{a})}{\partial \boldsymbol{a}} = 2E[\boldsymbol{z}(\boldsymbol{z}^T\boldsymbol{a} - b)] \tag{4-50}$$

令式(4-50)为零可得

$$\boldsymbol{a} = (E[\boldsymbol{z}\boldsymbol{z}^T])^{-1}E[\boldsymbol{z}b] \tag{4-51}$$

式(4-51)的求解可以采用迭代方法，即

$$\boldsymbol{a}(t+1) = \boldsymbol{a}(t) + \rho_t(b_i - \boldsymbol{a}(t)^T\boldsymbol{z}_i)\boldsymbol{z}_i \tag{4-52}$$

其中，$\boldsymbol{z}_i$ 是使得 $\boldsymbol{a}^T\boldsymbol{z}_i \neq b_i$ 的样本。迭代进行到满足$\nabla J_M(\boldsymbol{a}) \leqslant \xi$ 或者 $\|\boldsymbol{a}(t+1) - \boldsymbol{a}(t)\| \leqslant \xi$ 为止，ξ 是事先确定的误差灵敏度。

这种算法称作最小均方(Least Mean Squares，LMS)或者 Widrow-Hoff 算法，渐进收敛于均方误差算法。实际选择不同的 b_i 也会带来不同的结果。

4.4.3 仿真实现

scikit-learn 库中 linear_model 模块提供的 LinearRegression 模型实现了基于最小二乘法的多元线性回归，此处利用这个模型实现权向量求解，其主要的属性和方法如下。

(1) 主要属性：coef_，估计的线性回归模型系数，即权向量；intercept_，线性模型中的常数项 w_0；n_features_in_，样本维数。

(2) fit(X, y, sample_weight=None)：根据训练样本矩阵 X 及目标值向量 y 拟合模型，y 对应前述公式中的余量 b，也可以取类别标签值。

(3) predict(X)：利用模型对样本矩阵 X 中的样本进行决策。

(4) score(X, y, sample_weight=None)：返回预测的决定系数 R^2。$R^2 = 1 - u/v$，其中，u 是样本预测值和真实值差的平方和；v 是真实值和其均值差的平方和；最好情况下 R^2 的取值为 1。

【例 4-8】 利用 LinearRegression 模型对样本集

ω_1：{$[0.2\quad 0.7]^T$，$[0.3\quad 0.3]^T$，$[0.4\quad 0.5]^T$，$[0.6\quad 0.5]^T$，$[0.1\quad 0.4]^T$}

ω_2：{$[0.4\quad 0.6]^T$，$[0.6\quad 0.2]^T$，$[0.7\quad 0.4]^T$，$[0.8\quad 0.6]^T$，$[0.7\quad 0.5]^T$}

求解线性判别函数权向量，并绘制样本及分界线。

设计思路：

首先取全 1 的 $\boldsymbol{b}$ 向量，按照式(4-48)求解权向量，再取类别标号向量 $\boldsymbol{y}$ 作为线性回归模型中的目标值向量，采用 LinearRegression 模型实现权向量求解。

程序如下：

```
import numpy as np
from sklearn.linear_model import LinearRegression
from matplotlib import pyplot as plt
X = np.array([[0.2, 0.7], [0.3, 0.3], [0.4, 0.5], [0.6, 0.5], [0.1, 0.4],
              [0.4, 0.6], [0.6, 0.2], [0.7, 0.4], [0.8, 0.6], [0.7, 0.5]])
y = np.array([1, 1, 1, 1, 1, -1, -1, -1, -1, -1])
N, n = np.shape(X)                                    # 样本数目及维数
b = np.ones([N, 1])                                   # 余量 b
Z = np.append(X, b, 1)                                # 增广样本矩阵
Z[y == -1, :] = -Z[y == -1, :]                        # 规范化增广样本矩阵
lim = (np.linalg.inv(Z.T @ Z)) @ Z.T                  # 伪逆矩阵
```

```
A1 = np.dot(lim, b)                                        # 按式(4-48)求解权向量
reg = LinearRegression().fit(X, y)                          # 拟合模型
cd = reg.score(X, y)                                        # 计算决定系数
A2 = np.append(reg.coef_, reg.intercept_)                   # 获取增广权向量
np.set_printoptions(precision = 2)                          # 指定小数点后的位数
print("权向量为", A2)
print("决定系数为 %.2f" % cd)
x1 = np.linspace(0.45, 0.5, 50)
x2 = - (A2[0] * x1 + A2[2]) / A2[1]
plt.rcParams['font.sans - serif'] = ['SimSun']
plt.plot(X[y > 0, 0], X[y > 0, 1], 'b.', label = '第 1 类')
plt.plot(X[y < 0, 0], X[y < 0, 1], 'r+', label = '第 2 类')
plt.plot(x1, x2, 'r-', label = '分界线')                     # 绘制样本点及分界线
plt.legend()
plt.xlabel('x1', fontproperties = 'Times New Roman')
plt.ylabel('x2', fontproperties = 'Times New Roman')
plt.xticks(fontproperties = 'Times New Roman')
plt.yticks(fontproperties = 'Times New Roman')
plt.show()
```

运行程序，将输出以下内容。

```
权向量为[-3.22  0.24  1.43]
决定系数为 0.52
```

断点执行，可以发现按式(4-48)和采用函数 LinearRegression 分别计算的两个权向量 $\boldsymbol{A}_1$ 和 $\boldsymbol{A}_2$ 一致。绘制的样本及分界线如图 4-8 所示，两类各有一个样本被错分。

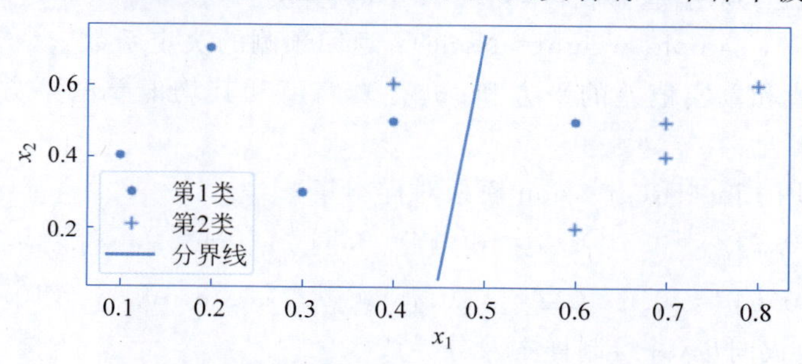

图 4-8 最小二乘法设计线性分类器

4.5 支持向量机

由前面介绍的内容可知，若样本集线性可分，则存在无数多线性分类面能够将两类分开，如希望能找到最优的线性分类面，支持向量机就是一种寻找最优线性分类超平面的方法。

4.5.1 最优分类超平面与线性支持向量机

1. 最优分类超平面

如图 4-9 所示的二维两类样本，样本集线性可分，其中，H_1、H_2、H_3、H_4 四条分类线都能够把两类训练样本没有错误地分开。但很明显，H_1、H_3、H_4 太接近样本，由于训练样本

集的局限或噪声干扰，训练样本集外的样本很有可能会越过这些分类线，导致分类错误；而 H_2 相对两类样本都较远，受扰动影响最小，换言之，H_2 的分类性能优于其他三条。因此，分析 H_2 的特点，进而定义最优分类超平面。

如图 4-10 所示，H 是将两类样本无错误分开的分类线，H_1、H_2 为过两类样本中离分类线最近的点且平行于 H 分类线的直线，把 H_1、H_2 之间的距离称为分类间隔(Margin)，即两类样本中离分类面最近的样本到分类面的距离，分类间隔越大，受扰动影响越小。

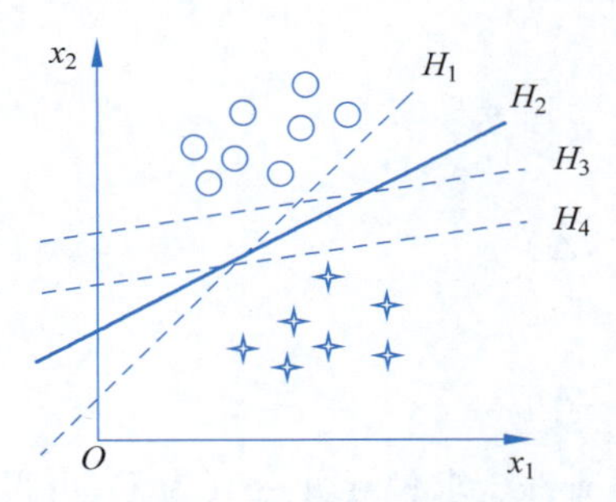

图 4-9　多个超平面划分样本性能对比

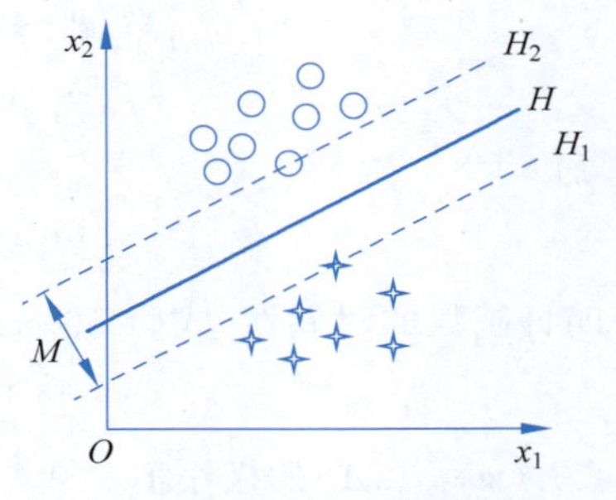

图 4-10　最优分类超平面的定义

因此，定义最优分类超平面为：不但是能将两类样本无错误地分开，而且是使两类的分类间隔最大的超平面。

有样本集 $\mathscr{X}=\{\boldsymbol{x}_1,\boldsymbol{x}_2,\cdots,\boldsymbol{x}_N\}$，$\boldsymbol{x}_i\in\mathbf{R}^n$，对应的类别标号为 $\{y_1,y_2,\cdots,y_N\}$，$y_i\in\{+1,-1\}$，$i=1,2,\cdots,N$；线性判别函数 $g(\boldsymbol{x})=\boldsymbol{w}^{\mathrm{T}}\boldsymbol{x}+w_0$，引入余量 1，对于所有的 $\boldsymbol{x}_i$，满足 $g(\boldsymbol{x}_i)=\boldsymbol{w}^{\mathrm{T}}\boldsymbol{x}_i+w_0\geqslant 1$ 时，$y_i=+1$；满足 $g(\boldsymbol{x}_i)=\boldsymbol{w}^{\mathrm{T}}\boldsymbol{x}_i+w_0\leqslant -1$ 时，$y_i=-1$，合并为一个式子，即

$$g(\boldsymbol{x}_i)=y_i(\boldsymbol{w}^{\mathrm{T}}\boldsymbol{x}_i+w_0)\geqslant 1,\quad i=1,2,\cdots,N \tag{4-53}$$

表示超平面 $g(\boldsymbol{x})=\boldsymbol{w}^{\mathrm{T}}\boldsymbol{x}+w_0=0$ 能够将训练样本无错误地分开。

由 4.1.1 节可知，特征空间中某点 $\boldsymbol{x}$ 到超平面 $g(\boldsymbol{x})=\boldsymbol{w}^{\mathrm{T}}\boldsymbol{x}+w_0=0$ 的距离 $r=g(\boldsymbol{x})/\|\boldsymbol{w}\|$，因为 $g(\boldsymbol{x}_i)=y_i(\boldsymbol{w}^{\mathrm{T}}\boldsymbol{x}_i+w_0)\geqslant 1$，距离分类面最近的样本满足 $|g(\boldsymbol{x}_i)|=1$ 时，分类间隔为

$$M=\frac{2}{\|\boldsymbol{w}\|} \tag{4-54}$$

要使分类面对所有样本正确分类，即让 $y_i(\boldsymbol{w}^{\mathrm{T}}\boldsymbol{x}_i+w_0)\geqslant 1$；要使分类间隔最大，即 M 最大。满足这两个条件也就是求解

$$\begin{cases}\max\limits_{\boldsymbol{w},w_0}\dfrac{2}{\|\boldsymbol{w}\|}\\ \text{s.t.}\quad y_i(\boldsymbol{w}^{\mathrm{T}}\boldsymbol{x}_i+w_0)\geqslant 1,\quad i=1,2,\cdots,N\end{cases} \tag{4-55}$$

为了得到最大化分类间隔 M，只需最小化 $\|\boldsymbol{w}\|^2$，得

$$\begin{cases}\min\limits_{\boldsymbol{w},w_0}\dfrac{1}{2}\|\boldsymbol{w}\|^2\\ \text{s.t.}\quad y_i(\boldsymbol{w}^{\mathrm{T}}\boldsymbol{x}_i+w_0)\geqslant 1,\quad i=1,2,\cdots,N\end{cases} \tag{4-56}$$

2. 求解最优分类超平面

要在 $y_i(\boldsymbol{w}^{\mathrm{T}}\boldsymbol{x}_i+w_0)\geqslant 1$ 的不等式约束下，求$\frac{1}{2}\|\boldsymbol{w}\|^2$ 的最小值。定义拉格朗日函数，即

$$L(\boldsymbol{w},w_0,\boldsymbol{\Lambda})=\frac{1}{2}\|\boldsymbol{w}\|^2-\sum_{i=1}^{N}\lambda_i[y_i(\boldsymbol{w}^{\mathrm{T}}\boldsymbol{x}_i+w_0)-1] \tag{4-57}$$

拉格朗日乘子$\boldsymbol{\Lambda}=[\lambda_1\quad\lambda_2\quad\cdots\quad\lambda_N]$。求解需要满足 KKT 条件①

$$\begin{cases}\lambda_i\geqslant 0\\ y_i(\boldsymbol{w}^{\mathrm{T}}\boldsymbol{x}_i+w_0)-1\geqslant 0\\ \lambda_i[y_i(\boldsymbol{w}^{\mathrm{T}}\boldsymbol{x}_i+w_0)-1]=0\end{cases} \tag{4-58}$$

式(4-56)等价于

$$\min_{\boldsymbol{w},w_0}\max_{\boldsymbol{\Lambda}}L(\boldsymbol{w},w_0,\boldsymbol{\Lambda}) \tag{4-59}$$

根据拉格朗日函数的对偶性，式(4-59)的对偶问题是

$$\max_{\boldsymbol{\Lambda}}\min_{\boldsymbol{w},w_0}L(\boldsymbol{w},w_0,\boldsymbol{\Lambda}) \tag{4-60}$$

固定 λ_i，求 $L(\boldsymbol{w},w_0,\boldsymbol{\Lambda})$的极小值。式(4-57)分别对 $\boldsymbol{w}$、w_0 求偏导并令其为零，可得

$$\boldsymbol{w}^*=\sum_{i=1}^{N}\lambda_i y_i\boldsymbol{x}_i \tag{4-61}$$

$$\sum_{i=1}^{N}\lambda_i y_i=0 \tag{4-62}$$

代入 $L(\boldsymbol{w},w_0,\boldsymbol{\Lambda})$中，得

$$L(\boldsymbol{\Lambda})=-\frac{1}{2}\|\boldsymbol{w}\|^2+\sum_{i=1}^{N}\lambda_i \tag{4-63}$$

消去 $\boldsymbol{w}$，即

$$\min_{\boldsymbol{w},w_0}L(\boldsymbol{w},w_0,\boldsymbol{\Lambda})=\sum_{i=1}^{N}\lambda_i-\frac{1}{2}\sum_{i,j}^{N}\lambda_i\lambda_j y_i y_j\boldsymbol{x}_i^{\mathrm{T}}\boldsymbol{x}_j \tag{4-64}$$

再求解$\min\limits_{\boldsymbol{w},w_0}L(\boldsymbol{w},w_0,\boldsymbol{\Lambda})$关于$\boldsymbol{\Lambda}$ 的极大值，得

$$\begin{cases}\max\limits_{\lambda}\quad\sum\limits_{i=1}^{N}\lambda_i-\frac{1}{2}\sum\limits_{i,j}^{N}\lambda_i\lambda_j y_i y_j\boldsymbol{x}_i^{\mathrm{T}}\boldsymbol{x}_j\\ \text{s. t.}\quad\lambda_i\geqslant 0,\quad i=1,2,\cdots,N\\ \sum\limits_{i=1}^{N}\lambda_i y_i=0\end{cases} \tag{4-65}$$

等价于

$$\begin{cases}\min\limits_{\lambda}\quad\frac{1}{2}\sum\limits_{i,j}^{N}\lambda_i\lambda_j y_i y_j\boldsymbol{x}_i^{\mathrm{T}}\boldsymbol{x}_j-\sum\limits_{i=1}^{N}\lambda_i\\ \text{s. t.}\quad\lambda_i\geqslant 0,\quad i=1,2,\cdots,N\\ \sum\limits_{i=1}^{N}\lambda_i y_i=0\end{cases} \tag{4-66}$$

---

① KKT(Karush-Kuhn-Tucker)条件是将拉格朗日乘数法中的等式约束推广至不等式约束，取得可行解的必要条件。

解出$\boldsymbol{\Lambda}$后，再由式(4-61)求出$\boldsymbol{w}$。由于$\lambda_i[y_i(\boldsymbol{w}^{\mathrm{T}}\boldsymbol{x}_i+w_0)-1]=0$，即当$y_i(\boldsymbol{w}^{\mathrm{T}}\boldsymbol{x}_i+w_0)=1$时，$\lambda_i>0$；否则$\lambda_i=0$，则参与权向量运算的只有$y_i(\boldsymbol{w}^{\mathrm{T}}\boldsymbol{x}_i+w_0)=1$的样本，其就是这两类样本中离分类面最近的点且平行于最优分类面的超平面上的训练样本，称为支持向量。

用所有支持向量$\boldsymbol{x}_s$对$y_s(\boldsymbol{w}^{\mathrm{T}}\boldsymbol{x}_s+w_0)=1$求解$w_{0s}$，再求平均，即

$$w_0^*=\frac{1}{N_S}\sum_{s\in S}(y_s-\boldsymbol{w}^{\mathrm{T}}\boldsymbol{x}_s) \tag{4-67}$$

$S=\{i|\lambda_i>0,i=1,2,\cdots,N\}$是所有支持向量的下角标集。

得到分类决策函数为

$$f(\boldsymbol{x})=\operatorname{sgn}[g(\boldsymbol{x})]=\operatorname{sgn}[\boldsymbol{w}^{\mathrm{T}}\boldsymbol{x}+w_0]=\operatorname{sgn}\left[\sum_{i=1}^{N}\lambda_i y_i\boldsymbol{x}_i^{\mathrm{T}}\boldsymbol{x}+w_0^*\right] \tag{4-68}$$

其中，sgn(·)为符号函数，当自变量为正值时函数取值为1；自变量为负值时函数取值为−1。

由于最优分类面的解最后完全由支持向量决定，因此这种方法被称作支持向量机(Support Vector Machines，SVM)。

【例 4-9】 两类样本ω_1：$\{[0\quad 0]^{\mathrm{T}}\}$，$\omega_2$：$\{[1\quad 1]^{\mathrm{T}}\}$，求支持向量机的判别函数。

解：(1) 求λ_1和λ_2。

类别标号$y_1=1,y_2=-1$；样本数$N=2$。因为$\sum_{i=1}^{N}\lambda_i y_i=0$，所以$\lambda_1=\lambda_2$，且$\lambda_{1,2}\geqslant 0$。

$$\begin{aligned}L(\boldsymbol{\Lambda})&=\sum_{i=1}^{N}\lambda_i-\frac{1}{2}\sum_{i,j}^{N}\lambda_i\lambda_j y_i y_j\boldsymbol{x}_i^{\mathrm{T}}\boldsymbol{x}_j\\&=2\lambda_2-\frac{1}{2}(\lambda_1\lambda_1 y_1 y_1\boldsymbol{x}_1^{\mathrm{T}}\boldsymbol{x}_1+\lambda_1\lambda_2 y_1 y_2\boldsymbol{x}_1^{\mathrm{T}}\boldsymbol{x}_2+\lambda_2\lambda_1 y_2 y_1\boldsymbol{x}_2^{\mathrm{T}}\boldsymbol{x}_1+\lambda_2\lambda_2 y_2 y_2\boldsymbol{x}_2^{\mathrm{T}}\boldsymbol{x}_2)\\&=2\lambda_2-\lambda_2^2=-(\lambda_2-1)^2+1\end{aligned}$$

可以看出最大值为1，$\lambda_1=\lambda_2=1$，两个样本均为支持向量。

(2) 求权向量$\boldsymbol{w}$。

$$\boldsymbol{w}^*=\sum_{i=1}^{N}\lambda_i y_i\boldsymbol{x}_i=[-1\quad -1]^{\mathrm{T}}$$

(3) 求w_0。因为$\lambda_1=\lambda_2\neq 0$，所以$\boldsymbol{x}_1$、$\boldsymbol{x}_2$都是支持向量。

$$\begin{cases}y_1[\boldsymbol{w}^{\mathrm{T}}\boldsymbol{x}_1+w_{01}]=1\\y_2[\boldsymbol{w}^{\mathrm{T}}\boldsymbol{x}_2+w_{02}]=1\end{cases}\rightarrow\begin{cases}w_{01}=1\\w_{02}=1\end{cases}\rightarrow w_0^*=1$$

(4) 设$\boldsymbol{x}=[x_1\quad x_2]^{\mathrm{T}}$，分类决策函数为

$$f(\boldsymbol{x})=\operatorname{sgn}[g(\boldsymbol{x})]=\operatorname{sgn}[\boldsymbol{w}^{*\mathrm{T}}\boldsymbol{x}+w_0^*]=\operatorname{sgn}[-x_1-x_2+1]$$

设计的最优分类线如图4-11所示。

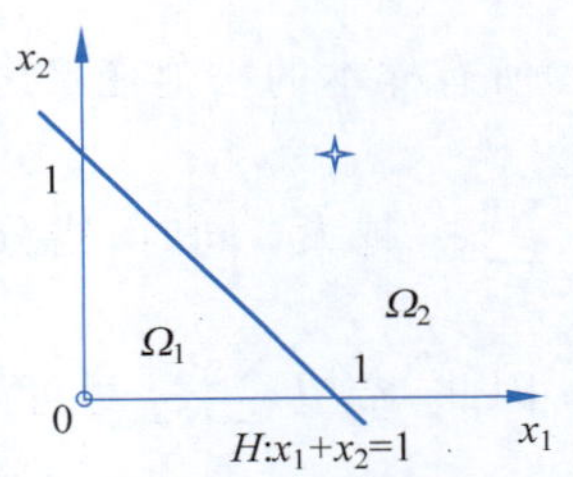

图4-11 例4-9设计的最优分类线

题目中只有两个样本，用以解释支持向量机求解过程。当样本数增多，$L(\boldsymbol{\Lambda})$求极值会变得复杂，需要优化算法。

3. 支持向量机求解的优化算法

支持向量机的求解是一个二次规划问题，在有少量训

练样本情况下，可以使用二次规划算法求解。但是对于大量训练样本，任务开销很大，因此很多支持向量机求解的优化算法将优化问题分解成一系列小的优化问题进行求解，序列最小优化(Sequential Minimal Optimization，SMO)算法是其中一种有代表性的方法。

SMO 算法的基本思路是：在一次迭代中，固定其他变量，只优化两个变量，关于这两个变量的解应该更接近原始问题的解，不断进行变量选择和更新，直到收敛。

关于变量的选择：SMO 算法选择了违背 KKT 条件程度最大的变量，将其作为第一个变量；第二个变量的选择为使目标函数增幅最大的变量。由于比较各变量所对应的目标函数值增幅太复杂，SMO 使选取的两变量所对应样本之间的间隔最大。

关于变量的更新：SMO 算法每次选择两个变量 λ_i 和 λ_j，固定其他参数，由于存在约束 $\sum_{i=1}^{N}\lambda_i y_i=0$，$\lambda_i y_i+\lambda_j y_j=-\sum_{k\neq i,j}\lambda_k y_k$ 为常数，用 λ_i 表示 λ_j，代入式(4-65)，消去 λ_j，得到一个关于 λ_i 的单变量二次规划问题，约束为 $\lambda_i\geqslant 0$。求解最优值对应的 λ_i，进而计算出 λ_j，实现两个变量的更新。

4.5.2 非线性可分与线性支持向量机

1. 问题分析

非线性可分样本集 $\mathscr{X}=\{\boldsymbol{x}_1,\boldsymbol{x}_2,\cdots,\boldsymbol{x}_N\}$，类别标号 $y_i\in\{+1,-1\}$，若采用线性分类超平面进行分类，设判别函数 $g(\boldsymbol{x})=\boldsymbol{w}^{\mathrm{T}}\boldsymbol{x}+w_0$，引入余量 1，所谓非线性可分，即存在有样本 $\boldsymbol{x}_k$，$\boldsymbol{k}\in[1,N]$，不满足 $y_k(\boldsymbol{w}^{\mathrm{T}}\boldsymbol{x}_k+w_0)-1\geqslant 0$。训练样本包括三种情况：

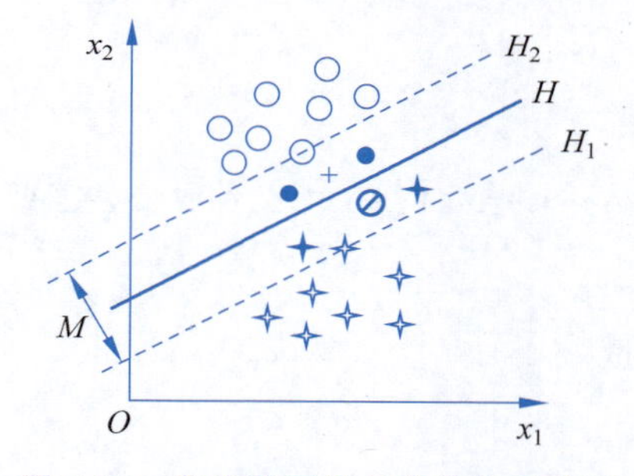

图 4-12 非线性可分样本分布示意图

(1) 位于分离段以外且被线性分类超平面正确分类的向量，如图 4-12 中○和✦点，样本 $\boldsymbol{x}_i$ 满足 $y_i(\boldsymbol{w}^{\mathrm{T}}\boldsymbol{x}_i+w_0)-1\geqslant 0$。

(2) 位于分离段内但被线性分类超平面正确分类的向量，如图 4-12 中●和✦点，样本 $\boldsymbol{x}_i$ 满足 $0\leqslant y_i(\boldsymbol{w}^{\mathrm{T}}\boldsymbol{x}_i+w_0)<1$。

(3) 被错误分类的点，如图 4-12 中⊘和+点，样本 $\boldsymbol{x}_i$ 满足 $y_i(\boldsymbol{w}^{\mathrm{T}}\boldsymbol{x}_i+w_0)<0$。

给每个样本引入一个非负的松弛变量 ξ_i，使得

$$y_i(\boldsymbol{w}^{\mathrm{T}}\boldsymbol{x}_i+w_0)-1+\xi_i\geqslant 0,\quad i=1,2,\cdots,N \tag{4-69}$$

第一类样本 $\boldsymbol{x}_i$ 被正确分类，$y_i(\boldsymbol{w}^{\mathrm{T}}\boldsymbol{x}_i+w_0)-1\geqslant 0$，$\xi_i=0$；第二类样本 $\boldsymbol{x}_i$ 被正确分类但不满足余量条件，$0<\xi_i\leqslant 1$；第三类样本 $\boldsymbol{x}_i$ 被错误分类，$y_i(\boldsymbol{w}^{\mathrm{T}}\boldsymbol{x}_i+w_0)-1<-1$，$\xi_i>1$。

所有样本的松弛变量之和 $\sum_{i=1}^{N}\xi_i$ 反映了在整个训练样本集上的错分程度：错分样本越多，$\sum_{i=1}^{N}\xi_i$ 越大；同时，错分样本错误的程度越大(错误的方向上远离分类面)，$\sum_{i=1}^{N}\xi_i$ 也越大。因此，希望 $\sum_{i=1}^{N}\xi_i$ 尽可能小。

所以，在样本集非线性可分情况下，采用最优分类超平面进行分类，希望分类面不但要使两类的分类间隔最大，而且要使错分样本尽可能少且错误程度尽可能低，即

$$\begin{cases}\min\limits_{\boldsymbol{w},w_0} \dfrac{1}{2}\|\boldsymbol{w}\|^2 + C\sum\limits_{i=1}^{N}\xi_i \\ \text{s.t.}\quad y_i(\boldsymbol{w}^{\mathrm{T}}\boldsymbol{x}_i + w_0) - 1 + \xi_i \geqslant 0, \quad i=1,2,\cdots,N \\ \xi_i \geqslant 0, \quad i=1,2,\cdots,N\end{cases} \tag{4-70}$$

$C>0$ 为常数，反映两个目标的折中：C 较小，对分类错误比较容忍，强调正确分类的样本的分类间隔；C 较大，强调对分类错误的惩罚。

2. 求解最优分类超平面

为求解式(4-70)，定义拉格朗日函数如下：

$$L(\boldsymbol{w},w_0,\boldsymbol{\Lambda}) = \frac{1}{2}\|\boldsymbol{w}\|^2 + C\sum_{i=1}^{N}\xi_i - \sum_{i=1}^{N}\lambda_i[y_i(\boldsymbol{w}^{\mathrm{T}}\boldsymbol{x}_i + w_0) - 1 + \xi_i] - \sum_{i=1}^{N}\gamma_i\xi_i \tag{4-71}$$

其中，拉格朗日乘子$\boldsymbol{\Lambda} = [\lambda_1 \quad \lambda_2 \quad \cdots \quad \lambda_N]$。求解需要满足 KKT 条件，即

$$\begin{cases}\lambda_i \geqslant 0, \gamma_i \geqslant 0 \\ \gamma_i\xi_i = 0 \\ \lambda_i[y_i(\boldsymbol{w}^{\mathrm{T}}\boldsymbol{x}_i + w_0) - 1 + \xi_i] = 0\end{cases} \tag{4-72}$$

式(4-70)等价于

$$\min_{\boldsymbol{w},w_0,\xi_i}\max_{\boldsymbol{\Lambda}} L(\boldsymbol{w},w_0,\boldsymbol{\Lambda}) \tag{4-73}$$

根据拉格朗日函数的对偶性，式(4-73)的对偶问题是

$$\max_{\boldsymbol{\Lambda}}\min_{\boldsymbol{w},w_0,\xi_i} L(\boldsymbol{w},w_0,\boldsymbol{\Lambda}) \tag{4-74}$$

固定 λ_i，求 $L(\boldsymbol{w},w_0,\boldsymbol{\Lambda})$的极小值，分别对式(4-71)中的 $\boldsymbol{w}$、w_0、ξ_i 求偏导并令其为零，可得

$$\boldsymbol{w}^* = \sum_{i=1}^{N}\lambda_i y_i \boldsymbol{x}_i \tag{4-75}$$

$$\sum_{i=1}^{N}\lambda_i y_i = 0 \tag{4-76}$$

$$C - \lambda_i - \gamma_i = 0 \tag{4-77}$$

代入 $L(\boldsymbol{w},w_0,\boldsymbol{\Lambda})$中，得

$$L(\boldsymbol{\Lambda}) = -\frac{1}{2}\|\boldsymbol{w}\|^2 + \sum_{i=1}^{N}\lambda_i \tag{4-78}$$

消去 $\boldsymbol{w}$，即

$$\min_{\boldsymbol{w},w_0,\xi_i} L(\boldsymbol{w},w_0,\boldsymbol{\Lambda}) = \sum_{i=1}^{N}\lambda_i - \frac{1}{2}\sum_{i,j}^{N}\lambda_i\lambda_j y_i y_j \boldsymbol{x}_i^{\mathrm{T}}\boldsymbol{x}_j \tag{4-79}$$

再求解 $\min\limits_{\boldsymbol{w},w_0,\xi_i} L(\boldsymbol{w},w_0,\boldsymbol{\Lambda})$关于$\boldsymbol{\Lambda}$ 的极大值，得

$$\begin{cases}\max\limits_{\lambda}\sum\limits_{i=1}^{N}\lambda_i - \dfrac{1}{2}\sum\limits_{i,j}^{N}\lambda_i\lambda_j y_i y_j \boldsymbol{x}_i^{\mathrm{T}}\boldsymbol{x}_j \\ \text{s.t.}\ 0 \leqslant \lambda_i \leqslant C, \quad i=1,2,\cdots,N \\ \sum\limits_{i=1}^{N}\lambda_i y_i = 0\end{cases} \tag{4-80}$$

等价于

$$\begin{cases}\min\limits_{\lambda} \dfrac{1}{2}\sum\limits_{i,j}^{N}\lambda_i\lambda_j y_i y_j \boldsymbol{x}_i^{\mathrm{T}}\boldsymbol{x}_j - \sum\limits_{i=1}^{N}\lambda_i \\ \text{s.t. } 0 \leqslant \lambda_i \leqslant C, \quad i=1,2,\cdots,N \\ \sum\limits_{i=1}^{N}\lambda_i y_i = 0\end{cases} \tag{4-81}$$

解出 Λ 后,再由式(4-75)求出 $\boldsymbol{w}$。

由于 $C-\lambda_i-\gamma_i=0$、$\gamma_i\xi_i=0$、$\xi_i\geqslant 0$,当 $\lambda_i=C$ 时,$\gamma_i=0$,$\xi_i>0$;否则 $\xi_i=0$。

因为 $\lambda_i[y_i(\boldsymbol{w}^{\mathrm{T}}\boldsymbol{x}_i+w_0)-1+\xi_i]=0$,即当 $y_i(\boldsymbol{w}^{\mathrm{T}}\boldsymbol{x}_i+w_0)-1+\xi_i=0$ 时,$\lambda_i>0$,否则 $\lambda_i=0$。则参与权向量运算的只有 $y_i(\boldsymbol{w}^{\mathrm{T}}\boldsymbol{x}_i+w_0)-1+\xi_i=0$ 的样本,称为软间隔支持向量,分为以下几种情况:

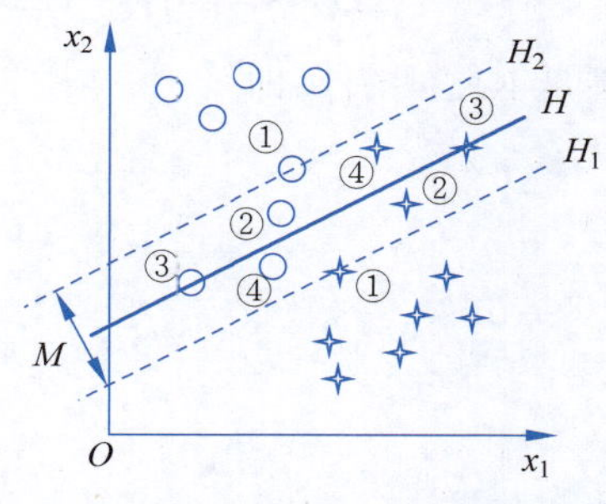

图 4-13 软间隔支持向量示意图

(1) $0<\lambda_i<C$,$\xi_i=0$:支持向量为间隔边界经过的样本,分类正确,如图 4-13 中①对应的样本;

(2) $\lambda_i=C$,$0<\xi_i<1$:支持向量在间隔边界和分类超平面之间,如图 4-13 中②对应的样本;

(3) $\lambda_i=C$,$\xi_i=1$:支持向量在分类超平面上,如图 4-13 中③对应的样本;

(4) $\lambda_i=C$,$\xi_i>1$:支持向量位于分类超平面错分一侧,如图 4-13 中④对应的样本。

用 $0<\lambda_i<C$ 的样本(即 $\xi_i=0$ 的样本,第一种情况)求解 $y_i[\boldsymbol{w}^{\mathrm{T}}\boldsymbol{x}_i+w_0]-1+\xi_i=0$,得 w_0^* 的解。

分类决策函数为

$$f(\boldsymbol{x})=\operatorname{sgn}[g(\boldsymbol{x})]=\operatorname{sgn}[\boldsymbol{w}^{\mathrm{T}}\boldsymbol{x}+w_0]=\operatorname{sgn}\left[\sum_{i=1}^{N}\lambda_i y_i \boldsymbol{x}_i^{\mathrm{T}}\boldsymbol{x}+w_0^*\right] \tag{4-82}$$

4.5.3 核函数与支持向量机

1. 广义线性分类超平面设计

对于非线性可分样本集,可以通过非线性特征变换,将样本变换到高维空间,使其变为线性可分样本;再设计最优线性分类超平面,即设计广义线性判别函数。

如图 4-14(a)所示,两类样本,ω_1:$\{[1\quad 1]^{\mathrm{T}},[-1\quad -1]^{\mathrm{T}}\}$,$\omega_2$:$\{[1\quad -1]^{\mathrm{T}},[-1\quad 1]^{\mathrm{T}}\}$,这是一个典型的非线性可分样本集,将其变到三维空间,新样本为 $\boldsymbol{z}=[x_1\quad x_2\quad x_1x_2]^{\mathrm{T}}$,新样本集为 ω_1:$\{[1\quad 1\quad 1]^{\mathrm{T}},[-1\quad -1\quad 1]^{\mathrm{T}}\}$,$\omega_2$:$\{[1\quad -1\quad -1]^{\mathrm{T}},[-1\quad 1\quad -1]^{\mathrm{T}}\}$,线性可分,如图 4-14(b)所示。

对样本 $\boldsymbol{x}$ 进行非线性变换,使得新特征 $\boldsymbol{z}=\varphi(\boldsymbol{x})$ 线性可分;在新空间中求解最优分类超平面,根据 4.5.1 节的分析,可得

$$\boldsymbol{w}^*=\sum_{i=1}^{N}\lambda_i y_i \varphi(\boldsymbol{x}_i)$$

$$\max_{\lambda}\quad \sum_{i=1}^{N}\lambda_i-\frac{1}{2}\sum_{i,j}^{N}\lambda_i\lambda_j y_i y_j \varphi(\boldsymbol{x}_i)^{\mathrm{T}}\varphi(\boldsymbol{x}_j)$$

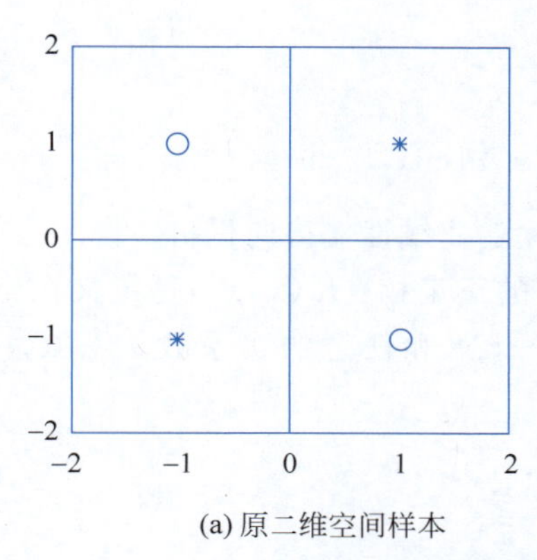

(a) 原二维空间样本

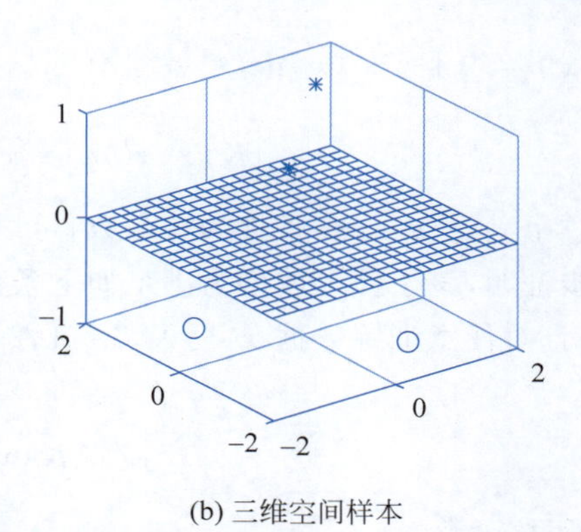

(b) 三维空间样本

图 4-14 将非线性可分样本变为线性可分样本

$$\begin{cases} \text{s.t.}\ \lambda_i \geqslant 0, \quad i=1,2,\cdots,N \\ \sum_{i=1}^{N}\lambda_i y_i = 0 \\ \lambda_i[y_i(\boldsymbol{w}^{\mathrm{T}}\varphi(\boldsymbol{x}_i)+w_0)-1]=0 \end{cases} \tag{4-83}$$

用所有支持向量 $\varphi(\boldsymbol{x}_s)$ 对 $y_s(\boldsymbol{w}^{\mathrm{T}}\varphi(\boldsymbol{x}_s)+w_0)=1$ 求解 w_{0s}，再求平均可得

$$w_0^* = \frac{1}{N_S}\sum_{s\in S}[y_s - \boldsymbol{w}^{\mathrm{T}}\varphi(\boldsymbol{x}_s)] \tag{4-84}$$

分类决策函数为

$$\begin{aligned} f(\boldsymbol{z}) &= \operatorname{sgn}[g(\boldsymbol{z})] = \operatorname{sgn}[\boldsymbol{w}^{*\mathrm{T}}\varphi(\boldsymbol{x}_i)+w_0^*] \\ &= \operatorname{sgn}\left[\sum_{i=1}^{N}\lambda_i y_i \varphi^{\mathrm{T}}(\boldsymbol{x}_i)\varphi(\boldsymbol{x}_i)+w_0^*\right] \end{aligned} \tag{4-85}$$

按照这种方式进行，需要寻找合适的非线性变换函数 $\varphi(\cdot)$ 以及在高维空间进行权向量求解，复杂度高，计算量大。

分析式(4-83)和式(4-85)发现，无论非线性变换函数 $\varphi(\cdot)$ 的具体形式如何，变换对支持向量机的影响仅是把两个样本在原特征空间中的内积变成了新空间中的内积，即

$$\langle \boldsymbol{x}_i, \boldsymbol{x}_j \rangle \to \langle \varphi(\boldsymbol{x}_i), \varphi(\boldsymbol{x}_j) \rangle = K(\boldsymbol{x}_i, \boldsymbol{x}_j) \tag{4-86}$$

$K(\boldsymbol{x}_i, \boldsymbol{x}_j)$ 称为核函数。

如果能够找到合适的核函数，变换空间的线性支持向量机求解可以在原空间通过核函数进行，避免高维空间的计算；同时也不再需要设计非线性变换函数 $\varphi(\cdot)$。

2. 核函数

1）定义

设 $\boldsymbol{X}$ 是输入空间(欧氏空间 $\mathbf{R}^n$ 的子集或离散集合)，$\boldsymbol{H}$ 是特征空间，如果存在一个 $\boldsymbol{X}$ 到 $\boldsymbol{H}$ 的映射，即

$$\varphi(\boldsymbol{x}):\boldsymbol{X}\to\boldsymbol{H} \tag{4-87}$$

使得对所有的 $\boldsymbol{x},\boldsymbol{x}'\in\boldsymbol{X}$，函数 $K(\boldsymbol{x},\boldsymbol{x}')=\langle\varphi(\boldsymbol{x}),\varphi(\boldsymbol{x}')\rangle$，那么称 $K(\boldsymbol{x},\boldsymbol{x}')$ 为核函数；$\varphi(\boldsymbol{x})$ 为映射函数。

2）Mercer 条件

对于任意的对称函数 $K(\boldsymbol{x},\boldsymbol{x}')$，作为某个特征空间中的内积运算的充要条件是：对于

任意的 $\varphi(\boldsymbol{x}) \neq 0$ 且 $\int \varphi^2(\boldsymbol{x})\mathrm{d}\boldsymbol{x} < \infty$，有

$$\iint K(\boldsymbol{x},\boldsymbol{x}')\varphi(\boldsymbol{x})\varphi(\boldsymbol{x}')\mathrm{d}\boldsymbol{x}\mathrm{d}\boldsymbol{x}' \geqslant 0 \tag{4-88}$$

选择一个满足 Mercer 条件的核函数，可以构建非线性支持向量机。

进一步证明，该条件可放松为满足如下条件的正定核：$K(\boldsymbol{x},\boldsymbol{x}')$是定义在空间 $\boldsymbol{X}$ 上的对称函数，且对任意训练数据 $\boldsymbol{x}_i \in X, i=1,2,\cdots,N$ 和任意的实系数 $\alpha_i \in \mathbf{R}, i=1,2,\cdots,N$，有

$$\sum_{i,j}\alpha_i\alpha_j K(\boldsymbol{x}_i,\boldsymbol{x}_j) \geqslant 0 \tag{4-89}$$

3）常用核函数

（1）线性核函数，即

$$K(\boldsymbol{x},\boldsymbol{x}') = \boldsymbol{x}^{\mathrm{T}}\boldsymbol{x}' \tag{4-90}$$

（2）多项式核函数，即

$$K(\boldsymbol{x},\boldsymbol{x}') = [\boldsymbol{x}^{\mathrm{T}}\boldsymbol{x}' + 1]^q, \quad q > 0 \tag{4-91}$$

（3）径向基（Radial Basis Function，RBF）核函数，即

$$K(\boldsymbol{x},\boldsymbol{x}') = \exp\left(-\frac{\|\boldsymbol{x}-\boldsymbol{x}'\|^2}{\sigma^2}\right) \tag{4-92}$$

也称为高斯核函数。

（4）双曲正切核函数（Sigmoid 函数），即

$$K(\boldsymbol{x},\boldsymbol{x}') = \tanh(\alpha\boldsymbol{x}^{\mathrm{T}}\boldsymbol{x}' + \beta) \tag{4-93}$$

支持向量机通过选择不同的核函数实现不同形式的广义线性分类器；核函数需要针对具体问题具体选择，很难有一个一般性的准则。

4.5.4 仿真实现

scikit-learn 库中 svm 模块提供了线性支持向量机模型 LinearSVC、带错误惩罚项的 SVC 模型和控制支持向量个数的 NuSVC 模型，此处主要介绍 LinearSVC 和 SVC 模型的部分属性和方法，见表 4-1。

表 4-1 LinearSVC 和 SVC 模型的部分属性和方法

名称		含义
属性	coef_	权向量，是 LinearSVC 模型的属性；当 SVC 模型参数 kernel 为 linear 时也具有此属性
	intercept_	线性判别函数中的常数项，LinearSVC 模型的属性
	support_	支持向量的索引，SVC 模型的属性
	support_vectors_	支持向量，SVC 模型的属性
方法	fit(X, y)	根据训练样本及其标签拟合模型
	predict(X)	利用模型对样本矩阵 X 中的样本进行决策
	score(X, y, sample_weight=None)	获取分类器在给定测试样本矩阵 X 上的平均准确度
	predict_proba(X)	获取测试样本的后验概率
	decision_function(X)	获取测试样本对应的判别函数值

【例 4-10】 对样本集

$$\omega_1: \{[0\quad 0\quad 0]^T, [1\quad 0\quad 1]^T, [1\quad 0\quad 0]^T, [1\quad 1\quad 0]^T\}$$

$$\omega_2: \{[0\quad 0\quad 1]^T, [0\quad 1\quad 1]^T, [0\quad 1\quad 0]^T, [1\quad 1\quad 1]^T\}$$

设计 SVM 分类器，并对样本 $[0\quad 0.6\quad 0.8]^T$ 进行判别。

程序如下：

```
import numpy as np
from sklearn.svm import LinearSVC
from matplotlib import pyplot as plt
X = np.array([[0, 0, 0], [1, 0, 0], [1, 0, 1], [1, 1, 0],
              [0, 0, 1], [0, 1, 1], [0, 1, 0], [1, 1, 1]])
y = np.array([1, 1, 1, 1, -1, -1, -1, -1])
svcModel = LinearSVC().fit(X, y)                              #训练 SVM
W = svcModel.coef_                                            #获取权向量 w
w0 = svcModel.intercept_                                      #获取偏移量 w0
x = np.array([[0, 0.6, 0.8]])
y_pred = svcModel.predict(x)                                  #对待测样本进行判别
print("[0, 0.6, 0.8]的预测标签是:",y_pred)
x1, x2 = np.mgrid[0:1:0.01, 0:1:0.01]
x3 = -(W[0, 0] * x1 + W[0, 1] * x2 + w0)/W[0, 2]    #计算分类平面上的点,用于绘制分类平面
plt.rcParams['font.sans-serif'] = ['Times New Roman']
ax = plt.axes(projection='3d')
ax.scatter(X[y<0, 0], X[y<0, 1], X[y<0, 2], marker='^', linewidths=3)
ax.scatter(X[y>0, 0], X[y>0, 1], X[y>0, 2], marker='v', linewidths=3)
ax.scatter(x[0, 0], x[0, 1], x[0, 2], marker='o', linewidths=3, color='r')
ax.plot_surface(x1, x2, x3, cmap='viridis')
ax.set_title('训练样本及线性 SVM 分类平面', fontproperties='SimSun')
ax.set_xlabel('x1')
ax.set_ylabel('x2')
ax.set_zlabel('x3')
ax.xaxis.set_pane_color((1.0, 1.0, 1.0, 1.0))
ax.yaxis.set_pane_color((1.0, 1.0, 1.0, 1.0))
ax.zaxis.set_pane_color((1.0, 1.0, 1.0, 1.0))
ax.set_xticks([0, 0.5, 1])
ax.set_yticks([0, 0.5, 1])
ax.set_zticks([0, 0.5, 1, 1.5])
plt.show()
```

运行程序，绘制的样本点及分类平面如图 4-15 所示，可以通过断点执行查看 SVC 模型的相关属性。

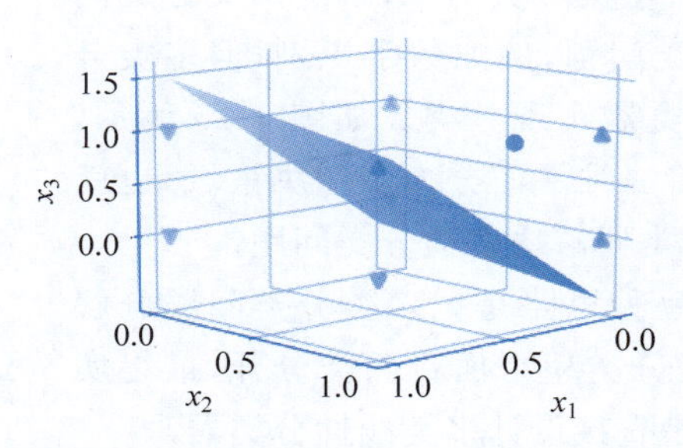

图 4-15 训练样本及线性 SVM 分类平面

【例 4-11】 采用高斯核函数设计 SVM 分类器，对非线性可分样本集 ω_1：{$[1\quad 1]^T$，$[-1\quad -1]^T$}，ω_2：{$[1\quad -1]^T$，$[-1\quad 1]^T$}设计广义线性判别函数。

程序如下：

```
import numpy as np
from sklearn.svm import SVC
from matplotlib import pyplot as plt
X = np.array([[1, 1], [-1, -1], [1, -1], [-1, 1]])
y = np.array([1, 1, -1, -1])
svcModel = SVC().fit(X, y)                                    #使用高斯核训练 SVM
x1, x2 = np.mgrid[-1.5:1.6:0.5, -1.5:1.6:0.5]
x_test = np.concatenate((x1.reshape(-1, 1), x2.reshape(-1, 1)), 1)  #获取平面待测点
y_pred = svcModel.predict(x_test)                             #进行决策
f_pred = svcModel.decision_function(x_test)                   #获取分类决策函数值
plt.rcParams['font.sans-serif'] = ['Times New Roman']
plt.plot(X[y > 0, 0], X[y > 0, 1], 'b.')
plt.plot(X[y < 0, 0], X[y < 0, 1], 'r+')
db = plt.contour(x1, x2, y_pred.reshape(x1.shape), linestyles='--', levels=[0])
plt.clabel(db, inline=1, fontsize=10)                         #绘制分界线并加标记
plt.xticks([-1, 0, 1])
plt.yticks([-1, 0, 1])
plt.show()
```

程序运行结果如图 4-16 所示，虚线即为所设计的分类决策面，在二维空间实际是非线性的。由于例题中样本数过少，所以设计效果有很大的局限性，主要用于阐述仿真函数的应用。

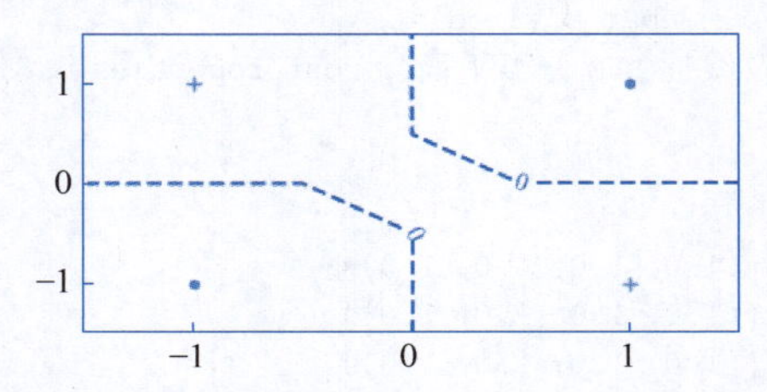

图 4-16 训练样本及非线性 SVM 分类平面

4.6 多类分类问题

线性分类超平面将特征空间一分为二，解决两类分类问题，但在实际中，多数是多类问题，例如数字识别，但多类分类问题也可以采用线性分类器实现分类。如图 4-17 所示，线性分类线 H_1、H_2、H_3 将二维平面分为多个决策域，也就是说，可以采用多个线性分类器解决多类分类问题。

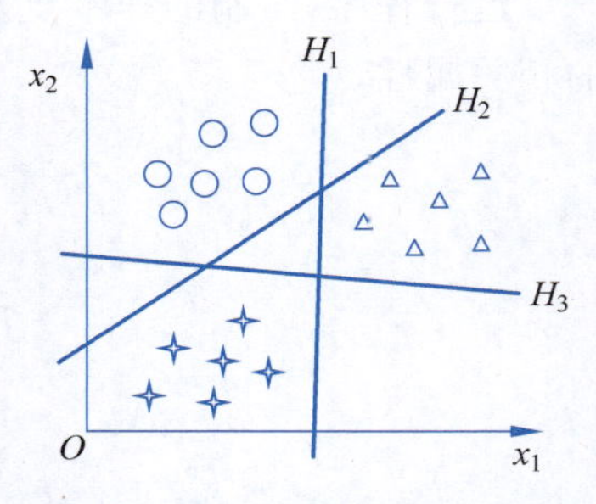

图 4-17 线性分类器解决多类分类问题示意

解决多类分类问题的一种思路是把多类分类问题分解为多个两类分类问题，每个分类超平面将两类分开，最终实现多类分类。另一种思路是直接设计多类线性分类器。

4.6.1 化多类分类为两类分类

这种设计方法主要在于如何化多类为两类，主要有两种方式。

1. 一对多方法

将$\{\omega_1,\omega_2,\cdots,\omega_c\}$的 c 个类别划分为 ω_j 和非 ω_j，$j=1,2,\cdots,c$，也就是 ω_j 的样本作为一类，其他类的样本作为另一类，进行线性判别函数设计，对应的判别函数及判别方法为

$$g_j(\boldsymbol{x})=\boldsymbol{w}_j^{\mathrm{T}}\boldsymbol{x}\begin{cases}>0, & \boldsymbol{x}\in\omega_j\\ \leqslant 0, & \boldsymbol{x}\notin\omega_j\end{cases} \tag{4-94}$$

共有 c 个类别，设计 $c-1$ 个判别函数即可。

决策规则为

$$若\ \boldsymbol{x}\notin\omega_{i,i\neq j},\quad 则判断\ \boldsymbol{x}\in\omega_j \tag{4-95}$$

如图 4-18(a)所示，三类$\{\omega_1,\omega_2,\omega_3\}$，用 ω_1 和非 ω_1 的样本设计线性判别函数 $g_1(\boldsymbol{x})$，对应分类面为 H_1；用 ω_2 和非 ω_2 的样本设计线性判别函数 $g_2(\boldsymbol{x})$，对应分类面为 H_2。将待分类样本 $\boldsymbol{x}$ 代入判别函数得：$g_1(\boldsymbol{x})<0,\boldsymbol{x}\notin\omega_1$；$g_2(\boldsymbol{x})<0,\boldsymbol{x}\notin\omega_2$，所以判断 $\boldsymbol{x}\in\omega_3$。

这种方法存在两方面的问题：①设计判别函数时，ω_j 和非 ω_j 两类样本数目可能会差别较大，训练样本不均衡，有可能会影响某些算法设计的分类器的分类正确率；②$c-1$ 个线性超平面在整个特征空间划分的区域会超过 c 个，如图 4-18(a)中两个超平面划分出四个区域，对于阴影区域的特征分类不明确。

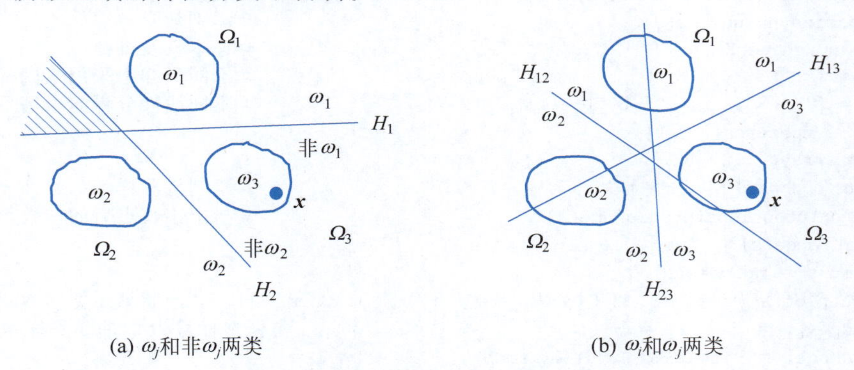

图 4-18　化多类分类为两类分类方法

2. 一对一方法

将$\{\omega_1,\omega_2,\cdots,\omega_c\}$的 c 个类别划分为 ω_i 和 ω_j，$i,j=1,2,\cdots,c,i\neq j$，也就是只用两类的样本设计线性判别函数，不考虑其他类的样本。对应的判别函数及判别方法为

$$g_{ij}(\boldsymbol{x})=\boldsymbol{w}_{ij}^{\mathrm{T}}\boldsymbol{x}\begin{cases}>0, & \boldsymbol{x}\in\omega_i\\ <0, & \boldsymbol{x}\in\omega_j\end{cases} \tag{4-96}$$

$$g_{ji}(\boldsymbol{x})=-g_{ij}(\boldsymbol{x})=\boldsymbol{w}_{ji}^{\mathrm{T}}\boldsymbol{x}\begin{cases}<0, & \boldsymbol{x}\in\omega_i\\ >0 & \boldsymbol{x}\in\omega_j\end{cases} \tag{4-97}$$

共有 c 个类别，需要设计 $c(c-1)/2$ 个判别函数。

决策规则为

$$若\ g_{ij}(\boldsymbol{x})>0\ 对于所有的\ j\neq i\ 成立，则判断\ \boldsymbol{x}\in\omega_i \tag{4-98}$$

$g_{ij}(\boldsymbol{x})>0$ 说明 $\boldsymbol{x}\notin\omega_j$；对于所有的 $j\neq i$ 成立，自然 $\boldsymbol{x}\in\omega_i$。

如图 4-18(b)所示，三类$\{\omega_1,\omega_2,\omega_3\}$，用 ω_1 和 ω_2 的样本设计线性判别函数 $g_{12}(\boldsymbol{x})$，对应分类面为 H_{12}；用 ω_2 和 ω_3 的样本设计线性判别函数 $g_{23}(\boldsymbol{x})$，对应分类面为 H_{23}；用 ω_1 和 ω_3 的样本设计线性判别函数 $g_{13}(\boldsymbol{x})$，对应分类面为 H_{13}。待分类样本 $\boldsymbol{x}$ 代入判别函数得：$g_{13}(\boldsymbol{x})<0,\boldsymbol{x}\notin\omega_1$；$g_{23}(\boldsymbol{x})<0,x\notin\omega_2$，所以判断 $\boldsymbol{x}\in\omega_3$。

3. 仿真实现

【例 4-12】 采用支持向量机设计线性分类器，实现 ω_1：$\left\{\begin{bmatrix}-5\\-5\end{bmatrix},\begin{bmatrix}-5\\-4\end{bmatrix},\begin{bmatrix}-4\\-5\end{bmatrix},\begin{bmatrix}-5\\-6\end{bmatrix},\begin{bmatrix}-6\\-5\end{bmatrix}\right\}$，$\omega_2$：$\left\{\begin{bmatrix}5\\5\end{bmatrix},\begin{bmatrix}5\\4\end{bmatrix},\begin{bmatrix}4\\5\end{bmatrix},\begin{bmatrix}5\\6\end{bmatrix},\begin{bmatrix}6\\5\end{bmatrix}\right\}$，$\omega_3$：$\left\{\begin{bmatrix}-5\\5\end{bmatrix},\begin{bmatrix}-5\\4\end{bmatrix},\begin{bmatrix}-4\\5\end{bmatrix},\begin{bmatrix}-5\\6\end{bmatrix},\begin{bmatrix}-6\\5\end{bmatrix}\right\}$三类分类，绘制线性分界线，并对数据 $[-2\quad -2]^{\mathrm{T}}$ 进行归类。

1）一对多方法

采用一对多的化多类分类为两类分类方法，利用 ω_j 和非 ω_j 的样本训练分类器。

```
import numpy as np
from sklearn.svm import LinearSVC
from matplotlib import pyplot as plt
X = np.array([[-5, -5], [-5, -4], [-4, -5], [-5, -6], [-6, -5],
              [5, 5], [5, 4], [4, 5], [5, 6], [6, 5],
              [-5, 5], [-5, 4], [-4, 5], [-5, 6], [-6, 5]])  #样本
y = np.array([1, 1, 1, 1, 1, 2, 2, 2, 2, 2, 3, 3, 3, 3, 3])  #类别标签
c = np.size(np.unique(y))                                    #类别数
N, n = np.shape(X)                                           #样本数及维数
p_fmt = ['.', '*', '+']                                      #不同类样本采用不同标记
l_fmt = ['r--', 'g-.', 'b:']                                 #不同线性分界面采用不同标记
x_sign = np.zeros([c, 1])
x = np.array([-2, -2])
plt.plot(x[0], x[1], 'k>')                                   #绘制待测样本
np.set_printoptions(precision=2)                             #指定小数点后的位数
for i in range(c):
    temp_y = np.ones(N)
    plt.plot(X[y == i + 1, 0], X[y == i + 1, 1], p_fmt[i])   #绘制第 i 类样本
    temp_y[y != i + 1] = -1                          #第 i 类样本标号为 1;非 i 类样本标号为 -1
    svcModel = LinearSVC().fit(X, temp_y)
    A = np.append(svcModel.coef_, svcModel.intercept_)       #利用支持向量机模型求权向量
    x1 = np.linspace(-10, 10, 200)
    x2 = -(A[0] * x1 + A[2])/A[1]
    plt.plot(x1, x2, l_fmt[i])                               #绘制分界线
    x_sign[i] = np.dot(A, np.append(x, 1))                   #计算待测样本对应判别函数值
    print(A)                                         #输出第 i 类和非 i 类的判别函数的权向量
x_label = np.where(x_sign > 0)
print(x, "属于第", x_label[0] + 1, "类")              #哪一类的判别函数值大于 0,归为哪一类
plt.rcParams['font.sans-serif'] = ['SimSun']
plt.title("一对多化多类为两类")
plt.legend(['待测样本', 'ω1', 'ω1/非 ω1', 'ω2', 'ω2/非 ω2', 'ω3', 'ω3/非 ω3'])
plt.xlabel('x1', fontproperties='Times New Roman')
plt.ylabel('x2', fontproperties='Times New Roman')
plt.xticks(np.arange(-10, 11, step=5), fontproperties='Times New Roman')
plt.yticks(np.arange(-10, 11, step=5), fontproperties='Times New Roman')
plt.axis([-10, 10, -10, 10])                                 #限制绘图范围
plt.show()
```

程序运行结果如图 4-19(a)所示，在输出窗口输出三个判别函数的权向量和最终的判别结果：

```
[-0.    -0.25    -0.01]
[ 0.25   0.      -0.01]
[-0.22   0.22    -1.07]
[-2 -2] 属于第 [1] 类
```

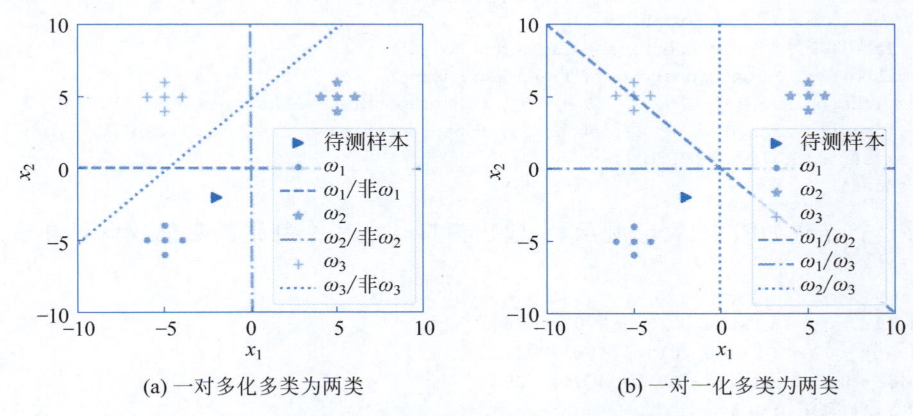

(a) 一对多化多类为两类　　(b) 一对一化多类为两类

图 4-19　利用支持向量机设计线性分类器实现多类分类

2）一对一方法

采用两两分开的化多类分类为两类分类方法，只 ω_i 和 ω_j 的样本训练分类器。

```
import numpy as np
from sklearn.svm import LinearSVC
from matplotlib import pyplot as plt
X = np.array([[-5, -5], [-5, -4], [-4, -5], [-5, -6], [-6, -5],
              [5, 5], [5, 4], [4, 5], [5, 6], [6, 5],
              [-5, 5], [-5, 4], [-4, 5], [-5, 6], [-6, 5]])
y = np.array([1, 1, 1, 1, 1, 2, 2, 2, 2, 2, 3, 3, 3, 3, 3])
c = np.size(np.unique(y))
N, n = np.shape(X)
p_fmt, l_fmt = ['.', '*', '+'], ['r--', 'g-.', 'b:']
x_sign, x = np.zeros([c, c]), np.array([-2, -2])
plt.plot(x[0], x[1], 'k>')
for i in range(c):
    plt.plot(X[y == i + 1, 0], X[y == i + 1, 1], p_fmt[i])        # 绘制各类样本点
num = 0
np.set_printoptions(precision=2)
for i in range(c):
    for j in range(i + 1, c):
        indexi = y == i + 1
        indexj = y == j + 1
        training = np.concatenate([X[indexi, :], X[indexj, :]], 0)    # ωi 和 ωj 的数据
        N1, N2 = np.sum(indexi), np.sum(indexj)
        temp_y = np.concatenate([np.ones(N1), -np.ones(N2)])
        svcModel = LinearSVC().fit(training, temp_y)
        A = np.append(svcModel.coef_, svcModel.intercept_)# 利用支持向量机模型求权向量
        x1 = np.linspace(-10, 10, 200)
        x2 = -(A[0] * x1 + A[2]) / A[1]
        plt.plot(x1, x2, l_fmt[num])
        print(A)
        num += 1
```

```
            x_sign[i, j] = np.dot(A, np.append(x, 1))           #计算判别函数值
            x_sign[j, i] = -x_sign[i, j]
    for i in range(c):
        if np.min(x_sign[i, :]) >= 0:                 #若第 i 类的所有判别函数值均大于 0,则归为 ωi
            print(x, "属于第", i + 1, "类")
    plt.rcParams['font.sans-serif'] = ['SimSun']
    plt.title("一对一化多类为两类")
    plt.legend(['待测样本', 'ω1', 'ω2', 'ω3', 'ω1/ω2', 'ω1/ω3', 'ω2/ω3'],
               loc="lower right")
    plt.xlabel('x1', fontproperties='Times New Roman')
    plt.ylabel('x2', fontproperties='Times New Roman')
    plt.xticks(np.arange(-10, 11, step=5), fontproperties='Times New Roman')
    plt.yticks(np.arange(-10, 11, step=5), fontproperties='Times New Roman')
    plt.axis([-10, 10, -10, 10])
    plt.show()
```

程序运行结果如图 4-19(b)所示，在输出窗口输出三个判别函数的权向量和最终的判别结果：

```
[-1.11e-01  -1.11e-01  -2.07e-06]
[-1.74e-07  -2.46e-01  3.47e-08]
[ 2.46e-01  -2.47e-08  -4.94e-09]
[-2 -2] 属于第 1 类
```

从程序可以看出，两种方法的区别在于训练权向量采用的两类样本不一样，第一种方法决策域存在较大歧义部分，如图 4-19(a)中心的三角区域、右下角区域等。

3) 采用库函数实现

scikit-learn 库中 multiclass 模块可以采用不同策略实现多类分类，包括 OneVsRestClassifier(一对多)、OneVsOneClassifier(一对一)和 OutputCodeClassifier(纠错输出编码，见 4.6.3 节)，调用时需要指明采用的分类器。模型的方法有 decision_function、fit、predict、score 等。

采用 multiclass 模块函数改写例 4-12 的两段程序，程序如下。

```
import numpy as np
from sklearn.svm import LinearSVC
from sklearn.multiclass import OneVsRestClassifier
from sklearn.multiclass import OneVsOneClassifier
X = np.array([[-5, -5], [-5, -4], [-4, -5], [-5, -6], [-6, -5],
              [5, 5], [5, 4], [4, 5], [5, 6], [6, 5],
              [-5, 5], [-5, 4], [-4, 5], [-5, 6], [-6, 5]])
y = np.array([1, 1, 1, 1, 1, 2, 2, 2, 2, 2, 3, 3, 3, 3, 3])
c = np.size(np.unique(y))
Mdl1 = OneVsRestClassifier(LinearSVC()).fit(X, y)           #采用一对多策略进行多类分类
G1 = Mdl1.estimators_
np.set_printoptions(precision=2)
print("一对多权向量:")
for i in range(c):
    A = np.append(G1[i].coef_, G1[i].intercept_)
    print(A)                                                #显示判别函数权向量
Mdl2 = OneVsOneClassifier(LinearSVC()).fit(X, y)            #采用一对一策略
G2 = Mdl2.estimators_
print("一对一权向量:")
for i in range(c):
    A = np.append(G2[i].coef_, G2[i].intercept_)
    print(A)                                                #显示判别函数权向量
```

运行程序，输出窗口将输出判别函数权向量取值，和例 4-12 的输出一致。

4）利用分类器内置功能实现

需要指出的是，很多分类器本身就支持多类分类，比如贝叶斯决策、决策树（见第 5 章）等。在使用 scikit-learn 中分类器时，除非需要采用不同的多类分类策略，一般并不需要采用 multiclass 提供的方法。例如，LinearSVC 模型的参数 multi_class 用于设置多类分类策略，默认为'ovr'，即一对多。SVC 模型的参数 decision_function_shape 用于设置多类分类策略，取值为'ovr'或'ovo'，默认为'ovr'。

采用支持向量机模型本身设置改写例 4-12，程序如下。

```
import numpy as np
from sklearn.svm import LinearSVC
from sklearn.svm import SVC
X = np.array([[-5, -5], [-5, -4], [-4, -5], [-5, -6], [-6, -5],
              [5, 5], [5, 4], [4, 5], [5, 6], [6, 5],
              [-5, 5], [-5, 4], [-4, 5], [-5, 6], [-6, 5]])
y = np.array([1, 1, 1, 1, 1, 2, 2, 2, 2, 2, 3, 3, 3, 3, 3])
c = np.size(np.unique(y))
Mdl1 = LinearSVC(multi_class = 'ovr').fit(X, y)
np.set_printoptions(precision = 2)
print("一对多权向量:")
for i in range(c):
    A = np.append(Mdl1.coef_[i, :], Mdl1.intercept_[i])
    print(A)
Mdl2 = SVC(kernel = 'linear', decision_function_shape = 'ovo').fit(X, y)
print("一对一权向量:")
for i in range(c):
    A = np.append(Mdl2.coef_[i, :], Mdl2.intercept_[i])
    print(A)
```

运行程序，输出窗口将输出判别函数权向量取值，和例 4-12 的输出一致。

4.6.2 多类线性判别函数

多类线性判别函数是指对 c 类设计 c 个判别函数，即

$$g_j(\boldsymbol{x})=\boldsymbol{w}_j^{\mathrm{T}}\boldsymbol{x}+w_{j0} \quad j=1,2,\cdots,c \tag{4-99}$$

对于增广样本向量 $\boldsymbol{z}=[\boldsymbol{x} \quad 1]^{\mathrm{T}}$，判别函数为

$$g_j(\boldsymbol{x})=\boldsymbol{a}_j^{\mathrm{T}}\boldsymbol{z} \quad j=1,2,\cdots,c \tag{4-100}$$

决策时哪一类的判别函数最大则决策为哪一类，即决策规则为

$$\text{若 } g_l(\boldsymbol{x})>g_j(\boldsymbol{x}), \forall l \neq j, \quad \text{则 } \boldsymbol{x} \in \omega_l \tag{4-101}$$

决策面为

$$g_l(\boldsymbol{x})=g_j(\boldsymbol{x}), \quad l,j=1,2,\cdots,c, \quad l \neq j \tag{4-102}$$

可以采用类似于感知器算法的逐步修正方法设计多类线性判别函数，步骤如下。

（1）初始化，样本增广化，任意选择初始权向量 $\boldsymbol{a}_j(1)$和增量系数 ρ。

（2）进行迭代运算，考察 ω_j 类的样本 $\boldsymbol{z}_i$，按如下规则修正权向量。

若 $\boldsymbol{a}_j^{\mathrm{T}}(t)\boldsymbol{z}_i>\boldsymbol{a}_l^{\mathrm{T}}(t)\boldsymbol{z}_i$，$\forall l\neq j$，权向量不变，即 $\boldsymbol{a}_j(t+1)=\boldsymbol{a}_j(t)$，$j=1,2,\cdots,c$，$t$ 为迭代次数。

若 $\boldsymbol{a}_j^{\mathrm{T}}(t)\boldsymbol{z}_i<\boldsymbol{a}_l^{\mathrm{T}}(t)\boldsymbol{z}_i$，$\forall l\neq j$，修正 $\boldsymbol{a}_j$ 和 $\boldsymbol{a}_l^{\mathrm{T}}(t)\boldsymbol{z}_i$ 最大对应的 $\boldsymbol{a}_l$，其余权向量不变，即

$$\begin{cases}\boldsymbol{a}_j(t+1)=\boldsymbol{a}_j(t)+\rho\boldsymbol{z}_i\\ \boldsymbol{a}_l(t+1)=\boldsymbol{a}_l(t)-\rho\boldsymbol{z}_i\\ \boldsymbol{a}_m(t+1)=\boldsymbol{a}_m(t),\quad m\neq j,l\end{cases}\tag{4-103}$$

(3) 重复步骤(2)，直到所有的权向量都不再需要修正(此处默认不同类样本集线性可分)。

【例 4-13】 采用逐步修正法设计多类线性判别函数，对 ω_1：$\left\{\begin{bmatrix}-5\\-5\end{bmatrix},\begin{bmatrix}-5\\-4\end{bmatrix},\begin{bmatrix}-4\\-5\end{bmatrix},\begin{bmatrix}-5\\-6\end{bmatrix},\begin{bmatrix}-6\\-5\end{bmatrix}\right\}$、$\omega_2$：$\left\{\begin{bmatrix}5\\5\end{bmatrix},\begin{bmatrix}5\\4\end{bmatrix},\begin{bmatrix}4\\5\end{bmatrix},\begin{bmatrix}5\\6\end{bmatrix},\begin{bmatrix}6\\5\end{bmatrix}\right\}$、$\omega_3$：$\left\{\begin{bmatrix}-5\\5\end{bmatrix},\begin{bmatrix}-5\\4\end{bmatrix},\begin{bmatrix}-4\\5\end{bmatrix},\begin{bmatrix}-5\\6\end{bmatrix},\begin{bmatrix}-6\\5\end{bmatrix}\right\}$分类，绘制线性分界线，并对样本 $[-2\quad -2]^{\mathrm{T}}$ 进行归类。

程序如下：

```
import numpy as np
from matplotlib import pyplot as plt
X = np.array([[-5, -5], [-5, -4], [-4, -5], [-5, -6], [-6, -5],
              [5, 5], [5, 4], [4, 5], [5, 6], [6, 5],
              [-5, 5], [-5, 4], [-4, 5], [-5, 6], [-6, 5]])
y = np.array([1, 1, 1, 1, 1, 2, 2, 2, 2, 2, 3, 3, 3, 3, 3])
c = np.size(np.unique(y))
N, n = np.shape(X)
p_fmt, l_fmt = ['.', '*', '+'], ['r--', 'g-.', 'b:']
x_sign, x = np.zeros([c, 1]), np.array([-2, -2])
plt.plot(x[0], x[1], 'k>')
Z = np.append(X, np.ones([N, 1]), 1)                           #样本增广化
A, g, rho, flag = np.zeros([c, n + 1]), np.zeros([c, 1]), 1, 1 #变量初始化
while flag:
    flag = 0
    for i in range(N):
        for j in range(c):
            g[j, :] = np.dot(A[j, :], Z[i, :])            #对每个样本计算 c 个判别函数值
        pos = np.argmax(g)                                #最大值对应的类别
        if pos != y[i] - 1:                               #与真实类别不匹配修正权向量
            A[y[i] - 1, :] += rho * Z[i, :]
            A[pos, :] -= rho * Z[i, :]
            flag = 1
for i in range(c):
    plt.plot(X[y == i + 1, 0], X[y == i + 1, 1], p_fmt[i])  #绘制样本点
    x_sign[i] = np.dot(A[i, :], np.append(x, 1))           #计算待测样本对应的判别函数值
num = 0
for i in range(c):
    for j in range(i + 1, c):
        x1 = np.linspace(-10, 10, 200)
        x2 = -((A[i, 0] - A[j, 0]) * x1 + (A[i, 2] - A[j, 2])) / (A[i, 1] - A[j, 1])
        plt.plot(x1, x2, l_fmt[num])                     #计算并绘制分界线上的点
        num += 1
pos = np.argmax(x_sign)
print(x, "属于第", pos + 1, "类")                        #将待测样本归为判别函数取值最大的类
```

```
plt.rcParams['font.sans-serif'] = ['SimSun']
plt.title("逐步修正法设计多类线性判别函数")
plt.legend(['待测样本', 'ω1', 'ω2', 'ω3', 'g1 = g2', 'g1 = g3', 'g2 = g3'])
plt.xlabel('x1', fontproperties = 'Times New Roman')
plt.ylabel('x2', fontproperties = 'Times New Roman')
plt.xticks(np.arange(-10, 11, step = 5), fontproperties = 'Times New Roman')
plt.yticks(np.arange(-10, 11, step = 5), fontproperties = 'Times New Roman')
plt.axis([-10, 10, -10, 10])
plt.show()
```

程序运行结果如图 4-20 所示。待测样本属于第一类。

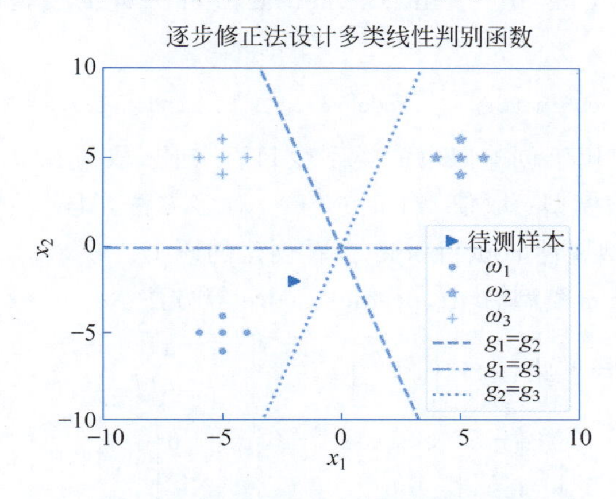

图 4-20 逐步修正法设计多类线性判别函数

4.6.3 纠错输出编码方法

纠错输出编码(Error-Correcting Output Codes,ECOC)方法是在纠错编码的框架下处理多类分类问题,也是通过将多类分类问题转换为两类分类问题实现的。

设一个 $c(c\geqslant 3)$类分类问题,采用了 M 个两分类器进行训练,每个分类器都将部分类标记为 1,另一部分标记为 −1,也就是分为两类,相当于创建了一个 $c\times M$ 的期望标签矩阵,例如

$$
\begin{array}{c} \\ \omega_1 \\ \omega_2 \\ \omega_3 \end{array}
\begin{array}{c} \begin{array}{ccc} M_1 & M_2 & M_3 \end{array} \\ \begin{bmatrix} +1 & +1 & 0 \\ -1 & 0 & +1 \\ 0 & -1 & -1 \end{bmatrix} \end{array}
\tag{4-104}
$$

这是以 3 个两分类器解决三分类问题、采用一对一划分方法创建的期望标签矩阵:第一列表示 M_1 分类器采用 ω_1 和 ω_2 样本进行训练,ω_1 类标记为+1,ω_2 类标记为−1,其余列类似;第一行表示对于 ω_1 类样本,M 个分类器产生码字(+1 +1 0),其余行类似,即每一类对应一个码字。

也可以一对多、多对多等不同的划分方法设计标签矩阵。例如

$$
\begin{bmatrix} -1 & -1 & -1 & +1 & -1 & +1 \\ +1 & -1 & +1 & +1 & -1 & -1 \\ +1 & +1 & -1 & -1 & -1 & +1 \\ -1 & -1 & +1 & -1 & +1 & +1 \end{bmatrix}
$$

表示采用 6 个两分类器解决四分类问题时创建的期望标签矩阵：第一列表示划分 ω_1 和 ω_4 为一类，标记为 -1；ω_2 和 ω_3 为一类，标记为 $+1$；其余类似。第一行表示对于 ω_1 类样本；M 个分类器产生码字($-1\quad -1\quad -1\quad +1\quad -1\quad +1$)；其余行类似。

对于每一个待测样本，M 个分类器对其进行分类标注，也就是输出一个码字，计算该码字和期望标签矩阵中 c 个码字的汉明距离(两个码字的元素间彼此相异的位置个数)，将样本归入距离最小的类。

scikit-learn 库中 multiclass 模块的 OutputCodeClassifier 使用 ECOC 方法实现多类分类，调用时和 OneVsRestClassifier、OneVsOneClassifier 一样需要指明采用的分类器，调用格式如下。

```
OutputCodeClassifier(estimator, *, code_size = 1.5, random_state = None, n_jobs = None)
```

参数 code_size 指定用于创建码书的类别数目百分比，取值在 0～1 时采用的分类器数目少于一对多方法，压缩模型；取值>1 时多于一对多方法，具有更好的容差性，默认情况下为 1.5。可以通过模型属性 code_book_查看创建的码书。

OutputCodeClassifier 模型有 fit、predict、score 等方法。

【例 4-14】 有 3 类样本集，ω_1：$\left\{\begin{bmatrix}-5\\-5\end{bmatrix},\begin{bmatrix}-5\\-4\end{bmatrix},\begin{bmatrix}-4\\-5\end{bmatrix},\begin{bmatrix}-5\\-6\end{bmatrix},\begin{bmatrix}-6\\-5\end{bmatrix}\right\}$、$\omega_2$：$\left\{\begin{bmatrix}5\\5\end{bmatrix},\begin{bmatrix}5\\4\end{bmatrix},\begin{bmatrix}4\\5\end{bmatrix},\begin{bmatrix}5\\6\end{bmatrix},\begin{bmatrix}6\\5\end{bmatrix}\right\}$、$\omega_3$：$\left\{\begin{bmatrix}-5\\5\end{bmatrix},\begin{bmatrix}-5\\4\end{bmatrix},\begin{bmatrix}-4\\5\end{bmatrix},\begin{bmatrix}-5\\6\end{bmatrix},\begin{bmatrix}-6\\5\end{bmatrix}\right\}$，利用 OutputCodeClassifier 模型实现基于 SVM 的分类器设计。

程序如下：

```
import numpy as np
from sklearn.svm import LinearSVC
from sklearn.multiclass import OutputCodeClassifier
X = np.array([[-5, -5], [-5, -4], [-4, -5], [-5, -6], [-6, -5],
              [5, 5], [5, 4], [4, 5], [5, 6], [6, 5],
              [-5, 5], [-5, 4], [-4, 5], [-5, 6], [-6, 5]])
y = np.array([1, 1, 1, 1, 1, 2, 2, 2, 2, 2, 3, 3, 3, 3, 3])
Mdl1 = OutputCodeClassifier(LinearSVC(), code_size = 0.7).fit(X, y)
Mdl2 = OutputCodeClassifier(LinearSVC(), code_size = 2).fit(X, y)
print("码书 1:\n", Mdl1.code_book_)
print("码书 2:\n", Mdl2.code_book_)
```

运行程序，在输出窗口输出两个模型的码书：

```
码书 1:
 [[ 1. -1.]
  [ 1. -1.]
  [-1. 1.]]
码书 2:
 [[ 1. -1. 1. -1. -1. 1.]
  [-1. -1. -1. 1. 1. 1.]
  [ 1. 1. -1. -1. -1. 1.]]
```

也可以通过访问模型的 estimators_参数，读取各个分类器的属性，绘制分类决策面，参考例 4-12，此处不再赘述。

4.7 线性判别分析的实例

【例 4-15】 对由不同字体的数字图像构成的图像集,实现基于 SVM 的分类器设计。

1. 设计思路

要处理的对象和第 2 章例 2-16 一致,同样是统计模式识别系统,采用相同的预处理方法,提取同样的特征,不同在于设计的分类器不一样,设计方案如图 4-21 所示。

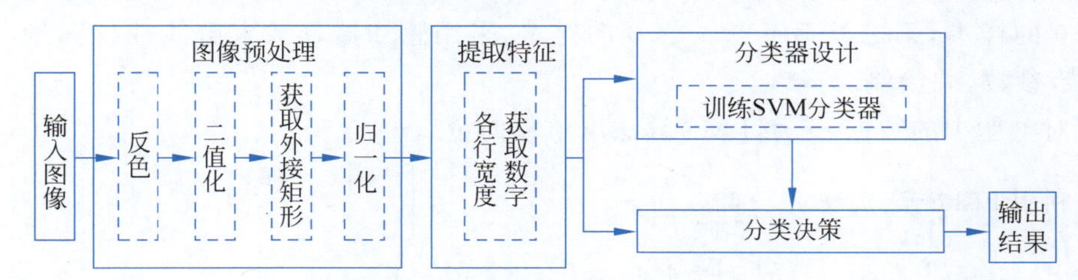

图 4-21　设计方案框图

2. 程序设计

1) 生成训练样本

在程序开始导入 SVC 模型,读取图像文件,经过图像预处理,提取特征,生成训练样本。除下一行代码外,其余同例 2-16 一样。

```
from sklearn.svm import SVC
```

2) 训练 SVM 多类分类器

```
clf = SVC()
clf.fit(training, y_train)
```

3) 对未知类别的样本进行决策归类

(1) 首先利用所创建的 SVM 分类器对象对训练样本进行判别,获取各样本对应判断类别,与原始类别进行比对,测定检测率。

```
y_pred = clf.predict(training)
ratio_train = np.sum(y_train == y_pred)/y_train.size
```

(2) 打开测试样本,和训练样本进行同样的预处理,并生成测试样本 testing,利用 SVM 分类器对测试样本进行判别,并测算检测率。

```
y_pred = clf.predict(testing)
ratio_test = np.sum(y_test == y_pred)/y_test.size
```

3. 结果与分析

运行程序,采用 10 个数字的共 50 幅图像进行训练,采用 30 幅图像进行测试,训练样本识别正确率达到了 98%,测试样本识别正确率达到 83.33%。

习题

1. 简述线性判别分析的思路。

2. 简述 Fisher 法线性判别的原理、准则函数、投影方向、降维以及一维分类阈值点。

3. 已知两类二维样本服从正态分布，$\boldsymbol{\mu}_1=[3\quad 5]^{\mathrm{T}}$，$\boldsymbol{\mu}_2=[6\quad 8]^{\mathrm{T}}$，$\boldsymbol{\Sigma}_1=3\boldsymbol{I}$，$\boldsymbol{\Sigma}_2=\boldsymbol{I}$，试按 Fisher 法准则设计线性分类器及其法线向量。

4. 总结感知器算法，含原理、准则函数、求解方法及特点。

5. 简述支持向量机的含义。

6. 设两个正态分布的均值分别为$\boldsymbol{\mu}_1=[-5\quad 0]^{\mathrm{T}}$和$\boldsymbol{\mu}_2=[5\quad 0]^{\mathrm{T}}$，协方差矩阵均为单位矩阵。编写程序，生成每类 200 个向量的数据集，为保证线性可分，对于第一类不考虑 $x_1>0$ 的样本，第二类不考虑 $x_1<0$ 的样本，采用感知器算法求解线性权向量，使用不同的初始参数，并绘制分界线。

7. 对上题中的数据，采用 LMS 算法求解权向量。

8. 利用 Fisher 法实现 ω_1：$\left\{\begin{bmatrix}-5\\-5\end{bmatrix},\begin{bmatrix}-5\\-4\end{bmatrix},\begin{bmatrix}-4\\-5\end{bmatrix},\begin{bmatrix}-5\\-6\end{bmatrix},\begin{bmatrix}-6\\-5\end{bmatrix}\right\}$，$\omega_2$：$\left\{\begin{bmatrix}5\\5\end{bmatrix},\begin{bmatrix}5\\4\end{bmatrix},\begin{bmatrix}4\\5\end{bmatrix},\begin{bmatrix}5\\6\end{bmatrix},\begin{bmatrix}6\\5\end{bmatrix}\right\}$，$\omega_3$：$\left\{\begin{bmatrix}-5\\5\end{bmatrix},\begin{bmatrix}-5\\4\end{bmatrix},\begin{bmatrix}-4\\5\end{bmatrix},\begin{bmatrix}-5\\6\end{bmatrix},\begin{bmatrix}-6\\5\end{bmatrix}\right\}$3 类分类，绘制线性分界线，并对数据$[-2\quad -2]^{\mathrm{T}}$进行归类。

9. 打开 iris 数据集，采用一对一化多类为两类分类问题的方法，设计 SVM 多类分类器。

第 5 章 非线性判别分析

CHAPTER 5

在很多情况下，数据分布情况复杂，样本集非线性可分，进行线性判别分析会有较高的错误率，可以利用非线性判别实现分类。非线性判别分析并没有特定函数形式，因此不适合采用类似于线性判别函数设计的参数估计方法。不同的设计思路产生不同的方法，本章主要学习常见的几种非线性判别分析方法，包括近邻法、二次判别函数、决策树和 Logistic 回归。

5.1 近邻法

近邻法是一种经典的非线性判别分析方法，采用距离度量作为判别函数，直接根据训练样本对未知类别样本进行分类决策。首先了解利用距离度量进行判别的含义，再介绍近邻法决策规则。

5.1.1 最小距离分类器

距离度量是模式识别中常用的方法，如果类别可分，则同一类样本差别相对较小，不同类的样本差别相对较大，差别可以采用样本间的距离来衡量，因此，可以设计基于距离的分类器。

对于两类情况，设两类 ω_1、ω_2 各自的均值向量为$\boldsymbol{\mu}_1$、$\boldsymbol{\mu}_2$，待分类样本为 $\boldsymbol{x}$，计算 $\boldsymbol{x}$ 到两类均值的距离，将 $\boldsymbol{x}$ 归为距离小的那一类，即若

$$g(\boldsymbol{x})=\|\boldsymbol{x}-\boldsymbol{\mu}_1\|^2-\|\boldsymbol{x}-\boldsymbol{\mu}_2\|^2 \lessgtr 0,\quad \boldsymbol{x}\in\begin{cases}\omega_1\\ \omega_2\end{cases} \tag{5-1}$$

则分类决策面为$\boldsymbol{\mu}_1$、$\boldsymbol{\mu}_2$ 连线的垂直平分面，如图 5-1 所示。

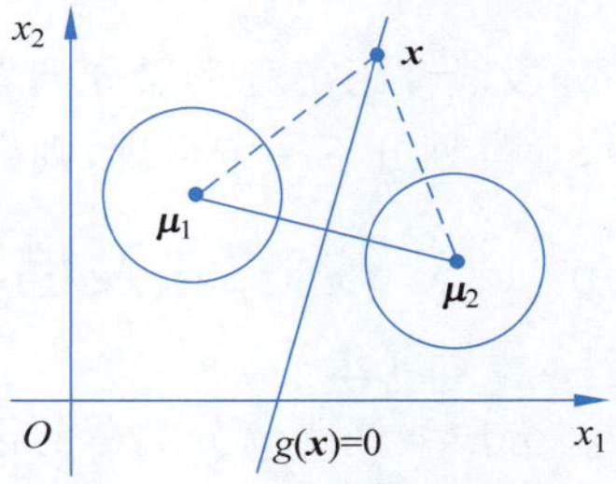

图 5-1 两类的最小距离分类器

对于正态分布模式的贝叶斯决策，在样本集分布呈现特殊情况($P(\omega_i)=P(\omega_j)$，$\boldsymbol{\Sigma}_j=\sigma^2\boldsymbol{I}$，$i,j=1,2,\cdots,c$)时，设计的判别函数为最小距离分类器(见 2.7 节)。

如果是多类情况，则定义各类的判别函数为

$$g_j(\boldsymbol{x})=\|\boldsymbol{x}-\boldsymbol{\mu}_j\|^2,\quad j=1,2,\cdots,c \tag{5-2}$$

决策时，哪一类的判别函数(距离)最小，则决策为哪一类，即决策规则为

$$\text{若 } g_i(\boldsymbol{x}) < g_j(\boldsymbol{x}), \quad \forall i \neq j, \quad i,j=1,2,\cdots,c, \quad \text{则 } \boldsymbol{x} \in \omega_i \tag{5-3}$$

很明显，最小距离分类器仅适用于类别线性可分且类间有明显距离的特殊情况，但用均值点作为类的代表点，用距离作为判别函数的思路很有启发性。

5.1.2 分段线性距离分类器

图 5-2 所示为正常血压和高血压数据，采用最小距离分类器，设计的分界面导致很多数据被错误分类，如图 5-2(a)所示。将高血压数据分为 3 个子类，各子类均值点作为该子类的代表点，距离作为判别函数，设计多类分类情况下的最小距离分类器，得到的分界面由多段线性分界面组成，如图 5-2(b)所示。

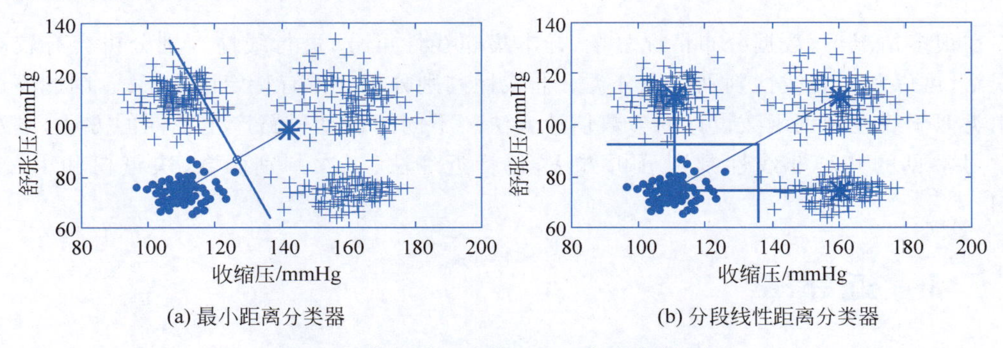

图 5-2 非线性可分情况下距离分类器示例

对于类别数据呈现多峰分布的情况，将每类划分为若干子类，验证待分类样本 $\boldsymbol{x}$ 到 ω_j 类各子类均值的距离，最小的距离作为该类的判别函数值，将样本归入最近的子类所属的类别，这种分类器称为分段线性距离分类器。

分段线性距离分类器的判别函数表示为

$$g_j(\boldsymbol{x}) = \min_{l=1,2,\cdots,c_j} \| \boldsymbol{x} - \boldsymbol{\mu}_j^l \|, \quad j=1,2,\cdots,c \tag{5-4}$$

c_j 为 ω_j 类的子类数目。

分段线性距离分类器的决策规则为

$$\text{若 } g_i(\boldsymbol{x}) = \min_{j=1,2,\cdots,c} g_j(\boldsymbol{x}), \quad \text{则 } \boldsymbol{x} \in \omega_i \tag{5-5}$$

分段线性距离分类器分类效果与子类的划分有密切关系，如果对样本没有充足的先验知识，子类划分不一定合理，则会影响分类的效果。

5.1.3 近邻法及仿真实现

1. 最近邻法

将分段线性距离分类器的设计思路发展到极端，把每个样本点都作为一个子类，计算各点与待测样本 $\boldsymbol{x}$ 的距离，将 $\boldsymbol{x}$ 归入距离最近的点所在的类，这种方法称为最近邻法(Nearest Neighbor，NN)。

最近邻法的判别函数如式(5-4)所示，仅将变量 c_j 修改为 ω_j 类的样本数目 N_j，决策规则如式(5-5)所示，此处不再赘述。

式(5-4)计算的是欧氏距离，也可以采用不同的距离度量，或者采用相似性度量(见 7.2 节)，

把最小距离变更为最大相似性度量，确定最近邻，实现分类。

由于把每个样本点都作为一个子类，因此最近邻法的决策面由不同类样本点间连线的垂直平分面构成，判别函数是分段线性判别函数(Piecewise Linear Discriminant Function)。

2. k 近邻法

最近邻法根据距离待测样本最近的一个样本的类别进行归类，容易受到样本分布以及噪声的影响，导致决策错误，因此，引入投票机制，选择距离待测样本最近的 k 个样本，将待测样本归入多数近邻所在的类别，称为 k 近邻法(kNN)，最近邻法实际是 $k=1$ 的特例。

k 值需要根据样本情况进行选择，通常选择样本总数的一个很小的比例即可。两类情况下，一般选择 k 为奇数，避免两类得票相等。

k 近邻法(含最近邻法)简单易于决策，根据已知类别的样本直接对待测样本进行决策，不需要事先训练出一个判别函数，在训练样本趋于无穷时接近最优，但计算量大，耗时大，没有考虑决策的风险。

【例 5-1】 对样本集 ω_1：$\left\{\begin{bmatrix}1\\0\end{bmatrix},\begin{bmatrix}0\\1\end{bmatrix},\begin{bmatrix}0\\-1\end{bmatrix}\right\}$，$\omega_2$：$\left\{\begin{bmatrix}0\\0\end{bmatrix},\begin{bmatrix}0\\2\end{bmatrix},\begin{bmatrix}0\\-2\end{bmatrix},\begin{bmatrix}-2\\0\end{bmatrix}\right\}$进行下列处理。

(1) 采用样本均值作为两类的代表点，按最小距离法分类；

(2) 对样本 $\boldsymbol{x}=[1\quad 2]^{\mathrm{T}}$，按最近邻法分类；

(3) 对 $\boldsymbol{x}=[1\quad 2]^{\mathrm{T}}$ 按 3 近邻法分类。

解：(1) $\boldsymbol{\mu}_1=[1/3\quad 0]^{\mathrm{T}}$、$\boldsymbol{\mu}_2=[-1/2\quad 0]^{\mathrm{T}}$，$\boldsymbol{\mu}_1$ 和$\boldsymbol{\mu}_2$ 连线的垂直平分线为 $x_1=-1/12$。

(2) $g_1(\boldsymbol{x})=\min\{2,\sqrt{2},\sqrt{10}\}=\sqrt{2}$，$g_2(\boldsymbol{x})=\min\{\sqrt{5},1,\sqrt{17},\sqrt{13}\}=1$。

因为

$$g_1(\boldsymbol{x})>g_2(\boldsymbol{x})$$

所以

$$\boldsymbol{x}\in\omega_2$$

(3) 最近的三个距离为 1、$\sqrt{2}$、2，对应的 3 个近邻为$[0\quad 2]^{\mathrm{T}}$、$[0\quad 1]^{\mathrm{T}}$、$[1\quad 0]^{\mathrm{T}}$，3 个近邻中有 2 个属于 ω_1 类，所以 $\boldsymbol{x}\in\omega_1$。

【例 5-2】 导入 iris 数据集，根据原理设计程序对样本 $[5.5\quad 2.3\quad 4\quad 1.3]^{\mathrm{T}}$ 进行最近邻法以及 5 近邻法判别。

设计思路：

计算待测样本与所有样本之间的距离，将距离排序，找最小和 5 个最小距离，对应的样本类别即为分类类别。

程序如下：

```
import numpy as np
from sklearn.datasets import load_iris
from numpy.linalg import norm
iris = load_iris()
x, k = np.array([5.5, 2.3, 4, 1.3]), 5
distance = norm(iris.data - x, axis = 1)  #计算待测样本和所有样本之间的欧氏距离
idx_min = np.argsort(distance)             #对距离升序排序,返回排序后各元素在原数组中的下标
print('最近邻归类:', iris.target_names[iris.target[idx_min[0]]])
```

```
idx_l = iris.target[idx_min[0:k]].tolist()   #将k个近邻编号表示为列表类型
label = max(set(idx_l), key = idx_l.count)    #查找列表中出现次数最多的元素
print('k近邻归类:', iris.target_names[label])
```

运行程序，在输出窗口输出对待测样本归类的结果：

```
最近邻归类: versicolor
k近邻归类: versicolor
```

3. 近邻法的快速算法

近邻法在样本数目较多时取得好的性能，但计算待测样本与大量训练样本之间的距离，计算量大，导致算法效率降低，因此需要快速算法。KD树[①](K Dimensional Tree)是一种对 K 维空间中的点进行存储以便对其进行快速搜索的二叉树结构，利用KD树可以省去对大部分样本点的搜索，从而减少搜索的计算量。

1) KD树的构建

取数据的某一维，将数据从小到大排序，以数据点在该维度的中值作为切分超平面，将该维一分为二，小于该中值的数据点挂在其左子树，大于该中值的数据点挂在其右子树。再按同样的方式切分另一维，直到所有维度处理完毕。

【例5-3】 对二维平面点集合$\{[2\quad 3]^T,[5\quad 4]^T,[9\quad 6]^T,[4\quad 7]^T,[8\quad 1]^T,[7\quad 2]^T\}$构建KD树。

解：(1) 选择要切分的维度。分别计算 x_1 维和 x_2 维的方差，选择方差大的 x_1 维做切分。

(2) 切分 x_1 维。

按数据 x_1 维的数值排序：2、4、5、7、8、9。

确定中值：7(2、4、5、7、8、9的中值为$(5+7)/2=6$，由于中值需在点集合之内，取后一个7)。

确定节点：$[7\quad 2]^T$。

分割空间：以 $x_1=7$ 将 x_1 维一分为二，$[2\quad 3]^T$、$[4\quad 7]^T$、$[5\quad 4]^T$ 挂在$[7\quad 2]^T$ 节点的左子树；$[8\quad 1]^T$、$[9\quad 6]^T$ 挂在$[7\quad 2]^T$ 节点的右子树。

(3) 切分 x_2 维——$[7\quad 2]^T$ 节点的左子树。

按数据 x_2 维的数值排序：3、4、7。

确定中值：4。

确定节点：$[5\quad 4]^T$。

分割空间：以 $x_2=4$ 将$[7\quad 2]^T$ 节点的左边空间一分为二，$[2\quad 3]^T$ 挂在$[5\quad 4]^T$ 节点的左子树；$[4\quad 7]^T$ 挂在$[5\quad 4]^T$ 节点的右子树。

(4) 切分 x_2 维——$[7\quad 2]^T$ 节点的右子树。

按数据 x_2 维的数值排序：1、6。

确定中值：6。

确定节点：$[9\quad 6]^T$。

---

① 本书统一用 n 表示样本维数，而KD树的 K 表示维数，此处与资料上的名称保持一致，注意与 kNN中 k 的区别。

分割空间：以 $x_2=6$ 将$[7\quad 2]^{\mathrm{T}}$ 节点的右边空间一分为二，$[8\quad 1]^{\mathrm{T}}$ 挂在$[9\quad 6]^{\mathrm{T}}$ 节点的左子树。

KD 树构建完成，对二维空间的切分如图 5-3(a)所示；构建的 KD 树如图 5-3(b)所示。

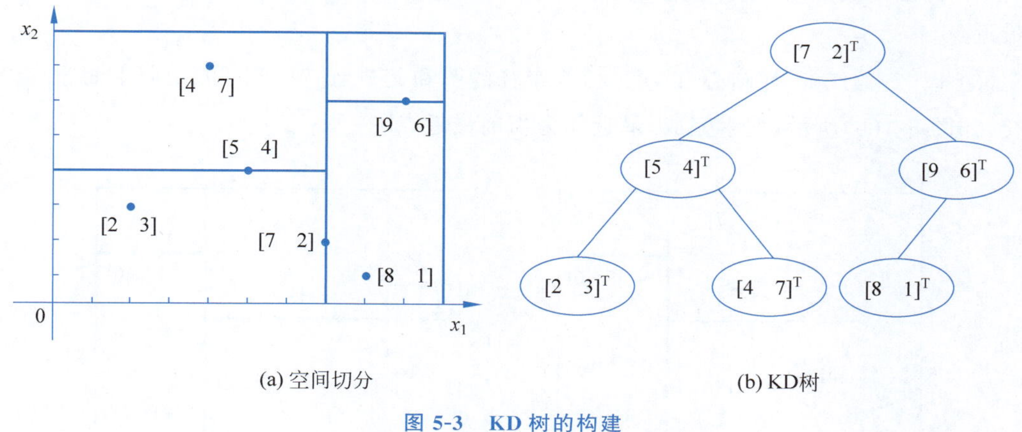

图 5-3 KD 树的构建

2）最近邻搜索

给定点 $\boldsymbol{x}$，查询数据集中与其距离最近点的过程即为最近邻搜索，采用 KD 树实现。过程如下。

(1) 在 KD 树中找出包含目标点 $\boldsymbol{x}$ 的叶节点。

从根节点出发，向下访问 KD 树，如果 $\boldsymbol{x}$ 当前维的坐标小于切分点的坐标，则移动到左子节点，否则移动到右子节点，直到叶节点为止，以此叶节点为"当前最近点"。顺序存储经过的节点。

(2) 按存储顺序向上回溯，在每个节点处进行以下操作。

① 如果当前节点比当前最近点距离搜索点更近，则更新当前最近点为当前节点。

② 以搜索点为圆心，以当前最近点到搜索点的距离为半径，确定圆，判断该圆是否与父节点的超平面相交；如果相交，则进入父节点的另外一侧搜索最近邻节点；如果不相交，则继续向上回溯。

当搜索到根节点时，搜索完成，得到最近邻节点。

【例 5-4】 利用例 5-3 建好的 KD 树搜索$[2\quad 4.5]^{\mathrm{T}}$ 的最近邻。

解：(1) 在 KD 树中找出包含目标点 $\boldsymbol{x}$ 的叶节点。从根节点$[7\quad 2]^{\mathrm{T}}$ 出发，当前维为 x_1，$2<7$，移动到$[7\quad 2]^{\mathrm{T}}$ 的左子节点$[5\quad 4]^{\mathrm{T}}$；当前维更新为 x_2，$4.5>4$，移动到$[5\quad 4]^{\mathrm{T}}$ 的右子节点$[4\quad 7]^{\mathrm{T}}$；$[4\quad 7]^{\mathrm{T}}$ 为叶节点，设为当前最近点，到待搜索点$[2\quad 4.5]^{\mathrm{T}}$ 的距离为 $\sqrt{10.25}$。存储经过的节点，即搜索路径为$[7\quad 2]^{\mathrm{T}}$、$[5\quad 4]^{\mathrm{T}}$、$[4\quad 7]^{\mathrm{T}}$。

(2) 向上回溯到$[5\quad 4]^{\mathrm{T}}$，$[5\quad 4]^{\mathrm{T}}$ 到待搜索点$[2\quad 4.5]^{\mathrm{T}}$ 的距离为 $\sqrt{9.25}$，$\sqrt{9.25}<\sqrt{10.25}$，更新当前最近点为$[5\quad 4]^{\mathrm{T}}$。

(3) 以$[2\quad 4.5]^{\mathrm{T}}$ 为圆心、以 $\sqrt{9.25}$ 为半径的圆和父节点$[5\quad 4]^{\mathrm{T}}$ 的超平面 $x_2=4$ 相交，如图 5-4(a)所示，进入$[5\quad 4]^{\mathrm{T}}$ 的另一侧查找，修改当前点为$[2\quad 3]^{\mathrm{T}}$；更新搜索路径为$[7\quad 2]^{\mathrm{T}}$、$[2\quad 3]^{\mathrm{T}}$。

(4) $[2\quad 3]^{\mathrm{T}}$ 到待搜索点 $[2\quad 4.5]^{\mathrm{T}}$ 的距离为 $\sqrt{2.25}$，$\sqrt{2.25}<\sqrt{9.25}$，更新当前最近点为 $[2\quad 3]^{\mathrm{T}}$。

(5) 向上回溯到 $[7\quad 2]^{\mathrm{T}}$，$[7\quad 2]^{\mathrm{T}}$ 到待搜索点 $[2\quad 4.5]^{\mathrm{T}}$ 的距离大于 $\sqrt{2.25}$，不修改当前最近点。

(6) 以 $[2\quad 4.5]^{\mathrm{T}}$ 为圆心、以 $\sqrt{2.25}$ 为半径的圆和父节点 $[7\quad 2]^{\mathrm{T}}$ 的切分平面 $x_1=7$ 不相交，如图 5-4(b)所示，搜索完成，最近邻为当前最近点 $[2\quad 3]^{\mathrm{T}}$。

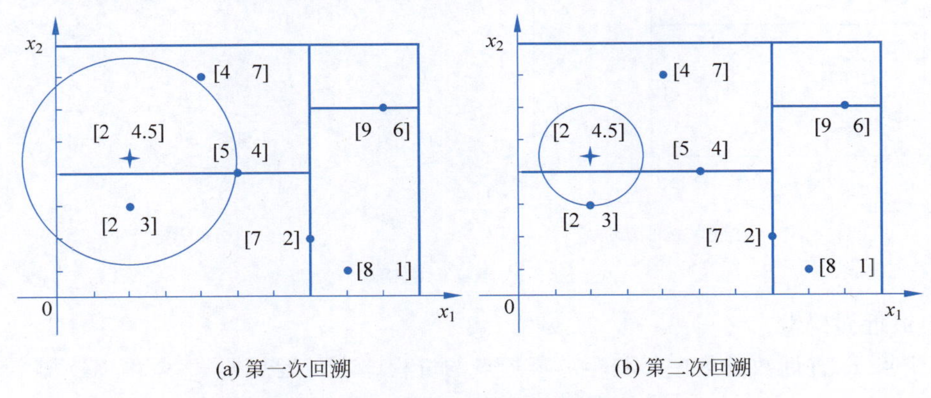

(a) 第一次回溯　　(b) 第二次回溯

图 5-4　利用 KD 树搜索最近邻

4. 仿真实现

scikit-learn 库中 neighbors 模块提供了实现近邻法分类的相关模型及方法，对其进行简要介绍。

1) NearestNeighbors 模型

NearestNeighbors(*, n_neighbors=5, radius=1.0, algorithm='auto', leaf_size=30, metric='minkowski', p=2, metric_params=None, n_jobs=None)，其实现近邻搜索。NearestNeighbors 模型的主要参数和方法如表 5-1 所示。

表 5-1　NearestNeighbors 的主要参数和方法

名称		功能
参数	n_neighbors	近邻个数，即 k，整数，默认为 5
	radius	指定搜索近邻的范围，到中心点的距离，默认为 1
	algorithm	搜索近邻采用的算法，可以取 'auto'(默认)、'ball_tree'、'kd_tree'、'brute'(穷举)，根据传递给 fit 方法的参数选择最合适的算法
	leaf_size	指定搜索树叶节点中最大数据点数量，BallTree 和 KDTree 的参数，默认为 30
	metric	距离度量方法，默认为 'minkowski'，在 $p=2$ 时即是欧氏距离
	p	距离度量为'minkowski'时的参数，各种距离的定义见第 7 章
	metric_params	字典，距离度量的额外参数

续表

名 称		功 能
方法	fit(X[, y])	根据样本集 X 拟合近邻法模型
	kneighbors(X=None, n_neighbors=None, return_distance=True)	搜索 X 的 n_neighbors 个近邻点，返回近邻点的索引；如果参数 return_distance=True，也返回邻点和 X 之间的距离
	kneighbors_graph(X=None, n_neighbors=None, mode='connectivity')	计算 X 中点的加权图。如果没有给出 X，所有训练点都是查询点。参数 mode 取'connectivity'(默认)和'distance'，返回图中节点权值分别为 0/1 或距离
	radius_neighbors(X=None, radius=None, return_distance=True, sort_results=False)	在给定半径 radius 范围内搜索 X 的近邻，返回近邻点的索引、近邻点和 X 之间的距离(return_distance=True)，如果 sort_results=True，返回值按升序排列。注意：return_distance=False 且 sort_results=True 将报错
	radius_neighbors_graph(X=None, radius=None, mode='connectivity', sort_results=False)	计算 X 样本集中点的加权图

2) KDTree 模型

KDTree(X, leaf_size=40, metric='minkowski', ** kwargs)，针对样本集 X 中的样本，构建 KD 树并用于搜索近邻点。常用的方法如表 5-2 所示。

表 5-2 KDTree 模型的主要方法

名 称	功 能
query(X, k=1, return_distance=True, dualtree=False, breadth_first=False)	查找 X 的 k 个近邻点。dualtree 和 breadth_first 是树搜索方面的参数
query_radius(X, r, return_distance=False, count_only=False, sort_results=False)	查找 X 的在半径 r 范围内的近邻点。如果 count_only=True，只返回近邻点数目；否则，返回近邻点的索引。return_distance 和 count_only 不能同时为 True
two_point_correlation(X, r, dualtree=False)	计算两点的相关系数
kernel_density(X, h, kernel='gaussian', atol=0, rtol=1E-8, breadth_first=True, return_log=False)	利用给定的核 kernel 和创建树时采用的距离度量方法，估计点 X 处的概率密度

3) KNeighborsClassifier 模型

KNeighborsClassifier(n_neighbors=5, *, weights='uniform', algorithm='auto', leaf_size=30, p=2, metric='minkowski', metric_params=None, n_jobs=None)，实现 k 近邻分类，参数 weights 表示近邻点的加权值，可取'uniform'(默认)、'distance'，分别表示权值相等、按照距离的倒数加权，也可以不加权或者由用户指定。主要方法如表 5-3 所示。

表 5-3 KNeighborsClassifier 的主要方法

名 称	功 能
fit(X, y)	根据样本集 X 拟合近邻法模型
kneighbors(X=None, n_neighbors=None, return_distance=True)	搜索 X 的近邻，返回邻点索引(以及距离)

续表

名　称	功　能
kneighbors_graph(X=None, n_neighbors=None, mode='connectivity')	计算X数据集中点的加权图
predict(X)	利用模型对样本矩阵X中的样本进行决策
predict_proba(X)	预测X的归类概率
score(X, y, sample_weight=None)	返回对X预测的平均正确率

4) RadiusNeighborsClassifier 模型

RadiusNeighborsClassifier(radius=1.0, *, weights='uniform', algorithm='auto', leaf_size=30, p=2, metric='minkowski', outlier_label=None, metric_params=None, n_jobs=None),在给定范围内进行 k 近邻分类。其主要方法有 fit、predict、predict_proba、radius_neighbors、radius_neighbors_graph、score 等。

【例 5-5】 导入 iris 数据集,随机选择 147 个训练样本,3 个测试样本,采用 NearestNeighbors 模型进行近邻搜索,使用 RadiusNeighborsClassifier 模型对测试样本进行分类。

程序如下:

```
import numpy as np
from sklearn.datasets import load_iris
from sklearn.neighbors import NearestNeighbors
from sklearn.neighbors import RadiusNeighborsClassifier
from matplotlib import pyplot as plt
iris = load_iris()
X = iris.data[:, 2:4]
N, n = np.shape(X)
    #以下生成测试样本和训练样本
np.random.seed(1)
test_id = np.random.randint(1, N, 3)
testing, test_label = X[test_id, :], iris.target[test_id]
train_id = np.delete(np.array(range(N)), test_id)
training, train_label = X[train_id, :], iris.target[train_id]
    #以下是利用 NearestNeighbors 模型确定各测试样本的最近邻
nnb = NearestNeighbors(n_neighbors = 1).fit(training)
D1, Idx1 = nnb.kneighbors(testing, return_distance = True)
    #以下是训练 RadiusNeighborsClassifier 模型,并对测试样本进行分类
rnc = RadiusNeighborsClassifier(radius = 0.2)
rnc.fit(training, train_label)
test_result = rnc.predict(testing)
print("三个测试样本分别为", iris.target_names[test_result])
    #以下为绘制样本点、待测样本及各自的最近邻点
se = X[iris.target == 0, :]
ve = X[iris.target == 1, :]
vi = X[iris.target == 2, :]
plt.scatter(se[:, 0], se[:, 1], c = 'r', marker = '+')
plt.scatter(ve[:, 0], ve[:, 1], c = 'g', marker = '.')
plt.scatter(vi[:, 0], vi[:, 1], c = 'b', marker = 'x')
plt.scatter(testing[:, 0], testing[:, 1], c = 'k', s = 256, marker = '+')
plt.scatter(training[Idx1, 0], training[Idx1, 1], c = 'm', s = 92, marker = '*')
plt.rcParams['font.sans-serif'] = ['SimSun']
```

```
plt.legend(['setosa', 'versicolor', 'virginica', '待测样本', '最近邻点'])
plt.xlabel('花瓣长/cm')
plt.ylabel('花瓣宽/cm')
plt.show()
```

运行程序，绘制的样本点、近邻点如图 5-5 所示，并在命令窗口输出 3 个待测样本的归类结果。

```
三个测试样本分别为 ['setosa' 'virginica' 'versicolor']
```

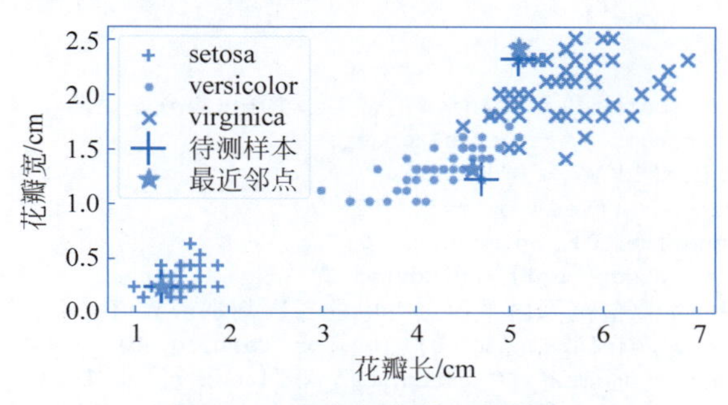

图 5-5　iris 数据集的近邻搜索

5.2　二次判别函数

二次判别(Quadratic Discriminant)也是一种比较常用的固定函数类型的分类方法，一般形式为

$$\begin{aligned} g(\boldsymbol{x}) &= \boldsymbol{x}^{\mathrm{T}}\boldsymbol{W}\boldsymbol{x}+\boldsymbol{w}^{\mathrm{T}}\boldsymbol{x}+w_0 \\ &= \sum_{i=1}^{n} w_{ii}x_i^2 + 2\sum_{i=1}^{n-1}\sum_{k=i+1}^{n} w_{ik}x_i x_k + \sum_{i=1}^{n} w_i x_i + w_0 \end{aligned} \tag{5-6}$$

其中，$\boldsymbol{W}$ 是 $n\times n$ 的实对称矩阵，$\boldsymbol{w}$ 是 n 维列向量。

由式(5-6)可以看出，二次判别函数中有太多的参数需要确定，如果采用类似于线性判别函数设计的方法，则计算复杂，在样本数不足的情况下，不能保证结果的可靠性和推广能力。因此，需要采用其他的设计方法。

在 2.7 节了解到，在一般正态分布情况下，贝叶斯决策判别函数为二次函数，如果可以用正态分布模拟样本分布，则直接定义 ω_j 类的二次判别函数为

$$g_j(\boldsymbol{x}) = C_j^2 - \frac{1}{2}(\boldsymbol{x}-\boldsymbol{\mu}_j)^{\mathrm{T}}\boldsymbol{\Sigma}_j^{-1}(\boldsymbol{x}-\boldsymbol{\mu}_j) \tag{5-7}$$

其中，C_j^2 是一个调节项，受协方差矩阵和先验概率的影响，可以通过调节该参数以调整类错误率。

例如，在例 2-15 中，针对两类正态分布的样本，利用 QDA 模型设计了二次判别函数。

如果只有一类样本可以用正态分布模拟，另一类比较均匀地分布在第一类附近，则可以只对第一类求解二次判别函数，决策规则为

$$若\ g(\boldsymbol{x}) \gtrless 0,\quad 则决策\ \boldsymbol{x}\in\begin{cases}\omega_1\\ \omega_2\end{cases} \tag{5-8}$$

【例 5-6】 导入 iris 数据集，选择其中的两类，采用正态分布模拟样本分布，设计二次判别函数，绘制二次决策面。

程序如下：

```
import numpy as np
from sklearn.datasets import load_iris
from numpy.linalg import inv
from matplotlib import pyplot as plt
iris = load_iris()
X = iris.data[:, 2:4]
N, n = np.shape(X)
    #以下为获取 versicolor 和 virginica 的样本、均值和协方差矩阵
id_ve, id_vi = iris.target == 1, iris.target == 2
ve, vi = X[id_ve, :], X[id_vi, :]
training = np.concatenate((ve, vi), axis = 0)
mu_ve, mu_vi = np.mean(ve, 0), np.mean(vi, 0)
sigma_ve, sigma_vi = np.cov(ve.T), np.cov(vi.T)
    #以下计算训练样本取值范围内平面点对应的二次判别函数值
min_x, max_x, step = np.min(training, 0), np.max(training, 0), 0.1
x1, x2 = np.mgrid[min_x[0]:max_x[0]:step, min_x[1]:max_x[1]:step]
x_test = np.concatenate((x1.reshape(-1, 1), x2.reshape(-1, 1)), 1)
x_ve, x_vi = x_test - mu_ve, x_test - mu_vi
gx = - np.sum(np.dot(x_ve, inv(sigma_ve)) * x_ve, 1) \
      + np.sum(np.dot(x_vi, inv(sigma_vi)) * x_vi, 1)
    #绘制样本点和分界线
plt.rcParams['font.sans-serif'] = ['Times New Roman']
plt.plot(ve[:, 0], ve[:, 1], 'b.', label = 'versicolor')
plt.plot(vi[:, 0], vi[:, 1], 'r+', label = 'virginica')
plt.contour(x1, x2, gx.reshape(x1.shape), linestyles = '--', levels = [0])
plt.legend(loc = 'upper left')
plt.xlabel('花瓣长', fontproperties = 'SimSun')
plt.ylabel('花瓣宽', fontproperties = 'SimSun')
plt.show()
```

程序运行结果如图 5-6 所示。程序中两类判别函数中调节项设为 0。

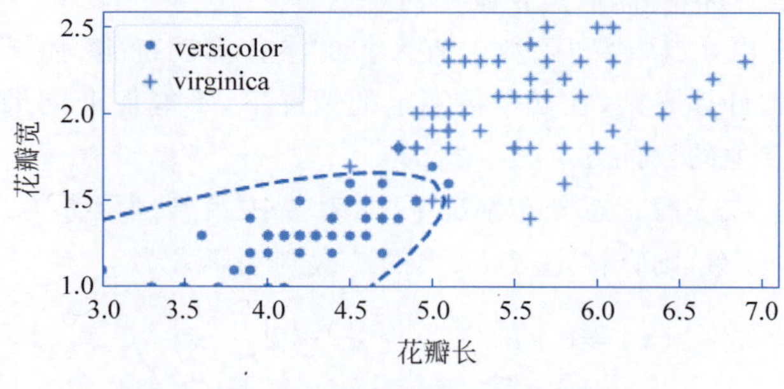

图 5-6 二次判别函数设计

本例也可以直接利用进行二次判别分析的 QuadraticDiscriminantAnalysis 模型，设计二次判别函数并分类，只需要对例 5-6 中的程序进行简单修改(用此段后所示语句替换程序中蓝色的几行代码)，即可得到图 5-6 的结果。修改内容如下。

替换导入求逆矩阵函数 inv 的语句为导入 QuadraticDiscriminantAnalysis 模型：

```
from sklearn.discriminant_analysis import QuadraticDiscriminantAnalysis
```

替换计算均值和协方差矩阵的语句为

```
y = np.delete(iris.target, iris.target == 0)
clf = QuadraticDiscriminantAnalysis().fit(training, y)
```

替换计算判别函数的语句为

```
gx = clf.decision_function(x_test)
```

5.3 决策树

人们在决策时，往往会针对多个方面依次判断，模式识别中也可以采用类似的多级决策方式，利用一定的训练样本，依次分类，直到获得最终可以接受的类，用树形表示决策的过程，并形成决策规则。这种从样本中“学习”出决策规则的方法称为决策树(Decision Tree)，是一种非线性分类器。

5.3.1 基本概念

一般而言，一棵决策树包含一个根节点、若干内部节点和若干叶节点。根节点包含所要进行分类的样本集，按照某种规则(常用某一种特征测试)，将样本集分为几个子集，对应几个子节点，称为内部节点；子节点再分，直到叶节点，对应决策结果。

叶节点有三种情形：

(1) 当前节点所含样本全属于同一类别，不需要再划分，该节点为叶节点。

(2) 当前特征为空，或所有样本当前特征取值相同，无法划分，该节点为叶节点，标记类别为该节点所含样本最多的类别。

第9集 微课视频

(3) 当前节点所含样本集为空，无法划分，该节点为叶节点，标记类别为其父节点所含样本最多的类别。

第10集 微课视频

以判断是否是高血压为例，说明决策树的生成以及决策。用 x_1 表示收缩压，用 x_2 表示舒张压，血压为二维样本 $\boldsymbol{x}=[x_1 \quad x_2]^{\mathrm{T}}$。图 5-7(a)所示为正常血压 ω_1 和高血压 ω_2 二维样本集$\{\boldsymbol{x}_1,\boldsymbol{x}_2,\cdots,\boldsymbol{x}_N\}$；生成的决策树如图 5-7(b)所示。根节点①包括所有样本，考查第一个特征 x_1，根据是否满足 $x_1<140$ 将样本集一分为二，即节点①有两个子节点②和③；节点③中所有样本全部属于高血压 ω_2 类，为叶节点，标记类别为 ω_2 类；节点②非叶节点，考查第二个特征 x_2，根据是否满足 $x_2<90$ 将样本集一分为二，即节点②有两个子节点④和⑤；节点④中所有样本全部属于正常血压 ω_1 类，为叶节点，标记类别为 ω_1 类；节点⑤中所有样本全部属于高血压 ω_2 类，为叶节点，标记类别为 ω_2 类。从根节点①到叶节点③、④、⑤存在 3 条通路，通路上的判断条件即为决策规则，即：

若 $x_1 \geqslant 140$，则 $\boldsymbol{x}\in\omega_2$。

若 $x_1<140$ 且 $x_2<90$，则 $\boldsymbol{x}\in\omega_1$。

若 $x_1<140$ 且 $x_2 \geqslant 90$，则 $\boldsymbol{x}\in\omega_2$。

图 5-7 所示的决策树生成中，节点采用的分枝准则为“特征 $x_i<\alpha$ 或者 $x_i \geqslant \alpha$”，这种决策树称为普通二进制分类树(Ordinary Binary Classification Tree，OBCT)，也可以根据不同的条件生成不同的决策树。

5.3.2 决策树的构建

从图 5-7 所示的决策树生成示例可以看出，决策树的构建就是选取特征和确定分枝准

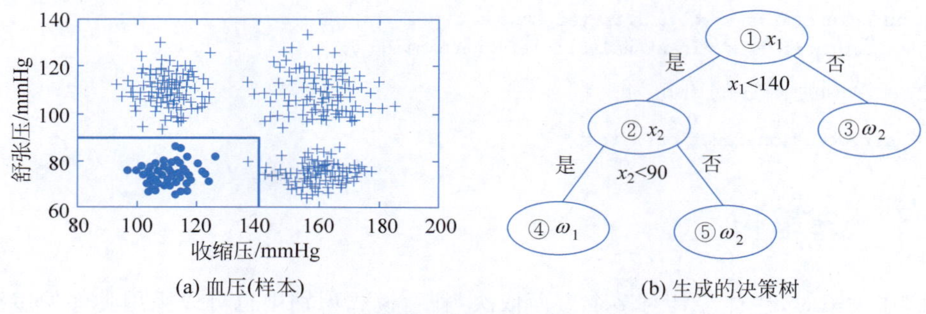

(a) 血压(样本)　　(b) 生成的决策树

图 5-7　决策树示例

则的过程，每一个分枝应该产生比父节点样本集更有利于分类的样本子集，也就是新子集中的样本都更好地属于特定的类。因此，决策树的构建首先要有能衡量分类有利性的指标量，以便合理选择分枝采用的某个特征，以及确定分枝准则。

1. 信息增益

熵(Entropy)用来度量对某个事件进行观察后得到的信息量，设该事件有 c 种可能，每种可能对应的概率为 $P_j, j=1,2,\cdots,c$，则熵为

$$H=-(P_1 \mathrm{lb} P_1+P_2 \mathrm{lb} P_2+\cdots+P_c \mathrm{lb} P_c)=-\sum_{j=1}^{c} P_j \mathrm{lb} P_j \tag{5-9}$$

例如，一个四类分类问题，各类样本数相同，根节点包括所有样本，样本属于某一类的不确定性最大，即纯度最低，对应的熵为

$$H=-4\times 0.25\times \mathrm{lb}0.25=2$$

如果某个内部节点只包含其中两类的样本且数量相等，则样本属于某一类的不确定性相对于根节点要低，即纯度有所提高，对应的熵为

$$H=-2\times 0.5\times \mathrm{lb}0.5=1$$

熵的值较根节点有所下降。而对于叶节点，只包含同一类样本，纯度最高，此时的熵为

$$H=-1\times \mathrm{lb}1=0$$

熵最小，不确定性最小，纯度最高。

因此，对于某个节点上的样本，熵也称为熵不纯度，反映了该节点上的特征对样本分类的不纯度，取值越小，不纯度越低。

在决策树分枝的时候，希望分枝后的子集相对于原来的子集纯度有所提高，或说不纯度下降，因此，定义信息增益(Information Gain)为不纯度减少量。

如果某个节点上，把 N 个样本划分成 m 组，每组 N_m 个样本，则信息增益为

$$\Delta H(N)=H(N)-[P_1 H(N_1)+P_2 H(N_2)+\cdots+P_m H(N_m)] \tag{5-10}$$

其中，$P_m=N_m/N$。

2. ID3 方法

交互式二分(Interactive Dichotomizer-3，ID3)法是最早比较著名的决策树构建方法，对于每个非叶节点，计算比较采用不同特征进行分枝的信息增益，选择带来最大信息增益的特征作为分枝特征，以实现决策树的生成与构建，方法步骤如下。

(1) 计算当前节点包含的所有样本的熵不纯度。

(2) 比较采用不同特征进行分枝将会得到的信息增益，选取具有最大信息增益的特征

赋予当前节点。特征的取值个数决定了该节点下的分枝数目。

(3) 如果后继节点只包含一类样本,则停止该枝的生长,该节点成为叶节点。

(4) 如果后继节点仍包含不同类样本,则再次进行以上步骤,直到每一枝的节点都到达叶节点。

【例 5-7】 以表 5-4 中的 1~14 号样本为训练样本,15~19 号样本为测试样本,采用 ID3 方法设计决策树,并对测试样本进行决策。

表 5-4 血压数据表

序号	年龄/岁	体重	饮食偏好	父辈血压	高血压
1	34	超重	油腻	高	是
2	28	正常	均衡	高	是
3	42	偏重	清淡	高	是
4	45	超重	均衡	正常	是
5	50	偏重	油腻	正常	是
6	61	偏重	油腻	正常	是
7	65	正常	清淡	高	是
8	36	超重	均衡	正常	否
9	31	正常	清淡	高	否
10	27	偏重	油腻	高	否
11	44	偏重	清淡	正常	否
12	43	偏重	均衡	正常	否
13	61	正常	清淡	正常	否
14	66	正常	清淡	正常	否
15	25	正常	均衡	正常	否
16	35	偏重	均衡	正常	是
17	48	超重	油腻	高	是
18	40	正常	清淡	正常	否
19	63	偏重	均衡	高	是
20	62	正常	均衡	正常	否

解: (1) 连续特征数据调整。表 5-4 中的年龄取值太多,如果直接按年龄分枝,将导致太多的子节点。因此把年龄分为三个级别,40 岁以下为青年;40~59 岁为中年;60 岁及以上为老年,如表 5-5 所示。

表 5-5 血压数据表

序号	年龄	体重	饮食偏好	父辈血压	高血压
1	青年	超重	油腻	高	是
2	青年	正常	均衡	高	是
3	中年	偏重	清淡	高	是
4	中年	超重	均衡	正常	是
5	中年	偏重	油腻	正常	是
6	老年	偏重	油腻	正常	是
7	老年	正常	清淡	高	是
8	青年	超重	均衡	正常	否
9	青年	正常	清淡	高	否

续表

序号	年龄	体重	饮食偏好	父辈血压	高血压
10	青年	偏重	油腻	高	否
11	中年	偏重	清淡	正常	否
12	中年	偏重	均衡	正常	否
13	老年	正常	清淡	正常	否
14	老年	正常	清淡	正常	否
15	青年	正常	均衡	正常	否
16	青年	偏重	均衡	正常	是
17	中年	超重	油腻	高	是
18	中年	正常	清淡	正常	否
19	老年	偏重	均衡	高	是
20	老年	正常	均衡	正常	否

(2) 生成决策树。

首先,计算不考虑任何特征时熵不纯度。14个人中高血压7人,正常血压7人,根节点熵不纯度为

$$H(14,7)=-[0.5\times\log_2(0.5)+0.5\times\log_2(0.5)]=1$$

其次,考虑根节点分枝。考查采用不同特征划分样本后的信息增益。

采用"年龄"特征划分样本集:青年组5人,其中高血压2人;中年组5人,其中高血压3人;老年组4人,其中高血压2人。熵不纯度为

$$H_{\text{age}}=\frac{5}{14}H(5,2)+\frac{5}{14}H(5,3)+\frac{4}{14}H(4,2)=0.9793$$

信息增益为

$$\Delta H_{\text{age}}(14)=H(14,7)-H_{\text{age}}=0.0207$$

采用"体重"特征划分样本集:正常组5人,其中高血压2人;偏重组6人,其中高血压3人;超重组3人,其中高血压2人。熵不纯度为

$$H_{\text{weight}}=\frac{5}{14}H(5,2)+\frac{6}{14}H(6,3)+\frac{3}{14}H(3,2)=0.9721$$

信息增益为

$$\Delta H_{\text{weight}}(14)=H(14,7)-H_{\text{weight}}=0.0279$$

采用"饮食偏好"特征划分样本集:油腻组4人,其中高血压3人;清淡组6人,其中高血压2人;均衡组4人,其中高血压2人。熵不纯度为

$$H_{\text{diet}}=\frac{4}{14}H(4,3)+\frac{6}{14}H(6,2)+\frac{2}{14}H(4,2)=0.9111$$

信息增益为

$$\Delta H_{\text{diet}}(14)=H(14,7)-H_{\text{diet}}=0.0889$$

采用"父辈血压"特征划分样本集:高血压组6人,其中高血压4人;正常血压组8人,其中高血压3人。熵不纯度为

$$H_{\text{parent}}=\frac{6}{14}H(6,4)+\frac{8}{14}H(8,3)=0.9389$$

信息增益为

$$\Delta H_{\text{parent}}(14)=H(14,7)-H_{\text{parent}}=0.0611$$

通过对比，采用“饮食偏好”特征划分样本集的信息增益最大，用该特征将根节点一分为三，如图 5-8(a)所示。

再次，考虑下一级节点分枝。

如图 5-8(a)中，节点②有 4 个样本，为序号 1、5、6、10，其中高血压 3 人，熵不纯度为

$$H(4,3)=-\left(\frac{3}{4}\times\log_2\frac{3}{4}+\frac{1}{4}\times\log_2\frac{1}{4}\right)=0.8113$$

依次采用“年龄”“体重”“父辈血压”特征划分样本集，各自的熵不纯度和信息增益为

$$H_{\text{age}}=\frac{2}{4}H(2,1)+\frac{1}{4}H(1,1)+\frac{1}{4}H(1,1)=0.5000$$

$$\Delta H_{\text{age}}(4)=H(4,3)-H_{\text{age}}=0.311$$

$$H_{\text{weight}}=\frac{3}{4}H(3,2)+\frac{1}{4}H(1,1)=0.6887$$

$$\Delta H_{\text{weight}}(4)=H(4,3)-H_{\text{weight}}=0.1226$$

$$H_{\text{parent}}=\frac{2}{4}H(2,1)+\frac{2}{4}H(2,2)=0.5000$$

$$\Delta H_{\text{parent}}(4)=H(4,3)-H_{\text{parent}}=0.311$$

采用“年龄”和“父辈血压”划分样本集信息增益一样大，选择“年龄”特征将节点②一分为三，如图 5-8(b)所示。其中，节点⑥和⑦中各有一个高血压类样本，为叶节点，标记为高血压类。

然后，同样的方法依次处理直到叶节点，生成的决策树共有 4 级，如图 5-8(c)所示，方框表示叶节点。

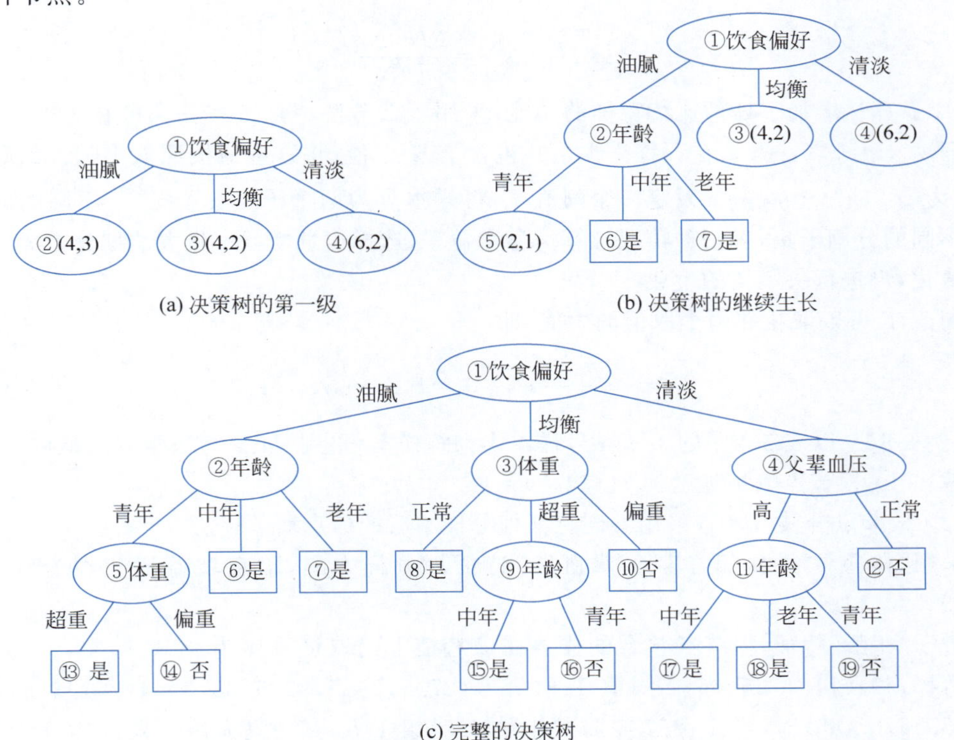

图 5-8　用 ID3 方法对表 5-4 中数据判读是否为高血压的决策树

(3) 利用决策树对测试样本进行决策。

首先,确定决策规则。生成的决策树有12个叶节点,从根节点到叶节点的12条通路,对应12条决策规则,例如:

若(饮食偏好==油腻)且(年龄==青年)且(体重==超重),则(血压=高血压)。

若(饮食偏好==油腻)且(年龄==青年)且(体重==偏重),则(血压=正常血压)。

……

若(饮食偏好==清淡)且(父辈血压==正常),则(血压=正常血压)。

其次,将待测样本代入决策规则进行判断,例如:

15号样本,饮食偏好==均衡,体重==正常,节点⑧,判断为高血压,判断错误。

16号样本,饮食偏好==均衡,体重==偏重,节点⑩,判断为正常血压,判断错误。

17号样本,饮食偏好==油腻,年龄==中年,节点⑥,判断为高血压,判断正确。

18号样本,饮食偏好==清淡,父辈血压==正常,节点⑫,判断为正常血压,判断正确。

19号样本,饮食偏好==均衡,体重==偏重,节点⑩,判断为正常血压,判断错误。

20号样本,饮食偏好==均衡,体重==正常,节点⑧,判断为高血压,判断错误。

例题中样本过少,叶节点往往只有一个样本,可能会抓住由于偶然性带来的假象,分类器判断准确率较差。可以采用剪枝的方式提高泛化能力,该内容将在下节学习。

ID3方法虽然名为交互式二分法,但实际根据特征的取值可以划分为多个子节点。

3. C4.5算法

C4.5算法采用信息增益率(Gain Ratio)代替信息增益来选择最优划分特征,增益率的定义为

$$\Delta H_{\mathrm{R}}(N)=\frac{\Delta H(N)}{H(N)} \tag{5-11}$$

C4.5算法增加了处理连续特征的功能,采用了二分法将连续特征离散化为二值特征。设特征 x_i, $i=1,2,\cdots,n$,在训练样本上共包含了 m 个值,将这些值按照从小到大的顺序排列,记为 $\{x_i^1,x_i^2,\cdots,x_i^m\}$;设定一个阈值 T,将样本分为两个子集 x_i^-、x_i^+;不同的阈值将导致不同的分割子集,对每种情况计算信息增益率,选择信息增益率最大的划分方案实现特征二值化,再进行决策树的生成。

阈值 T 可以取相邻两个取值的中值,即

$$T=\frac{x_i^j+x_i^{j+1}}{2},\quad j=1,2,\cdots,m-1 \tag{5-12}$$

【例5-8】 以表5-4中的1~14号样本为训练样本,采用C4.5算法生成决策树。

解: (1) 根节点熵不纯度为 $H(14,7)=1$。

(2) 根节点分枝。考查采用不同特征划分样本后的信息增益率。

采用"体重""饮食偏好""父辈血压"特征划分样本集,信息增益率分别为0.0279、0.0889、0.0611。

对于"年龄"特征,根节点包含的样本在该特征上的取值排序为{27,28,31,34,36,42,43,44,45,50,61,61,65,66};阈值 T 取值为{27.5,29.5,32.5,35,39,42.5,43.5,44.5,47.5,55.5,63,65.5},当 $T=27.5$ 时,"年龄 $<T$"组1人,其中高血压0人;"年龄 $>T$"组13人,其中高血压7人。熵不纯度为

$$H_{\text{age}}^{1}=\frac{1}{14}H(1,0)+\frac{13}{14}H(13,7)=0.9246$$

信息增益率为

$$\Delta H_{\text{R,age}}(14)=\frac{H(14,7)-H_{\text{age}}^{1}}{H(14,7)}=0.0754$$

依次修改阈值 T，计算“年龄”特征最大信息增益率为 0.0754，对应阈值 $T=27.5$。

采用“饮食偏好”特征划分样本集信息增益率最大，因此，用该特征将根节点一分为三，如图 5-9(a)所示。

(3) 下一级节点分枝。

如图 5-9(a)所示，节点②，有 4 个样本，高血压 3 人，熵不纯度为 $H(4,3)=0.8113$。采用“体重”“父辈血压”特征划分样本集，信息增益率分别为 0.1511 和 0.3837。

对于“年龄”特征，节点②包含的样本在该特征上的取值排序为{27,34,50,61}，阈值 T 取值为{30.5,42,55.5}；当 $T=30.5$ 时，“年龄$<T$”组 1 人，其中高血压 0 人；“年龄$>T$”组 3 人，其中高血压 3 人，熵不纯度为 0，信息增益率为 1；当 $T=42$，$T=55.5$ 时，信息增益率分别为 0.3837 和 0.1511。采用“年龄 $T=30.5$”划分样本集信息增益率最大，选择“年龄”特征将节点②一分为二，子节点⑤中只有一个正常血压样本，为叶节点，标记为正常血压类；子节点⑥中有 3 个高血压类样本，为叶节点，标记为高血压类，如图 5-9(b)所示。

(4) 同样的方法依次处理直到叶节点，生成的决策树如图 5-9(c)所示。

C4.5 算法不需要事先将连续特征离散化为少量级别，但在生成决策树的过程中，取不同阈值将连续特征二值化，划分方案增多。另外，C4.5 算法还可以处理部分特征缺失的样本。

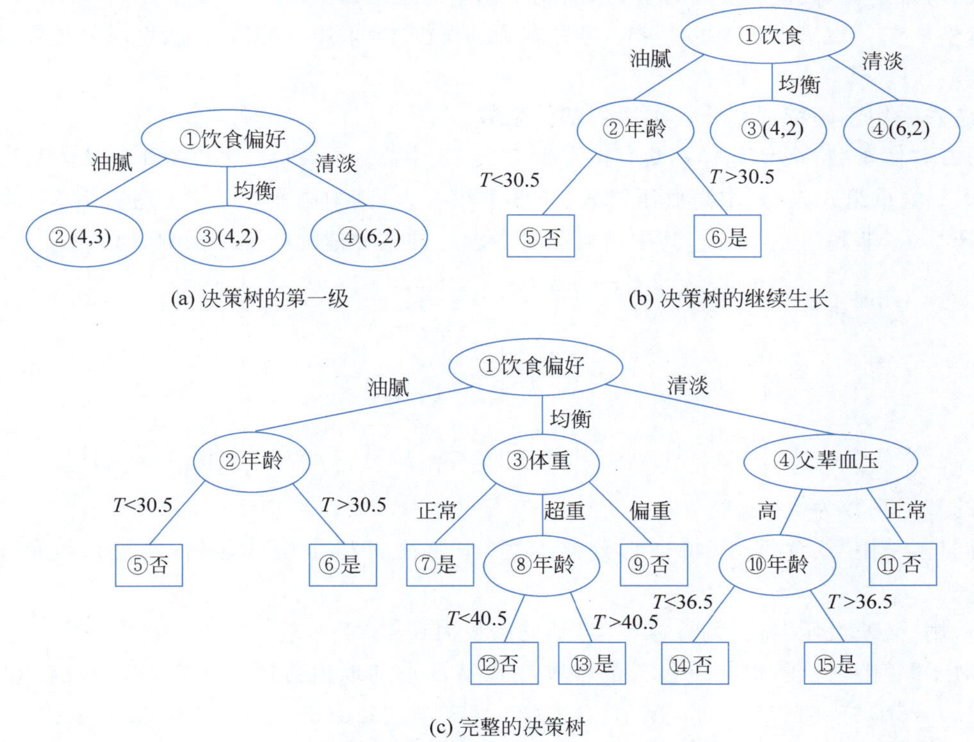

图 5-9　用 C4.5 算法对表 5-4 中数据判读是否为高血压的决策树

4. CART 算法

分类和回归树(Classification And Regression Tree,CART)算法也是一个著名的决策树算法,核心思想和 ID3 方法相同。主要不同之处在于:CART 算法在每一个节点上都采用二分法,最终构成一棵二叉树;CART 算法既可用于分类,也可以用于构造回归树对连续变量进行回归。下面主要介绍 CART 算法构建用于分类的决策树。

CART 算法使用基尼系数(Gini Index)来选择节点分枝特征。设样本集 $\mathscr{X}=\{\boldsymbol{x}_1,\boldsymbol{x}_2,\cdots,\boldsymbol{x}_N\}$ 有 c 个类别,其中第 j 类的概率为 P_j,基尼系数定义为

$$\mathrm{Gini}(\mathscr{X})=\sum_{j=1}^{c}P_j(1-P_j)=1-\sum_{j=1}^{c}P_j^2 \tag{5-13}$$

从定义可以看出,基尼系数反映了随机抽取的两个样本,其类别标记不一样的概率。因此,基尼系数越小,两个样本来自不同类的概率越小,样本集不纯度越低。

如果各类的样本数为 N_j,则样本集 $\mathscr{X}$ 的基尼系数为

$$\mathrm{Gini}(\mathscr{X})=1-\sum_{j=1}^{c}\left(\frac{N_j}{N}\right)^2 \tag{5-14}$$

决策树生成中根据某个特征 $x_i, i=1,2,\cdots,n$ 将样本集划分为两部分 $\mathscr{X}_1$ 和 $\mathscr{X}_2$,各自的样本数为 N_1 和 N_2,按照 x_i 划分的样本集的基尼系数为

$$\mathrm{Gini}(\mathscr{X},x_i)=\frac{N_1}{N}\mathrm{Gini}(\mathscr{X}_1)+\frac{N_2}{N}\mathrm{Gini}(\mathscr{X}_2) \tag{5-15}$$

使用基尼系数代替信息熵存在一定的误差,是熵模型的一个近似替代。但是,其避免了大量的对数运算,因此减少了计算量,简化了模型的运用。

【例 5-9】 以表 5-4 中的 1～14 号样本为训练样本,采用 CART 算法生成分类决策树。

解: (1) 根节点分枝。

考查采用不同特征划分样本后的基尼系数。

采用“体重”特征划分样本集:正常组 5 人,其中高血压 2 人,非正常组 9 人,其中高血压 5 人;偏重组 6 人,其中高血压 3 人,非偏重组 8 人,其中高血压 4 人;超重组 3 人,其中高血压 2 人,非超重组 11 人,其中高血压 5 人。三种划分情况的基尼系数分布为

$$\mathrm{Gini}_{\mathrm{weight}}^{1}=\frac{5}{14}\left[1-\left(\frac{2}{5}\right)^2-\left(\frac{3}{5}\right)^2\right]+\frac{9}{14}\left[1-\left(\frac{5}{9}\right)^2-\left(\frac{4}{9}\right)^2\right]=0.4889$$

$$\mathrm{Gini}_{\mathrm{weight}}^{2}=\frac{6}{14}\left[1-\left(\frac{3}{6}\right)^2-\left(\frac{3}{6}\right)^2\right]+\frac{8}{14}\left[1-\left(\frac{4}{8}\right)^2-\left(\frac{4}{8}\right)^2\right]=0.5$$

$$\mathrm{Gini}_{\mathrm{weight}}^{3}=\frac{3}{14}\left[1-\left(\frac{2}{3}\right)^2-\left(\frac{1}{3}\right)^2\right]+\frac{11}{14}\left[1-\left(\frac{5}{11}\right)^2-\left(\frac{6}{11}\right)^2\right]=0.4848$$

最小的基尼系数为 0.4848。

同理,采用“饮食偏好”特征划分样本集,按照油腻和非油腻划分,基尼系数最小,为 0.4500。

采用“父辈血压”特征划分样本集,基尼系数为 0.4583。

对于“年龄”特征,根节点包含的样本在该特征上的取值排序为{27,28,31,34,36,42,43,44,45,50,61,61,65,66};阈值 T 取值为{27.5,29.5,32.5,35,39,42.5,43.5,44.5,47.5,55.5,63,65.5},当 $T=27.5$ 时,“年龄 $<T$”组 1 人,其中高血压 0 人;“年龄 $>T$”组

13 人,其中高血压 7 人。基尼系数为

$$\text{Gini}_{\text{age}}^{1}=\frac{1}{14}[1-1^2]+\frac{13}{14}\left[1-\left(\frac{7}{13}\right)^2-\left(\frac{6}{13}\right)^2\right]=0.4615$$

阈值 T 取其他值情况下,基尼系数依次为 0.5、0.4848、0.5、0.4889、0.5、0.4898、0.4583、0.4889、0.5、0.5、0.4615,最小基尼系数为 0.4583,对应划分阈值 $T=44.5$。

采用"饮食偏好"特征划分样本集基尼系数最小,用该特征将根节点一分为二。

(2) 下一级节点分枝。

如图 5-10 所示,节点②,有 4 个样本,为序号 1、5、6、10,其中高血压 3 人,采用"体重"特征划分样本集:偏重组 3 人,其中高血压 2 人;超重组 1 人,其中高血压 1 人。基尼系数为 0.3333。

采用"父辈血压"特征划分样本集,基尼系数为 0.25。

对于"年龄"特征,根节点包含的样本在该特征上的取值排序为{27,34,50,61};阈值 T 取值为{30.5,42,55.5},当 $T=30.5$ 时,基尼系数为最小值 0。

采用"年龄"特征划分样本集基尼系数最小,用年龄≤30.5 将根节点一分为二。

(3) 同样的方法依次处理直到叶节点,生成的决策树如图 5-10 所示,方框表示叶节点。节点⑧采用"饮食偏好"和"年龄"划分基尼系数相等,此处采用"饮食偏好"划分。最终的决策树有 8 个叶节点,对应 8 条决策规则。

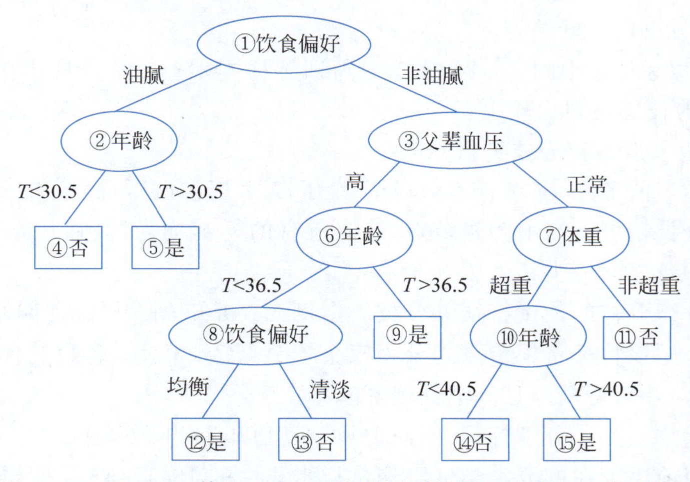

图 5-10 用 CART 算法对表 5-4 中数据判读是否为高血压的决策树

5.3.3 过学习与决策树的剪枝

从 5.3.2 节的例子可以看出,决策树构建的同时,建立了决策规则,可以利用决策规则对未知类别的样本进行分类。依据有限样本全部正确划分为准则建立决策规则,需要考虑为未来数据分析时的成功率,即分类器的泛化性能。如果一个算法在训练样本上表现良好,但在测试样本或未来的新样本上的表现与在训练样本上差别很大,称该算法遇到了过学习或过适应。

在有限的样本下,如果决策树生长得很大(分枝多、级别多),则可能会抓住由于偶然性或噪声带来的假象,导致过学习。例如例 5-7 利用 ID3 算法生成的决策树,仅 14 个训练样本,却生成了 12 条决策规则,每条决策规则对应的样本数很少,很有可能是偶然现象,导致

了对于 5 个待测样本进行判断时错误率较高。

因此，要控制决策树规模，即剪枝(Pruning)，防止出现过学习。决策树剪枝的方法有两种基本策略，即先剪枝和后剪枝。

1. 先剪枝

先剪枝指的是在决策树生长过程中判断节点是继续分枝还是直接作为叶节点，某些节点不再分枝，将减小决策树的规模。

先剪枝的关键在于确定节点是否继续分枝的判断条件，有多种方法，比如设定信息增益阈值，若小于该值，则停止生长，但该阈值不易设定；统计已有节点的信息增益分布，若继续生长得到的信息增益与该分布相比不显著，则停止生长等。剪枝主要是为了提高决策树泛化性能，可以通过实时检测当前决策树对于测试样本集的决策性能来判断节点是否继续分枝：性能有所提高，则继续分枝；性能没有提高，则直接作为叶节点。

因此，生成先剪枝决策树时，对于每个节点，进行如下操作：

(1) 将节点视为叶节点，标记为该节点训练样本中数目最多的类别。

(2) 计算当前决策树对于测试样本集的分类精度。

(3) 寻找进行分枝的最优特征并进行分枝。

(4) 对分枝后的子节点进行标记。

(5) 验证分枝后的决策树分类精度是否有提高：若有，则进行分枝；若没有，则剪枝(即禁止分枝)，当前节点作为叶节点。

【例 5-10】 以表 5-5 中的 1～14 号样本为训练样本，15～20 号样本为测试样本，采用 ID3 算法生成先剪枝决策树。

解：(1) 对根节点是否分枝进行判断。

首先，标记。当前节点 14 个样本，7 个高血压，7 个正常血压，标记为“高血压”。

其次，计算分类精度。当前为根节点，认为所有的样本均为“高血压”，对于测试样本，6 个样本中 3 个判断正确，分类精度为 3/6。

再次，寻找进行分枝的最优特征并分枝。由例 5-7 可知，采用“饮食偏好”特征划分样本集信息增益最大，用该特征将根节点划分为三个子节点②、③、④，各自的样本数及高血压样本数分别为油腻(4,3)、均衡(4,2)、清淡(6,2)。

然后，将节点②、③、④分别标记为“高血压”“高血压”和“正常血压”。

最后，验证当前决策树的分类精度。测试样本集中的 16、17、18、19 号样本分类正确，分类精度为 4/6，有提高，进行分枝。

(2) 对节点②是否分枝进行判断。

首先，寻找进行分枝的最优特征并分枝。采用“年龄”特征划分样本集信息增益最大，用该特征将根节点划分为三个子节点，各自的样本数及高血压样本数分别为青年(2,1)、中年(1,1)、老年(1,1)。

其次，标记。三个子节点均被标记为“高血压”。

最后，验证当前决策树的分类精度。测试样本集中的 16、17、18、19 号样本被正确分类，分类精度为 4/6，没有提高，禁止该分枝，节点②为叶节点，标记为“高血压”。

(3) 对节点③是否分枝进行判断。

首先，寻找进行分枝的最优特征并分枝。采用“体重”特征划分样本集信息增益最大，用该特征将根节点划分为三个子节点，各自的样本数及高血压样本数分别为正常(1,1)、超重(2,1)、偏重(1,0)。

其次，标记。子节点分别被标记为"高血压""高血压"和"正常血压"。

最后，验证当前决策树的分类精度。测试样本集中的17、18号样本被正确分类，分类精度为2/6，降低了，禁止该分枝，节点③为叶节点，标记为"高血压"。

(4) 对节点④是否分枝进行判断。

首先，寻找进行分枝的最优特征并分枝。采用"父辈血压"特征划分样本集信息增益最大，用该特征将根节点划分为两个子节点，各自的样本数及高血压样本数分别为高血压(3,2)和正常血压(3,0)。

其次，标记。子节点分别被标记为"高血压"和"正常血压"。

最后，验证当前决策树的分类精度。测试样本集中的16、17、18、19号样本被正确分类，分类精度为4/6，没有提高，禁止分枝，节点④为叶节点，标记为"正常血压"。

没有可分枝的节点，决策树生成到此为止，最终形成的先剪枝决策树如图5-11所示。

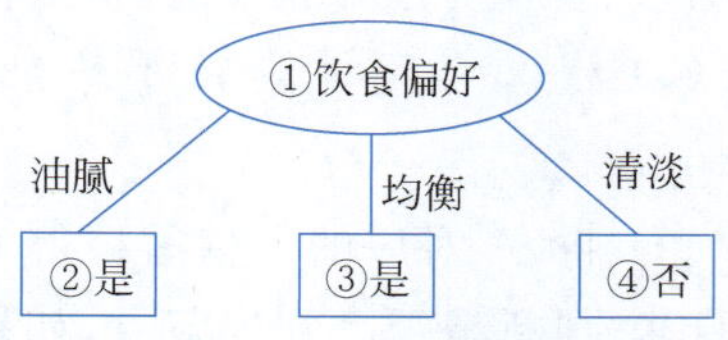

图5-11 基于ID3算法利用表5-5中数据生成先剪枝决策树

由例5-10可知，构建决策树时进行先剪枝，很多分枝未展开，降低了过学习的风险，减少了训练时间、测试时间开销；有些分枝虽不能提升泛化性能，但在其基础上的后续划分有可能提高性能，因此，先剪枝有可能带来欠学习的风险。

2. 后剪枝

后剪枝指的是在决策树充分生长后对其进行修剪，核心思想是合并分枝，从叶节点出发，如果消除具有相同父节点的节点后能够提高决策树的泛化性能则消除，并以其父节点作为新的叶节点；不断地从叶节点往上回溯，直到合并操作不再合适为止。

因此，生成后剪枝决策树时，进行如下操作：

(1) 生成一棵完整的决策树，并计算决策树对于测试样本集的分类精度。

(2) 从最高级开始合并节点，对其父节点进行标记。

(3) 计算合并分枝后的决策树的分类精度，并判断是否有提高：若有，则剪枝(即进行合并)；若没有，则不剪枝(保留分枝)。

(4) 向上回溯，重复(2)、(3)的合并、判断操作，直到不再需要合并为止。

下面介绍一种经典的后剪枝算法，即代价复杂度剪枝(Cost-Complexity Pruning，CCP)。CCP算法将决策树分为一棵棵子树，给每棵子树定义了代价和复杂度，计算将每棵子树剪枝后的代价增量与复杂度减量的比值，选择最小比值(代价增加小，复杂度降低大，即最小代价增量率)的子树进行剪枝；再对其子树重复以上过程，逐步向上，直到根节点，构建了剪枝决策树序列以及最小代价增量率序列；再从构建的剪枝决策树序列中选择决策树，可以根据交叉验证方法选择最佳决策树，或者根据要求的代价增量率选择对应的剪枝决策树，或者根据剪枝决策树序列中的节点号、树的不纯度等进行剪枝。

决策树中每个内部节点 t 对应一棵子树 T_t(该节点看作子树的根节点)，子树 T_t 的代价可以定义为

$$R(T_t)=\sum_{i\in L(T_t)}\frac{e(i)}{N(i)}\times\frac{N(i)}{N} \tag{5-16}$$

其中，$L(T_t)$是子树 T_t 的叶节点集合，$e(i)$、$N(i)$是子树中各个叶节点分类错误样本数和叶节点样本数，N 是总样本数。如果要剪掉这棵子树，也就是内部节点 t 变成叶节点，则计算这一个叶节点的误差代价 $R(t)$，剪枝前后代价的增量为 $R(t)-R(T_t)$。

除了叶节点分类错误率外，代价也有其他的定义方式，比如使用叶节点的不纯度度量（如 Gini 值、熵值等）。

子树 T_t 的复杂度定义为该子树叶节点数目，表示为 $|T_t|$。如果剪掉子树后，该子树变为一个叶节点，复杂度的减量为 $|T_t|-1$。所以，剪枝前后代价增量与复杂度减量的比值为

$$s_t=\frac{R(t)-R(T_t)}{|T_t|-1} \tag{5-17}$$

根据以上描述整理 CCP 算法过程如下。

(1) 生成完整的决策树，将其作为剪枝决策树 PT^i，$i=0$，当前最小代价增量率 $\alpha^0=0$。

(2) $i=i+1$，计算各子树剪枝时的代价增量率 s_t，确定并记录最小代价增量率 $\alpha^i=\min s_t$。

(3) 将 α^i 对应的子树剪枝得 PT^i，加入剪枝决策树序列。

(4) 判断是否已到根节点，如果是，则执行第(5)步；否则，返回第(2)步。

(5) 从剪枝决策树序列中找出最终剪枝决策树。

【例 5-11】 以表 5-4 中的 1～14 号样本为训练样本，15～20 号样本为测试样本，采用 CCP 算法生成后剪枝决策树。

解：(1) 利用 CART 算法生成完整的决策树如图 5-12(a)所示，表示为 PT^0。椭圆节点为内部节点，里面标记了节点编号、“高血压”和“正常血压”样本数。如根节点编号为①，样本集包含 7 个高血压和 7 个正常血压；长方形节点为叶节点，里面标记了类别标签、两类样本数，如最左侧的叶节点，标记为“否 0：1”，即正常血压，有一个正常血压样本。当前树可以分为 7 棵子树，用 7 个带编号的节点表示。

(2) $i=1$，计算 PT^0 中各棵子树的代价增量、复杂度减量及二者比值。如节点①，对应子树 T_1，所有叶节点都没有错分样本，$R(T_1)=0$，复杂度 $|T_1|=8$；子树 T_1 剪枝后，节点①为叶节点，错分比例为 $R(1)=7/14$；剪枝前后代价增量与复杂度减量的比值为 $s_1=[R(1)-R(T_1)]/(|T_1|-1)=1/14$。7 棵子树的计算如表 5-6 所示。

表 5-6 CCP 算法运算过程 1

节点序号 t	$R(t)$	$R(T_t)$	复杂度 $\lvert T_t\rvert$	$s_t=[R(t)-R(T_t)]/(\lvert T_t\rvert-1)$
①	7/14	0	8	1/14
②	1/14	0	2	1/14
③	4/14	0	6	0.8/14
④	1/14	0	3	0.5/14
⑤	1/14	0	3	0.5/14
⑥	1/14	0	2	1/14
⑦	1/14	0	2	1/14

s_4、$s_5=\min s_t=0.5/14$，选择 T_4 剪枝，并将 $PT^1=PT^0-T_4$ 放入子树序列，如图 5-12(b)所示，记录 $\alpha^1=s_4=0.5/14$。

(3) $i=2$,计算 PT^1 中各棵子树的代价增量、复杂度减量及二者比值,如表 5-7 所示。

表 5-7 CCP 算法运算过程 2

节点序号 t	$R(t)$	$R(T_t)$	复杂度 $\|T_t\|$	$s_t=[R(t)-R(T_t)]/(\|T_t\|-1)$
①	7/14	1/14	6	1.2/14
②	1/14	0	2	1/14
③	4/14	1/14	4	1/14
⑤	1/14	0	3	0.5/14
⑦	1/14	0	2	1/14

$s_5=\min s_t=0.5/14$,选择 T_5 剪枝,并将 $PT^2=PT^1-T_5$ 放入子树序列,如图 5-12(c)所示,记录 $\alpha^2=s_5=0.5/14$。

(4) $i=3$,计算 PT^2 中各棵子树的代价增量、复杂度减量及二者比值,如表 5-8 所示。

表 5-8 CCP 算法运算过程 3

节点序号 t	$R(t)$	$R(T_t)$	复杂度 $\|T_t\|$	$s_t=[R(t)-R(T_t)]/(\|T_t\|-1)$
①	7/14	2/14	4	1.7/14
②	1/14	0	2	1/14
③	4/14	2/14	2	2/14

$s_2=\min s_t=1/14$,选择 T_2 剪枝,并将 $PT^3=PT^2-T_2$ 放入子树序列,如图 5-12(d)所示,记录 $\alpha^3=s_2=1/14$。

(5) $i=4$,计算 PT^3 中各棵子树的代价增量、复杂度减量及二者比值,如表 5-9 所示。

表 5-9 CCP 算法运算过程 4

节点序号 t	$R(t)$	$R(T_t)$	复杂度 $\|T_t\|$	$s_t=[R(t)-R(T_t)]/(\|T_t\|-1)$
①	7/14	3/14	3	2/14
③	4/14	2/14	2	2/14

s_1、$s_3=\min s_t=2/14$,选择 T_1 剪枝,并将 $PT^4=PT^3-T_1$ 放入子树序列,如图 5-12(e)所示,记录 $\alpha^4=s_1=2/14$。

(6) 已从根节点进行了剪枝,循环结束。构建了剪枝决策树序列{PT^0、PT^1、PT^2、PT^3、PT^4}、最小代价增量率序列{α^0、α^1、α^2、α^3、α^4},选择剪枝决策树。本例利用测试样本计算各树的分类精度,分别为 5/6、5/6、5/6、5/6、3/6,选择分类精度最高、复杂度最低的 PT^3 作为剪枝后的决策树。

5.3.4 仿真实现

scikit-learn 库中 tree 模块提供了决策树分类的相关函数,对其进行简要介绍。

1) DecisionTreeClassifier(决策树分类)模型

DecisionTreeClassifier 模型定义如下:

```
DecisionTreeClassifier( * , criterion = 'gini', splitter = 'best', max_depth = None, min_samples_split = 2, min_samples_leaf = 1, min_weight_fraction_leaf = 0.0, max_features = None, random_state = None, max_leaf_nodes = None, min_impurity_decrease = 0.0, class_weight = None, ccp_alpha = 0.0)
```

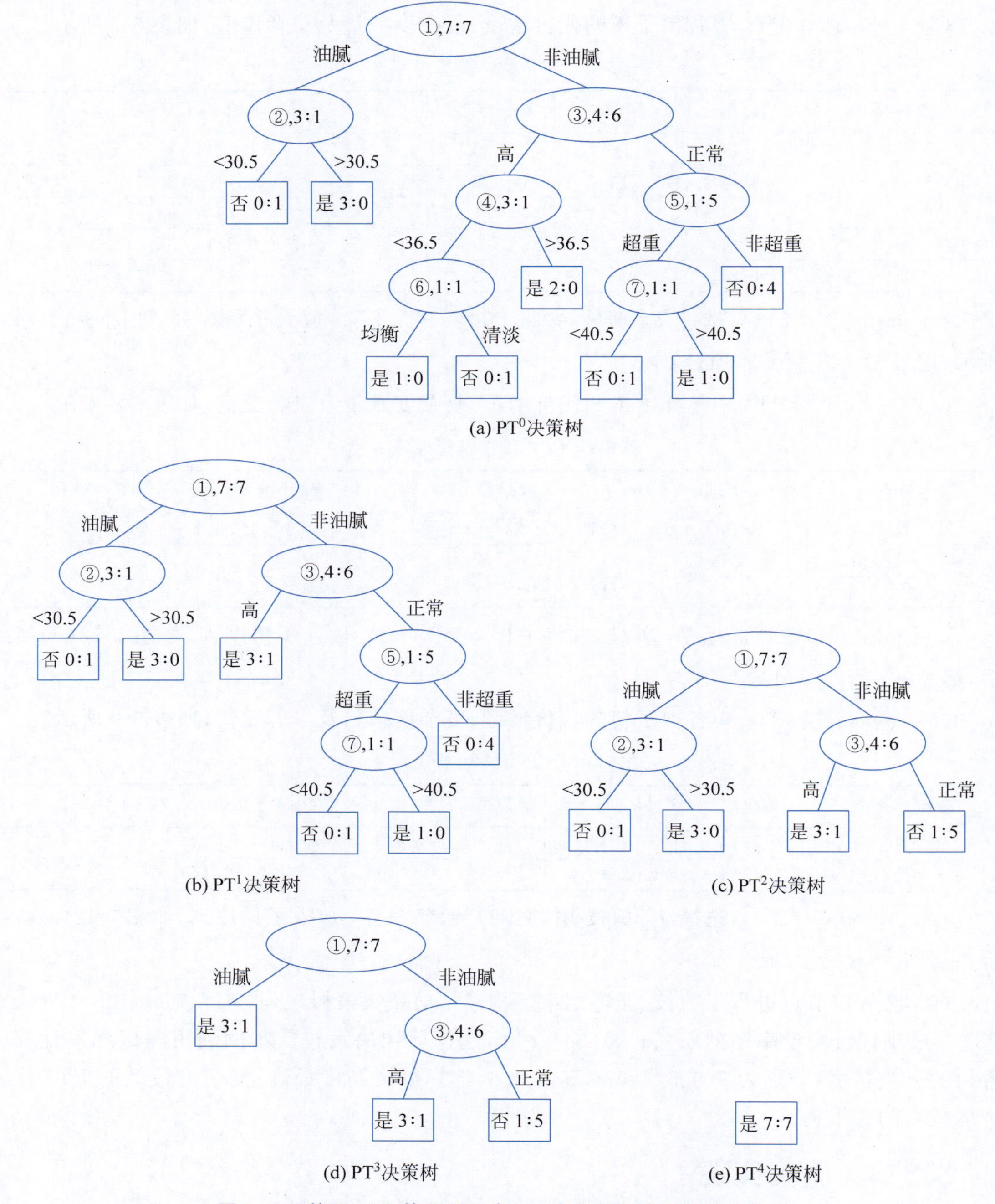

(a) PT^0决策树

(b) PT^1决策树

(c) PT^2决策树

(d) PT^3决策树

(e) PT^4决策树

图 5-12　基于 CCP 算法利用表 5-4 中数据生成后剪枝决策树

定义中给出了各参数的默认取值，具体含义如表 5-10 所示。

表 5-10　DecisionTreeClassifier 模型的参数

名　　称	含　　义
criterion	分枝依据，可取'gini'（默认）、'entropy'和'log_loss'
splitter	分枝策略，可取'best'（默认）或'random'

续表

名　称	含　义
max_depth	最大深度，整数，默认叶节点全部为同一类或者叶节点样本数少于 min_samples_split
min_samples_split	内部节点最少包含的样本数，可取整数或浮点数，后者表示节点样本数占样本总数的比例
min_samples_leaf	叶节点最少包含的样本点数，可取整数或浮点数，含义同上
max_features	进行分枝运算时搜索的最多特征数，可取整数、浮点数、'auto'、'sqrt'、'log2'或者 None
random_state	控制估计器的随机性，取整数时每次运算结果不变
max_leaf_nodes	最多叶节点数，可取整数或 None
min_impurity_decrease	用于判断节点是否继续分枝，不纯度的减少大于或等于这个值则继续分枝
class_weight	各类的权重，取 None 时表示各类权重都是 1
ccp_alpha	非负浮点数，最小代价-复杂度剪枝的复杂度参数，默认情况下不进行剪枝

DecisionTreeClassifier 模型主要方法有 fit、predict、predict_log_proba、predict_proba、score 等，含义和其他模型对应方法一样。另有两个决策树模型特有的方法如下。

(1) cost_complexity_pruning_path(X, y, sample_weight=None)：计算 CCP 剪枝路径，返回最小代价增量率序列 ccp_alpha 以及与 ccp_alpha 相应的子树叶节点不纯度之和。

(2) decision_path(X, check_input=True)：获取 X 的决策路径，返回矩阵中的非零元素，指明样本经过的节点。

2) plot_tree（绘制决策树）函数

plot_tree 函数定义如下：

```
plot_tree(decision_tree, *, max_depth = None, feature_names = None, class_names = None, label = 'all', filled = False, impurity = True, node_ids = False, proportion = False, rounded = False, precision = 3, ax = None, fontsize = None)
```

定义中给出了各参数的默认取值，具体含义如表 5-11 所示。

表 5-11　plot_tree 函数的部分参数

名　称	含　义
max_depth	整数，表示绘制的最大深度，默认为 None 时表示完全绘制
feature_names	列表或字符串，表示特征名，设置为 None 时用 $x[0]$、$x[1]$等代替
class_names	列表或字符串，表示类名，设置为 None 时不显示
label	设置在哪些节点显示各项数据标签，可取'all'（默认）、'root'、'none'
filled	设置为 True 时，根据节点中多数样本所属的类给节点填色
impurity	设置为 True 时，在节点中显示不纯度
proportion	设置为 True 时，value 和 samples 分别按比例和百分比显示
precision	整数，表示各项浮点数的精度位数
fontsize	字体大小，设置为 None 时自动调节字体大小适应图形窗口

【例 5-12】 利用 iris 数据集设计决策树，生成剪枝决策树，并利用不同的剪枝决策树对样本 $[4.8\quad 3.5\quad 1.5\quad 0.2]^T$ 进行判别。

程序如下：

```
from sklearn import tree
```

```
import numpy as np
from sklearn.datasets import load_iris
from matplotlib import pyplot as plt
    # 以下为导入数据集,训练决策树模型,获取 CCP 剪枝路径以及 ccp_alpha 序列长度
iris = load_iris()
clf = tree.DecisionTreeClassifier(min_samples_split = 5)
clf.fit(iris.data, iris.target)
ccp_path = clf.cost_complexity_pruning_path(iris.data, iris.target)
num_alpha = len(ccp_path.ccp_alphas)
    # 以下分别从 ccp_alpha 序列中获取两个 ccp_alpha 值,并重新训练,获取剪枝决策树模型
alpha1 = ccp_path.ccp_alphas[max(num_alpha - 2, 1)]
clf1 = tree.DecisionTreeClassifier(min_samples_split = 5, ccp_alpha = alpha1)
clf1.fit(iris.data, iris.target)
alpha2 = ccp_path.ccp_alphas[max(num_alpha - 4, 1)]
clf2 = tree.DecisionTreeClassifier(min_samples_split = 5, ccp_alpha = alpha2)
clf2.fit(iris.data, iris.target)
    # 设定待测样本,利用两个剪枝决策树模型进行决策、输出,并绘制不剪枝及两个剪枝决策树
sample = np.array([[4.8, 3.5, 1.5, 0.2]])
result1 = iris.target_names[clf1.predict(sample)]
result2 = iris.target_names[clf2.predict(sample)]
print('样本[4.8, 3.5, 1.5, 0.2]分别被判断为', result1, result2)
plt.rcParams['font.sans - serif'] = ['Times New Roman']
fig1 = plt.figure()
tree.plot_tree(clf, impurity = False, fontsize = 9)
fig2 = plt.figure()
tree.plot_tree(clf1, impurity = False, fontsize = 9)
fig3 = plt.figure()
tree.plot_tree(clf2, impurity = False, fontsize = 9)
plt.show()
```

程序运行,生成的决策树如图 5-13 所示,树中各节点标明了分枝条件、节点样本数以及各类样本数。程序在输出窗口输出决策结果:

```
样本[4.8, 3.5, 1.5, 0.2]分别被判断为 ['setosa'] ['setosa']
```

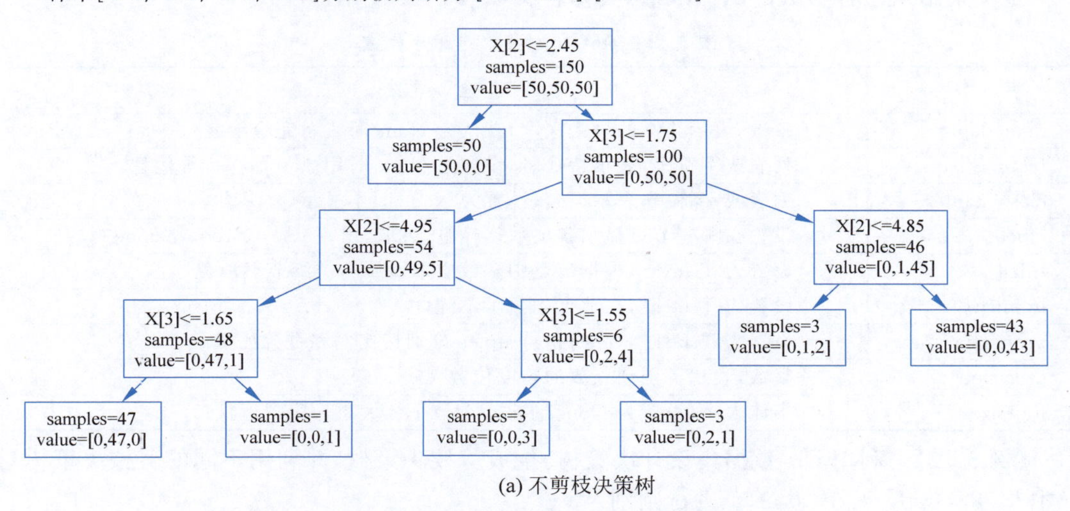

(a) 不剪枝决策树

图 5-13　利用 iris 数据集生成的决策树

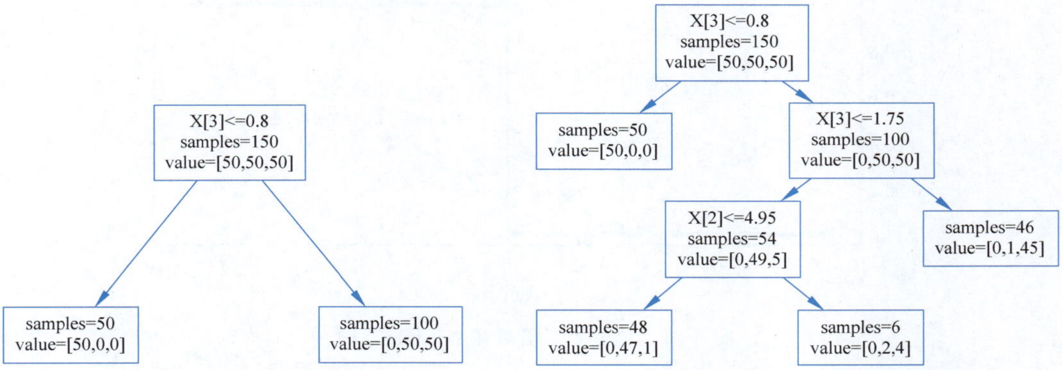

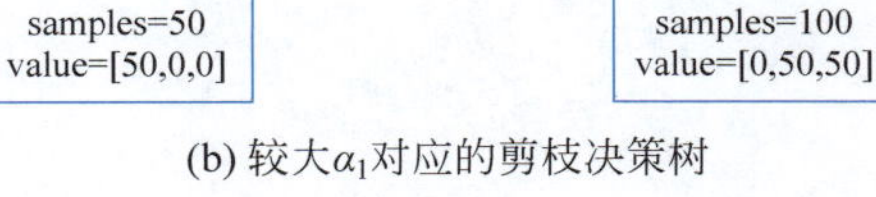

(b) 较大α_1对应的剪枝决策树　　(c) 较小α_2对应的剪枝决策树

图 5-13　（续）

5.4　Logistic 回归

Logistic 回归（Logistic Regression）是一种经典分类方法，也称为对数几率回归（也有文献译为“逻辑回归”“罗杰斯特回归”等），是采用对数几率模型描述样本属于某类的可能性与样本特征之间的关系，用训练样本估计模型中的系数，进而实现分类的方法。

5.4.1　基本原理

考虑二分类任务，采用线性判别函数 $g(\boldsymbol{x})=\boldsymbol{w}^{\mathrm{T}}\boldsymbol{x}+w_0$ 对样本 $\boldsymbol{x}$ 进行归类判别，设类别标签 $y\in\{0,1\}$，将样本归类，需要根据 $g(\boldsymbol{x})$ 的值判断 y 的值，因此，有

$$y=f[g(\boldsymbol{x})] \tag{5-18}$$

$f(\cdot)$称为 Link 函数（Link Function）。

例如：当 $g(\boldsymbol{x})>0$ 时，$\boldsymbol{x}\in\omega_1$，$y=1$；当 $g(\boldsymbol{x})<0$ 时，$\boldsymbol{x}\in\omega_2$，$y=0$；当 $g(\boldsymbol{x})=0$ 时，可以任意判别。Link 函数 $f(\cdot)$实际是单位阶跃函数，即

$$y=\begin{cases}0, & g(\boldsymbol{x})<0\\ 0.5, & g(\boldsymbol{x})=0\\ 1, & g(\boldsymbol{x})>0\end{cases} \tag{5-19}$$

函数如图 5-14 所示。

单位阶跃函数不连续，用单调可微的 Logistic 函数近似表达单位阶跃函数为

$$y=\frac{1}{1+\mathrm{e}^{-g(\boldsymbol{x})}} \tag{5-20}$$

Logistic 函数将 $g(\boldsymbol{x})$的值转换为一个接近 0 或 1 的 y 值，在 $g(\boldsymbol{x})=0$ 附近变化曲线很陡，图形如图 5-14 中虚线所示。

由式(5-19)可知，y 可以看作将样本 $\boldsymbol{x}$ 归为 ω_1 类的可能性，则 $1-y$ 是将样本归为 ω_2 类的可能性，当 $y>1-y$ 时，$\boldsymbol{x}\in\omega_1$；当 $y<1-y$ 时，$\boldsymbol{x}\in\omega_2$。定义概率为

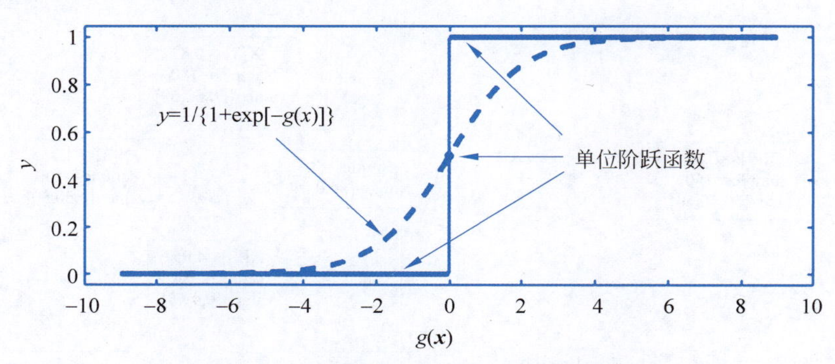

图 5-14 单位阶跃函数和 Logistic 函数

$$\frac{y}{1-y}=\mathrm{e}^{\boldsymbol{w}^{\mathrm{T}}\boldsymbol{x}+w_0} \tag{5-21}$$

反映了 $\boldsymbol{x}$ 归为 ω_1 类的相对可能性。

对概率取对数得到 logit 函数

$$\operatorname{logit}(\boldsymbol{x})=\ln\left(\frac{y}{1-y}\right)=\boldsymbol{w}^{\mathrm{T}}\boldsymbol{x}+w_0 \tag{5-22}$$

表明样本属于某类的可能性与样本之间呈线性关系。很明显，

$$\text{当 } \operatorname{logit}(\boldsymbol{x}) \gtrless 0 \text{ 时，}\quad \boldsymbol{x}\in\begin{cases}\omega_1\\ \omega_2\end{cases} \tag{5-23}$$

如果能够确定 $\boldsymbol{w}$ 和 w_0，则可以确定 logit 函数，从而实现分类。

进一步，样本属于某一类的可能性用后验概率表示，logit 函数重写为

$$\ln\left[\frac{P(y=1\mid\boldsymbol{x})}{P(y=0\mid\boldsymbol{x})}\right]=\boldsymbol{w}^{\mathrm{T}}\boldsymbol{x}+w_0 \tag{5-24}$$

其中，

$$P(y=1\mid\boldsymbol{x})=\frac{1}{1+\mathrm{e}^{-(\boldsymbol{w}^{\mathrm{T}}\boldsymbol{x}+w_0)}}=\frac{\mathrm{e}^{\boldsymbol{w}^{\mathrm{T}}\boldsymbol{x}+w_0}}{1+\mathrm{e}^{\boldsymbol{w}^{\mathrm{T}}\boldsymbol{x}+w_0}} \tag{5-25}$$

$$P(y=0\mid\boldsymbol{x})=1-P(y=1\mid\boldsymbol{x})=\frac{\mathrm{e}^{-(\boldsymbol{w}^{\mathrm{T}}\boldsymbol{x}+w_0)}}{1+\mathrm{e}^{-(\boldsymbol{w}^{\mathrm{T}}\boldsymbol{x}+w_0)}}=\frac{1}{1+\mathrm{e}^{\boldsymbol{w}^{\mathrm{T}}\boldsymbol{x}+w_0}} \tag{5-26}$$

采用最大似然估计的方法确定 $\boldsymbol{w}$ 和 w_0，给定数据集 $\mathscr{X}=\{\boldsymbol{x}_1,\boldsymbol{x}_2,\cdots,\boldsymbol{x}_N\}$，对应的类别标号为 $\mathscr{Y}=\{y_1,y_2,\cdots,y_N\}$，对于每一个样本 $\boldsymbol{x}_i$，$i=1,2,\cdots,N$，有 $y_i\in\{0,1\}$，则

$$P(y_i\mid\boldsymbol{x}_i;\boldsymbol{w},w_0)=[P(y_i=1\mid\boldsymbol{x}_i;\boldsymbol{w},w_0)]^{y_i}[1-P(y_i=1\mid\boldsymbol{x}_i;\boldsymbol{w},w_0)]^{1-y_i} \tag{5-27}$$

定义对数似然函数为

$$h(\boldsymbol{w},w_0)=\sum_{i=1}^{N}\ln P(y_i\mid\boldsymbol{x}_i;\boldsymbol{w},w_0) \tag{5-28}$$

将式(5-25)、式(5-26)和式(5-27)代入式(5-28)，得

$$h(\boldsymbol{w},w_0)=\sum_{i=1}^{N}\{-y_i\ln[1+\mathrm{e}^{-(\boldsymbol{w}^{\mathrm{T}}\boldsymbol{x}_i+w_0)}]-(1-y_i)\ln(1+\mathrm{e}^{\boldsymbol{w}^{\mathrm{T}}\boldsymbol{x}_i+w_0})\} \tag{5-29}$$

对数似然函数求最大值得到最优的 $\boldsymbol{w}$ 和 w_0，或者对负对数似然函数求最小值，即

$$-h(\boldsymbol{w},w_0)=\sum_{i=1}^{N}\{y_i\ln[1+\mathrm{e}^{-(\boldsymbol{w}^{\mathrm{T}}\boldsymbol{x}_i+w_0)}]+(1-y_i)\ln(1+\mathrm{e}^{\boldsymbol{w}^{\mathrm{T}}\boldsymbol{x}_i+w_0})\} \tag{5-30}$$

可以通过迭代策略求解。

SciPy 库中 optimize 模块提供了进行优化计算的 minimize 函数，其调用格式如下。

```
minimize(fun, x0, args = (), method = None, jac = None, hess = None, hessp = None, bounds = None,
constraints = (), tol = None, callback = None, options = None)
```

其中，参数 fun 是要进行最小化的函数，其输入变量是一维数组；x0 是初始值；args 是其他需要的参数；method 指定优化算法，可以选'Nelder-Mead'、'Powell'、'CG'、'BFGS'等(可以查阅优化算法类参考资料)；jac、hess、heep、bounds、constraints 是不同优化算法需要的参数；tol 是终止计算的容差量；options 是运算时的相关设置，包括最大迭代次数、是否显示优化计算信息等。返回一个 OptimizeResult 模型实例，属性 x 是计算出的优化值，根据采用的优化算法，有其他不同的属性。

【例 5-13】 三维空间两类分类问题，样本集为

$$\omega_1:\{[0\quad 0\quad 0]^{\mathrm{T}},[1\quad 0\quad 1]^{\mathrm{T}},[1\quad 0\quad 0]^{\mathrm{T}},[1\quad 1\quad 0]^{\mathrm{T}}\}$$

$$\omega_2:\{[0\quad 0\quad 1]^{\mathrm{T}},[0\quad 1\quad 1]^{\mathrm{T}},[0\quad 1\quad 0]^{\mathrm{T}},[1\quad 1\quad 1]^{\mathrm{T}}\}$$

试用 Logistic 回归求解判别函数权向量，并对样本 $[0\quad 0.6\quad 0.8]^{\mathrm{T}}$ 进行判别。

程序如下：

```
import numpy as np
from scipy.optimize import minimize

def nll_fun(w, *args):                               #负对数似然函数
    data, y = args[0], args[1]
    return - np.sum(y * np.log(logistic_fun(w, data) + 0.001) +
                   (1 - y) * np.log(1 - logistic_fun(w, data) + 0.001))

X = np.array([[0, 0, 0], [1, 0, 0], [1, 0, 1], [1, 1, 0],
              [0, 0, 1], [0, 1, 1], [0, 1, 0], [1, 1, 1]])
y = np.array([1, 1, 1, 1, 0, 0, 0, 0])
gx = lambda w, x: w[0] * x[:, 0] + w[1] * x[:, 1] + w[2] * x[:, 2] + w[3]
logistic_fun = lambda w, x: 1 / (1 + np.exp( - gx(w, x)))
W0 = np.array([0, 0, 0, 0])                          #迭代求解初始值
opt = {'maxiter': 1000, 'disp': True}
res = minimize(nll_fun, W0, args = (X, y), method = 'Nelder - Mead', options = opt)
    #利用 minimize 函数、采用 Nelder - Mead 单纯形算法求无约束多变量函数的最小值
sample = np.array([0, 0.6, 0.8])
logitX = res.x[0] * sample[0] + res.x[1] * sample[1] + res.x[2] * sample[2] + res.x[3]
result = 1 if logitX > 0 else 2                     #对待测样本计算 logit 函数值并判断类别
np.set_printoptions(precision = 2)
print("最优权向量为", res.x)
print("样本[0, 0.6, 0.8]归为第 %d 类" % result)
```

运行程序，将在输出窗口输出：

```
Optimization terminated successfully.
         Current function value: - 0.007996
         Iterations: 83
```

```
    Function evaluations: 217
最优权向量为 [ 159.7  -146.1  -114.91 60.57]
样本[0, 0.6, 0.8]归为第 2 类
```

需要注意：程序中最小值对应的权向量受初值 W0 的影响会发生变化。

5.4.2 多类分类任务

设训练样本集 $\mathscr{X}=\{\boldsymbol{x}_1,\boldsymbol{x}_2,\cdots,\boldsymbol{x}_N\}$，各自的类别标号 $y_i\in\{1,2,\cdots,c\}$，$c>2$ 为类别数。将样本 $\boldsymbol{x}$ 标记为 j 的概率 $P_j=P(y=j\mid\boldsymbol{x})$，$j=1,2,\cdots,c$，$\sum_{j=1}^{c}P_j=1$，改写式(5-24)为

$$\ln\left(\frac{P_j}{\sum_{l\neq j}P_l}\right)=\boldsymbol{w}_j^{\mathrm{T}}\boldsymbol{x}+w_{j0} \tag{5-31}$$

$$P_j=\frac{1}{1+\mathrm{e}^{-(\boldsymbol{w}_j^{\mathrm{T}}\boldsymbol{x}+w_{j0})}}=\frac{\mathrm{e}^{\boldsymbol{w}_j^{\mathrm{T}}\boldsymbol{x}+w_{j0}}}{1+\mathrm{e}^{\boldsymbol{w}_j^{\mathrm{T}}\boldsymbol{x}+w_{j0}}} \tag{5-32}$$

$$\sum_{l\neq j}P_l=1-P_j=\frac{\mathrm{e}^{-(\boldsymbol{w}_j^{\mathrm{T}}\boldsymbol{x}+w_0)}}{1+\mathrm{e}^{-(\boldsymbol{w}_j^{\mathrm{T}}\boldsymbol{x}+w_0)}}=\frac{1}{1+\mathrm{e}^{\boldsymbol{w}_j^{\mathrm{T}}\boldsymbol{x}+w_0}} \tag{5-33}$$

同样采用最大似然估计的方法确定 $\boldsymbol{w}_j^{\mathrm{T}}$ 和 w_{j0}。

5.4.3 仿真实现

scikit-learn 库中 linear_model 模块提供了 LogisticRegression 模型，其调用格式如下。

```
LogisticRegression(penalty = 'l2', *, dual = False, tol = 0.0001, C = 1.0, fit_intercept = True,
intercept_scaling = 1, class_weight = None, random_state = None, solver = 'lbfgs', max_iter =
100, multi_class = 'auto', verbose = 0, warm_start = False, n_jobs = None, l1_ratio = None)
```

其中，参数 penalty 是额外增加的约束，可取 None、'l2'、'l1'或'elasticnet'；solver 指定优化算法，不同的优化算法能添加的约束也不一样；multi_class 指明在多类情况下的分类策略(在后续版本中会去掉)，可选'auto'、'ovr'和'multinomial'。

LogisticRegression 模型属性中，coef_存放权向量 $\boldsymbol{w}$；intercept_存放权向量常数 w_0。

LogisticRegression 模型主要方法有 decision_function、fit、predict、predict_log_proba、predict_proba、score 等，含义和其他模型对应方法一样。

【例 5-14】 利用 LogisticRegression 模型对例 5-13 中的数据进行 Logistic 回归分析。

程序如下：

```
import numpy as np
from sklearn.linear_model import LogisticRegression

def gx(w, x):
    return w[0] * x[:, 0] + w[1] * x[:, 1] + w[2] * x[:, 2] + w[3]

def logistic_fun(w, x):                                    # Logistic 函数 P(y = 1|X)
    return 1 / (1 + np.exp( - gx(w, x)))

training = np.array([[0, 0, 0], [1, 0, 0], [1, 0, 1], [1, 1, 0],
```

```
                [0, 0, 1], [0, 1, 1], [0, 1, 0], [1, 1, 1]])
y = np.array([1, 1, 1, 1, 0, 0, 0, 0])
clf = LogisticRegression(penalty = None, random_state = 0)
clf.fit(training, y)                        # 拟合模型
W = np.append(clf.coef_, clf.intercept_)    # 线性函数权向量
sample = np.array([[0, 0.6, 0.8]])
Py1 = logistic_fun(W, sample)               # 根据式(5-25)计算 P(y=1|X)
logitX = np.log(Py1/(1-Py1))                # 计算 logit 函数,或 logitX = gx(W, sample)
result = 1 if logitX > 0 else 2
np.set_printoptions(precision = 2)
print("最优权向量为", W)
print("样本[0, 0.6, 0.8]归类概率为", Py1, 1 - Py1)
print("样本[0, 0.6, 0.8]归为第 %d 类" % result)
```

运行程序,在输出窗口输出:

```
最优权向量为 [ 21.78 -21.46 -21.46 10.38]
样本[0, 0.6, 0.8]归类概率为 [2.87e-09] [1.]
样本[0, 0.6, 0.8]归为第 2 类
```

【例 5-15】 利用 iris 数据集拟合 Logistic 回归模型,并对样本 $[6.3 \quad 2.8 \quad 4.9 \quad 1.7]^T$ 进行归类。

程序如下:

```
import numpy as np
from sklearn.linear_model import LogisticRegression
from sklearn.datasets import load_iris
iris = load_iris()
clf = LogisticRegression(penalty = None, random_state = 2)
clf.fit(iris.data, iris.target)
W = np.concatenate((clf.coef_, clf.intercept_.reshape(-1, 1)), axis = 1)
sample = np.array([[6.3, 2.8, 4.9, 1.7]])
result = iris.target_names[clf.predict(sample)]
Py = clf.predict_proba(sample)
np.set_printoptions(precision = 2)
print("三类判别函数的权向量为", W)
print("样本[6.3, 2.8, 4.9, 1.7]归类概率为", Py)
print("样本[6.3, 2.8, 4.9, 1.7]归为", result, "类")
```

运行程序,在输出窗口输出:

```
三类判别函数的权向量为 [[ 7.35 20.4 -30.26 -14.14 3.98]
                        [ -2.44 -6.86 10.42 -2.07 19.33]
                        [ -4.91 -13.54 19.85 16.21 -23.31]]
样本[6.3 2.8 4.9 1.7]归类概率为 [[2.50e-43  3.98e-01  6.02e-01]]
样本[6.3 2.8 4.9 1.7]归为 ['virginica'] 类
```

5.5 非线性判别分析的实例

【例 5-16】 对由不同字体的数字图像构成的图像集,实现基于最近邻法和 Logistic 回归的分类器设计及判别。

1. 设计思路

两种分类方法均采用和例 2-16 相同的预处理方法,提取同样的特征。在最近邻法中,

测试样本在训练样本集中寻找最近邻,根据近邻的类别归类。设计方案如图 5-15 所示。Logistic 回归分类要先拟合多分类 Logistic 回归模型,再根据概率实现分类决策,设计方案如图 5-16 所示。

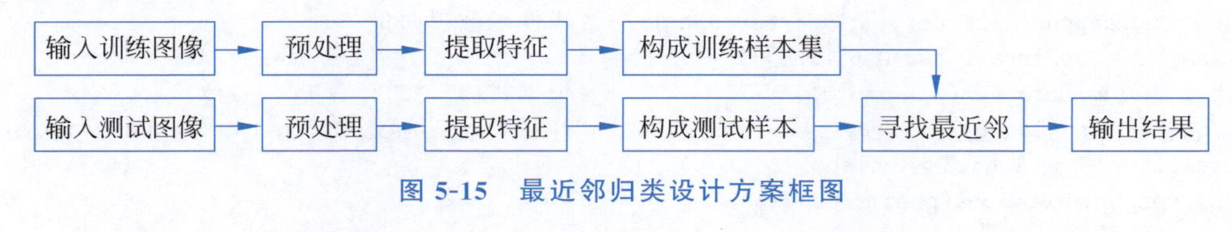

图 5-15 最近邻归类设计方案框图

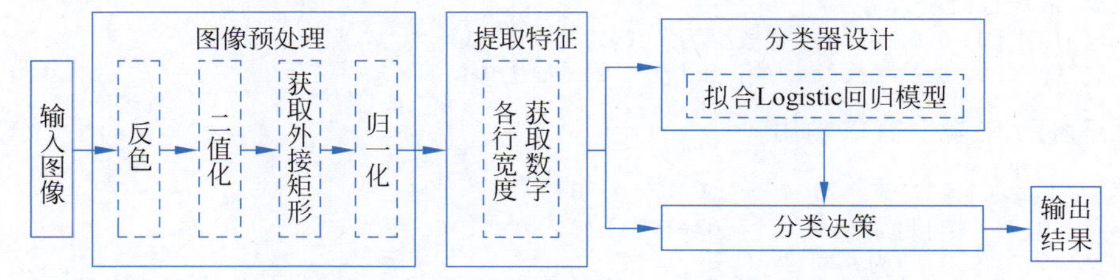

图 5-16 Logistic 回归分类设计方案框图

2. 程序设计

1）导入 KNeighborsClassifier 和 LogisticRegression 模型

在程序最开始导入两个模型。

```
from sklearn.linear_model import LogisticRegression
from sklearn.neighbors import KNeighborsClassifier
```

2）生成训练样本

读取训练图像文件,经过图像预处理,提取特征,生成训练样本。同例 2-16。

3）拟合 KNeighborsClassifier 和 LogisticRegression 模型

生成训练样本后,拟合模型。

```
knn = KNeighborsClassifier(weights = 'distance')
knn.fit(training, y_train)
clf = LogisticRegression(penalty = 'none', random_state = 2)
clf.fit(training, y_train)
```

4）生成测试样本

读取测试图像文件,经过图像预处理,提取特征,生成测试样本。同例 2-16。

5）对测试样本进行决策归类

利用训练好的两个模型对测试样本进行预测,并测算检测率。

```
y_knn = knn.predict(testing)
y_log = clf.predict(testing)
ratio_knn = np.sum(y_test == y_knn)/y_test.size
ratio_log = np.sum(y_test == y_log)/y_test.size
print("最近邻法识别正确率: %.4f" % ratio_knn)
print("Logistic 回归识别正确率: %.4f" % ratio_log)
```

3. 实验结果

采用 10 个数字的共 50 幅图像进行训练,采用 30 幅图像进行测试,运行程序输出:

```
最近邻法识别正确率: 0.8000
Logistic 回归识别正确率: 0.8000
```

习题

1. 简述最小距离分类器的分类方法及特点。

2. 简述近邻法的分类思路及特点。

3. 简述决策树方法的分枝过程和决策过程,并说明决策树剪枝优化的思路。

4. 对例 5-9 中 CART 算法生成的决策树进行剪枝。

5. 已知二维空间三类样本均服从正态分布$\boldsymbol{\mu}_1=[1\quad 1]^{\mathrm{T}}$,$\boldsymbol{\mu}_2=[4\quad 4]^{\mathrm{T}}$,$\boldsymbol{\mu}_3=[8\quad 1]^{\mathrm{T}}$,$\boldsymbol{\Sigma}_1=\boldsymbol{\Sigma}_2=\boldsymbol{\Sigma}_3=2\boldsymbol{I}$,编写程序,基于这三类生成 1000 个二维向量的数据集,分别采用欧氏距离和马氏距离,利用数据集设计最小距离分类器。

6. 编写程序,随机生成二维向量作为待测样本,利用上题的训练样本,采用最近邻和 5 近邻方法对待测样本进行归类。

7. 利用 3 类样本 ω_1: $\left\{\begin{bmatrix}-5\\-5\end{bmatrix},\begin{bmatrix}-5\\-4\end{bmatrix},\begin{bmatrix}-4\\-5\end{bmatrix},\begin{bmatrix}-5\\-6\end{bmatrix},\begin{bmatrix}-6\\-5\end{bmatrix}\right\}$,$\omega_2$: $\left\{\begin{bmatrix}5\\5\end{bmatrix},\begin{bmatrix}5\\4\end{bmatrix},\begin{bmatrix}4\\5\end{bmatrix},\begin{bmatrix}5\\6\end{bmatrix},\begin{bmatrix}6\\5\end{bmatrix}\right\}$,$\omega_3$: $\left\{\begin{bmatrix}-5\\5\end{bmatrix},\begin{bmatrix}-5\\4\end{bmatrix},\begin{bmatrix}-4\\5\end{bmatrix},\begin{bmatrix}-5\\6\end{bmatrix},\begin{bmatrix}-6\\5\end{bmatrix}\right\}$,拟合 Logistic 回归模型,并对数据 $[-2\quad -2]^{\mathrm{T}}$ 进行归类。

第6章 组合分类器

CHAPTER 6

组合分类器是指采用合理的策略对多个单独的个体分类器的结果进行组合，以获得更好的分类性能。根据个体分类器生成方式、采用策略的不同，有多种方法实现组合分类器的设计，本章主要学习常见的组合分类器设计方法，包括 Bagging 算法和 Boosting 算法。

6.1 组合分类器的设计

前几章学习了多种不同分类器的设计，针对具体问题，可以从中选择一个性能最好的分类器。但是，面对不同的模式，即使性能最好的分类器也有可能分类错误，非性能最好的分类器也有可能分类正确。因此，希望能够将不同的分类器结合起来，在总体上达到比单独使用某一种方法更好的性能，也就是设计组合分类器。组合分类器结构如图 6-1 所示，经过训练获取 M 个个体分类器，各自对输入样本进行分类决策，通过合理的策略将 M 个输出进行组合。

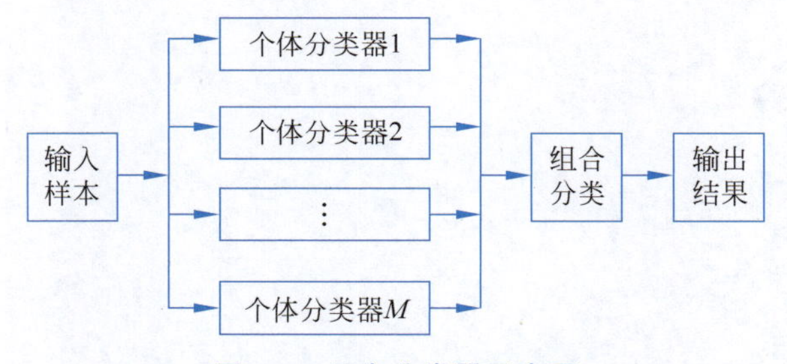

图 6-1 组合分类器示意图

采用同一种类型的个体分类器，组合分类器是"同质"的；采用不同类型的个体分类器，组合分类器是"异质"的。组合分类器将多个分类器结合，常常获得更好的泛化性能，对于弱分类器（一般指泛化性能略优于随机猜测的分类器）尤为明显，很多研究都是针对弱分类器进行的，因此，个体分类器也常称为弱分类器，组合分类器也常称为强分类器。

为了获得更好的分类性能，一般要求个体分类器的分类结果尽可能具有差异性，而且本身具有一定的分类性能。如果不同个体分类器分类结果都一致，则组合不起作用；如果个体分类器本身性能都很差，则组合结果有可能更差。因此，个体分类器设计时需要考虑差异性和本身的分类性能。

将个体分类器的输出采用不同的组合方法，结果也会有所不同，组合分类器设计需要选择合适的组合策略，以提高分类器性能。

综上所述，组合分类器的设计需要考虑个体分类器的差异设计、分类器性能度量和组合策略等问题。下面针对这些问题分别进行讨论。

6.1.1 个体分类器的差异设计

为保证个体分类器的差异性，一般在训练的过程中引入随机性，常见的做法是对训练样本、输入属性、算法参数进行扰动，即通过随机方法生成不同的训练样本、不同的属性或者不同的参数以设计个体分类器。不同的扰动机制可以同时使用。

1. 数据样本扰动

在样本有限的情况下，可以通过留出(Hold Out)法、交叉验证(Cross Validation)法、自举(Bootstrap Sampling)法等获取不同的训练样本集，以便设计多个个体分类器，这些方法也用于生成不同的训练样本集和测试样本集以便测试分类器的性能。

1）留出法

留出法直接将样本集 $\mathscr{X}$ 划分为两个互斥子集，一个作为训练样本集，另一个作为测试样本集，多次随机划分样本集，用不同的训练样本集训练个体分类器。

在划分样本集时，尽可能保持样本分布的一致性，例如训练样本集中正负例比例和测试样本集中正负例比例一致。

划分样本集时有多种划分方式，例如某个样本 $\boldsymbol{x}$，可以划归训练样本集，也可以划归测试样本集，不同的划分导致不同的训练样本集和测试样本集，影响性能评估的准确度。因此，在实际中，一般要多次随机划分样本集，重复实验，对评估结果取平均值。

scikit-learn 库中 model_selection 模块提供的 train_test_split 函数将样本集随机分为训练样本和测试样本，其调用格式如下。

```
train_test_split( * arrays, test_size = None, train_size = None, random_state = None, shuffle =
True, stratify = None)
```

其中，参数 arrays 是要拆分的样本集。test_size 指明测试样本数，可以是 0～1 的浮点型数据，表示测试样本在样本集中所占的比例；也可以是整数，指明测试样本数；如果设为 None，根据 train_size 决定；如果两者都是 None，则被设为 0.25。train_size 指明训练样本数。shuffle 指明拆分前是否打乱样本，如果为 False，则 stratify 必须为 None。stratify 指明是否采用分层模式，用于类样本不平衡的情况。

2）交叉验证法

交叉验证法将样本集 $\mathscr{X}$ 划分为 k 个大小相似的互斥子集，即

$$\mathscr{X}=\bigcup_{i=1}^{k}\mathscr{X}_i \tag{6-1}$$

$$\mathscr{X}_i\cup\mathscr{X}_j=\varnothing,\quad \forall 1\leqslant i\neq j\leqslant k \tag{6-2}$$

将其中 $k-1$ 个子集的并集作为训练样本集，剩下的那个子集作为测试样本集，可以获得 k 组训练/测试样本集。

如果 $k=2$，则交叉验证法就是留出法。如果 $k=N$，N 为样本集 $\mathscr{X}$ 中的样本数，N 个样本划分为 N 个子集只有一种划分方式，即每个子集包括一个样本，则这种方法称为留一(Leave One Out)法，是交叉验证法的一个特例。留一法的训练样本集和初始样本集相比只

少了一个样本，评估结果和采用初始样本集 $\mathscr{X}$ 训练的结果相似。

交叉验证法用于某种分类器的性能评估，可以进行 k 次训练和测试，最终返回 k 个测试结果的均值。评估结果的稳定性和保真性在很大程度上取决于 k 的取值，因此交叉验证法称为"k 折交叉验证"(k-fold Cross Validation)，k 常取 10。由于将样本集划分为 k 个子集时存在随机性，可以多次使用不同的划分运行 k 折交叉验证，例如 p 次，称为 p 次 k 折交叉验证。

在设计个体分类器时，可以利用 k 组训练样本集设计 k 个分类器，获取每个分类器的性能参数，也可以采用 p 次 k 折交叉验证，将每次交叉验证的结果作为分类器的结果，设计 p 个分类器。

scikit-learn 库中 model_selection 模块提供了一系列模型用于 k 折交叉验证实现数据集的划分，下面进行简要介绍。

(1) KFold(n_splits=5, *, shuffle=False, random_state=None)：k 折交叉验证模型，n_splits 即 k，至少为 2；当 shuffle=True 时，设置 random_state 才有效。

(2) LeaveOneOut()：留一法，等价于 KFold(n_splits=N)以及 LeavePOut(p=1)，N 为样本总数。

(3) LeavePOut(p)：从 N 个样本中选择 p 个样本构成测试样本集，其他为训练样本集，总共有 C_N^p 种划分。

(4) RepeatedKFold(*, n_splits=5, n_repeats=10, random_state=None)：将 k 折交叉验证重复 n_repeats 次，即 p 次 k 折交叉验证。

以上模型都有一个 split 方法实现数据集划分，split(X, y=None, groups=None)，可以不指出标签 y，返回训练样本集 train 和测试样本集 test 的样本索引。

(5) StratifiedKFold(n_splits=5, *, shuffle=False, random_state=None)：分层的 k 折交叉验证，在划分训练样本集和测试样本集时，每一折中各类样本与原样本集分布相同。使用 split(X, y, groups=None)对数据集 X 进行划分，需要指明类标签 y。

另外还有 GroupKFold、StratifiedGroupKFold 等特殊的交叉验证方法，不再一一介绍。

除了拆分样本集的模型以外，model_selection 模块还有可以直接估计采用交叉验证的模型性能的函数 cross_val_score、cross_validate 和 cross_val_predict，可以结合 6.1.2 节的分类器性能度量方法，自行设计程序验证。

【例 6-1】 导入 iris 数据集，分别采用留出法、留一法、3 折交叉验证法和 3 折分层交叉验证法进行数据集划分。

程序如下：

```
from sklearn import model_selection as ms        #导入 model_selection 模块
from sklearn.datasets import load_iris
import numpy as np
iris = load_iris()
X, y = iris.data, iris.target
X_train, X_test, y_train, y_test = ms.train_test_split(X, y, test_size=0.1)
print("留出法划分的训练样本集和测试样本集样本数：%s, %s" % (X_train.shape[0], X_test.
shape[0]))
loo = ms.LeaveOneOut()                            #留一法
sp_loo = list(enumerate(loo.split(X)))
```

```
num_train = [len(train_id) for i, (train_id, test_id) in sp_loo]
num_test = [len(test_id) for i, (train_id, test_id) in sp_loo]
print("留一法划分的训练样本集和测试样本集样本数:")
print(num_train, "\n", num_test)
kf = ms.KFold(n_splits = 3)                           #3 折交叉验证
sp_kf = list(enumerate(kf.split(X)))
print("k 折交叉验证各类及样本数:")
for i, (train_id, test_id) in sp_kf:
    y_tr, count_tr = np.unique(iris.target[train_id], return_counts = True)
    y_te, count_te = np.unique(iris.target[test_id], return_counts = True)
    print(f"第{i}折:", "训练样本集:%s, %s" % (y_tr, count_tr),
                      "测试样本集:%s, %s" % (y_te, count_te))
skf = ms.StratifiedKFold(n_splits = 3)                #分层 3 折交叉验证
sp_skf = list(enumerate(skf.split(X, y)))
print("分层 k 折交叉验证各类及样本数:")
for i, (train_id, test_id) in sp_skf:
    y_tr, count_tr = np.unique(iris.target[train_id], return_counts = True)
    y_te, count_te = np.unique(iris.target[test_id], return_counts = True)
    print(f"第{i}折:", "训练样本集:%s, %s" % (y_tr, count_tr),
                      "测试样本集:%s, %s" % (y_te, count_te))
```

运行程序,在输出窗口输出:

```
留出法划分的训练样本集和测试样本集样本数:135, 15
留一法划分的训练样本集和测试样本集样本数:
    [149, 149, 149, 149, 149, 149, 149, 149, 149, 149, ……, 149]
    [1, 1, 1, 1, 1, 1, 1, 1, 1, 1, ……,1]
k 折交叉验证各类及样本数:
第 0 折: 训练样本集:[1 2],[50 50] 测试样本集:[0],[50]
第 1 折: 训练样本集:[0 2],[50 50] 测试样本集:[1],[50]
第 2 折: 训练样本集:[0 1],[50 50] 测试样本集:[2],[50]
分层 k 折交叉验证各类及样本数:
第 0 折: 训练样本集:[0 1 2],[33 33 34] 测试样本集:[0 1 2],[17 17 16]
第 1 折: 训练样本集:[0 1 2],[33 34 33] 测试样本集:[0 1 2],[17 16 17]
第 2 折: 训练样本集:[0 1 2],[34 33 33] 测试样本集:[0 1 2],[16 17 17]
```

可以看出,分层 k 折交叉验证中每一折各类样本与原样本集相同。

3) 自举法

自举法实际是可重复采样,从样本集 $\mathscr{X}$ 中随机抽取一个样本复制后放入样本集 $\mathscr{X}_1$ 中,该样本仍然保留在原样本集 $\mathscr{X}$ 中,下次采样依然有可能抽取到,重复 m 次采样后得到包含 m 个样本的样本集 $\mathscr{X}_1$;多次采样同一样本集得到多组样本集,可用于设计多个个体分类器。

自举法在样本集较小、难以有效划分时很有用,但是新的样本集改变了初始样本集的分布,会引入估计偏差。

scikit-learn 库中 utils 模块的 resample 函数可以用来实现一致重采样,其调用格式如下。

```
resample( *arrays, replace = True, n_samples = None, random_state = None, stratify = None)
```

其中,arrays 是原数据集;replace 表示是否允许样本重复;n_samples 给定要生成的样本数,设置为 None 时相当于设置为 arrays 第一维的值,如果 replace 为 False,n_samples 不能大于 arrays 元素数;stratify 非 None 时,表示采用分层模式。

【例 6-2】 按照指数分布生成 10 个随机数，利用 resample 函数进行自举采样。

程序如下：

```
import numpy as np
from sklearn.utils import resample
X = np.random.default_rng().exponential(scale=5, size=10)    #生成服从指数分布的随机数
np.set_printoptions(precision=2)
print("原数据集:", X)
for i in range(3):
    re_X = resample(X, n_samples=None, random_state=None)    #重采样
    print(f"第{i}次采样:", re_X)
```

运行程序，将在输出窗口输出原数据集和三次采用数据集，由于 n_samples＝None，三次重采样的样本数都是 10。

2. 属性扰动

属性扰动是指随机选择训练样本部分维的数据，构成若干属性子集，基于每个属性子集训练个体分类器。对于包含大量冗余属性的数据，用属性子集进行训练，可以增强个体分类器的差异性，也因为属性个数减少而降低计算量，节省了时间开销。同时，由于属性间的冗余性，减少一些属性后依然能保证分类器的性能。但是，如果数据本身属性较少，或者冗余性低，则不适合采用这种方法。

3. 参数扰动

分类器的设计一般都有参数需要进行设置，通过随机设置不同的参数，产生差异性较大的个体分类器。参数较少的分类器，也可以将训练过程中的某些环节用其他方式替代，达到使用不同参数的目的。

6.1.2 分类器性能度量

对于二分类问题，用正例(Positive)和负例(Negative)代表两类，不考虑拒绝决策的情况，真实状态和决策结果的可能关系有四种组合：真正例(True Positive，TP)、假负例(False Negative，FN)、假正例(False Positive，FP)和真负例(True Negative，TN)，如表 6-1 所示。真正例和真负例是正确分类；假正例和假负例为错误分类，分别称作误报(虚警)、漏报。

表 6-1 二分类时真实状态与决策结果的可能关系

真实状态	决策结果	
	正例	负例
正例	真正例(TP)	假负例(FN)
负例	假正例(FP)	真负例(TN)

用 TP、FN、FP、TN 分别表示对应情况的样本数，(TP＋FP＋TN＋FN)为样本总数 Total，可以在四种关系的基础上定义多种分类器性能度量指标，例如正确率和错误率。

正确率(Accuracy)，指分类正确的样本比例，定义为

$$\mathrm{Acc}=\frac{\mathrm{TP}+\mathrm{TN}}{\mathrm{Total}} \tag{6-3}$$

错误率(Error Rate)，指分类错误的样本比例，定义为

$$\mathrm{ER}=1-\mathrm{Acc}=\frac{\mathrm{FP}+\mathrm{FN}}{\mathrm{Total}} \tag{6-4}$$

在前几章所学习的分类器的例题中，主要采用了分类的正确率（错误率）衡量分类器的性能，除此之外，还有以下一些常用的分类器性能度量方法。

1. 查准率、查全率及相关性能度量

正确率、错误率很常用，但不能满足所有任务需求。例如，视频处理中目标检测问题，希望了解检测到的目标中有多少是真正的目标，有多少目标被检测到，错误率不能满足要求，需要定义其他的性能度量。

查准率（Precision），指所有被决策为正例的样本中正确决策的比例，定义为

$$P=\frac{\mathrm{TP}}{\mathrm{TP}+\mathrm{FP}} \tag{6-5}$$

查全率（Recall），指所有真实正例样本中被正确决策的比例，也称为召回率，定义为

$$R=\frac{\mathrm{TP}}{\mathrm{TP}+\mathrm{FN}} \tag{6-6}$$

查准率和查全率是一对矛盾的度量，不能同时得到最优值，往往查全率越高，查准率越低；查全率越低，查准率越高。例如，目标检测时，将所有的待检测区域都作为目标，查全率必然高，但查准率就比较低；如果只标记最有把握的区域，查准率较高，但会漏掉一些目标，查全率会较低。

通过调整分类器的阈值参数，可以得到很多对不同的 P、R 值，以查准率 P 为纵轴，以查全率 R 为横轴作图，绘制的曲线称为 P-R 曲线，显示该曲线的图称为 P-R 图。

例如，线性判别函数 $g(\boldsymbol{x})=\boldsymbol{w}^{\mathrm{T}}\boldsymbol{x}+w_0$，按照某种准则获得最佳的 $\boldsymbol{w}$ 和 w_0 参数后，引入余量 b，希望 $g(\boldsymbol{x}_i)=\boldsymbol{w}^{\mathrm{T}}\boldsymbol{x}_i+w_0\geqslant b$，决策 $\boldsymbol{x}_i$ 为正例；$g(\boldsymbol{x}_i)=\boldsymbol{w}^{\mathrm{T}}\boldsymbol{x}_i+w_0\leqslant b$，决策 $\boldsymbol{x}_i$ 为负例，可以通过调整 b 来获取不同 P、R 值。

也可以采用 P-R 曲线下面的面积 AP（Average Precision，平均查准率）作为性能参数，通常来说一个分类器性能越好，AP 值越高。

scikit-learn 库中 metrics 模块中，提供了多种计算模型性能参数的函数，和分类正确率、查准率和查全率相关的函数如下。

（1）accuracy_score(y_true, y_pred, *, normalize=True, sample_weight=None)：根据样本的真实类别标签 y_true 和预测类别标签 y_pred，计算分类正确数目（normalize=False）或正确率（normalize=True）。

（2）precision_score(y_true, y_pred, *, labels=None, pos_label=1, average='binary', sample_weight=None, zero_division='warn')：计算查准率。labels 是当 average != 'binary'时要计算查准率的一组类别标签；pos_label 用于二分类情况下指定正例类别标签；average 指明多类情况下如何计算评价值的平均值，可取'micro'、'macro'、'samples'、'weighted'、'binary'（默认）或 None。

（3）recall_score(y_true, y_pred, *, labels=None, pos_label=1, average='binary', sample_weight=None, zero_division='warn')：计算查全率。

在选择分类模型时，可以通过设置 scoring 参数，计算不同的性能指标，设置 scoring 为'accuracy'、'precision'、'recall'时，即是计算正确率、查准率和查全率。

（4）precision_recall_curve(y_true, y_score=None, *, pos_label=None, sample_weight=None, drop_intermediate=False)：计算不同阈值下的一组 P-R 值，返回 P、R 以

及阈值，用于二分类情况；参数 y_score 可以是估计的属于正例的概率或判别函数值。

(5) average_precision_score(y_true, y_score, *, average='macro', pos_label=1, sample_weight=None)：计算 P-R 曲线下面的面积 AP 值。此处 AP 根据 $\sum_i (R_i - R_{i-1}) P_i$ 计算，i 指第 i 个阈值；y_true 指二值类标签；y_score 可以是估计的属于正例的概率或决策函数值。

(6) PrecisionRecallDisplay 模型：绘制 P-R 曲线，一般通过 from_estimator 和 from_predictions 方法创建模型，调用格式如下。

from_estimator(estimator, X, y, *, sample_weight=None, pos_label=None, drop_intermediate=False, response_method='auto', name=None, ax=None, plot_chance_level=False, chance_level_kw=None, ** kwargs)：给定分类器和数据情况下绘制 P-R 曲线。参数 response_method 指定计算 P、R 值时的目标响应值，可选 'predict_proba'、'decision_function'和'auto'；name 指定图例标记，默认显示为"Classifier"。

from_predictions(y_true, y_pred, *, sample_weight=None, pos_label=None, drop_intermediate=False, name=None, ax=None, plot_chance_level=False, chance_level_kw=None, ** kwargs)：二分类情况下绘制 P-R 曲线。

【例 6-3】 利用最小二乘法和最小距离分类器对 iris 数据集中的'versicolor'和'virginica'设计线性判别函数进行分类，计算正确率、查准率和查全率，计算并绘制 P-R 曲线。

程序如下：

```
from sklearn.datasets import load_iris
import numpy as np
from sklearn import metrics as mt
from sklearn.linear_model import LinearRegression
from matplotlib import pyplot as plt
iris = load_iris()
X, y = iris.data[50: 150], iris.target[50: 150] - 1
clr = LinearRegression().fit(X, y)                          #拟合最小二乘法模型
pred_l = clr.predict(X)
y_pred_l = np.zeros(np.shape(pred_l))
y_pred_l[pred_l > 0.5] = 1                                  #最小二乘法预测结果
acc = mt.accuracy_score(y, y_pred_l)
P, R = mt.precision_score(y, y_pred_l), mt.recall_score(y, y_pred_l)
print("最小二乘法分类正确率、查准率、查全率分别为 %.2f, %.2f, %.2f" % (acc, P, R))
mu0, mu1 = np.mean(X[y == 0, :], 0), np.mean(X[y == 1, :], 0)
pred_d = np.linalg.norm(X - mu0, axis = 1) - np.linalg.norm(X - mu1, axis = 1)
P_l, R_l, T_l = mt.precision_recall_curve(y, pred_l)
P_d, R_d, T_d = mt.precision_recall_curve(y, pred_d)
plt.rcParams['font.sans - serif'] = ['SimSun']
plt.plot(R_l, P_l, 'g-', label = '最小二乘法')
plt.plot(R_d, P_d, 'b--', label = '最小距离分类器')
plt.legend()
plt.xlabel('Recall', fontproperties = 'Times New Roman')
plt.ylabel('Precision', fontproperties = 'Times New Roman')
plt.xticks(fontproperties = 'Times New Roman')
plt.yticks(fontproperties = 'Times New Roman')
plt.show()
```

程序中通过调用 accuracy_score、precision_score 以及 recall_score 计算了最小二乘法

的分类正确率、查准率和查全率，在输出窗口输出：

```
最小二乘法分类正确率、查准率、查全率分别为 0.97, 0.96, 0.98
```

采用 precision_recall_curve 函数计算了两个分类器的系列 P、R 值，利用 plot 函数绘制了 P-R 曲线，如图 6-2(a)所示。

可以利用 PrecisionRecallDisplay 模型自动绘制分类器的 P-R 图，只需输入原样本标签和预测标签，调用语句如下：

```
mt.PrecisionRecallDisplay.from_predictions(y, pred_l, name = 'LSM')      #最小二乘法 P-R图
mt.PrecisionRecallDisplay.from_predictions(y, pred_d, name = 'MDC')      #最小距离法 P-R图
```

运行结果如图 6-2(b)和图 6-2(c)所示。

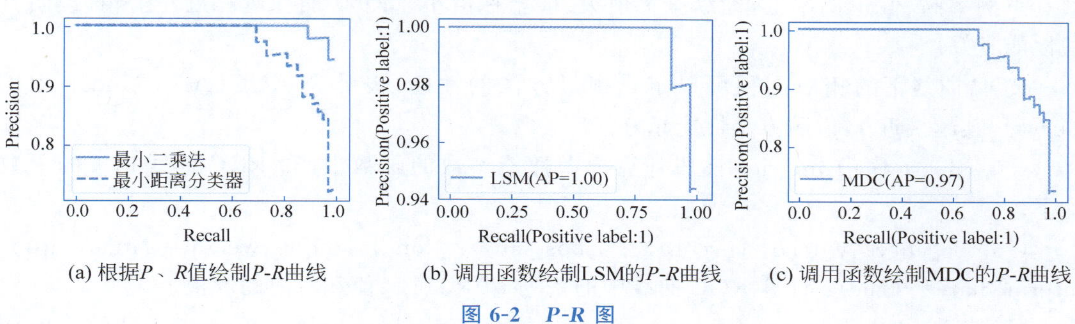

(a) 根据P、R值绘制P-R曲线　(b) 调用函数绘制LSM的P-R曲线　(c) 调用函数绘制MDC的P-R曲线

图 6-2　P-R 图

P-R 图直观地显示了分类器在样本总体上的查全率和查准率。很明显，如果分类器 1 的 P-R 曲线在分类器 2 的 P-R 曲线的右上方，查全率相同时，分类器 1 的查准率高；查准率相同时，分类器 1 的查全率高，所以，分类器 1 的性能优于分类器 2，如图 6-2(a)中最小二乘法分类器的实线在最小距离分类器的虚线右上方。如果两个分类器的 P-R 曲线出现交叉，一般难以判断两者孰优孰劣，只能在具体的查全率和查准率条件下对比。另外图 6-2(b)中 AP 值大于图 6-2(c)中 AP 值，也说明对于这个分类任务，最小二乘法性能优于最小距离分类器。

可以基于 P、R 值定义 F_1 度量，即

$$F_1 = \frac{2PR}{P+R} = \frac{2\text{TP}}{\text{Total}+\text{TP}-\text{TN}} \tag{6-7}$$

F_1 度量是查准率和查全率的调和平均数，介于 0 和 1 之间，较高的 F_1 表示更好的分类性能。

在对查准率和查全率的重视程度不一样时，可以定义 F_β 为

$$F_\beta = \frac{(1+\beta^2)PR}{\beta^2 P + R} \tag{6-8}$$

其中，$\beta>0$，表示查全率 R 对查准率 P 的相对重要性。$\beta>1$ 时，查全率 R 有更大影响；$\beta<1$ 时，查准率 P 有更大影响；$\beta=1$ 时，P、R 同等重要，即为 F_1 度量。

2. ROC 曲线及相关性能度量

真正例率(True Positive Rate)，指真实正例样本中被正确检测的比例，还可以称为灵敏度(Sensitivity)，其实和查全率一致，表示为

$$\text{TPR} = \frac{\text{TP}}{\text{TP}+\text{FN}} \tag{6-9}$$

假正例率(False Positive Rate)，指所有真实负例样本中被检测为正例样本的比例，定义为

$$FPR=\frac{FP}{TN+FP} \tag{6-10}$$

同 P-R 曲线一样，通过调整分类器的阈值参数，可以得到很多对不同的 TPR 和 FPR 值。以假正例率作为横坐标，真正例率作为纵坐标，所绘制的曲线称为 ROC(Receiver Operating Characteristic)曲线，反映随着阈值的变化两类错误率的变化情况，可以用来比较两种分类判别方法的性能，也可以用来作为特征与类别相关性的度量。

ROC 曲线必须在对角线左上方才有实际价值，因为对于一个决策方法而言，总是希望其真正例率高、假正例率低，即纵坐标值大、横坐标值小。ROC 曲线越靠近左上角，说明方法性能越好。

ROC 曲线下的相对面积可以定量衡量方法的性能，表示为 AUC(Area Under ROC Curve)，其越接近 1，说明方法性能越好。

scikit-learn 库中 metrics 模块计算模型性能参数的函数中，和 ROC 曲线相关的函数如下。

(1) roc_curve(y_true, y_score, *, pos_label=None, sample_weight=None, drop_intermediate=True)：计算 ROC 曲线中的系列 FPR、TPR 值和对应的阈值。

(2) roc_auc_score(y_true, y_score, *, average='macro', sample_weight=None, max_fpr=None, multi_class='raise', labels=None)：计算 ROC 曲线的 AUC 值，可以用于二分类、多分类和多标签情况。参数 multi_class 用于多分类情况，需指明'ovr'或'ovo'。

(3) RocCurveDisplay 模型：绘制 ROC 曲线，一般通过 from_estimator 和 from_predictions 方法创建模型。

【例 6-4】 采用支持向量机和朴素贝叶斯方法对 iris 数据集中的'versicolor'和'virginica'设计线性判别函数进行分类，计算并绘制两种方法的 ROC 曲线。

程序如下：

```
from sklearn.datasets import load_iris
import numpy as np
from sklearn import metrics as mt
from sklearn.svm import SVC
from sklearn.naive_bayes import GaussianNB
from matplotlib import pyplot as plt
iris = load_iris()
X, y = iris.data[50: 150], iris.target[50: 150] - 1
cls = SVC().fit(X, y)
pred_l = cls.predict(X)
gnb = GaussianNB().fit(X, y)
pred_g = gnb.predict(X)
FPR_l, TPR_l, T_l = mt.roc_curve(y, pred_l)
FPR_g, TPR_g, T_g = mt.roc_curve(y, pred_g)
auc_l, auc_g = mt.roc_auc_score(y, pred_l), mt.roc_auc_score(y, pred_g)
print("支持向量机和朴素贝叶斯分类 AUC 分别为 %.2f, %.2f" % (auc_l, auc_g))
plt.plot(FPR_l, TPR_l, 'g-', label = '支持向量机')
plt.plot(FPR_g, TPR_g, 'b--', label = '朴素贝叶斯')
plt.legend()
```

```
plt.rcParams['font.sans-serif'] = ['SimSun']
plt.xlabel('FPR', fontproperties = 'Times New Roman')
plt.ylabel('TPR', fontproperties = 'Times New Roman')
plt.xticks(fontproperties = 'Times New Roman')
plt.yticks(fontproperties = 'Times New Roman')
plt.show()
```

运行程序,将在输出窗口输出:

```
支持向量机和朴素贝叶斯分类 AUC 分别为 0.96, 0.94
```

程序运行结果如图 6-3 所示,支持向量机的 ROC 曲线相较于朴素贝叶斯分类器的 ROC 曲线更靠近左上方,说明在本例中支持向量机的分类性能更好。

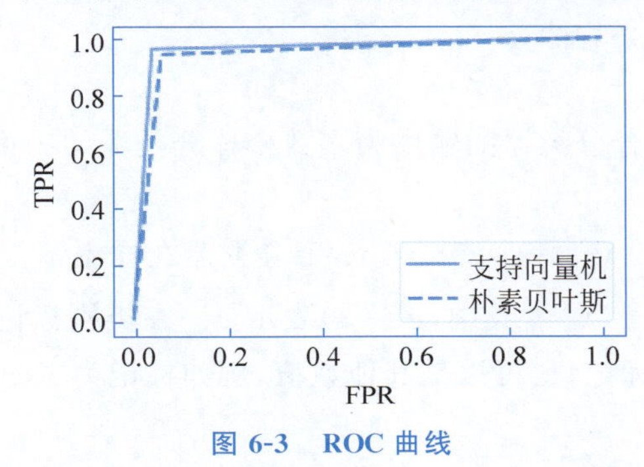

图 6-3　ROC 曲线

3. 其他度量方法

除了 P-R、ROC 曲线外,也常用决策错误带来的损失衡量分类器的性能,用矩阵表示,第 i 行、第 j 列的元素表示第 i 类样本被决策为第 j 类的代价,和最小风险贝叶斯决策中的损失表含义一样,称为代价矩阵。

计算复杂度也是一种常用的度量方法,一般通过比较分类器在执行过程中耗费的 CPU 总数来实现。对于组合分类器的设计,涉及多个分类器的设计、分类器的更新以及样本分类等多个方面,尤其是数据量较大的情况,需要考虑计算复杂度。

实际问题中采集的数据可能会有干扰或不完整,例如,由于隐私保护、测试成本等原因,导致某些属性缺失。如果去掉这些不完整数据,会导致信息的浪费,所以,常常要考虑分类器模型能否处理含有噪声的或不完整的数据,即衡量分类器的鲁棒性。

在对比不同分类器能力的时候,使用不同的性能度量评价不同的方面,但不能简单地定义分类器的好坏,需要根据具体的任务需求、数据分布特点等,选择合适的分类器。

6.1.3　组合策略

不同分类器的输出也是不一样的,不同类型的输出不能直接混用比较,需要根据具体的情况选择组合策略,常用的有平均规则、投票规则和加权处理等方法。

假设 M 个个体分类器在样本 $\boldsymbol{x}$ 上的输出为 $g_m(\boldsymbol{x}), m=1,2,\cdots,M$,下面根据不同的情况采用不同的策略对 $g_m(\boldsymbol{x})$进行组合。

1. 平均规则

对于数值型输出 $g_m(\boldsymbol{x})\in\mathbf{R}$,平均规则是指将 $g_m(\boldsymbol{x})$简单求平均,即

$$g(\boldsymbol{x})=\frac{1}{M}\sum_{m=1}^{M}g_m(\boldsymbol{x}) \tag{6-11}$$

或者进行加权求平均，即

$$g(\boldsymbol{x})=\sum_{m=1}^{M}\alpha_m g_m(\boldsymbol{x}) \tag{6-12}$$

$\alpha_m \geqslant 0$ 是 $g_m(\boldsymbol{x})$ 的权重，$\sum_{m=1}^{M}\alpha_m=1$。简单求平均是加权平均法的特例，权重 $\alpha_m=1/M$。

加权平均法的权重一般从训练样本中训练得到，有可能受到训练样本的噪声等因素影响而导致权重不完全可靠，或者由于要训练的权重过多而导致过拟合。一般在个体分类器性能相近时适宜采用简单平均法。

2. 投票规则

投票规则的含义是组合分类器的输出为多数个体分类器的决策结果，根据细则的不同，可以区分为不同的方法。

设类别标记集合为$\{y_1,y_2,\cdots,y_c\}$，第 m 个分类器在样本 $\boldsymbol{x}$ 上的输出表示为一个向量 $[g_m^1(\boldsymbol{x})\quad g_m^2(\boldsymbol{x})\quad\cdots\quad g_m^c(\boldsymbol{x})]$，其中，$g_m^j(\boldsymbol{x})$表示 g_m 在类别标记 y_j 上的输出，可以是用1/0表示的是否决策为该标记，也可以是其他数值，例如标记为 y_j 的概率。

1）绝对多数投票法

$$g(\boldsymbol{x})=\begin{cases}y_i, & \sum_{m=1}^{M}g_m^i(\boldsymbol{x})>\frac{1}{2}\sum_{m=1}^{M}\sum_{j=1}^{c}g_m^j(\boldsymbol{x})\\ \text{拒绝决策}, & \text{其他}\end{cases} \tag{6-13}$$

如果个体分类器对某个样本 $\boldsymbol{x}$ 进行类别标记，得 M 个类别标签，若某个类别标签得票超过半数，则组合分类器预测 $\boldsymbol{x}$ 为该类别；否则拒绝决策。使用类别标记投票称为硬投票。例如，3个类别，采用3个分类器，3个分类器对某样本 $\boldsymbol{x}$ 的输出为$[0\quad 1\quad 0]$、$[0\quad 1\quad 0]$、$[0\quad 0\quad 1]$，$\sum_{m=1}^{3}g_m^2(\boldsymbol{x})=2>3/2$，得票超过一半，将该样本决策为 ω_2 类。

如果个体分类器输出的是数值型，则 M 个个体分类器对样本 $\boldsymbol{x}$ 在某一类别 ω_i 上的输出和大于所有输出和的一半，标记样本为该类别标记 y_i，否则拒绝决策，称其为软投票。例如，3个类别，采用3个分类器，3个分类器对某样本 $\boldsymbol{x}$ 的输出为$[0.2\quad 0.6\quad 0.2]$、$[0.3\quad 0.6\quad 0.1]$、$[0.1\quad 0.5\quad 0.4]$，$\sum_{m=1}^{3}g_m^2(\boldsymbol{x})=1.7>3/2$，将该样本决策为 ω_2 类。

2）相对多数投票法

$$\text{若}\sum_{m=1}^{M}g_m^i(\boldsymbol{x})=\max_{j=1,2,\cdots,c}\sum_{m=1}^{M}g_m^j(\boldsymbol{x}),\quad \text{则 } g(\boldsymbol{x})=y_i \tag{6-14}$$

组合分类器预测样本 $\boldsymbol{x}$ 为得票最多的标记，若同时多个标记获得相同最高票，从中随机选择一个标记。和绝对多数投票法相比，相对多数投票法没有拒绝决策。

3）加权投票法

$$\text{若}\sum_{m=1}^{M}\alpha_m g_m^i(\boldsymbol{x})=\max_{j=1,2,\cdots,c}\sum_{m=1}^{M}\alpha_m g_m^j(\boldsymbol{x}),\quad \text{则 } g(\boldsymbol{x})=y_i \tag{6-15}$$

其中,权重 $\alpha_m \geqslant 0$,且 $\sum_{m=1}^{M} \alpha_m = 1$。

scikit-learn 库中 ensemble 模块的 VotingClassifier 模型实现投票分类,其简要介绍如下。

```
VotingClassifier(estimators, *, voting = 'hard', weights = None, n_jobs = None, flatten_
transform = True, verbose = False)
```

其中,参数 estimators 是用于投票的各分类器;voting 是投票方式,可选'hard'、'soft',对应硬投票和软投票;weights 是加权投票的权值;flatten_transform 决定 transform 方法返回的矩阵形状,voting 为'hard'时,形状为(n_samples, n_classifiers),voting 为'soft'时,flatten_transform 取 True 和 False 分别对应形状(n_samples, n_classifiers * n_classes)和(n_classifiers, n_samples, n_classes)。

VotingClassifier 模型主要方法有 fit、predict、predict_proba、score 等,含义和其他模型对应方法一样;transform(X)方法,返回各个分类器对样本 X 预测的类标签或者分类概率。

【例 6-5】 导入 iris 数据集,分别采用朴素贝叶斯分类器、线性分类器和 k 近邻分类器进行投票分类。

程序如下:

```
import numpy as np
from sklearn.datasets import load_iris
from sklearn.naive_bayes import GaussianNB
from sklearn.discriminant_analysis import LinearDiscriminantAnalysis
from sklearn.neighbors import KNeighborsClassifier
from sklearn.ensemble import VotingClassifier
from matplotlib import pyplot as plt
iris = load_iris()
X, y = iris.data[:, 2:], iris.target                                #获取样本及类别标签
clf1 = GaussianNB()                                                 #设置朴素贝叶斯分类器
clf2 = LinearDiscriminantAnalysis()                                 #设置线性分类器
clf3 = KNeighborsClassifier(n_neighbors = 7, weights = 'distance')  #设置 k 近邻分类器
e_clf = VotingClassifier(estimators = [('gnb', clf1), ('ld', clf2), ('knn', clf3)])
e_clf.fit(X, y)                                                     #拟合硬投票分类器
y_pred = e_clf.predict(X)                                           #对样本进行投票决策
test_x = np.array([X[1, :], X[134, :]])
test_pred = e_clf.transform(test_x)                    #获取三个分类器对两个样本的类别标签预测
print("三个分类器对两个样本的预测分别为\n", test_pred)
plt.plot(X[y == 0, 0], X[y == 0, 1], '.', label = '第 1 类')
plt.plot(X[y == 1, 0], X[y == 1, 1], '+', label = '第 2 类')
plt.plot(X[y == 2, 0], X[y == 2, 1], '>', label = '第 3 类')
plt.plot(X[y != y_pred, 0], X[y != y_pred, 1], 'rx', label = '错分样本')
plt.rcParams['font.sans - serif'] = ['SimSun']
plt.legend()
plt.xticks(fontproperties = 'Times New Roman')
plt.yticks(fontproperties = 'Times New Roman')
plt.show()
```

运行程序,训练样本及错分样本如图 6-4 所示,并在输出窗口输出:

```
三个分类器对两个样本的预测分别为
 [[0 0 0]
  [2 1 2]]
```

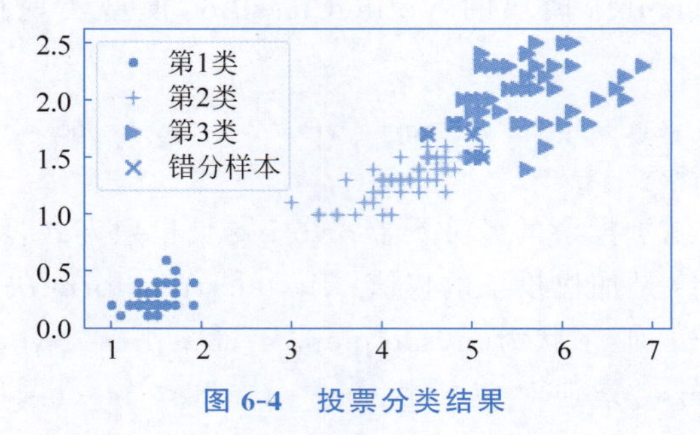

图 6-4 投票分类结果

3. 其他规则

假设 M 个个体分类器都给出对于样本 $\boldsymbol{x}$ 的后验分类概率 $P_m(\omega_j|\boldsymbol{x})$，计算最大后验联合概率

$$P(\omega_i \mid \boldsymbol{x}_1, \boldsymbol{x}_2, \cdots, \boldsymbol{x}_M) = \max_{j=1,2,\cdots,c} P(\omega_j \mid \boldsymbol{x}_1, \boldsymbol{x}_2, \cdots, \boldsymbol{x}_M) \tag{6-16}$$

$\boldsymbol{x}_1, \boldsymbol{x}_2, \cdots, \boldsymbol{x}_M$ 是样本 $\boldsymbol{x}$ 在 M 个分类器的输入表示，有可能有属性扰动，维数不一定完全相同。

根据贝叶斯公式，有

$$P(\omega_j \mid \boldsymbol{x}_1, \boldsymbol{x}_2, \cdots, \boldsymbol{x}_M) = \frac{P(\omega_j) p(\boldsymbol{x}_1, \boldsymbol{x}_2, \cdots, \boldsymbol{x}_M \mid \omega_j)}{p(\boldsymbol{x}_1, \boldsymbol{x}_2, \cdots, \boldsymbol{x}_M)} \tag{6-17}$$

采用统计独立假设，得

$$p(\boldsymbol{x}_1, \boldsymbol{x}_2, \cdots, \boldsymbol{x}_M \mid \omega_j) = \prod_{m=1}^{M} p(\boldsymbol{x}_m \mid \omega_j) \tag{6-18}$$

消去跟类别无关的量，式(6-16)转换为

$$P(\omega_i \mid \boldsymbol{x}_1, \boldsymbol{x}_2, \cdots, \boldsymbol{x}_M) = \max_{j=1,2,\cdots,c} P(\omega_j) \prod_{m=1}^{M} p(\boldsymbol{x}_m \mid \omega_j) \tag{6-19}$$

对于个体分类器，根据贝叶斯公式可知

$$P(\omega_j \mid \boldsymbol{x}_m) = \frac{P(\omega_j) p(\boldsymbol{x}_m \mid \omega_j)}{p(\boldsymbol{x}_m)} \tag{6-20}$$

即

$$p(\boldsymbol{x}_m \mid \omega_j) = \frac{P(\omega_j \mid \boldsymbol{x}_m) p(\boldsymbol{x}_m)}{P(\omega_j)} \tag{6-21}$$

代入式(6-19)，去掉跟类别无关的量，得

$$P(\omega_i \mid \boldsymbol{x}_1, \boldsymbol{x}_2, \cdots, \boldsymbol{x}_M) = \max_{j=1,2,\cdots,c} P(\omega_j)^{1-M} \prod_{m=1}^{M} P(\omega_j \mid \boldsymbol{x}_m) \tag{6-22}$$

以上所述为基于贝叶斯决策思路的组合策略，还可以采用取最大、最小、中值等方法对个体分类器输出进行组合。需要注意，不同类型的分类器输出的类概率值不能直接进行比较，可以转换为类标记输出进行投票。

除了可以将分类器的输出直接组合，也可以通过迭代的方式对样本进行加权设计个体

分类器或者级联分类器等方式，根据具体的分类要求设计合理的组合策略。

6.2 Bagging 算法

Bagging(Bootstrap Aggregating)是指采用自举采样法多次采样同一数据集得到多组数据，分别进行训练得到若干个体分类器，再通过对个体分类器结果投票得到组合分类器决策结果。

【例 6-6】 有 12 个血压数据，如表 6-2 所示，用三个最小距离分类器设计 Bagging 组合分类器。

表 6-2 血压数据

序号	1	2	3	4	5	6
血压	(100,70)	(119,80)	(99,78)	(105,75)	(125,82)	(123,85)
是否高血压	否	否	否	否	否	否
序号	7	8	9	10	11	12
血压	(145,76)	(123,92)	(115,98)	(150,80)	(138,100)	(144,97)
是否高血压	是	是	是	是	是	是

解：(1) 第一个最小距离分类器设计。

随机自举采样，两类各自抽取 4 个样本，序号为 6、6、5、2、10、7、9、8。

计算两类均值：$\boldsymbol{\mu}_1=(122.5,83)$，$\boldsymbol{\mu}_2=(133.25,86.5)$。

最小距离归类：根据 $y=\begin{cases}-1 & \|\boldsymbol{x}-\boldsymbol{\mu}_1\|^2-\|\boldsymbol{x}-\boldsymbol{\mu}_2\|^2<0\\ 1 & \|\boldsymbol{x}-\boldsymbol{\mu}_1\|^2-\|\boldsymbol{x}-\boldsymbol{\mu}_2\|^2\geqslant 0\end{cases}$ 对 12 个样本进行决策，对应输出为 $\boldsymbol{y}_1=(-1,-1,-1,-1,-1,-1,1,-1,-1,1,1,1)$。

(2) 第二个最小距离分类器设计。

随机自举采样，两类各自抽取 4 个样本，序号为 1、2、3、1、10、9、11、11。

计算两类均值：$\boldsymbol{\mu}_1=(104.5,74.5)$，$\boldsymbol{\mu}_2=(135.25,94.5)$。

对样本进行决策，$\boldsymbol{y}_2=(-1,-1,-1,-1,1,1,1,1,1,1,1,1)$。

(3) 第三个最小距离分类器设计。

随机自举采样，两类各自抽取 4 个样本，序号为 4、6、4、6、8、11、8、11。

计算两类均值：$\boldsymbol{\mu}_1=(114,80)$，$\boldsymbol{\mu}_2=(130.5,96)$。

对样本进行决策，$\boldsymbol{y}_3=(-1,-1,-1,-1,-1,-1,1,1,1,1,1,1)$。

(4) 投票表决(表 6-3)。

表 6-3 对 12 个血压数据投票表决

序号	1	2	3	4	5	6	7	8	9	10	11	12
$\boldsymbol{y}_1$	−1	−1	−1	−1	−1	−1	1	−1	−1	1	1	1
$\boldsymbol{y}_2$	−1	−1	−1	−1	1	1	1	1	1	1	1	1
$\boldsymbol{y}_3$	−1	−1	−1	−1	−1	−1	1	1	1	1	1	1
投票结果	−1	−1	−1	−1	−1	−1	1	1	1	1	1	1

从投票结果可以看出，组合起来的最小距离分类器提高了识别率。但是，由于本例中样

本过少，随机自举采样的样本可能集中在极个别样本，因此将会导致最小距离分类器的性能下降，进而影响组合分类器的性能。

scikit-learn 库中 ensemble 模块的 BaggingClassifier 模型实现基于 Bagging 算法的分类，对其进行简要介绍。

```
BaggingClassifier(estimator = None, n_estimators = 10, *, max_samples = 1.0, max_features =
1.0, bootstrap = True, bootstrap_features = False, oob_score = False, warm_start = False,
n_jobs = None, random_state = None, verbose = 0, base_estimator = 'deprecated')
```

主要参数如表 6-4 所示。

表 6-4 BaggingClassifier 模型的主要参数表

名称	含义
estimator	个体分类器，低版本中为 base_estimator，默认为 DecisionTreeClassifier
n_estimators	个体分类器数目，默认值为 10
max_samples	从原样本集中抽取的用于训练个体分类器的样本数目或在总样本数中的比例
max_features	从原样本集中抽取的用于训练个体分类器的特征数目或在总特征数中的比例
bootstrap	抽取的样本是否可重复，默认为 True
bootstrap_features	抽取的样本特征是否可重复，默认为 False
oob_score	是否使用没抽取到的样本计算泛化误差，默认为 False，只有 bootstrap 为 True 时使用

BaggingClassifier 模型主要方法有 decision_function、fit、predict、predict_log_proba、predict_proba 和 score 等，含义和其他模型对应方法一样。另外，decision_function 获取的是个体分类器的判别函数平均值。

采用 3 个 GaussianNB 模型对例 6-6 的数据设计 Bagging 组合分类器，程序如下：

```
import numpy as np
from sklearn.naive_bayes import GaussianNB
from sklearn.ensemble import BaggingClassifier
X1 = np.array([[100, 70], [119, 80], [99, 78], [105, 75], [125, 82], [123, 85]])
X2 = np.array([[145, 76], [123, 92], [115, 98], [150, 80], [138, 100], [144, 97]])
X = np.concatenate((X1, X2), 0)
y = np.array([-1, -1, -1, -1, -1, -1, 1, 1, 1, 1, 1, 1])
be = GaussianNB()
clf = BaggingClassifier(estimator = be, n_estimators = 3, random_state = 0)
clf.fit(X, y)
print(clf.predict(X))
```

运行程序，在输出窗口输出：

```
[-1  -1  -1  -1  -1  -1  1  1  1  1  1  1]
```

是组合分类器对 12 个样本的分类结果。

Bagging 算法的计算复杂度包含个体分类器的计算复杂度以及采样和投票过程的计算复杂度，通常采样和投票过程的复杂度较小，因此 Bagging 算法的计算复杂度与个体分类器的计算复杂度同阶，整体较为高效。

6.3 随机森林

随机森林(Random Forest，RF)建立多个决策树，组成一个决策树的“森林”，通过多棵树投票进行决策，有效地提高对新样本的分类准确度，是 Bagging 算法的一种扩展算法。

随机森林与 Bagging 算法相比,除了样本扰动还增加了属性扰动。样本扰动采用自举方法。属性扰动是指对决策树的每个节点,先从该节点的属性集合中随机选择一个包含 k 个属性的子集,再从该子集中选择一个最优属性用于划分。

随机森林简单易实现,在个体分类器数量较少时性能相对较差,这是由于引入属性扰动,个体决策树的性能降低。随着个体分类器数目增加,随机森林训练效率和泛化误差优于 Bagging 算法。

scikit-learn 库中 ensemble 模块的 RandomForestClassifier 实现基于随机森林的组合分类,对其进行简要介绍。

```
RandomForestClassifier(n_estimators = 100, *, criterion = 'gini', max_depth = None, min_samples_split = 2, min_samples_leaf = 1, min_weight_fraction_leaf = 0.0, max_features = 'sqrt', max_leaf_nodes = None, min_impurity_decrease = 0.0, bootstrap = True, oob_score = False, n_jobs = None, random_state = None, verbose = 0, warm_start = False, class_weight = None, ccp_alpha = 0.0, max_samples = None)
```

其中,参数 n_estimators 是随机森林中树的数目,其他参数含义见表 5-10(决策树分类模型参数表)。

RandomForestClassifier 模型的主要方法有 decision_path、fit、predict、predict_log_proba、predict_proba 和 score 等,含义和决策树模型对应方法一样。另有 apply(X)方法,获取 X 中的所有样本在每一棵树中所处叶节点的编号。

【例 6-7】 利用 iris 数据集设计随机森林,并对样本 $[5.7\quad 2.6\quad 3.5\quad 1]^T$ 进行判别。

程序如下:

```
import numpy as np
from sklearn.datasets import load_iris
from sklearn.ensemble import RandomForestClassifier
from sklearn import tree
from matplotlib import pyplot as plt
iris = load_iris()
clf = RandomForestClassifier(n_estimators = 3, min_samples_split = 5 , random_state = 1)
                                                    #3 棵树构建随机森林
clf.fit(iris.data, iris.target)
test_x = np.array([[5.7, 2.6, 3.5, 1]])
ind = clf.apply(test_x)                        #获取待测样本在每一棵树中所处叶节点的编号
tree_id, leaf_id = np.argmin(ind), np.min(ind)
print("待测样本分别位于 3 棵树的", ind, "号节点")
print("待测样本归类为", iris.target_names[clf.predict(test_x)])
print("待测样本位于所显示树的 %d 号节点" % leaf_id)
tree.plot_tree(clf.estimators_[tree_id], impurity = False, node_ids = True)
plt.rcParams['font.sans - serif'] = ['Times New Roman']
plt.show()
```

运行程序,显示待测样本所处叶节点编号最小的一棵树,并在输出窗口输出:

```
待测样本分别位于 3 棵树的 [[9 4 9]] 号节点
待测样本归类为 ['versicolor']
待测样本位于所显示树的 4 号节点
```

6.4 Boosting 算法

Boosting 也是一类融合多个分类器进行决策的算法，这类算法不是简单地对多个分类器的输出进行投票决策，而是通过一个迭代过程对分类器的输入和输出进行加权处理。算法首先从初始训练样本集训练出一个个体分类器，根据个体分类器的决策情况调整训练样本集的分布，使得被错误分类的样本在下一个分类器的训练中受到更多关注；重复进行，直到个体分类器达到一定的数目，或者组合分类器的性能达到要求，再将个体分类器进行加权组合。

6.4.1 AdaBoost 算法

AdaBoost 是 Boosting 算法中著名的代表性算法，该算法通过迭代过程调整数据和弱分类器的权值。在迭代中，如果上一轮的计算中某一数据分类正确，其对应权重相应减少，反之增加；计算弱分类器的分类正确率，正确率提高，加大该分类器权重，反之减少。组合分类器是弱分类器的加权组合。

设训练样本集 $\mathscr{X}=\{\boldsymbol{x}_1,\boldsymbol{x}_2,\cdots,\boldsymbol{x}_N\}$，各自的类别标号 $y_i\in\{-1,1\}$，M 个弱分类器在样本 $\boldsymbol{x}$ 上的输出 $g_m(\boldsymbol{x})\in\{-1,1\}$，$m=1,2,\cdots,M$，每个弱分类器的权重为 α_m，AdaBoost 算法通过训练得到组合分类器，即

第 11 集
微课视频

$$g(\boldsymbol{x})=\mathrm{sgn}\left[\sum_{m=1}^{M}\alpha_m g_m(\boldsymbol{x})\right] \tag{6-23}$$

使得指数损失函数 $J(g)$ 最小，即

$$J(g)=\sum_{i=1}^{N}\mathrm{e}^{[-y_i g(x_i)]} \tag{6-24}$$

通过对 $J(g)$ 求最优，可得各个弱分类器的权重 α_m，进而创建组合分类器。

AdaBoost 算法步骤如下。

(1) 初始化。给每一个训练样本 $\boldsymbol{x}_i$ 以权重 $\beta_i=1/N$，$i=1,2,\cdots,N$，进行初始化。

(2) 迭代。$m=1,2,\cdots,M$，依次设计每个弱分类器。

① 将训练样本加权后构造弱分类器 $g_m(\boldsymbol{x})\in\{-1,1\}$；

② 计算样本用 $\{\beta_i\}$ 加权后的分类错误率，得

$$e_m=\sum_{i=1}^{N}\beta_i r_i \quad r_i=\begin{cases}1, & y_i\neq g_m(x_i)\\ 0, & y_i=g_m(x_i)\end{cases} \tag{6-25}$$

③ 如果 $e_m<0.5$，确定该分类器在组合分类器中的权重，得

$$\alpha_m=\frac{1}{2}\ln\left(\frac{1-e_m}{e_m}\right) \tag{6-26}$$

否则，退出循环。

④ 修改样本权重

$$\beta_i\leftarrow\frac{\beta_i\exp(-\alpha_m y_i g_m(\boldsymbol{x}_i))}{z_m} \tag{6-27}$$

其中，$z_m=\sum_{i=1}^{N}\beta_i\exp(-\alpha_m y_i g_m(\boldsymbol{x}_i))$为归一化因子。

(3) 决策分类。待分类样本 $\boldsymbol{x}$，按式(6-23)得组合分类器输出。

【例 6-8】 有 12 个血压数据，如表 6-1 所示，弱分类器采用最小距离分类器，采用 AdaBoost 算法设计组合分类器。

解：直接采用最小距离分类器分类，两类均值$\boldsymbol{\mu}_1=(111.83,78.33)$，$\boldsymbol{\mu}_2=(135.83,90.5)$，对样本进行归类，得 $\boldsymbol{g}=(-1,-1,-1,-1,-1,-1,1,1,-1,1,1,1)$，正确率为 91.67%。

基于 AdaBoost 算法设计组合分类器。

(1) 初始化：初始化样本权值，$\beta_i=1/12,i=1,2,\cdots,12$。

(2) 设计最小距离分类器 1。

加权求均值：$\boldsymbol{\mu}_1=\sum_{\boldsymbol{x}_i\in\omega_1}\beta_i\times\boldsymbol{x}_i/\sum_{\boldsymbol{x}_i\in\omega_1}\beta_i=(111.83,78.33)$，$\boldsymbol{\mu}_2=\sum_{\boldsymbol{x}_i\in\omega_2}\beta_i\times\boldsymbol{x}_i/\sum_{\boldsymbol{x}_i\in\omega_2}\beta_i=(135.83,90.5)$。

样本决策归类：$\boldsymbol{g}_1=(-1,-1,-1,-1,-1,-1,1,1,-1,1,1,1)$，9 号样本决策错误。

错误率：$e_1=\beta_9=1/12=0.0833$。

计算分类器权系数：$\alpha_1=\frac{1}{2}\ln\left(\frac{1-e_1}{e_1}\right)=1.1989$。

修改样本权系数：$\beta=(0.0455\ \ 0.0455\ \ 0.0455\ \ 0.0455\ \ 0.0455\ \ 0.0455\ \ 0.0455\ \ 0.0455\ \ 0.5000\ \ 0.0455\ \ 0.0455\ \ 0.0455)$，9 号样本权系数增强。

(3) 设计最小距离分类器 2。

加权求均值：$\boldsymbol{\mu}_1=(111.83,78.33)$，$\boldsymbol{\mu}_2=(122.81,95.19)$。

样本决策归类：$\boldsymbol{g}_2=(-1,-1,-1,-1,1,1,1,1,1,1,1,1)$，5 号和 6 号样本决策错误。

错误率：$e_2=\beta_5+\beta_6=0.0909$。

计算分类器权系数：$\alpha_2=\frac{1}{2}\ln\left(\frac{1-e_2}{e_2}\right)=1.1513$。

修改样本权系数：$\beta=(0.0250\ \ 0.0250\ \ 0.0250\ \ 0.0250\ \ 0.2500\ \ 0.2500\ \ 0.0250\ \ 0.0250\ \ 0.2750\ \ 0.0250\ \ 0.0250\ \ 0.0250)$，5 号和 6 号样本权系数增强。

(4) 设计最小距离分类器 3。

加权求均值：$\boldsymbol{\mu}_1=(120.96,82.21)$，$\boldsymbol{\mu}_2=(122.81,95.19)$。

样本决策归类：$\boldsymbol{g}_3=(-1,-1,-1,-1,-1,-1,-1,1,1,-1,1,1)$，7 号和 10 号样本决策错误。

错误率：$e_3=\beta_7+\beta_{10}=0.0500$。

计算分类器权系数：$\alpha_3=\frac{1}{2}\ln\left(\frac{1-e_3}{e_3}\right)=1.4722$。

修改样本权系数：$\beta=(0.0132\ \ 0.0132\ \ 0.0132\ \ 0.0132\ \ 0.1316\ \ 0.1316\ \ 0.2500\ \ 0.0132\ \ 0.1447\ \ 0.2500\ \ 0.0132\ \ 0.0132)$。

(5) 组合分类器及决策。

决策结果为 $\text{sgn}\left[\sum_{m=1}^{M}\alpha_m g_m(\boldsymbol{x})\right]=(-1,-1,-1,-1,-1,-1,1,1,1,1,1,1)$，正确率为 1。

程序如下：

```
import numpy as np

def min_dist(x, label, coef_x, N):
    x1, x2 = x[label < 0, :], x[label > 0, :]
    w1, w2 = coef_x[label < 0], coef_x[label > 0]
    m1 = np.average(x1, axis = 0, weights = w1)
    m2 = np.average(x2, axis = 0, weights = w2)                    #加权均值
    g = np.ones(N)
    dist1, dist2 = np.linalg.norm(x - m1, axis = 1), np.linalg.norm(x - m2, axis = 1)
    g[dist1 < dist2] = -1                                          #当前个体分类器输出
    em = np.sum(coef_x[g != label])                                #计算错误率
    alpha = np.log((1 - em)/(em + 0.0001))/2 if em < 0.5 else 0    #计算弱分类器权系数
    coef_x * = np.exp( - label * g * alpha)
    coef_x / = np.sum(coef_x)                                      #更新样本权系数
    return coef_x, alpha, g

X = np.array([[100, 70], [119, 80], [99, 78], [105, 75], [125, 82], [123, 85],
              [145, 76], [123, 92], [115, 98], [150, 80], [138, 100], [144, 97]])
y = np.array([ - 1, - 1, - 1, - 1, - 1, - 1, 1, 1, 1, 1, 1, 1])
N, M = X.shape[0], 3
beta, alpha, g = np.ones(N)/N, np.zeros(M), np.zeros([N, M])
for i in range(M):
    beta, alpha[i], g[:, i] = min_dist(X, y, beta, N)              #设计组合分类器
result = np.sign(np.sum(alpha * g, 1))                             #组合分类器决策
acc = np.sum(result == y)/N                                        #计算正确率
np.set_printoptions(precision = 2)
print("三个分类器的权系数为", alpha)
print("正确率为", acc)
```

第 12 集
微课视频

运行程序，输出三个分类器的权系数，和前面计算一致。

AdaBoost 算法分类精度高，不容易过拟合，但由于每次对于错误分类点赋予大的权重，导致对异常点敏感，并且不能预测类别的概率。

6.4.2 多类分类 AdaBoost 算法

在二分类的 AdaBoost 算法中，各弱分类器的权重 α_m 根据式(6-26)计算，当 $e_m>0.5$ 时，$\alpha_m<0$。由式(6-27)可知，其将导致错误样本权重减小，不符合 AdaBoost 算法的基本思想。在二分类时，随机猜测的错误率为 0.5，$e_m\leqslant0.5$ 的假设容易得到满足，能取得较好的分类效果；但在多分类的情况下，随机猜测的错误率为 $(c-1)/c$，随着类别数目增加，初始时模型的误差很难小于 0.5，将导致被上一个模型分类错误的样本在下一个模型中得不到修正。因此，AdaBoost 算法对于多分类效果不理想。

AdaBoost 算法用于多分类时，可以采用 SAMME(Stagewise Additive Modeling Using a Multi-class Exponential Loss Function)和 SAMME. R(R 指 Real)算法模型训练和预测策

略，以提高分类效果。

1. SAMME 算法

设总共有 $c(c>2)$ 个类别，训练样本集 $\mathscr{X}=\{\boldsymbol{x}_1,\boldsymbol{x}_2,\cdots,\boldsymbol{x}_N\}$，各样本类别标签为一个 c 维向量：样本真实类别对应的向量位为 1，其他为 $-1/(c-1)$，即各类别标签向量集合为

$$\boldsymbol{Y}=\left\{\begin{array}{c}\left[1\quad -\dfrac{1}{c-1}\quad \cdots \quad -\dfrac{1}{c-1}\right]^{\mathrm{T}},\\ \left[-\dfrac{1}{c-1}\quad 1\quad \cdots \quad -\dfrac{1}{c-1}\right]^{\mathrm{T}},\\ \vdots \\ \left[-\dfrac{1}{c-1}\quad -\dfrac{1}{c-1}\quad \cdots \quad 1\right]^{\mathrm{T}}\end{array}\right\} \tag{6-28}$$

通过训练得到组合分类器

$$\boldsymbol{g}(\boldsymbol{x})=\sum_{m=1}^{M}\alpha_m \boldsymbol{g}_m(\boldsymbol{x}) \tag{6-29}$$

使得指数损失函数 $J(\boldsymbol{y},\boldsymbol{g})$ 最小，即

$$J(\boldsymbol{y}_i,\boldsymbol{g}(\boldsymbol{x}_i))=\sum_{i=1}^{N}\mathrm{e}^{\left[-\frac{1}{c}\boldsymbol{y}_i^{\mathrm{T}}\boldsymbol{g}(\boldsymbol{x}_i)\right]} \tag{6-30}$$

其中，$\boldsymbol{g}_m(\boldsymbol{x}),\boldsymbol{g}(\boldsymbol{x})\in\boldsymbol{Y}$。

通过优化损失函数，求得分类器权重 α_m，进而创建组合分类器。

SAMME 算法步骤如下。

(1) 初始化。给每一个训练样本 $\boldsymbol{x}_i$ 以权重 $\beta_i=1/N,i=1,2,\cdots,N$，进行初始化。

(2) 迭代。$m=1,2,\cdots,M$，依次设计每个弱分类器。

① 将训练样本加权后构造弱分类器 $\boldsymbol{g}_m(\boldsymbol{x})\in\boldsymbol{Y}$。

② 计算样本用 $\{\beta_i\}$ 加权后的分类错误率 e_m，即

$$e_m=\frac{\sum_{i=1}^{N}\beta_i r_i}{\sum_{i=1}^{N}\beta_i}\quad r_i=\begin{cases}1, & \boldsymbol{y}_i\neq \boldsymbol{g}_m(\boldsymbol{x}_i)\\ 0, & \boldsymbol{y}_i=\boldsymbol{g}_m(\boldsymbol{x}_i)\end{cases} \tag{6-31}$$

其中，$\boldsymbol{y}_i\in\boldsymbol{Y}$ 是每个样本的类别标签向量，$r_i=0$ 表示第 m 个分类器对 $\boldsymbol{x}_i$ 判断正确。

③ 确定该分类器在组合分类器中的权重，得

$$\alpha_m=\ln\left(\frac{1-e_m}{e_m}\right)+\ln(c-1) \tag{6-32}$$

④ 修改样本权重，得

$$\beta_i\leftarrow\frac{\beta_i\exp(\alpha_m r_i)}{z_m} \tag{6-33}$$

其中，$z_m=\sum_{i=1}^{N}\beta_i\exp(\alpha_m r_i)$ 为归一化因子。

(3) 决策分类。待分类样本 $\boldsymbol{x}$，按式(6-34)得组合分类器输出

$$f(\boldsymbol{x})=\arg\max_j\left[\sum_{m=1}^{M}\alpha_m r_j\right] \tag{6-34}$$

其中，$r_j=\begin{cases}1, & \boldsymbol{g}_m(\boldsymbol{x})=\boldsymbol{y}_j \\ 0, & \boldsymbol{g}_m(\boldsymbol{x})\neq\boldsymbol{y}_j\end{cases}$，$j=1,2,\cdots,c$，$\boldsymbol{g}_m(\boldsymbol{x})\in\boldsymbol{Y}$，$r_j=1$ 表示第 m 个分类器判断 $\boldsymbol{x}$ 为第 j 类。

以上步骤中，假设了弱分类器 $\boldsymbol{g}_m(\boldsymbol{x})\in\boldsymbol{Y}$，即弱分类器输出为类别标签向量，实际中，也可以直接用类别号作为类别标签，各弱分类器输出类别号，即 $\boldsymbol{g}_m(\boldsymbol{x})\in\{1,2,\cdots,c\}$。

可以看出，SAMME 算法与二分类 AdaBoost 算法的区别体现在弱分类器的权重 α_m 增加了 $\ln(c-1)$ 项，可知，为了使 $\alpha_m>0$，需要 $1-e_m>1/c$，当 $c=2$ 时，等价于 6.4.1 节的 AdaBoost 算法。

2. SAMME. R 算法

如果弱分类器输出为连续型数值，如类别概率的预测值，对 SAMME 算法进行调整得 SAMME. R 算法，其算法步骤如下。

(1) 初始化。给每一个训练样本 $\boldsymbol{x}_i$ 以权重 $\beta_i=1/N$，$i=1,2,\cdots,N$，进行初始化。

(2) 迭代。$m=1,2,\cdots,M$，依次设计每个弱分类器。

① 将训练样本加权后构造弱分类器 $\boldsymbol{g}_m(\boldsymbol{x})$。

② 计算 $\boldsymbol{g}_m(\boldsymbol{x})$ 预测样本 $\boldsymbol{x}_i$ 为类别 ω_j 的概率的加权值，即加权类概率值

$$p_j^m(\boldsymbol{x}_i)=\beta_i p(\omega_j \mid \boldsymbol{x}_i),\quad j=1,2,\cdots,c \tag{6-35}$$

③ 计算加权类概率值的对数，距离其均值的距离，得

$$h_j^m(\boldsymbol{x}_i)=(c-1)\left[\log p_j^m(\boldsymbol{x}_i)-\frac{1}{c}\sum_{k=1}^{c}\log p_k^m(\boldsymbol{x}_i)\right],\quad j=1,2,\cdots,c \tag{6-36}$$

④ 修改样本权重，得

$$\beta_i \leftarrow \frac{\beta_i \exp\left[-\dfrac{c-1}{c}\boldsymbol{y}_i^{\mathrm{T}}\log\boldsymbol{p}^m(\boldsymbol{x}_i)\right]}{z_m} \tag{6-37}$$

其中，$\boldsymbol{y}_i\in\boldsymbol{Y}$ 是样本 $\boldsymbol{x}_i$ 的类别标签向量，$\boldsymbol{p}^m(\boldsymbol{x}_i)$ 是 $\boldsymbol{x}_i$ 的加权类概率值向量，z_m 为归一化因子，使权值之和为 1，可取 $\sum_{i=1}^{N}\beta_i\exp\left[-\dfrac{c-1}{c}\boldsymbol{y}_i^{\mathrm{T}}\log\boldsymbol{p}^m(\boldsymbol{x}_i)\right]$。

(3) 决策分类。待分类样本 $\boldsymbol{x}$，按式(6-38)得组合分类器输出

$$f(\boldsymbol{x})=\arg\max_j\left[\sum_{m=1}^{M}h_j^m(\boldsymbol{x})\right] \tag{6-38}$$

3. 仿真实现

scikit-learn 库中 ensemble 模块的 AdaBoostClassifier 模型实现基于 AdaBoost 算法的组合分类，对其进行简要介绍。

```
AdaBoostClassifier(estimator = None, * , n_estimators = 50, learning_rate = 1.0, algorithm =
'SAMME.R', random_state = None, base_estimator = 'deprecated')
```

其中，参数 estimator 指定弱分类器，取 None 时选择 max_depth＝1 的 DecisionTreeClassifier；n_estimators 是弱分类器的最大数目；learning_rate 是每次迭代时弱分类器的权系数；algorithm 可取'SAMME'或'SAMME. R'，在后续版本中将取消'SAMME. R'。

AdaBoostClassifier 模型的主要方法有 decision_function、fit、predict、predict_log_proba、predict_proba 和 score 等，含义和其他模型对应方法一样。另外，staged_decision_ function(X)、staged_predict(X)、staged_predict_proba(X)、staged_score(X, y, sample_weight=None)方法,计算每个弱分类器对给定样本的判别函数值、预测值、预测的类概率以及平均正确率。

【例 6-9】 利用 AdaBoost 算法对 iris 数据集设计组合分类器,并对样本$[5.7\quad 2.6\quad 3.5\quad 1]^T$进行判别。

程序如下:

```
import numpy as np
from sklearn import model_selection as ms
from sklearn.datasets import load_iris
from sklearn.ensemble import AdaBoostClassifier
from sklearn.tree import DecisionTreeClassifier
iris = load_iris()
X, y = iris.data, iris.target
X_train, X_test, y_train, y_test = ms.train_test_split(X, y, test_size=0.1)
                                                #获取训练样本集和测试样本集
weak_learner = DecisionTreeClassifier(min_samples_split=5)
clf = AdaBoostClassifier(estimator=weak_learner, n_estimators=3)
clf.fit(X_train, y_train)
test_x = np.array([[5.7, 2.6, 3.5, 1]])
df = clf.decision_function(test_x)
y_pred = clf.predict(test_x)
score = clf.score(X_test, y_test)
np.set_printoptions(precision=2)
print("组合分类器对[5.7, 2.6, 3.5, 1]的三类判别函数值为", df)
print("组合分类器将[5.7, 2.6, 3.5, 1]归类为", iris.target_names[y_pred])
print("组合分类器在测试样本集上的正确率为%.2f" % score)
```

运行程序,在输出窗口输出:

```
组合分类器对[5.7, 2.6, 3.5, 1]的三类判别函数值为[[-24.03 48.06 -24.03]]
组合分类器将[5.7, 2.6, 3.5, 1]归类为['versicolor']
组合分类器在测试样本集上的正确率为0.93
```

6.4.3 Gradient Boosting 算法

Gradient Boosting 算法在生成每个弱分类器时,拟合先前累加模型的损失函数的负梯度,使得新累积模型损失减少。

设训练样本集为$\{(\boldsymbol{x}_i, y_i)\}, i=1,2,\cdots,N$,设计组合分类器$F_M(\boldsymbol{x})$。在第$m-1(m=1,2,\cdots,M)$次迭代获得累积模型$F_{m-1}(\boldsymbol{x})$,各样本对应的伪响应$\tilde{y}_i$为损失函数$L[y_i, F(\boldsymbol{x}_i)]$的负梯度,即

$$\tilde{y}_i = -\left[\frac{\partial L[y_i, F(\boldsymbol{x}_i)]}{\partial F(\boldsymbol{x}_i)}\right]_{F(\boldsymbol{x})=F_{m-1}(\boldsymbol{x})} \tag{6-39}$$

根据$\tilde{y}_i$拟合新学习器$g(\boldsymbol{x}, \boldsymbol{w}_m)$,得其参数$\boldsymbol{w}_m$为

$$\boldsymbol{w}_m = \arg\min_{\boldsymbol{w},\beta} \sum_{i=1}^{N} [\tilde{y}_i - \beta g(\boldsymbol{x}_i, \boldsymbol{w})]^2 \tag{6-40}$$

其中,β用于调节$g(\boldsymbol{x}, \boldsymbol{w}_m)$的输出值。

第m次迭代获得的累积模型$F_m(\boldsymbol{x})$为

$$F_m(\boldsymbol{x}) = F_{m-1}(\boldsymbol{x}) + v\rho_m g(\boldsymbol{x}, \boldsymbol{w}_m) \tag{6-41}$$

其中，ρ_m 是 $g(\boldsymbol{x},\boldsymbol{w}_m)$ 的最优步长，即

$$\rho_m = \arg\min_{\rho} \sum_{i=1}^{N} L(y_i, F_{m-1}(\boldsymbol{x}_i) + \rho g(\boldsymbol{x}_i, \boldsymbol{w}_m)) \tag{6-42}$$

v 是步长的缩减比例，减少过拟合，称为学习率。

很明显，采用不同的损失函数会演变出不同的算法，例如，当 L 为指数损失函数，用 Gradient Boosting 算法可以推导出 AdaBoost 算法。

Gradient Boosting 算法步骤整理如下。

(1) 求 $F_0(\boldsymbol{x})$，得

$$F_0(\boldsymbol{x}) = \arg\min_{\rho} \sum_{i=1}^{N} L(y_i, \rho) \tag{6-43}$$

(2) 迭代。$m=1,2,\cdots,M$，设计组合分类器。

① 按式(6-39)求伪响应 $\tilde{y}_i$。

② 按式(6-40)设计新分类器 $g(\boldsymbol{x},\boldsymbol{w}_m)$。

③ 按式(6-42)求最优步长 ρ_m。

④ 按式(6-41)更新组合分类器 $F_m(\boldsymbol{x})$。

(3) 按 $F_M(\boldsymbol{x})$进行决策分类。

由于在每次迭代中拟合损失函数的负梯度，$g(\boldsymbol{x},\boldsymbol{w}_m)$的输出是连续的，因此累积模型 $F_M(\boldsymbol{x})$也是连续的，如果要实现分类决策，需要选择合适的方法将 $F_M(\boldsymbol{x})$的输出映射为类别或者归属于各类的概率(类似于式(5-18))，具体方法与采用的损失函数以及属于二分类还是多分类问题有关。

如果 Gradient Boosting 算法中采用 CART 回归树作为弱学习器，则称之为梯度提升决策树(Gradient Boosting Decision Tree，GBDT)。CART 回归树用于拟合样本 $\boldsymbol{x}$ 和其连续响应 y 之间的关系，并对具体样本 $\boldsymbol{x}_i$ 的响应值作出预测。CART 回归树构建过程与 CART 分类树类似，但在节点分枝时，采用的是均方误差(Mean Squared Error)等指标来选择最佳的特征划分，叶节点表示的是预测值，可以使用叶节点内样本响应均值表示。

scikit-learn 库中 ensemble 模块的 GradientBoostingClassifier 模型实现基于 GBDT 的组合分类，对其进行简要介绍。

```
sklearn.ensemble.GradientBoostingClassifier(*, loss='log_loss', learning_rate=0.1, n_estimators=100, subsample=1.0, criterion='friedman_mse', min_samples_split=2, min_samples_leaf=1, min_weight_fraction_leaf=0.0, max_depth=3, min_impurity_decrease=0.0, init=None, random_state=None, max_features=None, verbose=0, max_leaf_nodes=None, warm_start=False, validation_fraction=0.1, n_iter_no_change=None, tol=0.0001, ccp_alpha=0.0)
```

其中，参数 loss 指定损失函数，可选'log_loss'和 'exponential'，分别指的是负对数似然损失函数和指数损失函数；learning_rate 是学习率；n_estimators 是弱学习器个数，较小的学习率需要较多的弱学习器以保持恒定的训练误差；Gradient Boosting 算法和自举法相结合时，采用 subsample 指定用于训练弱分类器的样本比例；其余参数是回归决策树参数。

GradientBoostingClassifier 模型的主要方法有 decision_function、fit、predict、predict_log_proba、predict_proba、score、staged_decision_function、staged_predict 和 staged_predict_proba 等，含义同 AdaBoostClassifier 模型方法，另有 apply(X)方法，获取 X 中的所有样本在每一棵树中所处叶节点的编号。

【例 6-10】 利用 GBDT 算法对 iris 数据集设计组合分类器，并对样本$[5.7 \quad 2.6 \quad 3.5 \quad 1]^T$进行判别。

分析：将样本集分为训练样本集和测试样本集，采用训练样本拟合 GradientBoostingClassifier 模型，输出待测样本$[5.7 \quad 2.6 \quad 3.5 \quad 1]^T$的分类结果，并用混淆矩阵显示模型对测试样本集的分类情况。混淆矩阵中第 i 行第 j 列的元素表示属于 ω_i 类但被归类到 ω_j 的样本数。生成混淆矩阵的函数为

```
confusion_matrix(y_true, y_pred, *, labels = None, sample_weight = None, normalize = None)
```

显示混淆矩阵可以采用 ConfusionMatrixDisplay 模型，一般通过 from_estimator 或 from_predictions 方法创建该模型。

程序如下：

```
import numpy as np
from sklearn.datasets import load_iris
from sklearn.ensemble import GradientBoostingClassifier
from sklearn.metrics import ConfusionMatrixDisplay
from sklearn.model_selection import train_test_split
from matplotlib import pyplot as plt
iris = load_iris()
X, y = iris.data, iris.target
X_train, X_test, y_train, y_test = train_test_split(X, y, random_state = 0)
clf = GradientBoostingClassifier(n_estimators = 5).fit(X_train, y_train)
test_x = np.array([[5.7, 2.6, 3.5, 1]])
proba = clf.predict_proba(test_x)
y_pred = clf.predict(test_x)
leaf_id = clf.apply(test_x)
np.set_printoptions(precision = 2)
print("组合分类器对[5.7, 2.6, 3.5, 1]的归类概率为:", proba)
print("组合分类器将[5.7, 2.6, 3.5, 1]归类为:", iris.target_names[y_pred])
print("测试样本在各树所处的叶节点编号为:\n", leaf_id)
ConfusionMatrixDisplay.from_estimator(clf, X_test, y_test, cmap = 'Blues')
plt.rcParams['font.sans - serif'] = ['Times New Roman']
plt.show()
```

第 13 集
微课视频

运行程序，在输出窗口输出：

```
组合分类器对[5.7, 2.6, 3.5, 1]的归类概率为: [[0.19 0.61 0.2 ]]
组合分类器将[5.7, 2.6, 3.5, 1]归类为: ['versicolor']
测试样本在各树所处的叶节点编号为:
 [[[2. 4. 2.]
  [4. 4. 4.]
  [4. 4. 4.]
  [4. 4. 4.]
  [4. 4. 4.]]]
```

可以看出，共设计了 5 个学习器，由于有 3 类，每个学习器有 3 棵树。混淆矩阵如图 6-5 所示，从中可以看出，测试样本集中有一个样本被错误归类。

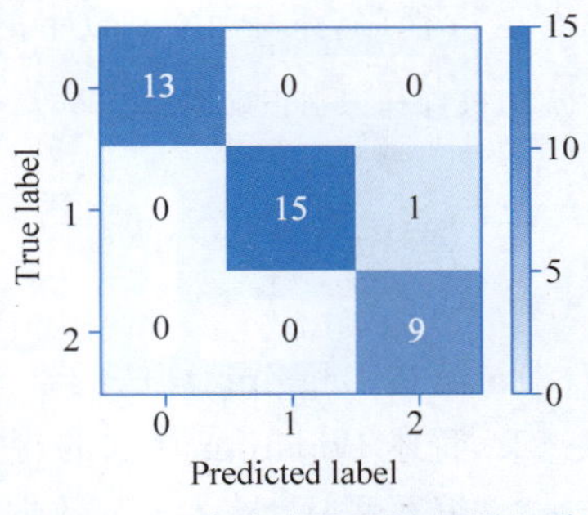

图 6-5 组合分类结果的混淆矩阵

6.5 组合分类的实例

【例 6-11】 对由不同字体的数字图像构成的图像集，实现基于 Bagging 算法的组合分类器设计及判别。

1. 设计思路

采用和例 2-16 相同的预处理方法，提取同样的特征。组合分类器的设计采用随机森林算法，设计方案如图 6-6 所示。

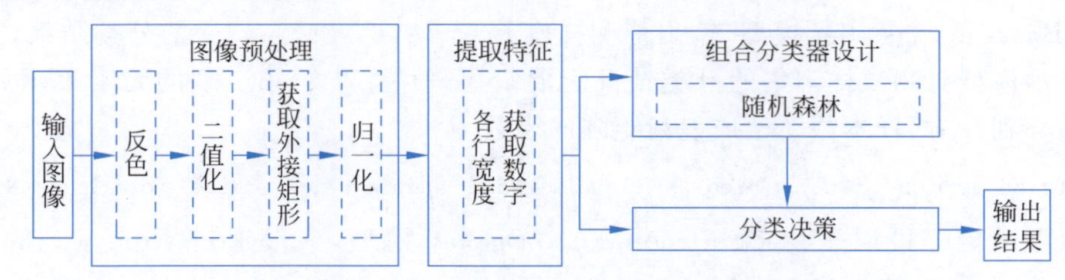

图 6-6 组合分类设计方案框图

2. 程序设计

1）导入 RandomForestClassifier 模型

```
from sklearn.ensemble import RandomForestClassifier
```

2）生成训练样本

读取训练图像文件，经过图像预处理，提取特征，生成训练样本。同例 2-16。

3）设计组合分类器

生成训练样本后，拟合模型。

```
clf = RandomForestClassifier(n_estimators=31, random_state=3)
clf.fit(training, y_train)
```

4）生成测试样本

读取测试图像文件，经过图像预处理，提取特征，生成测试样本。同例 2-16。

5）对测试样本进行决策归类

利用训练好的模型对测试样本进行预测，并测算检测率。

```
ratio = clf.score(testing, y_test)
print("随机森林识别正确率: %.4f" % ratio)
```

3. 实验结果

运行程序，采用 10 个数字的共 50 幅图像进行训练，采用 30 幅图像进行测试，输出：

```
随机森林识别正确率: 0.8667
```

习题

1. 简述 Bagging 算法的含义。

2. 简述 Boosting 算法的含义。

3. 编写程序，导入 iris 数据集，分别采用留出法、10 折交叉验证法、留一法进行数据集划分，并设计随机森林进行分类决策。

4. 设正态分布的均值分别为$\boldsymbol{\mu}_1=[-5 \quad 0]^T$和$\boldsymbol{\mu}_2=[5 \quad 0]^T$，协方差矩阵均为单位矩阵。编写程序，由正态分布生成各 200 个二维向量的数据集，采用 AdaBoost 算法设计组合分类器，并绘制分界线。

第 7 章 无监督模式识别

CHAPTER 7

在实际问题中，常常碰到事先不知道要划分的是什么类别，或者样本没有类别标签的情况，通常需要通过某种方法直接把数据划分为若干类别，称为无监督模式识别、无监督学习、聚类分析等。无监督模式识别方法有很多，主要的思路大致可以分为：基于样本间相似性度量的聚类和基于样本概率分布模型的聚类。本章主要学习有代表性的聚类算法，包括相似性测度、动态聚类算法、层次聚类算法、高斯混合聚类算法、模糊聚类算法、密度聚类算法等。

7.1 聚类算法的基本概念

所谓聚类，一般指将缺少先验知识的样本集划分为若干不相交的子集，每个子集称为一个“簇”(cluster)，或者“类”，其可对应某个概念，但这些概念事先是未知的，聚类中自动形成类，相应的概念根据具体情况命名。例如，一个没有类别标签的血压值样本集，按照血压值的范围聚集为 3 个子集，分别对应“低血压”“正常血压”和“高血压”；也可以聚集为 2 个子集，对应“正常血压”和“不正常血压”。

设无类别标记的样本集 $\mathscr{X}=\{\boldsymbol{x}_1,\boldsymbol{x}_2,\cdots,\boldsymbol{x}_N\}$，将 $\mathscr{X}$ 划分为 c 个不相交的子集 $\mathscr{X}_1,\mathscr{X}_2,\cdots,\mathscr{X}_c$，即

$$\begin{cases}\mathscr{X}=\bigcup\limits_{j=1}^{c}\mathscr{X}_j \\ \mathscr{X}_j\neq\varnothing,\quad 1\leqslant j\leqslant c \\ \mathscr{X}_j\cap\mathscr{X}_i=\varnothing,\quad \forall 1\leqslant i\neq j\leqslant c\end{cases} \tag{7-1}$$

c 个不相交的子集对应 c 个类别 $\{\omega_1,\omega_2,\cdots,\omega_c\}$，可以用数字 $\{1,2,\cdots,c\}$ 表示样本的类标记。

聚类实现数据的聚集，可以是一个单独的分类任务，也可以作为其他任务的前驱。例如，将大量的数据分为有限的几组，将每一组当作独立的实体进行分析处理，可以降低数据量；同时，每一组作为一个类别，对未知类别的数据实现预测。

进行聚类分析，一般要考虑三个问题：一是进行聚类的依据，由于常根据样本间的相似性判断样本是否是同一聚类，所以需要衡量样本之间的相似性，即模式相似性测度；二是聚类的算法，对应聚类的思路、方法和过程；三是聚类性能度量，也称聚类准则函数，用于衡量

聚类结果的有效性。

7.2 相似性测度

7.2.1 样本相似性测度

所谓相似性测度，是指采用某个具体的量表达样本之间的相似程度，相似的样本划分为一簇。数据类型多种多样，相似性测度也有很多种，本节介绍常见的相似性测度。

1. 距离测度

一般情况下，同类样本的特征相似，不同类样本的特征显著不同；也就是同类样本会聚集在一个区域，不同类样本会相对远离。样本点在特征空间内距离的远近直接反映了相应样本所属类别，可作为样本相似性测度。距离越近，相似性越大，属于同一类的可能性就越大；距离越远，相似性越小，属于同一类的可能性就越小。因此，也称距离测度为不相似性测度，可以通过取负值等方法转换为相似度测度。

设有样本 $\boldsymbol{x}_i=(x_{i1},x_{i2},\cdots,x_{in})^{\mathrm{T}}$、$\boldsymbol{x}_j=(x_{j1},x_{j2},\cdots,x_{jn})^{\mathrm{T}}$、$\boldsymbol{x}_k=(x_{k1},x_{k2},\cdots,x_{kn})^{\mathrm{T}}$，将任意两样本的距离定义为函数 d，应满足下列性质。

(1) $d(\boldsymbol{x}_i,\boldsymbol{x}_j)\geqslant 0$，当且仅当 $\boldsymbol{x}_i=\boldsymbol{x}_j$ 时，$d(\boldsymbol{x}_i,\boldsymbol{x}_j)=0$。

(2) $d(\boldsymbol{x}_i,\boldsymbol{x}_j)=d(\boldsymbol{x}_j,\boldsymbol{x}_i)$。

(3) $d(\boldsymbol{x}_i,\boldsymbol{x}_j)\leqslant d(\boldsymbol{x}_j,\boldsymbol{x}_k)+d(\boldsymbol{x}_i,\boldsymbol{x}_k)$。

第 14 集
微课视频

需要指出，模式识别中定义的某些距离测度不满足第 3 个条件，只是在广义上称为距离，常用的距离有以下几种。

1) 欧几里得距离

$$d_{\text{Euc}}(\boldsymbol{x}_i,\boldsymbol{x}_j)=\|\boldsymbol{x}_i-\boldsymbol{x}_j\|=\sqrt{\sum_{k=1}^{n}(x_{ik}-x_{jk})^2} \tag{7-2}$$

简称欧氏距离(Euclidean Distance)。

2) 城市距离

$$d_{\text{Man}}(\boldsymbol{x}_i,\boldsymbol{x}_j)=\sum_{k=1}^{n}|x_{ik}-x_{jk}| \tag{7-3}$$

也称街区距离(City Block Distance)、曼哈顿距离(Manhattan Distance)。

3) 切比雪夫距离

$$d_{\text{Che}}(\boldsymbol{x}_i,\boldsymbol{x}_j)=\max_{k=1,2,\cdots,n}|x_{ik}-x_{jk}| \tag{7-4}$$

4) Minkowski 距离

$$d_{\text{Min}}(\boldsymbol{x}_i,\boldsymbol{x}_j)=\left(\sum_{k=1}^{n}|x_{ik}-x_{jk}|^{p}\right)^{1/p} \tag{7-5}$$

简称闵氏距离。可以看出，当 $p=1$ 时，闵氏距离即城市距离；当 $p=2$ 时，闵氏距离即欧氏距离；当 $p\to\infty$时，闵氏距离即切比雪夫距离。当样本不同属性的重要性不同时，可以使用加权距离作为距离测度，即

$$d_{\text{Min}}(\boldsymbol{x}_i,\boldsymbol{x}_j)=\left(\sum_{k=1}^{n}w_k|x_{ik}-x_{jk}|^{p}\right)^{1/p} \tag{7-6}$$

权重 $w_k \geqslant 0(k=1,2,\cdots,n)$ 满足 $\sum_{k=1}^{n} w_k = 1$。

5）Canberra 距离（Lance 距离、Williams 距离）

$$d_{\mathrm{Can}}(\boldsymbol{x}_i,\boldsymbol{x}_j)=\sum_{k=1}^{n}\frac{|x_{ik}-x_{jk}|}{|x_{ik}|+|x_{jk}|} \tag{7-7}$$

6）Jffreys & Matusita 距离

$$d_{\mathrm{J\&M}}(\boldsymbol{x}_i,\boldsymbol{x}_j)=\sqrt{\sum_{k=1}^{n}\left(\sqrt{x_{ik}}-\sqrt{x_{jk}}\right)^2} \tag{7-8}$$

7）Mahalanobis 距离

$$d_{\mathrm{Mah}}(x_i,x_j)=\sqrt{(\boldsymbol{x}_i-\boldsymbol{x}_j)^{\mathrm{T}}\boldsymbol{\Sigma}^{-1}(\boldsymbol{x}_i-\boldsymbol{x}_j)} \tag{7-9}$$

简称马氏距离。其中，$\boldsymbol{\Sigma}$ 是 $\boldsymbol{x}_i$ 和 $\boldsymbol{x}_j$ 的协方差矩阵，当样本中各元素相互独立时，$\boldsymbol{\Sigma}$ 是对角矩阵，马氏距离即为欧氏距离。

2. 相似测度

1）余弦相似度函数

$$S_{\cos}(\boldsymbol{x}_i,\boldsymbol{x}_j)=\frac{\boldsymbol{x}_i^{\mathrm{T}}\boldsymbol{x}_j}{\|\boldsymbol{x}_i\|\,\|\boldsymbol{x}_j\|} \tag{7-10}$$

两个向量夹角余弦，在模式向量具有扇形分布时常用，余弦值越大，相似度越大。如图 7-1 所示，$S_{\cos}(\boldsymbol{x}_1,\boldsymbol{x}_2)=\cos\theta_1$，$S_{\cos}(\boldsymbol{x}_1,\boldsymbol{x}_3)=\cos\theta_2$，$\cos\theta_1>\cos\theta_2$，$\boldsymbol{x}_1$ 和 $\boldsymbol{x}_2$ 的相似度大于 $\boldsymbol{x}_1$ 和 $\boldsymbol{x}_3$ 的相似度。余弦相似度测度具有旋转不变性。

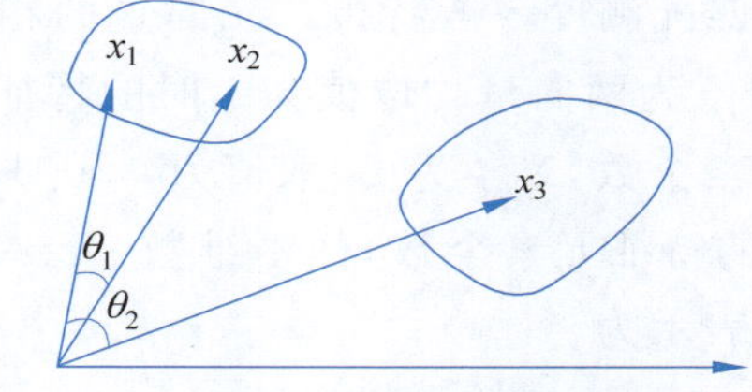

图 7-1 扇形分布向量

2）Pearson 相关系数（Pearson's Correlation Coefficient）

$$S_{\mathrm{PCC}}(\boldsymbol{x}_i,\boldsymbol{x}_j)=\frac{(\boldsymbol{x}_i-\boldsymbol{\mu}_{x_i})^{\mathrm{T}}(\boldsymbol{x}_j-\boldsymbol{\mu}_{x_j})}{\sqrt{(\boldsymbol{x}_i-\boldsymbol{\mu}_{x_i})^{\mathrm{T}}(\boldsymbol{x}_i-\boldsymbol{\mu}_{x_i})(\boldsymbol{x}_j-\boldsymbol{\mu}_{x_j})^{\mathrm{T}}(\boldsymbol{x}_j-\boldsymbol{\mu}_{x_j})}} \tag{7-11}$$

其中，$\mu_{xk}=\sum_{k=1}^{n} x_k/n$ 。Pearson 相关系数是去中心化的夹角余弦，取值为[−1,1]，越接近 1，线性相关性越强，负数表示负相关。

3）指数相关系数

$$S_{\mathrm{Exp}}(\boldsymbol{x}_i,\boldsymbol{x}_j)=\frac{1}{n}\sum_{k=1}^{n}\exp\left[\frac{-3(x_{ik}-x_{jk})^2}{4\sigma_k^2}\right] \tag{7-12}$$

σ_k^2 为相应分量的协方差。如果两个样本相似，则指数相关系数取值大。

4）Tanimoto 测度

$$S_{\mathrm{T}}(\boldsymbol{x}_i,\boldsymbol{x}_j)=\frac{\boldsymbol{x}_i^{\mathrm{T}}\boldsymbol{x}_j}{\|\boldsymbol{x}_i\|^2+\|\boldsymbol{x}_j\|^2-\boldsymbol{x}_i^{\mathrm{T}}\boldsymbol{x}_j} \tag{7-13}$$

如果两个样本相似，则 Tanimoto 测度取值大。如果样本为二元向量，则 Tanimoto 测度为 Jaccard 系数。

5）其他测度

当样本各特征值非负时，相似测度也可以定义为

$$S_{\text{other1}}(\boldsymbol{x}_i,\boldsymbol{x}_j)=\frac{\sum_{k=1}^{n}\min(x_{ik},x_{jk})}{\sum_{k=1}^{n}\max(x_{ik},x_{jk})} \tag{7-14}$$

$$S_{\text{other2}}(\boldsymbol{x}_i,\boldsymbol{x}_j)=\frac{\sum_{k=1}^{n}\min(x_{ik},x_{jk})}{\frac{1}{2}\sum_{k=1}^{n}(x_{ik}+x_{jk})} \tag{7-15}$$

$$S_{\text{other3}}(\boldsymbol{x}_i,\boldsymbol{x}_j)=\frac{\sum_{k=1}^{n}\min(x_{ik},x_{jk})}{\sum_{k=1}^{n}\sqrt{x_{ik}x_{jk}}} \tag{7-16}$$

样本越相似，取值越大。

3. 匹配测度

匹配测度一般特指二元向量的相似性测度，即衡量元素为0或1的向量的相似度。设 N_{11} 为两向量均取值为1时的特征元素个数，N_{10} 为 $\boldsymbol{x}_i$ 取值为1、$\boldsymbol{x}_j$ 取值为0时的特征元素个数，N_{01} 为 $\boldsymbol{x}_i$ 取值为0、$\boldsymbol{x}_j$ 取值为1时的特征元素个数，N_{00} 为两向量均取值为0时的特征元素个数，样本维数 $n=N_{11}+N_{10}+N_{01}+N_{00}$，$N_{11}$、$N_{10}$、$N_{01}$、$N_{00}$ 的计算公式表示为

$$\begin{cases} N_{11}=\sum_{k=1}^{n}x_{ik}x_{jk} \\ N_{10}=\sum_{k=1}^{n}x_{ik}(1-x_{jk}) \\ N_{01}=\sum_{k=1}^{n}(1-x_{ik})x_{jk} \\ N_{00}=\sum_{k=1}^{n}(1-x_{ik})(1-x_{jk}) \end{cases} \tag{7-17}$$

根据 N_{11}、N_{10}、N_{01}、N_{00} 可以定义多种不同的匹配测度。

1）简单匹配测度

$$S_{\text{M}}(\boldsymbol{x}_i,\boldsymbol{x}_j)=\frac{N_{11}+N_{00}}{n} \tag{7-18}$$

即相同元素个数在总数中的占比，其取值越大越相似。

2）Jaccard 系数（Tanimoto 测度）

$$S_{\text{J}}(\boldsymbol{x}_i,\boldsymbol{x}_j)=\frac{N_{11}}{N_{11}+N_{10}+N_{01}} \tag{7-19}$$

两向量共有特征数和共占有的特征数的比值，其取值越大越相似。

3）Dice 系数

$$S_D(\boldsymbol{x}_i,\boldsymbol{x}_j)=\frac{N_{11}}{2N_{11}+N_{10}+N_{01}} \tag{7-20}$$

两向量相同元素个数在全部1元素总数中的占比，取值越大越相似。

4）汉明距离

$$S_H(\boldsymbol{x}_i,\boldsymbol{x}_j)=N_{10}+N_{01} \tag{7-21}$$

两个向量在相同位置上字符不同的个数，取值越大越不相似。

5）Rao 测度

$$S_R(\boldsymbol{x}_i,\boldsymbol{x}_j)=\frac{N_{11}}{n} \tag{7-22}$$

6）Kulzinsky 系数

$$S_K(\boldsymbol{x}_i,\boldsymbol{x}_j)=\frac{N_{11}}{N_{10}+N_{01}} \tag{7-23}$$

除了这些匹配测度之外，二元向量的匹配测度也可以推广到离散值向量，此处不再赘述。

【例 7-1】 已知两样本 $\boldsymbol{x}_1=(010110)^T$、$\boldsymbol{x}_2=(001110)^T$，求二者的匹配测度。

解： 由式(7-17)可得 $N_{11}=2, N_{10}=1, N_{01}=1, N_{00}=2, n=6$。

简单匹配测度：$S_M=(N_{11}+N_{00})/n=2/3$。

Jaccard 系数：$S_J=N_{11}/(N_{11}+N_{10}+N_{01})=1/2$。

Dice 系数：$S_D=N_{11}/(2N_{11}+N_{10}+N_{01})=1/3$。

汉明距离：$S_H=N_{10}+N_{01}=2$。

Rao 测度：$S_R=N_{11}/n=1/3$。

Kulzinsky 系数：$S_K=N_{11}/(N_{10}+N_{01})=1$。

7.2.2 点和集合之间的相似性测度

在许多聚类方案中，根据待测样本点与集合之间的相似性将样本归入某一个聚类，因此，需要对点和集合之间的相似性进行度量。这种度量的定义一般有两种情况：一种是根据待测样本点和集合所有点之间的相似度定义；另一种是将集合用某种方式表达，可以是一个点、超平面或超球面，再将待测样本点和该表达之间的相似度作为样本点和集合之间的相似度。

1. 最大相似性测度

$$S(\boldsymbol{x},\mathscr{X})=\max_{i=1,2,\cdots,N} S(\boldsymbol{x},\boldsymbol{x}_i) \tag{7-24}$$

其中，$\boldsymbol{x}$ 为待测样本，$\boldsymbol{x}_i\in\mathscr{X}$，$S(\boldsymbol{x},\boldsymbol{x}_i)$是 $\boldsymbol{x}$ 和 $\boldsymbol{x}_i$ 的某种模式相似性测度。在待测样本点和集合所有点之间的相似性测度中找最大作为该点和集合间的相似性测度。

如果采用距离衡量模型相似性测度，待测样本点和集合所有点间的最小距离作为该点和集合间的距离。

$$d(\boldsymbol{x},\mathscr{X})=\min_{i=1,2,\cdots,N} d(\boldsymbol{x},\boldsymbol{x}_i) \tag{7-25}$$

2. 最小相似性测度

$$S(\boldsymbol{x},\mathscr{X})=\min_{i=1,2,\cdots,N} S(\boldsymbol{x},\boldsymbol{x}_i) \tag{7-26}$$

即在待测样本点和集合所有点之间的相似性测度中找最小作为该点和集合间的相似性测度。

如果采用距离衡量模型相似性测度，待测样本点和集合所有点间的最大距离作为该点和集合间的距离。

$$d(\boldsymbol{x},\mathscr{X})=\max_{i=1,2,\cdots,N} d(\boldsymbol{x},\boldsymbol{x}_i) \tag{7-27}$$

3. 平均相似性测度

$$S(\boldsymbol{x},\mathscr{X})=\frac{1}{N}\sum_{i=1}^{N}S(\boldsymbol{x},\boldsymbol{x}_i) \tag{7-28}$$

即待测样本点和集合所有点间相似度的平均值作为该点和集合间的相似性测度。

如果采用距离衡量模型相似性测度，待测样本点和集合所有点间的平均距离作为该点和集合间的距离。

$$d(\boldsymbol{x},\mathscr{X})=\frac{1}{N}\sum_{i=1}^{N}d(\boldsymbol{x},\boldsymbol{x}_i) \tag{7-29}$$

【例 7-2】 设 $\mathscr{X}=\{\boldsymbol{x}_1,\boldsymbol{x}_2,\boldsymbol{x}_3,\boldsymbol{x}_4,\boldsymbol{x}_5\}$，$\boldsymbol{x}_1=[4\quad 3]^{\mathrm{T}}$，$\boldsymbol{x}_2=[5\quad 3]^{\mathrm{T}}$，$\boldsymbol{x}_3=[4\quad 4]^{\mathrm{T}}$，$\boldsymbol{x}_4=[5\quad 4]^{\mathrm{T}}$，$\boldsymbol{x}_5=[6\quad 5]^{\mathrm{T}}$，待测点 $\boldsymbol{x}=[0\quad 0]^{\mathrm{T}}$，计算该点和集合 $\mathscr{X}$ 之间的相似性测度。

解： 采用欧氏距离衡量模式相似性，待测点和集合 $\mathscr{X}$ 内样本的欧氏距离分别为

$d_{\mathrm{Euc1}}=\|\boldsymbol{x}-\boldsymbol{x}_1\|=\sqrt{25}$，$d_{\mathrm{Euc2}}=\|\boldsymbol{x}-\boldsymbol{x}_2\|=\sqrt{34}$，$d_{\mathrm{Euc3}}=\|\boldsymbol{x}-\boldsymbol{x}_3\|=\sqrt{32}$

$d_{\mathrm{Euc4}}=\|\boldsymbol{x}-\boldsymbol{x}_4\|=\sqrt{41}$，$d_{\mathrm{Euc5}}=\|\boldsymbol{x}-\boldsymbol{x}_5\|=\sqrt{61}$

待测点 $\boldsymbol{x}$ 和集合 $\mathscr{X}$ 的最大距离为 $\sqrt{61}$，最小距离为 $\sqrt{25}$，平均距离约为 6.14。也可以看作：点 $\boldsymbol{x}$ 和集合 $\mathscr{X}$ 的最小相似性测度为 $-\sqrt{61}$，最大相似性测度为 -5，平均相似性测度为 -6.14。

4. 聚类中心

将一个类用一个点表达，待测样本点和该点之间的相似性测度代表待测样本点与类之间的相似性测度，这个点通常指每类模式的聚集中心或具有代表性的模式，称之为聚类中心，或标准模式。这种表达适用于致密聚类。

聚类中心可以选择类样本的平均向量(Mean Vector)$\boldsymbol{\mu}$，即

$$\boldsymbol{\mu}=\frac{1}{N}\sum_{i=1}^{N}\boldsymbol{x}_i \tag{7-30}$$

对于离散值向量，聚类中心可以选择类样本的均值中心(Mean Center)$\boldsymbol{\mu}$，$\boldsymbol{\mu}\in\mathscr{X}$，且满足

$$\sum_{i=1}^{N}S(\boldsymbol{\mu},\boldsymbol{x}_i)\geqslant\sum_{i=1}^{N}S(\boldsymbol{x}_j,\boldsymbol{x}_i),\quad \forall\boldsymbol{x}_j\in\mathscr{X} \tag{7-31}$$

即集合 $\mathscr{X}$ 中和其他样本点相似性测度之和最大的样本点作为聚类中心。

离散值向量聚类中心也可以选择类样本的中值中心(Median Center)$\boldsymbol{\mu}$，$\boldsymbol{\mu}\in\mathscr{X}$，且满足

$$\operatorname*{med}_{i=1,2,\cdots,N} S(\boldsymbol{\mu},\boldsymbol{x}_i)\geqslant\operatorname*{med}_{i=1,2,\cdots,N} S(\boldsymbol{x}_j,\boldsymbol{x}_i),\quad \forall\boldsymbol{x}_j\in\mathscr{X} \tag{7-32}$$

即集合 $\mathscr{X}$ 中和其他样本点相似性测度的中值最大的样本点作为聚类中心。

【例 7-3】 设 $\mathscr{X}=\{\boldsymbol{x}_1,\boldsymbol{x}_2,\boldsymbol{x}_3,\boldsymbol{x}_4,\boldsymbol{x}_5\}$，$\boldsymbol{x}_1=[4\quad 3]^{\mathrm{T}}$，$\boldsymbol{x}_2=[5\quad 3]^{\mathrm{T}}$，$\boldsymbol{x}_3=[4\quad 4]^{\mathrm{T}}$，$\boldsymbol{x}_4=[5\quad 4]^{\mathrm{T}}$，$\boldsymbol{x}_5=[6\quad 5]^{\mathrm{T}}$，待测点 $\boldsymbol{x}=[1\quad 1]^{\mathrm{T}}$，计算该点和集合聚类中心之间的相似性测度。

解：把本例中样本看作连续空间的实向量，聚类中心$\boldsymbol{\mu}=\sum_{i=1}^{S}\boldsymbol{x}_i/5=[4.8\quad 3.8]^{\mathrm{T}}$，采用$S_{\mathrm{other1}}$衡量相似性测度，待测点$\boldsymbol{x}$和该类聚类中心的相似性测度$S_{\mathrm{other1}}=2/8.6=0.23$。

如果把本例中样本看作离散向量，则每个样本的元素在$\{0,1,2,3,4,5,6\}$中取值，均值向量$\boldsymbol{\mu}=[4.8\quad 3.8]^{\mathrm{T}}$不在这个范围内，因此采用均值中心或中值中心作为聚类中心。

$\boldsymbol{x}_1$和其他样本S_{other1}相似性测度之和为$1+7/8+7/8+7/9+7/11=4.16$；$\boldsymbol{x}_2$、$\boldsymbol{x}_3$、$\boldsymbol{x}_4$、$\boldsymbol{x}_5$和其他样本S_{other1}相似性测度之和依次为4.27、4.27、4.37、3.91，最大为4.37；$\boldsymbol{x}_4$为均值中心，待测点$\boldsymbol{x}$和该类的相似性测度$S_{\mathrm{other1}}=2/9=0.22$。

$\boldsymbol{x}_1$和其他样本S_{other1}相似性测度的中值为7/8；$\boldsymbol{x}_2$、$\boldsymbol{x}_3$、$\boldsymbol{x}_4$、$\boldsymbol{x}_5$和其他样本S_{other1}相似性测度中值为7/8、7/8、8/9、8/11，最大为8/9；$\boldsymbol{x}_4$为中值中心，和均值中心一致，待测点$\boldsymbol{x}$和该类的相似性测度$S_{\mathrm{other1}}=2/9=0.22$。

5. 其他表达

线性聚类情况下，使用超平面作为聚类的表达，可以采用待测样本点到超平面的距离作为该点和集合之间的相似性测度。点到超平面的距离的相关内容见第4章。

超球面聚类情况下，使用超球面作为聚类的表达，待测样本点和超球面上点的最大相似性测度作为该点和集合之间的相似性测度。

致密聚类、线性聚类和超球面聚类示意图如图7-2所示。

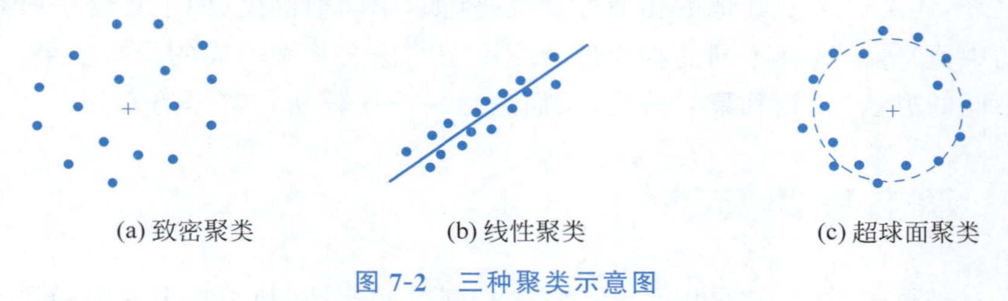

(a) 致密聚类　(b) 线性聚类　(c) 超球面聚类

图7-2 三种聚类示意图

7.2.3 集合和集合之间的相似性测度

在某些聚类方案中，根据集合与集合之间的相似性进行聚类，例如分层聚类，集合之间的相似性测度是根据集合内点之间的相似性测度定义的。集合之间的相似性测度或距离也称为集合间的连接(Linkage)。

1. 最大相似性测度

$$S(\mathscr{X}_i,\mathscr{X}_j)=\max_{\boldsymbol{x}_k\in\mathscr{X}_i,\boldsymbol{x}_l\in\mathscr{X}_j}S(\boldsymbol{x}_k,\boldsymbol{x}_l) \tag{7-33}$$

即两个集合中所有样本间最大相似性测度作为集合间的相似性测度。

如果采用距离测量样本间的相似性测度，则两集合之间的距离为两集合所有样本之间的最小距离(Single Linkage)。

$$d(\mathscr{X}_i,\mathscr{X}_j)=\min_{\boldsymbol{x}_k\in\mathscr{X}_i,\boldsymbol{x}_l\in\mathscr{X}_j}d(\boldsymbol{x}_k,\boldsymbol{x}_l) \tag{7-34}$$

2. 最小相似性测度

$$S(\mathscr{X}_i,\mathscr{X}_j)=\min_{\boldsymbol{x}_k\in\mathscr{X}_i,\boldsymbol{x}_l\in\mathscr{X}_j}S(\boldsymbol{x}_k,\boldsymbol{x}_l) \tag{7-35}$$

即两个集合中所有样本间最小相似性测度作为集合间的相似性测度。

如果采用距离测量样本间的相似性测度，则两集合之间的距离为两集合所有样本之间的最大距离(Complete Linkage)。

$$d(\mathscr{X}_i,\mathscr{X}_j)=\max_{\boldsymbol{x}_k\in\mathscr{X}_i,\boldsymbol{x}_l\in\mathscr{X}_j} d(\boldsymbol{x}_k,\boldsymbol{x}_l) \tag{7-36}$$

3. 平均相似性测度

$$S(\mathscr{X}_i,\mathscr{X}_j)=\frac{1}{N_iN_j}\sum_{\boldsymbol{x}_k\in\mathscr{X}_i}\sum_{\boldsymbol{x}_l\in\mathscr{X}_j} S(\boldsymbol{x}_k,\boldsymbol{x}_l) \tag{7-37}$$

即两个集合中所有样本相似性测度的平均值作为集合间的相似性测度。

如果采用距离测量样本间的相似性测度，则两集合之间的距离为两集合所有样本之间的平均距离(Average Linkage)。

$$d(\mathscr{X}_i,\mathscr{X}_j)=\frac{1}{N_iN_j}\sum_{\boldsymbol{x}_k\in\mathscr{X}_i}\sum_{\boldsymbol{x}_l\in\mathscr{X}_j} d(\boldsymbol{x}_k,\boldsymbol{x}_l) \tag{7-38}$$

4. 均值测度

如果集合为致密聚类，采用某种聚类中心表达该类，则集合之间的相似性测度表达为聚类中心之间的相似性测度，即

$$S(\mathscr{X}_i,\mathscr{X}_j)=S(\boldsymbol{\mu}_i,\boldsymbol{\mu}_j) \tag{7-39}$$

其中，$\boldsymbol{\mu}_i$ 和 $\boldsymbol{\mu}_j$ 为集合 $\mathscr{X}_i$ 和 $\mathscr{X}_j$ 的聚类中心。

除此之外，还可以采用其他的相似性测度，例如，中间值测度(两个集合中所有样本间相似性测度的中值)等。选择不同的相似性测度度量方法会带来不同的聚类结果，实际问题中常用几种不同的方法，比较其聚类结果，从而选择一个比较切合实际的聚类。

7.3 动态聚类算法

在对样本进行聚类时，常采用距离度量样本间的相似性，利用某个准则函数评价聚类结果，并给定某个初始分类，通过迭代算法找出使准则函数取极值的最好聚类结果，这类方法(算法)称为动态聚类。

7.3.1 C 均值聚类算法

C 均值(C-means)聚类算法是一种典型的动态聚类算法，其根据样本间的相似性将样本集划分为 c 个子集，适合于致密聚类，也常称为 K 均值(K-means)聚类算法[①]。

1. 算法原理

设样本集 $\mathscr{X}=\{\boldsymbol{x}_1,\boldsymbol{x}_2,\cdots,\boldsymbol{x}_N\}$，$C$ 均值聚类将样本集划分为 c 个类别 $\{\omega_1,\omega_2,\cdots,\omega_c\}$，使得误差平方和 J 最小，即

$$J=\sum_{j=1}^{c}\sum_{\boldsymbol{x}\in\omega_j}\|\boldsymbol{x}-\boldsymbol{\mu}_j\|^2 \tag{7-40}$$

其中，$\boldsymbol{\mu}_j$ 为 ω_j 类的聚类中心。

C 均值聚类算法并不直接最小化误差平方和 J，而是通过迭代过程实现近似求解。首

① 为了和类别数 c 以及后文模糊 C 均值算法表达保持一致，此处采用 C 均值聚类算法的名称。

先确定 c 个初始聚类中心，计算样本到各类聚类中心的距离，将样本归入距离最小的类，保证在当前聚类中心下 J 取最小值；然后不断调整聚类中心，直到聚类合理。

C 均值聚类算法步骤如下：

(1) 令迭代次数为1，任选 c 个初始聚类中心：$\boldsymbol{\mu}_1(1),\boldsymbol{\mu}_2(1),\cdots,\boldsymbol{\mu}_c(1)$。

(2) 逐个将每一样本 $\boldsymbol{x}$ 按最小距离原则分配给 c 个聚类中心，即

$$\text{若 } \|\boldsymbol{x}-\boldsymbol{\mu}_j(t)\| < \|\boldsymbol{x}-\boldsymbol{\mu}_i(t)\|,\quad i=1,2,\cdots,c,i\neq j,\quad \text{则 } \boldsymbol{x}\in\omega_j(t) \tag{7-41}$$

$\omega_j(t)$为第 t 次迭代时，聚类中心为$\boldsymbol{\mu}_j(t)$的聚类域。

(3) 计算新的聚类中心，即

$$\boldsymbol{\mu}_j(t+1)=\frac{1}{N_j}\sum_{x\in\omega_j(t)}\boldsymbol{x},\quad j=1,2,\cdots,c \tag{7-42}$$

(4) 判断算法是否收敛。若$\boldsymbol{\mu}_j(t+1)=\boldsymbol{\mu}_j(t),j=1,2,\cdots,c$，则算法收敛；否则，转到步骤(2)，进行下一次迭代。

关于 c 的确定，实际中常根据具体情况或采用试探法确定。

【例 7-4】 设样本集 $\mathscr{X}=\{\boldsymbol{x}_1,\boldsymbol{x}_2,\cdots,\boldsymbol{x}_{10}\}$，各样本取值如表 7-1 所示，试用 C 均值聚类算法进行聚类。

表 7-1　样本取值

序号	$\boldsymbol{x}_1$	$\boldsymbol{x}_2$	$\boldsymbol{x}_3$	$\boldsymbol{x}_4$	$\boldsymbol{x}_5$	$\boldsymbol{x}_6$	$\boldsymbol{x}_7$	$\boldsymbol{x}_8$	$\boldsymbol{x}_9$	$\boldsymbol{x}_{10}$
取值	$[0\quad 0]^T$	$[1\quad 0]^T$	$[2\quad 2]^T$	$[1\quad 1]^T$	$[0\quad 1]^T$	$[5\quad 3]^T$	$[5\quad 4]^T$	$[6\quad 3]^T$	$[6\quad 4]^T$	$[7\quad 5]^T$

解： (1) 取 $c=2$，令$\boldsymbol{\mu}_1(1)=\boldsymbol{x}_1=[0\quad 0]^T$，$\boldsymbol{\mu}_2(1)=\boldsymbol{x}_2=[1\quad 0]^T$。

(2) 按最小距离将样本归类，即

$$\begin{aligned}
&\|\boldsymbol{x}_1-\boldsymbol{\mu}_1(1)\| < \|\boldsymbol{x}_1-\boldsymbol{\mu}_2(1)\|, &&\text{所以 } \boldsymbol{x}_1\in\omega_1(1)\\
&\|\boldsymbol{x}_2-\boldsymbol{\mu}_1(1)\| > \|\boldsymbol{x}_2-\boldsymbol{\mu}_2(1)\|, &&\text{所以 } \boldsymbol{x}_2\in\omega_2(1)\\
&\vdots && \vdots\\
&\|\boldsymbol{x}_{10}-\boldsymbol{\mu}_1(1)\| > \|\boldsymbol{x}_{10}-\boldsymbol{\mu}_2(1)\|, &&\text{所以 } \boldsymbol{x}_{10}\in\omega_2(1)
\end{aligned}$$

第一次归类结果为

$$\omega_1(1):\{\boldsymbol{x}_1,\boldsymbol{x}_5\},\quad \omega_2(1):\{\boldsymbol{x}_2,\boldsymbol{x}_3,\boldsymbol{x}_4,\boldsymbol{x}_6,\boldsymbol{x}_7,\boldsymbol{x}_8,\boldsymbol{x}_9,\boldsymbol{x}_{10}\}$$

(3) 计算新的聚类中心，即

$$\boldsymbol{\mu}_1(2)=(\boldsymbol{x}_1+\boldsymbol{x}_5)/2=[0\quad 0.5]^T$$

$$\boldsymbol{\mu}_2(2)=(\boldsymbol{x}_2+\boldsymbol{x}_3+\boldsymbol{x}_4+\boldsymbol{x}_6+\cdots+\boldsymbol{x}_{10})/8=[4.125\quad 2.75]^T$$

(4) 判断算法是否收敛。由于$\boldsymbol{\mu}_1(2)\neq\boldsymbol{\mu}_1(1)$，$\boldsymbol{\mu}_2(2)\neq\boldsymbol{\mu}_2(1)$，因此返回步骤(2)，重新归类。

(5) 重新按照最小距离分配样本。得第二次归类结果为

$$\omega_1(2):\{\boldsymbol{x}_1,\boldsymbol{x}_2,\boldsymbol{x}_4,\boldsymbol{x}_5\},\quad \omega_2(2):\{\boldsymbol{x}_3,\boldsymbol{x}_6,\boldsymbol{x}_7,\boldsymbol{x}_8,\boldsymbol{x}_9,\boldsymbol{x}_{10}\}$$

(6) 计算新的聚类中心，即

$$\boldsymbol{\mu}_1(3)=(\boldsymbol{x}_1+\boldsymbol{x}_2+\boldsymbol{x}_4+\boldsymbol{x}_5)/4=[0.5\quad 0.5]^T$$

$$\boldsymbol{\mu}_2(3)=(\boldsymbol{x}_3+\boldsymbol{x}_6+\cdots+\boldsymbol{x}_{10})/6=[5.1667\quad 3.5]^T$$

(7) 判断算法是否收敛。由于$\boldsymbol{\mu}_1(3)\neq\boldsymbol{\mu}_1(2)$，$\boldsymbol{\mu}_2(3)\neq\boldsymbol{\mu}_2(2)$，因此返回步骤(2)，重新

归类。

(8) 重新按照最小距离分配样本。得第三次归类结果为

$$\omega_1(3):\{\boldsymbol{x}_1,\boldsymbol{x}_2,\boldsymbol{x}_3,\boldsymbol{x}_4,\boldsymbol{x}_5\},\quad \omega_2(3):\{\boldsymbol{x}_6,\boldsymbol{x}_7,\boldsymbol{x}_8,\boldsymbol{x}_9,\boldsymbol{x}_{10}\}$$

(9) 计算新的聚类中心,即

$$\boldsymbol{\mu}_1(4)=(\boldsymbol{x}_1+\boldsymbol{x}_2+\boldsymbol{x}_3+\boldsymbol{x}_4+\boldsymbol{x}_5)/5=[0.8\quad 0.8]^{\mathrm{T}}$$

$$\boldsymbol{\mu}_2(4)=(\boldsymbol{x}_6+\boldsymbol{x}_7+\boldsymbol{x}_8+\boldsymbol{x}_9+\boldsymbol{x}_{10})/5=[5.8\quad 3.8]^{\mathrm{T}}$$

(10) 判断算法是否收敛。由于$\boldsymbol{\mu}_1(4)\neq\boldsymbol{\mu}_1(3)$,$\boldsymbol{\mu}_2(4)\neq\boldsymbol{\mu}_2(3)$,因此返回步骤(2),重新归类。

(11) 重新按照最小距离分配样本。得第四次归类结果为

$$\omega_1(4):\{\boldsymbol{x}_1,\boldsymbol{x}_2,\boldsymbol{x}_3,\boldsymbol{x}_4,\boldsymbol{x}_5\},\quad \omega_2(4):\{\boldsymbol{x}_6,\boldsymbol{x}_7,\boldsymbol{x}_8,\boldsymbol{x}_9,\boldsymbol{x}_{10}\}$$

(12) 计算新的聚类中心,即

$$\boldsymbol{\mu}_1(5)=(\boldsymbol{x}_1+\boldsymbol{x}_2+\boldsymbol{x}_3+\boldsymbol{x}_4+\boldsymbol{x}_5)/5=[0.8\quad 0.8]^{\mathrm{T}}$$

$$\boldsymbol{\mu}_2(5)=(\boldsymbol{x}_6+\boldsymbol{x}_7+\boldsymbol{x}_8+\boldsymbol{x}_9+\boldsymbol{x}_{10})/5=[5.8\quad 3.8]^{\mathrm{T}}$$

(13) 判断算法是否收敛。由于$\boldsymbol{\mu}_1(5)=\boldsymbol{\mu}_1(4)$,$\boldsymbol{\mu}_2(5)=\boldsymbol{\mu}_2(4)$,因此算法终止。

最终的聚类结果为

$$\omega_1:\{\boldsymbol{x}_1,\boldsymbol{x}_2,\boldsymbol{x}_3,\boldsymbol{x}_4,\boldsymbol{x}_5\},\quad \omega_2:\{\boldsymbol{x}_6,\boldsymbol{x}_7,\boldsymbol{x}_8,\boldsymbol{x}_9,\boldsymbol{x}_{10}\}$$

程序如下:

```
import numpy as np
from scipy.spatial.distance import cdist
from matplotlib import pyplot as plt
X = np.array([[0, 0], [1, 0], [2, 2], [1, 1], [0, 1],
              [5, 3], [6, 3], [5, 4], [6, 4], [7, 5]])            # 原始数据
N, n = np.shape(X)                                    # 样本数及维数
label, c = np.zeros([1, N]), 2                        # 存放聚类标记结果
mv = np.random.randint(1, N, c)                       # 生成随机数据,以便随机选择初始聚类中心
old_mu, new_mu = X[mv, :], np.zeros([c, n])           # 存放前后迭代中的聚类中心
while 1:
    dist = cdist(X, old_mu, 'euclidean')              # 计算样本和各聚类中心之间的欧氏距离
    label = np.argmin(dist, axis = 1)                 # 根据最小距离进行标记
    for i in range(c):
        new_mu[i, :] = np.mean(X[label == i, :], 0)   # 各类求均值作为新的聚类中心
    if np.max(np.abs(old_mu - new_mu)) < 0.00001:
        break                                        # 判断新旧聚类中心是否一致,一致则算法结束
    else:
        old_mu = np.array(new_mu)                     # 不一致则更新聚类中心
plt.rcParams['font.sans-serif'] = ['SimSun']
plt.scatter(X[:, 0], X[:, 1], c = 'k', marker = '+')
plt.scatter(X[label == 0, 0], X[label == 0, 1], edgecolor = 'r',
                               facecolor = 'none', marker = 'o', s = 51)
plt.scatter(X[label == 1, 0], X[label == 1, 1], edgecolor = 'b',
                               facecolor = 'none', marker = '>', s = 51)
plt.scatter(new_mu[:, 0], new_mu[:, 1], c = 'g', marker = '*', s = 51)
plt.legend(['原始数据', '第一簇', '第二簇', '聚类中心'])
plt.xticks(fontproperties = 'Times New Roman')
plt.yticks(fontproperties = 'Times New Roman')
plt.show()
```

程序运行结果如图 7-3 所示。

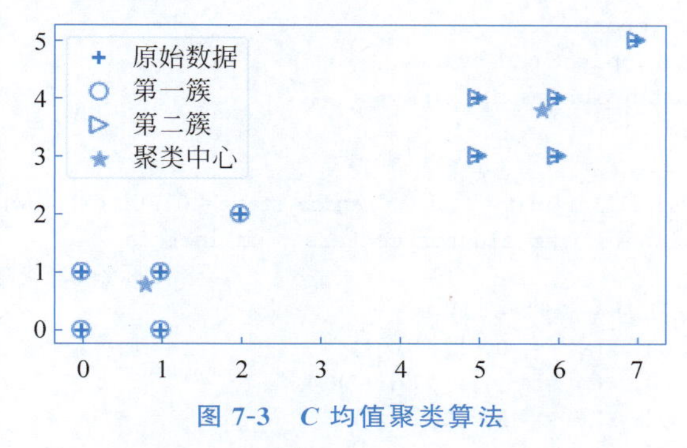

图 7-3 *C* 均值聚类算法

2. 仿真实现

scikit-learn 库中 cluster 模块提供了进行 *C* 均值聚类的 *K*-means 模型，调用格式如下。

```
KMeans(n_clusters = 8, *, init = 'k - means++', n_init = 'auto', max_iter = 300, tol = 0.0001,
verbose = 0, random_state = None, copy_x = True, algorithm = 'lloyd')
```

K-means 模型的主要参数、属性如表 7-2 所示。

表 7-2 *K*-means 模型的主要参数、属性表

类型	名 称	含 义
参数	n_clusters	聚类数目
	init	初始聚类中心选择方法，可取'k-means＋＋'和'random'，设定为'k-means＋＋'时，第一个聚类中心随机选择，后续聚类中心根据概率随机选择，概率与各点和该点最近的现有聚类中心的距离成正比
	n_init	给定采用不同初始聚类中心的次数，算法将输出最好的一种聚类结果，可以取整数或'auto'
	copy_x	取 True 表示采用原始数据；取 False 表示采用去中心化的数据
属性	cluster_centers_	聚类中心
	labels_	所有样本所位于的聚类簇
	inertia_	所有样本到其聚类中心的误差平方和

K-means 模型常用方法如下。

(1) fit(X, y＝None, sample_weight＝None)：对数据集 X 进行 *C* 均值聚类。

(2) fit_predict(X, y＝None, sample_weight＝None)：聚类并预测 X 中各样本所在的簇。

(3) fit_transform(X, y＝None, sample_weight＝None)：聚类并转换 X 中的数据。

(4) predict(X)：预测 X 中各样本所在的簇。

(5) score(X, y＝None, sample_weight＝None)：计算 X 中样本聚类后误差平方和的负值。

(6) transform(X)：将 X 中的样本转换为该样本到各聚类中心的距离组成的数据。

此外，SciPy 库中的 cluster. vq 模块也提供了 kmeans、kmeans2 函数用于实现 *C* 均值聚类算法，两者在初始聚类中心的选择和算法终止条件上略有区别，可参看相关资料。

【例 7-5】 取 iris 数据集中数据的后两维，利用 *K*-means 模型进行 *C* 均值聚类算法。

程序如下：

```
import numpy as np
from sklearn.cluster import KMeans
from sklearn.datasets import load_iris
from matplotlib import pyplot as plt
iris = load_iris()
X = iris.data[:, 2:4]
km = KMeans(n_clusters = 3, n_init = 'auto', random_state = 0).fit(X) #对 X 中的数据进行聚类
y, centers, J = km.labels_, km.cluster_centers_, km.inertia_
                                              #聚类标签、聚类中心和聚类误差平方和
print("聚类误差平方和为 %.2f" % J)
plt.plot(X[y == 0, 0], X[y == 0, 1], 'r.')
plt.plot(X[y == 1, 0], X[y == 1, 1], 'g+')
plt.plot(X[y == 2, 0], X[y == 2, 1], 'bx')
plt.plot(centers[:, 0], centers[:, 1], 'k*', lw = 3)
plt.rcParams['font.sans-serif'] = ['SimSun']
plt.legend(['聚类 1', '聚类 2', '聚类 3', '聚类中心'])
plt.xlabel('x1', fontproperties = 'Times New Roman')
plt.ylabel('x2', fontproperties = 'Times New Roman')
plt.xticks(fontproperties = 'Times New Roman')
plt.yticks(fontproperties = 'Times New Roman')
plt.show()
```

运行程序，聚类结果如图 7-4 所示，在输出窗口输出：

```
聚类误差平方和为 31.37
```

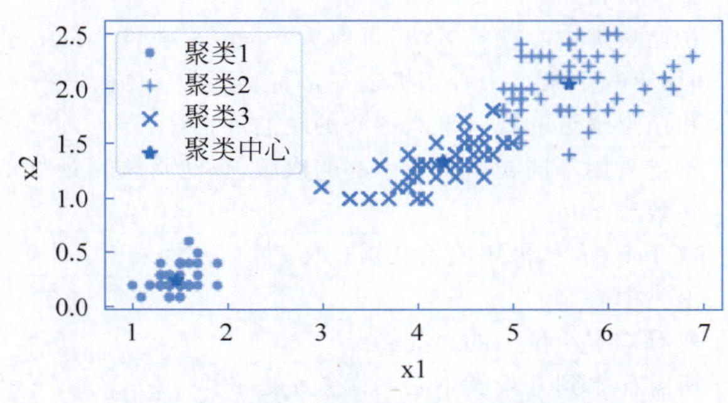

图 7-4　iris 数据集 3 均值聚类

C 均值聚类算法计算简单，被广泛应用。但算法也存在一些不足，研究者们也提出了一系列的改进方法以弥补其不足。

(1) 需要预先确定聚类数 c。如果 c 值估计不准确，则聚类结果不能合理地反映数据的分布结构。某些改进方法中采用对聚类结果进行分裂、合并、消除类等操作，目的是得到合理的聚类结果。

(2) 初始聚类中心的选择对聚类结果有较大影响。为克服这个缺点，人们提出了多种不同的初始聚类中心选择方法，这点从 K-means 函数的参数介绍即可看出。

(3) C 均值聚类算法对噪声和异常点较为敏感。即使某些点是噪声或孤立的异常点，也会按距离分配给某一个聚类，影响聚类中心的计算，进而影响最终的聚类结果。在改进方法中，通过去除小的聚类，或者采用均值中心、中值中心作为聚类中心，以降低噪声影响。

7.3.2 ISODATA算法

ISODATA算法是迭代自组织数据分析技术算法(Iterative Self-Organizing Data Analysis Techniques Algorithm)的简称,可以看作 C 均值聚类算法的改进。ISODATA算法与 C 均值算法相似,也以均值确定聚类中心,但是算法过程中可以调整参数,并引入分裂与合并机制,使得聚类结果更合理,也克服了需要预先确定聚类数 c 的限制。

ISODATA算法的分裂与合并机制主要包括以下几点。

(1) 若某两类中心间距小于某一阈值,说明两类相似性测度达到一定程度,合并两类。

(2) 若某类样本标准差大于某一阈值,或样本数目超过某一阈值,说明该类分散性较大,或样本数过多,分裂该类为两类。

(3) 若类别数目少于某一阈值,也实行分裂。

(4) 若某类别的样本数目少于某一阈值,可消除该类。

从这个描述可以看出,ISODATA算法较 C 均值聚类算法有更多的参数,参数如下。

K:所期望的聚类数。

c:当前的聚类数。

T_{N}:一个类别至少应具有的样本数目,用以判断是否消除类的阈值。

T_{σ}:一个类别样本标准差阈值,即分裂系数。

T_{d}:聚类中心之间距离的阈值,即合并系数。

L:在每次迭代中可以合并的类别的最多对数。

Iter:允许迭代的最多次数。

ISODATA算法步骤如下。

(1) 初始化。确定上述7个参数,并任选 c 个初始聚类中心 $\boldsymbol{\mu}_1,\boldsymbol{\mu}_2,\cdots,\boldsymbol{\mu}_c$,当前迭代次数为1。

(2) 逐个将 N 个样本按最小距离归类。

(3) 若对于某一聚类域 ω_j,其样本数目 $N_j<T_{\mathrm{N}}$,则取消该子集 ω_j 和 $\boldsymbol{\mu}_j$,该子集中的样本按最小距离归入其他类,类别数 $c=c-1$。

(4) 修正各聚类中心,即

$$\boldsymbol{\mu}_j=\frac{1}{N_j}\sum_{\boldsymbol{x}\in\omega_j}\boldsymbol{x},\quad j=1,2,\cdots,c \tag{7-43}$$

(5) 参数计算。对每一聚类域,计算其所有样本到其聚类中心的距离的平均值,即

$$d_j=\frac{1}{N_j}\sum_{\boldsymbol{x}\in\omega_j}\|\boldsymbol{x}-\boldsymbol{\mu}_j\|,\quad j=1,2,\cdots,c \tag{7-44}$$

计算所有样本到其相应聚类中心的距离的平均值,即

$$d=\frac{1}{N}\sum_{j=1}^{c}N_j d_j \tag{7-45}$$

(6) 判断。

① 若迭代次数达到Iter次,则算法结束。

② 若 $c\leqslant K/2$,即聚类数等于或不到规定数目的1/2,则转入步骤(7),进行分裂。

③ 若 $c\geqslant 2K$,类别数过多,则转入步骤(8),进行合并。

④ 当 $K/2<c<2K$ 时，若迭代次数为奇数，则转入步骤(7)；若迭代次数为偶数，则转入步骤(8)。

(7) 分裂操作。

① 计算每一类别中样本与聚类中心距离的标准差向量$\boldsymbol{\sigma}_j=[\sigma_{j1}\sigma_{j2}\cdots\sigma_{jn}]^{\mathrm{T}}$。

$$\sigma_{ji}=\sqrt{\frac{1}{N_j}\sum_{l=1}^{N_j}(x_{li}-\mu_{ji})^2},\quad i=1,2,\cdots,n;\quad j=1,2,\cdots,c \tag{7-46}$$

其中，x_{li} 为聚类域 ω_j 中样本 $\boldsymbol{x}_l$ 的第 i 个分量，μ_{ji} 为聚类域 ω_j 聚类中心 $\boldsymbol{\mu}_j$ 的第 i 个分量。

② 对每个标准差向量$\boldsymbol{\sigma}_j$，求其最大分量，以 $\sigma_{j\max}$ 表示，用 O 表示第几个分量。

③ 在最大分量集$\{\sigma_{j\max}\}$中，若 $\sigma_{j\max}>T_\sigma$，且 $d_j>d$，$N_j>2(T_{\mathrm{N}}+1)$，或 $c\leqslant K/2$，则将 $\boldsymbol{\mu}_j$ 分裂成两个新的聚类中心$\boldsymbol{\mu}_j^+$ 和 $\boldsymbol{\mu}_j^-$，去掉$\boldsymbol{\mu}_j$，且令类别数 $c=c+1$。

$$\boldsymbol{\mu}_j^+=\boldsymbol{\mu}_j+\boldsymbol{\gamma}_j,\quad \boldsymbol{\mu}_j^-=\boldsymbol{\mu}_j-\boldsymbol{\gamma}_j \tag{7-47}$$

其中，$\boldsymbol{\gamma}_j$ 除了第 O 个分量为 $k\sigma_{j\max}$，其余为 0，$0<k\leqslant 1$。

分裂完毕，转入步骤(2)。如没有可分裂的类别，则转入下一步继续进行。

(8) 合并操作。

① 计算每两聚类中心间的距离，即

$$d_{ij}=\|\boldsymbol{\mu}_i-\boldsymbol{\mu}_j\|,\quad i=1,2,\cdots,c-1;\quad j=i+1,i+2,\cdots,c \tag{7-48}$$

② 将每个 d_{ij} 与 T_{d} 比较，满足 $d_{ij}<T_{\mathrm{d}}$ 的 d_{ij} 组成一个集合，按升序排列。

③ 按序逐一合并 $d_{ij}<T_{\mathrm{d}}$ 的类别 ω_i 和 ω_j，每一类只能合并一次，合并后新的类别以新的聚类中心作为标志，即

$$\boldsymbol{\mu}_l^*=\frac{1}{N_{li}+N_{lj}}[N_{li}\boldsymbol{\mu}_{li}+N_{lj}\boldsymbol{\mu}_{lj}],\quad l=1,2,\cdots,L \tag{7-49}$$

(9) 判断。

如果是最后一次迭代计算(即第 Iter 次)，则算法结束。否则，如需要改变参数，则修改参数；如不需要改变参数，则转入步骤(2)。

【例 7-6】 设样本集 $\mathscr{X}=\{\boldsymbol{x}_1,\boldsymbol{x}_2,\cdots,\boldsymbol{x}_8\}$，$\boldsymbol{x}_1=[0\quad 0]^{\mathrm{T}}$，$\boldsymbol{x}_2=[1\quad 1]^{\mathrm{T}}$，$\boldsymbol{x}_3=[2\quad 2]^{\mathrm{T}}$，$\boldsymbol{x}_4=[4\quad 3]^{\mathrm{T}}$，$\boldsymbol{x}_5=[5\quad 3]^{\mathrm{T}}$，$\boldsymbol{x}_6=[4\quad 4]^{\mathrm{T}}$，$\boldsymbol{x}_7=[5\quad 4]^{\mathrm{T}}$，$\boldsymbol{x}_8=[6\quad 5]^{\mathrm{T}}$，试用 ISODATA 算法聚类。

解： 第(1)步，初始化。取初值 $c=1$，令$\boldsymbol{\mu}_1=[0\quad 0]^{\mathrm{T}}$，$K=2$，$T_{\mathrm{N}}=1$，$T_\sigma=1$，$T_{\mathrm{d}}=4$，$L=1$，$\mathrm{Iter}=4$。

第(2)步，将样本按最小距离归类，因为只有一个聚类中心，故 $\omega_1=\{x_1,x_2,\cdots,x_8\}$，$N_1=8$。

第(3)步，判断是否需要消除子集。因 $N_1>T_{\mathrm{N}}$，则不需要消除子集。

第(4)步，修正各聚类中心。$\boldsymbol{\mu}_1=\sum\limits_{\boldsymbol{x}_i\in\omega_1}\boldsymbol{x}_i/N_1=[3.375\quad 2.75]^{\mathrm{T}}$。

第(5)步，参数计算。$d_1=\sum\limits_{\boldsymbol{x}_i\in\omega_1}\|\boldsymbol{x}_i-\boldsymbol{\mu}_1\|/N_1=2.2615$，$d=\sum\limits_{j=1}^{c}N_jd_j/N=2.2615$。

第(6)步，判断。第一次迭代，且 $c=K/2$，进入第(7)步，即进行分裂。

第(7)步，进行分裂。

① ω_1 中的标准差向量$\boldsymbol{\sigma}_1=[1.9961\quad 1.5612]^{\mathrm{T}}$。

② $\sigma_{1\max}=1.9961, O=1$。

③ $\sigma_{1\max}>T_\sigma$，且 $c=K/2$，分裂$\boldsymbol{\mu}_1$：设 $k=0.5$，$\boldsymbol{\gamma}_1\approx[1 \quad 0]^{\mathrm{T}}$，$\boldsymbol{\mu}_1^+=\boldsymbol{\mu}_1+\boldsymbol{\gamma}_1=[4.375 \quad 2.75]^{\mathrm{T}}$，$\boldsymbol{\mu}_1^-=\boldsymbol{\mu}_1-\boldsymbol{\gamma}_1=[2.375 \quad 2.75]^{\mathrm{T}}$，类别数 $c=c+1=2$。

分裂完成，返回第(2)步，如下。

第(2)步，将样本按最小距离归类。$\omega_1:\{\boldsymbol{x}_4,\boldsymbol{x}_5,\boldsymbol{x}_6,\boldsymbol{x}_7,\boldsymbol{x}_8\}$，$\omega_2:\{\boldsymbol{x}_1,\boldsymbol{x}_2,\boldsymbol{x}_3\}$，$N_1=5$，$N_2=3$。

第(3)步，判断是否需要消除子集。因 $N_{1,2}>T_{\mathrm{N}}$，无子集可消除。

第(4)步，修正各聚类中心。$\boldsymbol{\mu}_1=\sum_{\boldsymbol{x}_i\in\omega_1}\boldsymbol{x}_i/N_1=[4.80 \quad 3.80]^{\mathrm{T}}$，$\boldsymbol{\mu}_2=\sum_{\boldsymbol{x}_i\in\omega_2}\boldsymbol{x}_i/N_2=[1.00 \quad 1.00]^{\mathrm{T}}$。

第(5)步，参数计算。$d_1=\sum_{\boldsymbol{x}_i\in\omega_1}\|\boldsymbol{x}_i-\boldsymbol{\mu}_1\|/N_1=0.95$，$d_2=\sum_{\boldsymbol{x}_i\in\omega_2}\|\boldsymbol{x}_i-\boldsymbol{\mu}_2\|/N_2=0.94$，$d=\sum_{j=1}^{c}N_jd_j/N=0.95$。

第(6)步，判断。偶次迭代，跳到第(8)步。

第(8)步，进行合并。

两聚类中心间的距离 $d_{12}=\|\boldsymbol{\mu}_1-\boldsymbol{\mu}_2\|=4.72$，$d_{12}>T_{\mathrm{d}}$，没有可合并的类。

第(9)步，判断算法是否结束以及参数是否需要修改。

① 由于不是最后一次迭代，算法继续。

② 由于满足三个条件：$c=2$，已经获得所要求的聚类数目；$d_{12}>T_{\mathrm{d}}$，即聚类之间的分离度满足要求；$N_{1,2}>T_{\mathrm{N}}$，每个聚类的样本数目满足要求；认为两聚类中心能代表各子集样本，不需要修改参数，返回第(2)步。

第(2)～(5)步，与前一次迭代计算结果相同。

第(6)步，判断。各项条件均不满足，进入第(7)步。

第(7)步，进行分裂。$\boldsymbol{\sigma}_1=[0.75 \quad 0.75]^{\mathrm{T}}$，$\boldsymbol{\sigma}_2=[0.82 \quad 0.82]^{\mathrm{T}}$，$\sigma_{1\max}=0.75$，$\sigma_{2\max}=0.82$，不满足分裂条件，进行第(8)步。

第(8)步，进行合并。与前一次迭代结果相同，不合并。

第(9)步，非最后一次迭代，且无新的分类变更，返回第(2)步。

第(2)～(5)步，与前一次迭代计算结果相同。

第(6)步，判断。本次为最后一次迭代，算法结束。

最终的聚类结果为

$$\omega_1:\{\boldsymbol{x}_4,\boldsymbol{x}_5,\boldsymbol{x}_6,\boldsymbol{x}_7,\boldsymbol{x}_8\},\quad \omega_2:\{\boldsymbol{x}_1,\boldsymbol{x}_2,\boldsymbol{x}_3\}$$

7.4 层次聚类算法

层次聚类(Hierarchical Clustering，HC)是指在不同层次上进行聚类，源自社会科学和生物学分类，可以生成样本的不同聚类，也可以生成一个完整的样本分级分类体系。比如，一所大学的学生，按照不同的学院分成不同的学院类；学院类可以进一步分成不同的专业类；专业类可以分为不同的年级类；年级类又可以分为不同的班级类等。这种聚类方法产生一个嵌套聚类的层次，即为层次聚类，聚类结果可以用树形图表示，最多有 N 层（N 为样本数）。层次聚类树形示意图如图 7-5 所示。

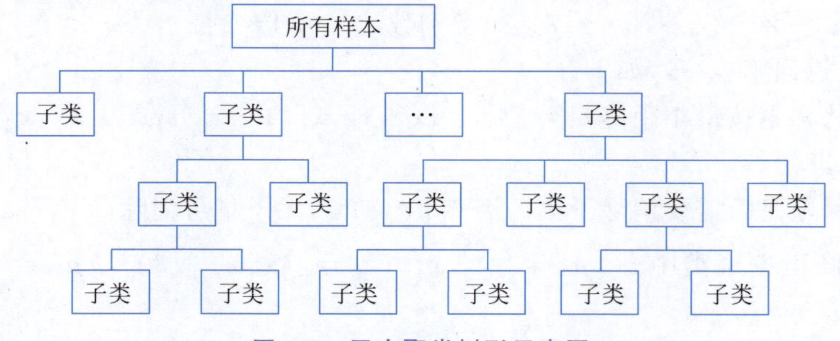

图 7-5 层次聚类树形示意图

层次聚类有两种不同的算法，即分裂和合并。

分裂层次聚类是一种自上而下的方法，首先将所有的数据作为一个聚类簇，采用合适的方法分为多个较小的簇，对于每一簇再分，直到满足要求为止。

合并层次聚类是一种自下而上的方法，首先将一个大样本集看作若干簇，极端情况下每个样本都看作一簇，采用合适的方法聚合较小的簇，对于聚合后的簇再次聚合，直到满足要求为止。

层次聚类算法的终止条件有多种，可以是类别数、类间相似度或类内方差等达到要求，即可终止。

7.4.1 分裂层次聚类

分裂层次聚类方法将一个大样本集逐层分裂为若干类别，关键技术之一是如何将一簇分为多簇，也就是分裂策略，可以定义某个准则函数，选择某种使函数取最优的划分。由于直接比较不同划分对应准则函数值的计算量太大，实际中一般采用其他聚类方法辅助进行。例如，可以采用 C 均值聚类算法，将一簇分为 c 簇。

在分裂层次聚类中，每一层都可能有多簇，可以对每一簇进行分裂，也可以设定一致性准则函数，分裂不满足条件的簇，如分散性大的簇、样本数多的簇等。

分裂策略以及分裂簇的选择方法往往要根据数据的具体特点选择。

【例 7-7】 设样本集 $\mathscr{X}=\{\boldsymbol{x}_1,\boldsymbol{x}_2,\cdots,\boldsymbol{x}_{10}\}$，各样本取值如表 7-3 所示，试用分裂层次聚类方法分为 3 个聚类。

表 7-3 各样本取值

序号	$\boldsymbol{x}_1$	$\boldsymbol{x}_2$	$\boldsymbol{x}_3$	$\boldsymbol{x}_4$	$\boldsymbol{x}_5$	$\boldsymbol{x}_6$	$\boldsymbol{x}_7$	$\boldsymbol{x}_8$	$\boldsymbol{x}_9$	$\boldsymbol{x}_{10}$
取值	$[0\quad 0]^T$	$[1\quad 1]^T$	$[2\quad 2]^T$	$[3\quad 8]^T$	$[4\quad 8]^T$	$[5\quad 3]^T$	$[5\quad 4]^T$	$[6\quad 3]^T$	$[6\quad 4]^T$	$[7\quad 5]^T$

解：设定分裂策略。

(1) 采用 C 均值聚类算法，将一簇分为两簇。

(2) 每次分裂样本数最多的子簇。

分裂过程如下。

(1) 采用 C 均值聚类算法，随机选择初始聚类中心，将一簇分为两簇，分类结果为

$$\omega_1: \{\boldsymbol{x}_4, \boldsymbol{x}_5\}, \quad \omega_2: \{\boldsymbol{x}_1, \boldsymbol{x}_2, \boldsymbol{x}_3, \boldsymbol{x}_6, \boldsymbol{x}_7, \boldsymbol{x}_8, \boldsymbol{x}_9, \boldsymbol{x}_{10}\}$$

(2) 分裂样本数多的簇，将 ω_2 用 C 均值聚为两簇，分裂后簇为

$$\omega_1: \{\boldsymbol{x}_4, \boldsymbol{x}_5\}, \quad \omega_2: \{\boldsymbol{x}_1, \boldsymbol{x}_2, \boldsymbol{x}_3\}, \quad \omega_3: \{\boldsymbol{x}_6, \boldsymbol{x}_7, \boldsymbol{x}_8, \boldsymbol{x}_9, \boldsymbol{x}_{10}\}$$

已经分为三个簇，达到要求，算法终止，分裂过程如图 7-6 所示。

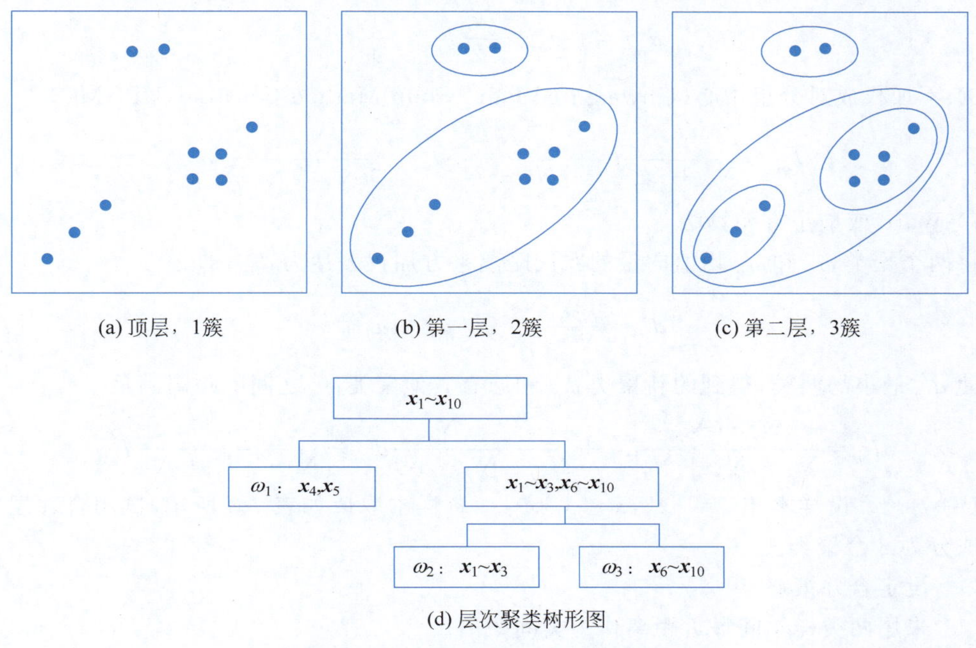

图 7-6　分裂层次聚类方法示例

7.4.2　合并层次聚类

合并层次聚类方法是将初始的聚类逐层合并，直到满足要求，合并策略一般是合并最相似的两个小类。类间的相似性可以采用 7.2.3 节的方法进行度量。

假设采用距离衡量类间相似性，在某一步，两个聚类 ω_i 和 ω_j 合并为新聚类 ω_q 之后，可以按照两个集合之间的距离定义计算 ω_q 和原有其他聚类 ω_s 之间的距离，也可以直接根据原聚类 ω_i、ω_j 和 ω_s 之间的距离推算出 ω_q 和 ω_s 之间的距离。

1) 单连接算法

$$d(\omega_q, \omega_s) = \min\{d(\omega_i, \omega_s), d(\omega_j, \omega_s)\} \tag{7-50}$$

原聚类 ω_i、ω_j 和 ω_s 之间距离的较小值作为新聚类 ω_q 和原有其他聚类 ω_s 之间的距离。

2) 全连接算法

$$d(\omega_q, \omega_s) = \max\{d(\omega_i, \omega_s), d(\omega_j, \omega_s)\} \tag{7-51}$$

原聚类 ω_i、ω_j 和 ω_s 之间距离的较大值作为新聚类 ω_q 和原有其他聚类 ω_s 之间的距离。

下面将 $d(\omega_q, \omega_s)$ 简写为 d_{qs}，其他距离用类似方法表达。

3) 加权成对分组平均算法(Weighted Pair Group Method Average，WPGMA)

$$d_{qs} = (d_{is} + d_{js})/2 \tag{7-52}$$

原聚类 ω_i、ω_j 和 ω_s 之间距离的平均值作为新聚类 ω_q 和原有其他聚类 ω_s 之间的距离。

4) 不加权成对分组平均算法(Unweighted Pair Group Method Average，UPGMA)

$$d_{qs}=\frac{N_i}{N_i+N_j}d_{is}+\frac{N_j}{N_i+N_j}d_{js} \tag{7-53}$$

实际是原聚类 ω_i、ω_j 和 ω_s 之间距离的总平均值。

5）加权成对分组中心(Weighted Pair Group Method Centroid，WPGMC)

$$d_{qs}=\frac{1}{2}d_{is}+\frac{1}{2}d_{js}-\frac{1}{4}d_{ij} \tag{7-54}$$

6）不加权成对分组中心(Unweighted Pair Group Method Centroid，UPGMC)

$$d_{qs}=\frac{N_i}{N_i+N_j}d_{is}+\frac{N_j}{N_i+N_j}d_{js}-\frac{N_iN_j}{(N_i+N_j)^2}d_{ij} \tag{7-55}$$

7）Ward或最小方差算法

将两个聚类 ω_i 和 ω_j 均值向量的欧氏距离平方加权表达为 d'_{ij}，即

$$d'_{ij}=\frac{N_iN_j}{N_i+N_j}\|\boldsymbol{\mu}_i-\boldsymbol{\mu}_j\|^2 \tag{7-56}$$

合并使 d'_{ij} 最小的两类，得到的新聚类 ω_q 和原有其他聚类 ω_s 之间的距离满足

$$d'_{qs}=\frac{N_i+N_s}{N_i+N_j+N_s}d'_{is}+\frac{N_j+N_s}{N_i+N_j+N_s}d'_{js}-\frac{N_s}{N_i+N_j+N_s}d'_{ij} \tag{7-57}$$

【例 7-8】 设样本集 $\mathscr{X}=\{\boldsymbol{x}_1,\boldsymbol{x}_2,\cdots,\boldsymbol{x}_{10}\}$，各样本取值如表7-3所示，试用合并层次聚类方法分为3个聚类。

解： 设定合并策略。

(1) 采用两类样本间最近距离作为类间距离。

(2) 根据类间最小距离，合并子簇。

合并过程如下。

(1) 把每个样本单独看作一簇，共10簇 $\omega_1\sim\omega_{10}$。

$$\omega_1:\{\boldsymbol{x}_1\},\omega_2:\{\boldsymbol{x}_2\},\omega_3:\{\boldsymbol{x}_3\},\omega_4:\{\boldsymbol{x}_4\},\omega_5:\{\boldsymbol{x}_5\},$$
$$\omega_6:\{\boldsymbol{x}_6\},\omega_7:\{\boldsymbol{x}_7\},\omega_8:\{\boldsymbol{x}_8\},\omega_9:\{\boldsymbol{x}_9\},\omega_{10}:\{\boldsymbol{x}_{10}\}$$

(2) 计算10个簇样本彼此间的距离，表达为矩阵形式，第 i 行第 j 列为 ω_i、ω_j 之间的距离。

$$\boldsymbol{d}=\begin{bmatrix}
0 & \sqrt{2} & \sqrt{8} & \sqrt{73} & \sqrt{80} & \sqrt{34} & \sqrt{41} & \sqrt{45} & \sqrt{52} & \sqrt{74}\\
\sqrt{2} & 0 & \sqrt{2} & \sqrt{53} & \sqrt{58} & \sqrt{20} & \sqrt{25} & \sqrt{29} & \sqrt{34} & \sqrt{52}\\
\sqrt{8} & \sqrt{2} & 0 & \sqrt{37} & \sqrt{40} & \sqrt{10} & \sqrt{13} & \sqrt{17} & \sqrt{20} & \sqrt{34}\\
\sqrt{73} & \sqrt{53} & \sqrt{37} & 0 & 1 & \sqrt{29} & \sqrt{20} & \sqrt{34} & \sqrt{25} & \sqrt{25}\\
\sqrt{80} & \sqrt{58} & \sqrt{40} & 1 & 0 & \sqrt{26} & \sqrt{17} & \sqrt{29} & \sqrt{20} & \sqrt{18}\\
\sqrt{34} & \sqrt{20} & \sqrt{10} & \sqrt{29} & \sqrt{26} & 0 & 1 & 1 & \sqrt{2} & \sqrt{8}\\
\sqrt{41} & \sqrt{25} & \sqrt{13} & \sqrt{20} & \sqrt{17} & 1 & 0 & \sqrt{2} & 1 & \sqrt{5}\\
\sqrt{45} & \sqrt{29} & \sqrt{17} & \sqrt{34} & \sqrt{29} & 1 & \sqrt{2} & 0 & 1 & \sqrt{5}\\
\sqrt{52} & \sqrt{34} & \sqrt{20} & \sqrt{25} & \sqrt{20} & \sqrt{2} & 1 & 1 & 0 & \sqrt{2}\\
\sqrt{74} & \sqrt{52} & \sqrt{34} & \sqrt{25} & \sqrt{18} & \sqrt{8} & \sqrt{5} & \sqrt{5} & \sqrt{2} & 0
\end{bmatrix}$$

(3) 找类间最小距离。矩阵是对称的,只考虑对角线上方的元素即可。

$$d_{45}=1,\quad d_{67}=1,\quad d_{68}=1,\quad d_{79}=1,\quad d_{89}=1$$

(4) 合并具有最小距离的簇。在本例中不限制类合并的次数,因此 ω_4、ω_5 合并到一起,ω_6、ω_7、ω_8、ω_9 合并到一起。

$$\omega_1:\{\boldsymbol{x}_1\},\quad \omega_2:\{\boldsymbol{x}_2\},\quad \omega_3:\{\boldsymbol{x}_3\},\quad \omega_4:\{\boldsymbol{x}_4,\boldsymbol{x}_5\},\quad \omega_5:\{\boldsymbol{x}_6,\boldsymbol{x}_7,\boldsymbol{x}_8,\boldsymbol{x}_9\},\omega_6:\{\boldsymbol{x}_{10}\}$$

(5) 计算新的 6 个簇间的距离。本例中采用单连接算法,即 ω_1 和新聚类 ω_4 间的距离为 $\boldsymbol{x}_1$ 和 $\boldsymbol{x}_4$、$\boldsymbol{x}_1$ 和 $\boldsymbol{x}_5$ 距离中的最小值;ω_1 和新聚类 ω_5 间的距离为 $\boldsymbol{x}_1$ 和 $\boldsymbol{x}_6$、$\boldsymbol{x}_7$、$\boldsymbol{x}_8$、$\boldsymbol{x}_9$ 距离中的最小值,其余类似。

$$\boldsymbol{d}=\begin{bmatrix} 0 & \sqrt{2} & \sqrt{8} & \sqrt{73} & \sqrt{34} & \sqrt{74} \\ \sqrt{2} & 0 & \sqrt{2} & \sqrt{53} & \sqrt{20} & \sqrt{52} \\ \sqrt{8} & \sqrt{2} & 0 & \sqrt{37} & \sqrt{10} & \sqrt{34} \\ \sqrt{73} & \sqrt{53} & \sqrt{37} & 0 & \sqrt{17} & \sqrt{18} \\ \sqrt{34} & \sqrt{20} & \sqrt{10} & \sqrt{17} & 0 & \sqrt{2} \\ \sqrt{74} & \sqrt{52} & \sqrt{34} & \sqrt{18} & \sqrt{2} & 0 \end{bmatrix}$$

(6) 找类间最小距离,$d_{12}=\sqrt{2}$,$d_{23}=\sqrt{2}$,$d_{56}=\sqrt{2}$。

(7) 合并具有最小距离的簇。

$$\omega_1:\{\boldsymbol{x}_1,\boldsymbol{x}_2,\boldsymbol{x}_3\},\omega_2:\{\boldsymbol{x}_4,\boldsymbol{x}_5\},\omega_3:\{\boldsymbol{x}_6,\boldsymbol{x}_7,\boldsymbol{x}_8,\boldsymbol{x}_9,\boldsymbol{x}_{10}\}$$

已经分为 3 个簇,达到要求,算法终止,合并过程如图 7-7 所示。

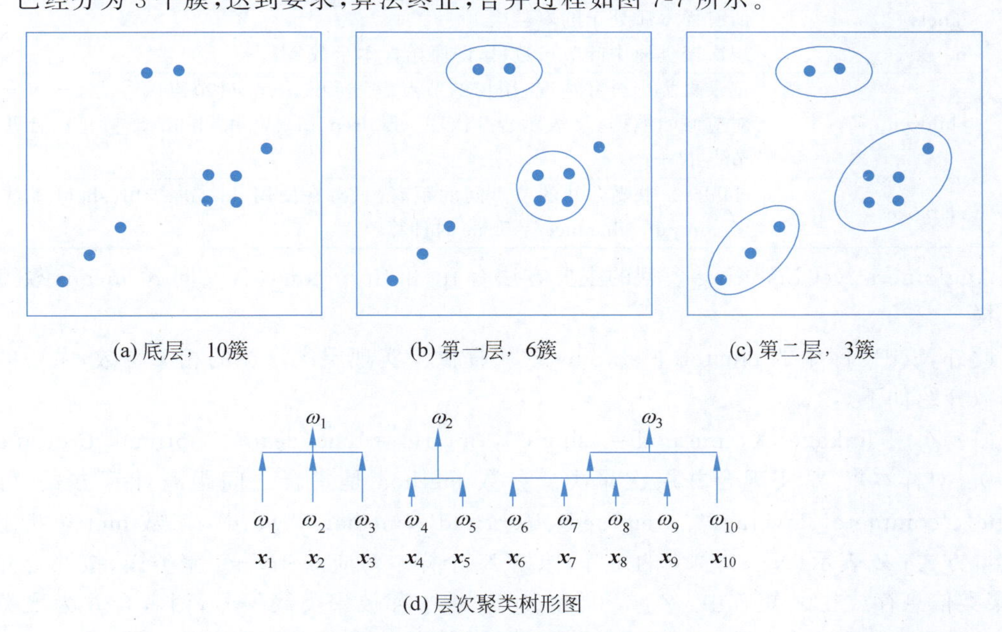

图 7-7 合并层次聚类方法示例

层次聚类算法具有单向性,在分裂方法中,一旦两个样本在某一步被分在不同的簇,即使距离很近,在后续聚类中也不会再聚在一起;在合并方法中,一旦两个样本在某一步被合并到一簇,即使距离较远,在后续聚类中也不能再分开。可以考虑将分裂、合并方法相结合,提高聚类结果的合理性，例如图像分割中的区域分裂、合并分割方法。

7.4.3 仿真实现

scikit-learn 库中 cluster 模块提供了 AgglomerativeClustering 模型用于进行合并层次聚类，调用格式如下。

```
AgglomerativeClustering(n_clusters = 2, *, metric = 'edclidean', memory = None, connectivity =
None, compute_full_tree = 'auto', linkage = 'ward', distance_threshold = None, compute_distances
= False)
```

AgglomerativeClustering 模型的主要参数、属性如表 7-4 所示。

表 7-4 AgglomerativeClustering 模型的主要参数、属性表

类型	名称	含义
参数	n_clusters	聚类数目
	metric	指定距离度量方法，可取'euclidean'、'l1'、'l2'、'manhattan'、'cosine'和'precomputed'，linkage 取'ward'时，使用'euclidean'方法
	linkage	指定聚类簇之间距离度量方法，可取'ward'、'complete'、'average'和'single'
	compute_full_tree	可取'auto'、'True'或'False'，计算整棵聚类树且在达到聚类簇数目后停止
	distance_threshold	聚类簇合并的距离阈值，不为 None 时，n_clusters 必须是 None，或者 compute_full_tree 必须是 True
	compute_distances	是否计算聚类簇之间的距离
属性	n_clusters_	聚类数目，如果 distance_threshold=None，则等于参数 n_clusters
	labels_	所有样本所处于的聚类簇
	n_leaves_	层次聚类树中叶节点数目，即原始样本个数 N
	children_	记录聚类中合并情况，用树的节点编号形式表示，叶节点编号为 $0\sim N-1$，对应原始数据。i 表示合并次序，children_[i][0]和 children_[i][1]合并为节点 $N+i$
	distances_	children_中要合并的节点间的距离，只有在使用 distance_threshold 参数或者 compute_distances=True 时计算

AgglomerativeClustering 模型的主要方法有 fit 和 fit_predict，含义同 K-means 模型方法一样。

此外，SciPy 库中的 cluster. hierarchy 模块提供了实现层次聚类的相关函数，主要的几个函数介绍如下。

(1) Z = linkage(X, method= 'single', metric= 'euclidean', optimal_ordering= False)：对样本集 X 实现合并层次聚类。参数 method 是集合之间距离计算方式，可取'single'、'complete'、'average'、'weighted'、'centroid'、'median'、'ward'；参数 metric 指定距离度量方式；$\boldsymbol{Z}$ 表示 $(N-1)\times 4$ 的矩阵，原始 N 个样本对应 $0\sim N-1$ 聚类簇，按照合并次序，聚类信息存放在 $\boldsymbol{Z}$ 矩阵中：$\boldsymbol{Z}[i, 0]$和 $\boldsymbol{Z}[i, 1]$中存放聚类簇编号，两者合并为聚类簇 $N+i$，两者间的距离存放在 $\boldsymbol{Z}[i, 2]$中，$\boldsymbol{Z}[i, 3]$中存放新簇中的样本数目。

(2) R=inconsistent(Z, d=2)：计算层次聚类矩阵 $\boldsymbol{Z}$ 中节点 $N+i$ 下深度为 d 的连接集合（不含叶节点）的不相似系数，返回 $(N-1)\times 4$ 的矩阵 $\boldsymbol{R}$，$\boldsymbol{R}[i,0]$和 $\boldsymbol{R}[i,1]$中是连接集合中节点的不相似系数的均值和标准差，$\boldsymbol{R}[i,2]$中是连接集合中的节点数目，$\boldsymbol{R}[i,3]=(\boldsymbol{Z}[i,2]-\boldsymbol{R}[i,0])/\boldsymbol{R}[i,1]$。

（3）T＝fcluster(Z，t，criterion＝'inconsistent'，depth＝2，R＝None，monocrit＝None)：根据层次聚类矩阵 $\boldsymbol{Z}$ 和聚类标准 criterion 实现聚类。在 criterion 设为'inconsistent'、'distance'或'monocrit'时，参数 t 为阈值，簇间距离等变量小于阈值的簇合并；在 criterion 设为'maxclust'或'maxclust_monocrit'时，t 为最大聚类数。depth 和 R 用于 criterion 为'inconsistent'的情况。$\boldsymbol{T}$ 为各样本聚类后的类别编号向量。

（4）dendrogram 函数：以 U 形线绘制二分层次聚类树。

【例 7-9】 设样本集 $\mathscr{X}=\{\boldsymbol{x}_1,\boldsymbol{x}_2,\cdots,\boldsymbol{x}_{10}\}$，各样本取值如表 7-3 所示，设计程序，进行层次聚类。

设计一：采用 SciPy 库函数进行合并分层聚类，程序如下：

```
import numpy as np
from scipy.cluster.hierarchy import linkage, fcluster, dendrogram
from matplotlib import pyplot as plt
X = np.array([[0, 0], [1, 1], [2, 2], [3, 8], [4, 8],
              [5, 3], [5, 4], [6, 3], [6, 4], [7, 5]])
Z = linkage(X, 'single')                        #使用欧氏距离、单连接算法生成二分层次聚类树
np.set_printoptions(precision = 2)
print('层次聚类矩阵 Z:\n', Z)
T = fcluster(Z, criterion = 'distance', t = 1.5)    #设定距离阈值为 1.5 实现聚类
print('聚类结果为', T)
dendrogram(Z)                                   #绘制完整层次聚类树
plt.rcParams['font.sans - serif'] = ['Times New Roman']
plt.show()
```

运行程序，在输出窗口输出层次聚类矩阵 $\boldsymbol{Z}$ 和聚类结果，绘制的层次聚类树如图 7-8 所示，节点的高度代表该节点对应两类间的距离，每个节点对应两个子节点。层次聚类矩阵 $\boldsymbol{Z}$ 为 9×4 的矩阵，第一行(即 $\boldsymbol{Z}$[0，:])为 5、6、1、2，是指第 5 和第 6 个样本距离为 1，聚为一个新的聚类簇，该簇有两个样本，其余行含义类似。T 为[2 2 2 1 1 3 3 3 3 3]，是设定距离阈值为 1.5 时各样本的聚类标签。

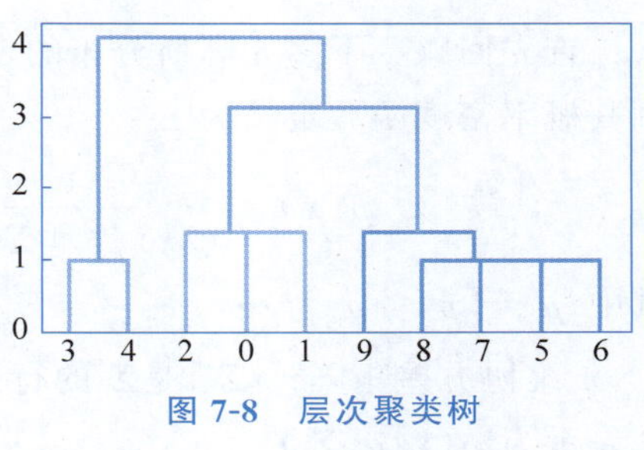

图 7-8 层次聚类树

设计二：采用 scikit-learn 库 AgglomerativeClustering 模型实现聚类，采用 SciPy 库的 dendrogram 函数绘制层次聚类树，程序如下：

```
import numpy as np
from sklearn.cluster import AgglomerativeClustering
from scipy.cluster.hierarchy import dendrogram
from matplotlib import pyplot as plt
X = np.array([[0, 0], [1, 1], [2, 2], [3, 8], [4, 8],
              [5, 3], [5, 4], [6, 3], [6, 4], [7, 5]])
N, n = np.shape(X)
model = AgglomerativeClustering(n_clusters = None, linkage = 'single',
                                distance_threshold = 0).fit(X)      #合并层次聚类
counts = np.zeros(N - 1)
for i, merge in enumerate(model.children_):
    current_count = 0
    for child_idx in merge:
```

```
            if child_idx < N:
                current_count += 1
            else:
                current_count += counts[child_idx - N]
        counts[i] = current_count          #通过 children_属性值统计合并后的各聚类簇中有多少样本
    linkage_matrix = np.column_stack([model.children_, model.distances_, counts])
                                                                  #生成 linkage 矩阵
    dendrogram(linkage_matrix)
    plt.rcParams['font.sans-serif'] = ['Times New Roman']
    plt.show()
```

运行程序，绘制的层次聚类树如图 7-8 所示。

7.5 高斯混合聚类算法

由贝叶斯决策理论可知，若样本集 $\mathscr{X}=\{\boldsymbol{x}_1,\boldsymbol{x}_2,\cdots,\boldsymbol{x}_N\}$ 中存在 c 个类 $\omega_j, j=1,2,\cdots,c$，每个样本 $\boldsymbol{x}_i$ 以概率 $P(\omega_j|\boldsymbol{x}_i)$ 属于一个类 ω_j，如果满足 $P(\omega_k|\boldsymbol{x}_i)=\max\limits_{j=1,2,\cdots,c} P(\omega_j|\boldsymbol{x}_i)$，则决策 $\boldsymbol{x}_i\in\omega_k$。聚类分析虽然没有已知类的训练样本，也不清楚各聚类的先验概率，但是，如果能够根据样本估计后验概率 $P(\omega_j|\boldsymbol{x}_i)$，同样可以利用概率模型进行决策。高斯混合聚类就是利用高斯混合分布模拟样本分布，实现最大后验概率估计进而进行分类的方法。

7.5.1 高斯混合分布

首先回顾一下多元高斯分布的定义。在 n 维特征空间，若随机向量 $\boldsymbol{x}$ 服从高斯分布，则其概率密度函数定义为

$$p(\boldsymbol{x})=\frac{1}{(2\pi)^{n/2}|\boldsymbol{\Sigma}|^{1/2}}\exp\left[-\frac{1}{2}(\boldsymbol{x}-\boldsymbol{\mu})^{\mathrm{T}}\boldsymbol{\Sigma}^{-1}(\boldsymbol{x}-\boldsymbol{\mu})\right] \tag{7-58}$$

其中，$\boldsymbol{\mu}=[\mu_1 \quad \mu_2 \quad \cdots \quad \mu_n]^{\mathrm{T}}=E[\boldsymbol{x}]$，是 n 维均值列向量；$\boldsymbol{\Sigma}=E[(\boldsymbol{x}-\boldsymbol{\mu})(\boldsymbol{x}-\boldsymbol{\mu})^{\mathrm{T}}]$ 是 $n\times n$ 维协方差矩阵；$|\boldsymbol{\Sigma}|$ 是 $\boldsymbol{\Sigma}$ 的行列式，$\boldsymbol{\Sigma}^{-1}$ 是 $\boldsymbol{\Sigma}$ 的逆矩阵。$p(\boldsymbol{x})$ 完全由 $\boldsymbol{\mu}$ 和 $\boldsymbol{\Sigma}$ 决定，将其表示为 $p(\boldsymbol{x}|\boldsymbol{\mu},\boldsymbol{\Sigma})$。

定义高斯混合分布为多个高斯分布的加权求和，即

$$p_{\mathrm{M}}(\boldsymbol{x})=\sum_{j=1}^{c}\alpha_j p(\boldsymbol{x}\mid\boldsymbol{\mu}_j,\boldsymbol{\Sigma}_j) \tag{7-59}$$

这种模型称为高斯混合模型(Gaussian Mixture Model，GMM)。c 个混合成分组成该分布，每个混合成分对应一个高斯分布，$\boldsymbol{\mu}_j$ 和 $\boldsymbol{\Sigma}_j$ 是第 j 个混合成分的参数。混合系数 $\alpha_j\geqslant 0$，且满足 $\sum\limits_{j=1}^{c}\alpha_j=1$，为选择第 j 个高斯混合成分的概率。

7.5.2 高斯混合聚类

根据 α_j 定义的先验分布选择高斯混合成分，根据被选择的混合成分的概率密度函数进行采样，生成样本，进而构成样本集 $\mathscr{X}=\{\boldsymbol{x}_1,\boldsymbol{x}_2,\cdots,\boldsymbol{x}_N\}$。令 $y_i\in\{1,2,\cdots,c\}$ 表示生成样本 $\boldsymbol{x}_i$ 的高斯混合成分，y_i 的先验概率 $P(y_i=j)$ 对应 α_j，y_i 的后验概率为

$$P(y_i=j \mid \boldsymbol{x}_i)=\frac{P(y_i=j)p_{\mathrm{M}}(\boldsymbol{x}_i \mid y_i=j)}{p_{\mathrm{M}}(\boldsymbol{x}_i)}=\frac{\alpha_j p(\boldsymbol{x}_i \mid \boldsymbol{\mu}_j,\boldsymbol{\Sigma}_j)}{\sum_{k=1}^{c}\alpha_k p(\boldsymbol{x}_i \mid \boldsymbol{\mu}_k,\boldsymbol{\Sigma}_k)}=P_{ij} \tag{7-60}$$

假设数据服从高斯混合分布，c 个高斯分布对应 c 个聚类簇，根据数据计算参数 α_j、$\boldsymbol{\mu}_j$ 和 $\boldsymbol{\Sigma}_j$，则可以估计后验概率 P_{ij}，再通过比较后验概率大小将样本归入某一类，即

$$y_i=\underset{j\in\{1,2,\cdots,c\}}{\arg\max}\, P_{ij} \tag{7-61}$$

对于式(7-61)的求解，可以采用最大似然估计的方法，寻找令似然函数 $l(\alpha_j,\boldsymbol{\mu}_j,\boldsymbol{\Sigma}_j)$ 或对数似然函数 $h(\alpha_j,\boldsymbol{\mu}_j,\boldsymbol{\Sigma}_j)=\ln l(\alpha_j,\boldsymbol{\mu}_j,\boldsymbol{\Sigma}_j)$ 最大的参数 $\hat{\alpha}_j$、$\hat{\boldsymbol{\mu}}_j$ 和 $\hat{\boldsymbol{\Sigma}}_j$。

$$h(\alpha_j,\boldsymbol{\mu}_j,\boldsymbol{\Sigma}_j)=\ln l(\alpha_j,\boldsymbol{\mu}_j,\boldsymbol{\Sigma}_j)=\sum_{i=1}^{N}\ln\left(\sum_{j=1}^{c}\alpha_j p(\boldsymbol{x}_i \mid \boldsymbol{\mu}_j,\boldsymbol{\Sigma}_j)\right) \tag{7-62}$$

对数函数对参数 $\boldsymbol{\mu}_j$ 求偏导，并令偏导为0，得

$$\sum_{i=1}^{N}\frac{\alpha_j p(\boldsymbol{x}_i \mid \boldsymbol{\mu}_j,\boldsymbol{\Sigma}_j)}{\sum_{k=1}^{c}\alpha_k p(\boldsymbol{x}_i \mid \boldsymbol{\mu}_k,\boldsymbol{\Sigma}_k)}(\boldsymbol{x}_i-\boldsymbol{\mu}_j)=\sum_{i=1}^{N}P_{ij}(\boldsymbol{x}_i-\boldsymbol{\mu}_j)=0 \tag{7-63}$$

求解，得

$$\boldsymbol{\mu}_j=\frac{\sum_{i=1}^{N}P_{ij}\boldsymbol{x}_i}{\sum_{i=1}^{N}P_{ij}} \tag{7-64}$$

同样，由 $\partial h/\partial\boldsymbol{\Sigma}_j=0$，可得

$$\boldsymbol{\Sigma}_j=\frac{\sum_{i=1}^{N}P_{ij}(\boldsymbol{x}_i-\boldsymbol{\mu}_j)(\boldsymbol{x}_i-\boldsymbol{\mu}_j)^{\mathrm{T}}}{\sum_{i=1}^{N}P_{ij}} \tag{7-65}$$

对于混合系数 α_j 的求解，由于存在约束条件 $\alpha_j\geqslant 0$，且 $\sum_{j=1}^{c}\alpha_j=1$，因此定义拉格朗日函数，即

$$L(\alpha_j)=h(\alpha_j,\boldsymbol{\mu}_j,\boldsymbol{\Sigma}_j)+\lambda\left(\sum_{j=1}^{c}\alpha_j-1\right) \tag{7-66}$$

对参数 α_j 求导，并令导数为0，可得

$$\sum_{i=1}^{N}\frac{p(\boldsymbol{x}_i \mid \boldsymbol{\mu}_j,\boldsymbol{\Sigma}_j)}{\sum_{k=1}^{c}\alpha_k p(\boldsymbol{x}_i \mid \boldsymbol{\mu}_k,\boldsymbol{\Sigma}_k)}+\lambda=0$$

两边同乘以 α_j，可得

$$\alpha_j=-\frac{1}{\lambda}\sum_{i=1}^{N}P_{ij}$$

对所有 α_j 求和，即

$$\sum_{j=1}^{c}\alpha_j=\sum_{j=1}^{c}\left(-\frac{1}{\lambda}\sum_{i=1}^{N}P_{ij}\right)=-\frac{1}{\lambda}\sum_{i=1}^{N}\sum_{j=1}^{c}P_{ij}=-\frac{N}{\lambda}=1$$

可得 $\lambda=-N$,所以

$$\alpha_j=\frac{1}{N}\sum_{i=1}^{N}P_{ij} \tag{7-67}$$

即每个高斯混合成分的混合系数由样本属于该成分的平均后验概率确定。

由求解的结论可知,参数 α_j、$\boldsymbol{\mu}_j$ 和 $\boldsymbol{\Sigma}_j$ 的确定需要后验概率 P_{ij},而估计后验概率 P_{ij} 需要参数 α_j、$\boldsymbol{\mu}_j$ 和 $\boldsymbol{\Sigma}_j$,求解这个问题可以采用 EM 算法。

7.5.3 EM 算法

EM 算法是指期望最大化(Expectation Maximization,EM),是一种求参数的最大似然或最大后验概率估计的迭代方法。求解高斯混合模型参数的 EM 算法具体步骤如下。

(1) 定义类数目为 c,对每个分量 j 设置 α_j、$\boldsymbol{\mu}_j$ 和 $\boldsymbol{\Sigma}_j$ 的初始值,按式(7-62)计算对数似然函数 $h(\alpha_j,\boldsymbol{\mu}_j,\boldsymbol{\Sigma}_j)$。

(2) E 步:按式(7-60)计算样本 $\boldsymbol{x}_i$ 的对应 y_i 的后验概率 P_{ij}。

(3) M 步:按式(7-64)、式(7-65)和式(7-67)求 α_j、$\boldsymbol{\mu}_j$ 和 $\boldsymbol{\Sigma}_j$。

(4) 根据新的参数 α_j、$\boldsymbol{\mu}_j$ 和 $\boldsymbol{\Sigma}_j$ 重新计算对数似然函数 $h(\alpha_j,\boldsymbol{\mu}_j,\boldsymbol{\Sigma}_j)$。

(5) 判断参数是否收敛或对数似然函数是否收敛(如对数似然函数不再增长),收敛则终止算法;不收敛就返回 E 步。

【例 7-10】 设样本集 $\mathscr{X}=\{\boldsymbol{x}_1,\boldsymbol{x}_2,\cdots,\boldsymbol{x}_{10}\}$,各样本取值如表 7-1 所示,进行高斯混合聚类。

解:

(1) 初始化:令 $c=2,\boldsymbol{\mu}_1=\boldsymbol{x}_1,\boldsymbol{\mu}_2=\boldsymbol{x}_2,\alpha_1=\alpha_2=0.5,\boldsymbol{\Sigma}_1=\boldsymbol{\Sigma}_2=\boldsymbol{I}$,对数似然函数增长阈值 $T_{\mathrm{H}}=1$。

(2) 计算对数似然函数:$h=\sum_{i=1}^{N}\ln\left[\sum_{j=1}^{c}\alpha_j p(\boldsymbol{x}_i\mid\boldsymbol{\mu}_j,\boldsymbol{\Sigma}_j)\right]=-123.1808$。

(3) 计算样本由各混合成分生成的后验概率:

$$\begin{aligned}
&P_{11}=0.6225,\quad P_{12}=0.3775,\quad P_{21}=0.3775,\quad P_{22}=0.6225\\
&P_{31}=0.1824,\quad P_{32}=0.8176,\quad P_{41}=0.3775,\quad P_{42}=0.6225\\
&P_{51}=0.6225,\quad P_{52}=0.3775,\quad P_{61}=0.0110,\quad P_{62}=0.9890\\
&P_{71}=0.0110,\quad P_{72}=0.9890,\quad P_{81}=0.0041,\quad P_{82}=0.9959\\
&P_{91}=0.0041,\quad P_{92}=0.9959,\quad P_{10,1}=0.0015,\quad P_{10,2}=0.9985
\end{aligned}$$

(4) 计算新的参数:

$$\boldsymbol{\mu}_1=[0.5823\quad 0.6674]^{\mathrm{T}},\quad \boldsymbol{\mu}_2=[4.0728\quad 2.7642]^{\mathrm{T}}$$

$$\boldsymbol{\Sigma}_1=\begin{bmatrix}1.0843 & 0.7747\\ 0.7747 & 0.9682\end{bmatrix},\quad \boldsymbol{\Sigma}_2=\begin{bmatrix}15.2792 & 12.0425\\ 12.0425 & 10.1280\end{bmatrix}$$

$$\alpha_1=0.2214,\quad \alpha_2=0.7786$$

(5) 计算对数似然函数:$h_{\mathrm{new}}=\sum_{i=1}^{N}\ln\left[\sum_{j=1}^{c}\alpha_j p(\boldsymbol{x}_i\mid\boldsymbol{\mu}_j,\boldsymbol{\Sigma}_j)\right]=-33.9675$。

(6) 验证算法是否收敛:如果 $h_{\mathrm{new}}-h_{\mathrm{old}}>T_{\mathrm{H}}$,则继续迭代。

经过3轮迭代，算法终止，最终的后验概率为

$$P_{11}=0.8333,\quad P_{12}=0.1667,\quad P_{21}=0.6169,\quad P_{22}=0.3831$$
$$P_{31}=0.4184,\quad P_{32}=0.5816,\quad P_{41}=0.8216,\quad P_{42}=0.1784$$
$$P_{51}=0.9185,\quad P_{52}=0.0815,\quad P_{61}=0.0000,\quad P_{62}=1.0000$$
$$P_{71}=0.0000,\quad P_{72}=1.0000,\quad P_{81}=0.0000,\quad P_{82}=1.0000$$
$$P_{91}=0.0000,\quad P_{92}=1.0000,\quad P_{10,1}=0.0000,\quad P_{10,2}=1.0000$$

根据样本由各混合成分生成的后验概率 P_{ij} 归类，得

$$\omega_1:\{\boldsymbol{x}_1,\boldsymbol{x}_2,\boldsymbol{x}_4,\boldsymbol{x}_5\},\quad \omega_2:\{\boldsymbol{x}_3,\boldsymbol{x}_6,\boldsymbol{x}_7,\boldsymbol{x}_8,\boldsymbol{x}_9,\boldsymbol{x}_{10}\}$$

如果设置对数似然函数增长阈值 $T_H=0.1$，其余为同样的初始化设置，进行10轮迭代后算法终止，则根据最终的后验概率 P_{ij} 归类为

$$\omega_1:\{\boldsymbol{x}_1,\boldsymbol{x}_2,\boldsymbol{x}_3,\boldsymbol{x}_4,\boldsymbol{x}_5\},\quad \omega_2:\{\boldsymbol{x}_6,\boldsymbol{x}_7,\boldsymbol{x}_8,\boldsymbol{x}_9,\boldsymbol{x}_{10}\}$$

程序如下：

```
import numpy as np
from matplotlib import pyplot as plt
from scipy.stats import multivariate_normal as mvnorm

def LogL(X, N, mu, sigma, alpha, c):                    #计算对数似然函数取值
    Hout = 0
    for i in range(N):
        H = 0
        for j in range(c):
            H += alpha[0, j] * mvnorm.pdf(X[i, :], mu[j, :], sigma[j, :, :])
        Hout += np.log(H)
    return Hout

X = np.array([[0, 0], [1, 0], [2, 2], [1, 1], [0, 1],
              [5, 3], [5, 4], [6, 3], [6, 4], [7, 5]])
N, n = np.shape(X)
c, TH = 2, 0.1
alpha, sigma = np.ones([1, c]) / c, np.zeros([c, n, n])
mv = np.random.randint(1, N, c)
mu = X[mv, :].astype(float)
for i in range(c):
    sigma[i, :, :] = np.identity(n)                     #以上为参数初始化
Hold = LogL(X, N, mu, sigma, alpha, c)                  #当前对数似然函数取值
while 1:
    P = np.zeros([N, c])
    for i in range(N):                                  #计算后验概率
        for j in range(c):
            P[i, j] = alpha[0, j] * mvnorm.pdf(X[i, :], mu[j, :], sigma[j, :, :])
        P[i, :] /= np.sum(P[i, :])
    for j in range(c):                                  #计算各参数
        temp = np.zeros([n, n])
        temp_X = X - mu[j, :]
        for i in range(N):
            temp += temp_X[i, :].reshape(-1, 1) @ temp_X[i, :].reshape(1, -1) * P[i, j]
        sumr = np.sum(P[:, j])
        mu[j, :] = np.average(X, axis = 0, weights = P[:, j])
        sigma[j, :, :], alpha[0, j] = temp / sumr, sumr / N
    Hnew = LogL(X, N, mu, sigma, alpha, c)              #新对数似然函数取值
```

```
        if Hnew - Hold < TH:
            break
        Hold = Hnew
    y = np.argmax(P, axis = 1)                              # 根据后验概率大小归类
    plt.plot(X[y == 0, 0], X[y == 0, 1], 'r+', X[y == 1, 0], X[y == 1, 1], 'b.')
    plt.rcParams['font.sans-serif'] = ['Times New Roman']
    plt.legend(['1', '2'])
    plt.show()
```

程序运行结果如图 7-9 所示。

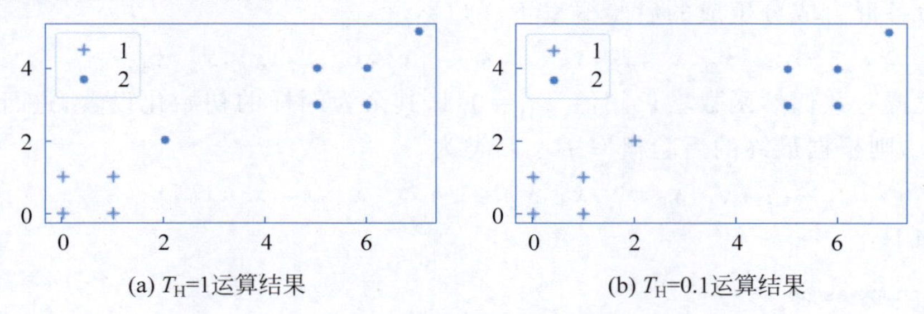

图 7-9　高斯混合聚类示例

7.5.4　仿真实现

scikit-learn 库中 mixture 模块的 GaussianMixture 模型表示高斯混合分布，其调用格式如下。

```
GaussianMixture(n_components = 1, *, covariance_type = 'full', tol = 0.001, reg_covar = 1e-06,
max_iter = 100, n_init = 1, init_params = 'kmeans', weights_init = None, means_init = None,
precisions_init = None, random_state = None, warm_start = False, verbose = 0, verbose_interval = 10)
```

GaussianMixture 模型的部分参数、属性如表 7-5 所示。

表 7-5　GaussianMixture 模型部分参数、属性表

类型	名　称	含　义
参数	n_components	混合成分数目
	covariance_type	说明各混合成分的协方差矩阵情况：可取'full'、'tied'、'diag'和'spherical'，分别表示各混合成分各有自己的协方差矩阵、具有相同的协方差矩阵、各有对角的协方差矩阵和各有自己的独一方差
	tol	EM 算法终止时对数似然函数的增量阈值
	init_params	选择初始化混合系数、均值、协方差矩阵的逆阵的方法，可取'kmeans'、'k-means++'、'random'和'random_from_data'
	weights_init	提供的初始混合系数，取 None 时，根据 init_params 指定的方法确定
	means_init	提供的初始均值，取 None 时，根据 init_params 指定的方法确定
	precisions_init	提供的初始的协方差矩阵的逆阵，取 None 时，根据 init_params 指定的方法确定
属性	weights_	各混合系数
	means_	各混合成分的均值向量
	covariances_	各混合成分的协方差矩阵
	precisions_	协方差矩阵的逆，用于提高新样本的对数似然函数的计算效率
	lower_bound_	EM 算法终止时对数似然函数的值

GaussianMixture 模型的主要方法有 fit、fit_predict、predict、predict_proba 等，含义同其他模型类似另有下列方法。

（1）sample(n_samples=1)：根据高斯混合分布生成随机样本，样本带混合成分标签。

（2）score(X，y=None)：根据高斯混合模型计算 X 中样本的平均对数似然函数。

（3）score_samples(X)：根据高斯混合模型计算 X 中样本的对数似然函数。

【例 7-11】 设定均值和方差，生成二元高斯混合分布数据，并对数据进行高斯混合聚类。

程序如下：

```
import numpy as np
from sklearn.mixture import GaussianMixture
from matplotlib import pyplot as plt
mu1, mu2, mu3 = np.array([1, 1]), np.array([5, 5]), np.array([9, 1])
sigma1, sigma2, sigma3 = (np.array([[1, 0.4], [0.4, 1]]),
                          np.array([[1, -0.6], [-0.6, 1]]),
                          np.array([[1, 0], [0, 1]]))
c, N = 3, 50                                    #设定各高斯混合成分参数
X1 = np.random.default_rng().multivariate_normal(mu1, sigma1, N)
X2 = np.random.default_rng().multivariate_normal(mu2, sigma2, N)
X3 = np.random.default_rng().multivariate_normal(mu3, sigma3, N)
plt.rcParams['font.sans-serif'] = ['Times New Roman']
plt.subplot(121)
plt.plot(X1[:, 0], X1[:, 1], 'r+', X2[:, 0], X2[:, 1], 'g.', X3[:, 0], X3[:, 1], 'bx')
plt.legend(['1', '2', '3'])
plt.title('原始数据', fontproperties='SimSun')
X = np.concatenate((X1, X2, X3))                #生成数据
gm = GaussianMixture(n_components=c).fit(X)     #拟合高斯混合分布
np.set_printoptions(precision=2)
print('估计的三类均值为\n', gm.means_)
print('估计的三类协方差矩阵为\n', gm.covariances_)
print('估计的三类混合系数为', gm.weights_)
y = gm.predict(X)                               #利用高斯混合模型预测样本标签
plt.subplot(122)
plt.plot(X[y == 0, 0], X[y == 0, 1], 'r+', X[y == 1, 0], X[y == 1, 1], 'g.',
X[y == 2, 0], X[y == 2, 1], 'bx')
plt.legend(['1', '2', '3'])
plt.title('聚类结果', fontproperties='SimSun')
plt.show()
```

运行程序，在输出窗口输出估计的三类的均值、协方差矩阵和混合系数，和原始设定的参数很接近。生成的原始数据如图 7-10(a)所示，聚类结果如图 7-10(b)所示。

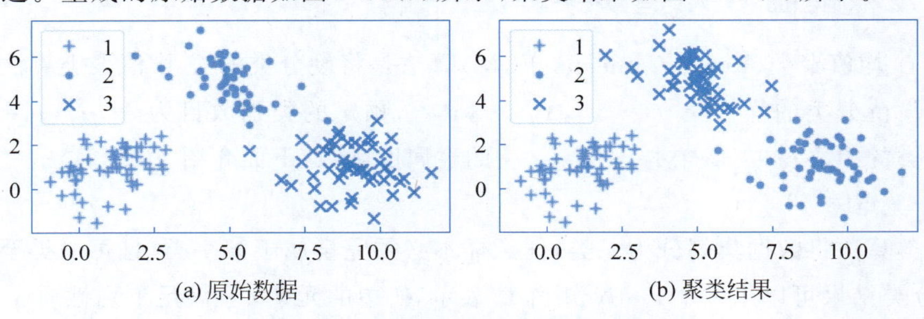

图 7-10 高斯混合聚类实例结果

7.6 模糊聚类算法

前面所讲的聚类算法，将每一个辨识对象严格地划分为某一类，这类算法被称为硬聚类。但实际上，某些对象并不具有严格的区分属性，它们可能位于两类之间，这时采用模糊聚类可以获得更好的效果。

7.6.1 模糊集合的基本知识

在以前所学习的集合中，一个元素 $\boldsymbol{x}$ 要么完全属于某个集合 $\mathscr{X}$，要么完全不属于，元素间的分类具有截然分明的边界，用一个函数表示这种关系，称之为集合 $\mathscr{X}$ 的特征函数。

$$u_{\mathscr{X}}(\boldsymbol{x})=\begin{cases}1, & \boldsymbol{x}\in\mathscr{X}\\ 0, & \boldsymbol{x}\notin\mathscr{X}\end{cases} \tag{7-68}$$

现实世界中客观事物之间的差异有时十分明显，有时十分模糊。例如，要将年龄数据集合划分为年轻和不年轻两个类别，分类边界不分明，把这种没有明确边界的集合称为模糊集合。

对于模糊集合 $\mathscr{X}$，一个元素 $\boldsymbol{x}$ 隶属于该集合的程度用隶属度函数 $u_{\mathscr{X}}(\boldsymbol{x})$ 表示，$u_{\mathscr{X}}(\boldsymbol{x})\in[0,1]$，$u_{\mathscr{X}}(\boldsymbol{x})=0$ 表示 $\boldsymbol{x}$ 完全不属于集合 $\mathscr{X}$；$u_{\mathscr{X}}(\boldsymbol{x})=1$ 表示 $\boldsymbol{x}$ 完全属于集合 $\mathscr{X}$。普通集合可以看作隶属度函数取值为 0 和 1 的特殊模糊集合。

例如，“年轻”模糊集合的隶属度函数可以定义为

$$u(\boldsymbol{x})=\begin{cases}1, & 0\leqslant x\leqslant 25\\ \{1+[(x-25)/5]^2\}^{-1}, & 25< x\leqslant 150\end{cases}$$

$u(18)=1$，18 岁完全属于年轻集合；$u(75)\approx 0.01$，75 岁属于年轻集合的程度很低；$u(30)=0.5$，处于一种很不分明的情况。

研究和处理模糊性现象的数学称为模糊数学。1965 年，Zadeh 教授首次发表 *Fuzzy Sets* 的论文，标志着模糊数学的诞生。目前，模糊理论和技术在许多领域得到广泛应用。由于不分明的划分在人类的识别、判断和认知过程中起着重要的作用，所以模糊模式识别是模式识别的一种重要方法。学者们针对一些模式识别问题设计了相应的模糊模式识别系统，同时，用模糊数学对传统模式识别中的一些方法进行了改进，模糊聚类是模糊模式识别中具有代表性的方法。

7.6.2 模糊 C 均值聚类算法

模糊 C 均值聚类(Fuzzy C-means，FCM)算法是将硬分类的 C 均值聚类算法转变为模糊分类。设待分类的样本集 $\mathscr{X}=\{\boldsymbol{x}_1,\boldsymbol{x}_2,\cdots,\boldsymbol{x}_N\}$，预定的类别数目为 c；$\boldsymbol{\mu}_j, j=1,2,\cdots,c$ 为每个聚类的中心；u_{ji} 是样本 $\boldsymbol{x}_i$ 对 ω_j 类的隶属度函数，下面介绍 FCM 算法。

1. 分类矩阵

硬聚类算法将数据集划分为 c 类，任意样本必须完全属于某一类，且每一类至少包含一个样本，分类结果可以用一个 $c\times N$ 矩阵 $\boldsymbol{U}$ 表示，$\boldsymbol{U}$ 中的元素 u_{ji} 满足下列性质：

$$\begin{cases} u_{ji}=\begin{cases}1, & \boldsymbol{x}_i \in \omega_j \\ 0, & \boldsymbol{x}_i \notin \omega_j\end{cases} \\ \sum_{j=1}^{c} u_{ji}=1, \quad \forall i \\ 0<\sum_{i=1}^{N} u_{ji}<N, \quad \forall j \end{cases} \tag{7-69}$$

分类矩阵 $\boldsymbol{U}$ 的每一行对应一个聚类，每一列对应一个样本，元素取值为 0 或 1，$u_{ji}=1$ 表示样本 $\boldsymbol{x}_i \in \omega_j$；矩阵每一列之和为 1，说明一个样本只能属于一个类；每一行之和在 $(0,N)$ 区间，说明每一聚类至少有一个样本，总数小于 N。

例如，样本集 $\mathscr{X}=\{\boldsymbol{x}_1,\boldsymbol{x}_2,\boldsymbol{x}_3,\boldsymbol{x}_4,\boldsymbol{x}_5\}$，若分类结果为 $\{\boldsymbol{x}_1,\boldsymbol{x}_5\}$ 和 $\{\boldsymbol{x}_2,\boldsymbol{x}_3,\boldsymbol{x}_4\}$，则分类矩阵 $\boldsymbol{U}=\begin{bmatrix}1&0&0&0&1\\0&1&1&1&0\end{bmatrix}$。分类矩阵其实是样本属于各个类(集合)的特征函数值构成的矩阵。

当分类矩阵的元素的取值并非限于 $\{0,1\}$ 二值，而是位于 $[0,1]$ 区间时，则演变为模糊分类，对应的矩阵 $\boldsymbol{U}$ 是模糊矩阵，且具有以下性质：

$$\begin{cases} u_{ji} \in [0,1] \\ \sum_{j=1}^{c} u_{ji}=1, \quad \forall i \\ 0<\sum_{i=1}^{N} u_{ji}<N, \quad \forall j \end{cases} \tag{7-70}$$

例如，样本集 $\mathscr{X}=\{\boldsymbol{x}_1,\boldsymbol{x}_2,\boldsymbol{x}_3,\boldsymbol{x}_4,\boldsymbol{x}_5\}$，$c=2$，可能的模糊分类矩阵 $\boldsymbol{U}=\begin{bmatrix}0.8&0.3&0.1&0.2&0.9\\0.2&0.7&0.9&0.8&0.1\end{bmatrix}$，即样本 $\boldsymbol{x}_1$ 对 ω_1 的隶属度为 0.8，对 ω_2 的隶属度为 0.2，其余含义类似。根据隶属度大小转换为硬分类，对应分类矩阵则为 $\boldsymbol{U}=\begin{bmatrix}1&0&0&0&1\\0&1&1&1&0\end{bmatrix}$，即硬分类结果为 $\{\boldsymbol{x}_1,\boldsymbol{x}_5\}$ 和 $\{\boldsymbol{x}_2,\boldsymbol{x}_3,\boldsymbol{x}_4\}$。模糊分类矩阵是样本隶属于各个类的隶属度构成的矩阵。

2. 准则函数

C 均值聚类算法采用的是误差平方和准则，即

$$J=\sum_{j=1}^{c}\sum_{\boldsymbol{x}_i\in\omega_j}(d_{ji})^2 \tag{7-71}$$

其中，d_{ji} 表示第 j 类样本 $\boldsymbol{x}_i$ 到聚类中心 $\boldsymbol{\mu}_j$ 的距离，J 值最小对应最好的聚类结果。

FCM 聚类算法采用隶属度函数对误差平方进行加权求和，即

$$J_{\text{FCM}}=\sum_{j=1}^{c}\sum_{i=1}^{N}(u_{ji})^m(d_{ji})^2 \tag{7-72}$$

其中，$m>1$ 是控制聚类结果模糊程度的常数，如果 $m\to 1$，则聚类结果等同于 C 均值聚类算法的确定性聚类结果；如果 $m=\infty$，则由于 $u_{ji}\in[0,1]$，无论怎样划分样本集，J_{FCM} 几乎都为 0，得到完全模糊的解，失去分类的意义；通常选择 m 在 2 左右。

模糊准则函数 J_{FCM} 求最优，定义拉格朗日函数，即

$$L(\boldsymbol{U},\boldsymbol{\mu})=\sum_{j=1}^{c}\sum_{i=1}^{N}(u_{ji})^m(d_{ji})^2-\sum_{i=1}^{N}\lambda_i\left(\sum_{j=1}^{c}u_{ji}-1\right) \tag{7-73}$$

对式(7-73)中的 u_{ji} 求偏导并令其为零,即

$$\frac{\partial L}{\partial u_{ji}}=mu_{ji}^{m-1}d_{ji}^{2}-\lambda_i=0 \tag{7-74}$$

可得

$$u_{ji}=\left(\frac{\lambda_i}{md_{ji}^{2}}\right)^{\frac{1}{m-1}} \tag{7-75}$$

代入约束条件 $\sum_{k=1}^{c}u_{ki}=1$ 中,得

$$\lambda_i=\frac{m}{\left[\sum_{k=1}^{c}(d_{ki}^{-2})^{\frac{1}{m-1}}\right]^{m-1}} \tag{7-76}$$

代入式(7-75),若样本到聚类中心的距离采用欧氏距离,则

$$u_{ji}=\frac{1}{\sum_{k=1}^{c}\left(\frac{d_{ji}^{2}}{d_{ki}^{2}}\right)^{\frac{1}{m-1}}}=\frac{1}{\sum_{k=1}^{c}\left(\frac{\|\boldsymbol{x}_i-\boldsymbol{\mu}_j\|}{\|\boldsymbol{x}_i-\boldsymbol{\mu}_k\|}\right)^{\frac{2}{m-1}}} \tag{7-77}$$

对式(7-73)中的 $\boldsymbol{\mu}_j$ 求偏导并令其为零,即

$$\frac{\partial L}{\partial \boldsymbol{\mu}_j}=\sum_{i=1}^{N}u_{ji}^{m}\frac{\partial d_{ji}^{2}}{\partial \boldsymbol{\mu}_j}=0 \tag{7-78}$$

可得

$$\boldsymbol{\mu}_j=\frac{\sum_{i=1}^{N}u_{ji}^{m}\boldsymbol{x}_i}{\sum_{i=1}^{N}u_{ji}^{m}} \tag{7-79}$$

3. 算法步骤

式(7-77)和式(7-79)可以通过迭代运算求解,FCM 算法的运算步骤如下。

(1) 给定类别数 c、参数 m、容许误差 ε 的值,随机产生初始模糊分类矩阵 $\boldsymbol{U}$,迭代次数 $t=1$。

(2) 按式(7-79)计算初始化聚类中心 $\boldsymbol{\mu}_j(t)$。

(3) 按式(7-77)计算隶属度 $u_{ji}(t)$,修改模糊分类矩阵 $\boldsymbol{U}$。

(4) 按式(7-79)修改聚类中心 $\boldsymbol{\mu}_j(t+1)$。

(5) 计算前后两次迭代中聚类中心误差,即

$$e=\sum_{j=1}^{c}\|\boldsymbol{\mu}_j(t+1)-\boldsymbol{\mu}_j(t)\|^2 \tag{7-80}$$

若 $e<\varepsilon$,则算法结束,否则 $t\leftarrow t+1$,转到步骤(3)。

运算结束后,得到模糊分类矩阵 $\boldsymbol{U}$ 以及各聚类中心 $\boldsymbol{\mu}_j$,可以采用下列两种方法将聚类结果去模糊。

1) 最大隶属原则识别法

设 $\mathscr{X}_1,\mathscr{X}_2,\cdots,\mathscr{X}_c$ 是 $\mathscr{X}$ 中的 c 个模糊子集,$\boldsymbol{x}$ 是 $\mathscr{X}$ 中的一个元素,若

$$u_j(\boldsymbol{x})=\max\{u_1(\boldsymbol{x}),u_2(\boldsymbol{x}),\cdots,u_c(\boldsymbol{x})\} \tag{7-81}$$

则 $\boldsymbol{x} \in \omega_j$。

2）择近原则识别法

定义 $\boldsymbol{x}$ 和每个子集 $\mathscr{X}_j$ 的贴近程度 $S(\boldsymbol{x},\boldsymbol{\mu}_j)$，若

$$S(\boldsymbol{x},\boldsymbol{\mu}_j)=\max\{S(\boldsymbol{x},\boldsymbol{\mu}_1),S(\boldsymbol{x},\boldsymbol{\mu}_2),\cdots,S(\boldsymbol{x},\boldsymbol{\mu}_c)\} \tag{7-82}$$

则 $\boldsymbol{x} \in \omega_j$。

4. 仿真实现

【例 7-12】 对 iris 数据集进行模糊 C 均值聚类。

程序如下：

```
import numpy as np
from matplotlib import pyplot as plt
from scipy.spatial.distance import cdist
from sklearn.datasets import load_iris
iris = load_iris()
X, y = iris.data[:, 2:4], iris.target                   # 保留原始数据的后两维
N, n = np.shape(X)
c, m, tol, t = 3, 2, 0.00001, 0                         # 设置类别数、参数 m、容差和迭代次数
old_mu, new_mu = np.zeros([c, n]), np.zeros([c, n])
U = np.random.rand(c, N)
U = U / np.sum(U, axis = 0)                             # 生成初始模糊分类矩阵 U
tempU = np.power(U, m)
for j in range(c):                                      # 根据式(7-79)计算初始化聚类中心
    old_mu[j, :] = np.average(X, axis = 0, weights = tempU[j, :])
while 1:
    dist = (np.power(cdist(X, old_mu, 'euclidean'), 2)).T    # 样本与聚类中心距离平方矩阵
    obj_fun = np.sum(tempU * dist)                      # 计算加权的误差平方和目标函数
    print('第', t, '次迭代,目标函数为: %.4f' % obj_fun)
    t += 1
    dist = np.power(dist, 1 / (m - 1))
    sumd = np.sum(np.reciprocal(dist, out = None), axis = 0)
    for i in range(N):
        U[:, i] = dist[:, i] * sumd[i]
    U = np.reciprocal(U, out = None)                    # 根据式(7-77)计算新的模糊分类矩阵 U
    tempU = np.power(U, m)
    for j in range(c):                                  # 计算新的聚类中心
        new_mu[j, :] = np.average(X, axis = 0, weights = tempU[j, :])
    if np.max(np.abs(old_mu - new_mu)) < tol:           # 判断算法是否收敛
        break
    else:
        old_mu = np.array(new_mu)
y_p = np.argmax(U, axis = 0)    # 根据模糊分类矩阵 U 找每个样本对应的最大隶属度,归入对应类
plt.rcParams['font.sans-serif'] = ['SimSun']
plt.subplot(121)
plt.plot(X[y == 0, 0], X[y == 0, 1], 'r+', X[y == 1, 0], X[y == 1, 1], 'g.',
         X[y == 2, 0], X[y == 2, 1], 'bx')
plt.legend(['原类 1', '原类 2', '原类 3'])
plt.subplot(122)
plt.plot(X[y_p == 0, 0], X[y_p == 0, 1], 'r+', X[y_p == 1, 0], X[y_p == 1, 1], 'g.',
         X[y_p == 2, 0], X[y_p == 2, 1], 'bx')
plt.scatter(new_mu[:, 0], new_mu[:, 1], c = 'm', marker = '*', linewidths = 3)
plt.legend(['聚类 1', '聚类 2', '聚类 3', '聚类中心'])
plt.xticks(fontproperties = 'Times New Roman')
```

```
plt.yticks(fontproperties = 'Times New Roman')
plt.show()
```

运行程序,在输出窗口输出迭代过程中的目标函数取值:

```
第 0 次迭代,目标函数为:249.6056
第 1 次迭代,目标函数为:178.7167
……
第 20 次迭代,目标函数为:24.2936
第 21 次迭代,目标函数为:24.2936
```

原始数据和模糊 C 均值聚类结果如图 7-11 所示。

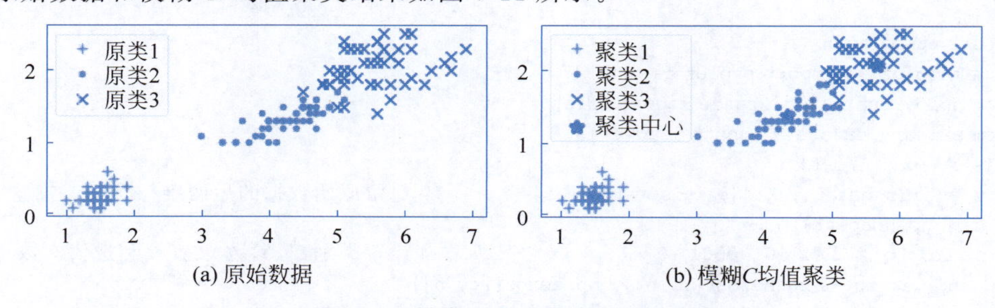

图 7-11　模糊 C 均值聚类实例结果

7.7　密度聚类算法

密度聚类(Density-based Clustering)算法假设聚类结构能通过样本分布的紧密程度确定,从样本密度的角度考察样本间的可连接性,并基于可连接样本不断扩展聚类簇获得最终聚类结果。密度聚类对聚类形状没有限制,这类算法能够描述任意形状的聚类,能够有效处理异常数据,时间复杂度低,更适合于处理大数据集。

DBSCAN(Density-Based Spatial Clustering of Applications with Noise)算法是一种著名的密度聚类算法,该算法采用样本点周围邻域内的最少邻点数(Minimum Number of Neighbors,MinPts)描述样本分布的紧密程度。算法用到的几个概念定义如下。

1. ε 邻域

设样本集 $\mathscr{X}=\{\boldsymbol{x}_1,\boldsymbol{x}_2,\cdots,\boldsymbol{x}_N\}$,样本集中与 $\boldsymbol{x}_i$ 的距离不大于 ε 的样本构成 $\boldsymbol{x}_i$ 的 ε 邻域,即 $\mathscr{X}_\varepsilon(\boldsymbol{x}_i)=\{\boldsymbol{x}_k \mid \boldsymbol{x}_k\in\mathscr{X}$ 且 $d_{ik}\leqslant\varepsilon\}$,其中的样本数称为密度。如图 7-12 中虚线所示区域。

2. 三种类型点

核心点:若 $\boldsymbol{x}_i$ 的 ε 邻域中至少有 MinPts 个样本,即 $N_\varepsilon(\boldsymbol{x}_i)\geqslant$MinPts,则 $\boldsymbol{x}_i$ 是一个核心点。如图 7-12 中 $\boldsymbol{x}_1$ 点,其中,MinPts=5。

边界点:若 $N_\varepsilon(\boldsymbol{x}_i)<$MinPts,则 $\boldsymbol{x}_i$ 是一个边界点。如图 7-12 中 $\boldsymbol{x}_5$ 点。

噪声点:不属于任何簇的样本,ε 邻域为空的样本,也称离群点、异常样本。如图 7-12 中 $\boldsymbol{x}_6$ 点。

3. 密度关系

密度直达:若 $\boldsymbol{x}_k$ 位于 $\boldsymbol{x}_i$ 的 ε 邻域中,且 $\boldsymbol{x}_i$ 是一个核心点,则称 $\boldsymbol{x}_k$ 由 $\boldsymbol{x}_i$ 密度直达。反

过来不成立，即“$\boldsymbol{x}_i$ 由 $\boldsymbol{x}_k$ 密度直达”不一定成立。如图 7-12 中，$\boldsymbol{x}_2$ 由 $\boldsymbol{x}_1$ 密度直达。

密度可达：对于 $\boldsymbol{x}_i$ 与 $\boldsymbol{x}_k$，若存在样本序列 $\boldsymbol{z}_1,\boldsymbol{z}_2,\cdots,\boldsymbol{z}_m$，其中，$\boldsymbol{z}_1=\boldsymbol{x}_i$，$\boldsymbol{z}_m=\boldsymbol{x}_k$，且 $\boldsymbol{z}_{j+1}$ 由 $\boldsymbol{z}_j$ 密度直达，即从 $\boldsymbol{x}_i$ 到 $\boldsymbol{x}_k$ 存在一个样本序列，后一个样本由前一个密度直达，则称 $\boldsymbol{x}_k$ 由 $\boldsymbol{x}_i$ 密度可达。反过来不一定成立。如图 7-12 中，$\boldsymbol{x}_3$ 由 $\boldsymbol{x}_1$ 密度可达。

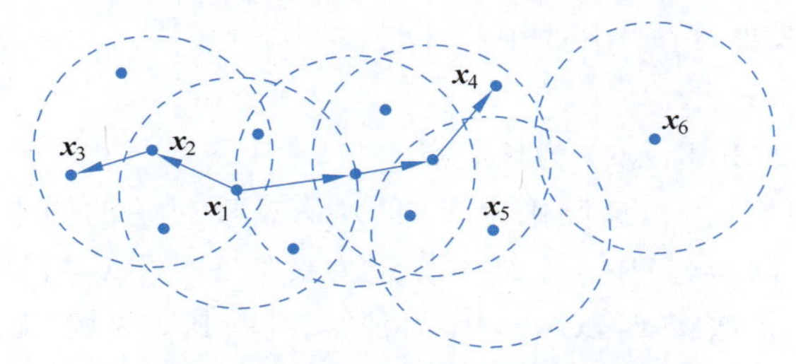

图 7-12 DBSCAN 算法的基本概念

密度相连：若存在样本 $\boldsymbol{x}_j$，$\boldsymbol{x}_i$ 和 $\boldsymbol{x}_k$ 均由 $\boldsymbol{x}_j$ 密度可达，则称 $\boldsymbol{x}_i$ 与 $\boldsymbol{x}_k$ 密度相连，或 $\boldsymbol{x}_k$ 与 $\boldsymbol{x}_i$ 密度相连。如图 7-12 中，$\boldsymbol{x}_3$ 点与 $\boldsymbol{x}_4$ 点密度相连。

如果某点 $\boldsymbol{x}_i$ 是核心点，与 $\boldsymbol{x}_i$ 密度可达的所有样本组成的集合 $\mathscr{X}_i$ 是一个聚类簇。所以，DBSCAN 算法由其任何一个核心点出发确定相应的聚类簇，算法的描述如下。

(1) 初始化。设定邻域参数 ε 和 MinPts，样本集 $\mathscr{X}_{\text{temp}}=\mathscr{X}$，初始聚类簇 $c=0$。

(2) 从样本集 $\mathscr{X}_{\text{temp}}$ 任选一个样本 $\boldsymbol{x}_i$，确定其在 $\mathscr{X}$ 中的 ε 邻域 $\mathscr{X}_\varepsilon(\boldsymbol{x}_i)$ 及邻域内样本数 $N_\varepsilon(\boldsymbol{x}_i)$，并从 $\mathscr{X}_{\text{temp}}$ 中去除 $\boldsymbol{x}_i$。

(3) 判断样本 $\boldsymbol{x}_i$ 的点类型，即判断是否满足 $N_\varepsilon(\boldsymbol{x}_i)\geqslant\text{MinPts}$。

① 如果不满足，即是非核心点，则标记为噪声点，进行步骤(5)。

② 如果满足，是核心点，则作为种子点，进行步骤(4)。

(4) 更新当前聚类数 $c\leftarrow c+1$，确定 $\boldsymbol{x}_i$ 在 $\mathscr{X}$ 中所有密度可达的样本。标记种子点 ε 邻域 $\mathscr{X}_\varepsilon(\boldsymbol{x}_i)$ 为当前聚类 c，将 $\mathscr{X}_\varepsilon(\boldsymbol{x}_i)\cap\mathscr{X}_{\text{temp}}$ 加入种子队列，并从样本集 $\mathscr{X}_{\text{temp}}$ 中去除加入种子队列的样本。重复操作直至种子队列为空。

(5) 如果样本集 $\mathscr{X}_{\text{temp}}$ 为空集，算法结束；否则，返回步骤(2)。

【例 7-13】 设样本集 $\mathscr{X}=\{\boldsymbol{x}_1,\boldsymbol{x}_2,\cdots,\boldsymbol{x}_{10}\}$，各样本取值如表 7-6 所示，进行密度聚类。

表 7-6 样本取值

样本	$\boldsymbol{x}_1$	$\boldsymbol{x}_2$	$\boldsymbol{x}_3$	$\boldsymbol{x}_4$	$\boldsymbol{x}_5$	$\boldsymbol{x}_6$	$\boldsymbol{x}_7$	$\boldsymbol{x}_8$	$\boldsymbol{x}_9$	$\boldsymbol{x}_{10}$
取值	$[0\quad 0]^{\text{T}}$	$[1\quad 0]^{\text{T}}$	$[2\quad 2]^{\text{T}}$	$[1\quad 1]^{\text{T}}$	$[0\quad 1]^{\text{T}}$	$[5\quad 3]^{\text{T}}$	$[5\quad 4]^{\text{T}}$	$[6\quad 3]^{\text{T}}$	$[6\quad 4]^{\text{T}}$	$[2\quad 6]^{\text{T}}$

解： 第(1)步，初始化。设 $\varepsilon=3$，MinPts$=3$，样本集 $\mathscr{X}_{\text{temp}}=\mathscr{X}$，初始聚类簇 $c=0$。

第(2)步，设选中样本 $\boldsymbol{x}_1=[0\quad 0]^{\text{T}}$，$\mathscr{X}_\varepsilon(\boldsymbol{x}_1)=\{\boldsymbol{x}_1,\boldsymbol{x}_2,\boldsymbol{x}_3,\boldsymbol{x}_4,\boldsymbol{x}_5\}$，$N_\varepsilon(\boldsymbol{x}_1)=5$，$\mathscr{X}_{\text{temp}}=\{\boldsymbol{x}_2,\cdots,\boldsymbol{x}_{10}\}$。

第(3)步，$N_\varepsilon(\boldsymbol{x}_1)\geqslant\text{MinPts}$，$\boldsymbol{x}_1$ 为核心点。

第(4)步，当前聚类数 $c=1$，递归确定 $\boldsymbol{x}_1$ 的所有密度可达的样本。当前种子为 $\boldsymbol{x}_1$，其 ε 邻域 $\mathscr{X}_\varepsilon(\boldsymbol{x}_1)=\{\boldsymbol{x}_1,\boldsymbol{x}_2,\boldsymbol{x}_3,\boldsymbol{x}_4,\boldsymbol{x}_5\}$ 中 5 个样本标记为聚类 1；$\mathscr{X}_\varepsilon(\boldsymbol{x}_1)\cap\mathscr{X}_{\text{temp}}=\{\boldsymbol{x}_2,\boldsymbol{x}_3,\boldsymbol{x}_4,\boldsymbol{x}_5\}$ 加入种子队列，修改 $\mathscr{X}_{\text{temp}}=\{\boldsymbol{x}_6,\cdots,\boldsymbol{x}_{10}\}$；依次将 $\boldsymbol{x}_2,\boldsymbol{x}_3,\boldsymbol{x}_4,\boldsymbol{x}_5$ 作为种子，判断其 ε 邻域，无新种子加入。

第(5)步，样本集 $\mathscr{X}_{\text{temp}}$ 不为空集，返回步骤(2)，进行如下操作。

第(2)步，设从样本集 $\mathscr{X}_{\text{temp}}$ 中选中样本 $\boldsymbol{x}_{10}$，$\mathscr{X}_{\varepsilon}(\boldsymbol{x}_{10})=\phi$，$N_{\varepsilon}(\boldsymbol{x}_{10})=0$，$\mathscr{X}_{\text{temp}}=\{\boldsymbol{x}_6,\boldsymbol{x}_7,\boldsymbol{x}_8,\boldsymbol{x}_9\}$。

第(3)步，$N_{\varepsilon}(\boldsymbol{x}_{10})=0$，$\boldsymbol{x}_{10}$ 标记为噪声点，进行步骤(5)。

第(5)步，样本集 $\mathscr{X}_{\text{temp}}$ 不为空集，返回步骤(2)，进行如下操作。

第(2)步，设从样本集 $\mathscr{X}_{\text{temp}}$ 中选中样本 $\boldsymbol{x}_6=[5\quad 3]^{\mathrm{T}}$，$\mathscr{X}_{\varepsilon}(\boldsymbol{x}_6)=\{\boldsymbol{x}_6,\boldsymbol{x}_7,\boldsymbol{x}_8,\boldsymbol{x}_9\}$，$N_{\varepsilon}(\boldsymbol{x}_6)=4$，$\mathscr{X}_{\text{temp}}=\{\boldsymbol{x}_7,\boldsymbol{x}_8,\boldsymbol{x}_9\}$。

第(3)步，$N_{\varepsilon}(\boldsymbol{x}_6)\geqslant \text{MinPts}$，$\boldsymbol{x}_6$ 为核心点。

第(4)步，当前聚类数 $c=2$，递归确定 $\boldsymbol{x}_6$ 的所有密度可达的样本。当前种子为 $\boldsymbol{x}_6$，其 ε 邻域 $\mathscr{X}_{\varepsilon}(\boldsymbol{x}_6)=\{\boldsymbol{x}_6,\boldsymbol{x}_7,\boldsymbol{x}_8,\boldsymbol{x}_9\}$ 中 4 个样本标记为聚类 2；$\mathscr{X}_{\varepsilon}(\boldsymbol{x}_6)\cap\mathscr{X}_{\text{temp}}=\{\boldsymbol{x}_7,\boldsymbol{x}_8,\boldsymbol{x}_9\}$ 加入种子队列，$\mathscr{X}_{\text{temp}}=\phi$；依次将 $\boldsymbol{x}_7,\boldsymbol{x}_8,\boldsymbol{x}_9$ 作为种子，判断其 ε 邻域，无新种子加入。

第(5)步，$\mathscr{X}_{\text{temp}}=\phi$，算法结束。

最终聚类结果为 ω_1：$\{\boldsymbol{x}_1,\boldsymbol{x}_2,\boldsymbol{x}_3,\boldsymbol{x}_4,\boldsymbol{x}_5\}$，$\omega_2$：$\{\boldsymbol{x}_6,\boldsymbol{x}_7,\boldsymbol{x}_8,\boldsymbol{x}_9\}$，$\boldsymbol{x}_{10}$ 为噪声点，结果如图 7-13 所示，图例中的 −1 表示该点为噪声点。

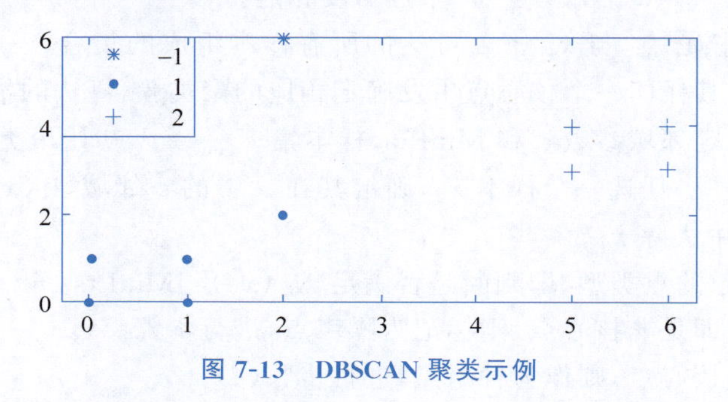

图 7-13 DBSCAN 聚类示例

scikit-learn 库中 cluster 模块提供了 DBSCAN 模型实现 DBSCAN 聚类，简要介绍如下。

```
DBSCAN(eps = 0.5, *, min_samples = 5, metric = 'euclidean', metric_params = None, algorithm =
'auto', leaf_size = 30, p = None, n_jobs = None)
```

其中，参数 eps 即 ε 邻域；min_samples 即 MinPts；algorithm、leaf_size 和 p 参数同 NearestNeighbors 模型参数。

DBSCAN 模型的主要属性有：core_sample_indices_是核心点索引；components_是核心点样本；labels_是聚类所用样本的聚类标签，噪声点标记为−1。

DBSCAN 模型的主要方法有 fit 和 fit_predict，同其他聚类模型含义一样。

【例 7-14】 生成二维圆形分布数据，分别采用 DBSCAN 算法和 C 均值聚类算法实现聚类。

程序如下：

```
import numpy as np
from matplotlib import pyplot as plt
from sklearn.cluster import DBSCAN
from sklearn.cluster import KMeans
N, r1, r2 = 300, 0.5, 5                                    #设定每类样本数及圆半径
theta = (np.linspace(0, 2 * np.pi, N)).reshape(-1, 1)
```

```
X1 = r1 * np.hstack((np.cos(theta), np.sin(theta))) + np.random.rand(N, 1)
X2 = r2 * np.hstack((np.cos(theta), np.sin(theta))) + np.random.rand(N, 1)
X = np.concatenate([X1, X2], axis=0)                  #生成受噪声干扰的圆形分布数据
plt.rcParams['font.sans-serif'] = ['SimSun']
plt.rcParams['axes.unicode_minus'] = False
plt.subplot(221)
plt.plot(X[:, 0], X[:, 1], 'k.')
plt.title('原始数据')
plt.xticks(fontproperties='Times New Roman')
plt.yticks(fontproperties='Times New Roman')

y_c = KMeans(n_clusters=2,n_init='auto').fit_predict(X)    #C均值聚类
plt.subplot(222)
plt.plot(X[y_c == 0, 0], X[y_c == 0, 1], 'b+', X[y_c == 1, 0], X[y_c == 1, 1], 'g.')
plt.title('C均值聚类')
plt.xticks(fontproperties='Times New Roman')
plt.yticks(fontproperties='Times New Roman')

y_d = DBSCAN(eps=1, min_samples=5).fit_predict(X)          #DBSCAN聚类 ε=1
plt.subplot(223)
plt.plot(X[y_d == 0, 0], X[y_d == 0, 1], 'b+', X[y_d == 1, 0], X[y_d == 1, 1], 'g.',
         X[y_d == -1, 0], X[y_d == -1, 1], 'r*')
plt.title('DBSCAN聚类 ε=1')
plt.xticks(fontproperties='Times New Roman')
plt.yticks(fontproperties='Times New Roman')

y_d = DBSCAN(eps=0.5, min_samples=5).fit_predict(X)        #DBSCAN聚类 ε=0.5
plt.subplot(224)
plt.plot(X[y_d == 0, 0], X[y_d == 0, 1], 'b+', X[y_d == 1, 0], X[y_d == 1, 1], 'g.',
         X[y_d == -1, 0], X[y_d == -1, 1], 'r*')
plt.title('DBSCAN聚类 ε=0.5')
plt.legend(['聚类1', '聚类2', '噪声点'], loc='upper left')
plt.xticks(fontproperties='Times New Roman')
plt.yticks(fontproperties='Times New Roman')
plt.show()
```

程序运行结果如图7-14所示。C均值聚类算法不适合这种圆形分布形式的数据的聚类，DBSCAN算法能够很好地实现此类数据的聚类，但依赖于参数的设置。

从算法描述和例题中可以看出，DBSCAN算法有以下几个特点。

(1) DBSCAN算法不需要对簇数的先验知识，簇不一定是球形的，且能识别不属于任何集群的噪声点。

(2) 参数ε和MinPts影响算法的结果，在实际操作中，应该尝试不同的参数值，以便得到最好的聚类结果。

(3) 在算法中，确定样本的ε邻域需要计算样本间的距离，为避免重复计算，可以采用R^*树的数据结构实现该算法。

(4) 如果同一聚类中密度变化很大，不适用DBSCAN算法。

除DBSCAN算法外，密度聚类也有其他一些算法，基本原理相同，但在密度量化上采用的方法不同，进而性能也有所不同，篇幅所限，此处不再赘述，可以查看相关资料。

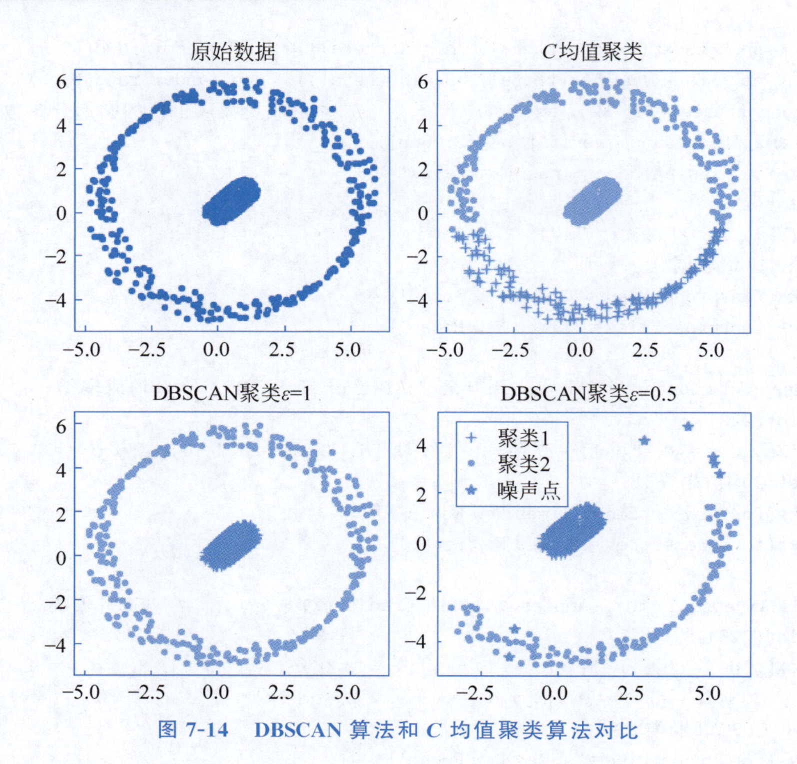

图 7-14 DBSCAN 算法和 C 均值聚类算法对比

7.8 聚类性能度量

前几节介绍的不同聚类方法，都假设数据具有某种聚类形状，并预估了特定的参数，如果假设不合适或参数估计不正确，将导致不正确的聚类结果。因此，需要对聚类算法的结果进行进一步的评价，称为聚类性能度量。

聚类性能度量有多种方法，大致有三种类型：第一类是对数据集的划分有一个先验模型（或参考模型），将聚类结果和先验模型进行比较，称为外部准则；第二类是用数据集自身包含的向量验证聚类结果是否适合数据，称为内部准则；第三类是把当前的聚类结果与不同参数或不同算法的聚类结果进行比较，根据比较结果进行评价，称为相对准则。

7.8.1 外部准则

设数据集 $\mathscr{X}=\{\boldsymbol{x}_1,\boldsymbol{x}_2,\cdots,\boldsymbol{x}_N\}$，聚类结果 $\Omega=\{\omega_1,\omega_2,\cdots,\omega_c\}$，先验模型对数据集的划分 $\Omega^*=\{\omega_1^*,\omega_2^*,\cdots,\omega_s^*\}$，将数据集中的向量两两配对，根据向量在两种划分情况下的归类情况，向量对 $(\boldsymbol{x}_i,\boldsymbol{x}_j)$ 的类别组合有以下四种情况：

(1) SS，$\boldsymbol{x}_i$ 和 $\boldsymbol{x}_j$ 属于 Ω 中的同一聚类，属于 Ω^* 中的同一聚类；

(2) SD，$\boldsymbol{x}_i$ 和 $\boldsymbol{x}_j$ 属于 Ω 中的同一聚类，属于 Ω^* 中的不同聚类；

(3) DS，$\boldsymbol{x}_i$ 和 $\boldsymbol{x}_j$ 属于 Ω 中的不同聚类，属于 Ω^* 中的同一聚类；

(4) DD，$\boldsymbol{x}_i$ 和 $\boldsymbol{x}_j$ 属于 Ω 中的不同聚类，属于 Ω^* 中的不同聚类。

向量对的总个数为 $M=N(N-1)/2$，设 N_{SS}、N_{SD}、N_{DS}、N_{DD} 为四种情况下的向量对个数，定义衡量 Ω 和 Ω^* 匹配程度的统计指标。

1) Rand 指标(Rand Index,RI)

$$\mathrm{RI}=\frac{N_{SS}+N_{DD}}{M} \tag{7-83}$$

当聚类结果随机产生时，统计的 RI 值未必为 0，因此，对 Rand 指标进行调整，得 ARI (Adjusted Rand Index)值，即

$$\mathrm{ARI}=\frac{\mathrm{RI}-E[\mathrm{RI}]}{\max(\mathrm{RI})-E[\mathrm{RI}]} \tag{7-84}$$

其中，$E[\cdot]$ 表示对 RI 求期望。

scikit-learn 库中 metrics 模块的 rand_score 和 adjusted_rand_score 函数分别用于计算 RI 和 ARI，调用格式为 rand_score(labels_true, labels_pred)和 adjusted_rand_score(labels_true, labels_pred)。

2) FM 指标(Fowlkes and Mallows Index,FMI)

$$\mathrm{FMI}=\frac{N_{SS}}{\sqrt{(N_{SS}+N_{SD})(N_{SS}+N_{DS})}}=\frac{N_{SS}}{\sqrt{M_1M_2}} \tag{7-85}$$

其中，$M_1=N_{SS}+N_{SD}$，是属于 Ω 中同一聚类的向量对的个数；$M_2=N_{SS}+N_{DS}$ 是属于 Ω^* 中同一聚类的向量对的个数。FMI 的值在 [0,1] 区间，Ω 和 Ω^* 匹配程度越高，FMI 值越大。

scikit-learn 库中 metrics 模块的 fowlkes_mallows_score 函数用于计算 FMI，调用格式为 fowlkes_mallows_score(labels_true, labels_pred, *, sparse=False)。

3) V 度量(V-measure)

如果每一个聚类簇中仅包括同一类的样本，称其满足同质性(Homogeneity)。聚类结果的同质程度为

$$\mathrm{HS}=1-\frac{H(\Omega^*\mid\Omega)}{H(\Omega^*)} \tag{7-86}$$

其中，$H(\Omega^*|\Omega)$ 是已知聚类结果后原划分的条件熵，$H(\Omega^*)$ 是原划分的熵，即

$$H(\Omega^*\mid\Omega)=-\sum_{k=1}^{s}\sum_{j=1}^{c}\frac{N_{k,j}}{N}\log\left(\frac{N_{k,j}}{N_j}\right) \tag{7-87}$$

$$H(\Omega^*)=-\sum_{k=1}^{s}\frac{N_k}{N}\log\left(\frac{N_k}{N}\right) \tag{7-88}$$

式中，s 和 c 分别是 Ω^* 和 Ω 中类别数，N_k 和 N_j 是原划分 ω_k^* 和聚类 ω_j 的样本数；$N_{k,j}$ 是原划分中在 ω_k^* 类聚类后在 ω_j 的样本数。

如果同类别的样本被归属到相同的簇中，称其满足完整性(Completeness)。聚类结果的完整程度为

$$\mathrm{CS}=1-\frac{H(\Omega\mid\Omega^*)}{H(\Omega)} \tag{7-89}$$

其中，$H(\Omega|\Omega^*)$ 是聚类结果相对于原划分的条件熵，$H(\Omega)$ 是聚类结果的熵，即

$$H(\Omega \mid \Omega^*) = -\sum_{j=1}^{c}\sum_{k=1}^{s}\frac{N_{k,j}}{N}\log\left(\frac{N_{k,j}}{N_k}\right) \tag{7-90}$$

$$H(\Omega) = -\sum_{j=1}^{c}\frac{N_j}{N}\log\left(\frac{N_j}{N}\right) \tag{7-91}$$

V 度量是同质程度和完整程度的调和平均，即

$$V = \frac{(1+\beta)\times \text{HS}\times \text{CS}}{\beta\times \text{HS}+\text{CS}} \tag{7-92}$$

其中，$\beta>0$，表示同质程度 HS 和完整程度 CS 的相对重要性；$\beta>1$ 时，完整程度 CS 有更大影响；$\beta<1$ 时，同质程度 HS 有更大影响；$\beta=1$ 时两者同等重要。

scikit-learn 库中 metrics 模块提供了 homogeneity_score、completeness_score 和 v_measure_score 函数计算同质程度、完整程度和 V 度量，调用格式为

```
homogeneity_score(labels_true, labels_pred)
completeness_score(labels_true, labels_pred)
v_measure_score(labels_true, labels_pred, *, beta=1.0)
```

【例 7-15】 设样本集 $\mathscr{X}=\{\boldsymbol{x}_1,\boldsymbol{x}_2,\cdots,\boldsymbol{x}_{10}\}$，各样本取值如表 7-3 所示，设已知各样本的原划分标签为 $y=\{0,0,0,1,1,2,2,2,2,2\}$，采用 C 均值聚类算法聚为两类，统计各外部度量指标。

程序如下：

```
import numpy as np
from sklearn.cluster import KMeans
from sklearn.metrics import rand_score, adjusted_rand_score, fowlkes_mallows_score
from sklearn.metrics import homogeneity_score, completeness_score, v_measure_score
X = np.array([[0, 0], [1, 1], [2, 2], [3, 8], [4, 8],
              [5, 3], [5, 4], [6, 3], [6, 4], [7, 5]])
y_true = np.array([0, 0, 0, 1, 1, 2, 2, 2, 2, 2]) #原划分标签
y_pred = KMeans(n_clusters=2,n_init='auto').fit_predict(X) #C均值聚类并预测样本簇标签
print('各样本原划分标签为', y_true)
print('2均值聚类后各样本簇标签为', y_pred)
RI = rand_score(y_true, y_pred)                          #计算 RI 值
ARI = adjusted_rand_score(y_true, y_pred)                #计算 ARI 值
FMI = fowlkes_mallows_score(y_true, y_pred)              #计算 FMI 值
HS = homogeneity_score(y_true, y_pred)                   #计算同质程度 HS 值
CS = completeness_score(y_true, y_pred)                  #计算完整程度 CS 值
V = v_measure_score(y_true, y_pred)                      #计算 V 度量值
print('RI = %.2f,' % RI, 'ARI = %.2f,' % ARI, 'FMI = %.2f' % FMI)
print('HS = %.2f,' % HS, 'CS = %.2f,' % CS, 'V = %.2f' % V)
```

运行程序，在输出窗口输出：

```
各样本原划分标签为[0 0 0 1 1 2 2 2 2 2]
2均值聚类后各样本簇标签为[1 1 1 0 0 0 0 0 0 0]
RI = 0.78, ARI = 0.57, FMI = 0.76
HS = 0.59, CS = 1.00, V = 0.74
```

在实际问题中，Ω 和 Ω^* 匹配程度并不仅仅根据一次聚类结果计算出的指标进行估计，而是通过多次重复比较检验实现的，可以采用 Monte Carlo 技术、交叉验证等方法实现，其需要大量的计算。

7.8.2 内部准则

内部准则是用数据本身所固有的信息来验证聚类算法产生的聚类结构是否适合数据，这里介绍几种适合于硬聚类的衡量指标。

1) CH 指标(Calinski-Harabasz Index)

CH 指标定义为类间方差和类内方差比，也称为方差比准则(Variance Ratio Criterion, VRC)。假设聚类结果 $\Omega=\{\omega_1,\omega_2,\cdots,\omega_c\}$，总样本数为 N，所有样本中心为 $\boldsymbol{\mu}$；ω_j 聚类中的样本数为 N_j，聚类中心为 $\boldsymbol{\mu}_j$。CH 指标定义为

$$\mathrm{VRC}_c=\frac{N-c}{c-1}\times\frac{\sum_{j=1}^{c}N_j\|\boldsymbol{\mu}_j-\boldsymbol{\mu}\|^2}{\sum_{j=1}^{c}\sum_{\boldsymbol{x}\in\omega_j}\|\boldsymbol{x}-\boldsymbol{\mu}_j\|^2} \tag{7-93}$$

较好的聚类结果具有较大的类间方差和较小的类内方差，则 VRC_c 值大。所以，最大的 VRC_c 对应最好的聚类数。CH 指标最适合于衡量采用平方欧氏距离的 C 均值聚类算法的聚类结果。

scikit-learn 库中 metrics 模块的 calinski_harabasz_score(X, labels)函数用于计算 VRC_c 值。

2) DB 指标(Davies-Bouldin Index)

设聚类结果 $\Omega=\{\omega_1,\omega_2,\cdots,\omega_c\}$，$\omega_j$ 聚类中所有点和聚类中心之间的平均距离为 $\bar{d}_j$，d_{kj} 为 ω_k 和 ω_j 两类聚类中心之间的距离，定义 DB 指标为

$$\mathrm{DBI}=\frac{1}{c}\sum_{j=1}^{c}\max_{k\neq j}\left(\frac{\bar{d}_k+\bar{d}_j}{d_{kj}}\right) \tag{7-94}$$

式中的比值为类内平均距离和类间距离之比，两聚类越相似该比值越大，所以，DB 指标是各聚类与其最相似聚类间的平均相似性。由于希望聚类之间的相似性尽可能小，所以最小的 DB 指标对应最好的聚类数 c。

式(7-94)中，d_{kj} 可以采用其他类间不相似性度量，$\bar{d}_j$ 也可以采用其他类内不相似性度量，DB 指标有不同形式的变体。

scikit-learn 库中 metrics 模块的 davies_bouldin_score(X, labels)函数用于计算 DBI 值。

3) 轮廓指标(Silhouette Index)

设聚类结果 $\Omega=\{\omega_1,\omega_2,\cdots,\omega_c\}$，$\omega_j$ 聚类中的样本数为 N_j，样本 $\boldsymbol{x}_i\in\omega_j$，$i=1,2,\cdots,N_j$，$\boldsymbol{x}_i$ 到 ω_j 中其他样本的平均距离为

$$d_{i,j}=\frac{1}{N_j-1}\sum_{\boldsymbol{x}'\in\omega_j,\boldsymbol{x}'\neq\boldsymbol{x}_i}d(\boldsymbol{x}_i,\boldsymbol{x}') \tag{7-95}$$

$\boldsymbol{x}_i$ 到除 ω_j 外的其他聚类的最小距离为

$$d_{i,k}=\min_{\boldsymbol{x}_i\in\omega_j,k\neq j}d(\boldsymbol{x}_i,\omega_k) \tag{7-96}$$

$d(\boldsymbol{x}_i,\omega_k)$为点和集合样本之间的平均距离。

定义 $\boldsymbol{x}_i$ 的轮廓宽度(Silhouette Width)为

$$s_i = \frac{d_{i,k} - d_{i,j}}{\max(d_{i,k}, d_{i,j})} \tag{7-97}$$

可以看出，$s_i \in [-1,1]$，衡量与其他类中的样本相比样本 $\boldsymbol{x}_i$ 与所在类中样本的相似性：若 $d_{i,k} > d_{i,j}$ 且二者相差较大，s_i 接近于 1，样本 $\boldsymbol{x}_i$ 与所在类中样本距离小于与其他类样本的距离，即 $\boldsymbol{x}_i$ 被很好地归类了；若 $d_{i,k} < d_{i,j}$ 且二者相差较大，s_i 接近于 −1，样本 $\boldsymbol{x}_i$ 与所在类中样本距离大于与其他类样本的距离，即 $\boldsymbol{x}_i$ 没有被很好地归类；如果 s_i 接近于 0，说明 $\boldsymbol{x}_i$ 位于两个聚类的边缘位置。

定义 ω_j 类的轮廓为

$$S_j = \frac{1}{N_j} \sum_{i:\boldsymbol{x}_i \in \omega_j} s_i \tag{7-98}$$

全局轮廓指标为

$$S_c = \frac{1}{c} \sum_{j=1}^{c} S_j \tag{7-99}$$

$S_c \in [-1,1]$，当 S_c 取最大值时对应最好的聚类数。

scikit-learn 库中 metrics 模块的 silhouette_samples、silhouette_score 函数分别用于计算样本的轮廓宽度和全局轮廓指标，两者调用格式如下：

```
silhouette_samples(X, labels, *, metric = 'euclidean', ** kwds)
silhouette_score(X, labels, *, metric = 'euclidean', sample_size = None, random_state = None,
** kwds)
```

【例 7-16】 生成符合二维正态分布的数据，采用轮廓指标估计进行 C 均值聚类和高斯混合聚类的最优聚类数。

分析： 首先利用 scikit-learn 库中 datasets 模块的 make_blobs 函数生成具有各向同性的二维正态分布数据，然后进行 C 均值聚类和高斯混合聚类，再对聚类结果统计轮廓指标，获取最优聚类数。

make_blobs 函数的调用格式为

```
make_blobs(n_samples = 100, n_features = 2, *, centers = None, cluster_std = 1.0, center_box =
(-10.0, 10.0), shuffle = True, random_state = None, return_centers = False)
```

其中，参数 centers 指明中心样本数目或者中心样本位置；cluster_std 指定分布标准差；center_box 指定随机生成的中心样本所在范围。

程序如下：

```
import numpy as np
from matplotlib import pyplot as plt
from sklearn.cluster import KMeans
from sklearn.mixture import GaussianMixture
from sklearn.metrics import silhouette_score
from sklearn.datasets import make_blobs
X, y = make_blobs(n_samples = 600, centers = 3, n_features = 2, random_state = 0)
plt.rcParams['font.sans-serif'] = ['Times New Roman']
plt.subplot(131)
plt.plot(X[y == 0, 0], X[y == 0, 1], 'r+', X[y == 1, 0], X[y == 1, 1], 'g.',
         X[y == 2, 0], X[y == 2, 1], 'bx')
plt.title('生成的样本', fontproperties = 'SimSun')
plt.xlabel('x1')
```

```
plt.ylabel('x2')
clist = [2, 3, 4, 5, 6]
si_km, si_gm = np.zeros([1, len(clist)]), np.zeros([1, len(clist)])
for j in range(len(clist)):
    y_km = KMeans(n_clusters = clist[j],n_init = 'auto').fit_predict(X)  #C均值聚类并预测簇标签
    si_km[0, j] = silhouette_score(X, y_km)                              #计算轮廓指标
    y_gm = GaussianMixture(n_components = clist[j]).fit_predict(X)       #高斯混合聚类
    si_gm[0, j] = silhouette_score(X, y_gm)
print('C均值聚类最优聚类数为%d' % clist[np.argmax(si_km)])
print('高斯混合聚类最优聚类数为%d' % clist[np.argmax(si_gm)])
plt.subplot(132)
plt.plot(clist, si_km[0, :], 'o-')
plt.title('C均值聚类', fontproperties = 'SimSun')
plt.xlabel('簇数', fontproperties = 'SimSun')
plt.ylabel('轮廓指标', fontproperties = 'SimSun')
plt.subplot(133)
plt.plot(clist, si_gm[0, :], 'o-')
plt.title('高斯混合聚类', fontproperties = 'SimSun')
plt.xlabel('簇数', fontproperties = 'SimSun')
plt.ylabel('轮廓指标', fontproperties = 'SimSun')
plt.show()
```

程序运行结果如图 7-15 所示。可以看出,在几种情况下,当聚类数为 3 的时候轮廓指标取最大值,在输出窗口输出最优聚类数目。

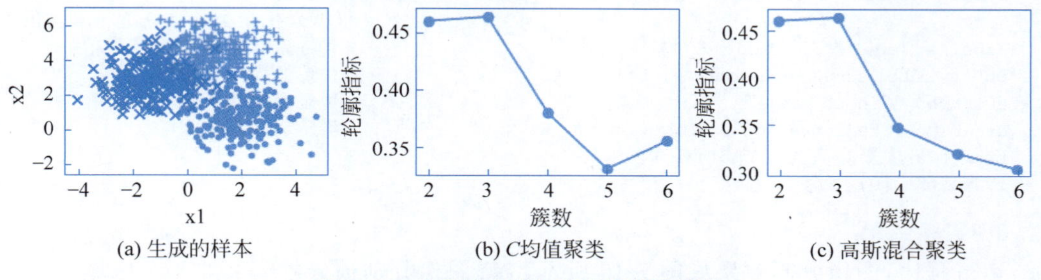

(a) 生成的样本 (b) C均值聚类 (c) 高斯混合聚类

图 7-15 利用轮廓指标估计最优聚类数

7.9 聚类分析的实例

【例 7-17】 基于色彩信息采用聚类算法对彩色图像进行分割。

1. 设计思路

$L^*a^*b^*$ 为均匀颜色空间,其中颜色之间的色差可以表达为颜色点之间的欧氏距离,距离近则色差小,为同一类的可能性大。除颜色邻近性外,同时考虑像素点之间的空间邻近性,提取每个像素点的 $L^*a^*b^*$ 值以及各点的坐标构成五维的特征向量用于分类。由于特征向量的 5 个属性各自量纲不同,因此,还需要对特征进行归一化,以消除量纲影响。

颜色及空间坐标构成的特征向量可以通过计算欧氏距离衡量可分性,因此,采用 C 均值聚类算法进行聚类。

2. 程序设计

```
import cv2 as cv                              #导入OpenCV库
import numpy as np
```

```
from sklearn.cluster import KMeans
from sklearn.preprocessing import MinMaxScaler
from sklearn.metrics import calinski_harabasz_score
im = cv.imread("fruit5.jpg")                                    # 读取图像文件
height, width = im.shape[:2]                                    # 获取图像的高度和宽度
diaglen = np.sqrt(height ** 2 + width ** 2)                     # 获取图像对角线长度
lab = cv.cvtColor(im, cv.COLOR_BGR2Lab).astype(float)           # 转换到 LAB 空间
L, a, b = cv.split(lab)
lab[:, :, 0] = MinMaxScaler(feature_range = (0, 1)).fit_transform(L)
lab[:, :, 1] = MinMaxScaler(feature_range = (-1, 1)).fit_transform(a)
lab[:, :, 2] = MinMaxScaler(feature_range = (-1, 1)).fit_transform(b)
                                                                # 分开 L、a、b 数据并分别归一化
pixelnum = height * width                                       # 计算图像的像素数
x1, x2 = np.linspace(0, width/pixelnum, width),
        np.linspace(0, height/pixelnum, height)
posx, posy = np.meshgrid(x1, x2)                                # 获取像素点的归一化空间坐标
X = np.concatenate((lab.reshape(pixelnum, 3), posx.reshape(pixelnum, 1),
                   posy.reshape(pixelnum, 1)), axis = 1)        # 表示成 MN×5 的数据矩阵
clist = [2, 3, 4, 5, 6]                                         # 簇数范围
ch = np.zeros([1, len(clist)])
for j in range(len(clist)):
    label = KMeans(n_clusters = clist[j],n_init = 'auto').fit_predict(X) # C 均值聚类并预测
                                                                # 簇标签
    ch[0, j] = calinski_harabasz_score(X, label)                # 计算 CH 指标
Optimalc = clist[np.argmax(ch)]                                 # 最大 CH 值对应最优聚类数
label = KMeans(n_clusters = Optimalc).fit_predict(X).astype(float)
                                                                # 根据最优聚类数重新进行 C 均值聚类
label = label / (Optimalc - 1)                                  # 将簇标签转换为像素值
out = label.reshape(height, width)                              # 转变为位图形式
cv.imshow("Input Image", im)                                    # 显示原始图像
cv.imshow("Segmentation", out)                                  # 显示分割结果
print('最优聚类数为', Optimalc)
cv.waitKey(0)
```

3. 实验结果

运行程序，图像分割效果如图 7-16 所示，3 幅图像分别被分割为 2、2、4 个区域。

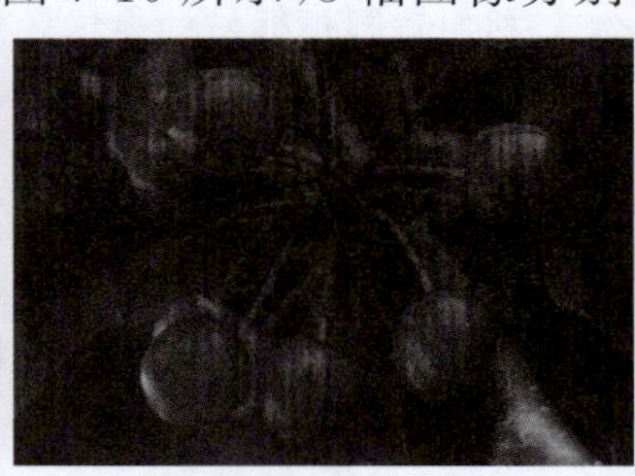

(a) 原始图像

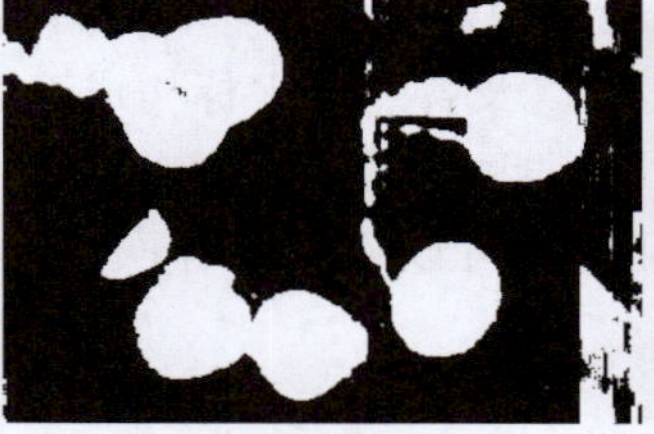
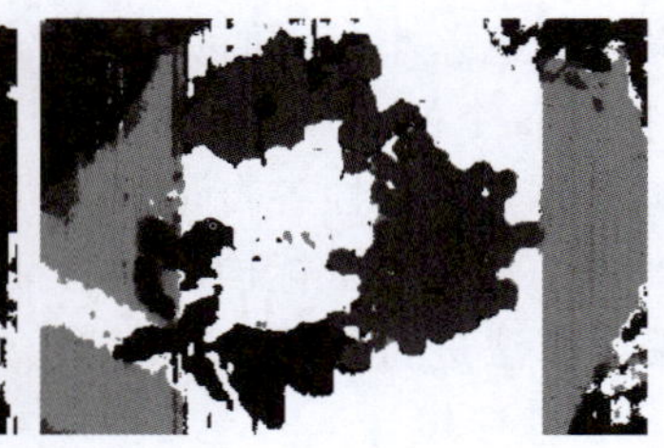

(b) *C*均值聚类分割

图 7-16 采用聚类分析的图像分割实例

习题

1. 简述无监督模式识别的含义。

2. 简述距离在聚类分析中的作用。

3. 简述各聚类算法的原理。

4. 根据 ISODATA 算法原理,编写程序,对表 7-1 中的数据进行聚类。

5. 设正态分布的均值分别为$\boldsymbol{\mu}_1=[-5\quad 0]^{\mathrm{T}}$和$\boldsymbol{\mu}_2=[5\quad 0]^{\mathrm{T}}$,协方差矩阵均为单位矩阵。编写程序,由正态分布生成各 200 个二维向量的数据集,分别采用高斯混合聚类和层次聚类算法实现聚类分析。

6. 编写程序,实现不同字体数字图像的聚类分析。

第 8 章 特征选择

CHAPTER 8

特征选择(Feature Selection)是指从已有特征中挑选出比较重要的、有代表性的、对分类有利的特征的方法,以便降低样本的维数,降低分类器设计的难度。特征选择的各种方法主要涉及两个方面的内容,即特征的评价准则以及优化算法,本章详细讲解这两方面内容。另外,本章还分析讨论过滤式(Filter)、包裹式(Wrapper)和嵌入式(Embedding)特征选择方法的实现。

8.1 概述

前几章介绍的各种识别方法,均假定已经获取了一定数量的描述识别对象的样本,每个样本由一组特征组成。例如,iris 数据集中,每个样本为由花萼长、花萼宽、花瓣长、花瓣宽特征构成的四维向量。对于待识别对象,往往可以获取其各个方面的特征值。例如,对图像中的识别对象,可以提取其几何特征、形状特征、边界特征、纹理特征等,这使得样本维数过高,导致“维数灾难”(如直方图非参数估计方法中,小舱数目随着样本维数的增加而急剧增多,导致进行估计需要的样本数也急剧增多),增加计算复杂性,增大分类器设计的难度。在实际问题中可以通过特征选择降低特征的维数,在一定程度上解决这些问题。

进行特征选择需要考虑下列三个问题。

首先是选择什么样的特征。特征用来描述待识别对象,以便分类识别,因此特征应该满足以下要求。

(1) 具有充分的识别信息量。即不同类别的特征区别明显,特征具有充分的可分性。

(2) 特征尽可能独立。即使特征具有较好的可分性,但重复的、相关性强的特征构成样本不能提供更多的信息,反而增加了计算复杂度。

(3) 特征数量尽量少,但不能损失过多的信息量。即特征选择时尽可能保留重要特征。

其次是特征选择的标准。从上述几项要求可以看出,进行特征选择,需要确定相关的评价准则,以衡量特征的可分性、独立性、信息量等,简而言之,衡量选出的特征是否有利于分类。

最后是如何进行特征选择。特征选择可以利用待识别对象的特点进行,例如,识别图像中的交通灯以判断是否能够通行,应该选择颜色特征而不是灰度特征。但在实际问题中,很多特征往往没有类似的直观的区别,或者即使有直观的区别也可能有较强的相关性,因此需要从特征和分类的角度考虑特征选择。

特征选择的方法大致有三类：过滤式方法、包裹式方法和嵌入式方法。过滤式方法根据可分性准则选出评价最优的特征组合，再进行分类，即特征选择仅仅是对原始特征的"过滤"，和后续的分类无关。包裹式方法根据分类器的性能进行特征选择，对于每种特征向量组合，估计分类器的分类误差(性能)，选择最优的特征组合。嵌入式方法是将特征选择和分类器训练融为一体，在分类器训练过程中完成特征选择。

8.2 特征的评价准则

特征的评价准则，即如何判断一组特征是否有利于分类。确定评价准则后，特征选择就是从 n 个特征中选出 m 个特征 $x_1, x_2, \cdots, x_m$ $(m<n)$，使得特征的评价准则取最优值。

由于希望选出的特征最有利于分类，因此，可以利用分类器的性能度量作为特征的评价准则，例如分类器的错误率、损失、P-R 曲线及 AP 值、ROC 曲线及 AUC 值等(见 6.1.2 节分类器性能度量)。这种情况下，需要利用不同的特征组合设计分类器，计算分类器的性能度量值，并从中选出分类器性能最好的一组特征。这种方法选出的特征对于分类器而言针对性较强，性能更好。但是，错误率的计算复杂，尤其很多情况下概率密度函数未知，进一步增大了错误率计算的难度；不同特征组合下性能度量的估计需要多次设计分类器，计算量很大；这些问题影响了直接采用分类器性能度量作为特征评价准则的可行性。

因此，需要定义便于计算的类可分性准则 J_{ij}，以衡量在一组特征下 ω_i 类和 ω_j 类之间的可分程度，即 J_{ij} 越大，两类的分离程度越大，也称为可分性判据。这些判据应满足下列要求。

(1) 判据与误判概率(错误率)有单调关系，判据取最大值时，错误率最小。

(2) 当特征相互独立时，判据具有可加性，得

$$J_{ij}(x_1, x_2, \cdots, x_m) = \sum_{k=1}^{m} J_{ij}(x_k) \tag{8-1}$$

即特征组合的判据值是各特征判据值之和。

(3) 判据具有度量特性，即

$$J_{ij} \geqslant 0, \text{当且仅当 } i=j \text{ 时}, J_{ij}=0; \text{ 且 } J_{ij}=J_{ji} \tag{8-2}$$

(4) 判据对特征数目单调不减，即加入新的特征不会使判据减小。

$$J_{ij}(x_1, x_2, \cdots, x_m) \leqslant J_{ij}(x_1, x_2, \cdots, x_m, x_{m+1}) \tag{8-3}$$

定义满足这些要求的判据，对特征进行判断，选择使判据最优的特征组合。实际中，某些要求不一定容易满足。下面介绍几类常用的判据。

8.2.1 基于类内类间距离的可分性判据

若样本可分，必然位于特征空间的不同区域，这些不同的区域之间必定有一定的距离，距离越大，样本分得越开。所以，可以用距离作为类可分性判据。在 7.2.1 节介绍的样本间不同的距离测度，均可以作为类可分性判据，常采用的是欧氏距离。本节介绍欧氏距离定义下的散布矩阵及对应的可分性判据。

设样本集 $\mathscr{X}=\{\boldsymbol{x}_i\}, i=1,2,\cdots,N$，样本为 n 维，来自 c 个类 $\{\omega_j\}, j=1,2,\cdots,c$，$\omega_j$ 类

先验概率为 $P(\omega_j)$，有 N_j 个样本，$x_l^j \in \omega_j, l=1,2,\cdots,N_j$，均值向量为$\boldsymbol{\mu}_j$，满足

$$\boldsymbol{\mu}_j = \frac{1}{N_j}\sum_{l=1}^{N_j} x_l^j \tag{8-4}$$

所有类样本的总体均值向量为$\boldsymbol{\mu}$，满足

$$\boldsymbol{\mu} = \sum_{j=1}^{c} P(\omega_j)\boldsymbol{\mu}_j \tag{8-5}$$

类间散布矩阵(Between-class Scatter Matrix)$\boldsymbol{S}_\mathrm{b}$ 定义为

$$\boldsymbol{S}_\mathrm{b} = \sum_{j=1}^{c} P(\omega_j)(\boldsymbol{\mu}_j - \boldsymbol{\mu})(\boldsymbol{\mu}_j - \boldsymbol{\mu})^\mathrm{T} \tag{8-6}$$

迹 $\mathrm{tr}(\boldsymbol{S}_\mathrm{b})$是每一类均值和总体均值之间平均距离的一种测度，越大说明类之间的可分性越好。

类内的距离可以定义为所有样本到其均值向量的平均距离，用先验概率加权，得类内散布矩阵

$$\boldsymbol{S}_j = \sum_{x_l^j \in \omega_j} P(\omega_j)\frac{1}{N_j}(\boldsymbol{x}_l^j - \boldsymbol{\mu}_j)(\boldsymbol{x}_l^j - \boldsymbol{\mu}_j)^\mathrm{T} \tag{8-7}$$

实际是类协方差矩阵和先验概率的乘积，即

$$\boldsymbol{S}_j = P(\omega_j)\boldsymbol{\Sigma}_j \tag{8-8}$$

总体类内散布矩阵(Within-class Scatter Matrix)$\boldsymbol{S}_\mathrm{w}$ 定义为

$$\boldsymbol{S}_\mathrm{w} = \sum_{j=1}^{c}\boldsymbol{S}_j = \sum_{j=1}^{c} P(\omega_j)\boldsymbol{\Sigma}_j \tag{8-9}$$

迹 $\mathrm{tr}(\boldsymbol{S}_\mathrm{w})$是所有类的特征方差的平均测度，其值越小说明类内数据的聚集性越好。

混合散布矩阵(Mixture Scatter Matrix)$\boldsymbol{S}_\mathrm{m}$ 定义为

$$\boldsymbol{S}_\mathrm{m} = E[(\boldsymbol{x} - \boldsymbol{\mu})(\boldsymbol{x} - \boldsymbol{\mu})^\mathrm{T}] \tag{8-10}$$

即总体均值向量的协方差矩阵，可以证明

$$\boldsymbol{S}_\mathrm{m} = \boldsymbol{S}_\mathrm{w} + \boldsymbol{S}_\mathrm{b} \tag{8-11}$$

迹 $\mathrm{tr}(\boldsymbol{S}_\mathrm{m})$是特征值关于总体均值的方差和，其值越大说明数据的可分性越好。

混合散布矩阵与样本集的具体划分无关，其取决于全体样本；类内散布矩阵和类间散布矩阵由划分决定，两个量之间存在一种互补关系：若类间离散度增大，则类内离散度就会减少。

根据以上散布矩阵的定义，可以定义下列判据：

$$J_1 = \mathrm{tr}(\boldsymbol{S}_\mathrm{m}) = \mathrm{tr}(\boldsymbol{S}_\mathrm{w} + \boldsymbol{S}_\mathrm{b}) \tag{8-12}$$

$$J_2 = \frac{\mathrm{tr}(\boldsymbol{S}_\mathrm{m})}{\mathrm{tr}(\boldsymbol{S}_\mathrm{w})} \tag{8-13}$$

$$J_3 = \mathrm{tr}(\boldsymbol{S}_\mathrm{w}^{-1}\boldsymbol{S}_\mathrm{m}) \tag{8-14}$$

每一类的离散程度越小(聚集性越好)，不同类分离程度越大，这些判据值越大。也可以用类间散布矩阵 $\boldsymbol{S}_\mathrm{b}$ 取代混合散布矩阵 $\boldsymbol{S}_\mathrm{m}$，即

$$J_2 = \frac{\mathrm{tr}(\boldsymbol{S}_\mathrm{b})}{\mathrm{tr}(\boldsymbol{S}_\mathrm{w})} \tag{8-15}$$

$$J_3 = \mathrm{tr}(\boldsymbol{S}_w^{-1}\boldsymbol{S}_b) \tag{8-16}$$

矩阵行列式等于特征值的乘积，正比于数据在各个特征向量方向上的方差之积，可以用行列式取代迹定义判据为

$$J_4 = \frac{|\boldsymbol{S}_m|}{|\boldsymbol{S}_w|} = |\boldsymbol{S}_w^{-1}\boldsymbol{S}_m| \tag{8-17}$$

$$J_5 = \ln|\boldsymbol{S}_w^{-1}\boldsymbol{S}_m| \tag{8-18}$$

判据取值越大，说明类的可分性越好。

可以通过在迹或行列式中使用 $\boldsymbol{S}_w$、$\boldsymbol{S}_b$ 和 $\boldsymbol{S}_m$ 的组合，定义不同的判据，如

$$J_6 = \frac{|\boldsymbol{S}_b - \boldsymbol{S}_w|}{|\boldsymbol{S}_w|} \tag{8-19}$$

使用 $|\boldsymbol{S}_b|$ 时应注意，由于矩阵 $\boldsymbol{S}_b$ 为 c 个 $n\times n$ 矩阵和，每个矩阵的秩为 1，当 $c<n$ 时，$|\boldsymbol{S}_b|=0$。

【例 8-1】 设二维空间的三类样本服从正态分布，先验概率分别为 $P(\omega_1)=0.20$、$P(\omega_2)=0.5$ 和 $P(\omega_3)=0.3$，按下列要求编写程序，生成数据集，计算 $\boldsymbol{S}_w$ 和 $\boldsymbol{S}_b$ 矩阵，并计算式(8-16)的 J_3 准则值。

(1) 均值向量 $\boldsymbol{\mu}_1=[0\quad 0]^T$、$\boldsymbol{\mu}_2=[-5\quad 5]^T$ 和 $\boldsymbol{\mu}_3=[5\quad 5]^T$，协方差矩阵为 $0.1\boldsymbol{I}$。

(2) 均值向量 $\boldsymbol{\mu}_1=[0\quad 0]^T$、$\boldsymbol{\mu}_2=[-5\quad 5]^T$ 和 $\boldsymbol{\mu}_3=[5\quad 5]^T$，协方差矩阵为 $3\boldsymbol{I}$。

(3) 均值向量 $\boldsymbol{\mu}_1=[0\quad 0]^T$、$\boldsymbol{\mu}_2=[-10\quad 10]^T$ 和 $\boldsymbol{\mu}_3=[10\quad 10]^T$，协方差矩阵为 $0.1\boldsymbol{I}$。

程序如下：

```
import numpy as np
from sklearn.datasets import make_blobs
from matplotlib import pyplot as plt
mu11, mu12, mu13 = np.array([[0, 0]]), np.array([[-5, 5]]), np.array([[5, 5]])
mu21, mu22, mu23 = np.array([[0, 0]]), np.array([[-5, 5]]), np.array([[5, 5]])
mu31, mu32, mu33 = np.array([[0, 0]]), np.array([[-10, 10]]), np.array([[10, 10]])
                                                          #三种情况下各类的均值向量
N1, N2, N3, N = 60, 150, 90, 300                          #各类样本数和样本总数
P = np.array([N1 / N, N2 / N, N3 / N]).astype(float)      #各类先验概率
center1 = np.concatenate((mu11, mu12, mu13), 0)
center2 = np.concatenate((mu21, mu22, mu23), 0)
center3 = np.concatenate((mu31, mu32, mu33), 0)
X1, y1 = make_blobs(n_samples = [N1, N2, N3], centers = center1,
                    cluster_std = np.sqrt(0.1), random_state = 0) #生成第一种情况下的
                                                                  #样本
X2, y2 = make_blobs(n_samples = [N1, N2, N3], centers = center2,
                    cluster_std = np.sqrt(3), random_state = 0)   #生成第二种情况下的
                                                                  #样本
X3, y3 = make_blobs(n_samples = [N1, N2, N3], centers = center3,
                    cluster_std = np.sqrt(0.1), random_state = 0) #生成第三种情况下的
                                                                  #样本
mu1, mu2, mu3 = np.mean(X1, axis = 0), np.mean(X2, axis = 0), np.mean(X3, axis = 0)
Sb1 = (P[0] * (mu11 - mu1).T @ (mu11 - mu1) + P[1] * (mu12 - mu1).T @ (mu12 - mu1)
       + P[2] * (mu13 - mu1).T @ (mu13 - mu1))
Sb2 = (P[0] * (mu21 - mu2).T @ (mu21 - mu2) + P[1] * (mu22 - mu2).T @ (mu22 - mu2)
       + P[2] * (mu23 - mu2).T @ (mu23 - mu2))
Sb3 = (P[0] * (mu31 - mu3).T @ (mu31 - mu3) + P[1] * (mu32 - mu3).T @ (mu32 - mu3)
```

```
        + P[2] * (mu33 - mu3).T @ (mu33 - mu3))
Sw1 = (P[0] * np.cov(X1[y1 == 0, :].T) + P[1] * np.cov(X1[y1 == 1, :].T)
        + P[2] * np.cov(X1[y1 == 2, :].T))
Sw2 = (P[0] * np.cov(X2[y2 == 0, :].T) + P[1] * np.cov(X2[y2 == 1, :].T)
        + P[2] * np.cov(X2[y2 == 2, :].T))
Sw3 = (P[0] * np.cov(X3[y3 == 0, :].T) + P[1] * np.cov(X3[y3 == 1, :].T)
        + P[2] * np.cov(X3[y3 == 2, :].T))
                        #计算三种情况下的样本总体均值向量、类间散布矩阵 Sb 和类内散布矩阵 Sw
J31 = np.trace(np.linalg.inv(Sw1) @ Sb1)
J32 = np.trace(np.linalg.inv(Sw2) @ Sb2)
J33 = np.trace(np.linalg.inv(Sw3) @ Sb3)
plt.rcParams['font.sans-serif'] = ['Times New Roman']
plt.subplot(131)
plt.plot(X1[:, 0], X1[:, 1], 'k.')
plt.text(-12, 12, "J3 = " + str(round(J31, 2)))
plt.xticks(np.arange(-15, 16, step=5))
plt.yticks(np.arange(-5, 16, step=5))
plt.subplot(132)
plt.plot(X2[:, 0], X2[:, 1], 'k.')
plt.text(-12, 12, "J3 = " + str(round(J32, 2)))
plt.xticks(np.arange(-15, 16, step=5))
plt.yticks(np.arange(-5, 16, step=5))
plt.subplot(133)
plt.plot(X3[:, 0], X3[:, 1], 'k.')
plt.text(-12, 12, "J3 = " + str(round(J33, 2)))
plt.xticks(np.arange(-15, 16, step=5))
plt.yticks(np.arange(-5, 16, step=5))
plt.show()
```

程序运行结果如图 8-1 所示，第 3 种情况 J_3 最大，类内方差小、类间距离大时类可分性最好。

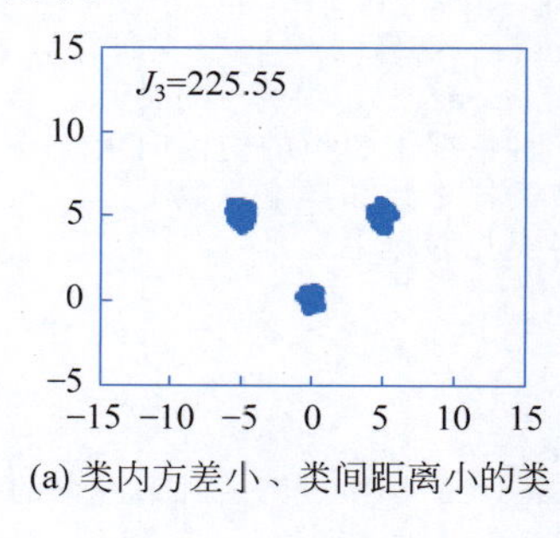

(a) 类内方差小、类间距离小的类

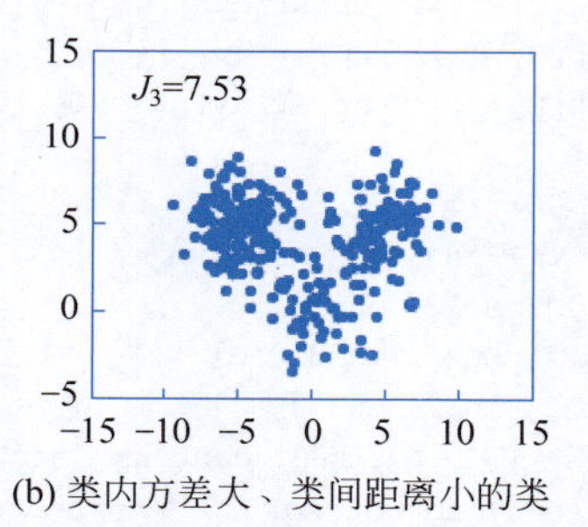

(b) 类内方差大、类间距离小的类

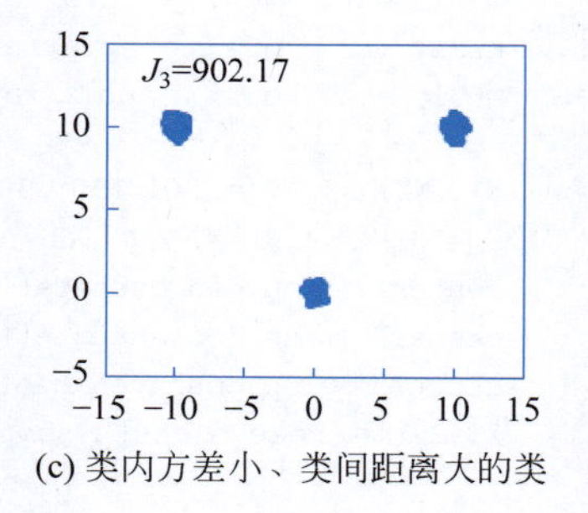

(c) 类内方差小、类间距离大的类

图 8-1　不同类内类间距离的数据对比

基于类内类间距离的判据直观概念清楚，计算方便，易于实现，因此应用较多；但是这些判据没有考虑各类的概率分布，不能确切表明各类重叠情况，与错误率没有直接联系。

8.2.2　基于概率分布的可分性判据

在最小错误率的贝叶斯决策中，若两类的先验概率相等，则可以根据类条件概率密度的大小对样本进行归类决策。若对所有样本，满足 $p(\boldsymbol{x}|\omega_1)\neq 0, p(\boldsymbol{x}|\omega_2)=0$，则两类完全可分；若对所有样本，$p(\boldsymbol{x}|\omega_1)=p(\boldsymbol{x}|\omega_2)$，则两类完全不可分。换言之，类的可分性可以通过样本分布概率密度函数之间的重叠程度衡量，这就是基于概率分布的可分性判据 J_{ij}。

J_{ij} 应满足：

(1) $J_{ij} \geqslant 0$；

(2) 若对所有 $\boldsymbol{x}$，$p(\boldsymbol{x}|\omega_i) \neq 0$ 时 $p(\boldsymbol{x}|\omega_j)=0$，两类完全可分，则 J_{ij} 取最大值；

(3) 若对所有 $\boldsymbol{x}$，$p(\boldsymbol{x}|\omega_i)=p(\boldsymbol{x}|\omega_j)$，两类完全不可分，则 $J_{ij}=0$。

下面介绍几种常用的基于概率分布的可分性判据。

1. 散度

定义对数似然比 $h(\boldsymbol{x})=\ln\left[\dfrac{p(\boldsymbol{x}|\omega_i)}{p(\boldsymbol{x}|\omega_j)}\right]$，其值能够反映样本 $\boldsymbol{x}$ 有关两类 ω_i 和 ω_j 的区分能力：假设先验概率相等，若 $p(\boldsymbol{x}|\omega_i)=p(\boldsymbol{x}|\omega_j)$，则 $h(\boldsymbol{x})=0$，样本 $\boldsymbol{x}$ 对于两类不可分；否则可分。若 $h(\boldsymbol{x})>0$，且越远离 0，则样本 $\boldsymbol{x}$ 归属于 ω_i 的可能性越大；若 $h(\boldsymbol{x})<0$，且越远离 0，则样本 $\boldsymbol{x}$ 归属于 ω_j 的可能性越大。

用 $h(\boldsymbol{x})$ 表示样本 $\boldsymbol{x}$ 对 ω_i 类的归属程度，由于 $\boldsymbol{x}$ 是变量，所有样本对 ω_i 类的平均归属程度为

$$h_{ij}=E[h(\boldsymbol{x})]=\int_x p(\boldsymbol{x} \mid \omega_i)\ln\frac{p(\boldsymbol{x} \mid \omega_i)}{p(\boldsymbol{x} \mid \omega_j)}\mathrm{d}\boldsymbol{x} \tag{8-20}$$

用 $-h(\boldsymbol{x})=\ln\left[\dfrac{p(\boldsymbol{x}|\omega_j)}{p(\boldsymbol{x}|\omega_i)}\right]$ 表示样本 $\boldsymbol{x}$ 对 ω_j 类的归属程度，所有样本对 ω_j 类的平均归属程度为

$$h_{ji}=E[-h(\boldsymbol{x})]=\int_{\boldsymbol{x}} p(\boldsymbol{x} \mid \omega_j)\ln\frac{p(\boldsymbol{x} \mid \omega_j)}{p(\boldsymbol{x} \mid \omega_i)}\mathrm{d}\boldsymbol{x} \tag{8-21}$$

散度定义为样本对两类的平均归属程度之和，即

$$J_{\mathrm{D}}=\int_{\boldsymbol{x}}[p(\boldsymbol{x} \mid \omega_i)-p(\boldsymbol{x} \mid \omega_j)]\ln\frac{p(\boldsymbol{x} \mid \omega_i)}{p(\boldsymbol{x} \mid \omega_j)}\mathrm{d}\boldsymbol{x} \tag{8-22}$$

对于同一类样本，即 $i=j$，$J_{\mathrm{D}}=0$；对于两类样本，即 $i \neq j$，$J_{\mathrm{D}}>0$，因此 J_{D} 反映类的可分程度，J_{D} 越大，可分性越好。

2. Chernoff 界限和 Bhattacharyya 距离

对于 ω_i 和 ω_j 两类，最小错误率贝叶斯决策的分类误差为

$$P(e)=\int_{\boldsymbol{x}}\min[P(\omega_i)p(\boldsymbol{x} \mid \omega_i),P(\omega_j)p(\boldsymbol{x} \mid \omega_j)]\,\mathrm{d}\boldsymbol{x} \tag{8-23}$$

这个积分很难计算，但可以获取其上界。由于

$$\min[a,b] \leqslant a^s b^{1-s},\quad a,b \geqslant 0, s \in [0,1] \tag{8-24}$$

式(8-23)可以表示为

$$P(e) \leqslant P^s(\omega_i)P^{1-s}(\omega_j)\int_{\boldsymbol{x}} p^s(\boldsymbol{x} \mid \omega_i)p^{1-s}(\boldsymbol{x} \mid \omega_j)\mathrm{d}\boldsymbol{x} \tag{8-25}$$

称

$$J_{\mathrm{C}}=-\ln\int_{\boldsymbol{x}} p^s(\boldsymbol{x} \mid \omega_i)p^{1-s}(\boldsymbol{x} \mid \omega_j)\mathrm{d}\boldsymbol{x} \tag{8-26}$$

为 Chernoff 界限，此时有

$$P(e) \leqslant P^s(\omega_i)P^{1-s}(\omega_j)\exp(-J_{\mathrm{C}}) \tag{8-27}$$

当 J_{C} 取最大值时，ω_i 和 ω_j 两类的分类误差上界最小。

设 $s=0.5$，J_C 转变为特殊形式，即

$$J_B = -\ln\int_x \sqrt{p(\boldsymbol{x} \mid \omega_i)p(\boldsymbol{x} \mid \omega_j)}\,\mathrm{d}\boldsymbol{x} \tag{8-28}$$

称为 Bhattacharyya 距离。

【例 8-2】 设二维空间两类样本服从正态分布，先验概率相等，均值向量 $\boldsymbol{\mu}_1=[5\quad 0]^{\mathrm{T}}$、$\boldsymbol{\mu}_2=[0\quad 5]^{\mathrm{T}}$，协方差矩阵均为 $\boldsymbol{I}$、均为 $5\boldsymbol{I}$、均为 $25\boldsymbol{I}$，编写程序，计算概率密度函数，计算三种情况下的 J_D、J_B 判据值以及对应的误差上界最小值，并进行比较。

程序如下：

```
import numpy as np
from sciPy.stats import multivariate_normal as mvnorm
from matplotlib import pyplot as plt
mu, I = np.array([[5, 0], [0, 5]]), np.eye(2)
sigma = np.array([I, 5 * I, 25 * I])
delta, eps = 0.5, np.spacing(1)
x1, x2 = np.mgrid[-20:20:delta, -20:20:delta]
X = np.dstack((x1, x2))
JD, JB, Pe = np.zeros([1, 3]), np.zeros([1, 3]), np.zeros([1, 3])
for i in range(3):
    pdf1 = mvnorm.pdf(X, mu[0, :], sigma[i, :, :])
    pdf2 = mvnorm.pdf(X, mu[1, :], sigma[i, :, :])
    pdf = np.maximum(pdf1, pdf2)
    fig = plt.figure()
    ax = plt.axes(projection='3d')
    ax.plot_surface(X[:, :, 0], X[:, :, 1], pdf, cmap='Blues', edgecolor='none')
    ax.xaxis.set_pane_color((1.0, 1.0, 1.0, 1.0))
    ax.yaxis.set_pane_color((1.0, 1.0, 1.0, 1.0))
    ax.zaxis.set_pane_color((1.0, 1.0, 1.0, 1.0))
    JD[0, i] = np.sum((pdf1 - pdf2) * np.log(pdf1 / (pdf2 + eps) + eps) * delta * delta)
    JB[0, i] = -np.log(np.sum(np.power((pdf1 * pdf2), 0.5) * delta * delta) + eps)
    Pe[0, i] = np.exp(-JB[0, i]) / 2
np.set_printoptions(precision=2)
print("三种情况下 JD 值分别为", JD)
print("三种情况下 JB 值分别为", JB)
print("三种情况下 Pe 值分别为", Pe)
plt.rcParams['font.sans-serif'] = ['Times New Roman']
plt.show()
```

程序运行结果如图 8-2 所示。图 8-2(a)中两类概率密度函数重叠度最小，类可分程度最大；图 8-2(b)中两类概率密度函数重叠度增大，类可分程度降低；图 8-2(c)中两类概率

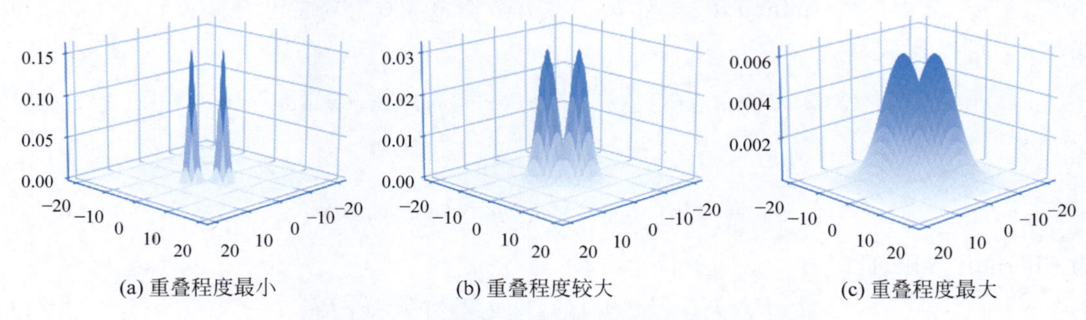

(a) 重叠程度最小　(b) 重叠程度较大　(c) 重叠程度最大

图 8-2　不同重叠程度的概率密度函数

密度函数重叠度最大,类可分程度最小。三种情况下,J_D 值分别为 49.19、10、1.99;J_B 值分别为 6.25、1.25、0.25;分类误差上限最小值分别为 0、0.14、0.39。概率密度函数重叠度越大,类可分程度越小,散度 J_D 越小,Bhattacharyya 距离 J_B 越小,分类误差上限最小值越大。

这些量表达了两类模式的差异性,并且具有距离函数的性质,也称为概率距离度量。

8.2.3 基于熵函数的可分性判据

设有 c 个类,若某个样本 $\boldsymbol{x}$ 属于各类的后验概率相等,即 $P(\omega_j|\boldsymbol{x})=1/c$,则无法判断该样本属于哪一类,错误概率为$(c-1)/c$;若 $P(\omega_j|\boldsymbol{x})=1$,则样本肯定属于 ω_j 类,错误概率为 0。这两种极端情况,前者样本的类不确定性很高,无法分类;而后者不确定性低,分类便利。

对于分类而言,用具有最小不确定性的样本进行分类最为有利。在信息论中,熵表示不确定性,熵越大则不确定性越大,可以用熵函数衡量样本的类可分性,常用的熵度量如下。

1) Shannon 熵

$$H(\boldsymbol{x})=-\sum_{j=1}^{c}P(\omega_j\mid\boldsymbol{x})\mathrm{lb}P(\omega_j\mid\boldsymbol{x}) \tag{8-29}$$

可知,$H\geqslant0$,仅在某个 $P(\omega_i|\boldsymbol{x})=1$;其余 $P(\omega_j|\boldsymbol{x})=0(j\neq i)$时,$H=0$。

2) 广义熵

$$H^{(\alpha)}(\boldsymbol{x})=(2^{1-\alpha}-1)^{-1}\left[\sum_{j=1}^{c}P^{\alpha}(\omega_j\mid\boldsymbol{x})-1\right] \tag{8-30}$$

其中,$\alpha>0$ 且 $\alpha\neq1$,α 取不同的值可以得到不同的熵函数,当 $\alpha=2$,得平方熵。

对样本的所有取值求期望,得到基于熵的可分性判据 J_E。

$$J_E=\int_{\boldsymbol{x}}H(\boldsymbol{x})p(\boldsymbol{x})\mathrm{d}\boldsymbol{x} \tag{8-31}$$

J_E 越小,可分性越好。

3) 相对熵(Relative Entropy)

相对熵也称为 K-L 散度(Kullback-Leibler Divergence)。如果一个随机变量 $\boldsymbol{x}$ 有两个单独的概率分布 $P(\boldsymbol{x})$和 $Q(\boldsymbol{x})$,可以用相对熵衡量两个概率分布之间的差异,即

$$H_{\text{K-L}}(P\parallel Q)=\sum_{i=1}^{N}P(\boldsymbol{x}_i)\mathrm{lb}\left[\frac{P(\boldsymbol{x}_i)}{Q(\boldsymbol{x}_i)}\right] \tag{8-32}$$

若两个分布相同,则 $H_{\text{K-L}}(P\parallel Q)=0$;否则 $H_{\text{K-L}}(P\parallel Q)>0$。相对熵不具有对称性,即 $H_{\text{K-L}}(P\parallel Q)\neq H_{\text{K-L}}(Q\parallel P)$。

在分类器设计时,输入数据与类别标签是确定的,真实概率分布 $P(\boldsymbol{x})$也是确定的。相对熵表示真实概率分布 $P(\boldsymbol{x})$和预测概率分布 $Q(\boldsymbol{x})$之间的差异,相对熵越小,表示两个分布越接近,可以通过反复训练使得 $Q(\boldsymbol{x})$逼近 $P(\boldsymbol{x})$。

如果 $P(\boldsymbol{x})$是 $\boldsymbol{x}$ 在 ω_i 类的分布 $p(\boldsymbol{x}|\omega_i)$,$Q(\boldsymbol{x})$是在 ω_j 类的分布 $p(\boldsymbol{x}|\omega_j)$,$H_{\text{K-L}}(P\parallel Q)$是所有样本对 ω_i 类的平均归属程度[见式(8-20)],其取值越小,表示 $p(\boldsymbol{x}|\omega_i)$和 $p(\boldsymbol{x}|\omega_j)$越接近,可分性越小。

4) 交叉熵(Cross Entropy)

$$H(P,Q)=-\sum_{i=1}^{N}P(\boldsymbol{x}_i)\mathrm{lb}[Q(\boldsymbol{x}_i)] \tag{8-33}$$

分析式(8-32)和式(8-33),发现 $H(P,Q)=H_{\text{K-L}}(P\parallel Q)+H[P(\boldsymbol{x})]$,在真实概率分布 $P(\boldsymbol{x})$确定的情况下,信息熵 $H[P(\boldsymbol{x})]$是常数,最小化相对熵 $H_{\text{K-L}}(P\parallel Q)$即是最小化交叉熵 $H(P,Q)$,且计算相对简单,常用来计算损失。

同样,如果 $P(\boldsymbol{x})$是 $\boldsymbol{x}$ 在 ω_i 类的分布 $p(\boldsymbol{x}|\omega_i)$,$Q(\boldsymbol{x})$是在 ω_j 类的分布 $p(\boldsymbol{x}|\omega_j)$,用交叉熵 $H(P,Q)$衡量 $p(\boldsymbol{x}|\omega_i)$和 $p(\boldsymbol{x}|\omega_j)$之间的差异,差异越小,可分性越小。

在决策树构建中,采用了熵的改变量作为信息增益选择不同的特征进行分枝,其实就是一个特征选择的特例。进行特征选择时,同样可以利用信息增益作为类可分性判据,信息增益越大,所选特征或特征组合包含的有助于分类的信息越多。

8.2.4 基于统计检验的可分性判据

采用统计检验的方法可以检验某一变量在两类样本间是否存在显著差异,给出统计量反映这种差别,在两类间有显著差异的特征有利于分类。因此,特征选择可以采用基于统计检验的统计量作为类可分性判据。

1. 假设检验

设 x 表示特定特征的随机变量,要研究 x 对于不同类是否具有可分性,可以设置以下两种假设。

H_0:特征值不具有可分性,称为零假设(Null Hypothesis)。

H_1:特征值具有可分性,称为备择假设(Alternative Hypothesis)。

要对数据进行分析以判断接受还是拒绝零假设 H_0(也即拒绝或接受备择假设 H_1)。

假设零假设成立,有关统计量应服从已知的某种概率分布,根据数据分布的理论模型,计算统计量服从的分布;再利用实际样本数据计算该统计量的取值,并计算在零假设下统计量取得该值的概率值,如果概率很小,则判断零假设不成立,接受备择假设,反之则接受零假设。对样本分布采用不同的模型,得到不同的统计检验方法。

设某一特征在 ω_1 类中的取值为$\{x_i\}$,$i=1,2,\cdots,N_1$,$x\sim N(\mu_1,\sigma^2)$;在 ω_2 类中的取值为$\{y_i\}$,$i=1,2,\cdots,N_2$,$y\sim N(\mu_2,\sigma^2)$;即都服从正态分布,且方差相等。如果两个期望值 μ_1 和 μ_2 相等,则该特征在两类间不具有可分性。因此,假设

$$\begin{cases}H_0: \Delta\mu=\mu_1-\mu_2=0\\ H_1: \Delta\mu=\mu_1-\mu_2\neq 0\end{cases} \tag{8-34}$$

令

$$z=x-y \tag{8-35}$$

其中,x 和 y 是两类 ω_1 和 ω_2 的特征值对应的随机变量,具有统计独立性。很明显,$E[z]=\mu_1-\mu_2$ 且由于独立性假设有 $\sigma_z^2=2\sigma^2$。

z 的均值为

$$\bar{z}=\frac{1}{N_1}\sum_{i=1}^{N_1}x_i-\frac{1}{N_2}\sum_{i=1}^{N_2}y_i=\bar{x}-\bar{y} \tag{8-36}$$

样本不同，均值也不同，$\bar{z}$ 也是一个随机变量。在样本独立情况下，$\bar{z}$ 的方差为

$$\sigma_{\bar{z}}^2=\left(\frac{1}{N_1}+\frac{1}{N_2}\right)\sigma^2 \tag{8-37}$$

2. *u* 检验

若已知方差 σ^2，对于给定的 $\mu_z=\mu_1-\mu_2=0$，则定义检验统计量

$$q=\frac{\bar{z}-\mu_z}{\sigma_{\bar{z}}}=\frac{\bar{z}-\mu_z}{\sigma\sqrt{1/N_1+1/N_2}} \tag{8-38}$$

由中心极限定理可知，在 H_0 假设下，q 的概率密度函数近似服从正态分布 $N(0,1)$，可以利用正态分布计算统计量的相关取值。

若 $|q|\geqslant T$（T 为阈值），说明实际样本观察值 $\bar{z}$ 与 μ_z 的偏差大，零假设 H_0 不合理，则拒绝假设 H_0，此时，错判的概率为 $P\{|q|\geqslant T\}$，希望将这种错误率控制在一定范围内，因此，令

$$P\{|q|\geqslant T\}\leqslant\alpha \tag{8-39}$$

$\alpha(0<\alpha<1)$ 称为显著性水平，一般取值较小。

由标准正态分布分位点（如图 8-3 所示）可知 $T=q_{\alpha/2}$，取式(8-39)的上限，得

$$P\{|q|<q_{\alpha/2}\}=1-\alpha \tag{8-40}$$

零假设 H_0 为真时，$|q|\geqslant q_{\alpha/2}$ 为小概率事件，如果试验得到的观察值 $\bar{z}$ 满足 $|q|\geqslant q_{\alpha/2}$，认为零假设 H_0 不正确。如果 q 落在某个区域内时拒绝 H_0，称该区域为拒绝域，相反为接受域。对于显著性水平 α，q 以 $1-\alpha$ 的概率位于接受域。

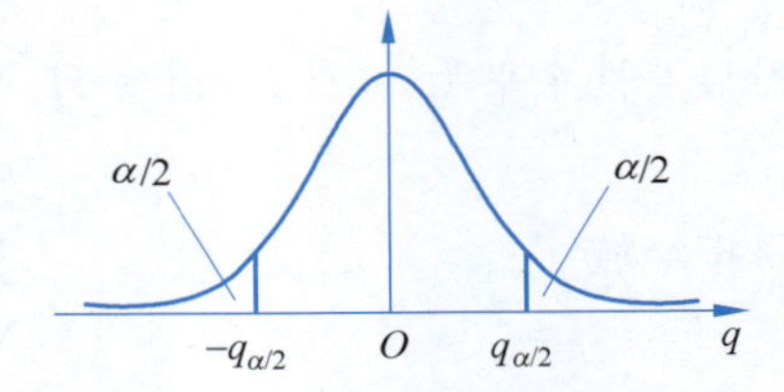

图 8-3 标准正态分布分位点

利用 u 检验进行特征选择，归纳如下：

(1) 对于待选择的特征，假设两类期望相等，即对于该特征类别不可分。

(2) 根据给定的特征样本，由式(8-36)计算 $\bar{z}=\bar{x}-\bar{y}$，由式(8-38)计算检验统计量 q。

(3) 给定显著水平 α，查标准正态分布表中 $1-\alpha/2$ 的位置，得 $q_{\alpha/2}$。

(4) 若 $|q|\geqslant q_{\alpha/2}$，则拒绝假设，即选中该特征；反之则接受假设，即排除该特征。

3. *t* 检验

若方差未知，分为两种情况进行讨论。

① x 和 y 是具有相同方差的正态分布变量，则选择检验统计量

$$t=\frac{(\bar{x}-\bar{y})-(\mu_1-\mu_2)}{s_z\sqrt{1/N_1+1/N_2}} \tag{8-41}$$

其中，

$$\begin{aligned}s_z^2&=\frac{1}{N_1+N_2-2}\left[\sum_{i=1}^{N_1}(x_i-\bar{x})^2+\sum_{i=1}^{N_2}(y_i-\bar{y})^2\right]\\&=\frac{(N_1-1)s_1^2+(N_2-1)s_2^2}{N_1+N_2-2}\end{aligned} \tag{8-42}$$

s_1^2、s_2^2 是两类方差 σ_1^2 和 σ_2^2 的无偏估计。

当$|t| \geqslant T$（T为阈值），说明实际样本观察值$\bar{z}$与μ_z的偏差大，零假设H_0不合理，则拒绝假设H_0。可以证明随机变量t服从自由度为N_1+N_2-2的t分布，得

$$T=t_{\alpha/2}(N_1+N_2-2) \tag{8-43}$$

② 如果不能确定x和y具有相同方差，需要进行方差检验，即F检验。假设

$$\begin{aligned} H_0: \sigma_1^2-\sigma_2^2=0 \\ H_1: \sigma_1^2-\sigma_2^2 \neq 0 \end{aligned} \tag{8-44}$$

s_1^2/σ_1^2、s_2^2/σ_2^2一般来说应该在1附近摆动，而不应过分大于1或过分小于1，有

$$\frac{(N_i-1)s_i^2}{\sigma_i^2} \sim \chi^2(N_i-1), \quad i=1,2 \tag{8-45}$$

由于s_1^2、s_2^2的独立性，可知

$$\frac{s_1^2/\sigma_1^2}{s_2^2/\sigma_2^2} \sim F(N_1-1, N_2-1) \tag{8-46}$$

当H_0为真时，$s_1^2/s_2^2 \sim F(N_1-1, N_2-1)$。

取$F=s_1^2/s_2^2$作为检验统计量。当H_1为真时，$E(s_1^2)=\sigma_1^2 \neq \sigma_2^2=E(s_2^2)$，$s_1^2/s_2^2$偏大或偏小，因此拒绝域形式为

$$s_1^2/s_2^2 \leqslant k_1 \quad 或 \quad s_1^2/s_2^2 \geqslant k_2$$

设显著性水平为α，有$P\{$拒绝$H_0|H_0$为真$\}$为

$$P_{\sigma_1^2=\sigma_2^2}\{s_1^2/s_2^2 \leqslant k_1 \cup s_1^2/s_2^2 \geqslant k_2\}=\alpha$$

得拒绝域

$$F=s_1^2/s_2^2 \leqslant F_{1-\alpha/2}(N_1-1, N_2-1) \quad 或 \quad F=s_1^2/s_2^2 \geqslant F_{\alpha/2}(N_1-1, N_2-1) \tag{8-47}$$

如果拒绝零假设$H_0: \sigma_1^2-\sigma_2^2=0$，即认为两类方差不相等，定义统计检验量，得

$$t=\frac{(\bar{x}-\bar{y})-(\mu_1-\mu_2)}{\sqrt{s_1^2/N_1+s_2^2/N_2}} \tag{8-48}$$

变量t也服从t分布，自由度是最接近

$$\frac{(s_1^2/N_1+s_2^2/N_2)^2}{(s_1^2/N_1)^2/(N_1-1)+(s_2^2/N_2)^2/(N_2-1)} \tag{8-49}$$

的正整数v。同样，当$|t| \geqslant T=t_{\alpha/2}(v)$，零假设$H_0: \mu_1-\mu_2=0$不合理，则拒绝假设。

利用t检验进行特征选择，归纳如下。

(1) 对于待检查的特征，假设两类期望相等，即对于该特征类不可分。

(2) 估计两特征的方差s_1^2、s_2^2，由式(8-47)检验两类方差是否相等。

(3) 如果两类方差相等，根据给定的特征样本，由式(8-42)计算s_z，由式(8-41)计算检验统计量t。

(4) 如果两类方差不相等，由式(8-48)计算检验统计量t。

(5) 给定显著性水平α，根据方差是否相等查t分布表得$t_{\alpha/2}(N_1+N_2-2)$或$t_{\frac{\alpha}{2}}(v)$作为T。

(6) 如果$|t| \geqslant T$，则拒绝零假设$H_0: \mu_1-\mu_2=0$，即选中该特征；反之则接受该假设，

即排除该特征。

【例 8-3】 设两类中测量的某特征值为 ω_1：{7.0 6.4 6.9 5.5 6.5 5.7 6.3 4.9 6.6 5.2 5.0}，ω_2：{6.3 5.8 7.1 6.3 6.5 7.6 4.9 7.3 6.7 7.2 6.5 6.4}，采用 t 检验方法判断对于该特征类别是否具有可分性。

解：假设两类期望相等；两类样本数 $N_1=11, N_2=12$。

估计两类数据的均值和方差为

$$\bar{x}=6, s_1^2=0.5860, \bar{y}=6.55, s_2^2=0.5318$$

方差检验统计量 $F=s_1^2/s_2^2=1.1019$。给定显著性水平 $\alpha=0.05$，查 F 分布表，得

$F_{0.025}(N_1-1,N_2-1)=3.53, F_{1-0.025}(N_1-1,N_2-1)=1/F_{0.025}(N_2-1,N_1-1)=0.2729$

$F_{1-0.025}(N_1-1,N_2-1)<F=s_1^2/s_2^2<F_{0.025}(N_1-1,N_2-1)$

不在拒绝域，因此，认为两类数据方差相等，或称两总体具有方差齐性。则有

$$s_z^2=0.5576, \quad t=-1.7645$$

取显著性水平为 0.05，t 服从自由度为 21 的 t 分布，查 t 分布表得到 $t_{0.025}(21)=2.0796$；由于 $|t|<t_{0.025}(21)$，所以接受零假设 H_0，即对于该特征两类不可分，这个特征不被选择。

由 $-2.0796<t<2.0796$，得 $\mu_1-\mu_2\in[-1.1982 \quad 0.0982]$ 是在 $1-\alpha=0.95$ 水平上的置信区间。

SciPy 库 stats 模块 ttest_ind 函数用于检验两组独立正态分布样本均值是否相等，调用格式为：

```
ttest_ind(a, b, axis = 0, equal_var = True, nan_policy = 'propagate', permutations = None, random_
state = None, alternative = 'two-sided', trim = 0, * , keepdims = False)
```

其中，参数 a 和 b 是待比较的两组数据，要求形状相同；axis 指明要沿矩阵哪一维进行检验，默认为 0；equal_var 指明两组数据方差是否相等；nan_policy 选择处理非数的方法；alternative 选择双边还是单边检验，可选 'two-sided' 'less' 或 'greater'。函数输出包括 statistic 和 pvalue，分别是检验统计量 t 和检验统计量对应的 p 值(由检验统计量的样本值得出的原假设可被拒绝的最小显著性水平，如果 $p\leqslant\alpha$，则在显著性水平 α 之下拒绝零假设 H_0)。

如果不能确定两组样本方差是否相等，可以采用 levene 函数检验，调用格式为

```
levene ( * samples, center = 'median', proportiontocut = 0.05)
```

levene 函数检验方差的方法和前述检验两个方差比率的方法有所不同，此处不再介绍，可以查看相关资料。

例 8-3 的程序如下：

```
import numpy as np
from scipy.stats import ttest_ind, levene
x = np.array([7.0, 6.4, 6.9, 5.5, 6.5, 5.7, 6.3, 4.9, 6.6, 5.2, 5.0])
y = np.array([6.3, 5.8, 7.1, 6.3, 6.5, 7.6, 4.9, 7.3, 6.7, 7.2, 6.5, 6.4])
if levene(x, y).pvalue > 0.05:                                    #接受方差相等假设
    result = ttest_ind(x, y)
else:                                                             #拒绝方差相等假设
    result = ttest_ind(x, y, equal_var = False)
print('检验统计量和 p 值为 %.4f, %.4f' % (result.statistic, result.pvalue))
```

```
if result.pvalue > 0.05:
    print('在显著性水平 0.05 之下接受假设,对于该特征类不具有可分性')
else:
    print('在显著性水平 0.05 之下拒绝假设,对于该特征类具有可分性')
```

运行程序后输出以下内容：

```
检验统计量和 p 值为 -1.7645,0.0922
在显著性水平 0.05 之下接受假设,对于该特征类不具有可分性
```

4. 方差分析

设有 c 个类，某一特征在 c 个类中各进行 $N_j(j=1,2,\cdots,c)$ 次独立抽样，样本取值为 $\{x_{j,i}\}$，$i=1,2,\cdots,N_j$，各类样本服从正态分布 $N(\mu_j,\sigma^2)$，μ_j 与 σ^2 均未知，总样本数为 $N=\sum_{j=1}^{c}N_j$，总平均为 $\mu=\sum_{j=1}^{c}N_j\mu_j/N$。

假设

$$\begin{cases} H_0: \mu_1=\mu_2=\cdots=\mu_c \\ H_1: \mu_1,\mu_2,\cdots,\mu_c \text{ 不全相等} \end{cases} \tag{8-50}$$

如果 H_0 为真，认为该特征在各类间没有显著差异，即没有可分性。

各类的样本均值为 $\bar{x}_j$，即

$$\bar{x}_j=\frac{1}{N_j}\sum_{i=1}^{N_j}x_{j,i}$$

各类的样本总均值为

$$\bar{x}=\frac{1}{N}\sum_{j=1}^{c}\sum_{i=1}^{N_j}x_{j,i} \tag{8-51}$$

样本的总变差为

$$S_T=\sum_{j=1}^{c}\sum_{i=1}^{N_j}(x_{j,i}-\bar{x})^2 \tag{8-52}$$

展开后可以拆分为两部分

$$S_T=S_W+S_B \tag{8-53}$$

其中，

$$S_W=\sum_{j=1}^{c}\sum_{i=1}^{N_j}(x_{j,i}-\bar{x}_j)^2 \tag{8-54}$$

是样本观察值与样本均值的差异，可以称为类内误差平方和。$\sum_{i=1}^{N_j}(x_{j,i}-\bar{x}_j)^2$ 是分布 $N(\mu_j,\sigma^2)$ 的样本方差的 (N_j-1) 倍，$(x_{j,i}-\bar{x}_j)/\sigma\sim N(0,1)$，由 χ^2 分布定义可知

$$\sum_{i=1}^{N_j}(x_{j,i}-\bar{x}_j)^2/\sigma^2\sim\chi^2(N_j-1)$$

因 $x_{j,i}$ 独立，$\sum_{i=1}^{N_j}(x_{j,i}-\bar{x}_j)^2$ 独立，由 χ^2 分布的可加性，可知

$$S_W/\sigma^2\sim\chi^2\left(\sum_{j=1}^{c}(N_j-1)\right)$$

即

$$S_{\mathrm{W}}/\sigma^2 \sim \chi^2(N-c) \tag{8-55}$$

且 $E(S_{\mathrm{W}}/\sigma^2)=N-c$，即

$$E\left(\frac{S_{\mathrm{W}}}{N-c}\right)=\sigma^2 \tag{8-56}$$

而

$$S_{\mathrm{B}}=\sum_{j=1}^{c}\sum_{i=1}^{N_j}(\bar{x}_j-\bar{x})^2=\sum_{j=1}^{c}N_j(\bar{x}_j-\bar{x})^2 \tag{8-57}$$

是样本均值与总均值的差异，可以称为类间误差平方和。可以证明

$$E(S_{\mathrm{B}})=(c-1)\sigma^2+\sum_{j=1}^{c}N_j(\mu_j-\mu)^2 \tag{8-58}$$

S_{W} 和 S_{B} 独立，当零假设 H_0 为真时，有

$$S_{\mathrm{B}}/\sigma^2 \sim \chi^2(c-1) \tag{8-59}$$

根据 F 分布定义，有

$$\frac{S_{\mathrm{B}}/(c-1)}{S_{\mathrm{W}}/(N-c)} \sim F(c-1,N-c) \tag{8-60}$$

取统计量

$$F=\frac{S_{\mathrm{B}}/(c-1)}{S_{\mathrm{W}}/(N-c)} \tag{8-61}$$

由式(8-56)可知，检验统计量 F 分母的期望为 σ^2；由式(8-58)可知，当零假设 H_0 为真时，分子的期望为 σ^2；当零假设 H_0 不为真时，分子取值有偏大趋势，因此拒绝域形式为

$$F=\frac{S_{\mathrm{B}}/(c-1)}{S_{\mathrm{W}}/(N-c)} \geqslant k$$

设显著性水平为 α，得拒绝域

$$F=\frac{S_{\mathrm{B}}/(c-1)}{S_{\mathrm{W}}/(N-c)} \geqslant F_{\alpha}(c-1,N-c) \tag{8-62}$$

利用方差分析进行特征选择，归纳如下。

(1) 对于待检查的特征，假设其在各类期望相等，即对于该特征类别不可分。

(2) 估计该特征各类样本均值 $\bar{x}_j$、样本总均值 $\bar{x}$，计算类间误差平方和 S_{B} 和类内误差平方和 S_{W}。

(3) 由式(8-61)计算检验统计量 F。

(4) 给定显著性水平 α，查 F 分布表得 $F_{\alpha}(c-1,N-c)$。

(5) 如果 $F \geqslant F_{\alpha}(c-1,N-c)$，则拒绝零假设 H_0，即选中该特征；反之则接受该假设，即排除该特征。

scikit-learn 库中 feature_selection 模块的 f_classif(X, y)函数对给定样本进行方差分析，返回检验统计量 F 和相应的 p 值。

SciPy 库中 stats 模块的 f_oneway(*samples, axis=0, nan_policy='propagate', keepdims=False)函数也能实现对给定的类样本进行方差分析，同样返回检验统计量 F 和相应的 p 值。

【例 8-4】 对 iris 数据集中的特征进行方差分析。

程序如下：

```
import numpy as np
from sklearn.datasets import load_iris
from sklearn.feature_selection import f_classif
from scipy.stats import f_oneway
iris = load_iris()
X, y = iris.data, iris.target
sta1, p1 = f_classif(X, y)                                          #分析所有特征
sta2, p2 = f_oneway(X[y == 0, 0], X[y == 1, 0], X[y == 2, 0])      #仅分析第一个特征
np.set_printoptions(precision = 1)
print('f_classif 计算的四个特征的 F 统计量和 p 值为', sta1, p1)
print('f_oneway 计算的第一个特征的 F 统计量和 p 值为 %.1f, %.2f' % (sta2, p2))
```

运行程序，输出：

```
f_classif 计算的四个特征的 F 统计量和 p 值为[ 119.3   49.2   1180.2   960. ] [1.7e-31
4.5e-17  2.9e-91  4.2e-85]
f_oneway 计算的第一个特征的 F 统计量和 p 值为 119.3,0.00
```

5. 秩和检验(Rank Sum Test)

设 ω_1 类中的特征值有 N_1 个，ω_2 类中的特征值有 N_2 个，将所有特征值从小到大排列有

$$x_1 < x_2 < \cdots < x_{N_1} < \cdots < x_{N_1+N_2}$$

每个特征值 x_i 的次序编号 i 为该特征值的秩，$i=1,2,\cdots,N_1+N_2$。将 ω_1 类特征值的秩求和为 R_1，将 ω_2 类特征值的秩求和为 R_2。

如果两类特征值没有显著差异，ω_1 类特征值的秩应该随机、分散地在自然数 $1\sim N_1+N_2$ 中取值，即对于假设

$$\begin{cases} H_0: \Delta\mu = \mu_1 - \mu_2 = 0 \\ H_1: \Delta\mu = \mu_1 - \mu_2 \neq 0 \end{cases} \tag{8-63}$$

ω_1 类的特征值在排列时不过分集中于序列的前端或后端，秩和 R_1 应满足

$$\frac{1}{2}N_1(N_1+1) \leqslant R_1 \leqslant \frac{1}{2}N_1(N_1+2N_2+1) \tag{8-64}$$

R_1 的观察值过大或过小时应拒绝零假设 H_0(以下简称 H_0)。

因此，对于双边检验，在给定显著性水平 α 下，拒绝 H_0 的错误率为

$$P\left\{R_1 \leqslant T_H\left(\frac{\alpha}{2}\right)\right\} + P\left\{R_1 \geqslant T_L\left(\frac{\alpha}{2}\right)\right\} \leqslant \frac{\alpha}{2} + \frac{\alpha}{2} = \alpha \tag{8-65}$$

H_0 的拒绝域为

$$R_1 \leqslant T_H\left(\frac{\alpha}{2}\right) \quad 或 \quad R_1 \geqslant T_L\left(\frac{\alpha}{2}\right) \tag{8-66}$$

其中，临界点 $T_H(\alpha/2)$是满足 $P\{R_1 \leqslant T_H(\alpha/2)\} \leqslant \alpha/2$ 的最大整数，$T_L(\alpha/2)$是满足 $P\{R_1 \geqslant T_L(\alpha/2)\} \leqslant \alpha/2$ 的最小整数。

可以证明，当 H_0 为真时，有

$$\mu_{R_1} = \frac{N_1(N_1+N_2+1)}{2}$$

$$\sigma_{R_1}^2=\frac{N_1N_2(N_1+N_2+1)}{12} \tag{8-67}$$

若 $N_1,N_2\geqslant 10$，R_1 近似服从正态分布 $N(\mu_{R_1},\sigma_{R_1}^2)$，则可以采用

$$q=\frac{R_1-\mu_{R_1}}{\sigma_{R_1}} \tag{8-68}$$

作为检验统计量。在显著性水平 α 下双边检验的近似拒绝域为 $|q|\geqslant q_{\alpha/2}$。

【例 8-5】 设两类中测量的某特征值为 ω_1：{7.0 6.4 6.9 5.5 6.5 5.7 6.3 4.9 6.6 5.2 5.0}，ω_2：{6.3 5.8 7.1 6.3 6.5 7.6 4.9 7.3 6.7 7.2 6.5 6.4}，采用秩和检验方法判断对于该特征类是否具有可分性。

解： 假设两类期望相等；两类样本数 $N_1=11$，$N_2=12$，将数据从小到大排列[①]，见表 8-1。

表 8-1 两类样本的数据

秩	1	2	3	4	5	6	7	8	9	10	11	12
ω_1	4.9		5.0	5.2	5.5	5.7			6.3			6.4
ω_2		4.9					5.8	6.3		6.3	6.4	
秩	**13**	**14**	**15**	**16**	**17**	**18**	**19**	**20**	**21**	**22**	**23**	
ω_1		6.5		6.6		6.9	7.0					
ω_2	6.5		6.5		6.7			7.1	7.2	7.3	7.6	

R_1 的观察值 $r_1=1+3+4+5+6+9+12+14+16+18+19=107$。

由于 $N_1,N_2\geqslant 10$，$R_1\sim N(\mu_{R_1},\sigma_{R_1}^2)$，而

$$\mu_{R_1}=N_1(N_1+N_2+1)/2=132,\quad \sigma_{R_1}^2=N_1N_2(N_1+N_2+1)/12=264$$

取显著性水平为 $\alpha=0.05$，拒绝域为

$$q=\frac{|R_1-132|}{\sqrt{264}}\geqslant q_{0.025}=1.96$$

由于 $r_1=107$，$q=|r_1-132|/\sqrt{264}=1.5386<1.96$，因此接受 H_0，即对于该特征两类不可分，这个特征不被选择。

SciPy 库 stats 模块 ranksums 函数实现等均值假设的 Wilcoxon 秩和检验，调用格式如下：

```
ranksums(x, y, alternative = 'two - sided', * , axis = 0, nan_policy = 'propagate', keepdims =
False)
```

函数返回检验统计量 q 和相应的 p 值。

例 8-5 的程序如下：

```
import numpy as np
from scipy.stats import ranksums
x = np.array([7.0, 6.4, 6.9, 5.5, 6.5, 5.7, 6.3, 4.9, 6.6, 5.2, 5.0])
y = np.array([6.3, 5.8, 7.1, 6.3, 6.5, 7.6, 4.9, 7.3, 6.7, 7.2, 6.5, 6.4])
result = ranksums(x, y)
print('检验统计量和 p 值为 %.4f, %.4f' % (result.statistic, result.pvalue))
if result.pvalue > 0.05:
```

① 此处没有考虑特征值相同对秩的影响，但排序时将两类相同的特征值进行了交叉排列，减小影响。

```
    print('在显著性水平 0.05 之下接受假设,对于该特征类不具有可分性')
else:
    print('在显著性水平 0.05 之下拒绝假设,对于该特征类具有可分性')
```

运行程序后输出：

```
检验统计量和 p 值为 - 1.5386,0.1239
在显著性水平 0.05 之下接受假设,对于该特征类别不具有可分性
```

Wilcoxon 秩和检验又称 Mann-Whitney u-检验，是非参数检验，不对数据分布做特殊假设，适用于更广泛的情况。但如果样本服从正态分布，则用 t 检验更有效。

8.2.5 特征的相关性评价

在进行特征选择时，除了考虑特征的类可分性以外，还要考虑特征之间的相关性，以避免重复的、相关性强的特征组合；也可以通过衡量特征和目标向量之间的相关性，选择相关性高的特征。

1. 相关系数

设两个随机变量为 x 和 y，在 N 次独立试验中的取值分别为$\{x_i\}$、$\{y_i\}$，$i=1,2,\cdots,N$，可以定义不同的相关系数以衡量相关性。

1）Pearson 相关系数

Pearson 相关系数用于衡量两个随机变量之间线性关系的强度，定义为

第 15 集
微课视频

$$\rho(x,y)=\frac{\sum_{i=1}^{N}(x_i-\bar{x})(y_i-\bar{y})}{\sqrt{\sum_{i=1}^{N}(x_i-\bar{x})^2\sum_{i=1}^{N}(y_i-\bar{y})^2}} \tag{8-69}$$

其中，$\bar{x}=\sum_{i=1}^{N}x_i/N$，$\bar{y}=\sum_{i=1}^{N}y_i/N$。Pearson 相关系数取值为$[-1,1]$，越接近 1，线性相关性越强，负数表示负相关，0 表示线性无关。

SciPy 库 stats 模块的 pearsonr 函数计算两个随机变量的 Pearson 相关系数，并完成一个样本服从正态分布且分布不相关的 H_0 检验，其调用格式如下：

```
pearsonr(x, y, *, alternative = 'two - sided', method = None, axis = 0)
```

参数 x 和 y 是一维数组形式。函数返回值包括 statistic 和 pvalue，分别表示 Pearson 相关系数和相应的 p 值。

2）Spearman 秩相关系数

设 x_i 在$\{x_1,x_2,\cdots,x_N\}$中的秩为 R_i，y_i 在$\{y_1,y_2,\cdots,y_N\}$中的秩为 Q_i，Spearman 秩相关系数为

$$\rho_s(x,y)=\frac{\sum_{i=1}^{N}(R_i-\bar{R})(Q_i-\bar{Q})}{\sqrt{\sum_{i=1}^{N}(R_i-\bar{R})^2\sum_{i=1}^{N}(Q_i-\bar{Q})^2}} \tag{8-70}$$

其中，$\bar{R}=\sum_{i=1}^{N}R_i/N$，$\bar{Q}=\sum_{i=1}^{N}Q_i/N$。

由于

$$\sum_{i=1}^{N} R_i = \sum_{i=1}^{N} Q_i = \frac{N(N+1)}{2}$$

$$\sum_{i=1}^{N} R_i^2 = \sum_{i=1}^{N} Q_i^2 = \frac{N(N+1)(2N+1)}{6}$$

Spearman 秩相关系数简化为

$$\rho_s(x,y) = 1 - \frac{6}{N(N^2-1)} \sum_{i=1}^{N} (R_i - Q_i)^2 \tag{8-71}$$

$\rho_s \in [-1,1]$，衡量两个有序变量之间单调关系的强度，绝对值越大，表示单调相关性越强，取值为 0 时表示完全不相关。

SciPy 库 stats 模块的 spearmanr 函数计算两个随机变量的 Spearman 秩相关系数，并完成一个样本分布不相关的 H_0 检验，其调用格式如下：

```
spearmanr(a, b = None, axis = 0, nan_policy = 'propagate', alternative = 'two - sided')
```

其中，参数 a 和 b 可以是一维或二维数组，如果求二维数组向量对之间的相关系数，则不需要参数 b。当输入数据为二维数组时，axis 取 0，行表示样本，列表示变量；axis 取 1，行表示变量，列表示样本；axis 取 None，二维数组被转换为一维数组计算。函数返回值包括 statistic 和 pvalue，分别表示 Spearman 秩相关系数和相应的 p 值。

3）Kendall 秩相关系数

取 $1 \leqslant i < j \leqslant N$，若变量满足

$$(x_i - x_j)(y_i - y_j) > 0 \tag{8-72}$$

则称 (x_i, y_i) 和 (x_j, y_j) 是一致的，即两个变量的变化趋势一致；反之，是不一致的。

将两个随机变量的 N 个取值两两组对，统计其中一致和不一致的变量对的数目，求差的平均值，即为 Kendall 秩相关系数

$$\tau(x,y) = \frac{\sum_{i=1}^{N-1} \sum_{j=1}^{N} \delta(x_i, x_j, y_i, y_j)}{C_N^2} \tag{8-73}$$

其中，

$$\delta(x_i, x_j, y_i, y_j) = \begin{cases} 1, & (x_i - x_j)(y_i - y_j) > 0 \\ 0, & (x_i - x_j)(y_i - y_j) = 0 \\ -1, & (x_i - x_j)(y_i - y_j) < 0 \end{cases} \tag{8-74}$$

$\tau \in [-1,1]$，绝对值越大，表示单调相关性越强，取值为 0 时表示完全不相关。

SciPy 库 stats 模块的 kendalltau 函数计算 Kendall 秩相关系数，并完成一个样本分布不相关的 H_0 检验，其调用格式如下：

```
kendalltau(x, y, nan_policy = 'propagate', method = 'auto', variant = 'b', alternative = 'two - 
sided')
```

其中，参数 x 和 y 是一维数组，如果不是，自动转换为一维；variant 指定 Kendall 秩相关系数的两种计算方法，可取'b'或'c'，式(8-73)即'b'方式。函数返回值包括 statistic＝0 和 pvalue，分别表示 Kendall 秩相关系数和相应的 p 值。

【例 8-6】 读取 iris 数据集，计算 setosa 类中样本不同维的 Spearman 秩相关系数和 Kendall 秩相关系数，并计算所有样本各维和目标值之间的 Pearson 相关系数。

程序如下：

```
import numpy as np
from scipy.stats import pearsonr, spearmanr, kendalltau
from sklearn.datasets import load_iris
iris = load_iris()
X = iris.data[0:50, :]
tau, rho = np.zeros([4, 4]), spearmanr(X).statistic
for i in range(4):
    for j in range(i+1):
        tau[i, j] = kendalltau(X[:, i], X[:, j]).statistic
        tau[j, i] = tau[i, j]
np.set_printoptions(precision=2)
print('iris 中 setosa 类样本 4 维之间的 Spearman 秩相关系数矩阵为\n', rho)
print('iris 中 setosa 类样本 4 维之间的 Kendall 秩相关系数矩阵为\n', tau)
Pc_xy = np.zeros([1, 4])
for i in range(4):
    Pc_xy[0, i] = pearsonr(iris.data[:, i], iris.target).statistic
print('iris 样本中 4 个特征和目标向量之间的 Pearson 相关系数为\n', Pc_xy)
```

运行程序，将输出两个相关系数矩阵，取值如下：

$$\boldsymbol{\rho}_s = \begin{bmatrix} 1 & 0.76 & 0.28 & 0.3 \\ 0.76 & 1 & 0.18 & 0.29 \\ 0.28 & 0.18 & 1 & 0.27 \\ 0.3 & 0.29 & 0.27 & 1 \end{bmatrix} \quad \boldsymbol{\tau} = \begin{bmatrix} 1 & 0.6 & 0.22 & 0.23 \\ 0.6 & 1 & 0.14 & 0.23 \\ 0.22 & 0.14 & 1 & 0.22 \\ 0.23 & 0.23 & 0.22 & 1 \end{bmatrix}$$

其中，$\rho_s[1, 2]=0.76$，$\rho_s[1, 3]=0.28$，第 1 维的花萼长和第 2 维的花萼宽的 Spearman 秩相关系数大于与第 3 维花瓣长的相关系数，特征相关性更强；$\tau[1, 2]=0.6$，$\tau[1, 3]=0.22$，也同样说明第 1 维、第 2 维特征相关性大于第 1 维、第 3 维特征相关性。

程序还将输出以下内容：

```
iris 样本中 4 个特征和目标向量之间的 Pearson 相关系数为[[ 0.78  -0.43  0.95  0.96]]
```

可以看出，样本特征和目标向量的特征相关性由强到弱依次是第 4 维、第 3 维、第 1 维和第 2 维，在选择特征时，可以根据需要的低维数选择。

2. 互信息

设有两个概率密度函数分别为 $p(\boldsymbol{x})$ 和 $p(\boldsymbol{y})$ 随机变量 $\boldsymbol{x}$、$\boldsymbol{y}$，其联合概率密度为 $p(\boldsymbol{x},\boldsymbol{y})$，则 $\boldsymbol{x}$ 和 $\boldsymbol{y}$ 之间的互信息(Mutual Information, MI)定义为

$$I(\boldsymbol{x},\boldsymbol{y}) = \iint p(\boldsymbol{x},\boldsymbol{y}) \log_2 \frac{p(\boldsymbol{x},\boldsymbol{y})}{p(\boldsymbol{x})p(\boldsymbol{y})} \mathrm{d}\boldsymbol{x}\mathrm{d}\boldsymbol{y} \tag{8-75}$$

若 $\boldsymbol{x}$、$\boldsymbol{y}$ 是离散随机变量，$p(\boldsymbol{x})$ 和 $p(\boldsymbol{y})$ 是 $\boldsymbol{x}$ 和 $\boldsymbol{y}$ 的边缘概率分布函数，则 $\boldsymbol{x}$ 和 $\boldsymbol{y}$ 之间的互信息定义为

$$I(\boldsymbol{x},\boldsymbol{y}) = \sum_{\boldsymbol{x}} \sum_{\boldsymbol{y}} p(\boldsymbol{x},\boldsymbol{y}) \log_2 \frac{p(\boldsymbol{x},\boldsymbol{y})}{p(\boldsymbol{x})p(\boldsymbol{y})} \tag{8-76}$$

经证明可知

$$\begin{aligned} I(\boldsymbol{x},\boldsymbol{y}) &= H(\boldsymbol{y}) - H(\boldsymbol{y} \mid \boldsymbol{x}) \\ &= H(\boldsymbol{x}) - H(\boldsymbol{x} \mid \boldsymbol{y}) = H(\boldsymbol{x}) + H(\boldsymbol{y}) - H(\boldsymbol{x},\boldsymbol{y}) \end{aligned} \tag{8-77}$$

其中，熵 $H(\boldsymbol{y})$衡量的是 $\boldsymbol{y}$ 的不确定度，$\boldsymbol{y}$ 分布得越离散，$H(\boldsymbol{y})$的值越大；由于 $H(\boldsymbol{y}|\boldsymbol{x})$表示在已知 $\boldsymbol{x}$ 的情况下 $\boldsymbol{y}$ 的不确定度，因此，$I(\boldsymbol{x},\boldsymbol{y})$可以认为是由于引入 $\boldsymbol{x}$ 而使 $\boldsymbol{y}$ 的不确定度减小的量。$\boldsymbol{x}$，$\boldsymbol{y}$ 关系越密切，$I(\boldsymbol{x},\boldsymbol{y})$就越大，当 $\boldsymbol{x}$、$\boldsymbol{y}$ 完全相关时，$H(\boldsymbol{y}|\boldsymbol{x})=0$，$I(\boldsymbol{x},\boldsymbol{y})=H(\boldsymbol{y})$为最大值；当 $I(\boldsymbol{x},\boldsymbol{y})=0$ 时，$H(\boldsymbol{y})=H(\boldsymbol{y}|\boldsymbol{x})$，$\boldsymbol{x}$、$\boldsymbol{y}$ 相互独立。所以，互信息能够衡量 $\boldsymbol{x}$ 和 $\boldsymbol{y}$ 之间的相关性。

scikit-learn 库中 feature_selection 模块的 mutual_info_classif 函数估算离散变量的互信息，其调用格式如下：

```
mutual_info_classif(X, y, *, discrete_features = 'auto', n_neighbors = 3, copy = True, random_
state = None)
```

其中，参数 X 是特征矩阵；y 是目标向量；discrete_features 取'True'或'False'表示特征为离散特征还是连续特征，也可以是布尔型数组，或者是离散特征索引数组；熵估计要用到 k 近邻，对于连续变量，n_neighbors 指定了近邻数目。函数返回 MI 值。

【例 8-7】 读取 iris 数据集，计算样本 4 个特征和目标向量之间的互信息量。

程序如下：

```
import numpy as np
from sklearn.feature_selection import mutual_info_classif
from sklearn.datasets import load_iris
iris = load_iris()
X, y = iris.data, iris.target
MI = mutual_info_classif(X, y)
np.set_printoptions(precision = 2)
print('iris 样本中 4 个特征和目标向量之间的互信息为\n', MI)
```

运行程序后输出：

```
iris 样本中 4 个特征和目标向量之间的互信息为 [0.5  0.21  0.99  0.99]
```

第 3 维和第 4 维样本和目标向量特征相关性更强。

3. χ^2 检验

设离散随机变量 X 可能取值为$\{x_i\}$，$i=1,2,\cdots,r$；离散随机变量 Y 可能取值为$\{y_j\}$，$j=1,2,\cdots,s$。现从总体(X,Y)中抽取 N 个样本(X_1,Y_1)，(X_2,Y_2)，$\cdots$，(X_N,Y_N)，其中，事件$\{X=x_i,Y=y_j\}$发生的次数为 N_{ij}，概率为 p_{ij}，事件$\{X=x_i\}$发生的次数为 $N_{i\cdot}$，记 $p_{i\cdot}=P\{X=x_i\}=\sum_{j=1}^{s}p_{ij}$，事件$\{Y=y_j\}$发生的次数为 $N_{\cdot j}$，记 $p_{\cdot j}=P\{Y=y_j\}=\sum_{i=1}^{r}p_{ij}$，那么 $N=\sum_{i=1}^{r}\sum_{j=1}^{s}N_{ij}=\sum_{i=1}^{r}N_{i\cdot}=\sum_{j=1}^{s}N_{\cdot j}$，且有

$$\sum_{i=1}^{r}p_{i\cdot}=\sum_{i=1}^{s}p_{\cdot j}=1 \tag{8-78}$$

这些 $p_{i\cdot}$ 和 $p_{\cdot j}$ 中有 $r+s-2$ 个自由变量。将这些数据表达成列联表的形式，如表 8-2 所示。

表 8-2　$r \times s$ 列联表

X	Y				
	y_1	y_2	…	y_s	$N_{\{X=x_i\}}$
x_1	N_{11}	N_{12}	…	N_{1s}	$N_{1\cdot}$
x_2	N_{21}	N_{22}	…	N_{2s}	$N_{2\cdot}$
⋮	⋮	⋮	…	⋮	⋮
x_r	N_{r1}	N_{r2}	…	N_{rs}	$N_{r\cdot}$
$N_{\{Y=y_j\}}$	$N_{\cdot 1}$	$N_{\cdot 2}$	…	$N_{\cdot s}$	N

假设 X 和 Y 相互独立，即

$$H_0: p_{ij} = p_{i\cdot}\, p_{\cdot j} \tag{8-79}$$

$p_{i\cdot}$ 和 $p_{\cdot j}$ 的估计值(可以通过最大似然估计求解)为

$$\hat{p}_{i\cdot} = N_{i\cdot}/N, \quad \hat{p}_{\cdot j} = N_{\cdot j}/N \tag{8-80}$$

观察值 N_{ij} 与期望值 Np_{ij} 应相近。p_{ij} 用其估计值 $\hat{p}_{ij}$ 代替，定义检验统计量

$$\chi^2 = \sum_{i=1}^{r}\sum_{j=1}^{s} \frac{(N_{ij} - N\hat{p}_{ij})^2}{N\hat{p}_{ij}} \tag{8-81}$$

当 N 充分大($N \geqslant 50$)时，近似服从自由度为 $rs-(r+s-2)-1=(r-1)(s-1)$ 的 χ^2 分布。

用式(8-80)计算 $\hat{p}_{i\cdot}$. $\hat{p}_{\cdot j}$，即计算 $\hat{p}_{ij}$，将其代入式(8-81)，得

$$\chi^2 = N\sum_{i=1}^{r}\sum_{j=1}^{s} \frac{(N_{ij} - N_{i\cdot}N_{\cdot j}/N)^2}{N_{i\cdot}N_{\cdot j}} \tag{8-82}$$

χ^2 衡量 N_{ij} 与 $N\hat{p}_{ij}$ 的接近程度，$(N_{ij} - N\hat{p}_{ij})^2$ 应尽量小，设显著性水平为 α，因此，近似拒绝域为

$$\chi^2 \geqslant \chi^2_\alpha((r-1)(s-1)) \tag{8-83}$$

可以用 χ^2 检验法验证特征与目标向量的独立性(相关性)，选择相关性强的特征，归纳如下。

(1) 对于待检查的特征，假设其与目标向量相互独立。

(2) 估计该特征和目标向量的各取值对应的 $N_{i\cdot}$，$N_{\cdot j}$，N_{ij} 和 N。

(3) 由式(8-82)计算检验统计量 χ^2。

(4) 给定显著性水平 α，查 χ^2 分布表得 $\chi^2_\alpha((r-1)(s-1))$。

(5) 如果 $\chi^2 \geqslant \chi^2_\alpha((r-1)(s-1))$，则拒绝 H_0，即选中该特征；反之则接受该假设，即排除该特征。

【例 8-8】 假设某一特征 x 取值为 $\{0,0,0,1,1,1,2,2,2,2,2\}$，类别标签 y 为 $\{0,0,1,0,0,1,0,0,1,1,1\}$，判断两者在显著性水平 $\alpha=0.01$ 之下是否独立。

解： 根据已知条件，统计列联表如表 8-3 所示。

表 8-3　例 8-8 的列联表

x	y		
	0	1	$N_{\{x=x_i\}}$
0	2	1	3
1	2	1	3

续表

x	y		
	0	1	$N_{\{x=x_i\}}$
2	2	3	5
$N_{\{y=y_j\}}$	6	5	11

假设 x 和 y 相互独立，由式(8-82)可知，

$$\chi^2=\left[\frac{(2-3\times 6/11)^2}{18}\times 2+\frac{(1-3\times 5/11)^2}{15}\times 2+\frac{(2-5\times 6/11)^2}{30}+\frac{(3-5\times 5/11)^2}{25}\right]\times 11$$
$$=0.7822$$

题目中 $r=3,s=2$，自由度为 $(r-1)(s-1)=2$，查 χ^2 分布表，$\chi^2_{0.01}(2)=9.21$，$\chi^2=0.7822<\chi^2_{0.01}(2)$，因此，在显著性水平 $\alpha=0.01$ 之下接受假设，认为 x 和 y 相互独立，剔除该特征。

在实际问题中，特征值常常为连续值，如果要进行 χ^2 检验，可以根据实际情况和需要，将变量的可能值区间化，转换为离散值，构建列联表进行检验。在 scikit-learn 库 feature_selection 模块的 chi2(X, y)函数中，采用了另一种思路。以例 8-8 为例，chi2 函数用 10 和 01 表示两类 $y=0$ 和 $y=1$，统计了两类中特征值之和：6 和 7 作为观察值，总和为 13；两类在样本中所占比例 $6/11=0.545$ 和 $5/11=0.455$，得期望值 $13\times 0.545=7.091$ 和 $13\times 0.455=5.909$，χ^2 检验统计量为

$$\chi^2=\frac{(6-7.091)^2}{7.091}+\frac{(7-5.909)^2}{5.909}=0.3692$$

第 16 集
微课视频

例 8-8 程序如下：

```
import numpy as np
from sklearn.feature_selection import chi2
X = np.array([0, 0, 0, 1, 1, 1, 2, 2, 2, 2, 2])
y = np.array([0, 0, 1, 0, 0, 1, 0, 0, 1, 1, 1])
sta, pv = chi2(X.reshape(-1, 1), y.reshape(-1, 1))
np.set_printoptions(precision = 4)
print('chi2 统计量和 p 值为', sta, pv)
if pv < 0.01:
    print('在显著性水平 0.01 下拒绝假设,即选中该特征')
else:
    print('在显著性水平 0.01 下接受假设,即剔除该特征')
```

运行程序后输出：

```
chi2 统计量和 p 值为 [0.3692],[0.5434]
在显著性水平 0.01 下接受假设,即剔除该特征
```

此外，SciPy 库中 stats 模块的 chi2_contingency(observed, correction=True, lambda_=None)函数根据列联表 observed 计算 χ^2 检验统计量，correction 设置为 False 时，按照式(8-82)计算。函数返回检验统计量 χ^2、相应的 p 值、自由度和期望频数(即 $N_{i.}N_{.j}/N$)。

8.3 特征选择的优化算法

对于特征选择，无论是采用类可分性判据，还是利用分类器本身的性能，都需要对 n 个特征中不同的 m 个特征组合进行评价，选择性能最好的特征组合作为样本用于分类。但

是，进行判断的组合有 C_n^m 种情况，即使是较小的 n 和 m，C_n^m 也是一个很大的数，计算量太大，需要有合适的优化算法，在保证特征一定性能的情况下，降低选择的复杂度。

8.3.1 特征选择的最优算法

分支定界(Branch and Bound)法是一种不需要穷举但也能得到最优解的方法，通过合理地组织搜索过程，使得尽可能早地得到最优解，避免计算某些特征组合以减少搜索次数。整个搜索过程从上到下，可用树表示出来，称为搜索树或解树。

分支定界法的基本要求是可分离性判据的单调性，即特征增多时判据值不会减小。理论上，基于距离的和基于概率分布的可分性判据具有这个特性。

【例 8-9】 以从 4 个特征中选择 2 个特征为例描述分支定界法选择特征的步骤。采用 iris 数据集中'setosa'和'versicolor'类的数据 $\boldsymbol{x}=[x_1 \quad x_2 \quad x_3 \quad x_4]^{\mathrm{T}}$，判据为式(8-16)基于类内类间距离的 J_3 判据(题目中简写为 J)。

涉及的参数如下。

(1) 选择前后的特征数目：$n=4, m=2$。

(2) 树的级数变量 i：0 级是树根，每一级在上一级的基础上再去掉一个特征，4 选 2，共 2 级。

(3) 第 i 级当前所讨论的节点上可用来为下一级选择舍弃的特征集合 ψ，该集合内元素的数目为 r。

(4) 当前所讨论节点的后继节点数 k_i：$k_i=r-(n-m-i-1)$。

(5) 界值 T：初始为 0，只在叶节点更改。

算法步骤如下。

(1) $i=0$。

当前节点 0 为根节点，首先确定当前节点参数取值。可舍弃的特征集合 $\psi=\{x_1, x_2, x_3, x_4\}$，元素数目 $r=4$，后继节点数 $k_0=r-(n-m-i-1)=3$，界值 $T=0$。

确定后继节点要舍弃的特征，方法是：计算舍弃每一个可能特征后的判据值，选择其中 k_i 个最小的 J 值所对应的特征，按照 J 从小到大的次序，依次作为从左到右的 k_i 个节点要舍弃的特征。这样做的原因在于由于特征评价准则的单调性，舍弃某特征后判据值小，说明该特征对应的判据值大，性能较好；从左向右放置，使得靠右的通路上保留性能好的特征；搜索的路径从右至左，能保证尽量早地找到最优解。

在本例中，确定后继节点。舍弃 x_1，$J(x_2, x_3, x_4)=25.61$；舍弃 x_2，$J(x_1, x_3, x_4)=20.10$；舍弃 x_3，$J(x_1, x_2, x_4)=20.30$；舍弃 x_4，$J(x_1, x_2, x_3)=23.10$；从左到右三个子节点 1、2、3 依次舍弃的特征为 x_2、x_3 和 x_4，如图 8-4(a)所示。

(2) $i=1$。

当前节点为节点 3(搜索路径从右至左)。可舍弃的特征集合 $\psi=\{x_1\}$，元素数目 $r=1$，后继节点数 $k_1=r-(n-m-i-1)=1$，界值 $T=0$。舍弃 x_1，如图 8-4(b)所示。

(3) $i=2$。

当前节点为节点 4。可舍弃的特征集合为空，无后继节点，为叶节点。从根节点到叶节点通路上依次舍弃了 x_4 和 x_1，保留的两个特征为 x_2 和 x_3，更改界值 $T=J(x_2, x_3)=22.67$。

向上回溯到 $k_{i-1}>1$ 的那一级，即 $i=1$ 级节点 2 处。

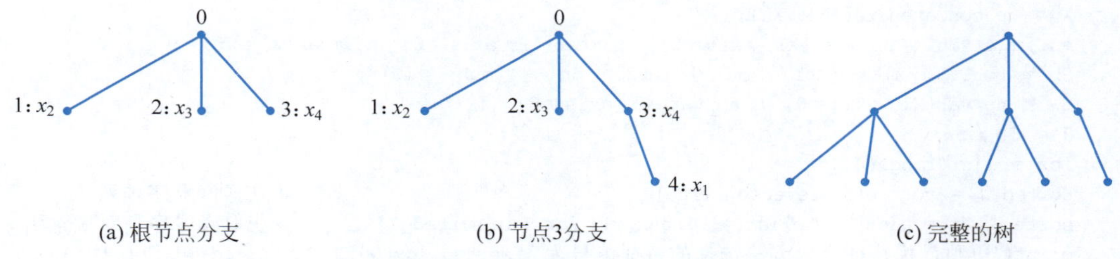

图 8-4　分支定界算法过程示意图

(4) $i=1$。

当前节点为节点 2。可舍弃的特征集合 $\psi=\{x_1, x_4\}$(同级右边节点的特征集合加上其舍弃的特征),元素数目 $r=2$,后继节点数 $k_1=r-(n-m-i-1)=2$,界值 $T=22.67$。

需要确定向下生成搜索树还是向上回溯。计算当前保留的特征组合的判据值 J,比较 J 和界值 T 的大小:$J \geqslant T$,向下生成树;若 $J<T$,再去除特征,判据值更小,最优解已不可能在本节点下的叶节点上,则向上回溯。

本例中,$J(x_1, x_2, x_4)=20.30<T$,不再向下生成树,向上回溯,到 $i=1$ 级节点 1 处。

(5) $i=1$。

当前节点为节点 1。可舍弃的特征集合 $\psi=\{x_1, x_3, x_4\}$,元素数目 $r=3$,后继节点数 $k_1=r-(n-m-i-1)=3$,界值 $T=22.67$。

确定向下生成搜索树还是向上回溯。$J(x_1, x_3, x_4)=20.10<T$,不再继续向下生成树。

所有节点处理完毕,选择的特征为 x_2 和 x_3,最终搜索树也如图 8-4(b)所示,完整的搜索树如图 8-4(c)所示。

分支定界法避免了部分 m 个特征组合的判据计算,与穷举法相比节约了时间,但是,由于搜索过程中要计算中间的判据,在 m 很小或很接近 n 时,不如使用穷举法;算法必须采用具有单调性的判据,但理论上具有单调性的判据,在实际运用样本计算时,可能不再具备单调性。

8.3.2　特征选择的次优算法

除了求解全局最优解,有时也采用一些计算量更小的搜索方法,能得到次优解,这些方法基于一些直观的分析,实现方便,在实际中应用也较多。

1. 单独最优特征的组合

单独最优特征的组合方法,是对每一个特征单独计算类可分性判据,根据单个特征的判据值排队,选择其中前 m 个特征。

【例 8-10】 对 iris 数据集中'setosa'和'versicolor'类的数据进行单独最优特征选择,从 4 个特征中选择 2 个,判据为基于类内类间距离的 J_3 判据。

程序如下:

```
import numpy as np
from sklearn.datasets import load_iris
iris = load_iris()
X1, X2 = iris.data[0:50, :], iris.data[50:100, :]
```

```
X = np.concatenate((X1, X2))
mu1, mu2, mu = np.mean(X1, axis = 0), np.mean(X2, axis = 0), np.mean(X, axis = 0)
Sb = (mu1 - mu) * (mu1 - mu) + (mu2 - mu) * (mu2 - mu)
Sw = np.var(X1, axis = 0) + np.var(X2, axis = 0)
J = Sb / Sw
idx = list(range(4))
sorted_J = sorted(J, reverse = True)                            #判据值降序排列
sorted_idx = [idx[(J.tolist()).index(x)] for x in sorted_J]     #获取降序序列对应索引
print('单独最优特征组合方法选择的特征编号为', sorted_idx[0] + 1, sorted_idx[1] + 1)
```

运行程序后输出：

```
单独最优特征组合方法选择的特征编号为 3  4
```

单独特征比较，第 3 个和第 4 个特征 J_3 判据值最大，但其组合却不是最优。从例 8-9 可知，4 选 2，采用同样的判据，第 2 个和第 3 个特征的组合最优。

单独最优特征的组合方法的前提假设是单独作用时性能最优的特征，组合起来也是性能最优的。但与很多实际情况不相符，例如，特征之间具有较强的相关性，特征的组合未必有利于性能的提高。鉴于这种情况，可以修改特征选择的过程：

（1）第一个特征选择可分性判据最大的特征 x_i，记为 x_{i_1}。

（2）计算 x_{i_1} 和其余特征之间的相关系数 $\rho_{i_1 j}, j \neq i_1$。

（3）选择满足下列条件的特征作为 $x_{i_k}, k=2,3,\cdots,m$，得

$$i_k = \arg \max_{j \neq 1,2,\cdots,k-1} \left[\alpha_1 J(x_j) - \frac{\alpha_2}{k-1} \sum_{r=1}^{k-1} |\rho_{i_r j}| \right] \tag{8-84}$$

即综合特征的可分性判据值和所有已选择特征和其他特征的平均相关性。其中，α_1 和 α_2 是决定两项相对重要性的加权系数。

【例 8-11】 对 iris 数据集中'setosa'和'versicolor'类的数据进行 4 选 3 的特征选择，采用基于类内类间距离的 J_3 判据衡量单独特征性能，并采用 Spearman 秩相关系数评价特征间的相关性。

在例 8-10 程序开始时导入 spearmanr 函数：

```
from scipy.stats import spearmanr
```

在例 8-10 的程序后添加如下代码：

```
J /= np.max(J)                                  #将判据值归一化到[0,1],以便和相关系数综合
selected = np.zeros(3).astype(int)
selected[0] = sorted_idx[0]                     #当前选择的第一个特征为单独最优特征
idx = sorted_idx[1:4]                           #其余特征编号
alpha1, alpha2 = 0.3, 0.7                       #设定系数 α1 和 α2
rho = np.abs(spearmanr(X).correlation)          # 计算各特征之间的 Spearman 秩相关系数
for k in range(1, 3):
    temp_rho = rho[idx, selected[0:k]].reshape(k, -1)
    tempJ = alpha1 * J[idx] - alpha2 * np.sum(temp_rho, axis = 0) / k
                                                #式(8-84)中的函数取值
    pos = np.argmax(tempJ)                      #找函数最大所在位置
    selected[k] = idx[pos]                      #对应的特征作为下一个选择的特征
    del idx[pos]                                #更新剩余特征编号
print('选择的特征编号为', selected + 1)
```

运行程序后输出：

选择的特征编号为[3 2 4]

如果选择两个特征，则会选择第 3 个和第 2 个特征，和最优特征组合一致，但这个结果依赖于系数 α_1 和 α_2 的值，不同的 α_1 和 α_2 将得到不同的结果。

2. 顺序搜索技术

1）顺序前进法(Sequential Forward Selection，SFS)

第一个特征选择单独最优的特征，第二个特征从其余特征中选择与第一个特征组合在一起后判据最优的特征；后面每一个特征都选择与已经入选的特征组合起来最优的特征，直至选够 m 个特征为止。这种方法称为顺序前进法。

将顺序前进法扩展，每一次不是选择一个新特征，而是选择 l 个新特征，称为广义顺序前进法。

SFS 的特点是：第一个特征仅靠单个特征的准则选择；特征一旦入选无法剔除，即使它与后面选择的特征并不是最优的组合。

2）顺序后退法(Sequential Backward Selection，SBS)

一开始选择所有的特征；剔除一个特征，计算剩余特征的判据值，最优的判据值对应的剔除特征被剔除；剔除特征的过程继续，直至剩下 m 个特征为止。

将顺序后退法扩展，每一次不是剔除一个特征，而是剔除 r 个新特征，称为广义顺序后退法。

SBS 的特点是：因为从顶向下，很多计算在高维空间进行，计算量比顺序前进法大；特征一旦剔除无法再选入。

3）增 l 减 r 法

结合 SFS 和 SBS 方法，在选择或剔除过程引入一个回溯的步骤，使得依据局部准则选择或剔除的特征因为与其他特征间的组合而重新被考虑。

从底向上时，$l>r$，首先逐步增选 l 个特征，然后再逐步剔除 r 个与其他特征组合起来准则最差的特征；以此类推，直到选择到所需要数目的特征。

从顶向下时，$l<r$，首先逐步剔除 r 个特征，然后再从已经被剔除的特征中逐步选择 l 个与其他特征组合起来准则最优的特征，直到剩余的特征数目达到所需的数目。

从计算量来看，如果 m 很接近于 n，从顶向下的后退法更有效；如果 m 很小，自然从底向上的前进法更有效。

8.3.3 特征选择的启发式算法

通过 8.3.1 节和 8.3.2 节的学习，可以理解所谓的优化算法，其实就是基于某种思想和机制，通过一定的途径或规则进行搜索，以得到满足用户要求的问题的解。优化算法有很多种，各有特点，其中，启发式算法(Heuristic Algorithm)是一类得到近似最优解的优化算法。

启发式算法基于直观或经验构造，在可接受的计算代价下，给出优化问题每个实例的一个可行解，但多数情况下不能得到最优解，也无法描述解与最优解的近似程度。启发式算法有多种，本节简要介绍其中几种。

1. 模拟退火算法

模拟退火(Simulated Annealing)来自冶金学的专有名词，最早的思想由 Metropolis 等于 1953 年提出，1983 年 Kirkpatrick 等将其应用于组合优化。

在热力学中，物体逐渐降温，温度越低，物体的能量状态越低，当到达足够的低点时，液体开始冷凝与结晶，在结晶状态下，系统的能量状态最低。如果缓慢降温（退火），物体分子在每一温度都能够有足够时间找到安顿位置，则可达到最低能量状态；如果快速降温（淬火），则会导致不是最低能态的非晶形。

模拟退火是模仿自然界退火现象而得，利用了一般优化问题与固体物质退火过程的相似性：对目标函数寻找最优解——对能量寻找最低状态，从某一初始温度开始，缓缓降温；在一定温度下，搜索目标函数稳定状态；伴随着温度的不断下降，结合概率突跳特性在解空间中随机寻找全局最优解。

在温度为 T、当前状态为 i、新状态为 j、两个状态的能量为 E_i 和 E_j 时，Metropolis 准则如下。

(1) 如果 $E_j < E_i$，则接受 j 为当前状态。

(2) 如果 $E_j \geqslant E_i$，若概率 $p=\exp[-(E_j-E_i)/(kT)]$大于$[0,1)$区间的随机数，则仍接受 j 为当前状态；若不成立则保留 i 为当前状态。其中，$k>0$，用来调节突跳概率 p。

Metropolis 准则实现以一定概率接受一个比当前解要差的解，以防止落入局部最优点。

综上所述，如果采用模拟退火算法实现特征选择，步骤概括如下：

(1) 初始化。给定初始温度 $t=T_0$，随机产生初始特征组合 $\boldsymbol{x}_0$。

(2) 当前温度下循环，直到稳定状态。

在 $\boldsymbol{x}_i$ 的邻域中选择一个新的特征组合 $\boldsymbol{x}_j$，计算两个组合对应的可分性判据 $J(\boldsymbol{x}_i)$和 $J(\boldsymbol{x}_j)$，根据 Metropolis 准则，若

$$\min\left\{1,\exp\left[\frac{J(\boldsymbol{x}_j)-J(\boldsymbol{x}_i)}{kT_k}\right]\right\} > \text{random}[0,1] \tag{8-85}$$

则更新特征组合为 $\boldsymbol{x}_j$，否则保留 $\boldsymbol{x}_i$。

注意，进行特征选择判据值找最大，和找最低能态正好相反。若 $J(\boldsymbol{x}_j)>J(\boldsymbol{x}_i)$，式(8-85)肯定成立，则更新特征组合为 $\boldsymbol{x}_j$；若 $J(\boldsymbol{x}_j)<J(\boldsymbol{x}_i)$，则依据概率 $p=\exp\left[\frac{J(\boldsymbol{x}_j)-J(\boldsymbol{x}_i)}{kT_k}\right]$和 random[0,1]的大小关系决定是否更新特征组合。

稳定状态可以是：连续若干步的可分性判据值变化较小或者固定的抽样步数等。另外，应合理地确定特征组合的邻域。

(3) 判断算法是否终止。若已达到终止温度，或者达到迭代次数，或者最优值连续若干步保持不变等，则终止算法，当前的特征组合为算法结果；否则，降低温度，转到步骤(2)继续搜索。

【例 8-12】 基于模拟退火算法对 breast cancer 数据集[Breast cancer wisconsin (diagnostic) dataset]中的数据进行特征选择，采用基于类内类间距离的 J_3 判据衡量特征性能，选择 5 个特征。

breast cancer 数据集是来自 UCI 机器学习存储库的数据集，有 569 个样本，每个样本有 30 个变量，分为两类，即 Malignant(恶性)和 Benign(良性)，是一个二分类数据集。

程序如下：

```
import numpy as np
from sklearn.datasets import load_breast_cancer
```

```
bc_data = load_breast_cancer()                              # 导入数据集

def Criteria(x1, x2, mu1, mu2, mu, idx):                    # 计算 J3 判据的函数
    Sb = ((mu1[idx] - mu[idx]).reshape(-1, 1) @ (mu1[idx] - mu[idx]).reshape(1, -1)
          + (mu2[idx] - mu[idx]).reshape(-1, 1) @ (mu2[idx] - mu[idx]).reshape(1, -1))
    Sw = np.cov(x1[:, idx].T) + np.cov(x2[:, idx].T)
    J_out = np.trace(np.linalg.inv(Sw) @ Sb)
    return J_out

X, y = bc_data.data, bc_data.target
X1, X2 = X[y == 0, :], X[y == 1, :]                         # 两类样本
n, m, T, k = np.shape(X)[1], 5, 100, 0.001                  # 原特征数 n,要选择的特征数 m,最高温 T,参数 k
mu1, mu2, mu = np.mean(X1, axis=0), np.mean(X2, axis=0), np.mean(X, axis=0)
idx_old = np.random.choice(np.arange(n), m, replace=False) # 随机选择初始特征组合
J_old = Criteria(X1, X2, mu1, mu2, mu, idx_old)            # 初始特征组合对应判据值
while T > 0:
    sta = 1
    while sta < 10:                                 # 判据最优值连续 10 步保持不变退出当前温度下的循环
        idx_new = np.array(idx_old)
        num = np.random.randint(0, m, 1)                    # 随机选择原特征组合中的一个特征
        new_feature = np.random.randint(0, n, 1)            # 选择新特征
        while new_feature in idx_old:               # 如果新特征包含在原特征组合中,重新选择
            new_feature = np.random.randint(0, n, 1)
        idx_new[num] = new_feature                  # 更改原特征组合中的一个,产生新特征组合
        J_new = Criteria(X1, X2, mu1, mu2, mu, idx_new)     # 新特征组合对应判据值
        if J_new > J_old or (J_new < J_old and
                             np.exp((J_new - J_old)/k/T) > np.random.rand(1)):
            sta = 1
            J_old = J_new
            idx_old = np.array(idx_new)
        else:                                       # 根据 Metropolis 准则更新特征组合
            sta += 1
    T -= 1
print('选择的特征编号为', idx_old[0:m])
```

运行程序后输出：

```
选择的特征编号为 [21 27 20 23 14]
```

模拟退火算法简单、通用、易实现，但由于要求较高的初始温度、较慢的降温速率、较低的终止温度，以及各温度下足够多次的抽样，因此优化过程较长。

2. 遗传算法

遗传算法(Genetic Algorithm，GA)起源于生物进化的思想，物竞天择，适者生存，在生物的进化过程中，生存下来的都是比较优秀的，经过若干代的淘汰、选择，最终的生物应该是最优秀的生物。

把这一思想应用于优化问题：将每个可能的解看作群体中的一个个体，生成群体；根据预定的目标函数对群体中每个个体进行评价，给出一个适应度值；通过遗传算子对个体进行选择、交叉和变异操作，得到一个新群体，验证群体适应度和最好的个体适应度，会优于原始群体和个体，即子代比父代进化了；不断重复遗传、变异过程，一代比一代适应度更高；经过若干代，找出最优的个体作为优化问题的解。

将遗传算法用于特征选择，大致的框架如下。

1）编码

生物的性状是由生物遗传基因的链码（染色体）决定的，对于每个特征组合，也用链码表示。编码方法多种多样，例如，使用最简单的 n 维二进制向量作为一个链码表示特征组合：若第 i 位为 1，则表示选择该特征；若第 i 位为 0，则表示不选择该特征。

2）初始化群体

生物群体个数必须保证一定的数目，可以随机生成也可以根据先验知识，选择部分链码，其余的随机生成，以满足群体规模要求。

3）确定评价函数

进化过程中，要求新生代比父代具有更强的适应度，自然界中的衡量是很复杂的，抽象成一个算法，可以采用评价函数衡量每代的适应度。可以根据可分性判据作为评价函数，以评价每个个体和群体的优劣。群体的适应度可取个体适应度之和。

4）选择操作

并非每个生物个体都有机会留下后代。从当前群体中选择优良个体（适应度高），进行链码配对。选择方法多样，有适应度比例法、最佳个体保存法、期望值法、排序选择法和排挤法等。

5）交叉操作

选择群体中的两个个体，对其基因链码进行交叉操作，从而产生两个新的个体。交叉方式有单点交叉、双点交叉等。例如，选择的两个个体基因链码为 $\boldsymbol{v}_1=[0\ 0\ 0\ 0\ 1\ 0\ 1\ 1]$，$\boldsymbol{v}_2=[0\ 0\ 1\ 1\ 0\ 0\ 0\ 1]$，进行单点交叉，随机产生交叉点，将其设为 6，交叉产生的两个子代为 $\boldsymbol{v}_1'=[0\ 0\ 0\ 0\ 1/0\ 0\ 1]$，$\boldsymbol{v}_2'=[0\ 0\ 1\ 1\ 0/0\ 1\ 1]$（此处加斜线“/”仅为便于分辨）。

6）变异操作

以变异概率随机选择个别链码上的一位或多位基因进行改变，以便引入新的基因。对于二进制编码，变异通常是 0 变为 1，或者 1 变为 0。

遗传算法虽不能保证收敛到全局最优解，但在多数情况下可以得到较好的次优解。当特征维数很高，且对特征间的关系缺乏认识时，可以尝试使用遗传算法。

3. 群智能算法

群可被描述为一些相互作用相邻个体的集合体，蜂群、蚁群、鸟群都是典型例子。这些生物的聚集行为有利于它们觅食和逃避捕食者。所谓群智能（Swarm Intelligence）是指模拟系统利用局部信息从而可以产生不可预测的群行为。

鱼聚集成群可以有效地逃避捕食者，任何一条鱼发现异常都可带动整个鱼群逃避；蚂蚁成群则有利于寻找食物，任一只蚂蚁发现食物都可带领蚁群共同搬运和进食。一只蜜蜂或蚂蚁的行为能力非常有限，几乎不可能独立存在于自然世界中，而多只蜜蜂或蚂蚁形成的群则具有非常强的生存能力，且这种能力不是通过多个个体之间能力简单叠加所获得的。

生物学家研究表明：在群居生物中虽然每个个体的智能不高，行为简单，也不存在集中的指挥，但由这些单个个体组成的群体，似乎在某种内在规律的作用下，会表现出异常复杂而有序的群体行为。社会性动物群体所拥有的这种特性能帮助个体很好地适应环境，个体所能获得的信息远比它通过自身感觉器官所取得的多，其根本原因在于个体之间存在着信息交互的能力。

从不同的群研究得到不同的应用，最引人注目的是对蚁群和鸟群的研究。20 世纪

90 年代，M. Dorigo 等提出了蚁群算法(Ant Colony Optimization，ACO)，通过模拟自然界蚂蚁的觅食过程，即通过信息素的相互交流从而找到由蚁巢至食物的最短路径，基于信息正反馈原理寻找最优解。1995 年，J. Kennedy 和 R. Eberhart 提出了粒子群优化算法(Particle Swarm Optimization，PSO)，其源于对鸟群捕食行为的研究，通过群体中个体之间的协作和信息共享来寻找最优解。

群智能算法没有集中控制约束，不会因为个别个体影响整个问题的求解，确保了系统具备更强的鲁棒性；以非直接的信息交流方式确保了系统的扩展性；算法的实现也比较简单，能够有效地解决大多数全局优化问题，已成为越来越多研究者的关注焦点。因篇幅关系，此处不做详细讲解，可以参考相关资料。

8.4 过滤式特征选择方法

如前所述，过滤式特征选择方法要先进行特征选择，再进行分类器设计，特征选择过程和后续分类器设计无关。特征选择时，需要先选定特征的评价准则，在特征集合中进行寻优，找到最优的特征组合。本节主要介绍几种 scikit-learn 库中实现的过滤式特征选择方法及其仿真实现。

1. 去除方差过低的特征

如果所有样本的某个特征的方差接近于 0，说明所有样本中该特征取值几乎相等，对于类完全没有可分性，因此，去除这类特征以达到特征选择的目的。scikit-learn 库 feature_selection 模块的 VarianceThreshold 模型可以实现这个功能，其调用格式为

```
VarianceThreshold(threshold = 0.0)
```

其中，参数 threshold 是阈值，方差低于该阈值的特征被去除。默认情况下是保留非零方差特征，即去除所有样本取值相同的特征。

VarianceThreshold 模型的主要方法如下。

(1) fit(X, y=None)：从样本集 X 中计算各特征方差。

(2) transform(X)：将样本 X 去除相应特征，获取经过特征选择的新样本。

(3) fit_transform(X, y=None, ** fit_params)：计算各特征方差，并获取经过特征选择的新样本。

(4) inverse_transform(X)：将通过 transform 方法去除特征的样本 X 变回原维数，去除的特征置为 0。

(5) get_support(indices=False)：获取 bool 或索引向量，表示对应特征是否被选中。

【例 8-13】 去除 breast cancer 数据集中方差过低的特征。

程序如下：

```
import numpy as np
from sklearn.datasets import load_breast_cancer
from sklearn.feature_selection import VarianceThreshold
bc_data = load_breast_cancer()
X = bc_data.data
T = 0.001                                              #设定方差阈值
selector = VarianceThreshold(threshold = T).fit(X)     #计算样本各特征方差
```

```
X_new = selector.transform(X)                     # 将样本 X 去除低方差特征
print('新样本维数为', np.shape(X_new)[1])
```

运行程序后输出：

```
新样本维数为 19
```

2. 单独最优特征的组合

如前所述，按照评价准则对每个特征进行评价，选择评价值最高的若干特征。根据选择方式的不同，scikit-learn 库 feature_selection 模块提供了多个模型，简要介绍如下。

1）SelectKBest 模型

如模型名称所示，选择 k 个评价值最高的特征，其调用格式为

```
SelectKBest(score_func=<function f_classif>, *, k=10)
```

其中，参数 score_func 调用评价函数，可选 f_classif、chi2、mutual_info_classif 等。

SelectKBest 模型的主要属性有 scores_ 和 pvalues_，分别是特征的评价值和统计检验的 p 值。模型有 fit、fit_transform、transform、inverse_transform、get_support 等方法。

2）SelectPercentile 模型

SelectPercentile 模型是根据评价值和选择的特征数目在总特征数中的百分比进行选择，其调用格式为

```
SelectPercentile(score_func=<function f_classif>, *, percentile=10)
```

其中，参数 percentile=10 表示选择的特征数目在总特征数中占比 10%，SelectPercentile 模型的属性和方法同 SelectKBest 模型一样。

3）GenericUnivariateSelect 模型

GenericUnivariateSelect 模型是选择不同的策略进行特征选择，其调用格式为

```
GenericUnivariateSelect(score_func=<function f_classif>, *, mode='percentile', param=
1e-05)
```

其中，参数 mode 指明选择策略，可选'percentile'、'k_best'、'fpr'、'fdr'、'fwe'，后三者指采用多重检验方法实现特征选择。模型属性和方法同前两个模型一样。

【例 8-14】 利用特征和目标向量的互信息，采用单独最优特征组合的方式选择 breast cancer 数据集中的 5 个特征。

程序如下：

```
import numpy as np
from sklearn.datasets import load_breast_cancer
from sklearn.feature_selection import mutual_info_classif, SelectKBest
bc_data = load_breast_cancer()
X, y = bc_data.data, bc_data.target
sel = SelectKBest(mutual_info_classif, k=5).fit(X, y) # 根据互信息选择特征
X_new = sel.transform(X)                              # 特征选择，获取新特征
scores = sel.scores_                                  # 各特征和目标向量的互信息值
idx = list(range(30))
sorted_scores = sorted(sel.scores_, reverse=True)     # 评价值降序排序
sorted_idx = [idx[(scores.tolist()).index(x)] for x in sorted_scores]
                                                      # 获取排序后各评价值对应的特征编号
print('新样本矩阵形状为', np.shape(X_new))
```

```
print('选择的特征编号为', sorted_idx[0:5])
```

运行程序后输出：

```
新样本矩阵形状为(569, 5)
选择的特征编号为[22, 23, 20, 7, 27]
```

8.5 包裹式特征选择方法

包裹式特征选择方法按照一定的搜索方法，对于不同的特征向量组合，训练分类器并估计分类性能，选择最优的特征组合。由于需要多次训练分类器，这类方法计算开销要比过滤式特征选择方法大得多。scikit-learn 库 feature_selection 模块提供的 RFE、SequentialFeatureSelector 模型属于这类特征选择方法。

1. RFE 模型

RFE 模型通过特征消除进行特征选择。给定分类模型，使用初始特征集进行训练，获取各特征的重要性分数，从当前特征集中删除最不重要的特征。这个过程递归重复，直到达到所需的特征数量，其调用格式如下。

```
RFE(estimator, *, n_features_to_select = None, step = 1, verbose = 0, importance_getter = 'auto')
```

RFE 模型的主要参数、属性如表 8-4 所示。

表 8-4 RFE 模型的主要参数、属性

类型	名称	含义
参数	estimator	分类模型
	n_features_to_select	选择的特征数目。设为 None 时表示选择一半特征；设为整数时表示具体特征数目；设为 0～1 的浮点数时表示选择的比例
	step	指定每次剔除的特征数目(大于或等于 1 的整数)或比例(在 0～1 的浮点数)
	importance_getter	获取特征重要性的方法，设为'auto'时会根据分类器的 coef_或者 feature_importances_属性获取；或者用特定字符串表示；或者重构的 callable 函数
属性	n_features_	选择的特征数目
	ranking_	特征的秩，即各个特征的重要性顺序，选择的特征秩为 1
	support_	bool 向量，表示对应特征是否被选中

RFE 模型的主要方法有 decision_function、fit、fit_transform、inverse_transform、predict、predict_log_proba、predict_proba、score、transform 和 get_support 等。其中，predict(X)、score(X, y, ** fit_params)需要先对 X 进行特征选择再进行相应处理。

【例 8-15】 利用 RFE 模型对 breast cancer 数据集中的数据进行特征选择，选择 5 个特征。

程序如下：

```
import numpy as np
from sklearn.datasets import load_breast_cancer
from sklearn.feature_selection import RFE
from sklearn.svm import LinearSVC
bc_data = load_breast_cancer()
```

```
X, y = bc_data.data, bc_data.target
estimator = LinearSVC(dual = False)                      # 选择线性支持向量机模型
selector = RFE(estimator, n_features_to_select = 5, step = 1).fit(X, y)
sel_f = np.where(selector.support_)
print('选择的特征编号为:', sel_f[0] + 1)
print('特征选择后训练样本的平均准确度为 %.2f' % selector.score(X, y))
estimator.fit(X, y)
print('特征选择前训练样本的平均准确度为 %.2f' % estimator.score(X, y))
```

运行程序后输出：

```
选择的特征编号为: [ 8 11 17 27 28]
特征选择后训练样本的平均准确度为 0.93
特征选择前训练样本的平均准确度为 0.96
```

另外有一个 RFECV 模型，是利用 RFE 模型、交叉验证方法进行特征选择，使用方法类似，此处不再详细介绍。

2. SequentialFeatureSelector 模型

SequentialFeatureSelector 模型通过顺序搜索实现特征选择，其调用格式如下。

```
SequentialFeatureSelector(estimator, *, n_features_to_select = 'auto', tol = None, direction
 = 'forward', scoring = None, cv = 5, n_jobs = None)
```

其中，参数 n_features_to_select 同样指定选择的特征数目，可取整数或 0～1 的浮点数，设置为'auto'时取决于参数 tol；参数 tol 为 None 时选择一半特征，不为 None 时选择得分变化不超过 tol 的特征；参数 direction 取'forward'表示顺序前进搜索，取'backward'表示顺序后退搜索；参数 scoring 指定分类器性能评估方法；参数 cv 指定交叉验证策略，取整数或 None(5 折)时，如果 estimator 是分类器时采用 StratifiedKFold 模型，其他情况选择 KFold 模型。

SequentialFeatureSelector 模型有 n_features_in_、n_features_to_select_、support_属性，含义与 RFE 模型属性一样。模型方法有 fit、fit_transform、inverse_transform、transform 和 get_support 等。

【例 8-16】 利用 SequentialFeatureSelector 模型对 breast cancer 数据集中的数据进行特征选择，选择 5 个特征。

程序如下：

```
import numpy as np
from sklearn.datasets import load_breast_cancer
from sklearn.feature_selection import SequentialFeatureSelector
from sklearn.svm import LinearSVC
bc_data = load_breast_cancer()
X, y = bc_data.data, bc_data.target
estimator = LinearSVC(dual = False)
SFS = SequentialFeatureSelector(estimator, n_features_to_select = 5).fit(X, y)
                                                          # 顺序前进搜索
sel_f1 = np.where(SFS.support_)
print('SFS 选择的特征编号为', sel_f1[0] + 1)
SBS = SequentialFeatureSelector(estimator, n_features_to_select = 5,
                                    direction = 'backward').fit(X, y)    # 顺序后退搜索
sel_f2 = np.where(SBS.support_)
print('SBS 选择的特征编号为', sel_f2[0] + 1)
```

运行程序后输出：

```
SFS 选择的特征编号为[ 5 21 22 26 28]
SBS 选择的特征编号为[ 1  3 22 24 28]
```

8.6 嵌入式特征选择方法

在过滤式和包裹式特征选择中，特征选择和分类器训练是分开进行的，而嵌入式特征选择方法是在模型训练的过程中实现特征选择。嵌入式特征选择方法选择适合于特定学习过程的特征，例如，决策树构建中进行了特征选择。在设计线性判别函数权向量时，如果权向量的某些分量为 0，相当于对应特征不参与计算，达到特征选择的目的，LASSO（Least Absolute Shrinkage and Selection Operator）就是这样一种典型的嵌入式特征选择方法。

1. 岭回归

4.4 节已经介绍对于增广样本矩阵 $\boldsymbol{Z}$，用最小二乘法求解增广权向量 $\boldsymbol{a}$，满足 $\boldsymbol{Za}=\boldsymbol{y}$ 的解为 $\boldsymbol{a}^*=(\boldsymbol{Z}^{\mathrm{T}}\boldsymbol{Z})^{-1}\boldsymbol{Z}^{\mathrm{T}}\boldsymbol{y}$，$\boldsymbol{y}$ 为样本的类别标签向量。当 $\boldsymbol{Z}^{\mathrm{T}}\boldsymbol{Z}$ 不可逆时无法求出增广权向量 $\boldsymbol{a}$；而且，如果 $|\boldsymbol{Z}^{\mathrm{T}}\boldsymbol{Z}|$ 趋近于 0 时，则求得的 $\boldsymbol{a}$ 趋向于无穷大，没有意义。为了解决这个问题，修改目标函数

$$J_{\mathrm{S}}(\boldsymbol{a})=\|\boldsymbol{Za}-\boldsymbol{y}\|_2^2 \tag{8-86}$$

为

$$J_{\mathrm{S}}(\boldsymbol{a})=\|\boldsymbol{Za}-\boldsymbol{y}\|_2^2+\lambda\|\boldsymbol{a}\|_2^2 \tag{8-87}$$

其中，$\lambda\geqslant 0$；$\|\boldsymbol{a}\|_2^2$ 指 L_2 范数，即

$$\|\boldsymbol{a}\|_2^2=\sum_{i=1}^{n+1}a_i^2 \tag{8-88}$$

n 为原始样本的维数，增广化后为 $n+1$ 维。为了使 $J_{\mathrm{S}}(\boldsymbol{a})$ 最小，λ 越大，权向量 $\boldsymbol{a}$ 越小。

$J_{\mathrm{S}}(\boldsymbol{a})$ 对 $\boldsymbol{a}$ 求导数，令导数为 0，得

$$\boldsymbol{a}^*=(\boldsymbol{Z}^{\mathrm{T}}\boldsymbol{Z}+\lambda\boldsymbol{I})^{-1}\boldsymbol{Z}^{\mathrm{T}}\boldsymbol{y} \tag{8-89}$$

惩罚项 $\lambda\|\boldsymbol{a}\|_2^2$ 的加入，使得 $\boldsymbol{Z}^{\mathrm{T}}\boldsymbol{Z}+\lambda\boldsymbol{I}$ 满秩，保证了可逆。这种方法称为岭回归（Ridge Regression）。

scikit-learn 库 linear_model 模块 Ridge 模型实现了岭回归，RidgeClassifier 模型将目标变量设为 1 和 −1，利用岭回归方法实现线性分类器设计。

2. LASSO

LASSO 将岭回归中的惩罚项 $\lambda\|\boldsymbol{a}\|_2^2$ 变为 $\lambda\|\boldsymbol{a}\|_1$，变成求解

$$\min_{\boldsymbol{a}}\ \frac{1}{2}\|\boldsymbol{Za}-\boldsymbol{y}\|_2^2+\lambda\|\boldsymbol{a}\|_1 \tag{8-90}$$

其中 $\|\boldsymbol{a}\|_1$ 指 L_1 范数，即

$$\|\boldsymbol{a}\|_1=\sum_{i=1}^{n+1}|a_i| \tag{8-91}$$

根据不等式约束的优化理论，LASSO 的代价函数等价于

$$\min_{\boldsymbol{a}}\ \frac{1}{2}\|\boldsymbol{Za}-\boldsymbol{y}\|_2^2$$

$$\text{s.t.} \sum_{i=1}^{n+1} |a_i| \leqslant t \tag{8-92}$$

约束条件定义了一个区域,约束最小值一定在所有区域的相交区域,称为可行区域。那么,式(8-92)的最小值则在 $\|\boldsymbol{a}\|_1 < t$ 定义的区域内 $\|\boldsymbol{Za}-\boldsymbol{y}\|_2^2/2$ 尽可能小的位置。

下面以二维数据为例,分析可行解的特点。采用的数据集及对应类别标号为

$\{[0 \quad 1]^{\mathrm{T}},[-2 \quad -1]^{\mathrm{T}},[-2 \quad 1]^{\mathrm{T}},[-1 \quad 0]^{\mathrm{T}},[1 \quad 0]^{\mathrm{T}},[2 \quad -1]^{\mathrm{T}},[2 \quad 1]^{\mathrm{T}},[3 \quad 0]^{\mathrm{T}}\}$

$\{1 \; 1 \; 1 \; 1 \; -1 \; -1 \; -1 \; -1\}$

$\boldsymbol{Z}^{\mathrm{T}}\boldsymbol{Z}$ 可逆,用最小二乘法估计出 $\|\boldsymbol{Za}-\boldsymbol{y}\|_2^2/2$ 最小的最优解 $\hat{\boldsymbol{a}}$,如图 8-5 中"$*$"所示。由于

$$\|\boldsymbol{Z}\hat{\boldsymbol{a}}-\boldsymbol{y}\|_2^2=(\boldsymbol{Z}\hat{\boldsymbol{a}}-\boldsymbol{y})^{\mathrm{T}}(\boldsymbol{Z}\hat{\boldsymbol{a}}-\boldsymbol{y})=(\boldsymbol{a}-\hat{\boldsymbol{a}})^{\mathrm{T}}\boldsymbol{Z}^{\mathrm{T}}\boldsymbol{Z}(\boldsymbol{a}-\hat{\boldsymbol{a}})$$

在二维情况下,$\|\boldsymbol{Z}\hat{\boldsymbol{a}}-\boldsymbol{y}\|_2^2$ 取值为某个常数时呈现为椭圆,越靠近 $\hat{\boldsymbol{a}}$ 取值越小,如图 8-5 所示的两个虚线椭圆,大椭圆对应的取值较大。

$\|\boldsymbol{a}\|_1 < t$ 定义的区域如图 8-5 所示的菱形区域,确定了可行解的范围,当椭圆和菱形刚相交时为最优解。从图中可以看出,交点的位置位于坐标轴上,即 $a_2=0$。$[a_1 \quad a_2]^{\mathrm{T}}$ 是 $\hat{\boldsymbol{a}}=[\hat{a}_1 \quad \hat{a}_2]^{\mathrm{T}}$ 的有偏估计。从 $\hat{\boldsymbol{a}}$ 所处的位置可以看出,$\hat{a}_1$ 大而 $\hat{a}_2$ 小,通过 $\lambda\|\boldsymbol{a}\|_1$ 约束,将 $\hat{a}_2$ 压缩到 0,间接实现了特征选择。

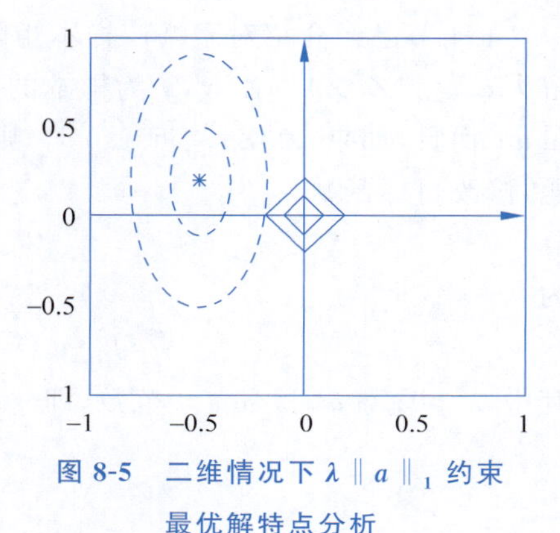

图 8-5 二维情况下 $\lambda\|\boldsymbol{a}\|_1$ 约束最优解特点分析

LASSO 求解有多种方法,如坐标下降法、最小角回归法、交替方向乘子算法等,在此不再详细介绍。

scikit-learn 库 linear_model 模块 Lasso 模型实现了基于 LASSO 的线性回归,其主要调用格式为

```
Lasso(alpha = 1.0, *, fit_intercept = True, precompute = False, copy_X = True, max_iter = 1000,
tol = 0.0001, warm_start = False, positive = False, random_state = None, selection = 'cyclic')
```

其中,参数 alpha 即式(8-90)中的 λ,为非负浮点数;fit_intercept 指明是否计算线性模型常数项;其余参数是优化求解的相关设置。LASSO 模型有 coef_、intercept_等属性,有 fit、predict 和 score 等方法,fit 方法采用坐标下降法拟合模型,score 方法用来计算决定系数。

【例 8-17】 利用 iris 数据集中的数据拟合 LASSO 模型。

程序如下:

```
import numpy as np
from sklearn.datasets import load_iris
from sklearn.linear_model import Lasso
iris = load_iris()
X, y = iris.data, iris.target
clf = Lasso(alpha = 0.1).fit(X, y)
np.set_printoptions(precision = 4)
print('权向量为', clf.coef_)
print('常数项为 %.2f' % clf.intercept_)
```

运行程序后输出:

```
权向量为 [ 0.    -0.     0.4081  0.    ]
常数项为 -0.53
```

3. 特征选择

从例 8-17 的运行结果可以看出，权向量中有 3 项几乎为 0，对应的特征在分类中不起作用，可以考虑剔除。权系数的压缩程度可以由参数 alpha(λ)控制，将程序中 alpha 设为 0.02，相比 0.1 有所减小，权向量会增大。可以直接根据权系数的大小进行特征选择，也可以采用 feature_selection 模块的 SelectFromModel 模型进行选择，其调用格式如下：

```
SelectFromModel(estimator, *, threshold = None, prefit = False, norm_order = 1, max_features
 = None, importance_getter = 'auto')
```

其中，参数 threshold 设定特征选择的阈值，选择重要性得分大于或等于阈值的特征，可以是浮点数，也可以是'mean'、'median'等字符串(可以带系数，如 1.25 * mean)，其设为 None 时，如果根据增加 L_1 约束的模型选择，threshold 为 1e-5；否则为'mean'。

SelectFromModel 模型属性有 estimator_、n_features_in_、max_features_和 threshold_等，模型方法有 fit、fit_transform、inverse_transform、transform 和 get_support 等。

【例 8-18】 利用 LASSO 和 SelectFromModel 模型对 iris 数据集中的数据进行特征选择。

程序如下：

```
import numpy as np
from sklearn.datasets import load_iris
from sklearn.linear_model import Lasso
from sklearn.feature_selection import SelectFromModel
iris = load_iris()
X, y = iris.data, iris.target
selector = SelectFromModel(estimator = Lasso(alpha = 0.02)).fit(X, y)
sel_f = np.where(selector.get_support())
np.set_printoptions(precision = 4)
print('权向量为', selector.estimator_.coef_)
print('常数项为 %.2f' % selector.estimator_.intercept_)
print('选择的特征编号为', sel_f[0] + 1)
```

运行程序后输出：

```
权向量为[ -0.      -0.       0.2875 0.3522]
常数项为 -0.50
选择的特征编号为[3 4]
```

除了 LASSO 以外，线性模型中 LinearSVC 和 LogisticRegression 模型也可以采用 L_1 约束，同样可以用于特征选择，方法和程序类似，此处不再赘述。

在实际问题中，能够从信号中提取各种各样的特征，导致样本维数过高，特征选择对于降低样本维数，降低分类器设计的难度具有很重要的意义。特征选择方法很多，各有特点，要根据具体的需求选择合适的方法。

习题

1. 简述特征选择的含义。
2. 简述散度判据评价特征的思路。

3. 有三类样本,分别为ω_1:{$[1\quad 0]^T$,$[2\quad 0]^T$,$[1\quad 1]^T$},ω_2:{$[-1\quad 0]^T$,$[-1\quad 1]^T$,$[0\quad 1]^T$},ω_3:{$[0\quad -1]^T$,$[0\quad -2]^T$,$[-1\quad -1]^T$},试求类内离散度矩阵$\boldsymbol{S}_w$和类间离散度矩阵$\boldsymbol{S}_b$。

4. 对于iris数据集中'setosa'和'versicolor'类的数据,简述基于统计检验的可分性判别的思路。

5. 编写程序,采用基于类内类间距离的J_3判据衡量特征性能,采用SFS和SBS的搜索方法,对iris数据集中'setosa'和'versicolor'类的数据进行4选2的特征选择。

6. 编写程序,采用基于类内类间距离的J_3判据衡量特征性能,采用遗传算法对breast cancer数据集中的数据选择10个特征。

7. 编写程序,改写例2-16,对不同字体数字图像的特征进行选择后再设计朴素贝叶斯分类器。

第 9 章 特征提取

CHAPTER 9

特征提取(Feature Extraction)是指将原始特征变换为新特征，降低特征的维数，使得新特征更有利于分类的技术，也称作特征变换。特征选择与特征提取都能实现特征的降维，区别在于前者是特征挑选，而后者是特征变换。本章主要学习 K-L 变换、独立成分分析、非负矩阵分解等线性特征提取技术，以及稀疏滤波、多维尺度法、t-SNE 算法等非线性特征降维(提取)技术。

9.1 概述

对研究对象进行各种观测，从中获取原始数据以便分析和理解，常称为特征提取。例如，从图像中获取几何特征、区域特征、纹理特征等，这种技术依赖于具体的应用，需要根据具体的信号进行分析获取。

从观测中获取的原始特征，量大且存在较大的冗余信息，因此，对原始特征进行映射，映射后降低维数，消除或减少特征之间的相关性，或者改变表现形式，以利于分类，这是本章要讨论的特征提取的含义，是对原始特征的降维变换。

根据映射方式的不同，特征提取方法可以归为线性特征变换和非线性特征变换。

1. 线性特征变换

若 $\boldsymbol{x}\in\mathbf{R}^n$ 为原始特征，经过某种变换，得

$$\boldsymbol{z}=\boldsymbol{W}^{\mathrm{T}}\boldsymbol{x} \tag{9-1}$$

其中，$\boldsymbol{W}$ 为 $n\times m$ 的矩阵，将 n 维的样本 $\boldsymbol{x}$ 变换为 m 维的样本 $\boldsymbol{z}$，称为特征提取，也称为特征变换。$\boldsymbol{W}$ 称作变换矩阵，实际是对原始数据进行了线性变换。由于一般情况下，$n>m$，所以特征提取可以认为是降维的过程。

对于样本矩阵 $\boldsymbol{X}$ 和 $\boldsymbol{Z}$，式(9-1)可以表示为

$$\boldsymbol{Z}=\boldsymbol{X}\boldsymbol{W} \tag{9-2}$$

其中，$\boldsymbol{X}$ 和 $\boldsymbol{Z}$ 的每一行对应一个样本，每一列对应一个特征。

由以上描述可知，线性特征变换的关键在于确定变换矩阵 $\boldsymbol{W}$，而 $\boldsymbol{W}$ 的确定需要明确对降维后特征的要求。所以，首先要对于“好的特征”有一个评价标准，根据这个标准建立特征变换准则(目标函数)，利用优化算法对特征变换准则求最优解，得到特征变换矩阵，进而实现特征降维。

2. 非线性特征变换

进行特征提取和维数压缩，实际是假定数据在高维空间中沿一定方向分布，这些方向能够用较少的维数表示。采用线性变换进行特征提取，是假定这种方向是线性的，如图 9-1(a)所示。若数据按照某种非线性的规律分布，如图 9-1(b)所示，采用线性方法，可以得到图中的直线方向；但数据实际按照曲线方向分布，若将数据投影到这条曲线上，可以更好地表示原数据。因此，特征变换也常常进行非线性变换。

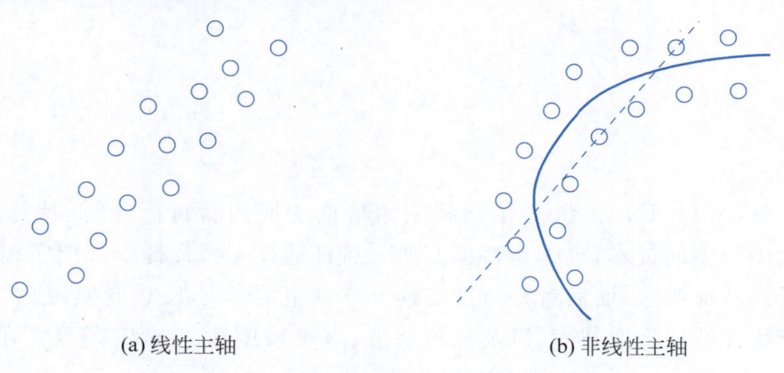

图 9-1　数据分布示例

降维技术还可以用于高维数据的低维可视化，即把高维空间的数据映射到二维、三维平面显示出来，从而实现对问题的新的理解。这种映射应尽可能地反映原空间中样本的分布情况，或者使各样本间的距离关系尽量保持不变。

9.2　基于类可分性判据的特征提取

采用类可分性判据衡量新特征向量 $\boldsymbol{z}$ 的性能，判据可以表达为 $J(\boldsymbol{z})$；原始特征向量 $\boldsymbol{x}$ 与新特征向量 $\boldsymbol{z}$ 满足 $\boldsymbol{z}=\boldsymbol{W}^{\mathrm{T}}\boldsymbol{x}$，判据 $J(\boldsymbol{W}^{\mathrm{T}}\boldsymbol{x})$ 是关于变换矩阵 $\boldsymbol{W}$ 的函数，特征提取就是求解最优的 $\boldsymbol{W}^*$，使得

$$\boldsymbol{W}^* = \arg\max_{\boldsymbol{W}} J(\boldsymbol{W}^{\mathrm{T}}\boldsymbol{x}) \tag{9-3}$$

若原空间中的矩阵 $\boldsymbol{A}$ 映射成 $\boldsymbol{A}^*$，则 $\boldsymbol{A}^*=\boldsymbol{W}^{\mathrm{T}}\boldsymbol{A}\boldsymbol{W}$。基于散布矩阵可分性判据的特征提取准则可以表示为

$$J_1(\boldsymbol{W}) = \mathrm{tr}\left[\boldsymbol{W}^{\mathrm{T}}(\boldsymbol{S}_{\mathrm{w}}+\boldsymbol{S}_{\mathrm{b}})\boldsymbol{W}\right] \tag{9-4}$$

$$J_2(\boldsymbol{W}) = \frac{\mathrm{tr}(\boldsymbol{W}^{\mathrm{T}}\boldsymbol{S}_{\mathrm{b}}\boldsymbol{W})}{\mathrm{tr}(\boldsymbol{W}^{\mathrm{T}}\boldsymbol{S}_{\mathrm{w}}\boldsymbol{W})} \tag{9-5}$$

$$J_3(\boldsymbol{W}) = \mathrm{tr}\left[(\boldsymbol{W}^{\mathrm{T}}\boldsymbol{S}_{\mathrm{w}}\boldsymbol{W})^{-1}(\boldsymbol{W}^{\mathrm{T}}\boldsymbol{S}_{\mathrm{b}}\boldsymbol{W})\right] \tag{9-6}$$

$$J_4(\boldsymbol{W}) = \frac{\left|\boldsymbol{W}^{\mathrm{T}}(\boldsymbol{S}_{\mathrm{w}}+\boldsymbol{S}_{\mathrm{b}})\boldsymbol{W}\right|}{\left|\boldsymbol{W}^{\mathrm{T}}\boldsymbol{S}_{\mathrm{w}}\boldsymbol{W}\right|} \tag{9-7}$$

等。以 J_1 准则求最大为例，证明变换矩阵 $\boldsymbol{W}$ 的求解。

引入约束条件 $\mathrm{tr}(\boldsymbol{W}^{\mathrm{T}}\boldsymbol{S}_{\mathrm{w}}\boldsymbol{W})=1$，以防止 $\boldsymbol{W}$ 的尺度变换导致的准则值增大。优化问题可表示为

$$\max_{W} \operatorname{tr}[W^{\mathrm{T}}(S_{\mathrm{w}}+S_{\mathrm{b}})W]$$

$$\text{s. t. } \operatorname{tr}(W^{\mathrm{T}}S_{\mathrm{w}}W)=1 \tag{9-8}$$

定义拉格朗日函数

$$L(W)=\operatorname{tr}[W^{\mathrm{T}}(S_{\mathrm{w}}+S_{\mathrm{b}})W]-\operatorname{tr}[\Lambda\,(W^{\mathrm{T}}S_{\mathrm{w}}W-I)] \tag{9-9}$$

其中,Λ 是对角矩阵,对角线元素是拉格朗日乘子;I 是单位矩阵。

令$\partial L/\partial W=0$,根据矩阵的迹对矩阵求导规则,得

$$(S_{\mathrm{w}}+S_{\mathrm{b}}+S_{\mathrm{w}}^{\mathrm{T}}+S_{\mathrm{b}}^{\mathrm{T}})W=S_{\mathrm{w}}W\Lambda+S_{\mathrm{w}}^{\mathrm{T}}W\Lambda^{\mathrm{T}} \tag{9-10}$$

由 S_{w} 和 S_{b} 的定义可知,两个矩阵均为对称矩阵,$S_{\mathrm{w}}=S_{\mathrm{w}}^{\mathrm{T}}$,$S_{\mathrm{b}}=S_{\mathrm{b}}^{\mathrm{T}}$,则有

$$(S_{\mathrm{w}}+S_{\mathrm{b}})W=S_{\mathrm{w}}W\Lambda \tag{9-11}$$

即

$$S_{\mathrm{w}}^{-1}S_{\mathrm{b}}W=W(\Lambda-I) \tag{9-12}$$

因此,W 由矩阵 $S_{\mathrm{w}}^{-1}S_{\mathrm{b}}$ 的特征向量组成,$\Lambda-I$ 是由 $S_{\mathrm{w}}^{-1}S_{\mathrm{b}}$ 的特征值 λ_i 组成的对角矩阵,即

$$\Lambda=I+\begin{bmatrix}\lambda_1 & \cdots & 0\\ \vdots & & \vdots\\ 0 & \cdots & \lambda_n\end{bmatrix} \tag{9-13}$$

由于

$$J_1(W)=\operatorname{tr}[W^{\mathrm{T}}(S_{\mathrm{w}}+S_{\mathrm{b}})W]=\operatorname{tr}[W^{\mathrm{T}}S_{\mathrm{w}}W\Lambda]=\operatorname{tr}\Lambda \tag{9-14}$$

对于 $n\times m$ 的变换矩阵,则有

$$J_1(W)=\sum_{i=1}^{m}(1+\lambda_i) \tag{9-15}$$

因此,将 $S_{\mathrm{w}}^{-1}S_{\mathrm{b}}$ 的特征值 λ_i 从大到小排序,取前 m 个特征值,可使 $J_1(W)$取最大值。

基于类内类间距离可分性判据的特征提取步骤整理如下。

(1) 求 $S_{\mathrm{w}}^{-1}S_{\mathrm{b}}$。

(2) 求 $S_{\mathrm{w}}^{-1}S_{\mathrm{b}}$ 的特征值 $\lambda_1,\lambda_2,\cdots,\lambda_n$。

(3) 对特征值从大到小排序。

(4) 选取前 m 个特征值对应的特征向量作为变换矩阵 W,即 $W=[u_1,u_2,\cdots,u_m]$。

当仅取第一个特征值,用其对应的特征向量作为变换矩阵,其实就是向一维投影的Fisher线性判别分析。在降维的过程中,需要已知类别的数据,所以,这是一种监督降维方法。

【例 9-1】 设样本集 ω_1:$\{[1\quad 0]^{\mathrm{T}},[2\quad 0]^{\mathrm{T}},[1\quad 1]^{\mathrm{T}}\}$、$\omega_2$:$\{[-1\quad 0]^{\mathrm{T}},[-1\quad 1]^{\mathrm{T}},[0\quad 1]^{\mathrm{T}}\}$均服从正态分布,利用散布矩阵准则进行特征提取。

解: 求 $S_{\mathrm{w}}^{-1}S_{\mathrm{b}}$。

$$\mu_1=\frac{1}{3}[4\quad 1]^{\mathrm{T}}\qquad \mu_2=\frac{1}{3}[-2\quad 2]^{\mathrm{T}}\qquad \mu=\frac{1}{2}(\mu_1+\mu_2)=\frac{1}{2}\begin{bmatrix}\frac{2}{3} & 1\end{bmatrix}^{\mathrm{T}}$$

$$S_{\mathrm{b}}=\frac{1}{2}\sum_{i=1}^{2}(\mu_i-\mu)(\mu_i-\mu)^{\mathrm{T}}$$

$$=\frac{1}{2}\begin{bmatrix}1\\-1/6\end{bmatrix}\begin{bmatrix}1 & -\frac{1}{6}\end{bmatrix}+\frac{1}{2}\begin{bmatrix}-1\\1/6\end{bmatrix}\begin{bmatrix}-1 & \frac{1}{6}\end{bmatrix}=\begin{bmatrix}1 & -1/6\\-1/6 & 1/36\end{bmatrix}$$

$$\boldsymbol{\Sigma}_1=\frac{1}{3}\sum_{i=1}^{3}(\boldsymbol{x}_i-\boldsymbol{\mu}_1)(\boldsymbol{x}_i-\boldsymbol{\mu}_1)^{\mathrm{T}}=\frac{1}{9}\begin{bmatrix}2 & -1\\-1 & 2\end{bmatrix}$$

$$\boldsymbol{\Sigma}_2=\frac{1}{3}\sum_{i=1}^{3}(\boldsymbol{x}_i-\boldsymbol{\mu}_2)(\boldsymbol{x}_i-\boldsymbol{\mu}_2)^{\mathrm{T}}=\frac{1}{9}\begin{bmatrix}2 & 1\\1 & 2\end{bmatrix}$$

$$\boldsymbol{S}_{\mathrm{w}}=\sum_{i=1}^{2}\frac{1}{2}\boldsymbol{\Sigma}_i=\frac{1}{2}(\boldsymbol{\Sigma}_1+\boldsymbol{\Sigma}_2)=\frac{2}{9}\begin{bmatrix}1 & 0\\0 & 1\end{bmatrix},\quad \boldsymbol{S}_{\mathrm{w}}^{-1}=\frac{9}{2}\begin{bmatrix}1 & 0\\0 & 1\end{bmatrix}$$

$$\boldsymbol{S}_{\mathrm{w}}^{-1}\boldsymbol{S}_{\mathrm{b}}=\frac{1}{8}\begin{bmatrix}36 & -6\\-6 & 1\end{bmatrix}$$

求 $\boldsymbol{S}_{\mathrm{w}}^{-1}\boldsymbol{S}_{\mathrm{b}}$ 的特征值。令 $|\boldsymbol{S}_{\mathrm{w}}^{-1}\boldsymbol{S}_{\mathrm{b}}-\boldsymbol{I}\lambda|=0$,得 $\lambda_1=0,\lambda_2=37/8$。

对特征值从大到小排序：$\lambda_2>\lambda_1$；降到一维,求 λ_2 对应的特征向量,即

$$\boldsymbol{S}_{\mathrm{w}}^{-1}\boldsymbol{S}_{\mathrm{b}}-\boldsymbol{I}\lambda_2=\frac{1}{8}\begin{bmatrix}36 & -6\\-6 & 1\end{bmatrix}-\frac{37}{8}\begin{bmatrix}1 & 0\\0 & 1\end{bmatrix}=\frac{1}{8}\begin{bmatrix}-1 & -6\\-6 & -36\end{bmatrix}\rightarrow\begin{bmatrix}-1 & -6\\0 & 0\end{bmatrix}$$

则 $\boldsymbol{W}=\boldsymbol{u}_2=[-6\quad 1]^{\mathrm{T}}$。

求 $\boldsymbol{z}=\boldsymbol{W}^{\mathrm{T}}\boldsymbol{x}$,对原始特征降维,降维后数据为 ω_1：{−6,−12,−5}、ω_2：{6,7,1}。降维后,特征为一维,且完全可分,分类只需一个阈值点。

也可以采用基于概率分布的、基于熵的可分性判据作为准则,进行特征提取。

9.3 K-L 变换

K-L 变换(Karhunen-Loeve Transform)是根据均方误差最小的准则确定变换矩阵 $\boldsymbol{W}$,是比较常用的降低维数的方法。在 K-L 坐标系的产生矩阵采用协方差矩阵时,常称为主成分分析(Principal Component Analysis,PCA)。

9.3.1 K-L 变换的定义

用确定的正交归一向量系 $\boldsymbol{u}_j,j=1,2,\cdots,\infty$ 展开向量 $\boldsymbol{x}$,得

$$\boldsymbol{x}=\sum_{j=1}^{\infty}z_j\boldsymbol{u}_j \tag{9-16}$$

用有限的 m 项估计 $\boldsymbol{x}$,即

$$\tilde{\boldsymbol{x}}=\sum_{j=1}^{m}z_j\boldsymbol{u}_j \tag{9-17}$$

表示成矩阵形式,得

$$\tilde{\boldsymbol{x}}=\boldsymbol{U}\boldsymbol{z} \tag{9-18}$$

为了找到合适的变换矩阵 $\boldsymbol{U}$,计算用有限项展开代替无限项展开引起的均方误差,使均方误差最小的 $\boldsymbol{U}$ 最优。均方误差如下所示：

$$\overline{\varepsilon^2}=E[(\boldsymbol{x}-\tilde{\boldsymbol{x}})^{\mathrm{T}}(\boldsymbol{x}-\tilde{\boldsymbol{x}})]=E\left[\sum_{j=m+1}^{\infty}z_j\boldsymbol{u}_j\cdot\sum_{j=m+1}^{\infty}z_j\boldsymbol{u}_j\right] \tag{9-19}$$

利用已知条件求解均方误差。$\boldsymbol{u}$ 为正交归一向量系，$\boldsymbol{u}_i^{\mathrm{T}}\boldsymbol{u}_j=\begin{cases}1, & i=j\\0, & i\neq j\end{cases}$，且 $z_j=\boldsymbol{u}_j^{\mathrm{T}}\boldsymbol{x}$，所以

$$\overline{\varepsilon^2}=E\left[\sum_{j=m+1}^{\infty}z_j^2\right]=E\left[\sum_{j=m+1}^{\infty}\boldsymbol{u}_j^{\mathrm{T}}\boldsymbol{x}\boldsymbol{x}^{\mathrm{T}}\boldsymbol{u}_j\right]=\sum_{j=m+1}^{\infty}\boldsymbol{u}_j^{\mathrm{T}}E\left[\boldsymbol{x}\boldsymbol{x}^{\mathrm{T}}\right]\boldsymbol{u}_j$$

令 $\boldsymbol{\psi}=E\left[\boldsymbol{x}\boldsymbol{x}^{\mathrm{T}}\right]$，则

$$\overline{\varepsilon^2}=\sum_{j=m+1}^{\infty}\boldsymbol{u}_j^{\mathrm{T}}\boldsymbol{\psi}\boldsymbol{u}_j \tag{9-20}$$

利用拉格朗日乘子法求均方误差取极值时的 $\boldsymbol{u}$，拉格朗日函数为

$$L(\boldsymbol{u}_j)=\sum_{j=m+1}^{\infty}\boldsymbol{u}_j^{\mathrm{T}}\boldsymbol{\psi}\boldsymbol{u}_j-\sum_{j=m+1}^{\infty}\lambda\left[\boldsymbol{u}_j^{\mathrm{T}}\boldsymbol{u}_j-1\right] \tag{9-21}$$

令 $\partial L/\partial\boldsymbol{u}_j=0$，得

$$(\boldsymbol{\psi}-\lambda_j\boldsymbol{I})\boldsymbol{u}_j=0,\quad j=m+1,\cdots,\infty \tag{9-22}$$

其中，λ_j 是 $\boldsymbol{x}$ 的自相关矩阵 $\boldsymbol{\psi}$ 的特征值，$\boldsymbol{u}_j$ 是对应的特征向量。则有

$$\overline{\varepsilon^2}=\sum_{j=m+1}^{\infty}\boldsymbol{u}_j^{\mathrm{T}}\boldsymbol{\psi}\boldsymbol{u}_j=\sum_{j=m+1}^{\infty}\boldsymbol{u}_j^{\mathrm{T}}\lambda_j\boldsymbol{u}_j=\sum_{j=m+1}^{\infty}\lambda_j \tag{9-23}$$

得到以下结论。

以 $\boldsymbol{x}$ 的自相关矩阵 $\boldsymbol{\psi}$ 的 m 个最大特征值对应的特征向量来逼近 $\boldsymbol{x}$ 时，其截断均方误差具有极小性质。这 m 个特征向量所组成的正交坐标系 $\boldsymbol{U}$ 称作 $\boldsymbol{x}$ 所在的 n 维空间的 m 维 K-L 变换坐标系，自相关矩阵 $\boldsymbol{\psi}$ 称为 K-L 变换坐标系的产生矩阵，$\boldsymbol{x}$ 在 K-L 坐标系上的展开系数向量 $\boldsymbol{z}$ 称作 $\boldsymbol{x}$ 的 K-L 变换，满足：

$$\begin{cases}\boldsymbol{z}=\boldsymbol{U}^{\mathrm{T}}\boldsymbol{x}\\\boldsymbol{x}=\boldsymbol{U}\boldsymbol{z}\end{cases} \tag{9-24}$$

其中，$\boldsymbol{U}=\begin{bmatrix}\boldsymbol{u}_1 & \boldsymbol{u}_2 & \cdots & \boldsymbol{u}_m\end{bmatrix}$。降维时，不需要已知数据的类别，所以，这是一种无监督降维方法。

【例 9-2】 数据集为 $\omega_1:\left\{\begin{bmatrix}-5\\-5\end{bmatrix},\begin{bmatrix}-5\\-4\end{bmatrix},\begin{bmatrix}-4\\-5\end{bmatrix},\begin{bmatrix}-5\\-6\end{bmatrix},\begin{bmatrix}-6\\-5\end{bmatrix}\right\}$、$\omega_2:\left\{\begin{bmatrix}5\\5\end{bmatrix},\begin{bmatrix}5\\4\end{bmatrix},\begin{bmatrix}4\\5\end{bmatrix},\begin{bmatrix}5\\6\end{bmatrix},\begin{bmatrix}6\\5\end{bmatrix}\right\}$，利用 K-L 变换做一维特征提取。

解： 自相关矩阵

$$\boldsymbol{\psi}=E(\boldsymbol{x}\boldsymbol{x}^{\mathrm{T}})=\frac{1}{10}\sum_{i=1}^{10}\boldsymbol{x}_i\boldsymbol{x}_i^{\mathrm{T}}$$

$$=\frac{1}{10}\left\{\begin{bmatrix}-5\\-5\end{bmatrix}\begin{bmatrix}-5 & -5\end{bmatrix}+\cdots+\begin{bmatrix}6\\5\end{bmatrix}\begin{bmatrix}6 & 5\end{bmatrix}\right\}=\begin{bmatrix}25.4 & 25.0\\25.0 & 25.4\end{bmatrix}$$

求 $\boldsymbol{\psi}$ 的特征值。令 $|\boldsymbol{\psi}-\boldsymbol{I}\lambda|=0$，得 $\lambda_1=50.4$，$\lambda_2=0.4$。

求 $\boldsymbol{\psi}$ 的正交归一特征向量。

$$\boldsymbol{\psi}-\lambda_1\boldsymbol{I}=\begin{bmatrix}-25 & 25\\25 & -25\end{bmatrix}\rightarrow\begin{bmatrix}-1 & 1\\0 & 0\end{bmatrix},\quad \boldsymbol{\psi}-\lambda_2\boldsymbol{I}=\begin{bmatrix}25 & 25\\25 & 25\end{bmatrix}\rightarrow\begin{bmatrix}1 & 1\\0 & 0\end{bmatrix}$$

$$\boldsymbol{u}_1=\frac{1}{\sqrt{2}}[1\quad 1]^{\mathrm{T}}\quad \boldsymbol{u}_2=\frac{1}{\sqrt{2}}[1\quad -1]^{\mathrm{T}}$$

确定变换矩阵：由于$\lambda_1>\lambda_2$,$\boldsymbol{U}=\boldsymbol{u}_1$。

进行 K-L 变换，做一维特征提取，即计算$\boldsymbol{z}=\boldsymbol{U}^{\mathrm{T}}\boldsymbol{x}$。

$$\omega_1:\left\{-\frac{10}{\sqrt{2}},-\frac{9}{\sqrt{2}},-\frac{9}{\sqrt{2}},-\frac{11}{\sqrt{2}},-\frac{11}{\sqrt{2}}\right\},\quad \omega_2:\left\{\frac{10}{\sqrt{2}},\frac{9}{\sqrt{2}},\frac{9}{\sqrt{2}},\frac{11}{\sqrt{2}},\frac{11}{\sqrt{2}}\right\}$$

9.3.2 K-L 变换的性质

因$\boldsymbol{\psi}\boldsymbol{u}_j=\lambda_j\boldsymbol{u}_j$，则$\boldsymbol{\psi}\boldsymbol{U}=\boldsymbol{U}\boldsymbol{D}_\lambda$，$\boldsymbol{D}_\lambda$为对角矩阵，其互相关成分都为0，即

$$\boldsymbol{D}_\lambda=\begin{bmatrix}\lambda_1 & 0 & \cdots & 0\\ 0 & \lambda_2 & \cdots & 0\\ \vdots & \vdots & & \vdots\\ 0 & 0 & \cdots & \lambda_n\end{bmatrix}\tag{9-25}$$

因为$\boldsymbol{U}$为正交矩阵，所以，$\boldsymbol{\psi}=\boldsymbol{U}\boldsymbol{D}_\lambda\boldsymbol{U}^{\mathrm{T}}$。而$\boldsymbol{x}=\boldsymbol{U}\boldsymbol{z}$，则$\boldsymbol{\psi}=E(\boldsymbol{x}\boldsymbol{x}^{\mathrm{T}})=E(\boldsymbol{U}\boldsymbol{z}\boldsymbol{z}^{\mathrm{T}}\boldsymbol{U}^{\mathrm{T}})=\boldsymbol{U}E(\boldsymbol{z}\boldsymbol{z}^{\mathrm{T}})\boldsymbol{U}^{\mathrm{T}}$，所以，

$$E(\boldsymbol{z}\boldsymbol{z}^{\mathrm{T}})=\boldsymbol{D}_\lambda\tag{9-26}$$

由式(9-26)可知，变换后的向量$\boldsymbol{z}$的自相关矩阵$\boldsymbol{\psi}_z$是对角矩阵，且对角元素是$\boldsymbol{x}$的自相关矩阵$\boldsymbol{\psi}$的特征值。显然，通过 K-L 变换，消除了原有向量$\boldsymbol{x}$的各分量之间的相关性，即变换后的数据$\boldsymbol{z}$的各分量之间的信息是不相关的。

9.3.3 信息量分析

在前面的分析中，数据$\boldsymbol{x}$的 K-L 坐标系的产生矩阵采用的是自相关矩阵$\boldsymbol{\psi}=E(\boldsymbol{x}\boldsymbol{x}^{\mathrm{T}})$，由于总体均值向量$\boldsymbol{\mu}$常常没有什么意义，也常常把数据的协方差矩阵作为 K-L 坐标系的产生矩阵，即

$$\boldsymbol{\Sigma}=E[(\boldsymbol{x}-\boldsymbol{\mu})(\boldsymbol{x}-\boldsymbol{\mu})^{\mathrm{T}}]\tag{9-27}$$

已知$z_1=\boldsymbol{u}_1^{\mathrm{T}}\boldsymbol{x}$，计算$z_1$的方差，即

$$\mathrm{var}(z_1)=E(z_1^2)-E(z_1)^2=E(\boldsymbol{u}_1^{\mathrm{T}}\boldsymbol{x}\boldsymbol{x}^{\mathrm{T}}\boldsymbol{u}_1)-E(\boldsymbol{u}_1^{\mathrm{T}}\boldsymbol{x})E(\boldsymbol{x}^{\mathrm{T}}\boldsymbol{u}_1)=\boldsymbol{u}_1^{\mathrm{T}}\boldsymbol{\Sigma}\boldsymbol{u}_1\tag{9-28}$$

$\boldsymbol{u}_1$为$\boldsymbol{\Sigma}$的特征向量，λ_1为对应的特征值，则

$$\mathrm{var}(z_1)=\boldsymbol{u}_1^{\mathrm{T}}\boldsymbol{\Sigma}\boldsymbol{u}_1=\lambda_1\boldsymbol{u}_1^{\mathrm{T}}\boldsymbol{u}_1=\lambda_1\tag{9-29}$$

即z_1的方差为$\boldsymbol{\Sigma}$最大的特征值，z_1称作第一主成分。

采用大特征值对应的特征向量组成变换矩阵，能对应地保留原向量中方差大的成分，K-L 变换起到了减小相关性、突出差异性的效果，称之为主成分分析。

计算主成分的方差之和，即

$$\sum_{j=1}^{n}\mathrm{var}(z_j)=\sum_{j=1}^{n}\lambda_j=\mathrm{tr}(\boldsymbol{\Sigma})=\sum_{j=1}^{n}\mathrm{var}(\boldsymbol{x}_j)\tag{9-30}$$

说明n个互不相关的主成分的方差之和等于原数据的总方差，即n个互不相关的主成分包含了原数据中的全部信息，各主成分的贡献率依次递减，第一主成分贡献率最大，数据的大部分信息集中在较少的几个主成分上。

主成分 z_i 的贡献率为

$$\lambda_i / \sum_{j=1}^{n} \lambda_j, \quad i=1,2,\cdots,n \tag{9-31}$$

前 m 个主成分的累积贡献率反映前 m 个主成分综合原始变量信息的能力，定义为

$$\sum_{i=1}^{m} \lambda_i / \sum_{j=1}^{n} \lambda_j \tag{9-32}$$

K-L 坐标系的产生矩阵也可以采用其他矩阵，例如类内散布矩阵 $\boldsymbol{S}_{\mathrm{w}}$，选取 $\boldsymbol{S}_{\mathrm{w}}$ 较小的特征值对应的特征向量构成变换矩阵；也可以采用类间散布矩阵 $\boldsymbol{S}_{\mathrm{b}}$，选取 $\boldsymbol{S}_{\mathrm{b}}$ 较大的特征值对应的特征向量构成变换矩阵。

【例 9-3】 数据集为 ω_1：$\left\{\begin{bmatrix}-5\\-5\end{bmatrix},\begin{bmatrix}-5\\-4\end{bmatrix},\begin{bmatrix}-4\\-5\end{bmatrix},\begin{bmatrix}-5\\-6\end{bmatrix},\begin{bmatrix}-6\\-5\end{bmatrix}\right\}$、$\omega_2$：$\left\{\begin{bmatrix}5\\5\end{bmatrix},\begin{bmatrix}5\\4\end{bmatrix},\begin{bmatrix}4\\5\end{bmatrix},\begin{bmatrix}5\\6\end{bmatrix},\begin{bmatrix}6\\5\end{bmatrix}\right\}$，采用协方差矩阵作为产生矩阵获取变换矩阵，对原始数据进行 K-L 变换，并利用主成分重建原始数据，观察原始数据和重建数据的差别。

程序如下：

```
import numpy as np
from matplotlib import pyplot as plt
X = np.array([[-5, -5], [-5, -4], [-4, -5], [-5, -6], [-6, -5],
              [5, 5], [5, 4], [4, 5], [5, 6], [6, 5]])
N, n = np.shape(X)
V = np.cov(X.T) * (N - 1) / N                                   #计算协方差矩阵
eigenvalues, eigenvectors = np.linalg.eigh(V)                   #求特征值和特征向量
sorted_eva = sorted(eigenvalues, reverse = True)                #特征值降序排列
explained = sorted_eva / np.sum(sorted_eva)                     #求各主成分贡献度
U = eigenvectors[:,np.argmax(eigenvalues)].reshape(-1, 1)       #向一维投影的变换向量
Z1, Z2 = U.T @ X.T, eigenvectors @ X.T                          #分别向一维和二维投影
rec_X1, rec_X2 = Z1.T @ U.T, Z2.T @ eigenvectors                #从低维重建数据
np.set_printoptions(precision = 4)
print('变换向量为', U.T)
print('各主成分的贡献度为', explained)
plt.rcParams['font.sans-serif'] = ['SimSun']
plt.plot(X[:, 0], X[:, 1], 'r.', ms = 5)
plt.plot(rec_X1[:, 0], rec_X1[:, 1], 'g+', ms = 11)
plt.plot(rec_X2[:, 0], rec_X2[:, 1], 'o', ms = 11, mfc = (0, 0, 0, 0), mec = (0, 0, 1, 1))
plt.legend(['原始数据', '第一主成分重建数据', '所有主成分重建数据'])
plt.xticks(fontproperties = 'Times New Roman')
plt.yticks(fontproperties = 'Times New Roman')
plt.show()
```

运行程序后输出：

```
变换向量为 [[0.7071  0.7071]]
各主成分的贡献度为[0.9921  0.0079]
```

原始数据和重建数据对比如图 9-2 所示，仅根据第一主成分重建数据和原始数据结果有偏差；根据所有主成分重建数据和原始数据一致。

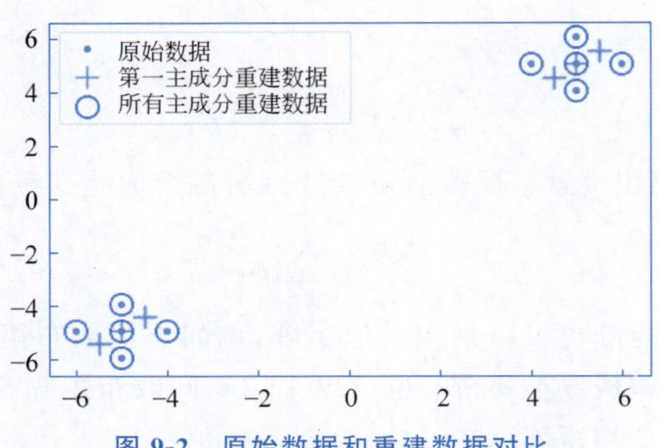

图 9-2 原始数据和重建数据对比

9.3.4 奇异值分解

在实际应用中，由于原始特征的维数 n 可能很大，直接求解 $n\times n$ 的协方差矩阵的特征值和特征向量不现实，可以采用奇异值分解(Singular Value Decomposition，SVD)的方法求正交变换矩阵 $\boldsymbol{U}$。

将样本矩阵 $\boldsymbol{X}$(或去中心化的样本矩阵 $\boldsymbol{X}-\boldsymbol{\mu}$，还用 $\boldsymbol{X}$ 表示)进行奇异值分解，即将 $\boldsymbol{X}$ 表示为几个矩阵的乘积，得

$$\boldsymbol{X}=\boldsymbol{PDQ}^{\mathrm{T}} \tag{9-33}$$

其中，$\boldsymbol{X}$ 为 $N\times n$ 的矩阵；$\boldsymbol{P}$ 为 $N\times N$ 的方阵，其列向量正交，称为左奇异向量；$\boldsymbol{D}$ 为 $N\times n$ 的矩阵，仅对角线元素不为 0，对角线上的元素称为奇异值；$\boldsymbol{Q}$ 为 $n\times n$ 的方阵，其列向量正交，称为右奇异向量。

设 $\boldsymbol{R}=\boldsymbol{X}^{\mathrm{T}}\boldsymbol{X}$，得到一个方阵，且 $\boldsymbol{R}^{\mathrm{T}}=(\boldsymbol{X}^{\mathrm{T}}\boldsymbol{X})^{\mathrm{T}}=\boldsymbol{X}^{\mathrm{T}}\boldsymbol{X}=\boldsymbol{R}$，即 $\boldsymbol{R}$ 为厄米特矩阵，可以证明 $\boldsymbol{R}$ 的特征值均非负值。对矩阵 $\boldsymbol{R}$ 求特征值，即

$$(\boldsymbol{X}^{\mathrm{T}}\boldsymbol{X})\boldsymbol{q}_j=\lambda_j\boldsymbol{q}_j \tag{9-34}$$

右奇异矩阵 $\boldsymbol{Q}$ 由 $\boldsymbol{q}_j$ 组成。

令

$$\begin{gathered}\sigma_j=\sqrt{\lambda_j}\\ \boldsymbol{p}_j=\boldsymbol{X}\boldsymbol{q}_j/\sigma_j\end{gathered} \tag{9-35}$$

左奇异矩阵 $\boldsymbol{P}$ 由 $\boldsymbol{p}_j$ 组成；σ 即是矩阵 $\boldsymbol{X}$ 的奇异值，在矩阵 $\boldsymbol{D}$ 中从大到小排列，且减小很快。

可以用前 m 个大的奇异值近似描述矩阵 $\boldsymbol{X}$，即

$$\boldsymbol{X}_{N\times n}\approx\boldsymbol{P}_{N\times m}\boldsymbol{D}_{m\times m}\boldsymbol{Q}_{n\times m}^{\mathrm{T}} \tag{9-36}$$

需要注意，$\boldsymbol{Q}$ 为 $n\times m$ 的矩阵，$\boldsymbol{Q}^{\mathrm{T}}$ 为 $m\times n$ 的矩阵。

将式(9-36)两边同时右乘 $\boldsymbol{Q}_{n\times m}$，由于 $\boldsymbol{Q}$ 为正交矩阵，所以 $\boldsymbol{Q}^{\mathrm{T}}\boldsymbol{Q}$ 为单位矩阵，得

$$\boldsymbol{Z}_{N\times m}=\boldsymbol{X}_{N\times n}\boldsymbol{Q}_{n\times m}\approx\boldsymbol{P}_{N\times m}\boldsymbol{D}_{m\times m} \tag{9-37}$$

由式(9-34)求出矩阵 $\boldsymbol{Q}$，进而求出 $\boldsymbol{Z}_{N\times m}$，实现降维。

【例 9-4】 数据集为 $\left\{\begin{bmatrix}5\\5\end{bmatrix},\begin{bmatrix}5\\4\end{bmatrix},\begin{bmatrix}4\\5\end{bmatrix},\begin{bmatrix}5\\6\end{bmatrix},\begin{bmatrix}6\\5\end{bmatrix}\right\}$，利用奇异值分解做一维特征提取。

解： 样本矩阵 $\boldsymbol{X}$ 为 5×2 的矩阵，得

$$\boldsymbol{R}=\boldsymbol{X}^{\mathrm{T}}\boldsymbol{X}=\begin{bmatrix}127 & 125\\125 & 127\end{bmatrix}$$

求 $\boldsymbol{R}$ 的特征值。令 $|\boldsymbol{R}-\boldsymbol{I}\lambda|=0$，得 $\lambda_1=252$，$\lambda_2=2$。

求 $\boldsymbol{R}$ 的正交归一特征向量：$\boldsymbol{q}_1=[-1 \quad -1]^{\mathrm{T}}/\sqrt{2}$，$\boldsymbol{q}_2=[-1 \quad 1]^{\mathrm{T}}/\sqrt{2}$。

确定右奇异矩阵 $\boldsymbol{Q}$：由于 $\lambda_1>\lambda_2$，$\boldsymbol{Q}=\boldsymbol{q}_1$。

进行一维特征提取，即计算 $\boldsymbol{Z}=\boldsymbol{XQ}$，提取的新特征为 $\{-10/\sqrt{2},-9/\sqrt{2},-9/\sqrt{2},-11/\sqrt{2},-11/\sqrt{2}\}$。

注意：特意取 $\boldsymbol{q}_1$ 为负，而不是常用的 $[1 \quad 1]^{\mathrm{T}}/\sqrt{2}$，正交归一特征向量不唯一，变换结果也不唯一。

9.3.5 仿真实现

scikit-learn 库中 decomposition 模块的 PCA 模型使用 SVD 方法实现数据降维，其调用格式如下：

```
PCA(n_components = None, *, copy = True, whiten = False, svd_solver = 'auto', tol = 0.0,
iterated_power = 'auto', n_oversamples = 10, power_iteration_normalizer = 'auto', random_state
= None)
```

其中，参数 n_components 指定低维的维数，设置为 None 时维数取 min(n_samples, n_features)，设置为'mle'时估计维数；whiten 指定是否对数据进行白化处理；其余参数是关于 SVD 方法的相关设置。

PCA 模型的主要属性如表 9-1 所示。

表 9-1 PCA 模型的主要属性

名　称	含　义
components_	奇异向量，按照 explained_variance_的值降序排列
explained_variance_	选定的主成分的方差
explained_variance_ratio_	选定的主成分的方差占比(贡献度)
singular_values_	奇异值
mean_	原数据均值
n_components_	主成分个数

PCA 模型的主要方法有 fit、fit_transform、inverse_transform、transform、score 和 score_samples 等。其中，transform 方法先将样本去中心化再降维；score 和 score_samples 分别计算所有样本的平均对数似然函数值和各样本的对数似然函数值。

【例 9-5】 对 breast cancer 数据集中的数据进行主成分分析，根据累积贡献率进行降维。

程序如下：

```
import numpy as np
from sklearn.datasets import load_breast_cancer
from sklearn.decomposition import PCA
bc_data = load_breast_cancer()
X = bc_data.data
pca1 = PCA(n_components = 5).fit(X)              #指定低维的维数为 5，拟合 PCA 模型
Z1 = pca1.transform(X)                          #采用 transform 函数对 X 降维
Z1_1 = (X - pca1.mean_) @ pca1.components_.T    #将 X 去中心化和变换矩阵相乘，与 Z1 相同
rec_X1 = pca1.inverse_transform(Z1)             #利用前 5 个主成分重建数据
```

```
error1 = np.linalg.norm(X - rec_X1)                    # 计算重建数据与原始数据的误差
pca2 = PCA(n_components = None).fit(X)                 # 保留所有主成分，拟合 PCA 模型
Z2 = pca2.transform(X)
rec_X2 = pca2.inverse_transform(Z2)
error2 = np.linalg.norm(X - rec_X2)
print('原始数据与前 5 个主成分重建数据误差为 %.4f' % error1)
print('原始数据与所有主成分重建数据误差为 %.4f' % error2)
```

运行程序后输出：

```
原始数据与前 5 个主成分重建数据误差为 55.7837
原始数据与所有主成分重建数据误差为 0.0000
```

9.4 独立成分分析

独立成分分析(Independent Component Analysis，ICA)是从多元统计数据中寻找其内在因子或成分的一种方法，在许多领域都可以应用。基于 ICA 的特征提取与 PCA 不同，PCA 得到互不相关的特征，而 ICA 寻找既统计独立又非高斯的成分。本节主要介绍利用 ICA 进行特征提取的方法和实现。

9.4.1 问题描述

假设 n 维数据向量 $\boldsymbol{x}$ 由 n 个独立成分 z_i 混合而成，即

$$x_j = \mu_j + a_{j1}z_1 + a_{j2}z_2 + \cdots + a_{jn}z_n, \quad j = 1,2,\cdots,n \tag{9-38}$$

$a_{ji}(i=1,2,\cdots,n)$是实系数，μ_j 是 x_j 的均值。用向量运算表示为

$$\boldsymbol{x} = \boldsymbol{\mu} + \boldsymbol{A}\boldsymbol{z} \tag{9-39}$$

$\boldsymbol{\mu}$ 为 n 维的均值向量；$\boldsymbol{A}$ 是 $n\times n$ 的混合矩阵；$\boldsymbol{z}$ 是独立成分构成的 n 维列向量。假设 $\boldsymbol{A}$ 可逆，可得

$$\boldsymbol{z} = \boldsymbol{A}^{-1}(\boldsymbol{x} - \boldsymbol{\mu}) \tag{9-40}$$

如果能够估计出 $\boldsymbol{A}^{-1}$，则可得到各独立成分。

为了降低混合矩阵的搜索范围，给混合成分向量 $\boldsymbol{z}$ 添加约束条件，令 $E(\boldsymbol{z})=0$，$E(\boldsymbol{z}\boldsymbol{z}^{\mathrm{T}})=\boldsymbol{I}$，可得 $\boldsymbol{x}$ 的协方差矩阵

$$\boldsymbol{\Sigma} = E[(\boldsymbol{x} - \boldsymbol{\mu})(\boldsymbol{x} - \boldsymbol{\mu})^{\mathrm{T}}] = \boldsymbol{A}\boldsymbol{A}^{\mathrm{T}} \tag{9-41}$$

设 $\boldsymbol{U}$ 是$\boldsymbol{\Sigma}$ 的正交归一特征向量构成的 $n\times n$ 的矩阵，即

$$\boldsymbol{\Sigma} = \boldsymbol{U}\boldsymbol{D}\boldsymbol{U}^{\mathrm{T}} \tag{9-42}$$

$\boldsymbol{U}^{\mathrm{T}}\boldsymbol{U}=\boldsymbol{I}$，$\boldsymbol{D}$ 是特征值构成的对角矩阵，则

$$\boldsymbol{A}\boldsymbol{A}^{\mathrm{T}} = \boldsymbol{U}\boldsymbol{D}\boldsymbol{U}^{\mathrm{T}} \tag{9-43}$$

有很多个矩阵 $\boldsymbol{A}$ 满足这个方程，设 $\boldsymbol{W}$ 是一个 $n\times n$ 的正交矩阵，即 $\boldsymbol{W}\boldsymbol{W}^{\mathrm{T}}=\boldsymbol{W}^{\mathrm{T}}\boldsymbol{W}=\boldsymbol{I}$，可得

$$\boldsymbol{A} = \boldsymbol{U}\boldsymbol{D}^{1/2}\boldsymbol{W} \tag{9-44}$$

变更 $\boldsymbol{z}$ 的表示为

$$\boldsymbol{z} = (\boldsymbol{A}^{\mathrm{T}}\boldsymbol{A})^{-1}\boldsymbol{A}^{\mathrm{T}}(\boldsymbol{x} - \boldsymbol{\mu}) \tag{9-45}$$

将式(9-44)代入式(9-45)，则混合成分向量 $\boldsymbol{z}$ 可以表示为

$$\boldsymbol{z} = \boldsymbol{W}^{\mathrm{T}}\tilde{\boldsymbol{x}} \tag{9-46}$$

其中,

$$z_i = \boldsymbol{w}_i^{\mathrm{T}} \tilde{\boldsymbol{x}} \tag{9-47}$$

$$\tilde{\boldsymbol{x}} = \boldsymbol{D}^{-1/2} \boldsymbol{U}^{\mathrm{T}} (\boldsymbol{x} - \boldsymbol{\mu}) \tag{9-48}$$

称 $\tilde{\boldsymbol{x}}$ 为白化数据,均值为 0,协方差矩阵为单位矩阵; $\boldsymbol{w}_i$ 是 $\boldsymbol{W}$ 中对应 z_i 的列向量; $\boldsymbol{D}^{-1/2}\boldsymbol{U}^{\mathrm{T}}$ 是一个白化矩阵,但不是唯一的,根据任何一个正交矩阵 $\boldsymbol{B}$ 得到的 $\boldsymbol{B}\boldsymbol{D}^{-1/2}\boldsymbol{U}^{\mathrm{T}}$ 都是白化矩阵。进行白化处理后,新的解混矩阵 $\boldsymbol{W}$ 为正交矩阵,确定原解混矩阵需要确定 n^2 个参数,而正交矩阵只需要确定 $n(n-1)/2$ 个参数,降低了问题的复杂程度。

综上所述,求解各独立成分时,首先对数据进行去中心化($\boldsymbol{x}-\boldsymbol{\mu}$),使其均值为零;然后对数据进行白化,得 $\tilde{\boldsymbol{x}}$;再寻找合适的矩阵 $\boldsymbol{W}$,确定独立成分 z_i。

9.4.2 ICA 算法

由于要求新特征 z_i 是独立的,$\boldsymbol{w}_i$ 的确定离不开 z_i 的独立性度量。由中心极限定理可知,在一定条件下,独立的随机变量之和的分布趋向于高斯分布。通俗一点理解,可以认为独立的随机变量之和形成的分布比原始随机变量中的任意一个更接近于高斯分布;那么,通过极大化 $\boldsymbol{w}_i^{\mathrm{T}}\tilde{\boldsymbol{x}}$ 的非高斯性,就能够得到独立成分 z_i。

非高斯性可以通过峭度(Kurtosis)、负熵(Negentropy)和互信息等方法进行度量,本节主要介绍基于负熵的非高斯性度量。

在具有相同方差的所有随机变量中,高斯变量具有最大的熵。因此,熵可以作为非高斯性的一种度量。对于合理的非高斯性度量,应使其非负,且对高斯变量取值为零,因此,定义负熵

$$J(z_i) = H(z_{\mathrm{gauss}}) - H(z_i) \tag{9-49}$$

其中,z_{gauss} 是与 z_i 具有相同相关矩阵的高斯随机变量。$J(z_i) \geqslant 0$,当且仅当 z_i 具有高斯分布时为零。使用负熵估计非高斯性有严格的统计理论背景,但计算很困难,因此,采用估计近似负熵的方法。

近似负熵 $J(z_i)$ 为

$$J(z_i) \propto \{E[G(\boldsymbol{w}_i^{\mathrm{T}}\tilde{\boldsymbol{x}})] - E[G(v)]\}^2 \tag{9-50}$$

其中,$E(\cdot)$表示求期望;v 是零均值单位方差的高斯变量;G 为非二次函数,可取

$$G(\boldsymbol{w}_i^{\mathrm{T}}\tilde{\boldsymbol{x}}) = \frac{1}{\alpha} \log \cosh(\alpha \boldsymbol{w}_i^{\mathrm{T}}\tilde{\boldsymbol{x}}) \tag{9-51}$$

常数 α 取在[1,2]内比较合适,通常取 1。G 也可以取其他函数,如负高斯函数。

近似负熵 $J(z_i)$的极大值通常在 $E[G(\boldsymbol{w}_i^{\mathrm{T}}\tilde{\boldsymbol{x}})]$的极值点处取得,在约束 $E[(\boldsymbol{w}_i^{\mathrm{T}}\tilde{\boldsymbol{x}})^2] = \|\boldsymbol{w}_i\|^2 = 1$ 条件下求极值。

构造拉格朗日函数,求导并令导数为 0,得

$$E[\tilde{\boldsymbol{x}} g(\boldsymbol{w}_i^{\mathrm{T}}\tilde{\boldsymbol{x}})] + 2\lambda \boldsymbol{w}_i = 0 \tag{9-52}$$

$g(\cdot)$是 $G(\cdot)$函数的导数,即

$$g(\boldsymbol{w}_i^{\mathrm{T}}\tilde{\boldsymbol{x}}) = \tanh(\alpha \boldsymbol{w}_i^{\mathrm{T}}\tilde{\boldsymbol{x}}) \tag{9-53}$$

利用近似牛顿迭代算法求解,得 $\boldsymbol{w}_i$ 的迭代更新式

$$\boldsymbol{w}_i \leftarrow E[\tilde{\boldsymbol{x}} g(\boldsymbol{w}_i^{\mathrm{T}}\tilde{\boldsymbol{x}})] - E[g'(\boldsymbol{w}_i^{\mathrm{T}}\tilde{\boldsymbol{x}})] \boldsymbol{w}_i \tag{9-54}$$

$g'(\cdot)$是 $g(\cdot)$函数的导数。

$$g'(\boldsymbol{w}_i^{\mathrm{T}}\tilde{\boldsymbol{x}})=\alpha\left[1-\tanh^2(\alpha\boldsymbol{w}_i^{\mathrm{T}}\tilde{\boldsymbol{x}})\right] \tag{9-55}$$

式(9-54)是 FastICA 算法的迭代基本公式。

更新之后还要将 $\boldsymbol{w}_i$ 标准化，即

$$\boldsymbol{w}_i \leftarrow \boldsymbol{w}_i / \|\boldsymbol{w}_i\| \tag{9-56}$$

算法的收敛条件是：$\boldsymbol{w}_i$ 在迭代前后具有相同的方向，即迭代前后 $\boldsymbol{w}_i$ 值的点积的绝对值(几乎)等于 1。

经过迭代运算，能够估计出一个独立成分 z_i，可以利用不同独立成分对应向量 $\boldsymbol{w}_i$ 正交的特性，估计更多的独立成分。估计多个独立成分的 FastICA 算法步骤如下。

(1) 对数据进行中心化、白化。

(2) 选择要估计的独立成分的个数 m。

(3) 初始化所有的 $\boldsymbol{w}_i, i=1,2,\cdots,m$，各满足 $\|\boldsymbol{w}_i\|^2=1$。

(4) 对矩阵 $\boldsymbol{W}=[\boldsymbol{w}_1 \quad \boldsymbol{w}_2 \quad \cdots \quad \boldsymbol{w}_m]$ 进行对称正交化，即

$$\boldsymbol{W} \leftarrow (\boldsymbol{W}\boldsymbol{W}^{\mathrm{T}})^{-1/2}\boldsymbol{W} \tag{9-57}$$

(5) 按式(9-54)更新每个 $\boldsymbol{w}_i$。

(6) 对矩阵 $\boldsymbol{W}$ 进行对称正交化。

(7) 如果收敛，退出算法；否则，返回步骤(5)。

【例 9-6】 利用 ICA 算法求 iris 数据集的独立成分。

程序如下：

```
import numpy as np
from sklearn.datasets import load_iris
from scipy.linalg import fractional_matrix_power
from matplotlib import pyplot as plt
iris = load_iris()
X, y = iris.data, iris.target
N, n = np.shape(X)
m, mu = n, np.mean(X, axis = 0).reshape(1, - 1)   # 独立成分数目 m 和原始样本维数 n 一致
X = X - mu                                        # 数据中心化
eigvalue, U = np.linalg.eigh(np.cov(X.T))         # 求协方差矩阵的特征值和正交归一特征向量
D = fractional_matrix_power(np.diag(eigvalue), - 0.5) # 特征值构成的对角矩阵的 - 1/2 次方
whiten_X = X @ (D @ U.T).T                       # 数据白化,样本为行向量,对式(9 - 48)进行转置
old_W = np.eye(m)                           # 初始化所有的 wi,满足 ‖ wi ‖ 2 = 1,这里选择单位矩阵
new_W, xg = np.zeros([m, m]), np.zeros([N, n])
g = lambda w, x: np.tanh(x @ w.T)                 # g(·)函数,双曲正切,取 a = 1
diff_g = lambda w, x: 1 - np.power(np.tanh(x @ w.T), 2)    # g'(·)函数,双曲正切的导数
while 1:                                          # 迭代求 W,直至收敛
    for i in range(m):
        temp = g(old_W[i, :], whiten_X)
        for j in range(N):
            xg[j, :] = whiten_X[j, :] * temp[j]
        temp1 = np.mean(xg, axis = 0)
        temp2 = np.mean(diff_g(old_W[i, :], whiten_X), axis = 0) * old_W[i, :]
        new_W[i, :] = temp1 - temp2               # 每一个 wi 分别进行更新
        new_W[i, :] /= np.linalg.norm(new_W[i, :])            # wi 标准化
    new_W = fractional_matrix_power(new_W @ new_W.T, - 0.5) @ new_W      # W 对称正交化
    err = np.abs(np.abs(np.sum(new_W.T * old_W, axis = 1)) - 1)
                                                 # 计算迭代前后 W 中向量的点积与 1 的接近程度
```

```
        if np.all(err < 0.1):                          # 如果足够接近,算法收敛
            break
        else:                                          # 不够接近,则继续迭代
            old_W = np.array(new_W)
Z = whiten_X @ new_W                  # 计算各独立成分向量,并绘制任意两个独立成分的分布图形
np.set_printoptions(precision = 2, suppress = True)
print('独立成分矩阵的协方差矩阵为\n', np.cov(Z.T))
plt.rcParams['font.sans - serif'] = ['Times New Roman']
plt.subplot(231)
plt.plot(Z[y == 0, 0], Z[y == 0, 1], 'rx')
plt.plot(Z[y == 1, 0], Z[y == 1, 1], 'g+', Z[y == 2, 0], Z[y == 2, 1], 'b.')
plt.subplot(232)
plt.plot(Z[y == 0, 0], Z[y == 0, 2], 'rx')
plt.plot(Z[y == 1, 0], Z[y == 1, 2], 'g+', Z[y == 2, 0], Z[y == 2, 2], 'b.')
plt.subplot(233)
plt.plot(Z[y == 0, 0], Z[y == 0, 3], 'rx')
plt.plot(Z[y == 1, 0], Z[y == 1, 3], 'g+', Z[y == 2, 0], Z[y == 2, 3], 'b.')
plt.subplot(234)
plt.plot(Z[y == 0, 1], Z[y == 0, 2], 'rx')
plt.plot(Z[y == 1, 1], Z[y == 1, 2], 'g+', Z[y == 2, 1], Z[y == 2, 2], 'b.')
plt.subplot(235)
plt.plot(Z[y == 0, 1], Z[y == 0, 3], 'rx')
plt.plot(Z[y == 1, 1], Z[y == 1, 3], 'g+', Z[y == 2, 1], Z[y == 2, 3], 'b.')
plt.subplot(236)
plt.plot(Z[y == 0, 2], Z[y == 0, 3], 'rx')
plt.plot(Z[y == 1, 2], Z[y == 1, 3], 'g+', Z[y == 2, 2], Z[y == 2, 3], 'b.')
plt.show()
```

运行程序,输出独立成分矩阵的协方差矩阵为单位矩阵。iris 数据独立成分的两两分布图如图 9-3 所示。可以看出,有些组合可分性较好,有些则很差。

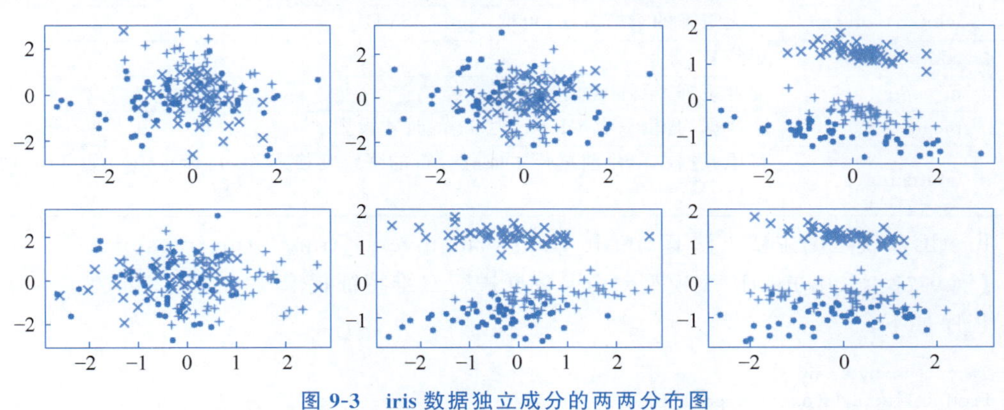

图 9-3 iris 数据独立成分的两两分布图

需要注意的是:在 ICA 模型中,假定了独立成分的个数和混合信号的维数一致。但特征提取时,降维后的维数 m 小于原始维数 n,也就是独立成分个数小于混合信号的维数,混合矩阵 $\boldsymbol{A}$ 不是方阵,ICA 模型不成立,不能直接按照算法求解变换矩阵 $\boldsymbol{W}$。如果按照 $m=n$ 的假设求解出各独立成分,各独立成分的次序又无法确定。如例 9-6 中,iris 数据降到二维后,不能确定选择哪些独立成分作为降维后的数据。

针对这个问题,可以采用 PCA 方法先将原始 n 维数据降到 m 维,混合数据和独立成分的维数相同,混合矩阵 $\boldsymbol{A}$ 为方阵,再求解独立成分。修改例 9-6 的程序,先用 PCA 方法将

iris 数据降到二维，再进行独立成分分析，得特征提取的结果如图 9-4 所示。

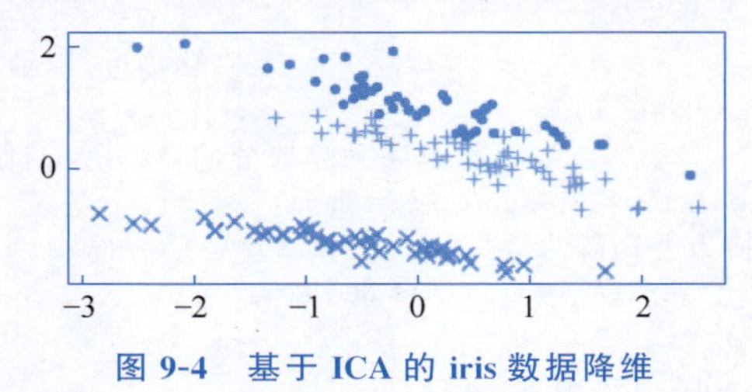

图 9-4 基于 ICA 的 iris 数据降维

9.4.3 仿真实现

利用 ICA 算法实现特征提取可以如例 9-6 设计程序，本小节介绍 scikit-learn 库中 decomposition 模块的 FastICA 模型，并利用该模型实现特征提取，其调用格式如下：

```
FastICA(n_components = None, *, algorithm = 'parallel', whiten = 'unit-variance', fun = 'logcosh',
fun_args = None, max_iter = 200, tol = 0.0001, w_init = None, whiten_solver = 'svd', random_
state = None)
```

FastICA 模型的主要参数和属性如表 9-2 所示。

表 9-2 FastICA 模型的主要参数和属性

类型	名称	含义
参数	n_components	混合成分数目，设为 None 时表示取所有
	algorithm	FastICA 实现算法，可取'parallel'、'deflation'，9.4.2 节所列算法对应'parallel'
	whiten	白化策略，可取'arbitrary-variance'、'unit-variance'或 False(已白化)
	fun	式(9-50)中的 G 函数，可取'logcosh'、'exp'、'cube'
	w_init	初始化的 $\boldsymbol{W}$ 矩阵，设为 None 时根据正态分布抽取
	whiten_solver	白化矩阵的求解方法，可取'eigh'、'SVD'
属性	components_	矩阵 $\boldsymbol{W}$
	mixing_	混合矩阵，矩阵 $\boldsymbol{W}$ 的伪逆矩阵
	mean_	原数据均值，只有 whiten 为 True 时才设置
	whitening_	将原数据在白化前进行主成分分析的降维变换矩阵，只有 whiten 为 True 时才设置

FastICA 模型的主要方法有 fit、fit_transform、inverse_transform、transform 等。

【例 9-7】 采用 FastICA 模型对 iris 数据进行二维特征提取。

程序如下：

```
import numpy as np
from sklearn.datasets import load_iris
from sklearn.decomposition import FastICA
from matplotlib import pyplot as plt
iris = load_iris()
X, y = iris.data, iris.target
transformer = FastICA(n_components = 2, w_init = np.eye(2),whiten = 'unit - variance').fit(X)
Z = transformer.transform(X)
plt.rcParams['font.sans - serif'] = ['Times New Roman']
plt.plot(Z[y == 0, 0], Z[y == 0, 1], 'rx',
         Z[y == 1, 0], Z[y == 1, 1], 'g+', Z[y == 2, 0], Z[y == 2, 1], 'b.')
plt.legend(['setosa', 'versicolor', 'virginica'])
plt.show()
```

运行程序，特征提取结果如图 9-5 所示。

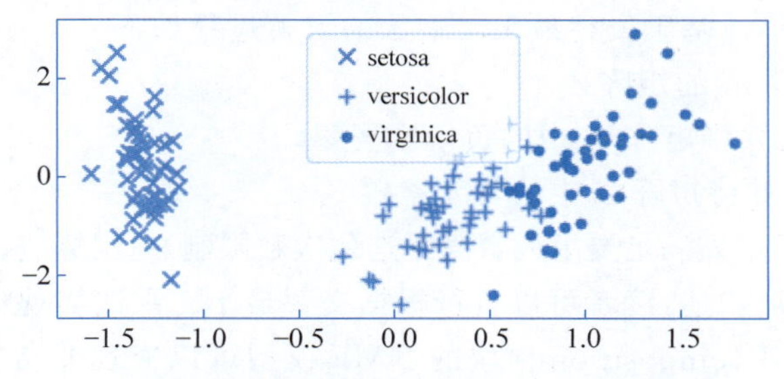

图 9-5 利用 FastICA 模型实现特征提取

9.5 非负矩阵分解

在前几节所介绍的特征提取方法中，原始的数据矩阵 $\boldsymbol{X}$ 被近似分解为 $\boldsymbol{X}=\boldsymbol{Z}\boldsymbol{W}^{\mathrm{T}}$ 的形式，其中，$\boldsymbol{W}$ 和 $\boldsymbol{Z}$ 中的元素可正可负，即使 $\boldsymbol{X}$ 的元素全是正数，也不能保证分解结果的非负性，如例 9-4。分解结果中的负值从计算角度是正确的，但在实际问题中有可能没有意义，例如，在图像分析中不可能有负值的像素点；概率的值、统计个数等也不能为负值。负的元素与物理真实性相悖，因此，希望能得到元素非负的分解结果矩阵。非负矩阵分解(Nonnegative Matrix Factorization，NMF)就是一种使特征非负的降维技术。

第 17 集
微课视频

对于 $N\times n$ 的一个样本矩阵 $\boldsymbol{X}$，NMF 希望能找到其近似因子分解

$$\boldsymbol{X}\approx\boldsymbol{Z}\boldsymbol{W}^{①} \tag{9-58}$$

使得

$$\min_{\boldsymbol{Z},\boldsymbol{W}}\ \frac{1}{2}\|\boldsymbol{X}-\boldsymbol{Z}\boldsymbol{W}\|_F^2\equiv\sum_{i=1}^{N}\sum_{j=1}^{n}\{\boldsymbol{X}(i,j)-[\boldsymbol{Z}\boldsymbol{W}](i,j)\}^2$$

$$\text{s.t.}\ \boldsymbol{Z}(i,k)\geqslant 0,\quad \boldsymbol{W}(k,j)\geqslant 0,\quad \forall i,j,k \tag{9-59}$$

得到 $\boldsymbol{X}$ 的尽可能好的逼近。其中，$\boldsymbol{Z}$ 为 $N\times m$ 矩阵，$\boldsymbol{W}$ 为 $m\times n$ 矩阵，$m<\min(N,n)$，且所有的矩阵元素是非负的，即 $\boldsymbol{Z}(i,k)\geqslant 0,\boldsymbol{W}(k,j)\geqslant 0,i=1,2,\cdots,N,k=1,2,\cdots,m,j=1,2,\cdots,n$。$[\boldsymbol{Z}\boldsymbol{W}](i,j)$是矩阵 $\boldsymbol{Z}\boldsymbol{W}$ 的(i,j)元素。$\boldsymbol{Z}$ 可以看作降维后的数据，$\boldsymbol{W}$ 为变换矩阵。

由矩阵范数求导规则，可知

$$\partial(\|\boldsymbol{X}-\boldsymbol{Z}\boldsymbol{W}\|_F^2/2)/\partial\boldsymbol{Z}=-\boldsymbol{X}\boldsymbol{W}^{\mathrm{T}}+\boldsymbol{Z}\boldsymbol{W}\boldsymbol{W}^{\mathrm{T}}$$

$$\partial(\|\boldsymbol{X}-\boldsymbol{Z}\boldsymbol{W}\|_F^2/2)/\partial\boldsymbol{W}=-\boldsymbol{Z}^{\mathrm{T}}\boldsymbol{X}+\boldsymbol{Z}^{\mathrm{T}}\boldsymbol{Z}\boldsymbol{W} \tag{9-60}$$

令偏导为 0，可得

$$\boldsymbol{Z}=\boldsymbol{X}\boldsymbol{W}^{\mathrm{T}}(\boldsymbol{W}\boldsymbol{W}^{\mathrm{T}})^{-1} \tag{9-61}$$

$$\boldsymbol{W}=(\boldsymbol{Z}^{\mathrm{T}}\boldsymbol{Z})^{-1}\boldsymbol{Z}^{\mathrm{T}}\boldsymbol{X} \tag{9-62}$$

式(9-59)的求解有多种不同的方法，如乘法更新算法(Multiplicative Update

① 非负矩阵分解在参考文献以及仿真软件中一般采用 $\boldsymbol{A}=\boldsymbol{W}\boldsymbol{H}$ 表达方式，为和其他节符号表示保持一致，此处表达为 $\boldsymbol{X}=\boldsymbol{Z}\boldsymbol{W}$。但 $m\times n$ 的矩阵 $\boldsymbol{W}$，实际就是前文的 $m\times n$ 矩阵 $\boldsymbol{W}^{\mathrm{T}}$，省略了转置符号，以便公式推导容易理解。

Algorithms)、梯度下降算法(Gradient Descent Algorithms)、交替最小二乘法(Alternating Least Squares,ALS)等。基于交替最小二乘法的求解过程如下。

(1) 随机生成 $N\times m$ 的矩阵 $\boldsymbol{Z}$。

(2) 求解矩阵 $\boldsymbol{W}$,并将矩阵 $\boldsymbol{W}$ 中的负元素置零。

(3) 求解矩阵 $\boldsymbol{Z}$,并将矩阵 $\boldsymbol{Z}$ 中的负元素置零。

(4) 如果迭代前后误差满足要求或者满足迭代次数限制,退出算法；否则,返回步骤(2)。

其余方法此处不再叙述,读者可以自行根据交替最小二乘法实现特征提取。

scikit-learn 库中 decomposition 模块的 NMF 模型可以实现非负矩阵分解,NMF 模型使用的目标函数在式(9-59)的基础上增加了 L_1 和 L_2 范数惩罚项,为

$$\min_{\boldsymbol{Z},\boldsymbol{W}} \frac{1}{2}\|\boldsymbol{X}-\boldsymbol{ZW}\|_{\text{loss}}^2+\alpha_Z\rho n\|\boldsymbol{Z}\|_1+\frac{1}{2}\alpha_Z(1-\rho)n\|\boldsymbol{Z}\|_F^2+\alpha_W\rho N\|\boldsymbol{W}\|_1+\frac{1}{2}\alpha_W(1-\rho)N\|\boldsymbol{W}\|_F^2 \tag{9-63}$$

其中,$\|\boldsymbol{X}-\boldsymbol{ZW}\|_{\text{loss}}^2$ 可以是如式(9-59)所示的 F 范数,也可以是其他支持的散度损失函数,如 K-L 散度；N 和 n 分别表示样本数和特征数；α_Z、α_W、ρ 用于调节两项约束的力度。该模型的调用格式为:

```
NMF(n_components = None, *, init = None, solver = 'cd', beta_loss = 'frobenius', tol = 0.0001,
max_iter = 200, random_state = None, alpha_W = 0.0, alpha_H = 'same', l1_ratio = 0.0, verbose = 0,
shuffle = False)
```

NMF 模型的主要参数及属性如表 9-3 所示。

表 9-3 NMF 模型的主要参数及属性

类型	名　称	含　义
参数	n_components	特征提取后的数目
	init	初始矩阵的选择方法
	solver	目标函数求解方法,可取'cd'、'mu',分别指坐标下降法和乘法更新法
	beta_loss	式(9-63)中的 loss 函数,可取'frobenius'、'kullback-leibler'、'itakura-saito'
	alpha_W	式(9-63)中的 α_Z,浮点数
	alpha_H	式(9-63)中的 α_W,设为浮点数或者'same'(和 α_Z 相同)
	l1_ratio	式(9-63)中的 ρ,浮点数
属性	components_	矩阵 $\boldsymbol{W}$
	n_components_	降维后特征数目
	reconstruction_err_	式(9-63)中的 loss 函数取值

NMF 模型的主要方法有 fit、fit_transform、inverse_transform 和 transform 等。

【例 9-8】 采用 NMF 模型对 iris 数据进行二维特征提取。

程序如下:

```
import numpy as np
from sklearn.datasets import load_iris
from sklearn.decomposition import NMF
from matplotlib import pyplot as plt
iris = load_iris()
X, y = iris.data, iris.target
tf = NMF(n_components = 2, init = 'random', random_state = 0, max_iter = 1000).fit(X)
```

```
    #设置了 α_Z = 0,α_W = 0,ρ = 0, ‖X - ZW‖²_loss 为 F 范数,是以(9-59)为目标函数进行求解的
Z, W = tf.transform(X), tf.components_
np.set_printoptions(precision = 2)
if np.any(Z < 0) or np.any(W < 0):
    print('矩阵 Z 或 W 有负值,计算错误')
else:
    print('矩阵 Z 和 W 是非负矩阵,变换矩阵 W 为\n', W)
plt.rcParams['font.sans - serif'] = ['Times New Roman']
plt.plot(Z[y == 0, 0], Z[y == 0, 1], 'rx',
         Z[y == 1, 0], Z[y == 1, 1], 'g+', Z[y == 2, 0], Z[y == 2, 1], 'b.')
plt.legend(['setosa', 'versicolor', 'virginica'])
plt.show()
```

运行程序后输出：

```
矩阵 Z 和 W 是非负矩阵,变换矩阵 W 为
[[1.94 0.35 2.75 1.08]
 [2.46 1.76 0.53 0.03]]
```

特征提取结果如图 9-6 所示,三类可分性较好。

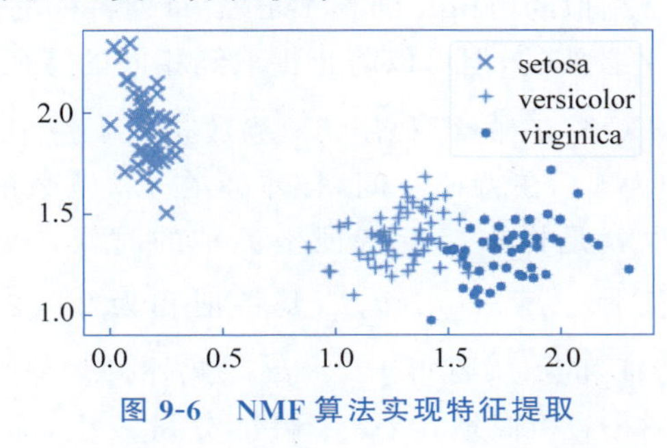

图 9-6 NMF 算法实现特征提取

9.6 稀疏滤波

稀疏滤波(Sparse Filtering)从特征分布的稀疏性角度对特征进行评价,并定义了较为简洁的目标函数,通过优化算法实现特征提取。

设有 $N\times n$ 的样本矩阵 $\boldsymbol{X}$,$n\times m$ 的权值矩阵 $\boldsymbol{W}$,计算新的矩阵 $\boldsymbol{XW}$,并对 $\boldsymbol{XW}$ 的每个元素进行变换生成矩阵 $\boldsymbol{F}$,即

$$\boldsymbol{F}(i,j)=\sqrt{(\boldsymbol{XW})_{ij}^{2}+10^{-8}}\approx|(\boldsymbol{XW})_{ij}| \tag{9-64}$$

其中,$i=1,2,\cdots,N$,$j=1,2,\cdots,m$。

对矩阵 $\boldsymbol{F}$ 的列利用 L_2 范数进行归一化,得矩阵 $\widetilde{\boldsymbol{F}}$,即

$$\widetilde{\boldsymbol{F}}(i,j)=\boldsymbol{F}(i,j)/\|\boldsymbol{F}(j)\|=\boldsymbol{F}(i,j)/\sqrt{\sum_{i=1}^{N}[\boldsymbol{F}(i,j)]^{2}+10^{-8}} \tag{9-65}$$

再对矩阵 $\widetilde{\boldsymbol{F}}$ 的行利用 L_2 范数进行归一化,得矩阵 $\hat{\boldsymbol{F}}$,即

$$\hat{\boldsymbol{F}}(i,j)=\widetilde{\boldsymbol{F}}(i,j)/\|\widetilde{\boldsymbol{F}}(i)\|=\widetilde{\boldsymbol{F}}(i,j)/\sqrt{\sum_{j=1}^{m}[\widetilde{\boldsymbol{F}}(i,j)]^{2}+10^{-8}} \tag{9-66}$$

矩阵 $\hat{\boldsymbol{F}}$ 的 L_1 范数作为稀疏滤波的目标函数,也就是矩阵元素之和,得

$$J(\boldsymbol{W})=\|\hat{\boldsymbol{F}}\|_1=\sum_{j=1}^{m}\sum_{i=1}^{N}\hat{\boldsymbol{F}}(i,j) \tag{9-67}$$

当 $J(\boldsymbol{W})$ 最小时，对应的 $\hat{\boldsymbol{F}}$ 是降维的结果。稀疏滤波是一种非线性特征变换。

如果对变换矩阵 $\boldsymbol{W}$ 有 L_2 正则化约束，目标函数可以表示为

$$J(\boldsymbol{W})=\sum_{j=1}^{m}\sum_{i=1}^{N}\hat{\boldsymbol{F}}(i,j)+\lambda\sum_{j=1}^{m}\boldsymbol{w}_j^{\mathrm{T}}\boldsymbol{w}_j \tag{9-68}$$

其中，$\boldsymbol{w}_j$ 是 $\boldsymbol{W}$ 的列向量。

为什么采用上述做法能够保证提取到"好的"特征呢？稀疏滤波方法认为，具有下列分布特点的特征是"好的"特征。

(1) 每个样本的特征是稀疏的(Population Sparsity)。每个样本都只用很少的非零特征描述，也就是数据矩阵的每行只有很少的非零。

(2) 样本间的特征是稀疏的(Lifetime Sparsity)。若特征是部分样本特有的，这样才能进行区分，也就是 $\boldsymbol{X}$ 的每列只有很少的非零。

(3) 不同特征的分布是相似的(High Dispersal)。每列特征的分布，应该具有相似的统计特性。这个特点不是严格必要的，但可以防止提取到相同的特征。

在稀疏滤波中，$\hat{\boldsymbol{F}}$ 是对矩阵 $\tilde{\boldsymbol{F}}$ 的行利用 L_2 范数进行归一化的结果，也就是 $\hat{\boldsymbol{F}}$ 中同一样本的不同特征平方和为 1。在特征空间，样本落在 L_2 范数的单位球体上面，所以当这些特征是稀疏的时候，也就是样本接近特征坐标轴的时候，上面的目标函数才会最小化。例如，二维归一化特征 $[1/\sqrt{2}\quad 1/\sqrt{2}]^{\mathrm{T}}$，其特征和为 $2/\sqrt{2}$；但特征坐标轴上的归一化特征为 $[1\quad 0]^{\mathrm{T}}$，其特征和为 1，要小于 $2/\sqrt{2}$。此外，归一化使得当一个特征分量增大时，其余特征分量将会减小；相似地，当一个特征分量减小，那么其他特征分量将会增大；最小化 $\hat{\boldsymbol{F}}$ 将会使归一化的特征趋于稀疏以及大部分接近于 0，也就是说最优的 $\hat{\boldsymbol{F}}$ 保证了样本特征的稀疏性。

由于 $\tilde{\boldsymbol{F}}$ 矩阵是对 $\boldsymbol{F}$ 的列利用 L_2 范数进行归一化，每一列的平方和为 1，即每个特征具有相同的平方期望值，所以可以认为不同特征的分布是相似的。

满足上面两点的特征矩阵里会存在很多零元素，且零元素近似均匀地分布在所有的特征里，每一个特征必然会有一定数量的零元素，也就是样本间的特征是稀疏的。

因此，稀疏滤波方法认为，低维的 $\hat{\boldsymbol{F}}$ 矩阵具备了"好的"特征分布特点，可以作为降维后的特征；并采用 L-BFGS 算法优化目标函数直至收敛。

【例 9-9】 将 iris 数据集作为训练样本，采用 minimize 函数对稀疏滤波的目标函数(式(9-67))求极值，并进行二维特征提取。

程序如下：

```
import numpy as np
from sklearn.datasets import load_iris
from scipy.optimize import minimize
from matplotlib import pyplot as plt

def sparsefilt_fun(w, *args):                              #定义目标函数
    x, N, n, m = args[0], args[1], args[2], args[3]
```

```
    F = np.abs(x @ w.reshape(n, m))
    for i in range(m):                                    # 列归一化
        F[:, i] /= (np.linalg.norm(F[:, i]) + pow(10, -8))
    for i in range(N):                                    # 行归一化
        F[i, :] /= (np.linalg.norm(F[i, :]) + pow(10, -8))
    return np.sum(F)

iris = load_iris()
X, y = iris.data, iris.target
N, n = np.shape(X)
m = 2                                                     # 降维后维数
W0 = np.random.default_rng().random((n * m))
opt = {'maxiter': 1000, 'disp': True, 'ftol': pow(10, -8)}  # 设定迭代参数
res = minimize(sparsefilt_fun, W0, args = (X, N, n, m), method = 'L-BFGS-B', options = opt)
W = res.x.reshape(n, m)                          # 目标函数的优化解,排成矩阵
np.set_printoptions(precision = 2)
print("变换矩阵 W 为\n", W)
                                     # 下述代码利用矩阵 W 进行特征提取并绘制降维后样本
Z = np.abs(X @ W)
for i in range(m):
    Z[:, i] /= (np.linalg.norm(Z[:, i]) + pow(10, -8))
for i in range(N):
    Z[i, :] /= (np.linalg.norm(Z[i, :]) + pow(10, -8))
plt.rcParams['font.sans-serif'] = ['Times New Roman']
plt.plot(Z[y == 0, 0], Z[y == 0, 1], 'rx',
         Z[y == 1, 0], Z[y == 1, 1], 'g+', Z[y == 2, 0], Z[y == 2, 1], 'b.')
plt.legend(['setosa', 'versicolor', 'virginica'])
plt.show()
```

运行程序,将会输出迭代运算过程数据以及最终的变换矩阵 **W**,降维后的数据如图 9-7 所示,降维后 setosa 类和另外两类区分度较好,但 versicolor 和 virginica 类之间没能区分开。

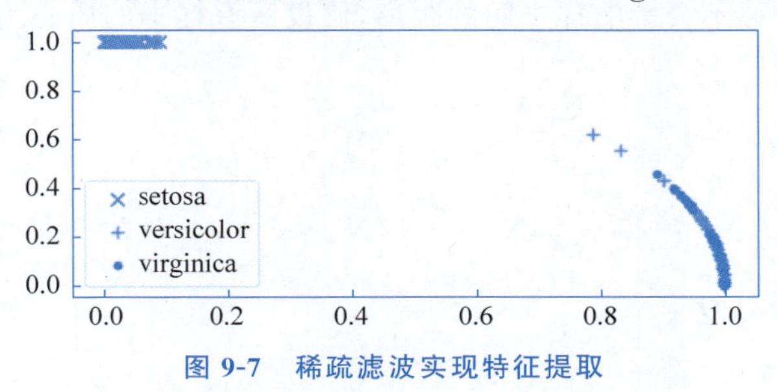

图 9-7 稀疏滤波实现特征提取

9.7 多维尺度法

在实现数据可视化时,可以把各样本以散点的形式在二维、三维空间绘制,清晰展示彼此之间的关系、距离。但如果获取的数据不是来自个体的数据点,而是个体之间相似或不相似程度的度量,或者测量两点的距离并不是欧氏距离,或者数据是高维的,则很难用散点图实现可视化。可以采用多维尺度(Multidimensional Scaling,MDS)法解决这些问题。

多维尺度法是一种经典的数据映射方法,根据样本之间的距离关系或不相似度关系在低维空间生成对样本的一种表示。例如,世界地图用平面上的点表示三维空间中的地点,平

面上点之间要尽量保持三维地点之间的距离关系；再如，收集对一组产品"物美""价廉"差异性的评价，将这组产品表示在一个平面上，直观地分析产品，或者进行聚类分析等。多维尺度法可以用在对非数值对象的研究中，在生物学、医学、心理学、社会学、经济、金融等方面都有很多应用。

多维尺度法可以分为度量型(Metric)和非度量型(Non-metric)两种类型。度量型多维尺度法是把样本间的距离或不相似度看作一种定量的度量，在低维空间里的表示能够尽可能保持这种度量关系。非度量型多维尺度法也称作顺序多维尺度法，是把样本间的距离或不相似度关系仅看作一种定性关系，在低维空间里的表示只需保持这种关系的顺序。

9.7.1 经典尺度法

设 $N\times n$ 的样本矩阵为 $\boldsymbol{X}$，内积矩阵 $\boldsymbol{B}=\boldsymbol{X}\boldsymbol{X}^{\mathrm{T}}$，样本 $\boldsymbol{x}_i$ 和 $\boldsymbol{x}_j$ 之间的欧氏距离平方为

$$d_{ij}^2=\|\boldsymbol{x}_i-\boldsymbol{x}_j\|^2=\sum_{l=1}^{n}(x_i^l-x_j^l)^2=\|\boldsymbol{x}_i\|^2+\|\boldsymbol{x}_j\|^2-2\boldsymbol{x}_i^{\mathrm{T}}\boldsymbol{x}_j \tag{9-69}$$

其中，$i,j=1,2,\cdots,N$。可得两两点之间的欧氏距离平方组成的矩阵为

$$\boldsymbol{D}^{(2)}=\{d_{ij}^2\}_{N\times N}=\boldsymbol{D}_1+\boldsymbol{D}_1^{\mathrm{T}}-2\boldsymbol{B} \tag{9-70}$$

其中，

$$\boldsymbol{D}_1=\begin{bmatrix}\|\boldsymbol{x}_1\|^2 & \cdots & \|\boldsymbol{x}_1\|^2\\ \vdots & & \vdots\\ \|\boldsymbol{x}_N\|^2 & \cdots & \|\boldsymbol{x}_N\|^2\end{bmatrix} \tag{9-71}$$

已知样本之间距离的矩阵 $\boldsymbol{D}$，即已知 $\boldsymbol{D}^{(2)}$，希望能确定点在空间的坐标，即求 $\boldsymbol{X}$，可以采用经典尺度(Classical Scaling)法，也称主坐标分析(Principal Coordinates Analysis)方法。

由于对坐标的平移不会影响样本间的距离，假设所有样本的质心为坐标原点，即

$$\sum_{i=1}^{N}\boldsymbol{x}_i=[0\quad 0\quad \cdots\quad 0]^{\mathrm{T}} \tag{9-72}$$

定义中心化矩阵，即

$$\boldsymbol{Q}=\begin{bmatrix}1-1/N & -1/N & \cdots & -1/N\\ -1/N & 1-1/N & \cdots & -1/N\\ \vdots & \vdots & & \vdots\\ -1/N & -1/N & \cdots & 1-1/N\end{bmatrix} \tag{9-73}$$

可知 $\boldsymbol{D}_1\boldsymbol{Q}$ 和 $\boldsymbol{Q}\boldsymbol{D}_1^{\mathrm{T}}$ 均为 0 矩阵。在式(9-73)的假设下，有

$$\boldsymbol{Q}\boldsymbol{X}=\boldsymbol{X} \tag{9-74}$$

$$\boldsymbol{Q}\boldsymbol{B}\boldsymbol{Q}=\boldsymbol{B} \tag{9-75}$$

计算

$$\boldsymbol{Q}\boldsymbol{D}^{(2)}\boldsymbol{Q}=\boldsymbol{Q}\boldsymbol{D}_1\boldsymbol{Q}+\boldsymbol{Q}\boldsymbol{D}_1^{\mathrm{T}}\boldsymbol{Q}-2\boldsymbol{Q}\boldsymbol{B}\boldsymbol{Q}=-2\boldsymbol{B} \tag{9-76}$$

可得

$$\boldsymbol{B}=-\frac{1}{2}\boldsymbol{Q}\boldsymbol{D}^{(2)}\boldsymbol{Q} \tag{9-77}$$

由于矩阵 $\boldsymbol{Q}$ 和 $\boldsymbol{D}^{(2)}$ 都是对称矩阵，所以 $\boldsymbol{B}^{\mathrm{T}}=\boldsymbol{B}$，可以利用奇异值分解求解 $\boldsymbol{X}$。对矩阵

$\boldsymbol{B}$ 求特征值对角矩阵$\boldsymbol{\Lambda}$ 和特征向量矩阵 $\boldsymbol{U}$,有

$$\boldsymbol{B}=\boldsymbol{U\Lambda U}^{\mathrm{T}} \tag{9-78}$$

则

$$\boldsymbol{X}=\boldsymbol{U\Lambda}^{1/2} \tag{9-79}$$

综上所述,如果已知欧氏距离平方矩阵 $\boldsymbol{D}^{(2)}$,定义中心化矩阵 $\boldsymbol{Q}$,由式(9-77)计算矩阵 $\boldsymbol{B}$,求解 $\boldsymbol{B}$ 的特征值对角矩阵$\boldsymbol{\Lambda}$ 和特征向量矩阵 $\boldsymbol{U}$,即可求出样本矩阵 $\boldsymbol{X}$。

如果样本不是中心化的,只要知道样本的均值向量 $\boldsymbol{\mu}$,即可求得原来的坐标

$$\tilde{\boldsymbol{x}}_i=\boldsymbol{x}_i+\boldsymbol{\mu} \tag{9-80}$$

如果要在低维空间表示这些样本,可以将 $\boldsymbol{B}$ 的特征值排序,选择前 m 个特征值组成$\boldsymbol{\Lambda}$ 矩阵,其对应的特征向量组成 $\boldsymbol{U}$ 矩阵,则获得 $\boldsymbol{X}$ 在 m 维空间的降维样本 $\boldsymbol{Z}$ 的坐标。

【例 9-10】 根据经典尺度法对 iris 数据集进行二维特征提取。

程序如下：

```
import numpy as np
from sklearn.datasets import load_iris
from matplotlib import pyplot as plt
from scipy.spatial.distance import cdist
from scipy.linalg import fractional_matrix_power
iris = load_iris()
X, y = iris.data, iris.target
N, n = np.shape(X)
m, mu = 2, np.mean(X, axis = 0).reshape(1, -1)
X = X - mu                                          #样本中心化
Q = np.eye(N) - 1 / N                               #定义 Q 矩阵
DD = np.power(cdist(X, X, 'euclidean'), 2)          #计算欧氏距离平方矩阵 D(2)
B = -0.5 * Q @ DD @ Q                               #计算内积矩阵 B
eigvalue, U = np.linalg.eigh(B)            #计算 B 的特征值与特征向量矩阵,函数输出为升序排列
eigv = sorted(eigvalue, reverse = True)            #特征值降序排列以便找比较大的值
U, EA = np.fliplr(U)[:, 0:m], np.diag(eigv[0:m])#前 m 个大特征值及其特征向量构成 Λ 和 U
Z = U @ fractional_matrix_power(EA, 0.5)           #按式(9-79)降维
plt.rcParams['font.sans-serif'] = ['Times New Roman']
plt.plot(Z[y == 0, 0], Z[y == 0, 1], 'rx')
plt.plot(Z[y == 1, 0], Z[y == 1, 1], 'g+', Z[y == 2, 0], Z[y == 2, 1], 'b.')
plt.legend(['setosa', 'versicolor', 'virginica'])
plt.show()
```

程序运行结果如图 9-8 所示。

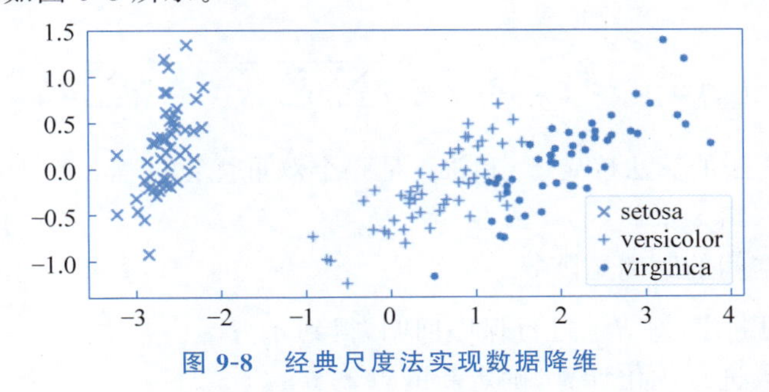

图 9-8　经典尺度法实现数据降维

9.7.2 度量型 MDS 法

经典尺度法根据样本间的欧氏距离矩阵确定点在空间的坐标，这是一种特殊的度量型 MDS 法。更一般的情况是，已知一组样本两两之间的不相似度量 $\delta_{ij}, i,j=1,2,\cdots,N$，其可能是距离度量，也可能是其他度量，经典尺度法就不再适用，需要更一般的多维尺度分析方法。

设 $N\times n$ 的样本矩阵为 $\boldsymbol{X}$，样本 $\boldsymbol{x}_i$ 和 $\boldsymbol{x}_j$ 之间的不相似度量为 $\delta_{ij}, i,j=1,2,\cdots,N$，将 $\boldsymbol{X}$ 映射为 $N\times m$ 的样本矩阵 $\boldsymbol{Z}$，样本 $\boldsymbol{z}_i$ 和 $\boldsymbol{z}_j$ 之间的距离为 d_{ij}，度量型 MDS 法希望 d_{ij} 能真实反映 δ_{ij} 的值。定义目标函数衡量 d 和 δ 之间的误差，通过优化目标函数确定各个 $\boldsymbol{z}_i$ 的坐标。目标函数称为压力函数(Stress Function)，不同的压力函数产生不同的 MDS 法。

常用的一种压力函数——Kruskal 压力函数定义为

$$J_{\mathrm{s}}(\boldsymbol{z}_1,\boldsymbol{z}_2,\cdots,\boldsymbol{z}_N)=\sqrt{\sum_{i,j}[\varphi(\delta_{ij})-d_{ij}]^2/\sum_{i,j}\delta_{ij}^2} \tag{9-81}$$

其中，$\varphi(\cdot)$是希望 d 和 δ 之间保持某种关系的函数，δ 和 d 为同种不相似度量时可以取

$$J_{\mathrm{s}}(\boldsymbol{z}_1,\boldsymbol{z}_2,\cdots,\boldsymbol{z}_N)=\sqrt{\sum_{i,j}(\delta_{ij}-d_{ij})^2/\sum_{i,j}\delta_{ij}^2} \tag{9-82}$$

平方压力函数(Squared Stress Function)定义为

$$J_{\mathrm{ss}}(\boldsymbol{z}_1,\boldsymbol{z}_2,\cdots,\boldsymbol{z}_N)=\sqrt{\sum_{i,j}(\delta_{ij}^2-d_{ij}^2)^2/\sum_{i,j}\delta_{ij}^4} \tag{9-83}$$

压力函数的优化一般要采用数值优化方法求解。

9.7.3 非度量型 MDS 法

在某些应用中，样本间的(不)相似度只有定性的意义而没有定量的意义。例如，产品调查中，用户认为产品 A 和产品 B 的性价比相似，产品 A 和产品 C 的性价比相差比较大，反映的只是前一种情况比后者更相似，所给出的分数并没有绝对的意义。非度量型 MDS 法要求样本的坐标能够反映这些定性的顺序信息，或者说样本的坐标距离是原始不相似度的单调变换，即原始不相似度大，样本间距大；不相似度小，样本间距小。

非度量型 MDS 法也需要优化相应的目标函数。由于原始数据的不相似度 δ_{ij} 没有具体的意义，所以一般将 δ_{ij} 排序，用另一组和 δ_{ij} 单调顺序相同的参考值 $\hat{\delta}_{ij}$ 代替 δ_{ij}，目标函数可以表示为

$$J_{\mathrm{s}}(\boldsymbol{z}_{i,i=1,2,\cdots,N},\hat{\delta}_{ij})=\sqrt{\sum_{i,j}(\hat{\delta}_{ij}-d_{ij})^2/\sum_{i,j}d_{ij}^2} \tag{9-84}$$

或

$$J_{\mathrm{ss}}(\boldsymbol{z}_{i,i=1,2,\cdots,N},\hat{\delta}_{ij})=\sqrt{\sum_{i,j}(\hat{\delta}_{ij}^2-d_{ij}^2)^2/\sum_{i,j}d_{ij}^4} \tag{9-85}$$

非度量型 MDS 法的算法确定 $\boldsymbol{z}_i$ 和 $\hat{\delta}_{ij}$，是一个双重优化过程：

(1) 随机给定一组 $\boldsymbol{z}_i$；

(2) 获取低维空间的距离矩阵 d_{ij}；

(3) 根据 δ_{ij} 的顺序，对 d_{ij} 进行保序回归，得到 $\hat{\delta}_{ij}$；

(4) 对压力函数进行优化计算，确定新的点 $\boldsymbol{z}_i$；

(5) 根据压力值判断算法是否收敛,不收敛,返回步骤(2)。

scikit-learn 库中 manifold 模块的 MDS 模型可以实现多维尺度数据映射,其调用格式如下:

```
MDS(n_components = 2, *, metric = True, n_init = 4, max_iter = 300, verbose = 0, eps = 0.001,
n_jobs = None, random_state = None, dissimilarity = 'euclidean', normalized_stress = 'auto')
```

其中,参数 metric 设为 True 时,实现度量型 MDS 法,采用的压力函数为变换前后样本点的距离变化的平方和,即 $\sum_{i<j}(\delta_{ij}-d_{ij})^2$($i<j$ 表示样本间距离不重复统计);设为 False 时,实现非度量型 MDS 法,在 normalized_stress 为 True 时,压力函数选用式(9-84)所示函数。dissimilarity 是数据间不相似的度量方法,可取'euclidean'和'precomputed'。

MDS 模型主要的属性有:embedding_,存储降维后数据;stress_,算法收敛时压力函数的值;dissimilarity_matrix_,样本间原不相似矩阵。

MDS 模型主要方法有 fit 和 fit_transform。

【例 9-11】 采用 MDS 模型对 wine 数据集实现度量型 MDS 法降维。

wine 数据集是 scikit-learn 库自带的葡萄酒识别数据集(Wine Recognition Dataset),数据集包括从三种葡萄酒中测得的 13 种不同的化学特征,共 178 个样本。

程序如下:

```
import numpy as np
from sklearn.datasets import load_wine
from matplotlib import pyplot as plt
from sklearn.manifold import MDS
from scipy.spatial.distance import cdist
wine = load_wine()                                          #导入 wine 数据集
X, y = wine.data, wine.target
N, n = np.shape(X)
embedding = MDS(n_components = 2).fit(X)
Z = embedding.embedding_                                    #获取降维后数据
D_x, D_z = cdist(X, X, 'euclidean'), cdist(Z, Z, 'euclidean')  #降维前后样本间距离
plt.rcParams['font.sans-serif'] = ['Times New Roman']
plt.subplot(121)
plt.plot(D_x, D_z, 'k.')
plt.xlabel('δ')
plt.ylabel('d')
plt.subplot(122)
plt.plot(Z[y == 0, 0], Z[y == 0, 1], 'rx')
plt.plot(Z[y == 1, 0], Z[y == 1, 1], 'g+', Z[y == 2, 0], Z[y == 2, 1], 'b.')
plt.xlabel('z1')
plt.ylabel('z2')
plt.show()
```

程序运行结果如图 9-9 所示。图 9-9(a)为降维前后样本距离对应图,图中样本点分布在对角线附近,说明降维后的距离和降维前的距离近似一致。图 9-9(b)为降维后数据散点图。

总之,多维尺度法常用于将数据降到二维、三维以可视化显示一组样本之间的关系,实质也是样本的一种特征变换,根据原距离矩阵定义以及采用的 MDS 法的不同,这种变换可以是线性的,也可以是非线性的,将数据变换到低维空间,实现了特征提取。

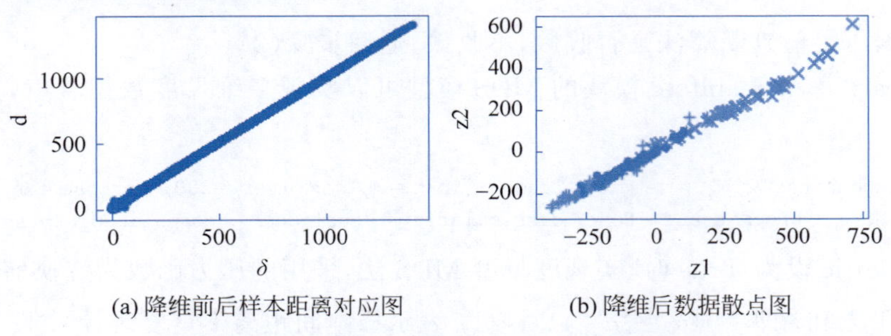

(a) 降维前后样本距离对应图　　(b) 降维后数据散点图

图 9-9　度量型 MDS 法实现数据降维

9.7.4　等度量映射

MDS 法中采用欧氏距离度量样本之间的不相似度，但当样本在高维空间按照某种复杂结构分布时，直接计算两个样本点之间的欧氏距离，就损失了样本分布的结构信息。如图 9-10 所示，如果采用欧氏距离度量样本点之间的距离，点 1 和点 3 比点 2 和点 3 更近，但要考虑沿螺旋行进的话，点 2 和点 3 更近。因此，可以采用测地距离(Geodesic Distance)表示样本间的距离。

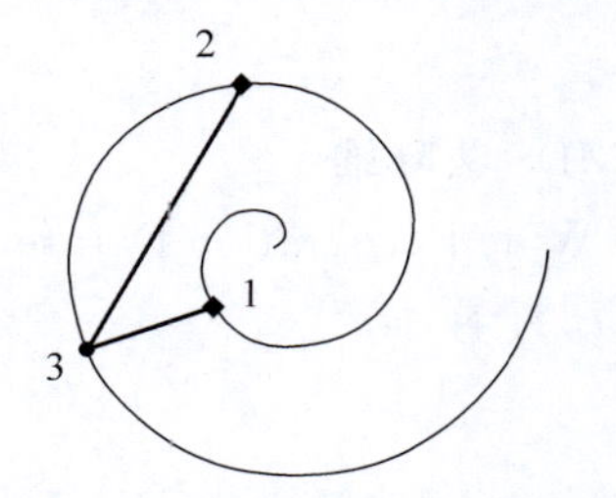

图 9-10　欧氏距离度量不足示意图

假定样本集的复杂结构在每个小的局部都可以用欧氏距离近似，计算每个样本与相邻样本之间的欧氏距离；对两个不相邻的样本，寻找一系列两两相邻的样本构成连接这两个样本的路径，用两个样本间最短路径上的局部距离之和作为两个样本之间的距离，称为测地距离。

得到样本间的测地距离后，构建距离矩阵，再采用度量型 MDS 等方法映射到低维空间，这种方法称为等度量映射(Isometric Feature Mapping，IsoMap)。IsoMap 方法通过局部距离定义非线性距离度量，实质是 MDS 法的变形。

因此，使用 IsoMap 方法进行数据降维主要包括三个过程：最近邻搜索、最短路径搜索以及测地距离矩阵的特征值分解。

scikit-learn 库中 manifold 模块的 Isomap 模型可以实现等度量映射，其调用格式如下：

```
Isomap( * , n_neighbors = 5, radius = None, n_components = 2, eigen_solver = 'auto', tol = 0, max_iter = None, path_method = 'auto', neighbors_algorithm = 'auto', n_jobs = None, metric = 'minkowski', p = 2, metric_params = None)
```

Isomap 模型的主要参数及属性如表 9-4 所示。

表 9-4　Isomap 模型的主要参数及属性

类型	名　称	含　义
参数	n_neighbors	样本点的邻点个数，和 radius 参数只有其中一个起作用
	radius	邻域范围
	n_components	降维后的维数
	eigen_solver	特征值求解算法
	path_method	找最短路径方法，可取 'auto'、'FW'(Floyd-Warshall 算法)和'D'(Dijkstra 算法)

续表

类型	名 称	含 义
参数	neighbors_algorithm	最近邻的搜索方法
	metric	样本间距离度量方法
属性	embedding_	降维后的数据
	kernel_pca_	用于测地距离矩阵分解的 KernelPCA 模型实例
	nbrs_	用于近邻搜索的 NearestNeighbors 模型实例
	dist_matrix_	训练样本间的测地距离矩阵

Isomap 模型的主要方法有 fit、fit_transform、transform、reconstruction_error 等，其中 reconstruction_error 用于计算重建误差。

【例 9-12】 采用 Isomap 模型对 breast cancer 数据集实现二维特征提取。

程序如下：

```
from sklearn.datasets import load_breast_cancer
from matplotlib import pyplot as plt
from sklearn.manifold import Isomap
bd_data = load_breast_cancer()
X, y = bd_data.data, bd_data.target
embedding = Isomap(n_neighbors = 10, n_components = 2).fit(X)
Z = embedding.embedding_                                        # 获取降维后数据
plt.rcParams['font.sans-serif'] = ['Times New Roman']
plt.plot(Z[y == 0, 0], Z[y == 0, 1], 'r.', Z[y == 1, 0], Z[y == 1, 1], 'g+')
plt.show()
```

程序运行结果如图 9-11 所示。

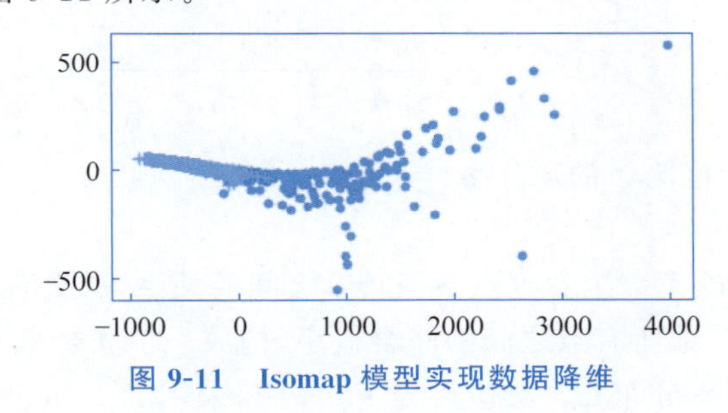

图 9-11 Isomap 模型实现数据降维

9.8 *t*-SNE 算法

t-SNE(*t*-distributed Stochastic Neighbor Embedding)也是一种适合于高维数据可视化的降维算法，其基本思想是将高维空间数据点之间的相似性转换为概率分布，从高维向低维映射时，尽量保证点之间的分布概率不变。在高维空间将邻点间的相似性转换为正态分布，在低维空间将邻点间的距离看作 t 分布，采用 K-L 散度(相对熵)衡量高低维空间概率分布差距。

设 $N\times n$ 的样本矩阵为 $\boldsymbol{X}$，将 $\boldsymbol{X}$ 映射为 $N\times m$ 的样本矩阵 $\boldsymbol{Z}$，*t*-SNE 算法处理过程如下。

1) 数据预处理

对数据进行中心化和归一化处理，即

$$\widetilde{\boldsymbol{X}}=\frac{\boldsymbol{X}-\boldsymbol{\mu}}{\boldsymbol{\sigma}} \tag{9-86}$$

其中，$\boldsymbol{\mu}$ 为样本的 n 维均值向量，$\boldsymbol{\sigma}$ 为样本的 n 维标准差向量。如果有需要，还可以先用PCA将样本降到一个较低维的空间。预处理不是必需的，还用 $\boldsymbol{X}$ 表示样本矩阵。

2）计算高维空间样本间的距离并转换为概率

$$p_{j|i}=\frac{\exp[-d_{ij}^2/(2\sigma_i^2)]}{\sum\limits_{k\neq i}\exp[-d_{ik}^2/(2\sigma_i^2)]} \tag{9-87}$$

其中，d_{ij}^2 为样本 $\boldsymbol{x}_i$ 和 $\boldsymbol{x}_j$ 之间的距离平方，可以采用不同的距离度量方法；条件概率 $p_{j|i}$ 表示将 d_{ij} 按比例转换为以 $\boldsymbol{x}_i$ 为中心、σ_i 为标准差的正态分布概率密度值。若 d_{ij} 较小，即 $\boldsymbol{x}_i$ 和 $\boldsymbol{x}_j$ 较近，$p_{j|i}$ 取值较大；若 d_{ij} 较大，即 $\boldsymbol{x}_i$ 和 $\boldsymbol{x}_j$ 较远，$p_{j|i}$ 取值较小；令 $p_{i|i}=0$。σ_i 根据每个样本 $\boldsymbol{x}_i$ 要求的复杂度 $\mathrm{Perp}(P_i)$ 确定，复杂度根据 $\boldsymbol{x}_i$ 周围有效邻点数目确定，邻点多则复杂度大，满足

$$\mathrm{Perp}(P_i)=2^{H(P_i)} \tag{9-88}$$

$$H(P_i)=-\sum_j p_{j|i}\,\mathrm{lb}\,p_{j|i} \tag{9-89}$$

$H(P_i)$ 是 $\boldsymbol{x}_i$ 周围各邻点对应条件概率分布的熵。

定义联合概率 p_{ij} 为

$$p_{ij}=\frac{p_{j|i}+p_{i|j}}{2N} \tag{9-90}$$

3）定义低维空间样本间的距离分布概率

$$q_{ij}=\frac{(1+\|\boldsymbol{z}_i-\boldsymbol{z}_j\|^2)^{-1}}{\sum\limits_k\sum\limits_{l\neq k}(1+\|\boldsymbol{z}_k-\boldsymbol{z}_l\|^2)^{-1}} \tag{9-91}$$

其中，$q_{ii}=0$，q_{ij} 是自由度为1的 t 分布。

4）定义目标函数

若 $\boldsymbol{z}_i$ 和 $\boldsymbol{z}_j$ 真实反映了高维数据点 $\boldsymbol{x}_i$ 和 $\boldsymbol{x}_j$ 之间的关系，那么联合概率 p_{ij} 与 q_{ij} 应该完全相等。考虑 $\boldsymbol{x}_i$ 与其他所有点之间的联合概率，构成一个联合概率分布 P_i；同理，在低维空间存在一个联合概率分布 Q_i，且应该与 P_i 一致，采用K-L散度作为目标函数有

$$J_{\mathrm{KL}}(P\,||\,Q)=\sum_j\sum_{i\neq j}p_{ij}\log\frac{p_{ij}}{q_{ij}} \tag{9-92}$$

5）利用梯度下降算法求解

求 J_{KL} 的梯度

$$\frac{\partial J_{\mathrm{KL}}}{\partial \boldsymbol{z}_i}=4\sum_j(p_{ij}-q_{ij})(\boldsymbol{z}_i-\boldsymbol{z}_j)(1+\|\boldsymbol{z}_i-\boldsymbol{z}_j\|^2)^{-1} \tag{9-93}$$

再利用梯度下降算法进行训练求解。

scikit-learn库中manifold模块的TSNE模型可以实现 t-SNE算法，其调用格式如下：

```
TSNE(n_components = 2, *, perplexity = 30.0, early_exaggeration = 12.0, learning_rate = 'auto',
max_iter = None, n_iter_without_progress = 300, min_grad_norm = 1e-07, metric = 'euclidean',
metric_params = None, init = 'pca', verbose = 0, random_state = None, method = 'barnes_hut', angle =
0.5, n_jobs = None)
```

TSNE模型参数中，n_components指定低维的维数；perplexity指定有效邻点数目以计算复杂度；init给定降维后数据的初始值，可取'random'、'pca'或用数据矩阵表示；metric和metric_params指定距离度量方式及相关参数；method指定优化求解算法，可取'barnes_hut'（近似计算）和'exact'；其余参数是优化求解的相关设置。

TSNE模型的主要属性有降维后数据矩阵embedding_和K-L散度kl_divergence_。

TSNE模型的主要方法有fit和fit_transform等。

【例9-13】 采用TSNE模型对breast cancer数据集实现二维特征提取。

程序如下：

```
from sklearn.datasets import load_breast_cancer
from matplotlib import pyplot as plt
from sklearn.manifold import TSNE
bd_data = load_breast_cancer()
X, y = bd_data.data, bd_data.target
Z1 = TSNE(learning_rate = 'auto', init = 'random', metric = 'euclidean',).
        fit_transform(X)                                    #使用欧氏距离测度
Z2 = TSNE(learning_rate = 'auto', init = 'random', metric = 'correlation',).
        fit_transform(X)                                    #使用相关系数测度
plt.rcParams['font.sans - serif'] = ['Times New Roman']
plt.subplot(121)
plt.plot(Z1[y == 0, 0], Z1[y == 0, 1], 'r.', Z1[y == 1, 0], Z1[y == 1, 1], 'g+')
plt.subplot(122)
plt.plot(Z2[y == 0, 0], Z2[y == 0, 1], 'r.', Z2[y == 1, 0], Z2[y == 1, 1], 'g+')
plt.show()
```

程序运行结果如图9-12所示，不同的距离度量降维后数据的聚集性也不一样。

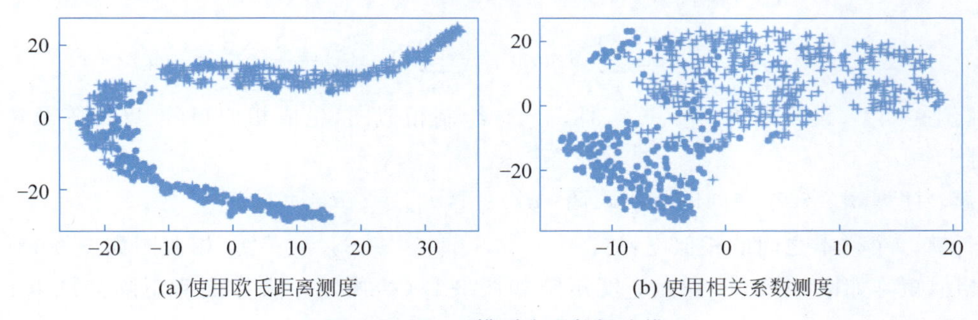

图9-12 TSNE模型实现数据降维

9.9 其他非线性降维方法

本节简要介绍拉普拉斯特征映射（Laplacian Eigenmap，LE）和局部线性嵌入（Locally Linear Embedding，LLE）方法。

9.9.1 拉普拉斯特征映射

拉普拉斯特征映射的主要思想是：希望高维中相互间有关系的样本点在降维后尽可能靠近，并保持原有的数据结构。

1. 基本概念

将样本点之间的局部邻域关系建模为无向图 $G=(V,E)$，V 是节点的集合，E 是连接节点的边。无向图中的节点表示样本点，无方向的边表示样本点之间的连接权重。样本集中的每个样本对应一个节点，假设节点 i 和节点 j 之间的距离为 d_{ij}，两节点之间的连接权重可以用相似度 S_{ij} 表示为

$$S_{ij}=\exp\left[-(d_{ij}/\sigma)^2\right] \tag{9-94}$$

其中，σ 为尺度因子；由相似度作为节点间权重的图称为相似图(Similarity Graph)。

邻接矩阵(Adjacency Matrix)常用来存储图中边的信息，矩阵元素为任意两点之间的权重值。把相似图的邻接矩阵称为相似矩阵(Similarity Matrix)，矩阵元素即为相似图中节点之间的相似度 S_{ij}，$S_{ij}=0$ 表示节点 i 和 j 之间无连接。设样本集中有 N 个样本，则相似矩阵为 $N\times N$ 维。

度矩阵(Degree Matrix)是通过对邻接矩阵的行求和得到的对角矩阵，只有对角线有值，即相似图中和某个样本相连的所有边的权重之和，有

$$D_{ii}=\sum_{j=1}^{N}S_{ij} \tag{9-95}$$

拉普拉斯矩阵为

$$\boldsymbol{L}=\boldsymbol{D}-\boldsymbol{S} \tag{9-96}$$

对于任意的 N 维列向量 $\boldsymbol{x}=[x_1 \quad x_2 \quad \cdots \quad x_N]^{\mathrm{T}}$，有

$$\begin{aligned}\boldsymbol{x}^{\mathrm{T}}\boldsymbol{L}\boldsymbol{x}&=\boldsymbol{x}^{\mathrm{T}}\boldsymbol{D}\boldsymbol{x}-\boldsymbol{x}^{\mathrm{T}}\boldsymbol{S}\boldsymbol{x}=\sum_{j=1}^{N}D_{ii}x_i^2-\sum_{i,j=1}^{N}S_{ij}x_ix_j\\&=\frac{1}{2}\left(\sum_{i=1}^{N}D_{ii}x_i^2-2\sum_{i,j=1}^{N}S_{ij}x_ix_j+\sum_{j=1}^{N}D_{jj}x_j^2\right)=\frac{1}{2}\sum_{i,j=1}^{N}S_{ij}(x_i-x_j)^2\end{aligned} \tag{9-97}$$

【例 9-14】 设样本集 $\mathscr{X}=\{1,2,3\}$，$\sigma=1$，绘制相似图，生成相似矩阵、度矩阵及拉普拉斯矩阵。

解： 计算 3 个样本之间的欧氏距离：$d_{12}=1$，$d_{13}=2$，$d_{23}=1$。

计算 3 个样本之间的相似度：$S_{12}=\mathrm{e}^{-1}$，$S_{13}=\mathrm{e}^{-4}$，$S_{23}=\mathrm{e}^{-1}$。相似图如图 9-13(a)所示；相似矩阵如图 9-13(b)所示；度矩阵如图 9-13(c)所示；拉普拉斯矩阵如图 9-13(d)所示。

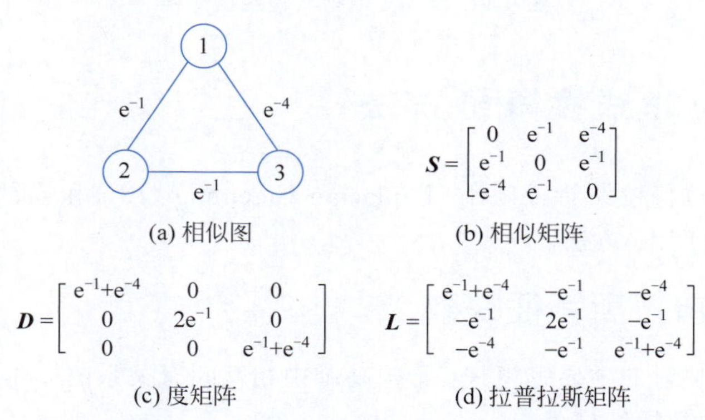

图 9-13 相似图、相似矩阵、度矩阵和拉普拉斯矩阵示例

2. 拉普拉斯特征映射

设 $N \times n$ 的样本矩阵为 $\boldsymbol{X}$，将 $\boldsymbol{X}$ 映射为 $N \times m$ 的样本矩阵 $\boldsymbol{Z}$，希望相似的 $\boldsymbol{x}_i$ 和 $\boldsymbol{x}_j$ 在降维后仍然接近，所以，拉普拉斯特征映射优化目标为

$$\min \sum_{i,j} \| \boldsymbol{z}_i - \boldsymbol{z}_j \|^2 S_{ij} \tag{9-98}$$

对目标函数进行变换，得

$$\begin{aligned}
\sum_{i,j} \| \boldsymbol{z}_i - \boldsymbol{z}_j \|^2 S_{ij} &= \sum_{i,j} (\boldsymbol{z}_i^{\mathrm{T}} \boldsymbol{z}_i - 2\boldsymbol{z}_i^{\mathrm{T}} \boldsymbol{z}_j + \boldsymbol{z}_j^{\mathrm{T}} \boldsymbol{z}_j) S_{ij} \\
&= \sum_i \left(\sum_j S_{ij}\right) \boldsymbol{z}_i^{\mathrm{T}} \boldsymbol{z}_i + \sum_j \left(\sum_i S_{ij}\right) \boldsymbol{z}_j^{\mathrm{T}} \boldsymbol{z}_j - 2\sum_i \sum_j \boldsymbol{z}_i^{\mathrm{T}} \boldsymbol{z}_j S_{ij} \\
&= 2\sum_i D_{ii} \boldsymbol{z}_i^{\mathrm{T}} \boldsymbol{z}_i - 2\sum_i \sum_j \boldsymbol{z}_i^{\mathrm{T}} \boldsymbol{z}_j S_{ij} \\
&= 2\mathrm{tr}(\boldsymbol{Z}^{\mathrm{T}} \boldsymbol{D} \boldsymbol{Z}) - 2\mathrm{tr}(\boldsymbol{Z}^{\mathrm{T}} \boldsymbol{S} \boldsymbol{Z}) \\
&= 2\mathrm{tr}(\boldsymbol{Z}^{\mathrm{T}} \boldsymbol{L} \boldsymbol{Z})
\end{aligned} \tag{9-99}$$

转换优化目标为

$$\begin{aligned}
&\min \ \mathrm{tr}(\boldsymbol{Z}^{\mathrm{T}} \boldsymbol{L} \boldsymbol{Z}) \\
&\mathrm{s.t.} \ \boldsymbol{Z}^{\mathrm{T}} \boldsymbol{D} \boldsymbol{Z} = \boldsymbol{I}
\end{aligned} \tag{9-100}$$

利用拉格朗日乘子法求解，可得

$$\boldsymbol{L}\boldsymbol{Z} = \boldsymbol{D}\boldsymbol{Z}\boldsymbol{\Lambda} \tag{9-101}$$

这是一个广义特征值问题，$\boldsymbol{\Lambda}$ 为 $\boldsymbol{L}$ 相对于 $\boldsymbol{D}$ 的特征值构成的对角矩阵。此时，函数取值 $\mathrm{tr}(\boldsymbol{Z}^{\mathrm{T}} \boldsymbol{L} \boldsymbol{Z}) = \mathrm{tr}(\boldsymbol{Z}^{\mathrm{T}} \boldsymbol{D} \boldsymbol{Z} \boldsymbol{\Lambda}) = \mathrm{tr}(\boldsymbol{\Lambda})$，如果 $\boldsymbol{\Lambda}$ 中是最小的 m 个特征值时，则函数取最小。

对 $\boldsymbol{D}^{-1}\boldsymbol{L}$ 进行特征分解，使 $\lambda_1 \leqslant \lambda_2 \leqslant \cdots \leqslant \lambda_m$ 是最小的 m 个非零特征值，选择对应的特征向量 $\boldsymbol{z}_1, \boldsymbol{z}_2, \cdots, \boldsymbol{z}_m$ 作为降维后的数据。

scikit-learn 库中 manifold 模块的 spectral_embedding 模型可实现拉普拉斯特征映射。

9.9.2 局部线性嵌入

局部线性嵌入希望在降维后能保持邻域内样本之间的线性关系。在原空间中，对样本 $\boldsymbol{x}_i$ 选择 k 个邻域样本，将 $\boldsymbol{x}_i$ 用其邻点的线性组合重构，确定重构误差最小时的权值 w_{ij}，$j = 1, 2, \cdots, k$，即

$$\begin{aligned}
&\min_{w_i} \sum_{i=1}^{N} \left\| \boldsymbol{x}_i - \sum_{j=1}^{k} w_{ij} \boldsymbol{x}_j \right\|^2 \\
&\mathrm{s.t.} \ \sum_{j=1}^{k} w_{ij} = 1
\end{aligned} \tag{9-102}$$

在低维空间保持 $\boldsymbol{w}_i$ 不变，$\boldsymbol{z}_i$ 可以通过用同样的权值进行重构，使重构误差最小求解，即

$$\min_{z_i} \sum_{i=1}^{N} \left\| \boldsymbol{z}_i - \sum_{l=1}^{k} w_{il} \boldsymbol{z}_l \right\|^2 \tag{9-103}$$

scikit-learn 库中 manifold 模块的 LocallyLinearEmbedding 模型可实现局部线性嵌入。

降维的方法还有很多，如核 PCA、因子分解、局部切空间对齐等方法，各有特点，可以根

据具体情况选择适合的方法。

习题

1. 简述特征提取的含义。

2. 简述线性特征变换思路。

3. 简述 PCA 降维原理。

4. 简述数据可视化方法的思路。

5. 编写程序,采用 ALS 算法实现基于 NMF 的特征提取。

6. 查阅资料,编写程序,分别利用 spectral_embedding 模型和 LocallyLinearEmbedding 模型对 iris 数据集中的数据进行降维。

7. 编写程序,采用线性变换对 iris 数据集中的数据进行降维。

8. 编写程序,采用非线性变换对 iris 数据集中的数据进行降维。

9. 编写程序,改写例 2-16,对不同字体数字图像的特征进行提取后再设计朴素贝叶斯分类器。

第10章 半监督学习

CHAPTER 10

半监督学习(Semi-Supervised Learning,SSL)是监督学习与无监督学习相结合的一种方法,同时使用标记样本和未标记样本进行学习,可以充分利用样本信息,提高模式识别系统的性能,因此,半监督学习越来越受到人们的重视。本章简要介绍半监督学习的思路以及在分类、聚类和降维中的应用,即半监督分类、半监督聚类和半监督降维。

10.1 基本概念

在实际问题中,有标记的样本常常只有一部分,甚至是一小部分,而未标记的样本较容易获取。例如,识别牡丹和芍药,可以请专业人士提供部分植株类别信息,进而获取有标记样本,但更多的是没有提供类别信息的植株,获取的是未标记样本;如果只用有标记样本训练分类器,由于样本有限,分类器的性能不能保证;如果只用未标记样本进行聚类分析,则浪费标记样本的类别信息;若把未标记样本一一标记,则费时又费力。那么,该如何有效利用这些样本提高模式识别系统的性能呢?

将有标记数据集表达为 $\mathscr{X}_l=\{(\boldsymbol{x}_1,y_1),(\boldsymbol{x}_2,y_2),\cdots,(\boldsymbol{x}_l,y_l)\}$,其中,$y_i,i=1,2,\cdots,l$,为样本类别标记,未标记数据集表达为 $\mathscr{X}_u=\{\boldsymbol{x}_{l+1},\boldsymbol{x}_{l+2},\cdots,\boldsymbol{x}_{l+u}\}$,且 $l\ll u,l+u=N$。可以利用 $\mathscr{X}_l$ 训练分类器,对 $\mathscr{X}_u$ 中的一个样本进行判断标记,利用专家知识确认审核后,将新标记的样本加入已标记样本集,再训练,再增加样本,不断重复这个操作,逐步提升模型的效果。若不断加入的新样本对分类器性能提高帮助较大,只需判断 $\mathscr{X}_u$ 中的较少样本即可获取性能较强的分类器,从而大幅度降低对样本进行标记的成本,这种学习方式称为主动学习(Active Learning),即使用尽量少的查询(外界确认审核)获取尽可能好的性能。

主动学习需要额外的专家知识,是人工经验和自动学习的结合。让训练过程不依赖外界交互,自动地利用未标记样本提升学习性能的方法即是半监督学习。

要利用未标记样本,需要对样本所表示的数据分布信息和标记之间的关系建立假设,常见的假设如下。

(1) 聚类假设(Cluster Assumption):当两个样本位于同一聚类簇时,在很大的概率下有相同的类标签。根据这一假设,分类边界需尽可能地通过数据较为稀疏的地方,以避免把密集的样本数据点分到分类边界的两侧。

(2) 流形假设(Manifold Assumption):处于一个很小的局部邻域内的样本具有相似的

性质，因此，其标记也应该相似。在这一假设下，大量未标记样本的作用就是让数据空间变得更加稠密，从而有助于更加准确地刻画局部区域的特性，使得决策函数能够更好地进行数据拟合。

从描述可以看出，聚类假设的含义是“相似的样本有相似的类别”，而流形假设的含义是“相近的样本有相似的输出”，相近是相似的一种情况，但“相似的输出”比“相似的类别”更为广泛，因此，流形假设适用范围更广。

根据预测目标的不同，半监督学习可进一步划分为归纳学习(Inductive Learning，IL)和直推学习(Transductive Learning，TL)。归纳学习指训练好的分类器决策的目标并非训练样本中的未标记样本，而是训练过程中未观察到的样本；直推学习则仅试图对训练过程中观察到的未标记样本进行决策。两种方式下对应的模式识别系统的环节也有所区别，前者类似于监督模式识别系统，而后者类似于无监督模式识别系统。

半监督学习方法可以应用在不同的情况下，根据学习目的的不同，区分为半监督分类、半监督回归、半监督聚类和半监督降维，本章将对半监督分类、半监督聚类和半监督降维的概念和方法进行简单介绍。

10.2 半监督分类

半监督分类(Semi-Supervised Classification)是指在未标记样本的辅助下，训练有标记的样本，以获得比只用有标记样本训练得到的分类器性能更优的分类器。半监督分类方法有早期的生成式模型、转导支持向量机(Transductive Support Vector Machine，TSVM)、基于图的半监督学习等一系列经典算法。

10.2.1 生成式模型

生成式模型方法假设有标记和未标记样本由同一潜在模型生成，未标记样本和学习目标可以通过模型联系起来，未标记样本的类别标记可以看作模型的缺失参数。这类方法采用的是生成式模型的假设，采用不同的假设得到不同的半监督学习模型。这节主要介绍采用高斯混合模型作为生成式模型时的学习方法。

给定样本 $\boldsymbol{x}$，类别标记为 $y \in \mathcal{Y}=\{1,2,\cdots,c\}$，$c$ 为所有可能的类别的个数。假设样本由高斯混合模型生成，且每一个类别对应一个高斯混合成分，即

$$p(\boldsymbol{x})=\sum_{j=1}^{c}\alpha_j p(\boldsymbol{x} \mid \boldsymbol{\mu}_j,\boldsymbol{\Sigma}_j) \tag{10-1}$$

其中，$p(\boldsymbol{x}|\boldsymbol{\mu}_j,\boldsymbol{\Sigma}_j)$是样本 $\boldsymbol{x}$ 属于第 j 个高斯混合成分的概率，混合系数 $\alpha_j \geqslant 0$，且 $\sum_{j=1}^{c}\alpha_j=1$，α_j 为选择第 j 个高斯混合成分的概率。

设模型对样本的预测表示为 $g(\boldsymbol{x})\in\mathcal{Y}$，样本 $\boldsymbol{x}$ 隶属的高斯混合成分表示为 $\Theta\in\{1,2,\cdots,c\}$，利用最大后验概率法，得

$$\begin{aligned}g(\boldsymbol{x})&=\arg\max_{k\in\mathcal{Y}}P(y=k \mid \boldsymbol{x})\\&=\arg\max_{k\in\mathcal{Y}}\sum_{j=1}^{c}P(y=k,\Theta=j \mid \boldsymbol{x})\end{aligned}$$

$$=\arg\max_{k\in\mathscr{Y}}\sum_{j=1}^{c}P(y=k\mid\Theta=j,\boldsymbol{x})P(\Theta=j\mid\boldsymbol{x}) \tag{10-2}$$

其中，

$$P(\Theta=j\mid\boldsymbol{x})=\frac{\alpha_j p(\boldsymbol{x}\mid\boldsymbol{\mu}_j,\boldsymbol{\Sigma}_j)}{\sum_{j=1}^{c}\alpha_j p(\boldsymbol{x}\mid\boldsymbol{\mu}_j,\boldsymbol{\Sigma}_j)} \tag{10-3}$$

是样本 $\boldsymbol{x}$ 由第 j 个高斯混合成分生成的后验概率。$P(y=k|\Theta=j,\boldsymbol{x})$是 $\boldsymbol{x}$ 由第 j 个高斯混合成分生成且类别为 k 的概率，假定第 j 个类别对应于第 j 个高斯混合成分，则当且仅当 $j=k$ 时，$P(y=k|\Theta=j,\boldsymbol{x})=1$；否则，$P(y=k|\Theta=j,\boldsymbol{x})=0$。

在式(10-2)中，$P(y=k|\Theta=j,\boldsymbol{x})$的估计需要已知样本的标记，即需要使用有标记样本；而 $P(\Theta=j|\boldsymbol{x})$的估计则不需要有标记样本，因此，可以同时利用有标记和未标记样本。

综上所述，假设由同一高斯混合模型独立抽样生成标记数据集 $\mathscr{X}_l=\{(\boldsymbol{x}_1,y_1),(\boldsymbol{x}_2,y_2),\cdots,(\boldsymbol{x}_l,y_l)\}$，未标记数据集 $\mathscr{X}_u=\{\boldsymbol{x}_{l+1},\boldsymbol{x}_{l+2},\cdots,\boldsymbol{x}_{l+u}\}$，且 $l\ll u$，$l+u=N$，可以通过求解高斯混合模型的参数，进而求最大化后验概率实现分类。

使用最大似然估计求解高斯混合模型参数 α_j、$\boldsymbol{\mu}_j$ 和$\boldsymbol{\Sigma}_j$，$j=1,2,\cdots,c$，对数似然函数为

$$\begin{aligned}h(\mathscr{X}_l\cup\mathscr{X}_u)=&\sum_{(\boldsymbol{x}_i,y_i)\in\mathscr{X}_l}\ln\Big[\sum_{j=1}^{c}\alpha_j p(\boldsymbol{x}_i\mid\boldsymbol{\mu}_j,\boldsymbol{\Sigma}_j)P(y_i\mid\Theta=j,\boldsymbol{x}_i)\Big]+\\&\sum_{\boldsymbol{x}_i\in\mathscr{X}_u}\ln\Big[\sum_{j=1}^{c}\alpha_j p(\boldsymbol{x}_i\mid\boldsymbol{\mu}_j,\boldsymbol{\Sigma}_j)\Big]\end{aligned} \tag{10-4}$$

可以采用 EM 算法对参数进行求解。

E 步：根据目前的模型各参数计算未标记样本 $\boldsymbol{x}_i$ 属于各高斯混合成分的概率 P_{ij}。

$$P_{ij}=\frac{\alpha_j p(\boldsymbol{x}_i\mid\boldsymbol{\mu}_j,\boldsymbol{\Sigma}_j)}{\sum_{k=1}^{c}\alpha_k p(\boldsymbol{x}_i\mid\boldsymbol{\mu}_k,\boldsymbol{\Sigma}_k)} \tag{10-5}$$

M 步：更新模型参数 α_j、$\boldsymbol{\mu}_j$ 和$\boldsymbol{\Sigma}_j$。式(10-4)分别对$\boldsymbol{\mu}_j$ 和$\boldsymbol{\Sigma}_j$ 求偏导，令导数为零，可得

$$\boldsymbol{\mu}_j=\frac{1}{N_j+\sum_{\boldsymbol{x}_i\in\mathscr{X}_u}P_{ij}}\Big(\sum_{\boldsymbol{x}_i\in\mathscr{X}_u}P_{ij}\boldsymbol{x}_i+\sum_{(\boldsymbol{x}_i,y_i)\in\mathscr{X}_l\wedge y_i=j}\boldsymbol{x}_i\Big) \tag{10-6}$$

$$\begin{aligned}\boldsymbol{\Sigma}_j=&\frac{1}{N_j+\sum_{\boldsymbol{x}_i\in\mathscr{X}_u}P_{ij}}\Big[\sum_{\boldsymbol{x}_i\in\mathscr{X}_u}P_{ij}(\boldsymbol{x}_i-\boldsymbol{\mu}_j)(\boldsymbol{x}_i-\boldsymbol{\mu}_j)^{\mathrm{T}}+\\&\sum_{(\boldsymbol{x}_i,y_i)\in\mathscr{X}_l\wedge y_i=j}(\boldsymbol{x}_i-\boldsymbol{\mu}_j)(\boldsymbol{x}_i-\boldsymbol{\mu}_j)^{\mathrm{T}}\Big]\end{aligned} \tag{10-7}$$

由于存在约束条件 $\alpha_j\geqslant0$，且 $\sum_{j=1}^{c}\alpha_j=1$，因此定义拉格朗日函数，再对 α_j 求导，可得

$$\alpha_j=\frac{1}{N}\Big(N_j+\sum_{\boldsymbol{x}_i\in\mathscr{X}_u}P_{ij}\Big) \tag{10-8}$$

其中，N_j 表示第 j 类中有标记样本的个数。

E 步和 M 步不断重复，直到算法收敛，获得模型参数，根据未标记样本 $\boldsymbol{x}_i$ 的属于各高

斯混合成分的后验概率 P_{ij} 对样本进行分类决策。

更换生成模型则可以推导出其他的生成式半监督学习方法。这类方法简单，易于实现，在标记样本较少的情况下能获得较好的性能。但是，该方法对模型假设的依赖性较强，若生成式模型不符合真实数据的分布，分类器的性能反而会下降。

10.2.2 半监督支持向量机

半监督支持向量机(Semi-Supervised Support Vector Machine，S3VM)是支持向量机(SVM)在半监督学习上的推广。如第4章所述，在不考虑未标记样本时，支持向量机是寻找最大间隔的分类超平面；考虑未标记样本后，根据聚类假设，分类边界应尽可能地通过数据较为稀疏的地方。因此，半监督支持向量机寻找能将两类有标记样本分开，且穿过数据低密度区域的分类超平面。

TSVM是一种著名的半监督支持向量机，针对二分类问题，利用已标记样本训练SVM；用训练好的SVM分类器对未标记样本预测标记(伪标记)，并尝试将每个未标记样本分别做正例或反例，寻找对于所有样本间隔最大化的超平面，超平面对未标记样本的判别即最终预测结果。

给定有标记数据集 $\mathscr{X}_l=\{(\boldsymbol{x}_1,y_1),(\boldsymbol{x}_2,y_2),\cdots,(\boldsymbol{x}_l,y_l)\}$，未标记数据集 $\mathscr{X}_u=\{\boldsymbol{x}_{l+1},\boldsymbol{x}_{l+2},\cdots,\boldsymbol{x}_{l+u}\}$，且 $l\ll u$，$l+u=N$，在二分类问题中，标记 $y_i\in\{-1,1\}$，$i=1,2,\cdots,l$，TSVM为 $\mathscr{X}_u$ 中的样本预测标记 $\hat{y}_i$，$i=l+1,l+2,\cdots,N$，$\hat{y}_i\in\{-1,1\}$，使得

$$
\begin{cases}
\min\limits_{\boldsymbol{w},w_0,\hat{\boldsymbol{y}},\boldsymbol{\xi}} \dfrac{1}{2}\|\boldsymbol{w}\|^2+C_l\sum\limits_{i=1}^{l}\xi_i+C_u\sum\limits_{i=l+1}^{N}\xi_i \\
\text{s. t. } y_i(\boldsymbol{w}^{\mathrm{T}}\boldsymbol{x}_i+w_0)-1+\xi_i\geqslant 0, \quad i=1,2,\cdots,l \\
\qquad \hat{y}_i(\boldsymbol{w}^{\mathrm{T}}\boldsymbol{x}_i+w_0)-1+\xi_i\geqslant 0, \quad i=l+1,l+2,\cdots,N \\
\qquad \xi_i\geqslant 0, \quad i=1,2,\cdots,N
\end{cases}
\tag{10-9}
$$

其中，$\boldsymbol{w}$ 和 w_0 确定一个分类超平面；ξ_i 为松弛变量：ξ_i，$i=1,2,\cdots,l$ 对应于标记样本，ξ_i，$i=l+1,l+2,\cdots,N$ 对应于未标记样本，$\xi_i>1$ 时被错分；C_l 和 C_u 是用于平衡有标记和未标记样本重要程度的参数。

根据上面对TSVM设计思路的描述可知，尝试将每个未标记样本分别做正例或反例，寻找对于所有样本间隔最大化的超平面，这是一个穷举的过程，在样本较多的情况下，直接求解不现实，需要合理的搜索策略。TSVM进行搜索、训练及决策的过程描述如下。

(1) 初始化。

利用 $\mathscr{X}_l$ 设计SVM，对 $\mathscr{X}_u$ 中的样本进行标记，所有的样本均变为标记样本；设置初始 C_l 和 C_u，由于 $\mathscr{X}_u$ 中样本标记 $\hat{y}_i$ 为伪标记，可能不准确，所以要满足 $C_u\ll C_l$，使标记样本发挥更大作用。

(2) 利用标记和伪标记样本求解分类超平面参数 $\boldsymbol{w}$ 和 w_0 以及松弛变量 ξ_i。

(3) 确定要交换标记的伪标记样本，并交换标记。在伪标记样本中找出两个指派为异类且很可能发生错误的未标记样本，即对应 $\hat{y}_i\hat{y}_j<0$，且 $\xi_i>0$，$\xi_j>0$，$\xi_i+\xi_j>2$ 的样本，交换标记，即 $\hat{y}_i=-\hat{y}_i$，$\hat{y}_j=-\hat{y}_j$。

(4) 利用新标记的样本重新求超平面参数及松弛变量。

(5) 重复步骤(3)和步骤(4)，直至没有满足条件的伪标记样本。

(6) 增大 C_u，重复步骤(2)～(5)直到 $C_u = C_l$。

(7) 获取最终的未标记样本的预测结果。

TSVM 的计算量、计算复杂度十分高，需要高效优化求解策略以提高算法的效率，由此发展出很多方法，不再一一介绍。

scikit-learn 库中 semi_supervised 模块的 SelfTrainingClassifier 模型可以在给定的监督分类模型的基础上实现半监督分类，其调用格式如下：

```
SelfTrainingClassifier(base_estimator, threshold = 0.75, criterion = 'threshold', k_best = 10,
max_iter = 10, verbose = False)
```

SelfTrainingClassifier 模型的主要参数及属性如表 10-1 所示。

表 10-1　SelfTrainingClassifier 模型的主要参数及属性

类型	名　称	含　义
参数	base_estimator	指定监督分类模型
	criterion	指定选择的样本加入训练集的标准，取'threshold'表示预测概率大于 threshold 参数值的样本加入，取'k_best'表示前 k_best 个高预测概率的样本加入
	threshold	criterion='threshold'时的阈值参数
	k_best	criterion='k_best'时的样本个数
属性	base_estimator_	监督分类器模型实例
	classes_	类标签
	transduction_	训练结束时样本的类标签，−1 表示未标记
	labeled_iter_	每个样本被标记的次数，0 表示是原来已标记，−1 表示该样本从未被标记
	termination_condition_	拟合终止时的状况，取值'max_iter'、'no_change'、'all_labeled'分别表示达到最大迭代次数、没有新标记出现、所有样本全部被标记

SelfTrainingClassifier 模型的主要方法有 decision_function、fit、predict、predict_log_proba、predict_proba 和 score 等。

【例 10-1】 采用 SelfTrainingClassifier 模型对 iris 数据集进行分类。

程序如下：

```
import numpy as np
from matplotlib import pyplot as plt
from sklearn.datasets import load_iris
from sklearn.semi_supervised import SelfTrainingClassifier
from sklearn.svm import SVC
iris = load_iris()
X, y = iris.data[:, 2:4], iris.target
N, n = np.shape(X)
rng = np.random.RandomState(42)
unlabeled = rng.rand(N) < 0.3          # 生成 N 个 0～1 的随机数，选择其中小于 0.3 的
y[unlabeled] = -1                      # 将随机选择的样本设为无标记
svc = SVC(probability = True, gamma = "auto")    # 设置 SVC 模型使用概率估计
stc = SelfTrainingClassifier(svc).fit(X, y)      # 进行半监督学习
```

```
y_pred = stc.transduction_                                          # 获取训练结束时样本标记情况
plt.rcParams['font.sans-serif'] = ['SimSun']
plt.subplot(121)                                                    # 绘制原标记样本和未标记样本
plt.plot(X[y == 0, 0], X[y == 0, 1], 'r.', X[y == 1, 0], X[y == 1, 1], 'g+',
         X[y == 2, 0], X[y == 2, 1], 'bx', X[y == -1, 0], X[y == -1, 1], 'm*')
plt.legend(['第一类', '第二类', '第三类', '未标记样本'])
plt.xticks(fontproperties='Times New Roman')
plt.yticks(fontproperties='Times New Roman')
plt.subplot(122)                                                    # 根据训练结果绘制各类样本
plt.plot(X[y_pred == 0, 0], X[y_pred == 0, 1], 'r.',
         X[y_pred == 1, 0], X[y_pred == 1, 1], 'g+',
         X[y_pred == 2, 0], X[y_pred == 2, 1], 'bx',
         X[y_pred == -1, 0], X[y_pred == -1, 1], 'm*')
plt.legend(['第一类', '第二类', '第三类', '未标记样本'])
plt.xticks(fontproperties='Times New Roman')
plt.yticks(fontproperties='Times New Roman')
plt.show()
```

程序运行结果如图 10-1 所示。

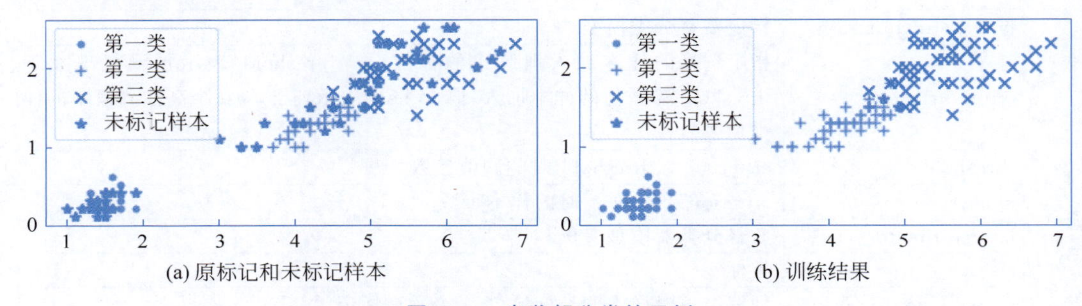

图 10-1 半监督分类的示例

10.2.3 基于图的半监督学习

在 9.9.1 节介绍过，将数据集表达为无向图 $G=(V,E)$，图中的节点表示数据点，无方向的边表示数据点之间的连接权重，可以用节点间的相似度表示，对应的图可以称为相似图；相似图的邻接矩阵称为相似矩阵；对邻接矩阵的行求和得到的对角矩阵称为度矩阵；由度矩阵和相似矩阵定义拉普拉斯矩阵。基于图的半监督学习是指将标记样本 $\mathscr{X}_l=\{(\boldsymbol{x}_1,y_1),(\boldsymbol{x}_2,y_1),\cdots,(\boldsymbol{x}_l,y_l)\}$ 和未标记样本 $\mathscr{X}_u=\{\boldsymbol{x}_{l+1},\boldsymbol{x}_{l+2},\cdots,\boldsymbol{x}_N\}$ 共同构建无向图 G，并获取相似矩阵 $\boldsymbol{S}$、度矩阵 $\boldsymbol{D}$ 以及拉普拉斯矩阵 $\boldsymbol{L}=\boldsymbol{D}-\boldsymbol{S}$，在矩阵的基础上定义优化函数，以获取对未标记样本进行标记的函数。

假设对样本集 $\mathscr{X}_l$ 和 $\mathscr{X}_u$ 进行训练获取的判别函数为 $g(\boldsymbol{x})$，决策规则为：$y_i=\operatorname{sgn}[g(\boldsymbol{x}_i)]$，$y_i\in\{-1,1\}$，$1\leqslant i\leqslant N$。利用 $g(\boldsymbol{x})$ 对所有样本进行决策，得到 N 维列向量 $\boldsymbol{g}=[g(\boldsymbol{x}_1)\quad g(\boldsymbol{x}_2)\quad\cdots\quad g(\boldsymbol{x}_N)]^{\mathrm{T}}$，由式(9-97)可知

$$J(\boldsymbol{g})=\boldsymbol{g}^{\mathrm{T}}\boldsymbol{L}\boldsymbol{g}=\frac{1}{2}\sum_{i=1}^{N}\sum_{j=1}^{N}S_{ij}\left[g(\boldsymbol{x}_i)-g(\boldsymbol{x}_j)\right]^2 \tag{10-10}$$

根据半监督学习的假设，相似的样本应具有相似的输出，如果 $\boldsymbol{x}_i$ 和 $\boldsymbol{x}_j$ 相似，$g(\boldsymbol{x}_i)$ 和 $g(\boldsymbol{x}_j)$ 也相似，则 $J(\boldsymbol{g})$ 最小化时得到最优结果。

将向量 $\boldsymbol{g}$、度矩阵 $\boldsymbol{D}$、相似矩阵 $\boldsymbol{S}$ 中对应于标记样本和未标记样本的部分分开表示为

$\boldsymbol{g}=[\boldsymbol{g}_l^{\mathrm{T}} \quad \boldsymbol{g}_u^{\mathrm{T}}]^{\mathrm{T}}$，其中，$\boldsymbol{g}_l=[g(\boldsymbol{x}_1)\ g(\boldsymbol{x}_2)\ \cdots\ g(\boldsymbol{x}_l)]^{\mathrm{T}}$，$\boldsymbol{g}_u=[g(\boldsymbol{x}_{l+1})\ g(\boldsymbol{x}_{l+2})\ \cdots\ g(\boldsymbol{x}_N)]^{\mathrm{T}}$；$\boldsymbol{D}=\begin{bmatrix}\boldsymbol{D}_{ll} & \boldsymbol{0}_{lu}\\ \boldsymbol{0}_{ul} & \boldsymbol{D}_{uu}\end{bmatrix}$；$\boldsymbol{S}=\begin{bmatrix}\boldsymbol{S}_{ll} & \boldsymbol{S}_{lu}\\ \boldsymbol{S}_{ul} & \boldsymbol{S}_{uu}\end{bmatrix}$，可将式(10-10)重写为

$$\begin{aligned}J(\boldsymbol{g})&=[\boldsymbol{g}_l^{\mathrm{T}} \quad \boldsymbol{g}_u^{\mathrm{T}}]\left(\begin{bmatrix}\boldsymbol{D}_{ll} & \boldsymbol{0}_{lu}\\ \boldsymbol{0}_{ul} & \boldsymbol{D}_{uu}\end{bmatrix}-\begin{bmatrix}\boldsymbol{S}_{ll} & \boldsymbol{S}_{lu}\\ \boldsymbol{S}_{ul} & \boldsymbol{S}_{uu}\end{bmatrix}\right)\begin{bmatrix}\boldsymbol{g}_l\\ \boldsymbol{g}_u\end{bmatrix}\\ &=\boldsymbol{g}_l^{\mathrm{T}}(\boldsymbol{D}_{ll}-\boldsymbol{S}_{ll})\boldsymbol{g}_l-2\boldsymbol{g}_u^{\mathrm{T}}\boldsymbol{S}_{ul}\boldsymbol{g}_l+\boldsymbol{g}_u^{\mathrm{T}}(\boldsymbol{D}_{uu}-\boldsymbol{S}_{uu})\boldsymbol{g}_u\end{aligned} \tag{10-11}$$

令$\partial J/\partial \boldsymbol{g}_u=0$，可得

$$\boldsymbol{g}_u=(\boldsymbol{D}_{uu}-\boldsymbol{S}_{uu})^{-1}\boldsymbol{S}_{ul}\boldsymbol{g}_l \tag{10-12}$$

将$\mathscr{X}_l$的标记信息作为$\boldsymbol{g}_l=[y_1 \quad y_2 \quad \cdots \quad y_N]^{\mathrm{T}}$代入式(10-12)，即可求得$\boldsymbol{g}_u$，并对未标记样本进行标记。

在这种基于图的半监督学习中，部分节点有标记，要对无标记的节点加注标记，称为标记传播(Label Propagation)方法。以上描述的是对二分类问题的学习，下面介绍针对多分类情况的标记传播方法。

同样采用标记样本$\mathscr{X}_l=\{(\boldsymbol{x}_1,y_1),(\boldsymbol{x}_2,y_1),\cdots,(\boldsymbol{x}_l,y_l)\}$和未标记样本$\mathscr{X}_u=\{\boldsymbol{x}_{l+1},\boldsymbol{x}_{l+2},\cdots,\boldsymbol{x}_N\}$构建无向图$G$，并获取相似矩阵$\boldsymbol{S}$、度矩阵$\boldsymbol{D}$，类别标记为$y_i\in\mathscr{Y}=\{1,2,\cdots,c\}$。定义一个$N\times c$的非负标记矩阵$\boldsymbol{F}=[\boldsymbol{F}_1^{\mathrm{T}} \quad \boldsymbol{F}_2^{\mathrm{T}} \quad \cdots \quad \boldsymbol{F}_N^{\mathrm{T}}]^{\mathrm{T}}$，其中，第$i$行为$\boldsymbol{x}_i$的标记向量$\boldsymbol{F}_i=[F_{i1} \quad F_{i2} \quad \cdots \quad F_{ic}]$，对应的决策规则为

$$y_i=\arg\max_{1\leqslant j\leqslant c} F_{ij},\quad 1\leqslant i\leqslant N \tag{10-13}$$

标记传播方法通过迭代方法获取理想的标记矩阵$\boldsymbol{F}$，其初值设为

$$\boldsymbol{F}(0)_{ij}=\begin{cases}1, & 1\leqslant i\leqslant l \text{ 且 } y_i=j\\ 0, & \text{其他}\end{cases} \tag{10-14}$$

即前l行是标记样本的标记向量，后u行初始化为0。

定义标记传播矩阵

$$\boldsymbol{A}=\boldsymbol{D}^{-1/2}\boldsymbol{S}\boldsymbol{D}^{-1/2} \tag{10-15}$$

其中，

$$\boldsymbol{D}^{-1/2}=\begin{bmatrix}\dfrac{1}{\sqrt{D_{11}}} & \cdots & 0\\ \vdots & & \vdots\\ 0 & \cdots & \dfrac{1}{\sqrt{D_{NN}}}\end{bmatrix}$$

$\boldsymbol{F}$的迭代计算式为

$$\boldsymbol{F}(t+1)=\alpha\boldsymbol{A}\boldsymbol{F}(t)+(1-\alpha)\boldsymbol{F}(0) \tag{10-16}$$

参数$\alpha\in(0,1)$，用于调节标记传播项$\boldsymbol{A}\boldsymbol{F}(t)$和初始化项$\boldsymbol{F}(0)$的重要性。迭代算法收敛时，

$$\boldsymbol{F}^*=(1-\alpha)(\boldsymbol{I}-\alpha\boldsymbol{A})^{-1}\boldsymbol{F}(0) \tag{10-17}$$

即可获得$\mathscr{X}_u$中样本的标记$\hat{y}_i$，$i=l+1,l+2,\cdots,N$。

多类情况下的标记传播算法步骤整理如下。

(1) 初始化。

设定尺度因子 σ，由式(9-94)构造相似矩阵 $\boldsymbol{S}$；计算度矩阵 $\boldsymbol{D}$；构造标记传播矩阵 $\boldsymbol{A}$；根据标记样本的标记获取标记矩阵 $\boldsymbol{F}$ 的初值 $\boldsymbol{F}(0)$。

(2) 迭代计算标记矩阵 $\boldsymbol{F}$。设定参数 α，由式(10-16)进行迭代运算直至收敛。

(3) 根据式(10-13)获取未标记样本的标记。

scikit-learn 库中 semi_supervised 模块的 LabelPropagation 模型可实现标记传播分类，其调用格式如下：

```
LabelPropagation(kernel = 'rbf', *, gamma = 20, n_neighbors = 7, max_iter = 1000, tol = 0.001,
n_jobs = None)
```

LabelPropagation 模型的主要参数及属性如表 10-2 所示。

表 10-2 LabelPropagation 模型的主要参数及属性

类型	名称	含义
参数	kernel	指定构建相似图、相似矩阵的方法，可取'knn'、'rbf'，前者表示两个样本为邻点时两节点连接权值为 1；后者表示根据高斯函数计算的两节点连接权值
	gamma	kernel='rbf'时的参数
	n_neighbors	kernel='knn'时的参数
属性	label_distributions_	标记矩阵 $\boldsymbol{F}$
	transduction_	训练结束时样本的类标签

LabelPropagation 模型的主要方法有 fit、predict、predict_proba 和 score 等。

【例 10-2】 采用 LabelPropagation 模型对 iris 数据集进行分类。

程序如下：

```
import numpy as np
from matplotlib import pyplot as plt
from sklearn.datasets import load_iris
from sklearn.semi_supervised import LabelPropagation
iris = load_iris()
X, y = iris.data[:, 2:4], iris.target
N, n = np.shape(X)
rng = np.random.RandomState(42)
unlabeled = rng.rand(N) < 0.3
y[unlabeled] = -1                                          #设置未标记样本
lpm = LabelPropagation().fit(X, y)                         #标记传播
y_pred = lpm.transduction_                                 #获取标记结果
plt.rcParams['font.sans-serif'] = ['SimSun']
plt.subplot(121)
plt.plot(X[y == 0, 0], X[y == 0, 1], 'r.', X[y == 1, 0], X[y == 1, 1], 'g+',
         X[y == 2, 0], X[y == 2, 1], 'bx', X[y == -1, 0], X[y == -1, 1], 'm*')
plt.legend(['第一类', '第二类', '第三类', '未标记样本'])
plt.xticks(fontproperties = 'Times New Roman')
plt.yticks(fontproperties = 'Times New Roman')
plt.subplot(122)
plt.plot(X[y_pred == 0, 0], X[y_pred == 0, 1], 'r.',
         X[y_pred == 1, 0], X[y_pred == 1, 1], 'g+',
         X[y_pred == 2, 0], X[y_pred == 2, 1], 'bx')
plt.legend(['第一类', '第二类', '第三类'])
plt.xticks(fontproperties = 'Times New Roman')
plt.yticks(fontproperties = 'Times New Roman')
plt.show()
```

程序运行结果如图 10-2 所示。

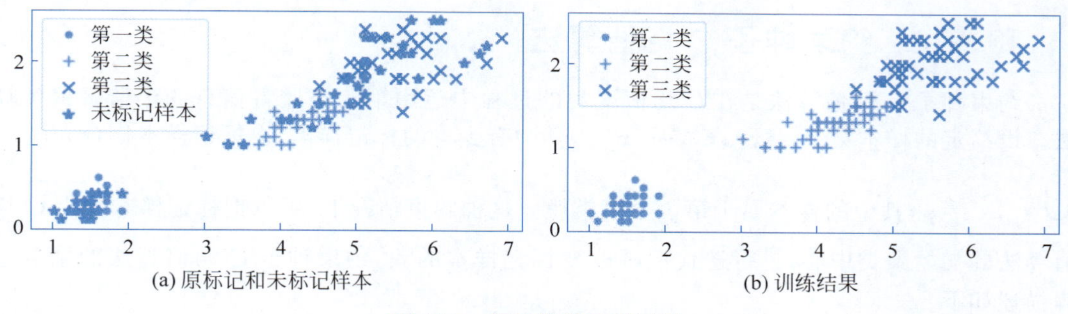

图 10-2 标记传播分类示例

基于图的半监督学习原理清晰，可以通过对算法中的矩阵运算进行分析，了解算法的特性；但是该算法存储开销较大，很难处理大规模数据；另外，基于训练样本构建图，对于新的样本，很难确定其在图中的位置，所以，出现新的样本时，需要将样本加入原样本集，重新构建图及进行训练。

10.3 半监督聚类

半监督聚类(Semi-Supervised Clustering)是指利用少量的监督信息对聚类进行辅助，以获得比只用未标记样本聚类结果更好的簇，提高聚类方法的精度。

半监督聚类中的监督信息大致可以分为两种类型，一种是某些样本对一定属于同一类(Must-Link)或必不属于同一类(Cannot-Link)的约束，另一种是有少量的有标记样本。在聚类的过程中利用不同的监督信息对应不同的算法。

10.3.1 约束 C 均值算法

约束 C 均值算法是在 C 均值聚类的过程中运用第一类监督信息的半监督聚类算法。设给定的未标记样本集 $\mathscr{X}=\{\boldsymbol{x}_1,\boldsymbol{x}_2,\cdots,\boldsymbol{x}_N\}$中，确定为同一类的样本对集合为 $\mathscr{X}_M$，确定为不同类的样本对集合为 $\mathscr{X}_C$，拟将样本集划分为 c 个聚类簇$\{\omega_1,\omega_2,\cdots,\omega_c\}$，约束 C 均值算法的聚类过程描述如下。

(1) 初始化。

从样本集 $\mathscr{X}$ 中选择 c 个样本作为初始均值向量$\{\boldsymbol{\mu}_1,\boldsymbol{\mu}_2,\cdots,\boldsymbol{\mu}_c\}$，各聚类簇为空集。

(2) 依次确定每个样本应归入的聚类簇。

① 计算样本与均值向量的距离 d_j，$j=1,2,\cdots,c$。

② 找 d_j 的最小值 d_k，以及对应的聚类簇 ω_k。

③ 验证样本归入 ω_k 是否违背 $\mathscr{X}_M$ 和 $\mathscr{X}_C$ 中的约束：若不违背，则将样本归入 ω_k 聚类簇；否则，在 d_j 中去掉 d_k，重复找最小距离对应的聚类簇并判断，直到样本归入某一聚类簇；若所有的聚类簇都不合适，则报错。

(3) 根据当前聚类簇的样本更新均值向量。

(4) 判断算法是否收敛。

若前后迭代中均值向量不相等，返回步骤(2)，重新归类；若收敛，则退出算法，当前聚类簇即是最终的簇划分。

10.3.2 约束种子 C 均值算法

约束种子 C 均值算法是在 C 均值聚类的过程中运用第二类监督信息的半监督聚类算法。设给定的样本集 $\mathscr{X}=\{\boldsymbol{x}_1,\boldsymbol{x}_2,\cdots,\boldsymbol{x}_N\}$，其中有少量的标记样本，设标记样本集合为 $\mathscr{X}_l=\bigcup_{j=1}^{c}\mathscr{X}_j$，$\mathscr{X}_j\neq\phi$，其中的样本属于第 j 个聚类簇。这种约束情况下，可以把标记样本作为 C 均值算法的初始聚类中心，进行迭代但不改变标记样本的簇，约束种子 C 均值算法的聚类过程描述如下。

(1) 初始化。

将标记样本集 $\mathscr{X}_l$ 中各簇样本求均值作为初始均值向量 $\{\boldsymbol{\mu}_1,\boldsymbol{\mu}_2,\cdots,\boldsymbol{\mu}_c\}$，各聚类簇为空集。

(2) 将各标记样本归入各聚类簇。

(3) 依次确定其他未标记样本应归入的聚类簇。

① 计算样本与均值向量的距离 d_j，$j=1,2,\cdots,c$。

② 找 d_j 的最小值 d_k，将样本归入对应的聚类簇 ω_k。

(4) 根据当前聚类簇的样本更新均值向量。

(5) 判断算法是否收敛。

若前后迭代中均值向量不相等，返回步骤(2)，重新归类；若收敛，则退出算法，当前聚类簇即是最终簇的划分。

目前半监督聚类算法多数是对以往聚类算法的改进，对于半监督聚类算法的深入研究还在进行之中。

10.4 半监督降维

半监督降维(Semi-Supervised Dimensionality Reduction)是指同时利用标记样本和未标记样本将高维数据降维。根据监督信息的不同，半监督降维方法有很多，可以像监督降维方法一样利用样本标记，也可以像无监督降维方法一样保持样本的某种结构信息，例如数据的全局方差、局部结构等。本节简要介绍半监督局部 Fisher 判别分析和基于约束的半监督降维，以了解半监督降维的思路。

10.4.1 半监督局部 Fisher 判别分析

半监督局部 Fisher 判别分析(Semi-Supervised LFDA，SELF)是结合了 PCA 和局部 Fisher 判别分析(Local Fisher Discriminant Analysis，LFDA)方法，可以保持未标记样本的全局结构，同时保留 LFDA 方法的优点。

1. 局部 Fisher 判别分析

设标记样本集 $\mathscr{X}_l=\{(\boldsymbol{x}_1,y_1),(\boldsymbol{x}_2,y_1),\cdots,(\boldsymbol{x}_l,y_l)\}$，$y_i\in\{1,2,\cdots,c\}$是样本 $\boldsymbol{x}_i$ 的类别标记，c 为类别数目。定义局部类间散布矩阵 $\boldsymbol{S}_{\mathrm{lb}}$ 和局部类内散布矩阵 $\boldsymbol{S}_{\mathrm{lw}}$

$$\boldsymbol{S}_{\mathrm{lb}}=\frac{1}{2}\sum_{i=1}^{l}\sum_{j=1}^{l}W_{ij}^{\mathrm{lb}}(\boldsymbol{x}_i-\boldsymbol{x}_j)(\boldsymbol{x}_i-\boldsymbol{x}_j)^{\mathrm{T}} \tag{10-18}$$

$$\boldsymbol{S}_{\mathrm{lw}}=\frac{1}{2}\sum_{i=1}^{l}\sum_{j=1}^{l}W_{ij}^{\mathrm{lw}}(\boldsymbol{x}_i-\boldsymbol{x}_j)(\boldsymbol{x}_i-\boldsymbol{x}_j)^{\mathrm{T}} \tag{10-19}$$

其中，$\boldsymbol{W}^{\mathrm{lb}}$ 和 $\boldsymbol{W}^{\mathrm{lw}}$ 是 $l\times l$ 的矩阵，即

$$W_{ij}^{\mathrm{lb}}=\begin{cases}A_{ij}(1/l-1/N_{y_i}), & y_i=y_j\\ 1/l, & y_i\neq y_j\end{cases} \tag{10-20}$$

$$W_{ij}^{\mathrm{lw}}=\begin{cases}A_{ij}/N_{y_i}, & y_i=y_j\\ 0, & y_i\neq y_j\end{cases} \tag{10-21}$$

其中，N_{y_i} 是标记和 y_i 一样的样本数目；$\boldsymbol{A}$ 是衡量样本相似程度的 $l\times l$ 的矩阵，$A_{ij}\in[0,1]$，定义为

$$A_{ij}=\exp\left(-\frac{\|\boldsymbol{x}_i-\boldsymbol{x}_j\|^2}{\sigma_i\sigma_j}\right) \tag{10-22}$$

σ_i 是样本 $\boldsymbol{x}_i$ 周围局部变化，可以定义为 $\boldsymbol{x}_i$ 和周围第 k 个近邻 $\boldsymbol{x}_i^k$ 之间的距离 $\sigma_i=\|\boldsymbol{x}_i-\boldsymbol{x}_i^k\|$，$k$ 可以取 7。$A_{ij}(1/l-1/N_{y_i})$ 是负值，即同一类样本对局部类间散布矩阵 $\boldsymbol{S}_{\mathrm{lb}}$ 的贡献为负。迹 $\mathrm{tr}(\boldsymbol{S}_{\mathrm{lb}})$ 是所有样本之间加权平均距离的一种测度，同一类样本对应权值为负，不同类样本对应权值为正，越大说明类之间的可分性越好。迹 $\mathrm{tr}(\boldsymbol{S}_{\mathrm{lw}})$ 是同类样本之间加权平均距离的测度，越小说明类内数据的聚集性越好。

LFDA 确定最优降维矩阵 $\boldsymbol{W}$，使得

$$J(\boldsymbol{W})=\mathrm{tr}\left[(\boldsymbol{W}^{\mathrm{T}}\boldsymbol{S}_{\mathrm{lw}}\boldsymbol{W})^{-1}\boldsymbol{W}^{\mathrm{T}}\boldsymbol{S}_{\mathrm{lb}}\boldsymbol{W}\right] \tag{10-23}$$

取最大值①。

2. 半监督局部 Fisher 判别分析

在标记样本集 $\mathscr{X}_l$ 外，有未标记样本集 $\mathscr{X}_u=\{\boldsymbol{x}_{l+1},\boldsymbol{x}_{l+2},\cdots,\boldsymbol{x}_{l+u}\}$，且 $l\ll u$，$l+u=N$，混合散布矩阵为

$$\boldsymbol{S}_{\mathrm{m}}=\sum_{i=1}^{N}(\boldsymbol{x}_i-\boldsymbol{\mu})(\boldsymbol{x}_i-\boldsymbol{\mu})^{\mathrm{T}} \tag{10-24}$$

$\boldsymbol{\mu}$ 是样本的总体均值。混合散布矩阵其实就是 $N\boldsymbol{\Sigma}$，样本集的协方差矩阵 $\boldsymbol{\Sigma}$ 是主成分分析的产生矩阵。迹 $\mathrm{tr}(\boldsymbol{S}_{\mathrm{m}})$ 是样本关于总体均值的方差和，其值越大说明数据的可分性越好。

定义正则化局部类间散布矩阵 $\boldsymbol{S}_{\mathrm{rlb}}$ 和局部类内散布矩阵 $\boldsymbol{S}_{\mathrm{rlw}}$

$$\begin{aligned}\boldsymbol{S}_{\mathrm{rlb}}&=(1-\beta)\boldsymbol{S}_{\mathrm{lb}}+\beta\boldsymbol{S}_{\mathrm{m}}\\ \boldsymbol{S}_{\mathrm{rlw}}&=(1-\beta)\boldsymbol{S}_{\mathrm{lw}}+\beta\boldsymbol{I}\end{aligned} \tag{10-25}$$

使得

$$J(\boldsymbol{W})=\mathrm{tr}\left[(\boldsymbol{W}^{\mathrm{T}}\boldsymbol{S}_{\mathrm{rlw}}\boldsymbol{W})^{-1}\boldsymbol{W}^{\mathrm{T}}\boldsymbol{S}_{\mathrm{rlb}}\boldsymbol{W}\right] \tag{10-26}$$

取最大值。其中，$\beta\in[0,1]$，假如 $\beta=0$，SELF 算法即是 LFDA 算法；假如 $\beta=1$，SELF 算法即是 PCA 算法。可以通过求 $\boldsymbol{S}_{\mathrm{rlw}}^{-1}\boldsymbol{S}_{\mathrm{rlb}}$ 的特征向量构成降维矩阵 $\boldsymbol{W}$。

---

① 原论文中为 $J(\boldsymbol{W})=\mathrm{tr}[\boldsymbol{W}^{\mathrm{T}}\boldsymbol{S}_{\mathrm{lb}}\boldsymbol{W}(\boldsymbol{W}^{\mathrm{T}}\boldsymbol{S}_{\mathrm{lw}}\boldsymbol{W})^{-1}]$，根据迹的性质：$\mathrm{tr}(\boldsymbol{AB})=\mathrm{tr}(\boldsymbol{BA})$，此处为和第 8、9 章表达方式保持一致，表达为 $J(\boldsymbol{W})=\mathrm{tr}[(\boldsymbol{W}^{\mathrm{T}}\boldsymbol{S}_{\mathrm{lw}}\boldsymbol{W})^{-1}\boldsymbol{W}^{\mathrm{T}}\boldsymbol{S}_{\mathrm{lb}}\boldsymbol{W}]$。

10.4.2 基于约束的半监督降维

对于原始高维数据增加成对约束信息：正约束(Must-Link Constraints)，即一对样本属于同一个类；负约束(Cannot-Link Constraints)，即一对样本属于不同类。基于约束的半监督降维(Semi-Supervised Dimensionality Reduction，SSDR)实现保持高维数据和成对约束结构不变的降维，即在高维空间中满足正约束的样本在低维空间中距离很近；在高维空间中满足负约束的样本在低维空间中距离很远。

设给定的样本集 $\mathscr{X}=\{\boldsymbol{x}_1,\boldsymbol{x}_2,\cdots,\boldsymbol{x}_N\}$，$\boldsymbol{x}_i$ 为 n 维列向量，确定为同一类的样本对集合为 $\mathscr{X}_M$，确定为不同类的样本对集合为 $\mathscr{X}_C$，将 n 维的 $\boldsymbol{x}_i$ 变换为 m 维的 $\boldsymbol{z}_i$，定义目标函数为

$$J(\boldsymbol{z})=\frac{1}{2N^2}\sum_{i,j}\|\boldsymbol{z}_i-\boldsymbol{z}_j\|^2+\frac{\alpha}{2N_C}\sum_{(\boldsymbol{x}_i,\boldsymbol{x}_j)\in\mathscr{X}_C}\|\boldsymbol{z}_i-\boldsymbol{z}_j\|^2-\frac{\beta}{2N_M}\sum_{(\boldsymbol{x}_i,\boldsymbol{x}_j)\in\mathscr{X}_M}\|\boldsymbol{z}_i-\boldsymbol{z}_j\|^2 \tag{10-27}$$

其中，N_C 和 N_M 是约束集 $\mathscr{X}_C$ 和 $\mathscr{X}_M$ 样本对数目。$J(\boldsymbol{z})$的三项分别是所有降维后样本的平均平方距离、不同类样本的加权平均平方距离、同类样本的加权平均平方距离，α 和 β 用于调节负约束和正约束的重要程度，可取 $\alpha=1,\beta>1$；降维后样本的平均平方距离越大，说明样本的可分性越好，因此，$J(\boldsymbol{z})$的最大值对应最优的 $\boldsymbol{z}$。

式(10-27)可以简写为

$$J(\boldsymbol{z})=\frac{1}{2}\sum_{i,j}\|\boldsymbol{z}_i-\boldsymbol{z}_j\|^2 S_{ij} \tag{10-28}$$

其中，

$$S_{ij}=\begin{cases}1/N^2+\alpha/N_C, & (\boldsymbol{x}_i,\boldsymbol{x}_j)\in\mathscr{X}_C\\ 1/N^2-\beta/N_M, & (\boldsymbol{x}_i,\boldsymbol{x}_j)\in\mathscr{X}_M\\ 1/N^2, & \text{其他}\end{cases} \tag{10-29}$$

为权系数矩阵。展开式(10-28)得

$$\begin{aligned}J(\boldsymbol{z})&=\frac{1}{2}\sum_{i,j}(\boldsymbol{z}_i^{\mathrm{T}}\boldsymbol{z}_i-2\boldsymbol{z}_i^{\mathrm{T}}\boldsymbol{z}_j+\boldsymbol{z}_j^{\mathrm{T}}\boldsymbol{z}_j)S_{ij}\\&=\frac{1}{2}\left\{\sum_i\left(\sum_j S_{ij}\right)\boldsymbol{z}_i^{\mathrm{T}}\boldsymbol{z}_i+\sum_j\left(\sum_i S_{ij}\right)\boldsymbol{z}_j^{\mathrm{T}}\boldsymbol{z}_j-2\sum_i\sum_j\boldsymbol{z}_i^{\mathrm{T}}\boldsymbol{z}_jS_{ij}\right\}\\&=\sum_i D_{ii}\boldsymbol{z}_i^{\mathrm{T}}z_i-\sum_i\sum_j\boldsymbol{z}_i^{\mathrm{T}}\boldsymbol{z}_jS_{ij}\\&=\mathrm{tr}(\boldsymbol{Z}^{\mathrm{T}}\boldsymbol{DZ})-\mathrm{tr}(\boldsymbol{Z}^{\mathrm{T}}\boldsymbol{SZ})\\&=\mathrm{tr}(\boldsymbol{Z}^{\mathrm{T}}\boldsymbol{LZ})\end{aligned} \tag{10-30}$$

其中，$\boldsymbol{L}$ 为拉普拉斯矩阵。加入约束条件 $\boldsymbol{Z}^{\mathrm{T}}\boldsymbol{DZ}=\boldsymbol{I}$，求最优得

$$\boldsymbol{LZ}=\boldsymbol{DZ\Lambda} \tag{10-31}$$

$\boldsymbol{\Lambda}$ 为 $\boldsymbol{L}$ 相对于 $\boldsymbol{D}$ 的特征值构成的对角矩阵。此时，函数取值 $\mathrm{tr}(\boldsymbol{Z}^{\mathrm{T}}\boldsymbol{LZ})=\mathrm{tr}(\boldsymbol{Z}^{\mathrm{T}}\boldsymbol{DZ\Lambda})=\mathrm{tr}(\boldsymbol{\Lambda})$，如果$\boldsymbol{\Lambda}$ 中是最大的 m 个特征值时，函数取最大。对 $\boldsymbol{D}^{-1}\boldsymbol{L}$ 进行特征分解，使 $\lambda_1\geqslant\lambda_2\geqslant\cdots\geqslant\lambda_m$ 是最大的 m 个特征值，选择对应的特征向量 $\boldsymbol{z}_1,\boldsymbol{z}_2,\cdots,\boldsymbol{z}_m$ 作为降维后的数据。

这个结论和式(9-97)拉普拉斯特征映射结论形式一致,但基于约束的半监督降维中矩阵 $\boldsymbol{S}$ 不一样,目标函数取的极值也不一样。

半监督学习正处于蓬勃发展之中,本章对其中几种方法进行了简单介绍,更多的资料可以阅读相关论文。

习题

1. 简述半监督学习的含义及其在分类、聚类、降维中的学习思路。
2. 编写程序,在 iris 数据集中选择 10%的样本作为标记样本,50%作为未标记样本,40%作为测试样本,实现一种半监督分类算法。
3. 编写程序,实现约束 C 均值算法。
4. 编写程序,采用交互式方式设定约束,采用半监督聚类的方法实现图像分割。
5. 编写程序,尝试对 breast cancer 数据集进行半监督降维。

第11章 人工神经网络

CHAPTER 11

根据对自然神经系统构造和激活的认识，神经系统是由大量的神经细胞（神经元）构成的复杂的网络，对神经网络建立一定的数学模型和算法，使其能够实现多种带有“智能”的功能，这种网络就是人工神经网络（Artificial Neural Network，ANN），简称神经网络（Neural Network，NN）。神经网络的每个神经元的结构和功能虽然简单，但神经网络系统功能强大，在模式识别、自动控制、信号处理、辅助决策、人工智能等诸多领域都得到了广泛应用。本章主要学习神经元模型、多层感知器神经网络、典型的人工神经网络及在模式识别中的应用等，并简要介绍了深度神经网络。

11.1 神经元模型

神经元是神经系统的基本组成单位，根据目前的研究认识，一个典型的神经元由以下几部分组成：细胞体、树突、轴突和突触，如图11-1所示。细胞体是神经细胞的主体，内部有细胞核和细胞质，是神经细胞进行信息加工的主要场所；树突（Dendrite）是胞体上短而多分支的突起，相当于神经元的输入端，接收传入的神经冲动；轴突（Axon）是胞体上最长的突起，端部有很多神经末梢，传出神经冲动；突触（Synapse）是神经元之间的连接接口。

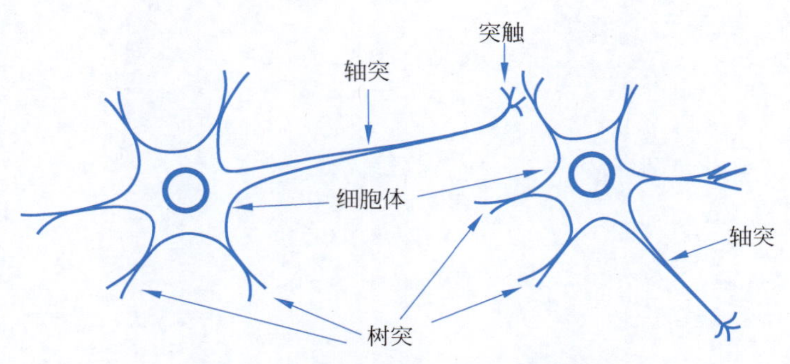

图11-1 典型的神经元构成示意图

一个神经元通过其轴突的神经末梢，经突触，与另一个神经元的树突连接，以实现信息的传递。若传入神经元的冲动经整合后使细胞膜内外电位差升高、超过动作电位的阈值时即为激活状态，产生神经冲动，由轴突经神经末梢传出；若传入神经元的冲动经整合后使细胞膜内外电位差降低，低于阈值时即为抑制状态，不产生神经冲动。这一过程可以用图 11-2 所示的数学模型表示，称为 McCulloch-Pitts 模型，即“M-P 神经元模型”。

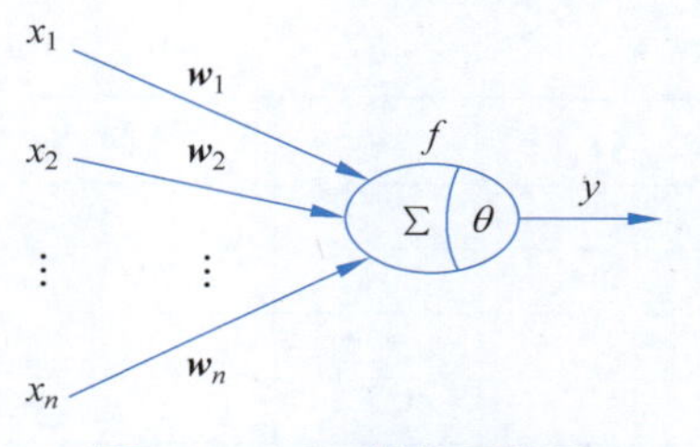

图 11-2 M-P 神经元模型

在图 11-2 中，$x_1, x_2, \cdots, x_n$ 是神经元多个树突接收到的输入信号，n 是向量 $\boldsymbol{x}$ 的维数；$\boldsymbol{w}_1, \boldsymbol{w}_2, \cdots, \boldsymbol{w}_n$ 为权向量，反映了各个输入信号的作用强度；神经元将输入信号加权求和，当输入总和超过阈值 θ 后，神经元进入激活状态，输出 $y=1$；否则，神经元处于抑制状态，输出 $y=0$。M-P 神经元模型对应的数学表达式为

$$y = f\left(\sum_{i=1}^{n} \boldsymbol{w}_i \boldsymbol{x}_i - \theta\right) \tag{11-1}$$

称作阈值逻辑单元(Threshold Logic Unit，TLU)，其中，$f(\cdot)$是单位阶跃函数，可表示为

$$f(\alpha) = \begin{cases} 1, & \alpha > 0 \\ 0, & \alpha \leqslant 0 \end{cases} \tag{11-2}$$

也被称为激活函数(Activation Function)。在某些情况下，单位阶跃函数 $f(\cdot)$可以用符号函数 sgn($\cdot$)替代，用 $y=1$ 表示激活状态；$y=-1$ 表示抑制状态。

从上述描述可知，M-P 神经元模型是用 n 维空间的超平面，即

$$g(\boldsymbol{x}) = \sum_{i=1}^{n} \boldsymbol{w}_i x_i - \theta = 0 \tag{11-3}$$

把特征空间分成了两个区域，一个区域标记为 $y=1$，另一个标记为 $y=0$(或-1)，其实是一个线性分类器。

11.2 多层感知器神经网络

M-P 神经元模型虽然简单，但反映了神经元关键特性，是人工神经网络的基础，把多个这样的神经元按一定的层次结构连接起来，就得到了神经网络。

11.2.1 单层感知器

把输入信号看作输入层，M-P 神经元作为输出层，就构成了一个两层的网络结构，但实际只在输出层神经元才进行运算，称为单层感知器(Perceptron)。以二维输入信号为例，采用单层感知器解决逻辑问题的分类，即假设输入的 x_1 和 x_2 取值为 0 或 1，根据 x_1 和 x_2“相与”“相或”“异或”的结果将数据分为两类。两个输入神经元的单层感知器结构如图 11-3 所示。

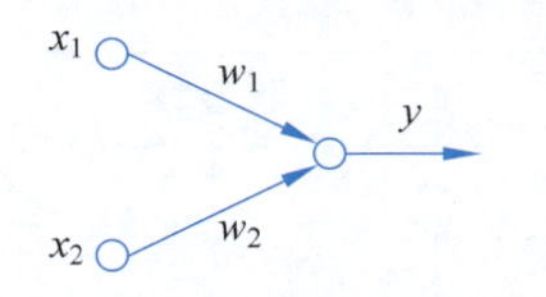

图 11-3 两个输入神经元的单层感知器结构图

采用单层感知器解决“与”问题的分类，运算数值如表 11-1 所示，可以看出，当 $\theta>0$、$w_1<\theta$、$w_2<\theta$、$w_1+w_2>\theta$ 时，感知器的输出即是 x_1 和 x_2 的与，正确地将数据分为两类，如当 $w_1=w_2=1$、$\theta=1.5$ 时，分界面为 $x_1+x_2-1.5=0$，分类结果如图 11-4(a)所示。

表 11-1 “与”问题的真值表

x_1	x_2	$x_1 \wedge x_2$	y	$w_1x_1+w_2x_2-\theta$	可取参数
0	0	0	0	$-\theta<0$	$w_1=1$ $w_2=1$ $\theta=1.5$
0	1	0	0	$w_2-\theta<0$	
1	0	0	0	$w_1-\theta<0$	
1	1	1	1	$w_1+w_2-\theta>0$	

采用单层感知器解决“或”问题的分类，运算数值如表 11-2 所示，可以看出，当 $\theta>0$、$w_1>\theta$、$w_2>\theta$、$w_1+w_2>\theta$ 时，感知器的输出即是 x_1 和 x_2 的或，正确地将数据分为两类，如当 $w_1=w_2=1$、$\theta=0.5$ 时，分界面为 $x_1+x_2-0.5=0$，分类结果如图 11-4(b)所示。

表 11-2 “或”问题的真值表

x_1	x_2	$x_1 \vee x_2$	y	$w_1x_1+w_2x_2-\theta$	可取参数
0	0	0	0	$-\theta<0$	$w_1=1$ $w_2=1$ $\theta=0.5$
0	1	1	1	$w_2-\theta>0$	
1	0	1	1	$w_1-\theta>0$	
1	1	1	1	$w_1+w_2-\theta>0$	

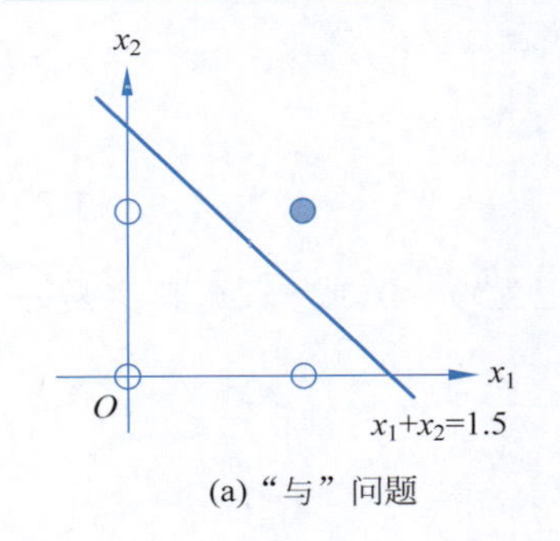

(a)“与”问题

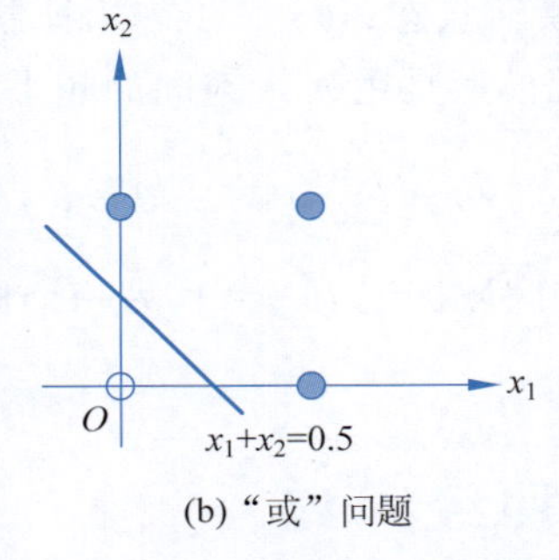

(b)“或”问题

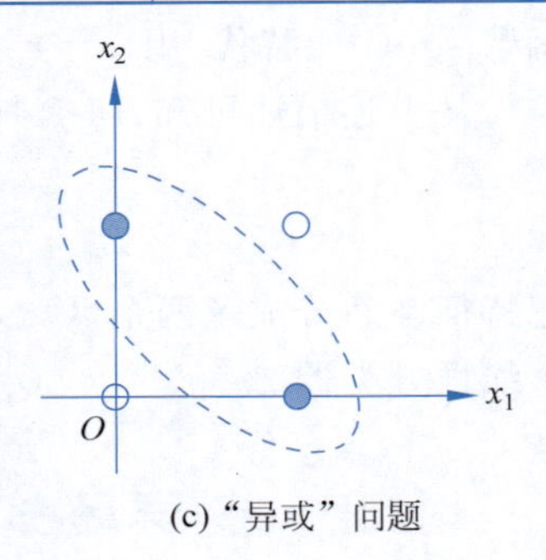

(c)“异或”问题

图 11-4 单层感知器分类

采用单层感知器解决“异或”问题的分类，运算数值如表 11-3 所示，可以看出，如果要感知器输出 x_1 和 x_2 的异或，需要 $\theta>0$、$w_1>\theta$、$w_2>\theta$、$w_1+w_2<\theta$，没有满足条件的参数值使得感知器能够正确地将数据分为两类。所以，感知器不能解决异或问题，如图 11-4(c)所示。

表 11-3 “异或”问题的真值表

x_1	x_2	x_1+x_2	y	$w_1x_1+w_2x_2-\theta$	可取参数
0	0	0	0	$-\theta<0$	$w_1>\theta$
0	1	1	1	$w_2-\theta>0$	$w_2>\theta$
1	0	1	1	$w_1-\theta>0$	$w_1+w_2<\theta$
1	1	0	0	$w_1+w_2-\theta<0$	$\theta>0$

根据以上分析可知，单层感知器能够实现线性分类，但不能够实现非线性分类。

对于多分类的线性分类问题，设置多个 M-P 神经元作为输出层，构成单层神经网络结构，如图 11-5 所示。单层神经网络有 n 个输入 c 个输出。数学表达式为

$$y_j = f\left(\sum_{i=1}^{n} w_{ij} x_i - \theta_j\right) \tag{11-4}$$

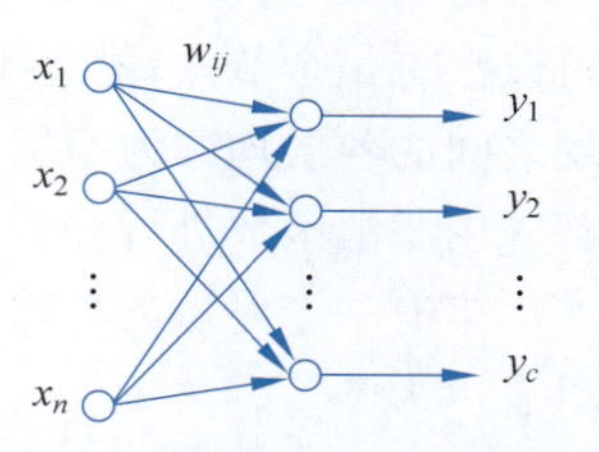

图 11-5 单层神经网络结构图

其中，$i=1,2,\cdots,n$，$j=1,2,\cdots,c$。

表达成矩阵形式为

$$\boldsymbol{y} = f(\boldsymbol{W}^{\mathrm{T}} \boldsymbol{x} - \boldsymbol{\theta}) \tag{11-5}$$

其中，$\boldsymbol{x} = [x_1 \quad x_2 \quad \cdots \quad x_n]^{\mathrm{T}}$，$\boldsymbol{y} = [y_1 \quad y_2 \quad \cdots \quad y_c]^{\mathrm{T}}$，$\boldsymbol{\theta} = [\theta_1 \quad \theta_2 \quad \cdots \quad \theta_c]^{\mathrm{T}}$，$\boldsymbol{W}$ 为$n \times c$ 的权值矩阵。

11.2.2 多层感知器

在第 5 章了解到，对非线性可分样本集可以采用分段线性判别函数进行分类，因此，采用两条分界线可以实现异或问题的分类，如图 11-6(a)所示。设计 $f[g_1(\boldsymbol{x})]$、$f[g_2(\boldsymbol{x})]$ 可以分别采用单层感知器，输出 y_1 和 y_2 的状态组合用向量表示，有 $[0 \quad 0]^{\mathrm{T}}$、$[0 \quad 1]^{\mathrm{T}}$、$[1 \quad 0]^{\mathrm{T}}$ 和 $[1 \quad 1]^{\mathrm{T}}$ 四种，当 $[y_1 \quad y_2]^{\mathrm{T}} = [1 \quad 1]^{\mathrm{T}}$ 时为一类，其他三种情况为另一类，这正好是前面所讲的“与”问题，用单层感知器能够实现。

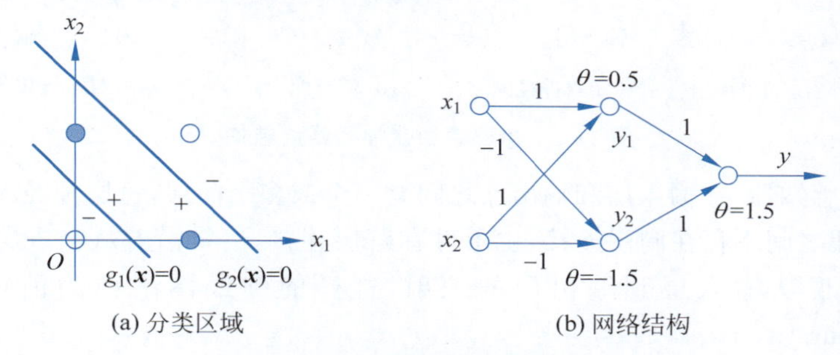

图 11-6 两层感知器解决异或问题

所以，解决异或问题的分类，可以分两段进行计算，第一段采用两个单层感知器，分别计算 y_1 和 y_2；第二段采用一个单层感知器，根据 y_1 和 y_2 计算 y；实际是采用两层感知器解决异或问题，如图 11-6(b)所示，分段计算真值表如表 11-4 所示。

表 11-4 异或问题的分段计算真值表

输入		第一阶段		第二阶段
x_1	x_2	$y_1=f_1(w_1x_1+w_2x_2-\theta)$ $w_1=w_2=1,\theta=0.5$	$y_2=f_2(w_1x_1+w_2x_2-\theta)$ $w_1=w_2=-1,\theta=-1.5$	$y=f(w_1y_1+w_2y_2-\theta)$ $w_1=w_2=1,\theta=1.5$
0	0	0	1	0
0	1	1	1	1
1	0	1	1	1
1	1	1	0	0

图 11-6(b)中的两层感知器有三层神经元：第一层是输入层，接受外界输入，不做相关计算；第三层是输出层；输入层和输出层之间的一层神经元，称为隐层；隐层和输出层神经元都采用激活函数进行计算。两层感知器实质是通过中间隐层的计算，将输入的非线性可分样本 $[x_1 \quad x_2]^{\mathrm{T}}$ 进行了非线性变换，变换为线性可分的样本 $[y_1 \quad y_2]^{\mathrm{T}}$，再进行线性分类。

类似于两层感知器的多层模型称为多层感知器(Multi-Layer Perceptron，MLP)网络。第一层是输入层，每个节点对应样本 $\boldsymbol{x}$ 的一维，节点本身不完成任何处理；最后一层是输出层，可以只有一个节点，能解决二分类问题，也可以有多个节点，解决多分类问题；输入层和输出层之间的各层均称为隐层；前一层神经元的输出是后一层神经元的输入，输出层和所有隐层都采用激活函数进行计算。

带有一个隐层的单输出三层感知器神经网络结构如图 11-7(a)所示，其对应的数学模型可以表示为

$$y = f\left[\sum_{j=1}^{m} w_j f\left(\sum_{i=1}^{n} w_{ij} x_i - \theta_j\right) - \theta\right] \tag{11-6}$$

其中，m 为隐层神经元个数，θ_j 是隐层神经元对应的阈值，θ 是输出层神经元对应的阈值。

带有两个隐层的多输出四层感知器神经网络结构如图 11-7(b)所示。

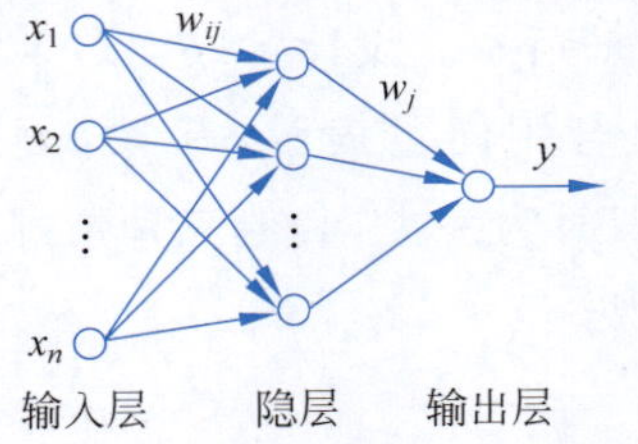

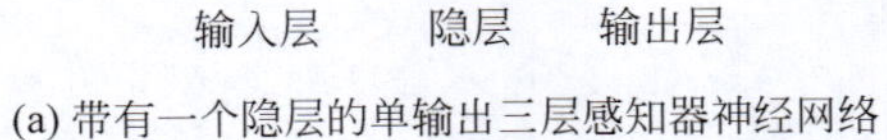
(a) 带有一个隐层的单输出三层感知器神经网络

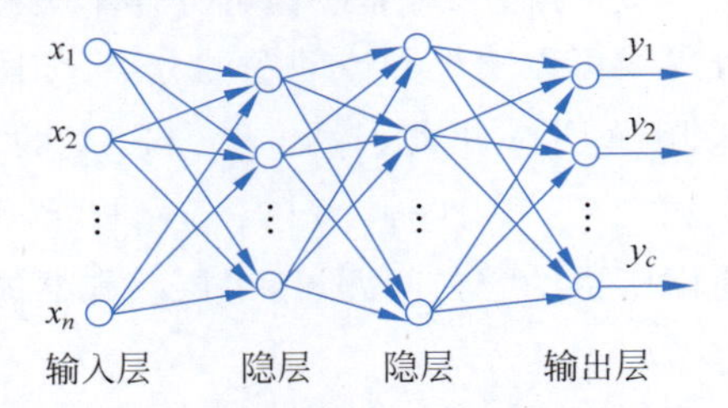

(b) 带有两个隐层的多输出四层感知器神经网络

图 11-7　多层感知器神经网络结构

类似于多层感知器，在输入层和输出层之间有一个或多个隐层，每层神经元与下一层神经元全互连，神经元之间不存在同层连接，也不存在跨层连接，信号沿着从输入层到输出层的方向单向流动，实现从输入层到输出层的映射，这样的神经网络称为前馈型神经网络(Feedforward Neural Network)。

11.2.3　学习算法

多层感知器神经网络实质上是一种从输入空间到输出空间的映射，网络的训练即是对权值的调整，以满足当输入为 $\boldsymbol{x}$ 时其输出为 y。调整神经网络中各神经元之间连接权重的方法称为学习算法，是神经网络设计的一个重要环节。

1. 单层感知器的学习算法

假设给定的训练样本 $\boldsymbol{x}$ 为 n 维列向量，类别标号为 y，单层感知器输入层有 n 个节点，输出层有 1 个节点，权重为 w_i，$i=1,2,\cdots,n$，阈值为 θ。对样本进行增广变换，$\boldsymbol{z}=[\boldsymbol{x}\quad 1]^{\mathrm{T}}$，$\theta$ 可以看作第 $n+1$ 维输入——常数 1 对应的权重，和前几章保持一致，表示为 w_0，如图 11-8 所示。数学模型表达为

图 11-8　多输入单层感知器

$$y = f\left(\sum_{i=1}^{n+1} w_i z_i\right) \tag{11-7}$$

为了分析方便，还将输入的训练样本表示为 n 维列向量 $\boldsymbol{x}$，即假定 $x_i, i=1,2,\cdots,n$ 已经包含了一个对应常数输入的项，多输入单层感知器数学模型更改为

$$y = f\left(\sum_{i=1}^{n} w_i x_i\right) \tag{11-8}$$

设 t 为迭代次数，$\boldsymbol{x}(t)$为当前时刻考查的训练样本，$y(t)$是 $\boldsymbol{x}(t)$的类别标号，$\hat{y}(t)$是当前感知器的输出，定义误差为

$$J = \frac{1}{2}[y(t) - \hat{y}(t)]^2 = \frac{1}{2}\left[y(t) - f\left(\sum_{i=1}^{n} w_i x_i\right)\right]^2 \tag{11-9}$$

为求权向量 $\boldsymbol{w} = [w_1 \quad w_2 \quad \cdots \quad w_n]^{\mathrm{T}}$，可以采用梯度下降算法，对权向量进行迭代计算，得

$$\boldsymbol{w}(t+1) = \boldsymbol{w}(t) + \eta(t)(y(t) - \hat{y}(t))x(t) \tag{11-10}$$

其中，$\eta(t) \in (0,1)$是学习率，$[y(t) - \hat{y}(t)]\boldsymbol{x}(t)$实际是 t 时刻误差目标函数 J 对 $\boldsymbol{w}$ 的负导数。若感知器对样本预测正确，即 $\hat{y}(t) = y(t)$，则权向量不修改；否则，根据错误的程度进行权重调整，直至没有训练样本被错误决策。

【例 11-1】 有两类数据，ω_1：$\{[0 \quad 0]^{\mathrm{T}}\}$、$\omega_2$：$\{[0 \quad 1]^{\mathrm{T}}, [1 \quad 0]^{\mathrm{T}}, [1 \quad 1]^{\mathrm{T}}\}$，设计感知器。

解： 直接利用式(11-10)对权向量进行迭代计算，和第 4 章学习的感知器算法一样。修改例 4-6 程序中的样本及类别标签变量，修改绘图代码，实现单层感知器的设计，输出结果如图 11-9 所示。

2. Sigmoid 激活函数

对于多层感知器而言，由于神经元的激活函数是阶跃函数，在 0 处不可导，根据输出端的误差只能对最后一个神经元的权向量求梯度而无法对其他神经元的权系数求梯度，因此，不能使用梯度下降算法训练其他神经元的权值。为了解决这个问题，采用 Sigmoid 函数代替了阶跃函数来构造神经元网络。

Sigmoid 函数通常可以表达为

$$f(\alpha) = \frac{1}{1 + \mathrm{e}^{-\alpha}} \tag{11-11}$$

其取值为(0,1)，函数值从 0 到 1 的变化平滑完成，是单调递增的非线性函数，无限次可微。Sigmoid 函数可以看作对阶跃函数的一种逼近，当 α 远离 0 时，Sigmoid 函数和单位阶跃函数一致，如图 11-10 所示。

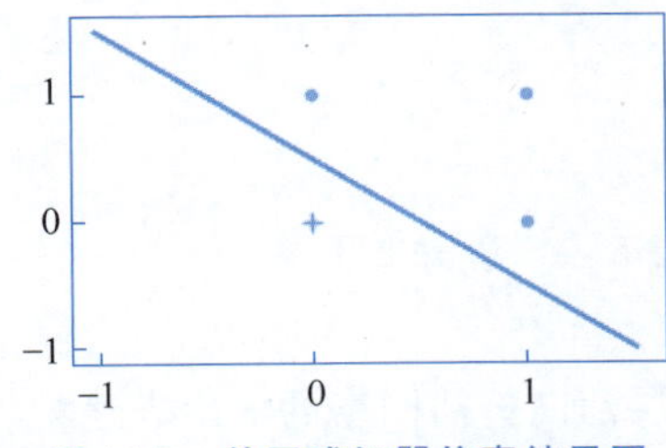

图 11-9 单层感知器仿真结果图

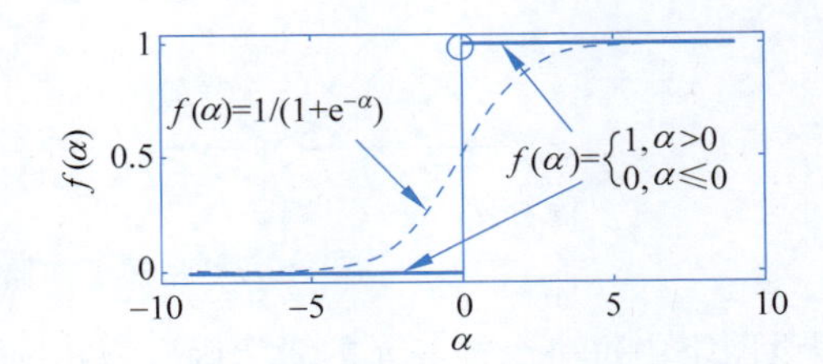

图 11-10 单位阶跃函数和 Sigmoid 函数

如果采用 Sigmoid 函数作为神经元的激活函数，可得

$$y = f\left(\sum_{i=1}^{n} w_i x_i\right) = \frac{1}{1 + \mathrm{e}^{-\sum_{i=1}^{n} w_i x_i}} \tag{11-12}$$

如果逼近符号函数,可以采用双曲正切函数,即

$$f(\alpha)=\frac{e^{\alpha}-e^{-\alpha}}{e^{\alpha}+e^{-\alpha}} \tag{11-13}$$

符号函数和双曲正切函数的图形如图 11-11 所示。

另一个常采用的激活函数是 ReLU 函数,即

$$f(\alpha)=\max(0,\alpha) \tag{11-14}$$

函数图形如图 11-12 所示。

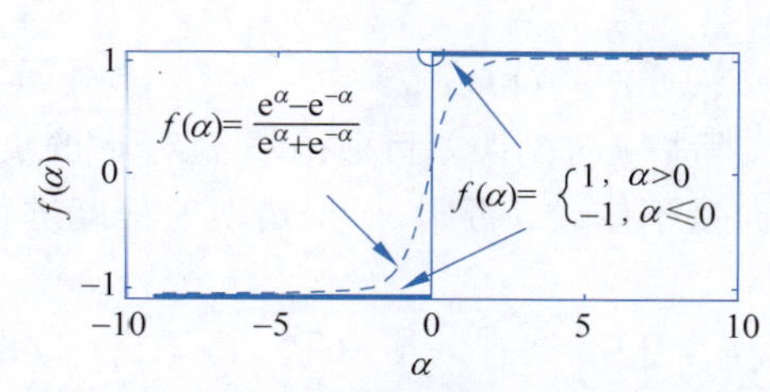

图 11-11 符号函数和双曲正切函数的图形

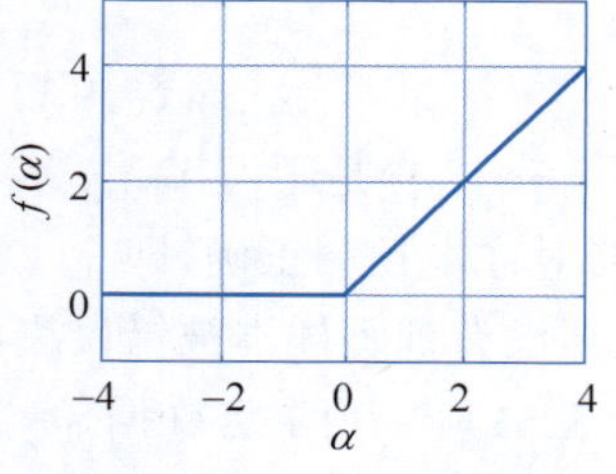

图 11-12 ReLU 函数

3. 反向传播算法

反向传播(Back Propagation,BP)算法是一种求解前馈型神经网络权系数的有效算法,通过前向计算得到网络的输出,计算实际输出和期望输出的误差,反向传播误差到各层各节点,修正权值。

假设输入向量为 n 维列向量 $\boldsymbol{x}=[x_1 \quad x_2 \quad \cdots \quad x_n]^{\mathrm{T}}$,其类别标记向量 $\boldsymbol{y}=[y_1 \quad y_2 \quad \cdots \quad y_c]^{\mathrm{T}}$;多层感知器总共 L 层,用上标 l 表示神经元节点所在的层,输入层为 $l=0$,输出层为 $l=L-1$,中间隐层为 $l=1,2,\cdots,L-2$;每一层的神经元个数设为 n_l,输入层为 $n_0=n$,第 l 层第 i 个神经元的输出记作 x_i^l,输入层 $x_i^0=x_i$,$i=1,2,\cdots,n_l$;输出层节点个数为 c,即输出 c 维向量 $\hat{\boldsymbol{y}}$;第 l 层的权值用 w_{ij}^l 表示,下标 ij 表示第 $l-1$ 层的节点 i 连接到第 l 层的节点 j 的权值。多层感知器网络及符号约定如图 11-13 所示。

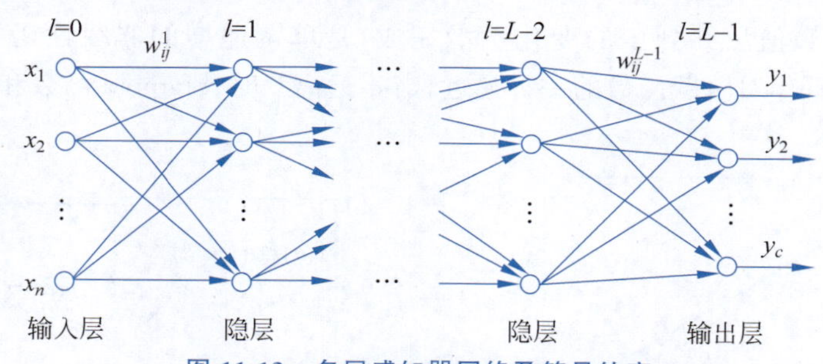

图 11-13 多层感知器网络及符号约定

假设网络中每一个神经元的激活函数都相同,则 L 层前向传播网络的输出表达为

$$y_r=f\left\{\sum_{s=1}^{n_{L-2}} w_{sr}^{L-1}\cdots f\left[\sum_{j=1}^{n_1} w_{jk}^2 f\left(\sum_{i=1}^{n} w_{ij}^1 x_i\right)\right]\right\} \tag{11-15}$$

其中,$r=1,2,\cdots,c$,此处,$f(\cdot)$采用 Sigmoid 函数。

设 $\boldsymbol{x}$ 为当前考查的训练样本,$\boldsymbol{y}$ 是 $\boldsymbol{x}$ 对应的类别标号向量,即网络的期望输出,$\hat{\boldsymbol{y}}$ 是网络的实际输出,定义误差为

$$J=\frac{1}{2}(\boldsymbol{y}-\hat{\boldsymbol{y}})^{\mathrm{T}}(\boldsymbol{y}-\hat{\boldsymbol{y}})=\frac{1}{2}\sum_{r=1}^{c}(y_r-\hat{y}_r)^2 \tag{11-16}$$

其中，

$$\hat{y}_r=f\left(\sum_{s=1}^{n_{L-2}}w_{sr}^{L-1}x_s^{L-2}\right) \tag{11-17}$$

采用梯度下降算法求解输出层权系数 w_{sr}^{L-1}。由于 Sigmoid 函数的梯度函数满足

$$f'(\alpha)=f(\alpha)[1-f(\alpha)] \tag{11-18}$$

误差函数对 w_{sr}^{L-1} 求导为

$$\nabla J=\frac{\partial J}{\partial\hat{y}_r}\frac{\partial\hat{y}_r}{\partial w_{sr}^{L-1}}=-\hat{y}_r(1-\hat{y}_r)(y_r-\hat{y}_r)x_s^{L-2} \tag{11-19}$$

标记

$$\delta_r^{L-1}=\hat{y}_r(1-\hat{y}_r)(y_r-\hat{y}_r) \tag{11-20}$$

修正 w_{sr}^{L-1}

$$w_{sr}^{L-1}\leftarrow w_{sr}^{L-1}-\eta\nabla J=w_{sr}^{L-1}+\eta\delta_r^{L-1}x_s^{L-2} \tag{11-21}$$

向前一层传播，由于

$$x_s^{L-2}=f\left(\sum_{m=1}^{n_{L-3}}w_{ms}^{L-2}x_m^{L-3}\right) \tag{11-22}$$

误差函数对 w_{ms}^{L-2} 求导为

$$\begin{aligned}\nabla J&=\sum_{r=1}^{n_{L-1}}\frac{\partial J}{\partial\hat{y}_r}\frac{\partial\hat{y}_r}{\partial x_s^{L-2}}\frac{\partial x_s^{L-2}}{\partial w_{ms}^{L-2}}\\&=-\sum_{r=1}^{n_{L-1}}(y_r-\hat{y}_r)\hat{y}_r(1-\hat{y}_r)w_{sr}^{L-1}x_s^{L-2}(1-x_s^{L-2})x_m^{L-3}\\&=-x_s^{L-2}(1-x_s^{L-2})\sum_{r=1}^{n_{L-1}}\delta_r^{L-1}w_{sr}^{L-1}x_m^{L-3}\end{aligned} \tag{11-23}$$

标记

$$\delta_s^{L-2}=x_s^{L-2}(1-x_s^{L-2})\sum_{r=1}^{n_{L-1}}\delta_r^{L-1}w_{sr}^{L-1} \tag{11-24}$$

修正 w_{ms}^{L-2}

$$w_{ms}^{L-2}\leftarrow w_{ms}^{L-2}-\eta\nabla J=w_{ms}^{L-2}+\eta\delta_s^{L-2}x_m^{L-3} \tag{11-25}$$

以次类推，可得每一层权系数修改的统一表达式

$$w_{ij}^{l}\leftarrow w_{ij}^{l}+\eta\delta_j^{l}x_i^{l-1} \tag{11-26}$$

其中，$i=1,2,\cdots,n_{l-1}$，$j=1,2,\cdots,n_l$。

对于输出层($l=L-1$)，δ_j^l 如式(11-20)所示，对于中间层有

$$\delta_j^l=x_j^l(1-x_j^l)\sum_{k=1}^{n_{l+1}}\delta_k^{l+1}w_{jk}^{l+1} \tag{11-27}$$

BP 算法训练权系数的步骤归纳如下。

(1) 确定神经网络的结构，用小随机数进行权值初始化。

(2) 获取一个训练样本 $\boldsymbol{x}$,期望输出为 $\boldsymbol{y}$。

(3) 按式(11-15)前向计算在当前输入下神经网络的实际输出 $\hat{\boldsymbol{y}}$。

(4) 按式(11-26)从输出层开始反向调整权值。

(5) 判断是否完成一轮训练,若已完成,转入步骤(6);否则,转入步骤(2),采用其他样本继续训练。

(6) 判断算法是否收敛,若收敛,退出算法;否则,转入步骤(2),继续训练。算法的收敛条件是:在最近一轮训练中网络实际输出与期望输出之间的总误差小于某一阈值;或者在最近一轮训练中所有权值的变化都小于一定阈值;或者算法达到了事先约定的总训练次数上限。

BP 算法的最终收敛结果会受到初始权值的影响。初始权值不能为 0,也不能都相同,一般采用较小的随机数。

BP 算法也受到学习率 η 的影响。学习率决定每一次循环训练中所产生的权值变化量,如果学习率太高,收敛速度一开始会较快,但容易出现振荡,导致不收敛或收敛很慢;如果学习率太小,则算法收敛速度太慢,容易陷入局部极小点;一般可选在 0.01~0.8。实际应用中,可以进行试探,或者采用变学习率的方法。

针对 BP 算法的局限性,也有很多从不同角度进行改进的方法,如选用不同的作用函数、性能指标;解决局部极小问题;加快收敛速度等,可以阅读神经网络相关书籍。

11.2.4 损失函数

误差平方和(式(11-16))并不是唯一的损失(代价)函数,对于特定问题,其他的损失函数也能得到较好的结果。

给定数据集 $\mathscr{X}=\{\boldsymbol{x}_1,\boldsymbol{x}_2,\cdots,\boldsymbol{x}_N\}$,如果 n 维列向量 $\boldsymbol{x}_i\in\omega_j$,$i=1,2,\cdots,N$,$j=1,2,\cdots,c$,输出向量 $\boldsymbol{y}_i=[y_{i1}\quad y_{i2}\quad\cdots\quad y_{ic}]^{\mathrm{T}}$,理想情况下,输出节点中 $y_{ij}=1$,其他节点输出 $y_{ik,k\neq j}=0$。用 $\hat{p}_{ij}$ 表示后验概率 $P(\omega_j|\boldsymbol{x}_i)$ 的最佳估计值,那么,输出节点 $y_{ij}=1$ 或 0 的概率为 $\hat{p}_{ij}$、$(1-\hat{p}_{ij})$,节点独立,则有

$$P(\boldsymbol{y}_i)=\prod_{j=1}^{c}\hat{p}_{ij}^{y_{ij}}(1-\hat{p}_{ij})^{1-y_{ij}} \tag{11-28}$$

定义样本集的负对数似然函数为

$$J=-\sum_{i=1}^{N}\sum_{j=1}^{c}[y_{ij}\ln\hat{p}_{ij}+(1-y_{ij})\ln(1-\hat{p}_{ij})] \tag{11-29}$$

即交叉熵损失函数。也常将交叉熵损失函数求平均,并加入范数约束项,即

$$J=-\frac{1}{N}\sum_{i=1}^{N}\sum_{j=1}^{c}[y_{ij}\ln\hat{p}_{ij}+(1-y_{ij})\ln(1-\hat{p}_{ij})]+\frac{\alpha}{2N}\|\boldsymbol{W}\|_2^2 \tag{11-30}$$

作为损失函数。

11.2.5 网络结构的设计

神经网络的结构是指神经元的数目和相互间的连接形式。神经元的传递函数、网络结构以及学习算法是人工神经网络的三个要素,这三个不同的因素定义了不同的神经网络模型。多层感知器神经网络采用 Sigmoid 函数作为神经元的传递函数,采用 BP 算法进行网络的训练,但网络的具体结构需要根据实际问题决定。

多层感知器神经网络结构的设计主要是解决两个问题，一是网络层数；二是各层节点数目。理论上已经证明：具有偏差和至少一个S型隐层加上一个线性输出层的网络，能够逼近任何有理函数。增加层数可以进一步降低误差，提高精度，但同时也使网络复杂化，从而增加了网络权值的训练时间，一般情况下，应优先考虑增加隐层中的神经元数目。

网络的输入层节点数目一般是样本的维数，输出层节点数目也是根据问题确定，因此，最需要明确的是中间隐层的节点数目。如果隐层节点数目过少，则神经网络的能力较弱，无法构成复杂的非线性分类面，对于复杂的数据难以达到误差要求；如果隐层节点数目越多，则网络的学习能力越强，在训练集上会更容易收敛到一个训练误差较小的解，但在样本数目有限的情况下，会导致推广能力较差。因此，需要合理选择隐层节点数目。

在具体设计时，可以采用试探选择的方法，采用不同的节点数目构成网络，进行训练对比，确定比较合适的节点数目，然后适当地加上一点余量作为最终网络的节点数目。

同时，由于要靠增加隐层的节点数目以及训练时间以获得较小的期望误差值，期望误差值也应当通过对比训练后确定一个合适的值。一般情况下，可以同时对两个不同期望误差值的网络进行训练，最后通过综合因素的考虑确定采用其中一个网络。

11.2.6　在模式识别中的应用

神经网络在模式识别中得到广泛应用，尤其对于非线性的模式识别问题。在第5章非线性判别分析中了解到，只有特殊的非线性判别函数形式才能设计分类器，但如果采用神经网络就会很方便，只要确定了网络结构，采用BP算法进行训练即可，并不需要清楚最后的分类器的形式。

1. 特征预处理

利用神经网络进行模式识别之前，要先对特征进行预处理，将特征变换到激活函数的特征取值要求范围内。以Sigmoid函数为例，Sigmoid函数自变量取值范围为$(-\infty,+\infty)$，但当自变量取值过大或过小时，函数的输出几无区别(如图11-10所示)，该特征在分类中就不起作用了。可以采用很小的权值进行纠正，但如果各权值间差距太大，或权值本身太小或太大，不利于学习算法的收敛。因此，经常需要对特征进行标准化处理，将特征变换到激活函数较灵敏的自变量取值范围内，以便得到合理的结果。

将特征标准化的方法很多，例如，可以把训练样本中各特征的取值范围都归一化到最小为0(−1)、最大为1，或者把各特征都归一化成固定的均值和标准差等，可以根据实际问题灵活选择。

scikit-learn库中preprocessing模块的StandardScaler模型可实现特征的标准化，该模型对特征的处理方法为

$$z=\frac{\boldsymbol{x}-\mu_x}{\sigma} \tag{11-31}$$

其中，$\boldsymbol{x}$是特征向量，μ_x、σ是训练样本中该特征向量的均值和标准差。该模型的调用格式如下：

```
StandardScaler( * , copy = True, with_mean = True, with_std = True)
```

StandardScaler模型有fit、fit_transform、inverse_transform和transform等方法。

2. 分类问题

采用多层感知器网络解决二分类问题，输入层节点数目是样本维数，输出层只需一个节

点即可表达两种状态。如果要解决 $c(c>2)$ 分类问题，则输入层节点数目是样本维数，输出层有 c 个节点。中间隐层节点数目可通过尝试对比确定。

scikit-learn 库中 neural_network 模块的 MLPClassifier 模型可实现分类，损失函数如式(11-30)所示，其调用格式如下：

```
MLPClassifier(hidden_layer_sizes = (100,), activation = 'relu',  * , solver = 'adam', alpha =
0.0001, batch_size = 'auto', learning_rate = 'constant', learning_rate_init = 0.001, power_t =
0.5, max_iter = 200, shuffle = True, random_state = None, tol = 0.0001, verbose = False, warm_
start = False, momentum = 0.9, nesterovs_momentum = True, early_stopping = False, validation_
fraction = 0.1, beta_1 = 0.9, beta_2 = 0.999, epsilon = 1e-08, n_iter_no_change = 10, max_fun =
15000)
```

MLPClassifier 模型的部分参数及属性如表 11-5 所示。

表 11-5 MLPClassifier 模型的部分参数及属性

类型	名称	含义
参数	hidden_layer_sizes	形状为(层数−2)的数组，指定每个隐层的节点数目
	activation	激活函数，可选'identity'、'logistic'、'tanh'、'relu'
	solver	求权值的优化算法，可选'lbfgs'、'sgd'、'adam'
	alpha	L_2 约束系数
	learning_rate	学习率，可选'constant'、'invscaling'、'adaptive'
	learning_rate_init	学习率的初始值，在 solver 为'sgd'或'adam'时设置
	tol 和 n_iter_no_change	算法收敛条件，连续 n_iter_no_change 轮迭代损失变化低于 tol，终止训练
属性	loss_	当前损失值
	best_loss_	最佳损失值
	loss_curve_	各轮迭代的损失列表
	coefs_	各层权值列表
	intercepts_	各层常数权值列表
	n_iter_	优化迭代轮次
	n_layers_	层数
	n_outputs_	输出数目

MLPClassifier 模型的主要方法有 fit、predict、predict_log_proba、predict_proba 和 score 等，另有 partial_fit 方法通过对给定的数据进行单次迭代来更新模型。

【例 11-2】 将 breast cancer 数据集中的数据采用留出法分为训练集和测试集，采用训练集设计多层感知器网络，并对测试集中的样本进行分类决策。

程序如下：

```
from sklearn.datasets import load_breast_cancer
from matplotlib import pyplot as plt
import numpy as np
from sklearn.neural_network import MLPClassifier
from sklearn.model_selection import train_test_split
from sklearn.metrics import ConfusionMatrixDisplay
from sklearn.preprocessing import StandardScaler
bd_data = load_breast_cancer()
X, y = bd_data.data, bd_data.target
N, n = np.shape(X)
X = StandardScaler().fit_transform(X)                    #特征的标准化
```

```
X_train, X_test, y_train, y_test = train_test_split(X, y, random_state=1)
num_node = np.array([80, 60, 40, 20])                    #设置4种情况下的隐层节点数
fmt = ['r-', 'g-.', 'b--', 'c:']
loss = np.zeros(4)
for i in range(4):                                #根据不同的隐层节点数,设计4个多层感知器
    net = MLPClassifier(hidden_layer_sizes=num_node[i], activation='logistic',
                        random_state=1, max_iter=1000)
    net.fit(X_train, y_train)
    plt.plot(net.loss_curve_, fmt[i])                        #绘制迭代计算中的损失曲线图
    loss[i] = net.loss_
plt.rcParams['font.sans-serif'] = ['SimSun']
plt.legend(['隐层节点数:80', '隐层节点数:60', '隐层节点数:40', '隐层节点数:20'])
plt.xticks(fontproperties='Times New Roman')
plt.yticks(fontproperties='Times New Roman')
select = np.argmin(loss)                                 #选择最小损失对应的网络结构
net = MLPClassifier(hidden_layer_sizes=num_node[select], activation='logistic',
                    random_state=1, max_iter=1000)
net.fit(X_train, y_train)
ConfusionMatrixDisplay.from_estimator(net, X_test, y_test, cmap='Blues')
plt.show()
```

程序运行结果如图 11-14 所示。图 11-14(a)是 4 种不同隐层节点数对应的网络训练中的损失变化,经过比较,选择的是隐层节点数为 60;图 11-14(b)是分类结果混淆矩阵。

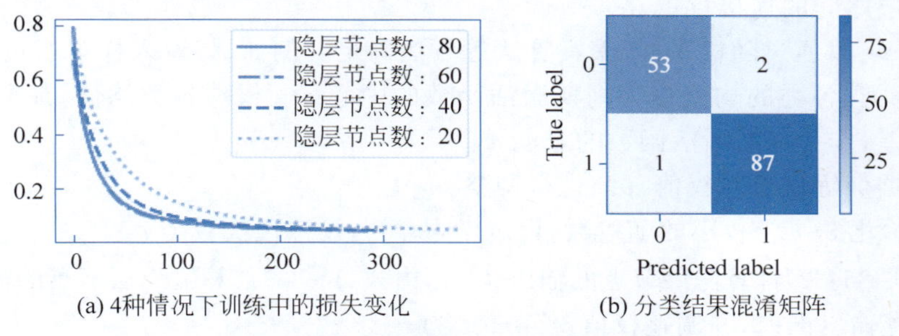

(a) 4种情况下训练中的损失变化　(b) 分类结果混淆矩阵

图 11-14　多层感知器网络实现二分类

更换数据为 iris 数据,同样的程序,输出结果如图 11-15 所示。

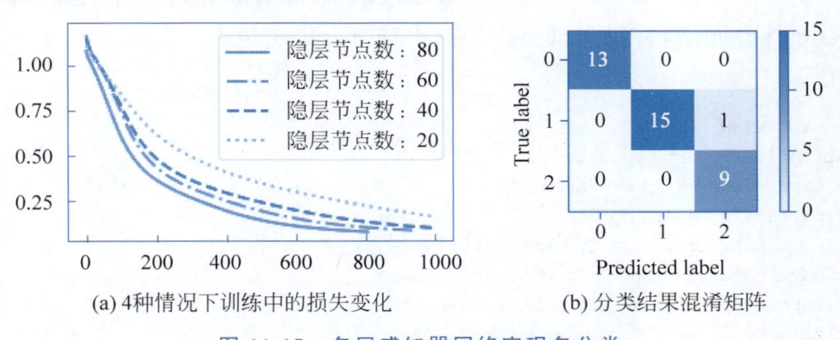

(a) 4种情况下训练中的损失变化　(b) 分类结果混淆矩阵

图 11-15　多层感知器网络实现多分类

11.3　其他常见神经网络

神经网络模型及算法有很多,本节主要介绍几种常见的前馈型神经网络及其在模式识别中的应用,另外还有反馈型网络、相互结合型网络、混合型网络等,可以参看神经网络类书籍。

11.3.1 径向基函数神经网络

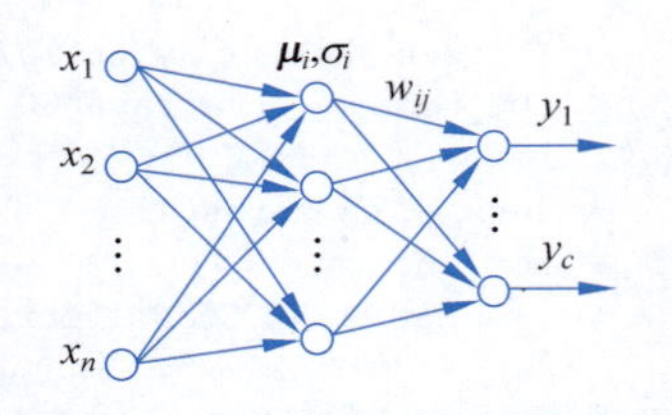

图 11-16 RBF 神经网络结构图

径向基函数(Radial Basis Function,RBF)神经网络是一种单隐层前馈型神经网络,网络结构如图 11-16 所示。

隐层单元激活函数为径向基函数,是某种沿径向对称的标量函数,通常采用高斯函数

$$f_i=\exp\left[-\frac{(\boldsymbol{x}-\boldsymbol{\mu}_i)^{\mathrm{T}}(\boldsymbol{x}-\boldsymbol{\mu}_i)}{2\sigma_i^2}\right],\quad i=1,2,\cdots,n_1 \tag{11-32}$$

其中,n_1 是隐层节点数。由于高斯函数的局限性,每个基函数只对模式空间中某个局部小范围内的输入产生明显的响应。

输出层激活函数为线性函数,即输出高斯函数的线性组合

$$\hat{y}_j=\sum_{i=1}^{n_1}w_{ij}f_i,\quad j=1,2,\cdots,c \tag{11-33}$$

其中,w_{ij} 为隐层第 i 个神经元和输出层第 j 个神经元的连接权重。

RBF 神经网络的训练,需要调整三类参数:高斯函数中心$\boldsymbol{\mu}_i$、高斯函数的宽度 σ_i,以及隐层和输出层之间的连接权重 w_{ij}。

$\boldsymbol{\mu}_i$ 和 σ_i 可以通过随机采样、聚类算法等方法确定。例如,将输入样本通过 C 均值聚类算法聚为 n_1 类,各类的均值作为高斯激活函数的中心$\boldsymbol{\mu}_i$;根据各类均值,计算该类在所有输入下的方差,作为高斯激活函数的宽度 σ_i。

可以根据训练误差对权值 w_{ij} 进行调整。

(1) 初始化 w_{ij} 为较小的随机数,设定学习率 η,设迭代次数为 t。

(2) 由式(11-32)计算隐层节点的输出 $\boldsymbol{f}(t)$,由式(11-33)计算输出层节点的输出 $\hat{\boldsymbol{y}}(t)$。

(3) 计算输出误差,并调整权值矩阵 w_{ij} 为

$$w_{ij}=w_{ij}+\eta\left[y_j-\hat{y}_j(t)\right]f_i(t) \tag{11-34}$$

【例 11-3】 将 breast cancer 数据集中的数据采用留出法分为训练集和测试集,采用训练集设计 RBF 神经网络,并对测试集中的样本进行分类决策。

程序如下:

```
import numpy as np
from matplotlib import pyplot as plt
from sklearn.cluster import KMeans
from scipy.linalg import norm
from sklearn.metrics import ConfusionMatrixDisplay
from sklearn.datasets import load_breast_cancer
from sklearn.preprocessing import LabelBinarizer
from sklearn.model_selection import train_test_split
bd_data = load_breast_cancer()
X, y = bd_data.data, bd_data.target
N, n = np.shape(X)
X_train, X_test, y_train, y_test = train_test_split(X, y, random_state=1)
N_train, N_test = len(y_train), len(y_test)
y_code = LabelBinarizer().fit_transform(y_train)    #将类别标签编码为 0/1 向量形式
if y_code.shape[1] == 1:
    y_code = np.append(1 - y_code, y_code, axis=1)
```

```
mid_node, out_node = 256, 2                          #隐层和输出层节点数
km = KMeans(n_clusters = mid_node, random_state = 0).fit(X_train)   #C均值聚类
label, mu = km.labels_, km.cluster_centers_           #确定隐层节点参数 μi
sigma = np.zeros([1, mid_node])
for j in range(mid_node):
    covm = (X_train[label == j, :] - mu[j, :]).T @ (X_train[label == j, :] - mu[j, :])
    sigma[0, j] = np.sum(np.diagonal(covm)) + 0.00001    #确定隐层节点参数 σi
W = np.random.rand(mid_node, out_node)                #wij 初始化
eta, max_iter, tol, t = 0.001, 1000, 0.0001, 1        #参数设置
f_train, y_out = np.zeros([N_train, mid_node]), np.zeros([1, out_node])
for i in range(N_train):                              #计算各训练样本在各隐层节点的输出
    for j in range(mid_node):
        f_train[i, j] = np.exp(-0.5 * (X_train[i, :] - mu[j, :]) @
                        (X_train[i, :] - mu[j, :]).T / sigma[0, j])
old_err, n_nochange = 0, 0
while t < max_iter:                                   #迭代计算 wij
    total_err = 0
    for i in range(N_train):
        y_out = f_train[i, :] @ W                     #计算各训练样本输出
        err = y_code[i, :] - y_out                    #计算误差
        W = W + eta * f_train[i, :].reshape(-1, 1) @ err.reshape(1, -1)   #修正权向量
    total_err += norm(err)
    t += 1
    if np.abs(old_err - total_err) < tol:
        n_nochange += 1
    else:
        n_nochange = 0
    old_err = total_err
    if n_nochange >= 10:                          #连续超过10次误差变化小于容差,则终止训练
        break
yp_train = np.argmax(f_train @ W, axis = 1)           #对训练样本进行预测
ConfusionMatrixDisplay.from_predictions(y_train, yp_train, cmap = 'Blues')
plt.title('训练样本混淆矩阵', fontproperties = 'SimSun')
f_test = np.zeros([N_test, mid_node])
for i in range(N_test):                               #计算各测试样本在隐层节点的输出
    for j in range(mid_node):
        f_test[i, j] = np.exp(-0.5 * (X_test[i, :] - mu[j, :]) @
                       (X_test[i, :] - mu[j, :]).T / sigma[0, j])
yp_test = np.argmax(f_test @ W, axis = 1)             #对测试样本进行预测
ConfusionMatrixDisplay.from_predictions(y_test, yp_test, cmap = 'Blues')
plt.title('测试样本混淆矩阵', fontproperties = 'SimSun')
plt.show()
```

程序运行结果如图 11-17 所示。

RBF 神经网络隐含层神经元采用高斯函数作为激活函数,只有距离基函数中心比较近的输入会明显影响到网络的输出,因此,具有较强的局部映射能力。但是具体求解网络基函数中心和宽度时,往往比较困难;此外,隐节点中心个数难以确定,常用计算机选择、设计和校验的方法确定该值。如何选择合适的径向基函数也是 RBF 神经网络设计的难点。

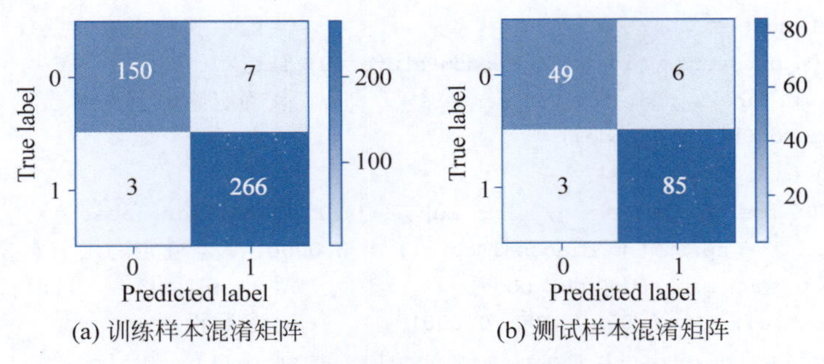

(a) 训练样本混淆矩阵　　(b) 测试样本混淆矩阵

图 11-17　RBF 神经网络用于分类

11.3.2　自组织映射网络

自组织映射(Self-Organizing Map,SOM)网络是一种竞争学习型的无监督神经网络。与前馈型神经网络不同,SOM 网络的神经元节点都在同一层,在同一个平面上规则排列,例如方形网格排列或蜂窝状排列。样本的每一维都通过一定的权值输入 SOM 网络的每一个节点上,如图 11-18 所示。

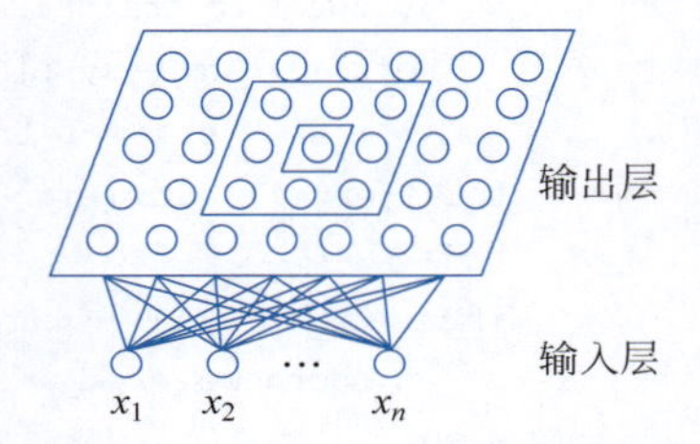

图 11-18　SOM 网络结构示意图

在 SOM 网络中,输入向量连接到某个节点的权值组成的向量称为该节点的权值向量;神经元节点对输入的样本给出响应,响应强度是该节点的权值向量与输入向量的匹配程度,可以用欧氏距离或者内积计算,如果距离小或内积大则响应强度大。对于一个输入样本,在所有节点中,响应最大的节点称为获胜节点。获胜节点及其邻近神经元的权值向量将被调整,以使这些权向量与当前输入样本的距离缩小。

设输入样本集 $\mathscr{X}=\{\boldsymbol{x}_1,\boldsymbol{x}_2,\cdots,\boldsymbol{x}_N\}$,$\boldsymbol{x}_i$ 为 n 维向量,共有 c 个神经元节点,第 j 个神经元的权值向量为 $\boldsymbol{w}_j$,SOM 网络的训练过程如下。

(1) 网络初始化。用小随机数初始化权值向量,各个节点的初始权值不能相等。设迭代次数 $t=0$,设定学习率 $\eta(t)$ 和邻域范围 $\varepsilon_k(t)$(一般初始值可以设置得大一些,随着迭代逐渐减小)。

(2) 输入样本 $\boldsymbol{x}(t)$,计算神经元响应,并找到当前获胜节点 k。若采用欧氏距离衡量样本和节点权值向量的匹配程度,则获胜节点 k 满足

$$\|\boldsymbol{x}(t)-\boldsymbol{w}_k(t)\|=\min_{j=1,2,\cdots,c}(\|\boldsymbol{x}(t)-\boldsymbol{w}_j(t)\|) \tag{11-35}$$

(3) 权值更新。对于所有神经元节点 $j=1,2,\cdots,c$,按下列准则更新各自的权值向量

$$\boldsymbol{w}_j(t+1)=\boldsymbol{w}_j(t)+\eta(t)\varphi_{kj}(t)[\boldsymbol{x}(t)-\boldsymbol{w}_j(t)] \tag{11-36}$$

其中,$\varphi_{kj}(t)$是节点 j 和获胜节点 k 间的近邻函数值,如果采用方形网格结构,则相当于在获胜节点 k 的周围定义了一个矩形邻域范围 $\varepsilon_k(t)$,在 $\varepsilon_k(t)$ 内,$\varphi_{kj}(t)=1$;否则 $\varphi_{kj}(t)=0$,则权值向量更新准则为

$$\boldsymbol{w}_j(t+1)=\begin{cases}\boldsymbol{w}_j(t)+\eta(t)[\boldsymbol{x}(t)-\boldsymbol{w}_j(t)], & j\in\varepsilon_k(t)\\ \boldsymbol{w}_j(t), & j\notin\varepsilon_k(t)\end{cases} \tag{11-37}$$

除矩形邻域外,还可以使用其他形式的邻域函数,如高斯函数等。

（4）如果达到迭代次数，则算法终止；否则 $t \leftarrow t+1$，更新学习率 $\eta(t)$ 和邻域范围 $\varepsilon(t)$，转入步骤(2)，继续迭代。

SOM 网络训练完成后，将各个样本映射到某一个节点，在原特征空间距离相近的样本趋向于映射到同一个节点或相近的节点。输出层神经元节点数一般和训练集样本的类别数相关。如果神经元节点数少于类别数，则相近的模式类会合并为一类；如果神经元节点数多于类别数，则会拆分模式类，或者是出现从未获胜并更新权值的节点。如果不能确定类别数，则可以先设置较多的节点数，根据输出，再调整节点数，或者可以通过统计各个节点对应的样本数目形成密度图，再将密度较高且较集中的节点分为一类。

SOM 网络训练中不需要样本类别，是一个自学习的过程，可以用于无监督模式识别。

【例 11-4】 生成数据，训练 SOM 网络。

程序如下：

```
import numpy as np
from scipy.linalg import norm
from sklearn.datasets import make_blobs
X, y = make_blobs(n_samples=600, centers=8, n_features=2, random_state=0)
N, in_node = np.shape(X)                              #样本数、维数(输入神经元节点数)
out_row, out_col = 2, 4                               #设置神经元节点为2×4阵列
W = np.random.rand(out_row, out_col, in_node)         #初始化权值向量
eta, max_iter, t = 0.001, 600, 1                      #设置学习率、最大迭代次数、初始迭代次数
neighbor = np.array([[0, -1], [-1, 0], [1, 0], [0, 1]])  #设置邻域范围为4邻域
while t < max_iter:
    for i in range(N):
        dist = norm(W - X[i, :], axis=2)              #计算样本与权值向量的欧氏距离
        winner = np.unravel_index(dist.argmin(), dist.shape)    #确定获胜节点编号
        W[winner][:] = W[winner][:] + eta * (X[i, :] - W[winner][:]) #修改权值向量
        for j in range(4):                            #确定相邻节点并修改权向量
            w_n = tuple(np.array(winner) + neighbor[j])
            if out_row > w_n[0] >= 0 and out_col > w_n[1] >= 0:
                W[w_n][:] = W[w_n][:] + eta * (X[i, :] - W[w_n][:])
    t += 1
num = np.zeros([out_row, out_col])
label = np.zeros([1, N])
for i in range(N):                                    #根据训练好的网络进行聚类
    dist = norm(W - X[i, :], axis=2)
    label[0, i] = dist.argmin()
    winner = np.unravel_index(dist.argmin(), dist.shape)
    num[winner] += 1                                  #统计各簇样本数
print(num)
```

运行程序，输出 2×4 神经元对应的样本数：

```
[[ 38.   67.  161.   20.]
 [104.   72.   63.   75.]]
```

11.3.3 概率神经网络

概率神经网络(Probabilistic Neural Network，PNN)常用于模式分类，由输入层、隐层、求和层和输出层组成，网络结构如图 11-19 所示。

输入层接收来自样本的值，神经元节点数为 n，即样本的维数。

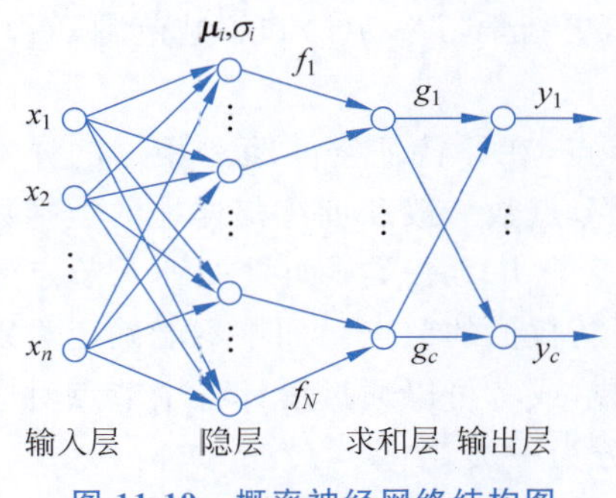

图 11-19 概率神经网络结构图

隐层是径向基层，神经元节点中心为$\boldsymbol{\mu}_i$，$i=1,2,\cdots,N$，N为样本的个数，即隐层有N个节点。径向基层接收输入层的样本输入，计算输入向量与中心的距离，按式(11-32)输出f_i。

求和层共有c个神经元节点，c为类别数，即每类对应一个神经元，每个节点将同一类的隐层神经元的输出加权求平均，得

$$g_j=\frac{P(\omega_j)}{N_j}\sum_{i=1}^{N_j}f_i,\quad j=1,2,\cdots,c \tag{11-38}$$

其中，N_j是求和层第j个神经元节点输入数目，即隐层与ω_j类有联系的节点数目，$P(\omega_j)$为ω_j类的先验概率。

输出层由竞争神经元构成，神经元个数与求和层相同，接收求和层输出，在所有输出层神经元中最大的一个输出为1，其余输出为0，即

$$y_k=\begin{cases}1, & g_k=\max\limits_{j=1,2,\cdots,c} g_j\\ 0, & g_k\neq\max\limits_{j=1,2,\cdots,c} g_j\end{cases} \tag{11-39}$$

概率神经网络是在RBF神经网络的基础上，融合了概率密度函数估计和贝叶斯决策理论，训练容易，收敛速度快，适合实时处理。

11.3.4 学习向量量化神经网络

学习向量量化(Learning Vector Quantization，LVQ)神经网络属于前馈有监督神经网络模型，在模式识别领域有着广泛应用。

LVQ神经网络由输入层、竞争层和线性输出层三层组成，其结构图如图11-20所示。

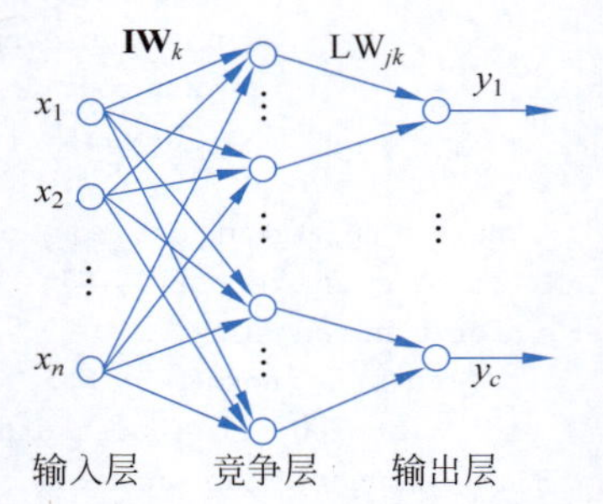

图 11-20 LVQ神经网络结构图

输入层有n个神经元，竞争层有m个神经元，输入层与竞争层间为完全连接，$\mathbf{IW}_k$为第k个竞争层神经元对应的连接权值向量，$k=1,2,\cdots,m$。

LW_{jk}为第k个竞争层神经元和第j个输出层神经元连接权值，$j=1,2,\cdots,c$。两个神经元相连时$\mathrm{LW}_{jk}=1$，不相连时$\mathrm{LW}_{jk}=0$。每个输出层神经元仅与竞争层神经元的一组神经元相连接，对应$\mathrm{LW}_{jk}=1$，如果这一组竞争层神经元有任意神经元输出为1，则对应输出层神经元输出为1；否则为0。所以，竞争层将输入数据分为m个子类，输出层将竞争层的分类结果映射为目标分类。

在网络训练前，要定义好竞争层到输出层权值矩阵$\mathbf{LW}$，实际是指定竞争层神经元和输出层神经元的连接情况，也就确定了竞争层神经元的输出类别，训练中不再改变。例如，设竞争层有6个神经元，输出层有3个神经元，代表3类：如果指定竞争层的第1、2的神经元连接第一个输出神经元，为第1类；指定第3、4的神经元连接第二个输出神经元，为第2类；指定第5、6的神经元连接第三个输出神经元，为第3类。权值矩阵$\mathbf{LW}$为

$$\mathbf{LW}=\begin{bmatrix}1&1&0&0&0&0\\0&0&1&1&0&0\\0&0&0&0&1&1\end{bmatrix} \tag{11-40}$$

每行对应一类，每列对应竞争层一个神经元。

网络的训练通过改变输入层到竞争层的权重 **IW** 来进行。当某个样本输入网络，最接近输入样本的竞争层神经元获胜，允许其输出为 1，其他竞争层神经元输出为 0。与获胜神经元所在组连接的输出层神经元输出为 1，其他神经元输出为 0，获取当前输入样本的模式类。根据分类结果，调整获胜神经元的权向量。

设输入样本 $\boldsymbol{x}=[x_1\quad x_2\quad \cdots\quad x_n]^{\mathrm{T}}$，其类别标记向量 $\boldsymbol{y}=[y_1\quad y_2\quad \cdots\quad y_c]^{\mathrm{T}}$ 是对应类别的元素为 1、其余元素为 0 的向量，如 $y_2=1$，则输出层第 2 个神经元输出 1。LVQ 神经网络的训练过程如下。

(1) 网络初始化。用小随机数初始化输入层和竞争层之间的权值向量，各个节点的初始权值不能相等。设迭代次数 $t=0$，设定学习率 $\eta(t)$（随着迭代逐渐较小）。

(2) 输入样本 $\boldsymbol{x}(t)$，其类别标记向量中 $y_j=1$，即该样本为第 j 类。计算竞争层神经元响应，并找到当前获胜节点 k。同自组织映射方法一样，可以将样本和权值向量距离最小的神经元作为获胜节点。

(3) 更新权值。根据竞争层和输出层之间的权值矩阵，判断获胜节点和预先指定的分类是否一致：若获胜节点 k 连接输出神经元 j，即若 $\mathrm{LW}_{jk}=1$，则属于正确分类；否则，属于不正确分类。按下列准则更新获胜的权值向量，得

$$\mathbf{IW}_k(t+1)=\begin{cases}\mathbf{IW}_k(t)+\eta(t)[\boldsymbol{x}(t)-\mathbf{IW}_k(t)], & \mathrm{LW}_{jk}=1\\ \mathbf{IW}_k(t)-\eta(t)[\boldsymbol{x}(t)-\mathbf{IW}_k(t)], & \mathrm{LW}_{jk}=0\end{cases} \tag{11-41}$$

其他非获胜神经元权值保持不变。

(4) 如果达到迭代次数，则算法终止；否则 $t\leftarrow t+1$，更新学习率 $\eta(t)$，转入步骤(2)，继续迭代。

这个训练过程称为 LVQ1 学习算法。

LVQ2.1 学习算法对 LVQ1 权值更新方法进行了改进，可以对最接近输入样本 $\boldsymbol{x}(t)$ 的两个竞争层神经元 k 和 q 的权值进行相应更新。训练过程如下。

(1) 网络初始化。

(2) 输入样本 $\boldsymbol{x}(t)$，计算竞争层神经元与 $\boldsymbol{x}(t)$ 的距离，并选择与 $\boldsymbol{x}(t)$ 距离最小的两个竞争层神经元 k 和 q。

(3) 判断 k 和 q 是否满足两个条件：①k 和 q 一个对应正确分类，另一个对应错误分类；②k 和 q 与样本 $\boldsymbol{x}(t)$ 的距离 d_k 和 d_q 满足

$$\min\left\{\frac{d_k}{d_q},\frac{d_q}{d_k}\right\}>s \tag{11-42}$$

其中，

$$s=\frac{1-h}{1+h} \tag{11-43}$$

h 可取在 0.2～0.3。

若满足，则同时更新两个神经元 k 和 q 的权值向量，对应正确分类的神经元按式(11-44)

更新权值向量，对应错误分类的神经元按式(11-45)更新权值向量，即

$$\mathbf{IW}(t+1)=\mathbf{IW}(t)+\eta(t)[\boldsymbol{x}(t)-\mathbf{IW}(t)] \tag{11-44}$$

$$\mathbf{IW}(t+1)=\mathbf{IW}(t)-\eta(t)[\boldsymbol{x}(t)-\mathbf{IW}(t)] \tag{11-45}$$

若不满足，则按式(11-41)更新距离 $\boldsymbol{x}(t)$ 最近的神经元权值。

LVQ 神经网络是 SOM 网络一种有监督形式的扩展，可以更好地发挥竞争学习和有监督学习的长处。

11.4 基于前馈型神经网络的分类实例

【例 11-5】 对由不同字体的数字图像构成的图像集，实现基于前馈型神经网络的分类器设计及判别。

1. 设计思路

要处理的对象和第 2 章例 2-16 一致，采用相同的预处理方法，提取同样的特征，采用前馈型神经网络进行分类器设计及判别。

2. 程序设计

1）导入相关模型

```
from sklearn.neural_network import MLPClassifier
from sklearn.preprocessing import StandardScaler
```

2）生成训练样本

读取训练图像文件，经过图像预处理，提取特征，生成训练样本，同例 2-16。再对样本进行标准化。

```
training = StandardScaler().fit_transform(training)
```

3）训练前馈型神经网络

采用 MLPClassifier 模型设计用于模式分类的前馈型神经网络，分别设置不同的隐层节点数，选择对于训练样本性能最好的网络结构，再重新训练。

```
num_node = np.array([75, 50, 25, 15])                    #设置不同隐层节点数
loss = np.zeros(4)
for i in range(4):
    net = MLPClassifier(hidden_layer_sizes = num_node[i], random_state = 0,
                        max_iter = 2000).fit(training, y_train)   #训练网络
    loss[i] = net.loss_                                  #统计损失
select = np.argmin(loss)                                 #找最小损失对应的隐层节点情况
net = MLPClassifier(hidden_layer_sizes = num_node[select], random_state = 0,
                    max_iter = 2000).fit(training, y_train)       #重新训练网络
```

4）对训练样本进行决策归类

利用训练好的网络对训练样本进行预测，并测算检测率。

```
ratio1 = net.score(training, y_train)
print("MLP 对训练样本识别正确率为 %.4f" % ratio1)
```

5）生成测试样本

读取测试图像文件，经过图像预处理，提取特征，生成测试样本。同例 2-16。再对测试

样本标准化。

```
testing = StandardScaler().fit_transform(testing)
```

6）对测试样本进行决策归类

利用训练好的网络对测试样本进行预测，并测算检测率。

```
ratio2 = net.score(testing, y_test)
print("MLP 对测试样本识别正确率为 %.4f" % ratio2)
```

3. 实验结果

运行程序，采用10个数字的共50幅图像进行训练，采用30幅图像进行测试，输出：

```
MLP 对训练样本识别正确率为 1.0000
MLP 对测试样本识别正确率为 0.8667
```

11.5 深度神经网络简介

简言之，深度神经网络（Deep Neural Network，DNN）就是有多个隐层的深层神经网络。一般情况下，增加网络隐层的数目，相应的神经元连接、阈值等参数增多，复杂度增加，能完成更复杂的学习任务；但是，训练效率降低，容易陷入过拟合。随着技术的发展，计算能力的大幅提高缓解了训练效率低的问题，训练数据的大幅增加降低了过拟合风险，深度神经网络在计算机视觉、语音识别等任务中表现出优越的性能，本节简要介绍常见的深度神经网络模型。

11.5.1 受限玻尔兹曼机与深度置信网络

1. 受限玻尔兹曼机

受限玻尔兹曼机（Restricted Boltzmann Machine，RBM）是一种基于能量的模型，即为网络状态定义一个能量，能量最小时网络达到理想状态，网络的训练是最小化能量函数。

RBM的结构分为两层：可见层和隐层，层内各节点相互独立，层间各节点两两互连。常用的RBM的神经元节点状态是随机二值变量节点（取0或1），模型结构如图11-21所示。

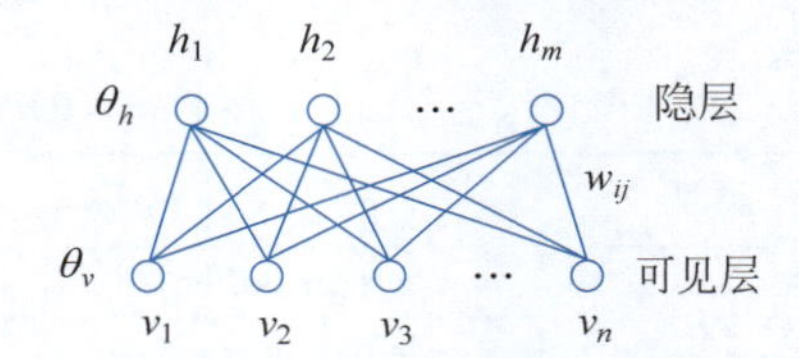

图11-21　RBM模型结构示意图

设RBM有n个可见层节点和m个隐层节点，用向量$\boldsymbol{v}$和$\boldsymbol{h}$分别表示可见层节点和隐层节点的状态，其中，v_i表示第i个可见层节点的状态，h_j表示第j个隐层节点的状态，对于一组给定的状态$(\boldsymbol{v},\boldsymbol{h})$，RBM所具备的能量定义为

$$E(\boldsymbol{v},\boldsymbol{h})=-\sum_{i=1}^{n}\theta_{vi}v_i-\sum_{j=1}^{m}\theta_{hj}h_j-\sum_{i=1}^{n}\sum_{j=1}^{m}v_i w_{ij}h_j \tag{11-46}$$

其中，w_{ij}为可见层节点和隐层节点之间的连接权重，θ_{vi}和θ_{hj}分别为可见层节点和隐层节点的阈值。

当RBM网络最终达到平衡态，一组给定状态$(\boldsymbol{v},\boldsymbol{h})$出现的概率将由其能量与所有可能状态向量的能量确定，即

$$P(\boldsymbol{v},\boldsymbol{h})=\frac{\mathrm{e}^{-E(\boldsymbol{v},\boldsymbol{h})}}{\sum_{\boldsymbol{v},\boldsymbol{h}}\mathrm{e}^{-E(\boldsymbol{v},\boldsymbol{h})}} \tag{11-47}$$

RBM 的训练过程就是将每个训练样本视为一个状态向量，输入训练样本，调整参数 w_{ij}、θ_{vi} 和 θ_{hj}，最大概率复现这个训练数据。

RBM 采用对比散度(Contrastive Divergence，CD)算法进行训练。由 RBM 的结构可知：当给定可见层节点的状态时，各隐层节点的激活状态之间条件独立，第 j 个隐层节点的激活概率为

$$P(h_j=1\mid\boldsymbol{v})=f(\theta_{hj}+\sum_i v_i w_{ij}) \tag{11-48}$$

其中，$f(\cdot)$为 Sigmoid 函数。同理，当给定隐层节点的状态时，各可见层节点的激活状态之间也是条件独立的，即第 i 个可见层节点的激活概率为

$$P(v_i=1\mid\boldsymbol{h})=f(\theta_{vi}+\sum_j h_j w_{ij}) \tag{11-49}$$

CD 算法对每个训练样本 $\boldsymbol{v}$，先由式(11-48)计算隐层节点状态的概率分布，然后根据这个概率分布采样得到 $\boldsymbol{h}$，再由式(11-49)从 $\boldsymbol{h}$ 产生重构的 $\boldsymbol{v}'$，由 $\boldsymbol{v}'$ 产生 $\boldsymbol{h}'$，各参数的更新公式为

$$\Delta w_{ij}=\eta[P(h_j=1\mid\boldsymbol{v})v_i-P(h_j=1\mid\boldsymbol{v}')v'_i] \tag{11-50}$$

$$\Delta\theta_{vi}=\eta(v_i-v'_i) \tag{11-51}$$

$$\Delta\theta_{hj}=\eta[P(h_j=1\mid\boldsymbol{v})-P(h_j=1\mid\boldsymbol{v}')] \tag{11-52}$$

其中，η 是学习率。

scikit-learn 库中 neural_network 模块的 BernoulliRBM 模型可实现前述的 RBM 模型，其调用格式如下：

```
BernoulliRBM(n_components = 256, *, learning_rate = 0.1, batch_size = 10, n_iter = 10, verbose
= 0, random_state = None)
```

BernoulliRBM 模型的输入是二值样本或 0，1 之间的值，其主要参数及属性如表 11-6 所示。

表 11-6 BernoulliRBM 模型的主要参数及属性

类型	名　称	含　义
参数	n_components	隐层节点数
	learning_rate	学习率
	batch_size	更新权值时的最少批量样本数
	n_iter	迭代次数
属性	intercept_hidden_	隐层节点偏置项(阈值 θ_h)
	intercept_visible_	可见层节点偏置项(阈值 θ_v)
	components_	权值矩阵
	h_samples_	模型分布中采样的隐层激活状态

BernoulliRBM 模型的主要方法有 fit、fit_transform、partial_fit、score_samples 和 transform 等，其中，transform 计算样本在隐层神经元节点的激活概率；score_samples 计算样本的似然函数值。

【例 11-6】 试用三维空间样本集

$$\omega_1: \{[0\quad 0\quad 0]^T, [1\quad 0\quad 1]^T, [1\quad 0\quad 0]^T, [1\quad 1\quad 0]^T\}$$

$$\omega_2: \{[0\quad 0\quad 1]^T, [0\quad 1\quad 1]^T, [0\quad 1\quad 0]^T, [1\quad 1\quad 1]^T\}$$

拟合 BernoulliRBM 模型,熟悉参数和属性。

程序如下:

```
import numpy as np
from sklearn.neural_network import BernoulliRBM
X = np.array([[0, 0, 0], [1, 0, 0], [1, 0, 1], [1, 1, 0],
              [0, 0, 1], [0, 1, 1], [0, 1, 0], [1, 1, 1]])
rbm = BernoulliRBM(n_components = 2, batch_size = 2, n_iter = 10000).fit(X) #拟合模型
Z1 = 1 / (1 + np.exp( - (X @ rbm.components_.T + rbm.intercept_hidden_)))
                                           #根据模型属性和Sigmoid函数计算隐层节点激活概率
Z2 = rbm.transform(X)                      #直接利用transform方法计算X的转换值
```

运行程序,查看变量,会发现 Z_1 和 Z_2 完全一致。

RBM 是一种基于概率模型的无监督非线性特征学习器,由 RBM 提取的特征,在输入线性分类器时通常会得到良好的结果,可以自行检验。

2. 深度置信网络

将多个 RBM 层依次堆叠,前一个 RBM 的隐层为下一个 RBM 的可视层,最后再添加一层输出层,即构成深度置信网络(Deep Belief Network,DBN),具有 3 个隐层的深度置信网络结构如图 11-22 所示。

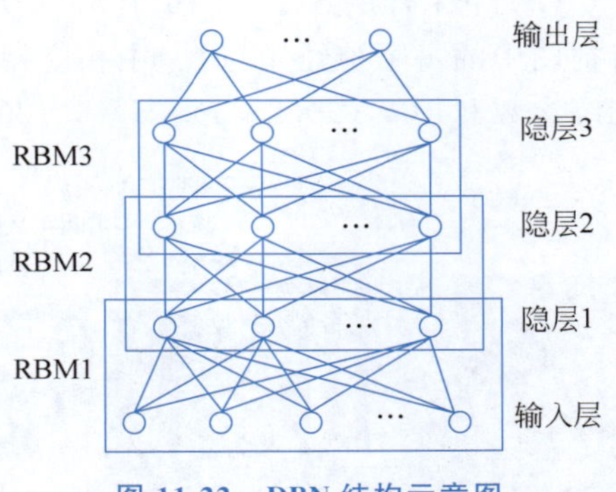

图 11-22 DBN 结构示意图

DBN 的训练包括两步:

(1) 分别无监督地单独训练每层 RBM,确保特征向量映射到不同特征空间时,都尽可能多地保留特征信息;

(2) 输出层接收 RBM 的输出特征向量,有监督地训练分类器,使用学习算法将错误信息自顶向下传播至每层 RBM,调整整个 DBN 网络。

RBM 训练模型的过程可以看作对一个深层 BP 网络权值参数的初始化,克服了 BP 网络因随机初始化权值参数而容易陷入局部最优和训练时间长的缺点。DBN 的应用之一是作为深度神经网络的预训练部分,为神经网络提供初始权重。

11.5.2 卷积神经网络

卷积神经网络(Convolutional Neural Networks,CNN)是一种带有卷积结构的深度神经网络,实现了局部连接和权值共享。以经典的 LeNet-5 网络为例介绍卷积神经网络的基本思路。

LeNet-5 网络结构如图 11-23 所示,共包含如下 8 层。

(1) 输入层。输入 N 个 32×32 的训练样本。

(2) 卷积层 C_1。由 6 个大小为 28×28 的特征图构成,特征图中每个神经元与输入为 5×5 的邻域相连。也就是 6 个 5×5 的卷积核对 32×32 的输入图像进行卷积运算,输出

6 个 28×28 的滤波结果图。神经元个数为 28×28×6=4704 个，可训练的权值和阈值参数有(5×5+1)×6=156 个，总共有 156×28×28=122304 个连接。

(3) 下采样层 S_2，将 C_1 层的 6 个 28×28 的特征图压缩为 6 个 14×14 的特征图，这一过程也称为池化。S_2 特征图中的每个神经元与 C_1 中相对应特征图的 2×2 邻域相连接，2×2 的邻域不重叠，4 个输入相加，乘以一个可训练参数，再加上一个可训练阈值，通过 Sigmoid 函数计算输出。因此 S_2 层有 6×2=12 个可训练参数和 14×14×(2×2+1)×6=5880 个连接。

(4) 卷积层 C_3。由 16 个不同的 5×5 的卷积核对 S_2 输出进行卷积运算，得到 16 个 10×10 的特征图。但是 C_3 中每个特征图由 S_2 中所有或者部分特征图生成，不同的输入以抽取不同的特征。例如，C_3 的前 6 个特征图以 S_2 中 3 个相邻的特征图子集为输入，并共享一个阈值；接下来 6 个特征图以 S_2 中 4 个相邻特征图子集为输入，共享一个阈值；再 3 个特征图以 S_2 中不相邻的 4 个特征图子集为输入，共享一个阈值；最后一个特征图将 S_2 中所有特征图为输入，共享一个阈值；则 C_3 层有 6×(3×25+1)+6×(4×25+1)+3×(4×25+1)+(6×25+1)=1516 个可训练参数和 151600 个连接。

(5) 下采样层 S_4。由 16 个 5×5 大小的特征图构成。同 C_1 和 S_2 之间的连接一样，S_4 特征图中的每个神经元与 C_3 中相应特征图的 2×2 邻域相连接。S_4 层有 16×2=32 个可训练参数和 16×(2×2+1)×5×5=2000 个连接。

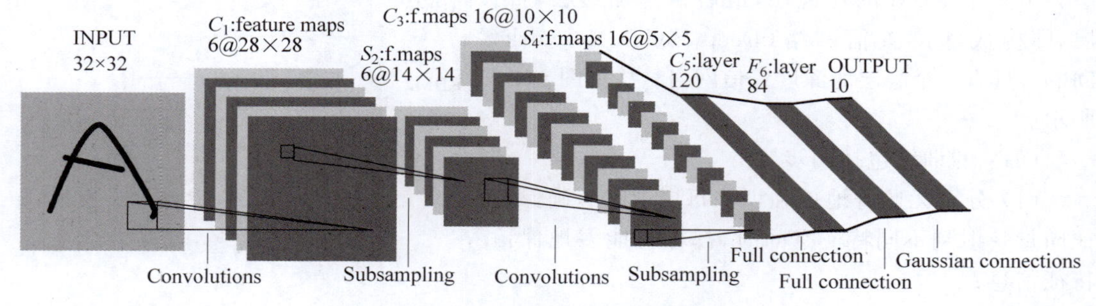

图 11-23 LeNet-5 网络结构图

(6) 卷积层 C_5。有 120 个特征图，每个神经元与 S_4 层的全部 16 个单元的 5×5 邻域相连，即采用 5×5 的卷积核对 S_4 的 16 个 5×5 特征图进行卷积运算，输出 1×1 的特征图。其实就是全连接，但考虑到如果网络的输入变大，而其他设置不变，C_5 的特征图维数大于 1×1，因此，依然标记为卷积层。C_5 层有 120×(16×5×5+1)=48120 个连接。

(7) 全连接层 F_6。有 84 个单元，与 C_5 层全连接，计算输入向量和权重向量之间的点积，再加上阈值，传递给 Sigmoid 函数计算输出。F_6 层有 84×(120+1)=10164 个可训练参数。

(8) 输出层。径向基层，每类一个神经元，有 84 个输入。

从以上描述可以看出，LeNet-5 网络包括输入层、隐层、全连接层和输出层；隐层包括多个卷积层和下采样层，实现将输入图像经过一系列卷积运算提取局部特征，以及特征降维映射；而全连接层和输出层对应传统的神经网络，将输入特征经过非线性映射获取输出。相比一般神经网络，卷积神经网络结构能够较好地适应图像的结构，同时进行特征提取和分类，避免了传统识别算法中复杂的特征提取和数据重建的过程，在对二维图像的处理过程中有很大的优势。

2012 年以来，卷积神经网络结构不断出现，有 AlexNet、VGGNet、GoogLeNet 系列、深度残差网络 ResNet、DenseNet 等，在图像分割、识别、目标检测、图像生成等领域影响深远。

11.5.3 循环神经网络

循环神经网络(Recurrent Neural Network，RNN)是一类用于处理序列数据的神经网络，不仅将当前时刻输入作为网络输入，还将上一时刻的输出也作为输入，实现上下文关联学习，应用于语言建模和文本生成、机器翻译、语音识别、生成图像描述、视频标记等方面。

循环神经网络基本结构如图 11-24(a)所示，包括输入层、隐层和输出层，其中圆形代表了一层的神经元，输入为向量 $\boldsymbol{x}$，隐层状态为向量 $\boldsymbol{s}$，输出为向量 $\boldsymbol{y}$；$\boldsymbol{U}$、$\boldsymbol{V}$ 分别是输入层和隐层、隐层和输出层的权值矩阵，$\boldsymbol{W}$ 是上一刻输出连接到下一刻输入的权值矩阵。

将图 11-24(a)按时间展开，结构示意如图 11-24(b)所示。$\boldsymbol{s}^t$ 代表 t 时刻隐层的值，$\boldsymbol{y}^t$ 代表 t 时刻的输出，则有

$$\boldsymbol{s}^t = f(\boldsymbol{U}^{\mathrm{T}}\boldsymbol{x}^t + \boldsymbol{W}^{\mathrm{T}}\boldsymbol{s}^{t-1}) \tag{11-53}$$

$$\boldsymbol{y}^t = f(\boldsymbol{V}\boldsymbol{s}^t) \tag{11-54}$$

$f(\cdot)$是激活函数，没有设置阈值项，假定已经包含在向量 $\boldsymbol{x}$ 及其系数矩阵 $\boldsymbol{U}$ 中。

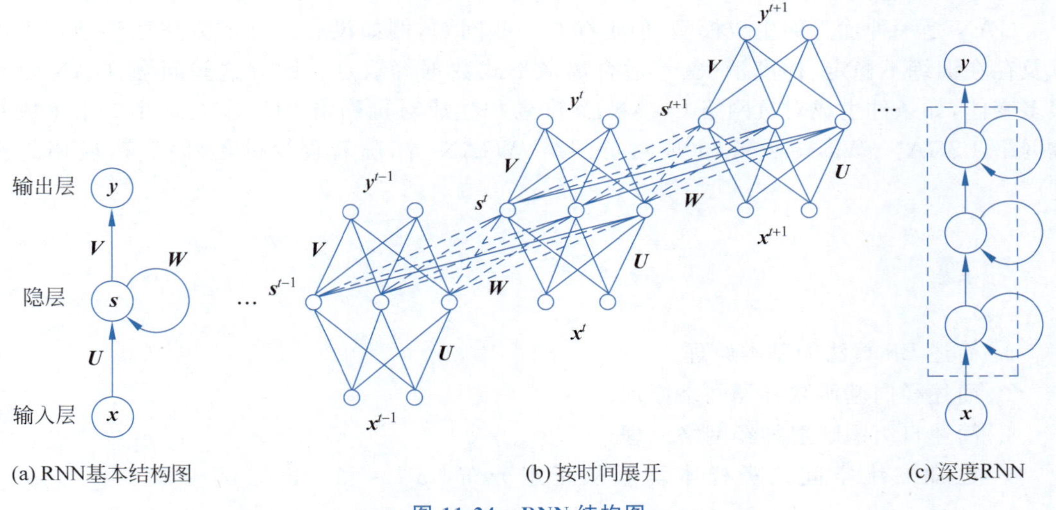

(a) RNN基本结构图 (b) 按时间展开 (c) 深度RNN

图 11-24 RNN 结构图

将神经元进行堆叠，形成多层循环神经元组成的深度 RNN，以解决复杂问题。一个三层的 RNN 如图 11-24(c)所示。

对于一个很长的序列，RNN 需要训练很多个时间迭代，展开的 RNN 是一个很深的网络，会遇到梯度消失、记忆衰退等许多问题，可以采用 RNN 的变体——长短时记忆网络(Long Short Term Memory，LSTM)解决。LSTM 引入输入门、遗忘门和输出门控制每一时刻信息记忆和遗忘。可以参看深度学习的相关资料。

11.5.4 生成对抗网络

生成对抗网络(Generative Adversarial Network，GAN)是一种无监督学习模型，由两

部分组成，即生成模型G(Generative Model)和判别模型D(Discriminative Model)。通过两个模型的对抗训练生成数据，如音乐、文本、图像和视频等。

GAN模型的一个简单框图如图11-25所示。将服从某一简单分布的随机数据输入生成模型G，生成和真实训练样本相同尺寸的样本。向判别模型D输入样本，执行真实样本和生成样本的二分类任务，输出概率值，概率值接近1，判断为真实样本；概率值接近0，判断为生成样本。对于判别模型D，期望输出低概率，即辨别出生成样本。

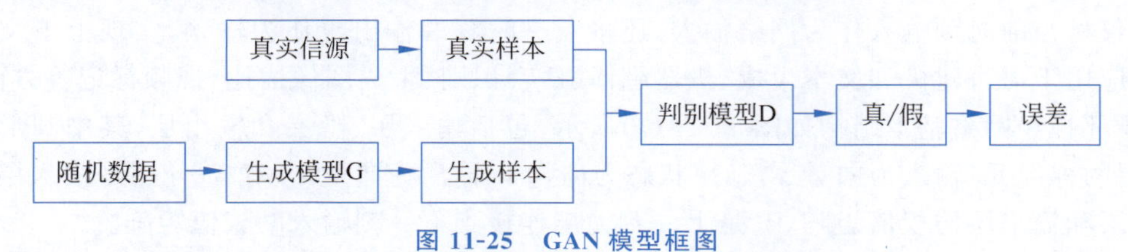

图11-25 GAN模型框图

生成模型G期望能生成被判别模型D判为真实样本的生成样本，所以，根据判别模型D的输出反馈改进，再输出、判别，二者的博弈一直进行下去，直到两个模型达到一个均衡状态：判别模型D输出为0.5，无法判别，生成模型G也无法再改进。

生成模型G和判别模型D一般都是非线性映射函数，可以采用多层感知器、卷积神经网络等。训练过程中固定一个网络，更新另一个网络的参数，交替迭代进行。

GAN是一种优秀的生成模型，但也存在一些问题，例如没有很好的方法达到纳什平衡以及存在训练不稳定、梯度消失、不适合离散形式数据等缺点。针对这些问题，GAN也有很多变体，如条件生成对抗网络CGAN、深度卷积生成对抗网络DCGAN、最小二乘生成对抗网络LSGAN、Wasserstein生成对抗网络WGAN等，随着理论的不断完善，应用越来越广。

习题

1. 简述BP算法的基本原理。

2. 简述径向基函数神经网络原理。

3. 简述自组织映射神经网络原理。

4. 已知二维空间三类样本均服从正态分布：$\boldsymbol{\mu}_1=[1\quad 1]^{\mathrm{T}}$，$\boldsymbol{\mu}_2=[4\quad 4]^{\mathrm{T}}$，$\boldsymbol{\mu}_3=[8\quad 1]^{\mathrm{T}}$，$\boldsymbol{\Sigma}_1=\boldsymbol{\Sigma}_2=\boldsymbol{\Sigma}_3=2\boldsymbol{I}$，编写程序，基于这三类生成二维向量的数据集，设计三层感知器神经网络实现分类。

5. 编写程序，将breast cancer数据集中的数据采用留出法分为训练集和测试集，训练PNN网络，并对测试数据进行分类。

6. 编写程序，训练LVQ网络，对iris数据集进行分类。

7. 编写程序，修改例11-5中提取的特征，设计不同的神经网络，实现不同字体数字的识别。

参考文献

[1] PEDREGOSA F, VAROQUAUX G, GRAMFORT A, et al. Scikit-learn: Machine Learning in Python[J]. Journal of Machine Learning Research, 2011, 12: 2825-2830.

[2] BUITINCK L, LOUPPE G, BLONDEL M, et al. API Design for Machine Learning Software: Experiences from the Scikit-learn Project [J]. European Conference on Machine Learning and Principles and Practices of Knowledge Discovery in Databases: Languages for Data Mining and Machine Learning, 2013, 9: 108-122.

[3] ZHU J, ZOU H, ROSSET S, et al. Multi-class Adaboost[J]. Statistics and Its Interface, 2009, 2: 349-360.

[4] 陈仲堂,赵德平,李彦平,等.数理统计[M].北京:国防工业出版社,2014.

[5] THEODORIDIS S, KOUTROUMBAS K. 模式识别[M]. 李晶皎,王爱侠,王骄,等译. 4 版. 北京:电子工业出版社,2016.

[6] 张学工. 模式识别[M]. 3 版. 北京:清华大学出版社,2010.

[7] 周志华. 机器学习[M]. 北京:清华大学出版社,2016.

[8] 吴喜之,赵博娟. 非参数统计[M]. 4 版. 北京:中国统计出版社,2013.

[9] KECMAN V, HUANG T M, VOGT M. Iterative Single Data Algorithm for Training Kernel Machines from Huge Data Sets: Theory and Performance [M]. Berlin: Springer-Verlag, 2005.

[10] BREIMAN L, FRIEDMAN J H, OLSHEN R A, et al. Classification and Regression Trees (CART)[J]. Biometrics, 1984, 40(3): 358.

[11] FREUND Y, SCHAPIRE R E. A Decision-Theoretic Generalization of On-Line Learning and an Application to Boosting[J]. Journal of Computer and System Sciences, 1997, 55: 119-139.

[12] FRIEDMAN J H. Greedy Function Approximation: A Gradient Boosting Machine[J]. Annals of Statistics, 2001, 29(5): 1189-1232.

[13] FRIEDMAN J, HASTIE T, TIBSHIRANI R. Additive Logistic Regression: A Statistical View of Boosting[J]. Annals of Statistics, 2000, 28(2): 337-407.

[14] MCCULLAGH P, NELDER J A. Generalized Linear Models[M]. 2nd ed. New York: Chapman and Hall/CRC, 1989.

[15] DOBSON A J, BARNETT A G. An Introduction to Generalized Linear Models[M]. 4th ed. New York: Chapman and Hall/CRC, 2018.

[16] BREIMAN L. Random Forests[J]. Machine Learning, 2001, 45(1): 5-32.

[17] 张宇,刘雨东,计钊. 向量相似度测度方法[J]. 声学技术, 2009, 28(4): 532-536.

[18] MCLACHLAN G, PEEL D. Finite Mixture Models[M]. New York: John Wiley & Sons, Inc, 2000.

[19] ESTER M, KRIEGEL H P, SANDER J, et al. Proceedings of the 2nd International Conference on Knowledge Discovery in Databases and Data Mining, 1996 [C]. California: AAAI Press, 1996: 226-231.

[20] KAUFMAN L, ROUSEEUW P J. Finding Groups in Data: An Introduction to Cluster Analysis[M]. New York: John Wiley & Sons, Inc, 1990.

[21] TIBSHIRANI R, HASTIE W T. Estimating the Number of Clusters in a Data Set Via the Gap Statistic[J]. Journal of the Royal Statistical Society B, 2001, 63(2): 411-423.

[22] PENG H, LONG F, DING C. Feature Selection Based on Mutual Information Criteria of Max-

Dependency, Max-Relevance, and Min-Redundancy[J]. IEEE Transactions on Pattern Analysis & Machine Intelligence, 2005, 27(8): 1226-1238.

[23] GUYON I, ELISSEEFF A. An Introduction to Variable and Feature Selection[J]. The Journal of Machine Learning Research, 2003, 3: 1157-1182.

[24] KIRA K, RENDELL L A. Proceedings of the 10th National Conference on Artificial Intelligence, 1992[C]. California: AAAI Press, 1992: 129-134.

[25] KONONENKO I. Proceedings of the 7th European Conference on Machine Learning on Machine Learning, 1994[C]. Berlin: Springer-verlag, 1994: 171-182.

[26] HE X, CAI D, NIYOGI P. Advances in Neural Information Processing Systems 18: Proceedings of the Conference on Neural Information Processing, 2005[C]. MA: MIT Press, 2006.

[27] TIBSHIRANI R. Regression Shrinkage and Selection via the Lasso[J]. Journal of the Royal Statistical Society, Series B, 1996, 58(1): 267-288.

[28] BOYD S, PARIKH N, CHU E, et al. Distributed Optimization and Statistical Learning via the Alternating Direction Method of Multipliers[J]. Foundations and Trends in Machine Learning, 2011, 3(1): 1-122.

[29] HYVARINEN A, KARHUNEN J, OJA E. 独立成分分析[M]. 周宗潭, 董国华, 徐昕, 等译. 北京: 电子工业出版社, 2007.

[30] LE Q V, KARPENKO A, NGIAM J, et al. Advances in Neural Information Processing Systems 24: Proceedings of the Conference on Neural Information Processing, 2011[C]. MA: MIT Press, 2011: 1017-1025.

[31] NGIAM J, KOH P W, CHEN Z, et al. Advances in Neural Information Processing Systems 24: Proceedings of the Conference on Neural Information Processing, 2011[C]. MA: MIT Press, 2011: 1125-1133.

[32] BERRY M W, BROWNE M, LANGVILLE A N, et al. Algorithms and Applications for Approximate Nonnegative Matrix Factorization[J]. Computational Statistics and Data Analysis, 2007, 52(1): 155-173.

[33] LAURENS VAN DER MAATEN, HINTON G. Visualizing Data Using t-SNE[J]. Journal of Machine Learning Research, 2008, 9: 2579-2605.

[34] BELKIN M, NIYOGI P. Laplacian Eigenmaps for Dimensionality Reduction and Data Representation[J]. Neural Computation, 2003, 15(6): 1373-1396.

[35] JOACHIMS T. Proceedings of the 16th International Conference on Machine Learning, 1999 [C]. Bled: Morgan Kaufmann Publishers Inc, 1999: 200-209.

[36] 陈诗国, 张道强. 半监督降维方法的实验比较[J]. 软件学报, 2011, 22(1): 28-43.

[37] SUGIYAMA M, IDE T, NAKAJIMA S, et al. Advances in Knowledge Discovery & Data Mining, Proceedings of the 12th Pacific-asia Conference, 2008[C]. Berlin: Springer-Verlag, 2008: 333-344.

[38] ZHANG D, ZHOU Z, CHEN S. Semi-Supervised Dimensionality Reduction[C]. Proceedings of the 7th SIAM International Conference on Data Mining. [S. l.]: SIAM, 2007: 629-634.